结构稳定理论与设计

郭 兵 著

U0283454

中国建筑工业出版社

图书在版编目（CIP）数据

结构稳定理论与设计/郭兵著. —北京：中国建筑
工业出版社，2019.3
ISBN 978-7-112-23238-3

Ⅰ.①结…　Ⅱ.①郭…　Ⅲ.①结构稳定性-理论
②结构设计　Ⅳ.①TU311.2

中国版本图书馆 CIP 数据核字（2019）第 020840 号

本书全面论述了结构中的常见稳定问题，以钢结构的稳定为主，同时也涉及混凝土结构的稳定。全书共 9 章，前 3 章为稳定理论基础知识，包括稳定的概念及分类、构件的弯扭变形及平衡方程、稳定判别准则与分析方法；后 6 章为常见构件、板件及结构的稳定，各章首先阐述理想条件下的弹性稳定，然后研究各类因素对稳定的影响，最后介绍《钢结构设计标准》GB 50017—2017等国内外技术标准对稳定设计的相关规定及背景知识。为了便于读者理解和应用，各章还提供了大量的例题与习题。

本书除作为结构工程、工程力学、桥梁与隧道工程等专业的研究生教材外，也可供相关专业领域从事教学、科研、设计、施工及管理的科技人员使用。

责任编辑：武晓涛
责任校对：李欣慰

结构稳定理论与设计

郭　兵　著

*

中国建筑工业出版社出版、发行（北京海淀三里河路 9 号）

各地新华书店、建筑书店经销

北京佳捷真科技发展有限公司制版

廊坊市海涛印刷有限公司印刷

*

开本：787×1092 毫米　1/16　印张：26¾　字数：663 千字
2019 年 4 月第一版　　2019 年 7 月第二次印刷
定价：**68.00** 元（含增值服务）
ISBN 978-7-112-23238-3
（33537）

前　言

结构稳定理论是工程力学的一个重要分支，主要研究各类构件、板件及结构的稳定性，在建筑、交通、水利等工程结构中都会涉及稳定问题。结构中的强度问题相对简单，而稳定问题则要复杂得多，国内外因失稳而导致的重大工程事故很多，教训惨痛，但每一次重大事故都会极大地促进人们对稳定问题的反思与研究，不断推进稳定理论的发展。

经典弹性稳定理论始于 18 世纪中叶，形成于 20 世纪中叶，是当代稳定理论的重要基础。随着计算机技术的发展和数值方法的应用，弹塑性稳定理论得到了飞速发展，尤其是近几十年来，在发挥结构稳定潜力和完善稳定设计方面，新理论、新成果不断涌现，并被一些国家的技术标准采纳。技术标准的内容总是滞后于学科发展的，而且技术标准所涉及的内容也是有限的，对一些特殊情况下的稳定问题，仍然需要利用基本理论来进行具体分析，不能盲目套用。

本书基于笔者近些年给研究生授课的手稿，根据经典的弹性稳定理论并结合当代稳定理论研究的新成果，详细介绍了稳定问题的概念、分类和特点，系统归纳了稳定判别准则与分析方法，重点阐述了各类常见构件、板件及结构的弹性与弹塑性稳定原理、分析方法、现行技术标准的相关规定和背景知识，以期帮助读者了解各种情况下构件、板件及结构失稳的基本原理，掌握稳定的分析方法和设计要领，为读者进一步深入研究复杂稳定问题和探索新理论、新方法提供有益的帮助。

在本书的编写过程中，苏州科技大学的李启才教授、上海交通大学的宋振森教授、西安建筑科技大学的苏明周教授以及北京交通大学的陈爱国教授等先后提出了一些宝贵建议；本书的习题答案由研究生管海龙、褚昊、范珍辉等协助完成，作者在此一并深表谢意。

由于作者水平有限，错误和不足之处在所难免，希望广大读者提出批评和改进意见。

著者

2018 年 8 月于山东建筑大学

目　　录

第 1 章 概 论

1.1 引 言

在建筑、交通、水利等工程结构中，无论是板件、构件还是整体结构，只要有受压部位，都会涉及稳定问题。与混凝土结构相比，钢结构因材料强度高，构件往往比较细长，组成构件的板件也比较纤薄，稳定问题尤为突出，在强度破坏之前容易发生整体失稳或局部失稳。

结构稳定性能是决定其承载能力的一个特别重要的因素，在近现代工程史上，由于人们对稳定问题认识不够，或者设计、施工、使用经验不足，或者对一些细节问题未予重视，导致发生失稳的事故案例很多，特别是那些盲目设计、野蛮施工的项目，更是失稳事故频发。

建于 20 世纪初的加拿大 Quebec 大桥在施工过程中曾发生过两次重大事故[1]，该桥主体为三连跨桁架结构，见图 1.1 (a)，两个边跨均为 152.4m，中跨为 548.6m，是当时世

(a) 建成后的全貌

(b) 第一次事故发生前

(c) 第一次事故

(d) 第二次事故

图 1.1 加拿大 Quebec 大桥

界上跨度最大的桥。由于对桁架结构的稳定性能了解不够，加上管理混乱，1907 年 8 月在安装中跨悬臂桁架时，边跨桁架下弦 A9 杆首先失稳，见图 1.1（b），紧接着中跨桁架下弦 9R 杆和 6R 杆也失稳，随后总重 19000t 的钢桥整体坍塌，见图 1.1（c），坍塌过程仅持续了 15s，据目击者称"桥身就像是一根底部迅速融化的冰柱般坍塌下来"。当时共有 86 名工人在桥上作业，其中 75 人遇难。

1913 年该桥重新设计、开工，不幸的是悲剧再次发生，1916 年 9 月在吊装中跨桁架时，由于一个锚固支撑构件断裂，5200t 的桁架再次坠入河中，见图 1.1（d），导致 13 名工人丧生。在经历十年和两次惨痛事故后，1917 年 Quebec 大桥终于竣工通车。

1975 年建成的美国 Hartford 体育馆屋盖网架，平面尺寸为 91.4m×109.7m，采用四角锥网格，网格尺寸为 9.144m×9.144m，网格杆件为四个角钢组成的十字形截面。因网格尺寸较大，为减小杆件计算长度，在上弦杆和腹杆之间设置了支撑，但采用偏心连接，见图 1.2（a）、（b），1978 年 1 月该屋盖在一场雨雪中整体坍塌。事后展开的一系列调查与分析表明，导致事故的主要原因有两个[2-4]：一是偏心设置的支撑不能有效减小压杆的计算长度；二是没有考虑十字形截面压杆的扭转失稳，见图 1.2（c）。

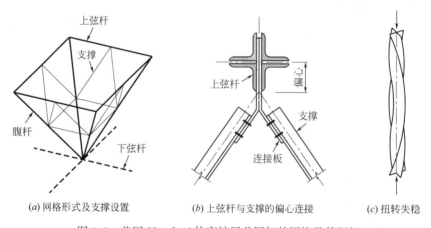

(a) 网格形式及支撑设置　　　(b) 上弦杆与支撑的偏心连接　　　(c) 扭转失稳

图 1.2　美国 Hartford 体育馆屋盖网架的网格及其压杆

苏联在 1951～1957 年期间发生的 59 起重大钢结构房屋事故中，17 起是由失稳造成的[5]。我国也未能例外，近些年因结构失稳而导致的工程事故时有发生[6]，见图 1.3～图 1.10。

图 1.3　门式刚架结构整体失稳

图 1.4　钢框架结构整体失稳

图 1.5　拱形屋盖结构整体失稳

图 1.6　管桁架结构整体失稳

图 1.7　塔桅结构整体失稳

图 1.8　网架压杆弯曲失稳

图 1.9　简支钢梁弯扭失稳

图 1.10　钢管柱脚局部失稳

由此可见，各类结构都存在稳定问题，无法回避，一旦发生失稳，通常会带来严重后果，这就要求从业人员在工程的设计和施工过程中必须对稳定问题予以足够的重视。

稳定问题的研究始于 18 世纪中叶，受认识水平和计算手段的限制，直到 20 世纪中叶才形成经典弹性稳定理论。1744 年 Euler 指出，柱子存在稳定问题，用强度计算方法来分析稳定问题是不合适的，1759 年 Euler 给出了两端铰接弹性压杆的弯曲失稳临界荷载，也就是著名的 Euler 荷载。1885 年 Poincare 明确了分岔失稳的概念，1940 年 Vlasov[7] 提出了极值点失稳的概念，并引入了跃越失稳理论。

早期稳定分析主要针对弹性构件，采用静力法通过平衡微分方程来求解临界荷载。1891 年 Bryan 将最小势能原理应用于平板的弹性稳定分析；1913 年 Timoshenko 将能量守恒原理应用于弹性稳定分析，同一时期 Ritz 和 Galerkin 分别提出了弹性稳定分析的近似方法，使稳定分析得以简化；1952 年 Bleich[8] 建立了弹性压弯构件的总势能表达式，进一步推动了弹性稳定理论的发展。

实际工程中构件发生失稳时，材料大多已进入弹塑性阶段，属于弹塑性失稳范畴。1885 年 Engesser 针对弹塑性失稳提出了切线模量理论，1889 年又提出了双模量理论；1934 年 Jezek 提出了压弯构件在弯矩作用平面内的弹塑性失稳近似解析法；1947 年 Shanley[9] 提出了改进的双模量理论。随着计算机技术和数值方法的发展，20 世纪 70 年代有限元方法开始应用于结构的稳定分析[10]，使得弹塑性稳定分析成为一个简单的问题，并有力推动了稳定理论的全面发展。

1.2　稳定问题的概念

由牛顿第一定律可知，当物体保持静止或匀速直线运动状态时处于平衡状态，也即内外力平衡。实际工程中的结构都是处于静止状态的，不存在匀速直线运动状态。

物体的平衡状态分为稳定平衡、不稳定平衡和随遇平衡三类。下面通过图 1.11 中的钢球来解释，三个钢球分别位于凹面、水平面和凸面，钢球在初始位置（图中实线位置）都处于静止平衡状态，反力 R 等于钢球自重 G，如果钢球受到一个非常微小的侧向干扰，使钢球略微偏离初始位置，则撤去干扰后三个钢球的最终位置和状态将会有显著的区别。

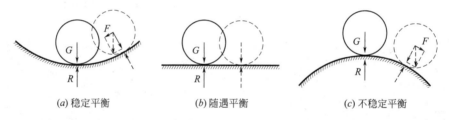

(a) 稳定平衡　　　　　　　　　(b) 随遇平衡　　　　　　　　　(c) 不稳定平衡

图 1.11　钢球平衡状态的类型及恢复力

图 1.11（a）中的钢球：撤除干扰后，恢复力 F（G 沿地面切线方向的分力）指向原平衡位置，钢球能够返回到初始位置并保持平衡，说明钢球在初始位置的平衡状态是稳定的，称为稳定平衡。

图 1.11（b）中的钢球：撤除干扰后，无恢复力，钢球会停留在临近的新位置并保持平衡，说明钢球在初始位置的平衡状态是随遇的，称为随遇平衡，也称中性平衡。钢球在新位置仍然处于随遇平衡状态，受到干扰后又会移动到另外一个新位置并保持平衡。

图 1.11（c）中的钢球：撤除干扰后，恢复力 F 背离原平衡位置，钢球不会回到初始位置，越来越远，说明钢球在初始位置的平衡状态是不稳定的，称为不稳定平衡。如果地面一直是凸面，撤除干扰后的钢球加速滚动，除非钢球在滚动过程中边界条件发生了变化，比如遇到一个较大的凹面，钢球会停留在凹面并保持稳定平衡状态，但已属于另一个位置的平衡状态。

由此可见，物体的平衡状态与所处条件有关，如果条件发生了改变，平衡状态也可能发生改变。仍以图 1.11（a）中的钢球为例，假如所处地面因某种原因由凹面变为凸面，尽管钢球的位置没变且仍保持平衡，但已由稳定平衡状态变为不稳定平衡状态。

各类工程结构（包括构件和板件）也可以通过施加干扰使其产生位移或变形来进行平衡状态的判定，但值得注意的是，干扰只是判定平衡状态的手段，结构所处条件及自身性能等才是影响平衡状态的真正原因。各类结构在设计使用年限内，荷载条件是一直变化的，边界条件、材料性能等也可能发生变化，这些变化都可能引起结构平衡状态的变化。当结构因所处条件及自身性能等的改变由稳定平衡状态变为不稳定平衡状态，即丧失了稳定平衡时，称为失稳，也称屈曲。

随遇平衡实际上是从稳定平衡过渡到不稳定平衡的一种临界状态，当结构处于随遇平衡时所对应的荷载称为临界荷载或屈曲荷载。对于无缺陷的理想结构，临界荷载是结构失稳前的最大荷载，结构稳定分析的一个重要内容就是求解临界荷载。

由于在实际工程中各类微小的干扰无法避免，还需要对失稳后有干扰时的结构性能进行研究，称为屈曲后性能分析。有些结构失稳后受到干扰时，需要不断降低荷载才能维持平衡，临界荷载是这类结构承载能力的最大理论值；有些结构失稳后受到干扰时，会因条件的变化在新位置又处于稳定平衡状态，可以继续加载，这类结构的最终承载能力大于临界荷载，超出的部分称为屈曲后强度，这也说明失稳并不一定意味着承载能力丧失。

结构的平衡状态还可以用变形后的刚度来解释：如果刚度大于零，变形能够恢复，结构处于稳定平衡状态；如果刚度等于零时，变形不能恢复，也不会继续发展，结构处于随遇平衡状态，对应的荷载为临界荷载；如果刚度小于零，变形持续发展，结构处于不稳定平衡状态。

由于各类工程结构都涉及稳定问题，必须进行稳定分析。稳定分析是研究结构稳定性能、进行结构稳定设计的基础性工作，主要内容包括：分析结构的平衡状态及失稳类型，研究各类因素对稳定性能的影响，求解结构的稳定承载力，分析结构的屈曲后性能及屈曲后强度等。

1.3 失稳的类型

结构失稳时的现象或状态是多种多样的，比如，根据屈曲变形的不同，失稳形式可分为弯曲屈曲（图1.8）、扭转屈曲（图1.2）和弯扭屈曲（图1.9）三种；根据失稳发生的范围不同，可分为整体失稳和局部失稳两种，前者是指整个结构或构件发生失稳（图1.3～图1.9），后者是指组成构件的部分板件发生失稳（图1.10）；根据失稳时的应力状态不同，可分为弹性屈曲和弹塑性屈曲两种。

上面各种失稳现象或状态都不能反映失稳的本质，从本质上而言，失稳可分为平衡分岔失稳、极值点失稳和跃越失稳三种类型[11]，这也是本节要重点讲述的内容。

1.3.1 平衡分岔失稳

从前面知道，结构的平衡状态可以通过施加微小干扰来判断，如果撤除干扰后结构在临近的新位置仍保持平衡，则结构处于随遇平衡状态，对应的荷载为临界荷载。所谓临近位置，是指结构发生的变形相对于结构原始尺寸而言非常小，且不影响荷载的大小和方向，也称结构发生了小变形。如果变形相对于结构原始尺寸而言是非小量，则属于大变形，大变形能够反应结构的屈曲后性能。

【例题 1.1】 图 1.12（a）所示理想的弹簧铰悬臂刚压杆，杆件为绝对刚性，初始位于竖直状态，杆长为 l，顶端作用有轴压荷载 P，底端采用弹簧铰连接，其转动刚度（发生单位转角所需的力矩）为常数 r，弹簧铰能够传递轴力和剪力，试求解该结构的临界荷载。

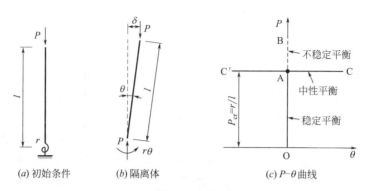

图 1.12　例题 1.1 图（小变形）

【解】 首先假设杆件在侧向干扰下产生了小变形，见 1.12（b）中的侧移 δ，且撤除干扰后杆件在倾斜位置仍处于平衡状态。

侧移 δ 与侧倾角 θ 之间的关系为 $\delta = l\sin\theta$，P 对构件底端产生的侧倾力矩为 $P\delta = Pl\sin\theta$，杆件转动 θ 时弹簧对构件底端产生的抵抗力矩为 $r\theta$。根据构件底端的力矩平衡，可得平衡方程：

$$Pl\sin\theta - r\theta = 0 \tag{1}$$

因是小变形，可取 $\sin\theta \approx \theta$，则 $Pl\sin\theta \approx Pl\theta$，上式变为：

$$(Pl - r)\theta = 0 \tag{2}$$

上式成立的条件是 $Pl - r = 0$ 或者 $\theta = 0$，显然 $\theta = 0$ 与杆件已发生倾斜不符，属于平凡解。因上述平衡方程是基于结构处于随遇状态时建立的，解得的荷载就是结构的临界荷载，记作 P_{cr}，即

$$P_{cr} = r/l \tag{3}$$

式（2）中的 P-θ 关系见图 1.12（c），因干扰可能来自左侧，也可能来自右侧，θ 有正负之分，假设顺时针为正，逆时针为负。当 $\theta = 0$ 时，P 可取任意值，P-θ 关系为 OB 竖直线，既可以是 $P < r/l$ 的 OA 段，也可以是 $P > r/l$ 的 AB 段；当 $P = r/l$ 时，θ 可取任意值，P-θ 关系为 CC' 水平线，既可以是 $\theta > 0$ 的 AC 段，也可以是 $\theta < 0$ 的 AC' 段。上述 P-θ 关系是根据平衡条件推导得来的，显然各线段上任意一点都满足平衡方程，因此各线段也称为平衡路径。下面逐线段分析杆件的平衡状态：

OA 段：无干扰时杆件处于竖直平衡状态，有干扰时发生侧倾，由于 $P < r/l$，也即侧倾力矩 $Pl\theta$ 小于抵抗力拒 $r\theta$，撤除干扰后恢复力指向原位置，变形可恢复，说明 OA 段的平衡状态是稳定的。

AB 段：无干扰时杆件处于竖直平衡状态，有干扰时发生侧倾，由于 $P > r/l$，也即侧倾力矩 $Pl\theta$ 大于抵抗力拒 $r\theta$，撤除干扰后恢复力背离原位置，杆件倾斜不止，说明 AB 段的平衡状态是不稳定的。

AC 段和 AC' 段：无干扰时杆件处于竖直平衡状态（A 点），有干扰时会发生侧倾，

由于 $P = r/l$，也即侧倾力矩 $Pl\theta$ 等于抵抗力拒 $r\theta$，撤除干扰后无恢复力，杆件将停留在临近的倾斜位置并保持平衡，说明 AC 段和 AC' 段的平衡状态是随遇的。

曲线由 OA 段发展到 AB 段时，杆件由稳定平衡变为不稳定平衡，发生了失稳。A 点对应的荷载就是临界荷载 P_{cr}。对于实际工程中的构件，由于微小的干扰无处不在，AB 段并不存在。

图 1.12（c）这种用来分析平衡状态的荷载位移曲线也称平衡状态曲线，因平衡路径在 A 点出现了分岔，这类失稳称为平衡分岔失稳或平衡分枝失稳，也称第一类稳定问题，A 点称为分岔点或分枝点。

上述结果是根据小变形理论得到的，除了理想的弹簧铰悬臂刚压杆外，理想的轴心受压构件、受弯构件、四边简支受压薄板、受压薄壁圆柱壳等，由小变形理论得到的平衡状态曲线的形式都与图 1.12（c）类似，属于平衡分岔失稳，只是坐标轴的参数有所区别。

如果图 1.12 中的变形与杆件尺寸属于同量级，称为大变形，比如 $\delta = l$，则 $\theta = \pi/2$，显然 $\sin\theta \neq \theta$，需采用大变形理论来分析，将会有不同的结果，相关内容将在第 3 章讲述。由于结构失稳后受到干扰时变形可以持续发展，属于大变形范畴，屈曲后性能需要采用大变形理论来分析。根据大变形理论，平衡分岔失稳可分为稳定分岔失稳、不稳定分岔失稳两类。

（1）稳定分岔失稳

图 1.13（a）为理想的四边简支受压薄板，材料为弹性，板件初始平直，无缺陷，压力 P 沿板中面均匀分布且方向不变。板的平衡状态曲线见图 1.13（b），w 为板的挠度，OA 段处于稳定平衡状态，AB 段处于不稳定平衡状态，A 点对应的荷载为临界荷载。板件屈曲后，无干扰时在原位置保持平直（AB 段），有干扰时会发生波浪形凸曲变形，撤除干扰后变形继续发展，随着挠度的增加，板的两个侧边会对板产生显著的拉拽作用，限制了板挠度的快速发展，使得荷载可以继续增加，AB 曲线变为 AC 或 AC'，板件以凸曲状态保持稳定平衡，这类分岔失稳称为稳定分岔失稳。AC 及 AC' 为屈曲后性能曲线，最终承载力大于 P_{cr}，具有屈曲后强度，可以利用，相关内容将在第 7 章讲述。

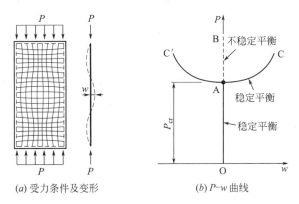

(a) 受力条件及变形　　　　(b) P-w 曲线

图 1.13　理想四边简支受压薄板的稳定分岔失稳（大变形）

除了理想的四边简支受压薄板外，理想的弹簧铰悬臂刚压杆、弹性轴心受压构件等在大变形条件下也属于稳定分岔失稳，均具有屈曲后强度，相关内容将在后续章节讲述。

（2）不稳定分岔失稳

图 1.14（a）为理想的受压薄壁圆柱壳，材料为弹性，壳体初始挺直，无缺陷，压力 P 均匀分布且方向不变。圆柱壳的平衡状态曲线见图 1.14（b），w 为壳壁挠度，OA 段处于稳定平衡状态，AB 段处于不稳定平衡状态，A 点对应的荷载为临界荷载。圆柱壳屈曲后，无干扰时壳壁在原位置保持挺直（AB 段），有干扰时壳壁产生凸曲变形，撤除干扰后变形继续发展，需要不断降低荷载才能维持平衡，AB 曲线变为 AC 或 AC'，壳体以凸曲状态保持不稳定平衡，这类分岔失稳称为不稳定分岔失稳。

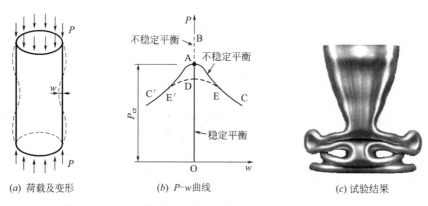

| (a) 荷载及变形 | (b) P-w 曲线 | (c) 试验结果 |

图 1.14　理想受压薄壁圆柱壳的不稳定分岔失稳（大变形）

如果圆柱壳存在初始缺陷，比如壳体不挺直等，在达到 P_{cr} 之前，壳体会由稳定平衡直接跳跃到非临近的不稳定平衡[12]，见图 1.14（b）中的 DEC 或 DE'C' 曲线，不经过分岔点 A，最大荷载低于 P_{cr}，说明对缺陷很敏感，试验结果见图 1.14（c）。设计这类结构时，如果无视缺陷的影响会导致严重后果。除了受压薄壁圆柱壳外，理想的受压薄壁方管、格构式缀条柱等都可能发生不稳定分岔失稳。

非对称结构的平衡状态曲线可能不对称，图 1.15（a）所示理想的 Γ 形刚架，梁柱刚接且长度均为 l，荷载 P 作用在柱顶，刚架的平衡状态曲线见图 1.15（b），θ 为梁柱节点的转角，顺时针为正，逆时针为负，OA 段处于稳定平衡状态，AB 段处于不稳定平衡状态，A 点对应的荷载为临界荷载。刚架失稳后受到干扰时，梁柱会发生弯曲变形，撤除干扰后变形持续发展，如果 θ 为正值，见图 1.15（c），AB 曲线变为 AC，荷载可以继续增加，刚架以弯曲状态保持稳定平衡；如果 θ 为负值，AB 曲线变为 AC'，需要不断降低荷载才能维持平衡，属于不稳定平衡。分岔点两侧的稳定状态不同，曲线非对称。

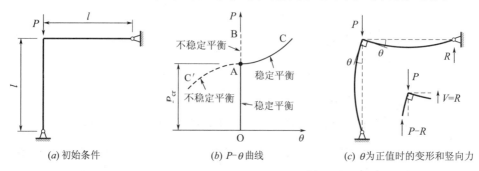

| (a) 初始条件 | (b) P-θ 曲线 | (c) θ 为正值时的变形和竖向力 |

图 1.15　理想 Γ 形刚架的非对称分岔失稳（大变形）

因梁柱间的夹角保持不变，梁柱同步转动，当 θ 为正值时，见图 1.15（c），梁右端产生向上的支反力 R，梁的剪力 $V=R$，柱的轴力由 P 变为 $P-R$，P 可以增大；当 θ 为负值时，柱的轴力由 P 变为 $P+R$，P 需要减小。这类结构也属于缺陷敏感型，P 在柱顶偏左或偏右会导致完全不同的结果。

1.3.2 极值点失稳

前面的分析对象均为理想条件下的结构，比如加载前构件处于挺直状态，材料为刚性或弹性，荷载无偏心等，实际工程结构难以完全满足上述条件，结构失稳的性质会发生变化。

图 1.16（a）所示矩形截面轴心受压构件，材料为弹塑性，加载前构件有初弯曲，最大初始挠度 v_0 位于构件中央，显然一经加载就会产生弯矩并使构件挠度进一步增大，如果将变形后的总挠度记作 v，见图 1.16（b），则中央截面的弯矩为 Pv，该弯矩是由变形引起的附加弯矩，称为二阶效应。在轴力和附加弯矩共同作用下，截面左侧应力最大，当左侧边缘纤维发生屈服时，荷载达到弹性最大值，记作 P_e；如果 P 继续增大，左侧一部分截面将进入塑性，构件已处于弹塑性状态。

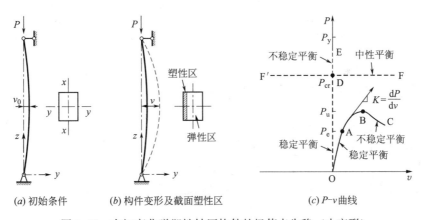

(a) 初始条件   (b) 构件变形及截面塑性区   (c) P-v 曲线

图 1.16 有初弯曲弹塑性轴压构件的极值点失稳（小变形）

构件的平衡状态曲线为图 1.16（c）中的 OABC 连续曲线，A 点以前构件为弹性，超过 A 点后进入弹塑性，构件的刚度 K 也即曲线斜率快速减小，变形加快，但在达到 B 点以前，$K>0$，构件以弯曲状态保持稳定平衡。超过 B 点后，$K<0$，构件以弯曲状态保持不稳定平衡。B 点的 $K=0$，是稳定平衡的极限，对应的荷载称为极限荷载，记作 P_u。由于构件始终处于弯曲平衡状态，平衡路径唯一，没有出现平衡路径的分岔点，而且曲线出现了极值点，故称为极值点失稳，也称为第二类稳定问题。

如果该轴心受压构件的材料为弹性，构件初始挺直，无缺陷，则平衡状态曲线为图 1.16（c）中的虚线部分，OD 段以挺直状态保持稳定平衡，DE 段以挺直状态保持不稳定平衡，DF 和 DF′ 段以弯曲状态保持随遇平衡，D 点对应的荷载为临界荷载 P_{cr}。如果该构件的材料为弹塑性，构件非常短且无缺陷，则构件始终以挺直状态保持稳定平衡，不会失稳，荷载可以持续增加，直到构件全截面屈服，也即发生了强度破坏，对应的荷载记作 P_y，显然 $P_y>P_{cr}>P_u$，相关内容将在第 4 章中讲述。

实际工程中的各类结构和构件不仅材料是弹塑性的，通常还会存在多种初始缺陷，这些因素都有可能导致发生极值点失稳，因此极值点失稳十分普遍。

1.3.3 跃越失稳

图 1.17（a）所示为理想的受压两铰扁圆拱，构件无缺陷，材料为弹性，作用有法向均布荷载 q，由结构力学知道，拱的内力只有轴压力。拱的平衡状态曲线见图 1.17（b），加载后拱会因轴向压缩变形产生微小的挠度 w，荷载不大时，轴压变形较小，拱在拱脚线的上方以受压状态保持稳定平衡（OA 段）；随着 q 的增大，轴压变形增大，当轴压变形达到一定程度时，拱会突然跳跃至拱脚线的下方，以受拉状态保持稳定平衡（CD 段），荷载可以继续增加。由 A 点到 C 点虽然过程短暂，但变形较大，而且经历了 AB 段不稳定平衡状态，该类稳定问题称为跃越失稳，A 点对应的荷载为临界荷载 q_{cr}。

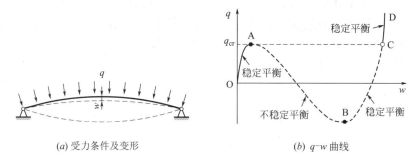

(a) 受力条件及变形　　　　　　*(b)* q-w 曲线

图 1.17　理想受压两铰扁圆拱的跃越失稳（大变形）

除了两铰扁圆拱外，各类扁拱、扁平壳以及起坡平缓的刚架等都有可能发生跃越失稳，跃越失稳对缺陷也非常敏感，设计时应充分考虑，相关内容将在第 9 章中讲述。

从荷载位移曲线上可以看出，平衡分岔失稳、极值点失稳、跃越失稳在本质上是不同的，区分上述几种失稳类型非常重要，否则很难进行准确的稳定分析。

1.4　稳定分析时需要考虑的因素

稳定分析是针对已变形结构的平衡状态分析，只要是影响变形和平衡方程的因素都会对稳定产生影响。对于不同的结构，影响稳定的因素不一定相同，但进行稳定分析时必须考虑二阶效应、材料非线性、初始缺陷、边界条件、荷载类型等因素。

1.4.1　二阶效应

从前面知道，结构位置或形状（简称位形）的变化会产生附加内力、附加变形等效应，这些效应通称为二阶效应。二阶效应分为 P-δ 效应和 P-Δ 效应两种，见图 1.18，P-δ 效应由构件的侧向变形 δ 产生，也称构件的二阶效应；P-Δ 效应由结构的侧移 Δ 产生，也称结构的二阶效应或重力二阶效应。

对于图 1.18（a）所示轴心受压构件，挺直时只有轴压力和压缩变形，一旦发生了侧向变形，z 坐标处截面内力除了轴压力外，还有变形引起的附加弯矩 M 和附加剪力 V，由于各截面的侧移 δ 不同，内力值也不同。附加内力还会使 δ 进一步增大，P 与 δ 为非线性关系，也称几何非线性。

对于图 1.18（b）所示柱顶作用有竖向荷载 P 的对称框架，挺直时柱内只有轴压力，梁不受力，一旦框架发生了侧移 Δ，就会产生附加倾覆力矩 $2P\Delta$，各构件的内力发生了显著变化，倾覆力矩还会使 Δ 进一步增大，P 与 Δ 也为非线性关系，属于几何非线性。有侧移框架不仅存在 P-Δ 效应，框架中的柱也存在 P-δ 效应，对框架进行稳定分析时，两种二阶效应均需要考虑。

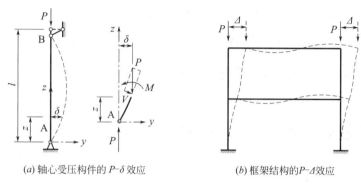

(a) 轴心受压构件的 P-δ 效应   (b) 框架结构的 P-Δ 效应

图 1.18　构件及结构的二阶效应

如果结构分析时的平衡方程、几何关系等是针对已变形结构建立的，该方法称为二阶分析法；如果是针对未变形结构建立的，称为一阶分析法，经典结构力学中的分析方法属于一阶分析法，无法考虑二阶效应。当构件或结构的刚度非常大时，二阶效应不显著，一阶分析、二阶分析结果区别不大。

一阶分析需要区分静定和超静定结构，但无需考虑位形的影响。稳定分析则无需区分静定和超静定，建立平衡方程时始终需要考虑位形的影响，由于位形与结构或构件的整体刚度有关，而非局部问题，导致稳定问题与结构或构件的整体密切相关，体现了稳定问题的整体性。

1.4.2　材料非线性

当材料的应力与应变关系不满足胡克定律时，称为材料非线性。工程中绝大多数材料的应力应变关系既存在线性段也存在非线性段，属于弹塑性材料，构件的屈曲大多发生在弹塑性阶段。

（1）钢材

图 1.19 为普通碳素结构钢在常温下单向静力拉伸时的应力应变（σ-ε）关系，OA 段为线性关系，处于弹性，卸载后变形能完全恢复，$\sigma = E\varepsilon$，E 为 OA 段斜率，称为弹性模量，A 点对应的 f_p 称为比例极限；ABCD 段为非线性关系，卸载后有不可恢复的塑性变形，其中 BC 段为屈服平台，波浪线下部位于同一条水平线上，对应的 f_y 称为屈服强度，也是钢材强度的标准值，CD 段为强化段，D 点对应的 f_u 称为抗拉强度。由于 A、B 点距离较近，将 OA 段延长与 BC 段水平线相交于 B′ 点，B′ 点对应的 ε_y 称为屈服应变，C 点对应的 ε_{st} 称为强化应变。钢材在单向静力压缩时的性能与拉伸时基本相同。

OA 段的变形模量就是弹性模量 E，为常数，可取 $E = 206000 \text{N/mm}^2$；AB 段的变形

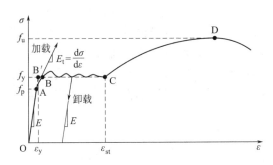

图 1.19　普通碳素结构钢单向拉伸时的 σ-ε 曲线

模量成为变量，曲线上各点的变形模量可用该点的切线模量 E_t 来表达：

$$E_t = \frac{\mathrm{d}\sigma}{\mathrm{d}\varepsilon} \tag{1.1}$$

E_t 可根据试验曲线来确定，对于 AB 段上任意一点的 E_t，也可按照 Bleich[8] 的建议公式计算：

$$E_t = \frac{\sigma(f_y - \sigma)}{f_p(f_y - f_p)} E \tag{1.2}$$

由于非线性段的变形模量是变化的，为方便使用，可进行适当的简化。考虑到常用结构钢的 f_p 一般为（0.75～0.8）f_y，而且屈服平台很长，ε_{st} 约为 ε_y 的 20～25 倍，实际使用中应变很难达到 ε_{st}，因此钢材的单向应力应变曲线可以简化成图 1.20（a）所示的理想弹塑性模型，水平段 E_t 为零。如果需要考虑钢材的强化作用，也可以采用图 1.20（b）所示的线性强化模型或者图 1.20（c）所示的双线性强化模型[13]，这两个强化模型能够解释构件受弯屈服形成塑性铰的过程中板件不会因屈服而产生屈曲的现象。在通常情况下，依据上述三种模型所得计算结果区别并不大，因此第一种模型应用最多。

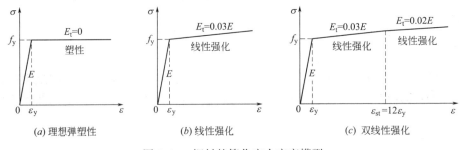

图 1.20　钢材的简化应力应变模型

钢材纯剪时剪应力 τ 与剪应变 γ 的关系与单向拉伸时类同，也存在剪切比例极限 τ_p 和剪切屈服点 τ_y，其中 $\tau_y = f_y/\sqrt{3}$。在 τ_p 以前，τ 与 γ 为线性关系，$\tau = G\gamma$，剪切模量 G 为常数，$G = 79000\mathrm{N/mm^2}$，G 与 E 的关系为 $G = E/[2(1+\nu)]$，泊松比 $\nu = 0.3$。超过 τ_p 以后，变形模量（记作 G_t）减小且为变量，考虑到 G_t 的变化对构件的弹塑性性能影响较小，G_t 可按下式近似计算[13]：

$\tau_p < \tau < \tau_y$ 时：$\qquad\qquad G_t = G$ 或 $G_t = G\dfrac{E_t}{E}$ $\qquad\qquad$ (1.3a)

$\tau \geqslant \tau_y$ 时： $\qquad G_t = G/4$ （1.3b）

取 $G_t = G E_t / E$ 主要是为了方便计算，也即非线性段的 G_t / E_t 等于线性段的 G/E。因剪切屈服后，泊松比 ν 趋向于 0.5，此时 G_t 约为 G 的 $1/3 \sim 1/4$，计算时也可近似取 $G_t = G/4$。

（2）混凝土

混凝土属于脆硬性材料，各向异性，抗拉强度远低于抗压强度。我国采用棱柱体试验来测定单轴向受压时的应力应变（σ_c-ε_c）关系，曲线由上升段和下降段组成，见图 1.21（a）。A 点以前接近直线，A 点应力为比例极限，B 点应力为轴心抗压强度，记作 f_c，B 点应变记作 ε_0。超过 B 点后，裂缝不断扩展、贯通，靠骨料间的咬合力、摩擦力以及残余承压面来承受荷载，达到 C 点时贯通的主裂缝已经很宽，内聚力耗尽，C 点称为收敛点，C 点应变为极限压应变，记作 ε_{cu}。不同强度混凝土的应力应变曲线有着相似的形状，随着 f_c 的提高，下降段坡度越来越陡，但 ε_0 变化不大，一般在 $0.0015 \sim 0.0025$ 之间波动。

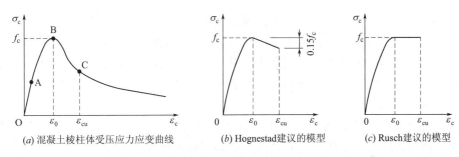

(a) 混凝土棱柱体受压应力应变曲线　　*(b)* Hognestad建议的模型　　*(c)* Rusch建议的模型

图 1.21　混凝土单轴向受压时的应力应变关系

常用的混凝土单轴向受压应力应变简化模型有两个，一个由 Hognestad 提出，见图 1.21（b），上升段为二次抛物线，下降段为斜直线，ε_0、ε_{cu} 分别取 0.002 和 0.0038，上升段和下降段的表达式分别为：

$\varepsilon_c \leqslant \varepsilon_0$ 时： $\qquad \sigma_c = f_c \left[2 \dfrac{\varepsilon_c}{\varepsilon_0} - \left(\dfrac{\varepsilon_c}{\varepsilon_0} \right)^2 \right]$ （1.4a）

$\varepsilon_0 < \varepsilon_c \leqslant \varepsilon_{cu}$ 时： $\qquad \sigma_c = f_c \left(1 - 0.15 \dfrac{\varepsilon_c - \varepsilon_0}{\varepsilon_{cu} - \varepsilon_0} \right)$ （1.4b）

另一个简化模型由 Rusch 提出，见图 1.21（c），上升段也为二次抛物线，表达式同式（1.4a），ε_0、ε_{cu} 分别取 0.002 和 0.0035，下降段则改为水平线，表达式为 $\sigma_c = f_c$。

1.4.3　初始缺陷

理想构件是为简化问题的研究而假设的，实际工程中的结构及构件或多或少存在初始缺陷。按性质不同，初始缺陷可以分为几何缺陷、力学缺陷两大类。

（1）几何缺陷

几何缺陷是由加工、制作或安装引起的在形状、尺寸、位置等方面的偏差，比如结构初始侧倾、构件初弯曲、荷载初偏心等。以轴心受压构件为例，构件初弯曲、荷载初偏心的形式很多，如图 1.22 所示，初弯曲可能是正弦半波，也可能为任意曲线，构件两端偏心距 e_1、e_2 不一定相同，而且可能位于构件两侧。由于几何缺陷会产生二阶效应，对稳定承载力有降低作用，稳定分析时必须考虑。

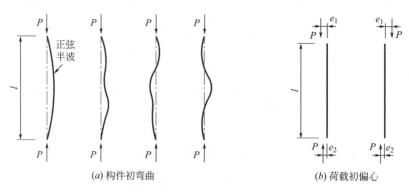

(a) 构件初弯曲

(b) 荷载初偏心

图 1.22　轴心受压构件的初弯曲和初偏心形式

（2）力学缺陷

力学缺陷是指实际力学性能与理想计算模型之间的差异，比如材料不均匀、钢构件的残余应力等。对钢材而言，材料接近各向同性，无须考虑材料不均匀，但残余应力无法避免，生产、加工过程中都会产生。残余应力是自相平衡的内部应力，与外荷载无关。钢构件既有残余压应力，也有残余拉应力，而且通常是三维应力，影响稳定的主要是与构件长度方向平行的纵向残余应力。

纵向残余应力在构件截面上的分布形式多种多样[14,15]，见图 1.23，图中正号表示残余压应力，负号表示残余拉应力。残余应力的分布形式和大小不仅与生产工艺、加工过程有关，也与构件截面的组成形式、板件厚度等有关。焊接残余应力的峰值很高，基本都达到了钢材屈服强度 f_y。

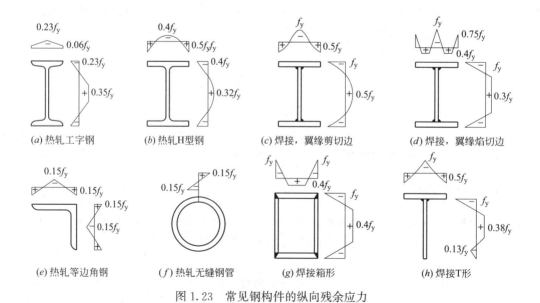

(a) 热轧工字钢　　　　(b) 热轧H型钢　　　　(c) 焊接，翼缘剪切边　　　(d) 焊接，翼缘焰切边

(e) 热轧等边角钢　　　(f) 热轧无缝钢管　　　(g) 焊接箱形　　　　　(h) 焊接T形

图 1.23　常见钢构件的纵向残余应力

由于残余压应力与外荷载产生的纵向压应力相叠加会使部分截面提前进入塑性，减小了截面的弹性区域，降低了构件刚度，变形加大，二阶效应显著，对稳定承载力有降低作

用，因此稳定分析时也必须考虑。残余应力对稳定的影响程度主要取决于残余压应力的大小和分布位置。

1.4.4 边界条件

建立和求解结构的平衡方程都要用到边界条件，结构的刚度也和边界条件有很大关系。图 1.24 所示三个理想的弹性轴心受压构件，除边界条件外其余参数均相同，假设构件受干扰时只在图示平面内发生弯曲变形，则变形形式和变形能力各不相同，悬臂构件最柔弱，P_{cr} 最低，两端铰接构件、两端固接构件的 P_{cr} 分别是悬臂构件的 4 倍和 16 倍，图中 EI 为构件的抗弯刚度。如果在构件中部增设侧向支撑来约束侧向位移，P_{cr} 还会显著提高，当侧向支撑数量足够多时，构件不会发生失稳。

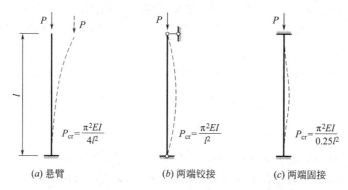

图 1.24 不同边界条件下理想轴压构件的变形及临界荷载

结构中构件的边界条件都由与之相连的其余构件提供，约束大小与其余构件密切相关，这再一次说明稳定问题具有整体性和相关性。绝大多数构件的边界条件在受力过程中可近似看作恒定不变，但也存在特例，比如摩擦接触类边界、构件的半刚性连接等，上述边界条件随着结构内力的变化而显著变化，对变形和平衡方程的影响不可忽略，这类非线性称为边界非线性。

图 1.25 所示梁与柱采用端板螺栓连接，当节点域的剪切刚度或端板的抗弯刚度不大时，在梁端弯矩 M 作用下，节点域剪切变形、端板弯曲变形引起的梁端转角 θ 不可忽略，柱对梁的约束既不能看作刚接也不能看作铰接，为半刚性连接。如果将柱对梁的转动约束

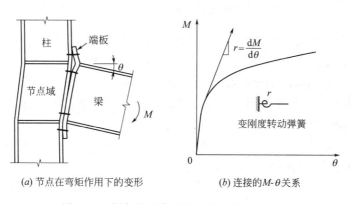

图 1.25 梁与柱的半刚性连接及其转动刚度

视为转动弹簧[16]，则弹簧转动刚度 $r = \mathrm{d}M/\mathrm{d}\theta$，属于边界非线性，影响梁平衡方程的建立与求解，对梁的稳定有影响[17]。

1.4.5 其他因素

除了上述因素之外，构件的截面形式、作用在结构或构件上的荷载类型以及荷载作用点位置等，都可能引起临界荷载甚至是失稳形式的变化。

（1）构件的截面形式

以两端铰接轴心受压钢构件为例，在长度和截面面积都相同的情况下，空心的钢管截面构件要比实心的圆钢截面构件刚度大，临界荷载高，这也是钢构件普遍采用宽肢薄壁截面的原因。

还以两端铰接轴心受压钢构件为例，根据屈曲变形不同，失稳形式有弯曲屈曲、扭转屈曲和弯扭屈曲三种，显然构件的失稳形式取决于构件的刚度，而刚度又与截面形式有关，比如，钢管截面构件只能发生弯曲屈曲（图 1.8），十字形截面构件可能发生弯曲屈曲，也可能发生扭转屈曲（图 1.2），需要具体分析确定，而无对称轴的截面构件只能发生弯扭屈曲。

（2）荷载类型及荷载作用点位置

图 1.26（a）所示两个简支梁，边界条件、跨度和截面尺寸均相同，但荷载不同，分别作用有跨中集中荷载 Q 和端弯矩 M，尽管两个构件的最大弯矩都是 $Ql/4$，但构件的变形曲线、平衡方程并不同，得到的临界荷载也不同。受弯构件的失稳形式唯一，只有弯扭屈曲，见图 1.9。

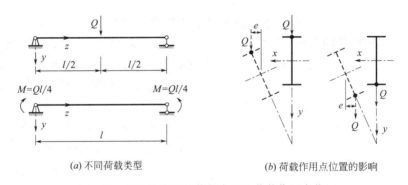

（a）不同荷载类型　　　　　　　　　（b）荷载作用点位置的影响

图 1.26　理想简支的荷载类型及荷载作用点位置

对于跨中央作用有 Q 的双轴对称工字形截面简支梁，荷载作用点位置不同也会引起临界荷载的变化，如图 1.26（b）所示，当 Q 作用在上翼缘时，一旦梁发生侧向弯曲和扭转变形，偏心距 e 会引起附加扭矩 Qe，加速截面扭转，临界荷载降低；当 Q 作用在下翼缘时，Qe 对截面扭转有抑制作用，临界荷载提高。上述两种情况下的临界荷载相差很大，甚至可以相差一倍[18,19]。

由此可见，稳定分析需要考虑的因素很多，是一项十分复杂的工作，上述诸因素对各类构件及结构稳定的影响将在后续章节中进行详细讲述。

1.5 稳定问题与强度问题的区别

虽然强度问题和稳定问题都是工程设计中必须解决的涉及结构安全性的问题，但通过前面的初步探讨可以发现，二者之间有着本质的区别，不能混淆。

1) 强度问题是最不利截面的承载能力问题，与整体无关；稳定问题是整个结构是否处于稳定平衡状态的问题，具有整体性和相关性。

2) 强度计算是求出最不利截面的内力，稳定计算是求出结构的稳定承载力。

3) 强度设计的目的是防止最不利截面内力超过由材料强度确定的承载力，稳定设计的目的是防止荷载超过结构的稳定承载力。

4) 强度分析可以采用一阶或二阶方法，稳定分析只能采用二阶方法。

5) 强度问题与材料强度密切相关，与刚度无关；稳定问题与结构刚度密切相关，与材料强度无关。

6) 强度破坏后荷载不会增加；失稳后荷载有可能提高，但不会超过强度破坏时的荷载。

7) 强度问题可以采用叠加原理，稳定问题通常不能采用叠加原理。

思考与练习题

1.1 你是如何理解失稳的？失稳后承载力一定下降吗？

1.2 按失稳性质不同，失稳可以划分为哪几类？

1.3 稳定分析时需要考虑的因素有哪些？

1.4 何为二阶效应？为什么稳定分析需要采用二阶分析法？

1.5 钢材的应力应变关系为什么可以简化成理想弹塑性模型？

1.6 构件的初始缺陷有哪些？

1.7 残余应力为什么会影响构件的整体稳定？

1.8 稳定问题与强度问题有哪些区别？

1.9 求解图 1.27 中所示刚性压杆的临界荷载 P_{cr}，水平弹簧的拉压刚度为 k。

1.10 求解图 1.28 中所示 L 形刚性杆体系的临界荷载 P_{cr}，竖向弹簧的拉压刚度为 k。

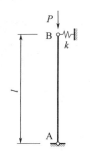

图 1.27 习题 1.9 图

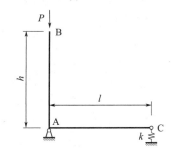

图 1.28 习题 1.10 图

参考文献

[1] 李著璟.西奥多·库珀——魁北克大桥失事记 [J].工程力学，1997，14（4）：139-144.

[2] 童根树.轴压杆偏心支撑的有效性及 Hartford 体育馆网架破坏原因分析 [J].西安冶金建筑学院学报，1990，22（3）：221-231.

[3] Smith E. A., Epstein H. I. Hartford Coliseum roof collapse: structural collapse sequence and lessons learned [J]. Civil Engineering, ASCE, 1980, 50（4）：59-62.

[4] Loomis R. S. et al. Torsional buckling study of Hartford Coliseum [J]. Journal of Structural Division, ASCE, 1980, 106（ST1）：211-237.

[5] 周绪红，郑宏.结构稳定理论 [M].北京：高等教育出版社，2010.

[6] 郭兵，雷淑忠.钢结构的检测鉴定与加固改造 [M].北京：中国建筑工业出版社，2006.

[7] Vlasov V. Z. Thin-walled elastic beams（2nd Edition）[M]. Jerusalem：Israel Program for Scientific Translation, 1961.

[8] Bleich F. Buckling strength of metal structures [M]. New York：McGraw-Hill, 1952.中译本：同济大学钢木教研室译，金属结构的屈曲强度 [M].北京：科学出版社，1965.

[9] Shanley F. R. Inelastic columntheory [J]. Journal of the Aeronautical Sciences, 1947, 14（5）：261-268.

[10] Barsoum R. S., Gallagher R. H. Finite element analysis of torsional and torsional-flexural stability problems [J]. International Journal for Numerical Method in Engineering, 1970, 2（3）：335-352.

[11] Chen W. F., Liu E. M. Structural stability-theory and implementation [M]. New York：Elsevier, 1987.

[12] Von Karman T., Tsien H. S. The buckling of thin cylindrical shells under axial compression [J]. Journal of the Aeronautical Sciences, 1941, 8（8）：303-312.

[13] 陈骥.钢结构稳定理论与设计（第六版）[M].北京：科学出版社，2014.

[14] 王国周.热轧普通工字钢和焊接工字钢残余应力的测量 [R].清华大学，1983.

[15] 陈绍蕃.钢结构设计原理（第二版）[M].北京：科学出版社，1998.

[16] 郭兵，王磊，王颖，等.钢框架梁柱连接节点的转动刚度试验研究 [J].建筑结构学报，2011，32（10）：82-89.

[17] 陈爱国，郭兵，赵海元.半刚接钢框架的弹性屈曲研究 [C] //第十届全国结构工程学术会议论文集（第Ⅲ卷），2001：113-116.

[18] 郭兵，孙乃毅，杨大彬.简支梁弹性临界弯矩计算方法研究进展 [J].山东建筑大学学报，2017，32（1）：69-77.

[19] 郭兵，管海龙，褚昊.复杂荷载作用下单向受弯简支钢梁的弹性临界弯矩 [J].建筑结构学报，2017，38（11）：166-173.

第 2 章　薄壁构件的弯曲与扭转

2.1　概　述

薄壁构件由薄板或薄壳组成，有以下两个几何特征[1]：构件长度与截面代表尺寸之比不小于10，截面代表尺寸与板厚之比不小于10。钢构件大多细长且宽肢薄壁，属于典型的薄壁构件，有些混凝土构件也属于薄壁构件。薄壁构件的截面形式有开口和闭口两种，如图 2.1 所示，图中截面代表尺寸 b、h、d 分别为板件中面（1/2 板厚）处的尺寸。本章主要研究开口截面，对闭口截面仅做简要讨论。

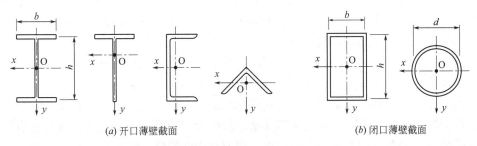

(a) 开口薄壁截面　　　　　　　　　　　　(b) 闭口薄壁截面

图 2.1　薄壁构件的常见截面类型

从上一章知道，稳定分析时需要施加微小的干扰，并且针对变形后的结构建立平衡方程。由于薄壁构件受到干扰时可能会发生弯曲变形、扭转变形，或者在弯曲的同时伴随着扭转，因此在稳定分析前需要解决弯曲与扭转的应力、位移、平衡方程等基本问题。

弹性构件弯曲与扭转的研究历史较长，但早期研究并非针对薄壁构件。1750 年 Euler 与 Bernoulli 提出了梁弯曲时的平截面假定，并给出了曲率与弯矩的关系，因忽略了剪切变形的影响，只能适用于细长梁；1921 年 Timoshenko 提出了能够考虑剪切变形的梁理论，可以适用于深梁；1784 年 Coulomb 研究了圆杆的扭转，给出了扭矩与扭转角的关系；19 世纪中叶，Saint-Venant 给出了自由扭转问题的一般解，解决了自由扭转问题。1905 年 Timoshenko 针对薄壁构件提出了能考虑翘曲影响的弯扭平衡方程；1929 年 Wagner[2] 对薄壁构件的约束扭转进行了研究，提出了刚周边假定，并给出了弯扭平衡方程。到 20 世纪中叶，Vlasov[1]、Timoshenko[3]、Bleich[4] 等学者在其著作中逐步将经典弹性弯扭理论系统化。

薄壁构件的板厚远小于截面代表尺寸，弯曲和约束扭转时的正应力沿板厚方向变化较小，可近似认为均匀分布，因此可用由板件中面组成的构件中面作为研究对象，如图 2.2（a）所示。

开口薄壁构件的弹性弯曲和扭转分析较为复杂，需引入适当的假定，Vlasov[1] 给出

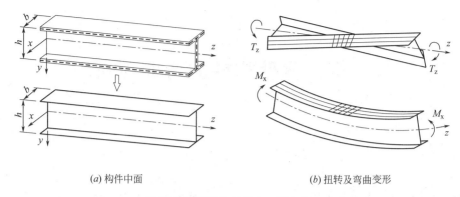

(a) 构件中面   (b) 扭转及弯曲变形

图 2.2 工字形截面薄壁构件的中面及扭转和弯曲变形

的假定如下：

1）材料满足胡克定律，且构件的变形属于小变形范畴。

2）在弯曲和扭转过程中，构件的横截面形状保持不变，也称刚周边假定[2]。如图 2.2 （b）所示，在绕纵轴扭矩 T_z 作用下，尽管横截面有凹凸变形（称为翘曲），但在 z 轴法平面内的投影仍保持为原来形状；在绕 x 轴的弯矩 M_x 的作用下，横截面形状不变，且无翘曲，说明平截面假定是刚周边假定的特例。

3）构件中面内的剪应变为零。在满足开口薄壁构件尺寸限值的条件下，弯曲和扭转在构件中面内产生的剪应变对构件的内力分布影响很小，可忽略。

利用上述假定得到的分析结果已得到广泛验证，比较精确。本章将首先介绍薄壁构件的各类截面特性及扇性坐标，然后介绍薄壁构件的弯扭变形通用表达式，接着重点探讨薄壁构件的弹性弯曲和扭转理论，最后简单介绍薄壁构件的极限强度与变形。

2.2 薄壁构件的截面特性及扇性坐标

2.2.1 截面特性

从材料力学中已经知道，用直角坐标 x、y 表达的截面几何特性很多[5]，比如静矩 S_x 和 S_y、惯性矩 I_x 和 I_y、惯性积 I_{xy}、极惯性矩 I_p、回转半径 i_x 和 i_y、极回转半径 i_0 等，以上诸特性的表达式如下：

$$S_x = \int_A y \mathrm{d}A = A y_0 , \quad S_y = \int_A x \mathrm{d}A = A x_0 \tag{2.1a}$$

$$I_x = \int_A y^2 \mathrm{d}A , \quad I_y = \int_A x^2 \mathrm{d}A , \quad I_{xy} = \int_A x y \mathrm{d}A \tag{2.1b}$$

$$I_p = \int_A y^2 \mathrm{d}A + \int_A x^2 \mathrm{d}A = I_x + I_y \tag{2.1c}$$

$$i_x = \sqrt{I_x/A} , \quad i_y = \sqrt{I_y/A} \tag{2.1d}$$

$$i_0 = \sqrt{I_p/A} = \sqrt{(I_x + I_y)/A} = \sqrt{i_x^2 + i_y^2} \tag{2.1e}$$

式中：A 为截面面积；x_0、y_0 分别为截面形心 O 点的坐标，见图 2.3。

当坐标原点位于截面形心 O 时，$x_0 = y_0 = 0$，由式（2.1a）可知静矩 $S_x = S_y = 0$。过

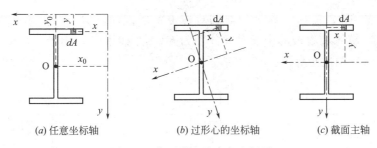

(a) 任意坐标轴　　　　(b) 过形心的坐标轴　　　　(c) 截面主轴

图 2.3　截面形心及直角坐标系

形心的坐标轴很多，见图 2.3（b）、（c），如果使惯性积 $I_{xy}=0$，则对应的坐标轴称为主轴，图 2.1 中的坐标轴均为主轴。

2.2.2　扇性坐标

图 2.4（a）所示任意薄壁截面，x、y 坐标原点 A 为平面内任意点，板厚 t 沿板中线为变量，但沿 z 轴不变，为等截面杆。因板件较薄，截面可用板中线来表示，见图 2.4（b），称为截面中线，截面中线可用曲线坐标 s 来表达，假设 s 以截面中线上任意点 B 为起始点（$s=0$，称为零点），BC 段中线长为 s，微段 CD 长为 ds，从 C 点做中线的切线 CE，再从平面内任意点 F（称为极点）做 CE 的垂线 FG，FG 的长度记作 ρ（称为极距）。当 ds 足够小时，极点 F 与 ds 组成的扇形 FCD 的面积为 $0.5\rho ds$，令微分

$$d\omega = 2 \times 0.5\rho ds = \rho ds$$

则
$$\omega = \int_0^s \rho ds \tag{2.2}$$

式中：ω 称为从 0 到 s 板段对极点 F 的扇性坐标或扇性面积，其物理含义是两倍的扇形 FBC 面积，ω 的量纲与面积相同；当积分方向（从 0 到 s）为绕极点逆时针时，极距 ρ 取正值，反之 ρ 取负值。

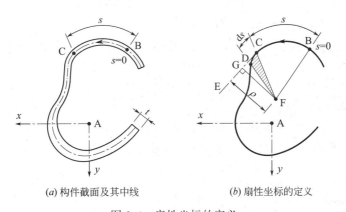

(a) 构件截面及其中线　　　　(b) 扇性坐标的定义

图 2.4　扇性坐标的定义

扇性坐标的零点、极点都可以任意选取，零点和极点不同，ω 不同。由于式（2.2）中的积分下限始终为零点，因此零点处的扇性坐标始终为零，与极点位置无关。工程中常见薄壁截面大多由若干块相互垂直或平行的平板组成，见图 2.1，各板件的 ρ 为定值，ds 为板长，扇性坐标的计算很方便。

【例题 2.1】 图 2.5（a）所示为双轴对称工字形截面，剪心 S（将在第 2.5 节讲述）与形心 O 重合，翼缘和腹板的中线尺寸分别为 b、h。如果以 S 为极点，试分别计算零点取 A 点、B 点时的扇性坐标。

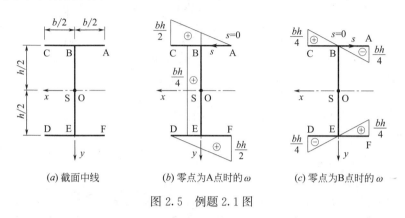

图 2.5　例题 2.1 图

【解】　1）零点为 A 点时的扇性坐标

AC 板段的积分方向绕极点逆时针，极距为正值，$\rho_{AC} = h/2$，代入式（2.2）可得板段扇性坐标：

$$\omega_{AC} = \int_0^s \rho_{AC} ds = \frac{h}{2} s \Big|_0^s \tag{1}$$

A、B、C 三点的 s 为 0、$b/2$、b，分别代入上式可得 $\omega_A = 0$、$\omega_B = bh/4$、$\omega_C = bh/2$，见图 2.5（b）。

由扇性坐标的定义可知，任意板段的积分都需要从零点开始，因此 BE 板段的积分路径为 ABE，其中 AB 板段和 BE 板段的极距不同，分别为 $\rho_{AB} = h/2$、$\rho_{BE} = 0$，需要分段积分：

$$\omega_{BE} = \int_0^s \rho ds = \int_0^{b/2} \rho_{AB} ds + \int_{b/2}^s \rho_{BE} ds = \frac{b}{2} \times \frac{h}{2} + 0 \times s \Big|_{b/2}^s = \frac{bh}{4} \tag{2}$$

BE 板段上各点的扇性坐标均为 $bh/4$。

ED 板段的积分路径为 ABED，其中 ED 板段的极距为负值，$\rho_{ED} = -h/2$，由式（2.2）可得：

$$\omega_{ED} = \int_0^{b/2} \rho_{AB} ds + \int_{b/2}^{b/2+h} \rho_{BE} ds + \int_{b/2+h}^s \rho_{ED} ds = \frac{bh}{4} + 0 - \frac{h}{2} s \Big|_{b/2+h}^s \tag{3}$$

D 点的 $s = b + h$，代入上式得 $\omega_D = bh/4 - bh/4 = 0$。

EF 板段的积分路径为 ABEF，其中 EF 板段的极距为正值，$\rho_{EF} = h/2$，由式（2.2）可得：

$$\omega_{EF} = \int_0^{b/2} \rho_{AB} ds + \int_{b/2}^{b/2+h} \rho_{BE} ds + \int_{b/2+h}^s \rho_{EF} ds = \frac{bh}{4} + 0 + \frac{h}{2} s \Big|_{b/2+h}^s \tag{4}$$

F 点的 $s = b + h$，代入上式得 $\omega_F = bh/2$。

2）零点为 B 点时的扇性坐标

采用上述方法同样可以得到截面的扇性坐标，见图 2.5（c），与图 2.5（b）明显不同，说明零点位置不同则扇性坐标不同。同样道理，如果极点位置不同，扇性坐标也不同。

由例题 2.1 可看出，当极点、零点的位置都适当时，可使整个截面的扇性坐标积分为零，即

$$\int_s \omega t \, \mathrm{d}s = \int_A \omega \, \mathrm{d}A = 0 \tag{2.3}$$

满足上式的扇性坐标称为主扇性坐标，记作 ω_n。对于任意截面，主扇性坐标都是唯一的。开口截面的主扇性坐标可按下式计算[6]：

$$\omega_n = \omega_s - \frac{1}{A} \int_A \omega_s \, \mathrm{d}A \tag{2.4}$$

式中：ω_s 是以剪心 S 为极点、以截面任意点为零点得到的扇性坐标，如图 2.5（b）所示，A 为截面积。

由上式可以看出，开口截面上任意一点的 ω_n 等于该点的 ω_s 减去全截面的平均扇性坐标，如果计算 ω_s 时选择的零点合适，正好使得全截面 ω_s 积分为零，则 ω_s 就是 ω_n，图 2.5（c）即是如此。

常见开口截面的主扇性坐标见图 2.6（a），对于 T 形、L 形、十字形截面，因剪心 S 位于板件交点处，以剪心作为极点时各板件的极距为零，故截面各点的主扇性坐标均为零。

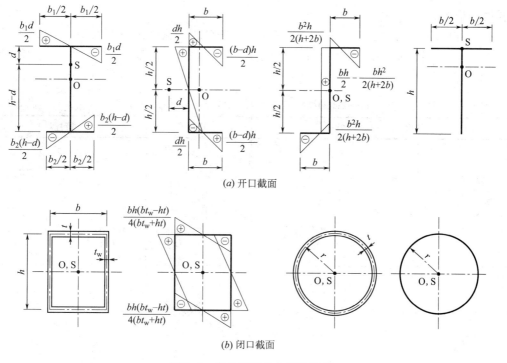

(a) 开口截面

(b) 闭口截面

图 2.6　常见截面的主扇性坐标

对闭口截面，主扇性坐标 ω_n 可按下式计算[6]：

$$\omega_n = \overline{\omega} - \frac{1}{A} \oint \overline{\omega} \, \mathrm{d}A \tag{2.5a}$$

$$\overline{\omega} = \omega_s - \frac{2A_s}{\oint \frac{1}{t} \mathrm{d}s} \int_0^s \frac{1}{t} \mathrm{d}s \tag{2.5b}$$

式中：t 为板件厚度；A_s 为截面中线所围面积，矩形管 $A_s = bh$，圆管 $A_s = \pi r^2$，b、h、r 见图 2.6（b）。

工程中常用的闭口截面是箱形和圆管，其主扇性坐标见图 2.6（b），图中的 t、t_w 分别为箱形截面翼缘和腹板厚度。对圆管截面，各点的主扇性坐标为零。

扇性坐标 ω 可用来表达截面的几何特性，比如扇性静矩 S_ω、扇性惯性矩 I_ω：

$$S_\omega = \int_A \omega \, \mathrm{d}A, \quad I_\omega = \int_A \omega^2 \, \mathrm{d}A \tag{2.6}$$

如果将上式中的 ω 改为主扇性坐标 ω_n，则对应的 S_ω、I_ω 分别称为翘曲静矩、翘曲惯性矩：

$$S_\omega = \int_A \omega_n \, \mathrm{d}A, \quad I_\omega = \int_A \omega_n^2 \, \mathrm{d}A \tag{2.7}$$

对于由 m 块直板段组成的开口截面，根据上述定义，翘曲惯性矩 I_ω 的计算可简化为[6]：

$$I_\omega = \frac{1}{3} \sum_{i=1}^{m} (\omega_{n, i_1}^2 + \omega_{n, i_1} \omega_{n, i_2} + \omega_{n, i_2}^2) s_i t_i \tag{2.8}$$

式中：ω_{n, i_1}、ω_{n, i_2} 分别为第 i 块板起点、终点的主扇性坐标；s_i、t_i 分别为第 i 块板的中线长度、板厚。

常见截面的 I_ω 计算公式见表 2.1，其中 O、S 分别为截面的形心和剪心，x、y 为截面主轴，r、h、b、b_1、b_2、a 等为板的中线尺寸，t、t_w、t_1、t_2 等为板厚，x_s、y_s 为剪心 S 的坐标。

常见截面的扇性惯性矩 I_ω 及剪心坐标（x_s，y_s） 表 2.1

截面	特性	截面	特性
	$x_s = 0, y_s = 0$ $I_\omega = 0$		$x_s = 0, y_s = h_1 - d$ $h_1 = \dfrac{2b_2 t_2 h + h^2 t_w}{2(b_1 t_1 + b_2 t_2 + h t_w)}$ $d = \dfrac{b_2^3 t_2}{b_1^3 t_1 + b_2^3 t_2} h$ $I_\omega = \dfrac{h^2}{12} \cdot \dfrac{b_1^3 t_1 b_2^3 t_2}{b_1^3 t_1 + b_2^3 t_2}$
	$x_s = 0, y_s = 0$ $I_\omega = \dfrac{I_y h^2}{4}$		$x_s = 0, y_s = \dfrac{b}{2\sqrt{2}}$ $I_\omega = \dfrac{b^3 t^3}{18}$ 薄壁时可取 $I_\omega = 0$
	$x_s = 0, y_s = 0$ $I_\omega = \dfrac{1}{9} b^3 t^3$ 薄壁时可取 $I_\omega = 0$		$x_s = 0, y_s = 0$ $I_\omega = \dfrac{b^2 h^2}{24} (h t_w + b t) \left(\dfrac{b t_w - h t}{b t_w + h t} \right)^2$ 对方管，$I_\omega = 0$

续表

截面	特性	截面	特性
$b \times t$ | S, y_s, x, O, $h \times t_w$, y	$x_s = 0,\ y_s = \dfrac{h^2 t_w}{2(bt + ht_w)}$ $I_\omega = \dfrac{1}{36}\left(\dfrac{b^3 t^3}{4} + h^3 t_w^3\right)$	$b \times t$, $a \times t$, d, e, S, O, x, $h \times t$, y, $b \times t$, $a \times t$	$x_s = d + e,\ y_s = 0$ $d = \dfrac{bt(3bh^2 + 6ah^2 - 8a^3)}{12 I_x}$ $e = \dfrac{b^2 + 2ab}{h + 2b + 2a}$ $I_\omega = \dfrac{b^2 t}{6}(bh^2 + 3ah^2 + 6a^2 h + 4a^3) - I_x d^2$
$b \times t$, d, e, S, O, x, $h \times t_w$, y, $b \times t$	$x_s = d + e,\ y_s = 0$ $d = \dfrac{b^2 h^2 t}{4 I_x},\ e = \dfrac{b^2 t}{2bt + ht_w}$ $I_\omega = \dfrac{b^3 h^2 t}{12} \cdot \dfrac{3bt + 2ht_w}{6bt + ht_w}$	$b \times t$, x, S, O, $h \times t$, $b \times t$, y	$x_s = 0,\ y_s = 0$ $I_\omega = \dfrac{b^3 h^2 t}{12} \cdot \dfrac{b + 2h}{h + 2b}$

2.3　薄壁构件的弹性弯扭变形

图 2.7（a）所示任意开口截面构件，z 坐标处截面中线见图 2.7（b）中的实线，x、y 坐标原点 A 为平面内任意点，B（x_0，y_0）为中线坐标 s 的起始点，C（x，y）为中线上任意点。在平面内选择任意点 S（x_s，y_s）作为参考点，根据第 2.1 节中的刚周边假定可知，S 点与整个截面刚性地联系在一起，中线上任意点在平面内的位移都可以用 S 点沿 x 向位移 u、沿 y 向位移 v 以及截面的扭转角 θ 来表达，u、v、θ 都是坐标 z 的函数，即 u（z）、v（z）、θ（z），θ 的正负号按右手法则确定，逆时针为正，反之为负。

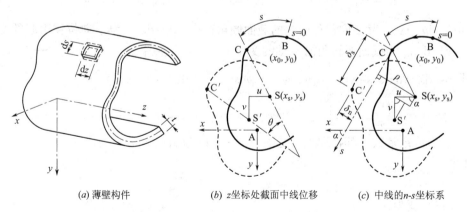

（a）薄壁构件　　　（b）z 坐标处截面中线位移　　　（c）中线的 n-s 坐标系

图 2.7　任意截面构件的坐标与弯扭位移

现建立一组随 C 点移动的新坐标系，见图 2.7（c），原点位于 C，法线方向为 n 轴，切线方向为 s 轴，第三个坐标轴与 z 轴平行。任意点 C 的空间位移可用沿 n、s、z 轴方向的位移 δ_n、δ_s、w 来表达，这三个位移都是 s 和 z 的函数。

构件发生弯曲和扭转后（虚线为变形后位置），C 点沿切线方向的位移 δ_s 可用 S 点沿 x、y 方向的位移 u、v 以及截面扭转角 θ 来表达：

$$\delta_s = u\cos\alpha + v\sin\alpha + \rho\theta \tag{2.9}$$

式中：α 为 s 轴对 x 轴的倾角，见图 2.7（c），自 x 轴到 s 轴逆时针时为正，反之为负；ρ 为 S 点到 s 轴的垂直距离，由 B 到 C 逆时针时为正，反之为负；α 和 ρ 都是 s 的函数。

从图 2.7（a）构件中取出长为 dz、宽为 ds 的中面微元体，见图 2.8（a），沿 s、z 方向分别发生位移 δ_s 和 w 后，由弹性力学可知，中面内的剪应变 γ 可用下式表达：

$$\gamma = \frac{\partial w}{\partial s} + \frac{\partial \delta_s}{\partial z} \tag{2.10}$$

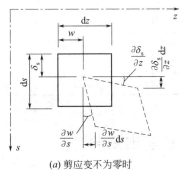

(a) 剪应变不为零时

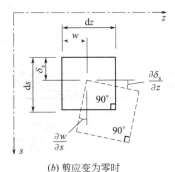

(b) 剪应变为零时

图 2.8　中面微元体的剪应变

因第 2.1 节中已假定中面剪应变为零，如图 2.8（b）所示，可得：

$$\frac{\partial w}{\partial s} = -\frac{\partial \delta_s}{\partial z} \tag{2.11}$$

将式（2.9）代入上式，并沿中线积分（自 $s=0$ 积分至 s 点），可得沿 z 轴位移：

$$w = -\int_0^s \frac{\partial \delta_s}{\partial z}ds = -u'\int_0^s \cos\alpha ds - v'\int_0^s \sin\alpha ds - \theta'\int_0^s \rho ds \tag{2.12}$$

式中：$u' = du/dz$，为 x 向位移引起的截面倾角；$v' = dv/dz$，为 y 向位移引起的截面倾角；$\theta' = d\theta/dz$，为截面扭转角沿 z 轴的变化率，也称扭转率。

因 $\cos\alpha ds = dx$、$\sin\alpha ds = dy$、$\omega = \int_0^s \rho ds$，上式变为：

$$w = -u'\int_0^s dx - v'\int_0^s dy - \theta'\omega = w_B + u'x_0 + v'y_0 - (u'x + v'y + \theta'\omega) \tag{2.13}$$

式中：w_B 为待定常数，其物理含义是图 2.7 中 s 的起始点 B 沿 z 向位移。

如果令

$$w_0 = w_B + u'x_0 + v'y_0 \tag{2.14}$$

则式（2.13）变为：

$$w = w_0 - (u'x + v'y + \theta'\omega) \tag{2.15}$$

这就是构件发生弯扭后截面中线上任意一点沿 z 向位移的通用表达式，可以看出，截面中线上任意一点沿 z 向位移可以通过任意参考点 S 的相关参数来表达。

2.4　薄壁构件的弹性弯曲方程与应力

2.4.1　弯曲平衡微分方程及弯曲正应力

构件只有弯曲没有扭转时，$\theta'=0$，由式（2.15）可得截面中线上任意一点的 z 向位移表达式：

$$w=w_0-(u'x+v'y) \tag{2.16}$$

利用上式可以计算出截面中线上任意一点的纵向应变 ε 和纵向应力 σ（以受拉为正）：

$$\varepsilon=\frac{\partial w}{\partial z}=w_0'-(u''x+v''y) \tag{2.17}$$

$$\sigma=E\varepsilon=Ew_0'-(Eu''x+Ev''y) \tag{2.18}$$

构件只有弯曲没有扭转时，截面轴力应为零，也即

$$\int_s \sigma t\,\mathrm{d}s=Ew_0'\int_s t\,\mathrm{d}s-Eu''\int_s xt\,\mathrm{d}s-Ev''\int_s yt\,\mathrm{d}s=0$$

上式中 $\int_s t\,\mathrm{d}s=A$，当 x、y 为截面主轴时 $\int_s xt\,\mathrm{d}s=0$、$\int_s yt\,\mathrm{d}s=0$，可得 $w_0'=0$，此时 w_0 为截面形心处的 z 向位移，则式（2.18）变为：

$$\sigma=-Eu''x-Ev''y \tag{2.19}$$

沿构件纵向取出微段 $\mathrm{d}z$，见图 2.9，M_x、M_y 分别为绕 x、y 轴的截面弯矩；V_x、V_y 分别为沿 x、y 向的截面剪力；q_x、q_y 分别为沿 x、y 向作用在微段上的线荷载。当剪力方向、荷载方向与坐标轴同向时取为正值，反之为负值。

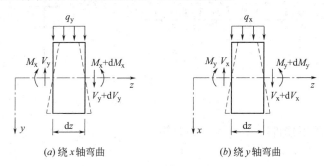

(a) 绕 x 轴弯曲　　　　　　(b) 绕 y 轴弯曲

图 2.9　构件双向弯曲时 $\mathrm{d}z$ 微段的荷载、内力与变形

由图 2.9 不难得到如下关系：

$$M_x'=\frac{\mathrm{d}M_x}{\mathrm{d}z}=V_y,\qquad M_y'=\frac{\mathrm{d}M_y}{\mathrm{d}z}=V_x \tag{2.20a}$$

$$V_x'=\frac{\mathrm{d}V_x}{\mathrm{d}z}=-q_x,\qquad V_y'=\frac{\mathrm{d}V_y}{\mathrm{d}z}=-q_y \tag{2.20b}$$

根据纵向应力 σ 可以得到截面绕 x、y 轴的弯矩：

$$M_x=\int_s \sigma yt\,\mathrm{d}s=-Eu''\int_s xyt\,\mathrm{d}s-Ev''\int_s y^2t\,\mathrm{d}s=-EI_{xy}u''-EI_xv'' \tag{2.21a}$$

$$M_y=\int_s \sigma xt\,\mathrm{d}s=-Eu''\int_s x^2t\,\mathrm{d}s-Ev''\int_s xyt\,\mathrm{d}s=-EI_yu''-EI_{xy}v'' \tag{2.21b}$$

可解得：

$$-Eu'' = \frac{M_y I_x - M_x I_{xy}}{I_x I_y - I_{xy}^2} \tag{2.22a}$$

$$-Ev'' = \frac{M_x I_y - M_y I_{xy}}{I_x I_y - I_{xy}^2} \tag{2.22b}$$

上式即为双向受弯构件平衡微分方程的通用表达式，对于给定截面和外荷载的构件，公式右侧为已知数，积分后利用构件的边界条件，可得到构件的位移曲线 $u(z)$、$v(z)$。

将式（2.22）代入到式（2.19）可得到双向受弯构件截面正应力的表达式：

$$\sigma = \frac{(M_y I_x - M_x I_{xy})x + (M_x I_y - M_y I_{xy})y}{I_x I_y - I_{xy}^2} \tag{2.23}$$

当 x、y 轴为截面主轴时，惯性积 $I_{xy} = 0$，式（2.22）平衡微分方程可简化为：

$$M_y = -EI_y u'' \tag{2.24a}$$

$$M_x = -EI_x v'' \tag{2.24b}$$

式中：EI_x、EI_y 分别为构件绕 x、y 轴的抗弯刚度。

同理，当 $I_{xy} = 0$ 时，式（2.23）可简化为：

$$\sigma = \frac{M_y}{I_y}x + \frac{M_x}{I_x}y \tag{2.25}$$

【例题 2.2】 图 2.10 所示均布荷载作用下的工字形截面简支梁，绕 x 轴单向受弯，假设 x、y 为截面主轴，材料为弹性，试写出构件的平衡微分方程，给出位移曲线表达式及最大挠度。

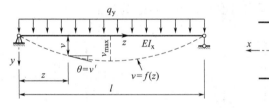

图 2.10 例题 2.2 图

【解】 均布荷载下构件在 z 坐标处的弯矩为：

$$M_x = \frac{1}{2}q_y(lz - z^2) \tag{1}$$

将上式代入式（2.24b）可得构件的平衡微分方程：

$$\frac{1}{2}q_y(lz - z^2) = -EI_x v'' \tag{2}$$

积分两次得：

$$v = -\frac{q_y}{2EI_x}\left(\frac{1}{6}lz^3 - \frac{1}{12}z^4\right) + A_1 z + A_2 \tag{3}$$

式中：A_1、A_2 为待定系数和常数。由构件边界条件可知，$z=0$、$z=l$ 处 v 均为零，代入上式可得：

$$A_1 = \frac{q_y l^3}{24EI_x}, \quad A_2 = 0 \tag{4}$$

再将上式代回式（3）得构件的挠曲线：

$$v = \frac{q_y}{24EI_x}(z^4 - 2lz^3 + l^3z) \tag{5}$$

构件跨中央的挠度最大，将 $z = l/2$ 代入上式可得最大挠度：

$$v_{max} = \frac{5q_y l^4}{384EI_x} \tag{6}$$

对于单向受弯构件，挠曲线为函数 $v = f(z)$，z 坐标处的截面倾角为 $\theta = v'$，见图 2.10，如果将 y 向挠度 v 用函数 y 来表达，则挠曲线方程变为 $y = f(z)$，截面倾角变为 $\theta = y'$。忽略剪切变形对弯曲变形的影响后，由几何关系[5] 可得到描述构件弯曲程度的参数——曲率，记作 Φ，其表达式为：

$$\Phi = -\frac{y''}{(1 + y'^2)^{3/2}} \tag{2.26}$$

在小变形条件下，可以略去上式分母中的高阶项 y'^2，则有：

$$\Phi \approx -y'' \tag{2.27}$$

构件绕 x 轴的弯曲平衡微分方程可由式（2.24b）改写为：

$$M = -EIy'' = EI\Phi \tag{2.28}$$

如果构件绕 y 轴发生单向弯曲，则挠度为 x，上述三式中的 y 需要变换为 x。

2.4.2　弯曲剪应力及剪力流

如图 2.11（a）所示任意开口薄壁构件，z 坐标位于形心轴上，板厚 t 沿截面中线 s 为变量，但沿 z 向不变；z 坐标处的截面中线见图 2.11（b），A、C 分别为中线 s 的起点和终点，B 为中线上的任意点。构件弯曲时截面上有剪应力 τ，由于自由边处的 $\tau = 0$，τ 沿截面中线方向不均匀分布，又因板件较薄，可认为 τ 沿板厚方向均匀分布，且 τ 的方向与截面中线的切线平行。从构件上取出长为 dz、宽为 ds 的中面微元体进行研究，中面微元体上的力见图 2.11（c），微元体在 z 向的平衡方程为：

$$\left[t\sigma + \frac{\partial(t\sigma)}{\partial z}dz\right]ds - t\sigma ds + \left[t\tau + \frac{\partial(t\tau)}{\partial s}ds\right]dz - t\tau dz = 0$$

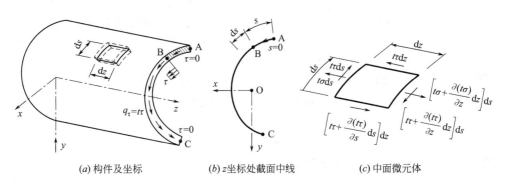

(a) 构件及坐标　　　　(b) z坐标处截面中线　　　　(c) 中面微元体

图 2.11　任意开口薄壁截面的剪力流

整理可得：

$$\frac{\partial(t\tau)}{\partial s} = -\frac{\partial(t\sigma)}{\partial z} \tag{2.29}$$

式中：τt 为沿截面中线单位长度内的剪力，称为剪力流，记作 q_τ，也即 $q_\tau = \tau t$，见图 2.11（a）。

截面中线上各点的 q_τ 并不相等，A、C 点处为自由边，$q_\tau = 0$。由上式可得任意点 B 的剪力流：

$$q_\tau = \tau t = -\int_0^s \frac{\partial \sigma}{\partial z} t \, \mathrm{d}s \tag{2.30}$$

上式之所以将 A 点定为起始点，是因为 A 点的 $\tau = 0$，方便积分。将式（2.23）代入上式并利用（2.20a）可得任意点的剪力流：

$$q_\tau = \tau t = -\frac{I_x S_y - I_{xy} S_x}{I_x I_y - I_{xy}^2} V_x - \frac{I_y S_x - I_{xy} S_y}{I_x I_y - I_{xy}^2} V_y \tag{2.31}$$

式中：S_x、S_y 分别为 AB 板段（图中阴影区）对 x、y 轴的静矩，即

$$S_x = \int_0^s yt \, \mathrm{d}s, \qquad S_y = \int_0^s xt \, \mathrm{d}s$$

如果图 2.11 中的 x、y 为截面主轴，则 $I_{xy} = 0$，式（2.31）可简化为：

$$q_\tau = t\tau = -\frac{S_y}{I_y} V_x - \frac{S_x}{I_x} V_y \tag{2.32}$$

【例题 2.3】 图 2.12（a）所示单轴对称槽形截面，板中线尺寸为 h、b，板厚均为 t，假设横向荷载 Q_y 作用下构件只绕 x 轴弯曲，无扭转，试计算截面剪力流 q_τ 并找出最大剪应力点。

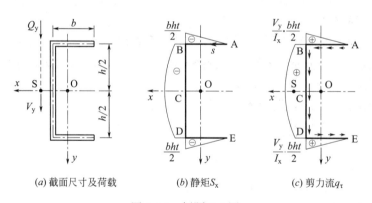

(a) 截面尺寸及荷载   (b) 静矩 S_x (c) 剪力流 q_τ

图 2.12 例题 2.3 图

【解】 截面由若干段平直板组成，可分段计算，先对板段进行编号，见图 2.12（b），并取 A 点为中线 s 的起始点。因截面只有剪力 V_y，$V_x = 0$，式（2.32）变为：

$$q_\tau = -\frac{V_y}{I_x} S_x \tag{1}$$

利用式（2.1a）可得 AB 板段对 x 轴的静矩：

$$S_{x,\,AB} = \int_0^s yt \, \mathrm{d}s = \int_0^s \left(-\frac{h}{2}\right) t \, \mathrm{d}s = -\frac{ht}{2} s \tag{2}$$

将式（2）代入式（1）可得 AB 板段的剪力流：

$$q_{\tau,\,AB} = \frac{V_y}{I_x} \cdot \frac{ht}{2} s \tag{3}$$

再将 AB 板段中线上各点的 s 值分别代入式（2）和式（3），可得到该点的静矩值和剪力流值，见图 2.12（b）、（c）。

BD 板段对 x 轴的静矩（积分也从 $s=0$ 点开始）为：

$$S_{x,\,BD} = \int_0^b yt\,\mathrm{d}s + \int_b^s yt\,\mathrm{d}s = -\frac{bht}{2} + \int_b^s \left[(s-b)-\frac{h}{2}\right]t\,\mathrm{d}s$$

$$= -\frac{bht}{2} - \frac{ht(s-b)-t(s-b)^2}{2} \tag{4}$$

代入式（1）可得 BD 板段的剪力流：

$$q_{\tau,\,BD} = \frac{V_y}{I_x}\left[\frac{bht}{2} + \frac{ht(s-b)-t(s-b)^2}{2}\right] \tag{5}$$

DE 板段对 x 轴的静矩为：

$$S_{x,\,DE} = \int_0^b yt\,\mathrm{d}s + \int_b^{b+h} yt\,\mathrm{d}s + \int_{b+h}^s yt\,\mathrm{d}s = -\frac{bht}{2} + 0 + \int_{b+h}^s \frac{h}{2}t\,\mathrm{d}s = -bht - \frac{h^2t}{2} + \frac{ht}{2}s \tag{6}$$

代入式（1）可得 DE 板段的剪力流：

$$q_{\tau,\,DE} = \frac{V_y}{I_x}\cdot\left(bht + \frac{h^2t}{2} - \frac{ht}{2}s\right) \tag{7}$$

整个截面上剪力流的分布见图 2.12（c），C 点的剪力流最大，该点 $s=b+h/2$，代入式（5）可得截面的最大剪应力：

$$\tau_{\max} = \frac{q_{\tau,\,C}}{t} = \frac{V_y(4bh+h^2)}{8I_x} \tag{8}$$

如果将剪应力对截面进行积分，得到的合力就是截面剪力 V_y，由于上下翼缘的剪力流对称但方向相反，V_y 的作用点只能在 x 轴上且位于 O 点左侧某一位置，该点记作 S，见图 2.12（a），当 Q_y 与 V_y 在同一条作用线上时，内外力平衡，构件才会只有弯曲没有扭转。

常见开口截面构件在横向荷载 Q_y 作用下绕 x 轴单向弯曲时的剪力流见图 2.13，剪力流在截面上是连续的，在板件交点处流入与流出的剪力流相等，板件自由边的剪力流为零，腹板的剪力流最大，当截面有对称轴时，剪力流也对称。如果图 2.13 中的荷载由 Q_y 变为沿 x 方向的 Q_x，则剪力流的分布完全不同，翼缘剪力流最大，有兴趣的读者可自己推导尝试。

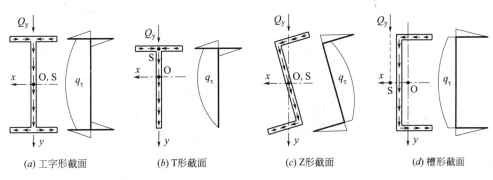

(a) 工字形截面　　(b) T 形截面　　(c) Z 形截面　　(d) 槽形截面

图 2.13　常见开口截面构件绕 x 轴弯曲时的剪力流

2.5 薄壁构件的截面剪心

截面剪应力的合力作用点称为剪力中心，简称剪心，图 2.13 中的 S 点均是剪心，剪心坐标用 x_s、y_s 表达。从上一节已经知道，当横向荷载通过剪心 S 时，构件只有弯曲没有扭转，如图 2.14（a）所示，因此剪心也称弯心。当横向荷载不通过剪心时，如图 2.14（b）所示 Q_y 通过形心 O，显然有附加扭矩 $Q_y x_s$，构件在绕 x 轴弯曲的同时将伴随着绕剪心 S 点的扭转。

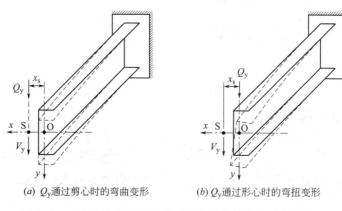

(a) Q_y通过剪心时的弯曲变形　　　　(b) Q_y通过形心时的弯扭变形

图 2.14　横向荷载下槽形截面悬臂构件的弯曲及弯扭变形

对于任意横向荷载作用下的任意截面构件，q_τ 在 x 方向的分力聚合为剪力 V_x，在 y 方向的分力聚合为剪力 V_y。确定剪心位置时，可先假设 $V_x=0$，利用 V_y、q_τ 对形心 O 的力矩相等得到 S 点的横坐标 x_s；同理，再假设 $V_y=0$，利用 V_x、q_τ 对形心 O 的力矩相等得到 S 点的纵坐标 y_s。

图 2.15（a）所示任意开口薄壁截面，x、y 为截面主轴，板厚为 t，截面中线的总长度为 a，q_τ 为任意横向荷载作用下的剪力流。取扇性坐标的极点位于形心 O，零点位于边缘点 A，见图 2.15（b）。先假设截面在水平方向的剪力 $V_x=0$，由 V_y、q_τ 对形心 O 的力矩相等可得：

$$V_y x_s = \int_0^a q_\tau \rho \, \mathrm{d}s$$

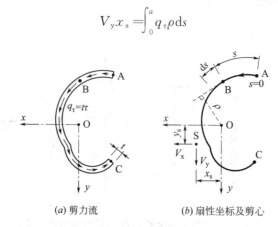

(a) 剪力流　　　　　　(b) 扇性坐标及剪心

图 2.15　任意开口薄壁截面的剪心

将 $V_x=0$ 代入式 (2.32) 得 $q_\tau=-V_y S_x/I_x$，再代入上式可得：

$$x_s=-\frac{1}{I_x}\int_0^a S_x\rho\,ds=-\frac{1}{I_x}\int_0^a S_x\,d\omega \tag{2.33}$$

将上式进行分部积分：

$$x_s=-\frac{1}{I_x}\left\{[S_x\omega]_0^a-\int_0^a \omega\,dS_x\right\}$$

由于起始点和终点处的静矩为零，也即 $[S_x\omega]_0^a=0$，又 $dS_x=yt\,ds$，上式变为：

$$x_s=-\frac{1}{I_x}\left[0-\int_0^a \omega yt\,ds\right]=\frac{1}{I_x}\int_0^a \omega yt\,ds \tag{2.34}$$

同理，假设 $V_y=0$，由 V_x、q_τ 对形心 O 的力矩相等可得：

$$V_x y_s=-\int_0^a q_\tau\rho\,ds$$

将 $V_y=0$ 代入式 (2.32) 得 $q_\tau=-V_x S_y/I_y$，再代入上式可得：

$$y_s=\frac{1}{I_y}\int_0^a S_y\rho\,ds=\frac{1}{I_y}\int_0^a S_y\,d\omega \tag{2.35}$$

将上式进行分部积分，并利用 $[S_y\omega]_0^a=0$、$dS_y=xt\,ds$ 可得：

$$y_s=-\frac{1}{I_y}\int_0^a \omega xt\,ds \tag{2.36}$$

常见开口薄壁截面的剪心坐标见表 2.1，有正有负。剪心位置有以下特点：截面有对称轴时剪心位于对称轴上，双轴对称、点对称截面的剪心与形心重合；由若干块板件相交组成的 T 形、L 形、十字形等截面，剪心位于板件中线的交汇处。

对于闭口截面，工程中普遍采用双轴对称、点对称或单轴对称截面，其中双轴对称、点对称截面的剪心与形心重合，单轴对称截面的剪心非常接近于形心[7]，可近似取剪心与形心重合。

前面提及的构件都是等截面和弹性的，各截面的剪心连线平行于 z 轴，称为剪心轴，但如果构件进入弹塑性，各截面的剪心可能会发生偏移，剪心轴不再是一条直线。

【例题 2.4】　试计算图 2.16 (a) 单轴对称槽型截面的剪心坐标，板中线尺寸为 h、b，板厚均为 t，O 为形心，腹板中线到 y 轴的距离为 e。

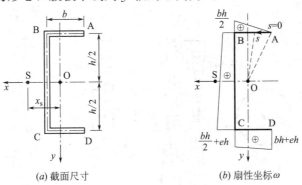

(a) 截面尺寸　　　　　(b) 扇性坐标 ω

图 2.16　例题 2.4 图

【解】　截面关于 x 轴对称，剪心位于 x 轴上，即 $y_s=0$，只需计算 x_s，可按式 (2.33) 或式 (2.34) 计算，都需利用扇性坐标，取扇性坐标 ω 以形心 O 为极点，以 A 点为零点,见图 2.16 (b)。

AB 板段由 A 点到 B 点积分方向绕极点逆时针转动,ρ 为正值,$\rho = h/2$,则有:

$$\omega_{AB} = \int_0^s \rho \mathrm{d}s = \int_0^s \frac{h}{2} \mathrm{d}s = \frac{h}{2}s \tag{1}$$

将 A 点 $s=0$、B 点 $s=b$ 分别代入上式,可得 $\omega_A = 0$,$\omega_B = bh/2$。

以此类推,BC 板段、CD 板段的扇性坐标分别为:

$$\omega_{BC} = \int_0^s \rho \mathrm{d}s = \int_0^b \frac{h}{2} \mathrm{d}s + \int_b^s e\mathrm{d}s = \frac{bh}{2} + e(s-b) \tag{2}$$

$$\omega_{CD} = \int_0^s \rho \mathrm{d}s = \int_0^b \frac{h}{2} \mathrm{d}s + \int_b^{b+h} e\mathrm{d}s + \int_{b+h}^s \frac{h}{2} \mathrm{d}s = \frac{bh}{2} + eh + \frac{h}{2}(s-b-h) \tag{3}$$

将式(1)、式(2)和式(3)代入式(2.34)后可得剪心坐标 x_s:

$$x_s = \frac{1}{I_x} \int_0^{(2b+h)} \omega yt \mathrm{d}s = \frac{b^2 h^2 t}{4 I_x} + \frac{b^2}{2b+h} \tag{4}$$

因 ω 是面积,yt 也是面积,上式中的积分运算也可以通过图乘法来代替。

2.6 薄壁构件的弹性扭转方程与应力

2.6.1 截面翘曲

构件只有扭转没有弯曲时,$u' = v' = 0$,截面中线上任意一点的 z 向位移由式(2.15)变为:

$$w = w_0 - \theta'\omega$$

上式中的 ω 也可以替换为主扇性坐标 ω_n,则有:

$$w = w_0 - \theta'\omega_n \tag{2.37}$$

由于全截面的 ω_n 之和为零,上式中的 w_0 变为截面中线的平均 z 向位移,说明 w 是按主扇性坐标分布的。如果截面中线上各点的 ω_n 均为零,比如图 2.6 中的圆管截面,扭转时各点的 w 均等于 w_0,截面仍保持为平面,无翘曲现象,如图 2.17 (a) 所示,图中

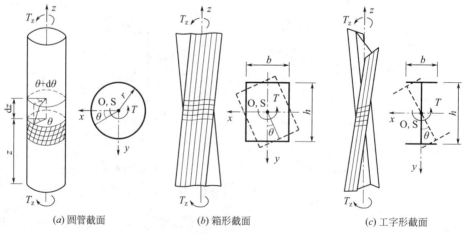

(a) 圆管截面   (b) 箱形截面   (c) 工字形截面

图 2.17 薄壁构件扭转时的变形

T_z 为绕纵轴扭矩，θ 为 z 坐标处的截面扭转角。如果截面中线上各点的 ω_n 不同，比如图 2.6 中的箱形、工字形等，扭转时各点的 ω 值不同，截面不再保持为平面，出现了翘曲现象，如图 2.17 (b)、(c) 所示。

构件的扭转分以下两类：纵向纤维能够自由伸缩时称为 Saint-Venant 扭转，也称自由扭转，图 2.17 中的构件均属于自由扭转；纵向纤维的伸缩受到约束时称为约束扭转，约束扭转时截面有正应力。

2.6.2　自由扭转平衡微分方程与应力

为了与约束扭转时的扭矩予以区别，本书将自由扭转扭矩记作 T_{st}，图 2.17 中的 T_z 就是 T_{st}，正负号按右手法则确定。开口和闭口截面构件自由扭转时的平衡微分方程在弹性力学中已学过，即

$$T_{st} = GI_t \theta' \tag{2.38}$$

式中：G 为材料剪切模量；I_t 为截面抗扭惯性矩；GI_t 为构件的抗扭刚度；θ' 为扭转率，$\theta' = \mathrm{d}\theta/\mathrm{d}z$。

I_t 也是一种截面特性，对由 n 块板段组成的开口截面，I_t 可按下式计算[5-6]：

$$I_t = \frac{k}{3} \sum_{i=1}^{n} b_i t_i^3 \tag{2.39}$$

式中：b_i、t_i 分别为第 i 块板段的中线长度和板厚；k 为截面形状系数，双轴对称工字形截面 $k = 1.31$，单轴对称工字形截面 $k = 1.25$，T 形截面 $k = 1.15$，槽形截面 $k = 1.12$，角钢 $k = 1.0$。

对由 n 块板段组成的闭口截面，I_t 可按下式计算[6]：

$$I_t = 4A_s^2 / \sum_{i=1}^{n} \frac{s_i}{t_i} \tag{2.40}$$

式中：A_s 为截面中线所围面积；s_i、t_i 分别为截面第 i 块板段的中线长度和板厚。

自由扭转时构件的纵向纤维可以自由伸缩，截面无正应力，只有剪应力，该剪应力称为自由扭转剪应力，记作 τ_{st}。开口、闭口截面构件自由扭转时，τ_{st} 的分布和计算方法完全不同。

开口截面构件自由扭转时，τ_{st} 在板中线两侧方向相反，沿板厚呈三角形分布，也即在板中线处 $\tau_{st} = 0$，在板表面处 τ_{st} 最大，见图 2.18 (a)。τ_{st} 形成的截面内力距应等于扭矩 T_{st}，利用该关系可得到 τ_{st} 值，对由 n 块板段组成的开口截面，第 i 块板段表面的 τ_{st} 可用下式计算：

$$\tau_{st,\,i} = \frac{T_{st} t_i}{I_t} \tag{2.41}$$

闭口截面自由扭转时，τ_{st} 沿板厚近似均匀分布，见图 2.18 (b)。根据 τ_{st} 形成的截面内力距应等于扭矩 T_{st}，也可得到 τ_{st} 值，对由 n 块板段组成的闭口截面，第 i 块板段的 τ_{st} 可用下式计算：

$$\tau_{st,\,i} = \frac{T_{st}}{2A_s t_i} \tag{2.42}$$

对比式（2.41）和式（2.42）还可以发现，开口截面中厚板的剪应力值大于薄板，而

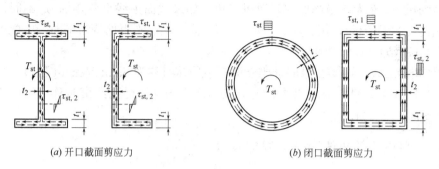

(a) 开口截面剪应力　　　　　　　　　　(b) 闭口截面剪应力

图 2.18　自由扭转时的截面剪应力

闭口截面中薄板的剪应力值大于厚板。

【例题 2.5】　图 2.19 所示两个薄壁截面，尺寸相同，一个是有切口的开口截面，另一个是闭口截面，假设材料为弹性，试比较其 I_t 和 τ_{st}。（本书插图中的尺寸单位除注明外，均为 mm）

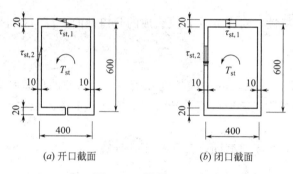

(a) 开口截面　　　　　　　　　(b) 闭口截面

图 2.19　例题 2.5 图

【解】　1）自由扭转惯性矩的比较

对开口截面，由式（2.39）可得

$$I_t = \frac{k}{3}\sum_{i=1}^{n} b_i t_i^3 = \frac{1.12}{3}(400\times20^3 + 2\times200\times20^3 + 2\times600\times10^3) = 2.84\times10^6\,\text{mm}^4$$

对闭口截面，由式（2.40）可得

$$I_t = 4A_s^2 \Big/ \sum_{i=1}^{n} \frac{s_i}{t_i} = 4\times(400\times600)^2/(2\times400/20 + 2\times600/10) = 1.44\times10^9\,\text{mm}^4$$

闭口截面 I_t 是开口截面的 507 倍，不是同一量级，说明闭口截面的抗扭刚度 GI_t 很大。

2）自由扭转剪应力的比较

对开口截面，因翼缘厚度大，其剪应力最大。由式（2.41）可得

$$\tau_{\max} = \tau_{st,1} = \frac{T_{st} t_1}{I_t} = \frac{T_{st}\times20}{2.84\times10^6\,\text{mm}^4} = \frac{T_{st}}{1.42\times10^5\,\text{mm}^3}$$

对闭口截面，因腹板较薄，其剪应力最大。由式（2.42）可得

$$\tau_{\max} = \tau_{st,2} = \frac{T_{st}}{2A_s t_2} = \frac{T_{st}}{2\times600\times400\times10\,\text{mm}^3} = \frac{T_{st}}{4.8\times10^6\,\text{mm}^3}$$

二者仍然相差很大，开口截面的最大剪应力是闭口截面的 34 倍。根据上述计算结果可以看出，当构件承担较大的扭矩时，宜采用闭口截面，不仅扭转变形小，剪应力也低。

2.6.3　约束扭转平衡微分方程与应力

约束扭转时因纵向纤维的伸缩受到了约束，不能自由翘曲，势必产生相应的应力，构件的截面应力、变形、平衡微分方程要比自由扭转复杂得多。

图 2.20 所示双轴对称工字形截面悬臂构件，在悬臂端扭矩 T_z 作用下，上下翼缘产生了方向相反的侧向弯曲变形（实线为变形后的位置），翼缘中有弯矩 M_f 和对应的剪力 V_f，M_f 产生的正应力称为翘曲正应力或扇性正应力，记作 σ_ω，V_f 产生的剪应力称为翘曲剪应力或扇性剪应力，记作 τ_ω。

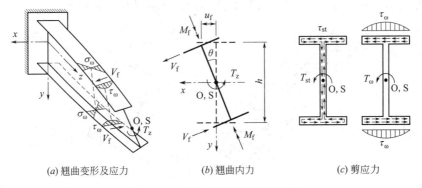

(a) 翘曲变形及应力　　　　(b) 翘曲内力　　　　(c) 剪应力

图 2.20　开口薄壁截面构件的约束扭转

翘曲在上下翼缘中产生的剪力 V_f 形成扭矩，称为翘曲扭矩，记作 T_ω，$T_\omega = V_f h$，h 为上下翼缘中心间的距离，由于沿 z 向构件各截面的翘曲程度不同，T_ω 也不同。构件任意截面的内力矩都由自由扭转扭矩 T_{st} 和翘曲扭矩 T_ω 两部分组成，T_{st} 仍按式（2.38）计算。根据内外力距相等可得：

$$T_z = T_{st} + T_\omega \tag{2.43}$$

假设扭转引起的翼缘沿 x 方向的位移为 u_f，见图 2.20（b），在小变形条件下可取 $u_f \approx \theta h / 2$，利用式（2.27）可得翼缘的弯曲曲率 $\Phi_f \approx -u_f'' = -\theta'' h / 2$，翼缘因翘曲产生的弯矩 M_f 为：

$$M_f = -\frac{1}{2} E I_1 h \theta''$$

式中：I_1 为一个翼缘对 y 轴的惯性矩，$I_1 \approx I_y / 2$，I_y 为整个截面对 y 轴的惯性矩。

对工字形截面，由表 2.1 可知 $I_\omega = I_y h^2 / 4$，则 I_1 与 I_ω 的关系为 $I_1 = 2I_\omega / h^2$，代入到上式后可得：

$$M_f = -\frac{E I_\omega \theta''}{h}$$

式中：$E I_\omega$ 称为截面的翘曲刚度。

根据式（2.20a）弯矩与剪力的关系，可得翼缘由 M_f 产生的剪力 V_f：

$$V_f = \frac{\mathrm{d} M_f}{\mathrm{d} z} = -\frac{E I_\omega \theta'''}{h}$$

截面的翘曲扭矩 T_ω 为：

$$T_\omega = V_f h = -EI_\omega \theta'''\qquad(2.44)$$

两个翼缘的 M_f 是一对力矩，方向相反，称为截面的双力矩，记作 B_ω，其定义为：

$$B_\omega = M_f h = -EI_\omega \theta''\qquad(2.45)$$

T_ω 也可以用双力矩来表达：

$$T_\omega = \mathrm{d}B_\omega / \mathrm{d}z$$

将式（2.38）、式（2.44）代入到式（2.43）后，可得约束扭转时的平衡微分方程：

$$EI_\omega \theta''' - GI_t \theta' + T_z = 0\qquad(2.46)$$

该平衡微分方程不仅适用于双轴对称工字形截面，也适用于其他各类开口、闭口薄壁截面构件，如图 2.21 所示箱形闭口截面等。值得注意的是，尽管公式的形式没有发生变化，但由于开口、闭口的 I_t 等参数计算方法不同，计算结果相差很大。

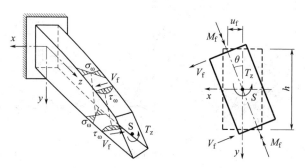

图 2.21　闭口薄壁构件的约束扭转

对于图 2.20 所示工字形截面，M_f 产生的 σ_ω、V_f 产生的 τ_ω 可分别用下式计算：

$$\sigma_\omega = \frac{M_f}{I_1} x , \quad \tau_\omega = \frac{V_f S_y}{I_1 t}\qquad(2.47)$$

式中：t 为翼缘厚度，x 为翼缘计算点的 x 坐标；S_y 为计算点以外的翼缘对 y 轴的静矩。

对于任意截面，翘曲应力也可以用主扇性坐标来表达[7]，其中翘曲正应力为：

$$\sigma_\omega = -E\omega_n \theta''\qquad(2.48a)$$

可见截面上 σ_ω 的大小与主扇性坐标 ω_n 的分布有关，ω_n 最大处 σ_ω 最大。上式也可以用双力矩 B_ω 来表达，由式（2.45）可知，$-E\theta'' = B_\omega / I_\omega$，代入到上式后可得：

$$\sigma_\omega = \frac{B_\omega \omega_n}{I_\omega} = \frac{B_\omega}{W_\omega}\qquad(2.48b)$$

式中：W_ω 称为扇性模量，$W_\omega = I_\omega / \omega_n$。

根据式（2.29）正应力与剪应力的关系，可得到用扇性截面特性表达的翘曲剪应力：

$$\tau_\omega = \frac{T_\omega S_\omega}{I_\omega t}\qquad(2.49)$$

对于常见的开口薄壁截面，约束扭转时的 τ_ω 远小于 σ_ω 和 τ_{st}，可忽略；对于常见的闭口薄壁截面，因抗扭刚度大、变形小，约束扭转时的 τ_ω 和 σ_ω 均远小于 τ_{st}，也可忽略[8]。为方便理解和使用，表 2.2 给出了弯曲和翘曲的相关参数计算方法对比，具有较强的规律性。

弯曲与翘曲的参数比较 表 2.2

相对应的参数	绕 x 轴弯曲	绕 y 轴弯曲	翘曲
主坐标	y	x	ω_n
弯曲挠度/扭转角	v	u	θ
弯矩/双力矩	$M_x = -EI_x v''$	$M_y = -EI_y u''$	$B_\omega = -EI_\omega \theta''$
剪力/扭矩	$V_y = -EI_x v'''$	$V_x = -EI_y u'''$	$T_\omega = -EI_\omega \theta'''$
惯性矩	$I_x = \int_A y^2 dA$	$I_y = \int_A x^2 dA$	$I_\omega = \int_A \omega_n^2 dA$
静矩	$S_x = \int_A y dA$	$S_y = \int_A x dA$	$S_\omega = \int_A \omega_n dA$
正应力	$\sigma = \dfrac{M_x y}{I_x} = \dfrac{M_x}{W_x}$	$\sigma = \dfrac{M_y x}{I_y} = \dfrac{M_y}{W_y}$	$\sigma_\omega = \dfrac{B_\omega \omega_n}{I_\omega} = \dfrac{B_\omega}{W_\omega}$
剪应力	$\tau = \dfrac{V_y S_x}{I_x t}$	$\tau = \dfrac{V_x S_y}{I_y t}$	$\tau_\omega = \dfrac{T_\omega S_\omega}{I_\omega t}$

【例题 2.6】 图 2.22（a）所示两端固接等截面构件，$l = 8\text{m}$，构件中央作用有扭矩 $T_z = 10\text{kN} \cdot \text{m}$。已知材料为弹性，$G = 79000\text{N/mm}^2$，$E = 206000\text{N/mm}^2$，如果采用图 2.22（$b$）两种截面时，试分别计算构件中央截面的 θ 值和 σ_ω 最大值。

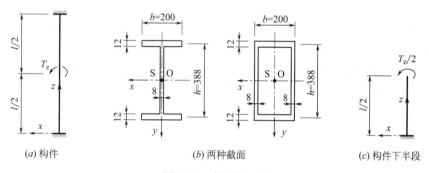

(a) 构件　　　　　(b) 两种截面　　　　　(c) 构件下半段

图 2.22　例题 2.6 图

【解】 1）截面特性及截面最大主扇性坐标值

由式（2.39）和表 2.1 可得工字形截面的 I_t、I_ω

$$I_t = \frac{k}{3} \sum_{i=1}^{n} b_i t_i^3 = 3.89 \times 10^5 \text{mm}^4, \quad I_\omega = I_y h^2 / 4 = 6.02 \times 10^{11} \text{mm}^6$$

由式（2.40）和表 2.1 可得箱形截面的 I_t、I_ω

$$I_t = 4A_s^2 / \sum_{i=1}^{n} \frac{s_i}{t_i} = 1.85 \times 10^8 \text{mm}^4, \quad I_\omega = \frac{b^2 h^2}{24}(h t_w + bt)\left(\frac{bt_w - ht}{bt_w + ht}\right)^2 = 3.30 \times 10^{11} \text{mm}^6$$

根据图 2.5（c）可计算出工字形截面的最大主扇性坐标值 $\omega_{n,max} = 19400\text{mm}^2$，**根据图 2.6（$b$）可计算出箱形截面的最大主扇性坐标值 $\omega_{n,max} = -9477\text{mm}^2$。**

2）扭转平衡方程及 θ 表达式

在 $0 \leqslant z \leqslant l/2$ 范围内，见图 2.22（c），由式（2.46）可得构件的扭转平衡方程为：

$$EI_\omega \theta''' - GI_t \theta' + T_z / 2 = 0 \tag{1}$$

39

上式两侧同除以 EI_ω 后，再引入参数 k 并令 $k^2 = GI_t/(EI_\omega)$，则上式变为：

$$\theta''' - k^2\theta' + \frac{T_z}{2EI_\omega} = 0 \tag{2}$$

上式的通解为：

$$\theta = A_1\sinh kz + A_2\cosh kz + \frac{T_z}{2GI_t}z + A_3 \tag{3}$$

式中：A_1、A_2、A_3 为待定系数和常数，需借助边界条件得到；sinh 为双曲正弦函数，$\sinh z = (e^z - e^{-z})/2$；cosh 为双曲余弦函数，$\cosh z = (e^z + e^{-z})/2$。

利用构件的边界条件 $\theta(0) = 0$、$\theta'(0) = 0$、$\theta'(l/2) = 0$ 可解得 A_1、A_2、A_3，再代回式 (3) 可得 θ 及其二阶导数表达式：

$$\theta = \frac{T_z}{2} \cdot \frac{(\cosh kz - 1)\tanh(0.25kl) - \sinh kz + kz}{kGI_t} \tag{4}$$

$$\theta'' = \frac{T_z}{2} \cdot \frac{\cosh kz \cdot \tanh(0.25kl) - \sinh kz}{\sqrt{GI_t EI_\omega}} \tag{5}$$

3）构件中央截面的扭转角

将 $z = l/2$ 代入式 (4)，整理可得构件中央截面的扭转角 θ：

$$\theta(l/2) = \frac{T_z}{2} \cdot \frac{l}{GI_t}\left[\frac{1}{2} - \frac{\tanh(0.25kl)}{0.5kl}\right] \tag{6}$$

对工字形截面，$kl = l\sqrt{GI_t/(EI_\omega)} = 3.98$，将 $T_t/2 = 5\text{kN·m}$ 及相关参数代入上式可得中央截面的扭转角 $\theta = 0.154\text{rad}$。对箱形截面，$kl = 117.60$，得 $\theta = 0.00132\text{rad}$。工字形截面的转角是箱形截面的 116.7 倍，相差很大。

4）构件中央的最大翘曲正应力 $\sigma_{\omega,\max}$

将 $z = l/2$ 代入式 (5) 整理可得构件中央截面的 θ''：

$$\theta''(l/2) = -\frac{T_z}{2} \cdot \frac{\tanh(0.25kl)}{\sqrt{GI_t EI_\omega}} \tag{7}$$

对工字形截面，将相关参数代入上式可得 $\theta'' = -6.15 \times 10^{-8}$，再利用式 (2.48a) 得中央截面的最大翘曲正应力 $\sigma_{\omega,\max} = 245.8\text{N/mm}^2$；对箱形截面，$\theta'' = -5.02 \times 10^{-9}$，$\sigma_{\omega,\max} = -9.8\text{N/mm}^2$。可以看出，工字形截面最大翘曲正应力是箱形截面的 25.1 倍，差别仍然很大。

2.6.4 次翘曲

从前面知道，对于图 2.23（a）所示板件均交汇于一点的截面，板中线交汇点即是截面剪心 S，截面中线上任意一点的主扇性坐标 ω_n 均为零，根据式 (2.48a) 可推断出，截面各点的翘曲正应力 σ_ω 也等于零，也即这类截面无翘曲。上述结论是利用截面中线分析的结果，忽略了沿板件厚度方向 A、B、C 三点纵向位移的差异性，对于薄壁构件是可行的。

如果图 2.23（a）中的构件不满足第 2.1 节中关于薄壁构件的尺寸限值（属于非薄壁构件），A、B、C 三点纵向位移的差异性不可忽略，沿板厚方向存在一定程度的凹凸变形，称为次翘曲[9]。与翘曲一样，次翘曲也会产生相应的应力。

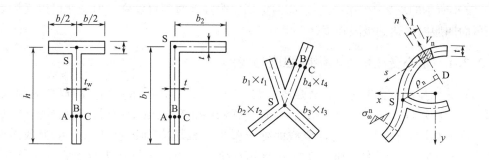

(a) 板件交汇于一点的截面　　　　　(b) 任意截面及坐标系

图 2.23　板件汇交的截面及次翘曲

如图 2.23 (b) 所示任意截面，当截面扭转角为 θ 时，截面上任意单位长度（图中阴影区，也称为截面单元）沿 n 轴方向产生的位移 δ_n 为：

$$\delta_n = -\rho_n \theta$$

式中：ρ_n 为剪心 S 至 n 轴的垂直距离，垂线交点为 D，当由 S 到 D 的方向与 s 轴反向一致时 ρ_n 取正，反之取负。

该截面单元将产生 n 向剪力 V_n：

$$V_n = -EI_1(\delta_n)''' = EI_1\rho_n\theta''' = \frac{1}{12}Et^3\rho_n\theta'''$$

式中：I_1 为截面单元绕板中线的惯性矩，$I_1 = t^3/12$。

剪力 V_n 对剪心形成扭矩，沿全截面积分可得整个截面的次翘曲扭矩：

$$T_\omega^n = -\int_s V_n\rho_n\mathrm{d}s = -E\left(\frac{1}{12}\int_s t^3\rho_n^2\mathrm{d}s\right)\theta''' = -EI_\omega^n\theta''' \tag{2.50}$$

式中：T_ω^n 为次翘曲扭矩；I_ω^n 为次翘曲惯性矩，对于图 2.23 (a) 所示截面，I_ω^n 可分别按下列公式计算：

T 形截面：$I_\omega^n = \dfrac{1}{36}h^3t_w^3 + \dfrac{1}{144}b^3t^3$；

角钢截面：$I_\omega^n = \dfrac{1}{36}(b_1^3 + b_2^3)t^3$；

n 块板件汇交于一点的截面：$I_\omega^n = \dfrac{1}{36}\sum\limits_{i=1}^{n}b_i^3t_i^3$。

次翘曲扭矩 T_ω^n 产生次翘曲正应力 σ_ω^n，沿板厚方向呈三角形分布，见图 2.23 (b)，因此构件约束扭转时，截面上任意一点的总翘曲正应力由 σ_ω 和 σ_ω^n 两部分组成。对于图 2.23 (a) 所示 $\sigma_\omega = 0$ 的截面，σ_ω^n 成了唯一的翘曲正应力，如果是非薄壁构件，σ_ω^n 不可忽略。对于各类薄壁构件，由于 I_ω^n 远小于 I_ω，σ_ω^n 远小于 σ_ω，次翘曲的影响完全可以忽略。

2.7　薄壁构件的极限强度与变形

对于无稳定问题的薄壁构件，截面发生强度破坏时承载力达到极限，该极限承载力也称极限强度[10]，极限强度是稳定承载力的上限。为便于说明问题，本节假设材料为图

1.20（a）所示的理想弹塑性模型，应力达到屈服强度时不再发展，但应变可以无限发展，当全截面屈服时，达到极限强度。

2.7.1 轴心受压构件的极限强度与变形

轴心受压短柱不会失稳，只有强度问题。图 2.24（a）所示长为 l 的双轴对称工字形截面轴心受压短柱，如果构件无初始缺陷，忽略 Saint-Venant 效应后，截面任意一点的应力、应变均相同。荷载不大时，全截面处于弹性，轴压应力 $\sigma_a = P/A$，A 为截面面积，轴压应变 $\varepsilon_a = \sigma_a/E$，构件的轴压变形 $w = l\varepsilon_a = lP/(AE)$，$w$ 与 P 为线性关系。当 P 增加到某一数值时，截面各点的应力同时达到屈服强度 f_y，各点的变形模量由 E 变为零，应变可以无限发展，但应力不再增加，承载力达到极限，极限强度为 $P_y = Af_y$。构件的 P-w 曲线为图 2.24（b）中的 OBD，其中 OB 为弹性段，BD 为塑性段。

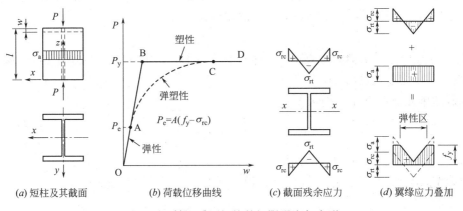

图 2.24　轴心受压短柱的极限强度与变形

如果短柱翼缘存在纵向残余应力，见图 2.24（c），其中残余压应力记作 σ_{rc}，取为正，残余拉应力记作 σ_{rt}，取为负，则 σ_{rc} 与 σ_a 叠加后翼缘两侧应力最大，见图 2.24（d）。当 $\sigma_a + \sigma_{rc} < f_y$ 时，全截面处于弹性，w 与 P 为线性关系；当 $\sigma_a + \sigma_{rc} = f_y$ 时，翼缘两侧边缘纤维屈服，达到弹性最大承载力 P_e；随着 P 的增加，截面进入弹塑性，翼缘两侧出现塑性区并向内侧逐步发展，新增荷载由弹性区承担，直到全截面屈服，极限强度仍为 P_y。可以看出，σ_{rc} 峰值越大，截面越早进入弹塑性，如果令参数 $f_y^* = f_y - \sigma_{rc}$，则 f_y^* 称为有效屈服强度[10]，可用来衡量有残余应力截面的应力发展余地。

尽管残余应力没有改变短柱的极限强度，但 P-w 曲线变为 OACD，其中 AC 段为弹塑性段，出现该现象的原因是截面各点的应力应变发展历程并不相同，为便于变形分析，可用截面平均变形模量来表示，也记作 E_t，E_t 可按下式近似计算[11]：

$$E_t = \frac{d\sigma}{d\varepsilon} \approx \frac{\Delta\sigma}{\Delta\varepsilon} \tag{2.51}$$

式中：$\Delta\sigma$ 为由荷载增量 ΔP 产生的截面平均应力增量，$\Delta\sigma = \Delta P/A$；$\Delta\varepsilon$ 为由 ΔP 产生的截面平均应变增量，因 ΔP 仅由截面的弹性区承担，假设弹性区面积为 A_e，则可得 $\Delta\varepsilon = \Delta P/(A_e E)$。

将 $\Delta\sigma$、$\Delta\varepsilon$ 代入式（2.51）可得弹塑性阶段的截面平均变形模量 E_t：

$$E_t \approx \frac{\Delta P / A}{\Delta P / (A_e E)} = \frac{A_e}{A} E \tag{2.52}$$

截面塑性发展程度越深，A_e 越小，E_t 值越低，上式中的 A_e/A 也称截面弹性模量折减系数。当 $A_e = 0$ 时，全截面屈服，达到极限强度 P_y。实际上构件进入弹塑性后，不仅 E 降为 E_t，G 亦降为 G_t，因此构件的抗压刚度、抗弯刚度、抗扭刚度等均会降低，变形加快。

2.7.2　受弯构件的极限强度与 M-Φ 关系

当受弯构件只有强度问题时，其极限强度同样由截面承载力确定，这里以单向受弯构件为例进行说明，假设构件无缺陷，截面为双轴对称工字形，见图 2.25（a），弯矩 M 绕 x 轴作用，上翼缘受压。因截面对称，拉区和压区的应力（应变）对称分布，但方向相反。

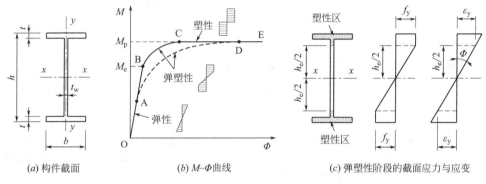

(a) 构件截面　　　　(b) M-Φ 曲线　　　　(c) 弹塑性阶段的截面应力与应变

图 2.25　受弯构件的极限强度与变形

弯矩不大时全截面处于弹性，由式（2.28）可知 M 与截面曲率 Φ 呈线性关系，为图 2.25（b）中的 OB 段，在 B 点处截面上下边缘纤维应力达到 f_y，对应的截面弯矩记作 M_e，也称弹性最大弯矩。随着弯矩的增加，截面上下侧出现塑性区，弹性区高度记作 h_e，见图 2.25（c），新增弯矩由弹性区承担，当 $h_e = 0$ 时，全截面屈服，形成塑性铰，曲率可以无限发展，弯矩不再增大，见图 2.25（b）中的 CE 段，极限强度等于全截面塑性弯矩 M_p，$M_p = W_p f_y$，W_p 为塑性截面模量。

在弹塑性阶段，因塑性区的应力 $\sigma = f_y$，截面弯矩需要分区计算：

$$M = \int_A \sigma y \, \mathrm{d}A = \int_{A_e} \sigma y \, \mathrm{d}A + \int_{A_p} f_y y \, \mathrm{d}A \tag{2.53}$$

式中：A_e、A_p 分别为截面弹性区、塑性区的面积。上式展开后不仅包含截面尺寸，还包括 h_e。

弹塑性阶段的截面曲率 Φ 可用截面应变或应力来表达：

$$\Phi = \frac{2\varepsilon_y}{h_e} = \frac{2 f_y}{E h_e} \tag{2.54}$$

式中：ε_y 为屈服应变。

联合式（2.53）、式（2.54）消去 h_e，可得到 M-Φ 关系曲线，见图 2.25（b）中的 BC 段。对于非对称截面受弯构件，尽管拉压区的应变不对称，但同样可得到类似的 M-Φ

曲线，不再赘述。

如果构件存在残余应力，有效屈服强度降低，边缘纤维提前屈服（图中 A 点），构件抗弯刚度降低，变形加快，M-Φ 曲线变为 OADE，极限弯矩仍为 M_p。

2.7.3　压弯构件的极限强度与 *P-M-Φ* 关系

压弯构件只有强度问题时，极限强度也由截面承载力确定，这里仍以双轴对称工字形截面为例，构件同时承担轴压力 P 和绕 x 轴的弯矩 M，假设 M 使上翼缘受压。在 P 和 M 共同作用下，上翼缘受压，下翼缘可能受拉也可能受压，与 P 和 M 的比例有关。

荷载不大时，全截面处于弹性，随着荷载的增加，上部受压区率先出现塑性区，见图 2.26（a），此时截面曲率 Φ 可按下式计算：

$$\Phi = \frac{\varepsilon_y - \varepsilon_t}{h_e} = \frac{f_y - \sigma_t}{Eh_e} \tag{2.55}$$

式中：ε_t、σ_t 分别为下翼缘边缘纤维的应变、应力，受压时为正，受拉时为负。

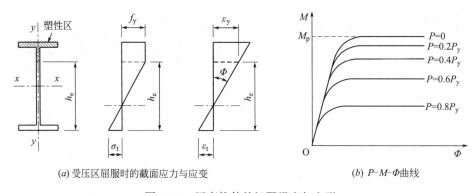

(a) 受压区屈服时的截面应力与应变　　　　　(b) P-M-Φ 曲线

图 2.26　压弯构件的极限强度与变形

上部受压区屈服后，随着荷载的增加，下部受拉区也会发生屈服，弹性区高度 h_e 进一步减小，此时截面曲率 Φ 需要改用式（2.54）来计算。

因涉及到 P、M、Φ 三个变量，不便直接求解，可以通过下述方法确定：先给定一个 P 值，并假设 P 保持不变，然后采用与受弯构件相同的方法可得到 M-Φ 关系；再给定一个 P 值，又可得到一个 M-Φ 关系；以此类推，可以得到 P 取不同值时的 M-Φ 关系，如图 2.26（b）所示，称为 P-M-Φ 关系曲线。可以看出，$P=0$ 时，M 的极限值为 M_p，随着 P 的增加，M 的极限值减小。

如果构件存在残余应力，和受弯构件一样，有效屈服强度降低，构件提前进入弹塑性，变形加快，但并不会影响极限强度。

思考与练习题

2.1　什么样的构件属于薄壁构件？

2.2　开口薄壁截面构件弹性弯扭分析时的假定有哪些？

2.3　截面主扇性坐标的分布有何特点？

2.4　当开口薄壁截面构件只有弯曲变形时，截面剪力流有何特点？

2.5　如何确定薄壁构件截面剪心的位置？

2.6　构件自由扭转、约束扭转时，截面上的应力分别有哪些？

2.7　开口截面、闭口截面上的自由扭转剪应力分布有何区别？

2.8　什么是次翘曲？什么情况下可以不考虑次翘曲的影响？

2.9　为什么残余应力对构件的极限强度没有影响，但对刚度有降低作用？

2.10　计算图 2.27 所示单轴对称截面的主扇性坐标并绘图，剪心位于 C 点，板厚均为 t。

2.11　图 2.28 所示作用有横向荷载 Q_y 的弹性悬臂构件，长为 l，如果构件只绕 x 轴发生弯曲变形，抗弯刚度为 EI_x，试给出构件的平衡微分方程、位移曲线表达式及最大位移值。

2.12　图 2.29 所示双轴对称工字形截面弹性悬臂构件，$l=9\mathrm{m}$，悬臂端作用有扭矩 $T_z=20\mathrm{kN\cdot m}$，试计算悬臂端的扭转角及整个构件的最大翘曲正应力，已知剪切模量 $G=79000\mathrm{N/mm^2}$，弹性模量 $E=206000\mathrm{N/mm^2}$。

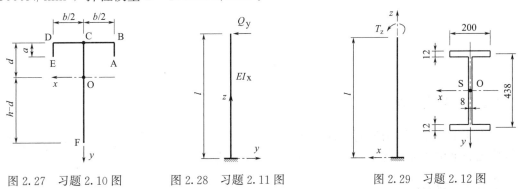

图 2.27　习题 2.10 图　　　　图 2.28　习题 2.11 图　　　　图 2.29　习题 2.12 图

参考文献

［1］　Vlasov V. Z. Thin-walled elastic beams（2nd Edition）［M］. Jerusalem；Israel Program for Scientific Translation，1961.

［2］　Wagner H. Torsion and buckling of open sections［R］. Technical Memorandum No. 807，U. S. National Advisory Committee for Aeronautics，1936.

［3］　Timoshenko S. P.，Gere J. M. Theory of elastic stability（2nd Edition）［M］. New York；McGraw-Hill，1961.

［4］　Bleich F. Buckling strength of metal structures［M］. New York；McGraw-Hill，1952.

［5］　孙训方，方孝淑，关来泰. 材料力学（第 5 版）［M］. 北京；高等教育出版社，2009.

［6］　郭在田. 薄壁构件的弯曲与扭转［M］. 北京；中国建筑工业出版社，1989.

［7］　童根树. 钢结构的平面外稳定（修订版）［M］. 北京；中国建筑工业出版社，2013.

［8］　魏明忠. 钢结构（第二版）［M］. 武汉；武汉理工大学出版社，2002.

［9］　吕烈武，沈世钊，沈祖炎，等. 钢结构构件稳定理论［M］. 北京；中国建筑工业出版社，1983.

［10］　陈骥. 钢结构稳定理论与设计（第六版）［M］. 北京；科学出版社，2014.

［11］　Huber A. W.，Beedle，L. S. Residual stress and the compressive strength of stecl［J］. Welding Journal，1954，33（12）；589-614.

第 3 章 稳定判别准则与分析方法

自从 1759 年 Euler 采用静力法推导出弹性压杆的临界荷载之后，稳定理论逐步得到完善和发展，出现了多种稳定判别准则和稳定分析方法，比如能量准则与能量法、动力准则与动力法等，研究领域也由弹性发展到弹塑性，并出现了一系列稳定分析的近似方法（Ritz 法、Galerkin 法）和数值法（有限差分法、有限积分法、有限单元法、有限条法等），逐步形成了现代稳定理论体系。

为了便于理解，本章主要以轴心受压构件在某一平面内的弯曲屈曲为研究对象，介绍各类稳定判别准则和稳定分析方法，这些准则和方法普遍具有通用性，在后续各章中都会用到。

3.1 静力准则与静力法

3.1.1 静力准则

如果体系由某一静力平衡位置位移或变形至邻近的位置时仍处于静力平衡状态，则原平衡位置的平衡状态是随遇的，对应的荷载为临界荷载。

3.1.2 静力法

针对已产生位移或变形并处于静力平衡状态的体系，通过建立平衡方程或者平衡微分方程来求解临界荷载的方法称为静力法。

在工程结构中，构件的变形远小于构件的原始尺寸，属于小变形（也称小挠度）范畴，因此静力法通常采用小挠度理论，但有时也会采用大挠度理论。

【例题 3.1】 图 3.1（a）所示完善（等截面、挺直、无缺陷）的两端铰接弹性轴压杆，长为 l，在 yz 平面内的抗弯刚度为 EI，轴压力 P 始终铅垂向下，试采用静力法并依

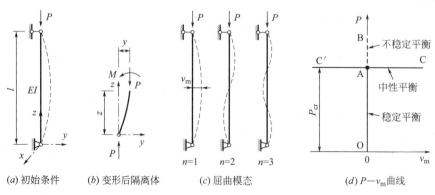

(a) 初始条件　　(b) 变形后隔离体　　(c) 屈曲模态　　(d) $P—v_m$ 曲线

图 3.1 例题 3.1 图（小挠度）

据小挠度理论求解构件在 yz 平面内发生弯曲屈曲时的临界荷载。

【解】　根据静力准则，首先假设构件在侧向干扰下发生了微小的弯曲变形，并且构件仍处于平衡状态。针对变形后的构件取隔离体，见图 3.1（b），z 坐标处的横向位移记作 y，截面弯矩为 M，因弯曲变形微小，由弯曲变形产生的剪力及剪切变形可忽略，对隔离体下端建立力矩平衡方程：

$$M - Py = 0$$

由式（2.28）可知 $M = -EIy''$ 代入上式可得平衡微分方程：

$$EIy'' + Py = 0 \tag{1}$$

引入参数 k，并令

$$k^2 = \frac{P}{EI} \tag{2}$$

则式（1）可改写为 $y'' + k^2 y = 0$，这是一个二阶齐次微分方程，其通解为：

$$y = A_1 \cos kz + A_2 \sin kz \tag{3}$$

上式中的 A_1、A_2 为待定系数，需要借助边界条件来确定。构件的位移边界条件为 $y(0) = 0$、$y(l) = 0$，分别代入上式后可得：

$$A_1 \times 1 + A_2 \times 0 = 0 \tag{4}$$

$$A_1 \cos kl + A_2 \sin kl = 0 \tag{5}$$

以上两式是求解 A_1、A_2 的线性方程组，可以写成矩阵形式：

$$\begin{bmatrix} 1 & 0 \\ \cos kl & \sin kl \end{bmatrix} \begin{Bmatrix} A_1 \\ A_2 \end{Bmatrix} = \begin{Bmatrix} 0 \\ 0 \end{Bmatrix}$$

$A_1 = 0$、$A_2 = 0$ 是上式的一组解，代入式（3）可知 $y = 0$，表示构件处于挺直状态，与前面假设的已发生微小弯曲变形不符，属于平凡解。由于 A_1、A_2 不能同时为零，其系数行列式必须等于零，即

$$\begin{vmatrix} 1 & 0 \\ \cos kl & \sin kl \end{vmatrix} = 0$$

可得 $\sin kl = 0$，其解为：

$$k = \frac{n\pi}{l} \quad (n = 1, 2, 3, \cdots) \tag{6}$$

再将上式代入到式（2）可得：

$$P = \frac{(n\pi)^2 EI}{l^2} \quad (n = 1, 2, 3, \cdots)$$

可见满足平衡方程的 P 值很多，但当 $n = 1$ 时 P 值最小，也就是该构件的临界荷载，即

$$P_{cr} = \frac{\pi^2 EI}{l^2} \approx \frac{9.87 EI}{l^2} \tag{7}$$

由式（4）可知 $A_1 = 0$，由式（5）可知 $A_2 \sin kl = 0$，又因 $\sin kl = 0$，故 A_2 值不能确定，但是将 $A_1 = 0$ 和式（6）代入式（3）可以得到构件的变形曲线表达式：

$$y = A_2 \sin \frac{n\pi}{l} \quad (n = 1, 2, 3, \cdots)$$

该式为半波数量不同的一簇正弦曲线，n 为半波数量，见图 3.1（c）。由于 A_2 并未确

定，只能知道变形样式，不能确定具体的变形值。

上述两端铰接弹性轴压杆的临界荷载由 Euler 在 1759 年给出，又称为 Euler 荷载，记作 P_E，即

$$P_E = \frac{\pi^2 EI}{l^2} \tag{3.1}$$

从例题 3.1 可以看出：求解临界荷载并不需要解出 A_1、A_2，只需利用其系数行列式为零的方程就可以得到临界荷载，该方程称为特征方程或屈曲方程，特征方程的解称为特征值，最小特征值对应的荷载就是临界荷载。从这一角度上看，求解临界荷载就是求解特征方程的最小值。

用特征值表达的位移曲线称为特征曲线，也称屈曲模态。对于两端铰接弹性轴压杆，如果假设 $n=1$ 时的构件中央挠度为 v_m，则特征曲线可写为：

$$y = v_m \sin \frac{\pi z}{l} \tag{3.2}$$

由图 3.1（c）可以看出，当 $n \geqslant 2$ 时，构件中央有反弯点，每一个反弯点处都相当于有一个侧向支撑约束构件的侧向位移，其临界荷载显然要大于 $n=1$ 时的情况，这也是把最小特征值对应的荷载定为临界荷载的原因。构件的平衡状态曲线见图 3.1（d），属于平衡分岔失稳。

例题 3.1 中的构件除了可能在 yz 平面发生弯曲屈曲外，也可能在其他平面内发生弯曲屈曲，比如 xz 平面，还有可能绕纵轴发生扭转屈曲，甚至是弯扭屈曲。因本章重点讲述稳定判别准则和稳定分析方法，只针对 yz 平面内的弯曲屈曲进行研究，其余内容将在后续章节中讲述。

上述静力法是依据小挠度理论展开的，虽然得到了临界荷载和屈曲模态，并未得到真实的挠度值，主要原因是曲率 Φ 采用了小变形下的近似值，也即式（2.27），$\Phi \approx -y''$，而不是式（2.26）。如果采用大挠度理论，不仅能得到构件的真实挠度，还可以进行屈曲后的性能分析，下面举例说明。

【例题 3.2】 试采用静力法并依据大挠度理论对完善的两端铰接弹性轴压构件进行稳定分析。

【解】 假设构件发生弯曲变形后仍处于平衡状态，见图 3.2（a），取隔离体并对下端取矩，同样可得到平衡方程 $M - Py = 0$，将 $M = EI\Phi$ 代入可得 $EI\Phi - Py = 0$，再将式

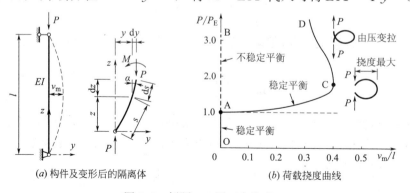

(a) 构件及变形后的隔离体　　　　(b) 荷载挠度曲线

图 3.2　例题 3.2 图（大挠度）

(2.26) 代入后可得平衡微分方程：

$$EI \frac{y''}{(1+y'^2)^{3/2}} + Py = 0$$

上式为非线性方程，不便求解。这里引入 Φ 的另一个定义：截面倾角 α 沿弧长 s 的变化率，即

$$\Phi = -\frac{\mathrm{d}\alpha}{\mathrm{d}s} \tag{1}$$

则平衡方程 $EI\Phi - Py = 0$ 可改写为：

$$EI \frac{\mathrm{d}\alpha}{\mathrm{d}s} + Py = 0 \tag{2}$$

式中涉及 α、s 和 y 三个变量，无法直接求解，但如果将 y 变为 α 和 s 的关系表达式，则可以求解。由图 3.2（a）可知，当微段弧长 $\mathrm{d}s$ 足够小时，$\sin\alpha = \mathrm{d}y/\mathrm{d}s$ 因此将式（2）对 s 求导一次可得：

$$EI \frac{\mathrm{d}^2\alpha}{\mathrm{d}s^2} + P\sin\alpha = 0$$

仍令 $k^2 = P/(EI)$，上式变为：

$$\frac{\mathrm{d}^2\alpha}{\mathrm{d}s^2} + k^2 \sin\alpha = 0 \tag{3}$$

利用椭圆积分可得到 P/P_E 与 v_m/l 的关系[1]，见图 3.2（b），图中仅给出了 $v_m/l>0$ 时的曲线，$v_m/l<0$ 时曲线对称。构件的临界荷载为 P_E，与小挠度理论结果一致，但失稳后受到干扰荷载仍可以继续增加，处于稳定平衡状态，属于稳定分岔失稳，这是小挠度理论无法得到的；$P/P_E = 1.717$ 时（图中 C 点），挠度达到最大值，$v_m/l = 0.403$，之后构件出现打结现象，端部荷载实际已由压力变为拉力。曲线超过 A 点后，v_m/l 较小时属于小变形范畴，曲线可近似看作水平线，与图 3.1（d）小挠度理论结果一致。

上述大挠度分析结果是基于弹性构件得出的，在实际工程中，变形达到一定程度时构件会因材料屈服而发生破坏，另外，过大的变形也会影响使用，需要限制，因此依据小挠度理论对构件进行稳定分析是合理且有工程意义的。对比例题 3.1 和 3.2 还可以看出，弯曲变形（附加弯矩）的大小并不会影响弹性压杆的临界荷载，说明决定弹性压杆弯曲失稳的因素是轴压力，而不是弯矩。

【例题 3.3】　图 3.3（a）所示完善的刚性链杆体系，B、C 点水平弹簧的拉压刚度分别为常数 k_B、k_C，且 $k_B = 2k_C$，B、C 点的竖向力分别为 $2P$、P，方向保持不变，试采用静力法求解临界荷载。

【解】　根据静力准则，假设体系在干扰下发生了小变形并仍处于平衡状态，见图 3.3（b），B、C 点的水平位移分别为 y_B、y_C，则对应的弹簧力分别为 $k_B y_B$、$k_C y_C$。分别对 B、A 点建立力矩平衡方程：

$$k_C y_C l - P(y_C - y_B) = 0 \tag{1}$$
$$k_C y_C \times 2l + k_B y_B l - P y_C - 2P y_B = 0 \tag{2}$$

先将 k_B 替换为 $2k_C$，然后再将两式改写成关于 y_B、y_C 的矩阵表达式：

$$\begin{bmatrix} P & k_C l - P \\ 2k_C l - 2P & 2k_C l - P \end{bmatrix} \begin{Bmatrix} y_B \\ y_C \end{Bmatrix} = \begin{Bmatrix} 0 \\ 0 \end{Bmatrix}$$

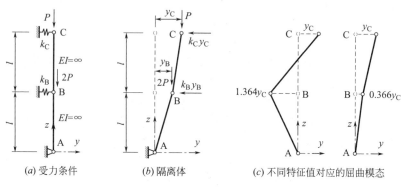

图 3.3　例题 3.3 图

(a) 受力条件　　　　　　(b) 隔离体　　　　　　(c) 不同特征值对应的屈曲模态

y_B、y_C 同时为零与变形假设不符，属于平凡解，只能其系数行列式为零，得到特征方程：

$$3P^2 - 6k_C lP + 2(k_C l)^2 = 0 \tag{3}$$

可解得特征值 $P = (1 \pm \sqrt{1/3})k_C l$，最小特征值即为临界荷载，即 $P_{cr} = 0.423k_C l$；另一个特征值对应的荷载为 $P = 1.577k_C l$。

虽然 y_B、y_C 值无法求出，但由式（1）可得 $y_B/y_C = 1 - k_C l/P$，将 P 代入后可得 y_B/y_C 的两个值分别为 -1.364 和 0.366，体系的两种屈曲模态见图 3.3（c），第二种屈曲模态实际上并不会发生。

由例题 3.1 和例题 3.3 可以总结出静力法的主要步骤如下：

1）假设体系在干扰下发生了小变形并处于平衡状态，也即在邻近位置仍处于平衡状态；

2）建立体系的平衡方程或者平衡微分方程；

3）利用线性方程组的系数行列式为零得到特征方程；

4）求解特征方程，得到一组满足要求的特征值，最小特征值对应的荷载即为临界荷载；

5）将特征值代回平衡方程或变形函数，得到体系的屈曲模态。

对于简单的弹性体系，利用静力法可以得到临界荷载的精确解，同时也得到了屈曲模态，当体系的组成、受力或边界条件较复杂时，平衡微分方程可能是变系数的高次非线性方程，求解比较困难，需要借助其他方法来进行稳定分析。

3.2　能量准则与能量法

从结构力学中知道，如果力所做的功只与其起点和终点有关，与运动轨迹无关，则称为保守力。在弹性体系（包括结构及作用在结构上的外力）中，结构的内力、外力都属于保守力；对于非弹性体系，塑性内力、摩擦力、黏滞力等都属于非保守力，也称耗散力。假若一个体系里所有的力都是保守力，则该体系称为保守体系，本节研究对象都是保守体系。

由能量守恒定律可知，保守体系的机械能可以互相转换，但总能量始终守恒。机械能由动能和势能组成，动能与体系的质量和速度有关，势能与体系的位置、形状有关。与位置有关的势能有重力势能、外力势能；与形状有关的势能是弹性变形能，势能以应变和应力的形式储存在体系中，也称应变能。势能都是相对量，选择不同的参考点则有不同的量值。

由于工程结构自身是相对静止且位置不变，因此可只研究外力势能和结构的应变能，则整个体系的总势能为：

$$\varPi = U + V \tag{3.3}$$

式中：$\varPi$ 为体系的总势能；U 为结构的应变能；V 为外力势能。

作用在结构上的外力一旦对结构做功，外力势能减小，其改变量等于外力功 W 的负值，即

$$V = -W$$

因此外力做功后体系的总势能又可写为：

$$\varPi = U - W \tag{3.4}$$

外力功与沿着外力方向的位移有关，如图 3.4 所示轴心受力构件和受弯构件，轴力 P 引起的位移为轴向变形 δ，弯矩 M 引起的位移为转角 θ，当 P 和 M 均从零开始施加时，所做的功分别为：

$$W = \frac{1}{2} P\delta, \qquad W = \frac{1}{2} M\theta$$

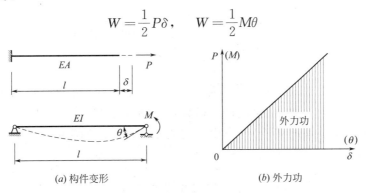

(a) 构件变形　　　　　　　　(b) 外力功

图 3.4　轴心受力构件及受弯构件的变形与外力功

外力对结构做功，完成能量转移，使结构的应变能增加，应变能可按下式计算[2]：

$$U = \frac{1}{2} \int_l \int_A \sigma\varepsilon \, \mathrm{d}A \, \mathrm{d}l = \frac{1}{2} \int_l \int_A \frac{\sigma^2}{E} \mathrm{d}A \, \mathrm{d}l \tag{3.5}$$

式中 l、A 分别为构件的长度和截面积；σ、ε 分别为外力作用下构件截面的应力、应变。

根据上式可得到轴力 P、弯矩 M 作用下结构的应变能分别为：

$$U = \frac{1}{2} \int_0^l \frac{P^2}{EA} \mathrm{d}z \tag{3.6}$$

$$U = \frac{1}{2} \int_0^l \frac{M^2}{EI} \mathrm{d}z \tag{3.7}$$

如果体系中有刚度为 k 的拉压弹簧，或者刚度为 r 的转动弹簧，且刚度保持不变，则这两种弹簧变形后的应变能分别为：

$$U = \frac{1}{2} k\Delta^2 \tag{3.8}$$

$$U = \frac{1}{2} r\theta^2 \tag{3.9}$$

式中：$\triangle$ 为拉压弹簧的伸缩量；θ 为转动弹簧的转角。

下面以图 3.5（a）两端铰接弹性压杆为例分析其应变能和外力势能，假设 P 的方向始终保持不变。当某一时刻构件因侧向干扰在 yz 平面内发生微弯时，将 $M=-EIy''$ 代入式（3.7）可得弯曲应变能：

$$U=\frac{1}{2}\int_0^l EIy''^2\mathrm{d}z \tag{3.10}$$

对阶形柱这类突变截面杆件，因变形函数非连续可导，U 应采用式（3.7）计算；对等截面杆件以及楔形变截面杆件，U 可采用式（3.7）或式（3.10）计算。

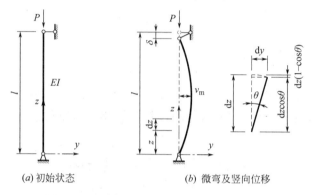

(a) 初始状态　　　(b) 微弯及竖向位移

图 3.5　两端铰接弹性轴压构件的竖向位移

由于工程中受压构件的压缩刚度非常大，轴压力引起的压缩变形可忽略不计，故竖向变形 δ 主要由弯曲引起。取 $\mathrm{d}z$ 微段进行研究，见图 3.5（b），当微段很小时可近似视为直线，微段与初始轴线间的夹角为 θ，由几何关系可得微段的竖向位移为 $\mathrm{d}z(1-\cos\theta)$，利用余弦的级数可得：

$$\mathrm{d}z(1-\cos\theta)=\mathrm{d}z\left[1-\left(1-\frac{1}{2!}\theta^2+\frac{1}{4!}\theta^4+\cdots\right)\right]=\mathrm{d}z\left(\frac{1}{2!}\theta^2-\frac{1}{4!}\theta^4+\cdots\right)$$

仅保留上式等号右侧括号中的第一项，略去其余高阶项，并将 $\theta=\mathrm{d}y/\mathrm{d}z=y'$ 代入，可得：

$$\mathrm{d}z(1-\cos\theta)=\frac{1}{2}y'^2\mathrm{d}z$$

沿着杆长积分可得到构件因弯曲引起的竖向总位移：

$$\delta=\frac{1}{2}\int_0^l y'^2\mathrm{d}z \tag{3.11}$$

因侧向干扰仅发生在某一时刻，可认为弯曲时 P 的大小保持不变，故 P 做的功为：

$$W=P\delta=\frac{1}{2}P\int_0^l y'^2\mathrm{d}z \tag{3.12}$$

P 做功后，外力势能等于外力功的负值，即

$$V=-W=-\frac{1}{2}P\int_0^l y'^2\mathrm{d}z \tag{3.13}$$

上述 Π、U、W、V 的表达式中都含有 y' 或 y''，都是变形函数 $y(z)$ 的函数，称为泛函，有关泛函的基本知识见附录 A。

弹性体系属于保守体系，如果体系初始处于平衡状态，即使体系内的外力对结构做功，因能量守恒，体系的总势能保持不变，体系仍将保持平衡状态。

3.2.1 能量准则

假设体系在初始位置处于静力平衡状态，受到外部干扰后在足够小的邻域内发生了某一可能的变形，则体系的总势能将存在一个增量，记作 $\Delta\Pi$，如果 $\Delta\Pi>0$，则体系在初始位置的平衡状态是稳定的；如果 $\Delta\Pi<0$，则体系在初始位置的平衡状态是不稳定的；如果 $\Delta\Pi=0$，则体系在初始位置的平衡状态是随遇的，可得到临界荷载。

能量准则可用图 1.11 中的钢球来解释：位于凹面的钢球受外部干扰后总势能增加，$\Delta\Pi>0$，其初始平衡状态是稳定的；位于凸面的钢球受扰动后总势能减小，$\Delta\Pi<0$，其初始平衡状态是不稳定的；位于平面的钢球受扰动后总势能不变，$\Delta\Pi=0$，处于随遇平衡状态。

能量准则是根据最小势能原理得出的，最小势能原理由 Kirchhoff 在 1850 年提出，用来建立横向荷载下板的平衡微分方程，1891 年 Bryan 将最小势能原理应用于求解板的弹性屈曲问题。

3.2.2 Timoshenko 能量法

利用能量准则进行稳定分析的方法称为能量法，能量法可以解决复杂弹性结构的稳定问题。由于计算体系总势能时要用到结构的变形曲线 $y(z)$，而此时的变形是未知的，需要假设，这一点不同于静力法。能量法的精度与所假设的变形曲线精度有关，为保证必要的精度，所假设的变形曲线至少应满足结构的位移边界条件，如果还能满足力学边界条件，则精度会更高。

Timoshenko 对能量法的贡献很大，在 1913 年就根据能量守恒原理提出了求解弹性稳定问题的方法：作用有外力的弹性体系因受到外部干扰而发生微小变形时，如果结构应变能的增量 ΔU 等于外力功的增量 ΔW，则结构处于临界状态，由于 ΔW 中包含外力，故可求出临界荷载。上述方法称为 Timoshenko 能量法[3-4]，可用下式表达：

$$\Delta U = \Delta W \tag{3.14}$$

【例题 3.4】 利用 Timoshenko 能量法求解图 3.5（a）所示完善的两端铰接弹性轴压构件的临界荷载，假设轴压力 P 的方向始终保持不变。

【解】 构件因外部干扰由挺直状态变为微弯状态时，利用式（3.10）可得弯曲应变能的增量：

$$\Delta U = \frac{1}{2}\int_0^l EI y''^2 \, \mathrm{d}z \tag{1}$$

根据式（3.12）可得外力功的增量为：

$$\Delta W = \frac{1}{2}P\int_0^l y'^2 \, \mathrm{d}z \tag{2}$$

将式（1）和式（2）代入式（3.14）可得临界荷载：

$$P_{\mathrm{cr}} = \frac{\int_0^l EI y''^2 \, \mathrm{d}z}{\int_0^l y'^2 \, \mathrm{d}z} \tag{3}$$

上式的分母、分子中分别含有 y' 和 y''，显然要用到构件的变形曲线 $y(z)$，需要假设。式（3.2）已经给出了两端铰接轴压构件的变形曲线，此处可直接利用。将 $z=0$、$z=l$ 分别代入式（3.2）可得 $y(0)=0$、$y(l)=0$，说明变形曲线满足构件的位移边界条件；将式（3.2）对 z 求导两次后再分别代入 $z=0$、$z=l$，可得 $y''(0)=0$、$y''(l)=0$，由 $M=-EIy''$ 可知 $M(0)=0$、$M(l)=0$，说明变形曲线也满足构件的力学边界。将变形曲线及边界条件代入式（3）后可得临界荷载：

$$P_{cr}=\frac{\int_0^l EIy''^2\mathrm{d}z}{\int_0^l y'^2\mathrm{d}z}=\frac{v_m^2\pi^4EI/(4l^3)}{v_m^2\pi^2/(4l)}=\frac{\pi^2EI}{l^2} \tag{4}$$

临界荷载与例题 3.1 静力法得到的精确解完全一致，主要是由于变形函数直接采用了例题 3.1 解出的变形曲线。对于未知的稳定问题，假设的变形函数很难与实际变形完全一致，但任何满足位移边界条件的变形函数都可以采用，只是精度不同，因此能量法得出的临界荷载通常是近似解。

假如例题 3.4 中的变形函数取 $y=A_1z^2+A_2z+A_3$，由位移边界条件 $y(0)=0$、$y(l)=0$ 可得 $A_3=0$，$A_2=-lA_1$，即变形曲线为 $y=A_1(z^2-lz)$，该曲线满足位移边界条件，但由于 $y''(0)=y''(l)=2A_1\neq0$，构件两端有弯矩，其值为 $M=-EIy''=-2EIA_1$，显然不满足力学边界条件。将 $y=A_1(z^2-lz)$ 代入式（3），可得 $P_{cr}=12EI/l^2$，比精确解高 21.6%，偏高的原因是所假设的变形函数与实际情况不一致，构件两端有弯矩说明构件端部不是铰接，而是人为增加了转动约束，导致临界荷载偏高。由此可见，如果假设的变形函数既满足位移边界条件也满足力学边界条件，计算精度会比较高。

对平面变形问题，变形函数可采用由 n 个可能位移函数通过线性组合而成的多项式：

$$y=A_1\varphi_1(z)+A_2\varphi_2(z)+\cdots+A_n\varphi_n(z)=\sum_{i=1}^n A_i\varphi_i(z) \tag{3.15}$$

式中：$A_1\sim A_n$ 为 n 个待定的独立参数，也称广义坐标；$\varphi_1(z)\sim\varphi_n(z)$ 为 n 个可能的位移函数，都是 z 的连续函数，也称坐标函数，$\varphi_i(z)$ 可任意假定，通常采用容易积分、便于计算的三角函数、幂函数等简单函数，$\varphi_i(z)$ 必须满足位移边界条件，如果还满足力学边界条件，精度会更高。

上述多项式可以用来模拟平面变形的无限自由度体系，多项式的项数 n 越大，模拟变形的能力越强，变形函数越容易接近实际情况，但也会导致工作量显著增加，通常可以分若干次计算，逐步增加 n 值，当前后两次所得临界荷载相差甚微时，说明已经达到了较高的精度。

对图 3.6 所示的等截面简单轴压杆，满足式（3.15）的变形函数可分别按下列公式取用：

图 3.6(a)：
$$y=\sum_{i=1}^n A_i\sin\frac{i\pi z}{l} \tag{3.16a}$$

图 3.6(b)：
$$y=\sum_{i=1}^n A_i\left[1-\cos\frac{(2i-1)\pi z}{2l}\right] \tag{3.16b}$$

图 3.6(c)：
$$y = \sum_{i=1}^{n} A_i z^{i+1} (l-z) \tag{3.16c}$$

图 3.6(d)：
$$y = \sum_{i=1}^{n} A_i \left[1 - \cos \frac{2(2i-1)\pi z}{l} \right] \tag{3.16d}$$

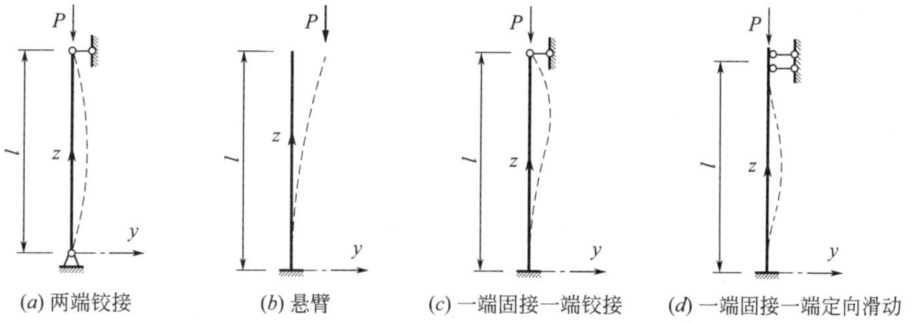

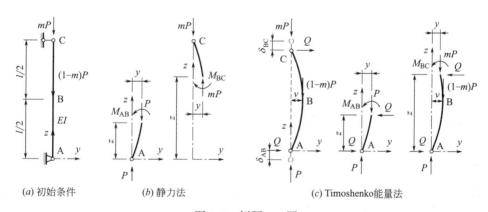

(a) 两端铰接　　　　(b) 悬臂　　　　(c) 一端固接一端铰接　　　　(d) 一端固接一端定向滑动

图 3.6　简单受压构件的变形形式

【例题 3.5】　图 3.7（a）所示两端铰接弹性轴压构件，C 点、B 点的轴压力分别为 mP、$(1-m)P$，$m \leqslant 1$，假设力的方向保持不变，试分别用静力法、Timoshenko 能量法求解构件的临界荷载。

(a) 初始条件　　　　(b) 静力法　　　　(c) Timoshenko能量法

图 3.7　例题 3.5 图

【解】　1) 采用静力法求解临界荷载

需对构件分段建立平衡方程并利用 B 点的变形协调关系，见图 3.7（b），假设 B 点的挠度为 v。在小变形条件下，AB 段、BC 段的平衡微分方程分别为：
$$EIy'' + Py = 0 \quad (0 \leqslant z \leqslant l/2)$$
$$EIy'' + mPy = 0 \quad (l/2 \leqslant z \leqslant l)$$

引入参数 k_1、k_2，并令
$$k_1^2 = \frac{P}{EI}, \quad k_2^2 = \frac{mP}{EI} \tag{1}$$

则 AB 段、BC 段的平衡微分方程可改写为：
$$y'' + k_1^2 y = 0 \quad (0 \leqslant z \leqslant l/2) \tag{2}$$
$$y'' + k_2^2 y = 0 \quad (l/2 \leqslant z \leqslant l) \tag{3}$$

式（2）的通解为 $y = A_1 \cos k_1 z + A_2 \sin k_1 z$，利用 AB 段的边界条件 $y(0) = 0$、$y(l/2) = v$ 可得：

$$A_1 = 0$$
$$A_1 \cos(k_1 l/2) + A_2 \sin(k_1 l/2) = v$$

由以上两式可得：

$$A_2 \sin(k_1 l/2) = v \tag{4}$$

由于整个构件的变形函数只有一个，式（3）通解可写为 $y = A_1 \cos k_2 z + A_2 \sin k_2 z$，利用 BC 段的边界条件 $y(l/2) = v$、$y(l) = 0$ 可得：

$$A_1 \cos(k_2 l/2) + A_2 \sin(k_2 l/2) = v \tag{5}$$
$$A_1 \cos k_2 l + A_2 \sin k_2 l = 0 \tag{6}$$

构件在 B 点的变形连续，且挠度均为 v，将式（4）代入式（5）可得：

$$A_1 \cos(k_2 l/2) + A_2 [\sin(k_2 l/2) - \sin(k_1 l/2)] = 0 \tag{7}$$

式（6）和式（7）的矩阵表达式为：

$$\begin{bmatrix} \cos k_2 l & \sin k_2 l \\ \cos(k_2 l/2) & \sin(k_2 l/2) - \sin(k_1 l/2) \end{bmatrix} \begin{Bmatrix} A_1 \\ A_2 \end{Bmatrix} = \begin{Bmatrix} 0 \\ 0 \end{Bmatrix}$$

因 A_1、A_2 不能同时为零，其系数行列式应等于零，可得特征方程：

$$\sin \frac{k_2 l}{2} + \cos k_2 l \times \sin \frac{k_1 l}{2} = 0 \tag{8}$$

又由式（1）可知 $k_2 = k_1 \sqrt{m}$，代入上式可得：

$$\sin \frac{k_1 l \sqrt{m}}{2} + \cos(k_1 l \sqrt{m}) \times \sin \frac{k_1 l}{2} = 0 \tag{9}$$

上式为超越方程，求解比较烦琐，但只要给定 m 便可得到 k_1，将 k_1 的最小值代入式（2）就可得到临界荷载 P_{cr}。比如，当 $m = 1$ 也即均匀受压时，式（9）可整理为：

$$\sin \frac{k_1 l}{2}(1 + \cos k_1 l) = 0$$

满足上式的条件为 $\sin(k_1 l/2) = 0$ 或者 $1 + \cos k_1 l = 0$，由前者可得 $k_1 = 2n\pi/l$，其最小值为 $k_1 = 2\pi/l$，由后者可得 $k_1 = n\pi/l$，其最小值为 $k_1 = \pi/l$，该值最小，代入到式（1）中可得临界荷载 $P_{cr} = \pi^2 EI/l^2$，与例题 3.1 的结论一致。当 m 取其他值时，P_{cr} 的值显然发生变化，读者可以自己验证。

2）采用 Timoshenko 能量法求解临界荷载

假设整个构件的变形函数为 $y = v \sin(\pi z/l)$，v 为 B 点的挠度，见图 3.7（c），该式既满足位移边界条件 $y(0) = 0$、$y(l) = 0$，也满足力学边界条件 $y''(0) = 0$、$y''(l) = 0$。

构件弯曲变形后，对 A 点取矩可得支座处的水平力 $Q = (1-m)Pv/l$。再对 AB 段、BC 段分别取隔离体，见图 3.7（c），建立力矩平衡方程：

$$M_{AB} = Py - \frac{(1-m)Pv}{l} z \quad (0 \leqslant z \leqslant l/2)$$

$$M_{BC} = mPy + \frac{(1-m)Pv}{l}(l-z) \quad (l/2 \leqslant z \leqslant l)$$

利用式（3.7）可得构件应变能增量 ΔU：

$$\Delta U = \frac{1}{2}\int_0^{l/2}\frac{M_{AB}^2}{EI}\mathrm{d}z + \frac{1}{2}\int_{l/2}^l\frac{M_{BC}^2}{EI}\mathrm{d}z \tag{10}$$

将 M_{AB}、M_{BC} 代入上式后再利用变形函数 $y = v\sin(\pi z/l)$ 和边界条件，积分可得：

$$\Delta U = \frac{P^2 v^2 l}{12EI}\left[2m^2 - \frac{12(1-m)^2}{\pi^2} - m + 2\right] \tag{11}$$

外力功也需要分两段计算，由式（3.12）可得外力功的增量为：

$$\Delta W = \frac{1}{2}P\int_0^{l/2}y'^2\mathrm{d}z + \frac{1}{2}mP\int_{l/2}^l y'^2\mathrm{d}z$$

将变形函数和边界条件代入上式后积分可得：

$$\Delta W = \frac{\pi^2 P v^2}{8l}(1+m) \tag{12}$$

根据 Timoshenko 能量法，将式（11）和式（12）代入式（3.14）可得临界荷载：

$$P_{cr} = \frac{3\pi^2 EI}{2l^2}\cdot\frac{1+m}{2m^2 - 12(1-m)^2/\pi^2 - m + 2} \tag{13}$$

若取 $m=1$，则变成均匀受压构件，上式简化为 $P_{cr} = \pi^2 EI/l^2$，与例题 3.1 的精确解一致。当 $m \neq 1$ 时，因上下两段的实际变形并不对称，而假设的变形函数采用的是对称函数 $y = v\sin(\pi z/l)$，必然导致临界荷载有一定的偏差，如果变形函数取合理的多项式，精度会更高。

从上面两种方法的比较中可以看出，对受力稍微复杂一点的构件，用能量法求解临界荷载要比静力法相对简单一些。

3.2.3　势能驻值原理及稳定分析方法

势能驻值原理：作用有外力的弹性体系，如果其位移有微小变化而总势能保持不变，即总势能有驻值，则该体系处于中性平衡状态。利用势能驻值原理可以求解临界荷载。

势能驻值原理是由虚位移原理推导得来的[5]，虚位移原理表明，变形体处于平衡状态的充分必要条件是：对于与约束条件相协调的任意微小虚位移，外力虚功应等于内力虚功。

由前面式（3.3）、式（3.4）可知，体系总势能 $\Pi = U + V = U - W$，Π、U、V、W 均是泛函，泛函的微小增量称为变分，分别记作 $\delta\Pi$、δU、δV、δW，δ 为变分符号，见附录 A，则总势能的变分可写为：

$$\delta\Pi = \delta U + \delta V = \delta U - \delta W \tag{3.17}$$

因此，势能驻值原理可用下式表达：

$$\delta\Pi = \delta U + \delta V = \delta U - \delta W = 0 \tag{3.18}$$

【例题 3.6】　图 3.8（a）所示任意边界下的完善弹性轴压杆，两端转动弹簧的刚度分别为 r_A、r_B，上端水平弹簧的拉压刚度为 k_B，假设 P 的方向保持不变，试分别用静力法、势能驻值原理求解临界荷载。

【解】　1）采用静力法求临界荷载

杆件发生微小弯曲和侧移时，变形和边界力见图 3.8（b），取微段隔离体见图 3.8（c），截面弯矩 M 和水平力 Q 都是 z 的函数。隔离体在水平方向力的平衡方程为：

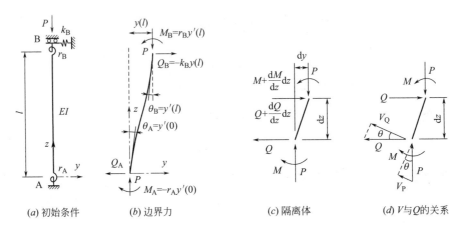

(a) 初始条件　　(b) 边界力　　(c) 隔离体　　(d) V与Q的关系

图3.8　例题3.6图

$$Q - \left(Q + \frac{\mathrm{d}Q}{\mathrm{d}z}\mathrm{d}z\right) = 0$$

因 $\mathrm{d}z \neq 0$，由上式可得：

$$\frac{\mathrm{d}Q}{\mathrm{d}z} = 0 \tag{1}$$

对图3.8（c）隔离体顶端建立力矩平衡方程：

$$M + P\mathrm{d}y + Q\mathrm{d}z - \left(M + \frac{\mathrm{d}M}{\mathrm{d}z}\mathrm{d}z\right) = 0$$

由上式可得：

$$Q = \frac{\mathrm{d}M}{\mathrm{d}z} - P\frac{\mathrm{d}y}{\mathrm{d}z} \tag{2}$$

将上式代入到式（1）中得：

$$\frac{\mathrm{d}^2 M}{\mathrm{d}z^2} - P\frac{\mathrm{d}^2 y}{\mathrm{d}z^2} = 0 \tag{3}$$

将 $M = -EIy''$ 分别代入到式（2）、式（3）可得：

$$Q = -(EIy''' + Py') \tag{4}$$

$$EIy^{(4)} + Py'' = 0 \tag{5}$$

式（4）为隔离体端部水平力的微分表达式，式（5）为构件的弯曲平衡微分方程，引入参数 $k^2 = P/(EI)$，弯曲平衡微分方程变为：

$$y^{(4)} + k^2 y'' = 0 \tag{6}$$

上式的通解为 $y = A_1\cos kz + A_2\sin kz + A_3 z + A_4$，$A_1 \sim A_4$ 为待定系数和常数，y 的各阶导数为：

$$y' = -A_1 k\sin kz + A_2 k\cos kz + A_3$$

$$y'' = -A_1 k^2\cos kz - A_2 k^2\sin kz$$

$$y''' = A_1 k^3\sin kz - A_2 k^3\cos kz$$

构件两端的位移边界和力学边界分别如下：

A端水平位移：$y(0) = 0$；

A 端弯矩：$-r_A y'(0) = -EI y''(0)$，r_A 前的负号表示 M_A 与图中方向相反。

B 端弯矩：$r_B y'(l) = -EI y''(l)$；

B 端水平力：$-k_B y(l) = -[EI y'''(l) + P y'(l)]$，$k_B$ 前的负号表示 Q_B 与图中方向相反。

将 y 及各阶导数代入上述边界条件，可得到关于 $A_1 \sim A_4$ 的四个线性方程，写成矩阵形式为

$$
\begin{bmatrix}
b_{11} & b_{12} & b_{13} & b_{14} \\
b_{21} & b_{22} & b_{23} & b_{24} \\
b_{31} & b_{32} & b_{33} & b_{34} \\
b_{41} & b_{42} & b_{43} & b_{44}
\end{bmatrix}
\begin{Bmatrix}
A_1 \\
A_2 \\
A_3 \\
A_4
\end{Bmatrix}
=
\begin{Bmatrix}
0 \\
0 \\
0 \\
0
\end{Bmatrix}
$$

式中 b_{ij} 是四个线性方程中 $A_1 \sim A_4$ 的系数。

因 $A_1 \sim A_4$ 不能同时为零，由系数行列式等于零可得特征方程，并解出临界荷载，因表达式较长，不再给出。如果线性方程组是非齐次的，可以解出 $A_1 \sim A_4$ 的值，从而得到变形曲线。

值得注意的是，图 3.8 中的水平力 Q 不是构件的截面剪力 V，V 由 P 和 Q 在构件法线方向的分力组成，见图 3.8（d），$V = V_P + V_Q = P\sin\theta + Q\cos\theta \approx P\theta + Q$，将式（4）和 $\theta = y'$ 代入后可得：

$$
V = P y' - (EI y''' + P y') = -EI y''' = \frac{-EI y''}{\mathrm{d}z} = \frac{\mathrm{d}M}{\mathrm{d}z}
$$

上述结果与式（2.20a）完全一致。

2）采用势能驻值原理求临界荷载

外力势能根据式（3.13）计算，总应变能由构件弯曲应变能和三个弹簧的应变能四部分组成，分别利用式（3.10）、式（3.8）和式（3.9）计算，总应变能为：

$$
U = \frac{1}{2}\int_0^l EI y''^2 \mathrm{d}z + \frac{1}{2} r_A [y'(0)]^2 + \frac{1}{2} r_B [y'(l)]^2 + \frac{1}{2} k_B [y(l)]^2
$$

则体系的总势能为：

$$
\Pi = U + V = \frac{1}{2}\int_0^l [EI y''^2 - P y'^2]\mathrm{d}z + \frac{1}{2} r_A [y'(0)]^2 + \frac{1}{2} r_B [y'(l)]^2 + \frac{1}{2} k_B [y(l)]^2
$$

对总势能进行一阶变分，可得：

$$
\delta\Pi = \int_0^l (EI y'' \delta y'' - P y' \delta y')\mathrm{d}z + r_A y'(0)\delta y'(0) + r_B y'(l)\delta y'(l) + k_B y(l)\delta y(l)
$$

对上式进行积分并代入边界条件 $y(0) = 0$、$\delta y(0) = 0$，整理可得：

$$
\begin{aligned}
\delta\Pi = {} & [r_B y'(l) + EI y''(l)]\delta y'(l) + [r_A y'(0) - EI y''(0)]\delta y'(0) + \\
& [k_B y(l) - EI y'''(l) - P y'(l)]\delta y(l) + \int_0^l [EI y^{(4)} + P y'']\delta y \mathrm{d}z \qquad (7)
\end{aligned}
$$

上式右侧由四项组成，因是能量表达式，四项均为非负值，故满足势能驻值原理（$\delta\Pi = 0$）的条件是四项均应为零。由于 B 端转角 $\delta y'(l) \neq 0$，A 端转角 $\delta y'(0) \neq 0$，B 端水平位移 $\delta y(l) \neq 0$，构件已发生小变形，$\delta y \mathrm{d}z \neq 0$，要使 $\delta\Pi = 0$，只能是四个中括号内的项目同时等于零。

由 $r_B y'(l) + EI y''(l) = 0$ 可得 $r_B y'(l) = -EI y''(l)$，这是 B 端的弯矩；

由 $r_A y'(0) - EIy''(0) = 0$ 可得 $r_A y'(0) = EIy''(0)$，这是 A 端的弯矩；

由 $k_B y(l) - EIy'''(l) - Py'(l) = 0$ 可得 $k_B y(l) = EIy'''(l) + Py'(l)$，这是 B 端的水平力；

$EIy^{(4)} + Py'' = 0$，这是构件的弯曲平衡微分方程。

上述前三项为边界力的表达式，与前面的力学边界条件完全相同；第四项为构件的平衡微分方程，与式（5）完全相同，说明势能驻值原理和静力平衡方程是完全等价的，二者殊途同归。

由此可以看出，如果假定的变形函数既满足位移边界条件又满足力学边界条件，可不用求解 $\delta\Pi = 0$，直接利用式（7）中的最后一项等于零就可求出临界荷载，即

$$\int_0^l [EIy^{(4)} + Py''] \delta y \, dz = 0 \tag{3.19}$$

利用上式求解临界荷载可以简化工作量，具体内容将在后面第 3.4.2 节 Galerkin 法中讲述。

3.2.4 最小势能原理及稳定分析方法

最小势能原理：对于作用有外力的结构体系，当体系处于稳定的平衡状态时，总势能最小。换句话说，当结构位形有变化时，可根据总势能的二阶变分 $\delta^2\Pi$ 来判别平衡状态的稳定性：

当 $\delta^2\Pi > 0$ 时，结构处于稳定平衡状态；

当 $\delta^2\Pi < 0$ 时，结构处于不稳定平衡状态；

当 $\delta^2\Pi = 0$ 时，结构处于随遇平衡状态，可得到临界荷载。

利用势能驻值也即一阶变分只能得到临界荷载，无法判断平衡状态是否稳定，需借助二阶变分来判断总势能的发展趋势，$\delta^2\Pi > 0$ 时，总势能是增加的，由能量准则可知平衡状态是稳定的；$\delta^2\Pi < 0$ 时，总势能是减小的，平衡状态是不稳定的；$\delta^2\Pi = 0$ 时，总势能不变，平衡状态是随遇的。

【例题 3.7】 试采用最小势能原理对例题 1.1 中的弹簧铰悬臂刚压杆分别进行小变形、大变形条件下的稳定分析，并进行对比。

【解】 假设构件在侧向干扰下发生了倾斜变形，倾角为 θ，见图 3.9（a），则应变能 $U = r\theta^2/2$，外力势能 $V = -W = -P \cdot l(1 - \cos\theta)$，总势能为：

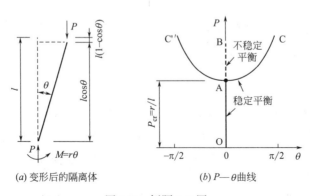

(a) 变形后的隔离体　　　　　(b) $P - \theta$ 曲线

图 3.9　例题 3.7 图

$$\Pi = U + V = r\theta^2/2 - Pl(1 - \cos\theta) \tag{1}$$

因上式中的自变量只有 θ，Π 属于普通函数，一阶变分 $\delta\Pi = \partial\Pi/\partial\theta$，由势能驻值 $\delta\Pi = 0$ 可得：

$$\delta\Pi = r\theta - Pl\sin\theta = 0 \tag{2}$$

在小变形条件下 $\sin\theta \approx \theta$，代入到上式可得临界荷载：

$$P_{cr} = r/l \tag{3}$$

该临界荷载值与例题 1.1 中的静力法结论完全一致。

1）小变形条件下的稳定分析

对 Π 进行二阶变分，则有：

$$\delta^2\Pi = \frac{\partial^2\Pi}{\partial\theta^2} = r - Pl\cos\theta \tag{4}$$

在小变形条件下，$\cos\theta \approx 1$，上式变为：

$$\delta^2\Pi = r - Pl \tag{5}$$

由最小势能原理可知：

当 $\delta^2\Pi = r - Pl > 0$，也即 $P < r/l$ 时，构件处于稳定平衡状态；

当 $\delta^2\Pi = r - Pl < 0$，也即 $P > r/l$ 时，构件处于不稳定平衡状态；

当 $\delta^2\Pi = r - Pl = 0$，也即 $P = r/l$ 时，总势能不变，构件处于随遇平衡状态，可得临界荷载 $P_{cr} = r/l$。

2）大变形条件下的稳定分析

假设 θ 为不可忽略的有限值，其范围为 $[-\pi/2, \pi/2]$。由式（2）可得：

$$P = \frac{r\theta}{l\sin\theta} \tag{6}$$

将上式代入到式（4）中可得：

$$\delta^2\Pi = r - Pl\cos\theta = r\left(1 - \frac{\theta}{\tan\theta}\right) \tag{7}$$

因在 $[-\pi/2, 0)$ 和 $(0, \pi/2]$ 范围内 $\theta < \tan\theta$，故 $\delta^2\Pi > 0$，构件处于稳定平衡状态，见图 3.9（b）。再分析分岔点 A（即 $\theta = 0$）的情况，$\theta \to 0$ 时，$\theta/\tan\theta \to 1$，$\delta^2\Pi \to 0$，无法判定平衡状态是否稳定，需要利用前面第 3.2.1 节的能量准则根据 $\Delta\Pi$ 来判断平衡状态的稳定性。

由变分法（附录 A）可知，总势能的增量 $\Delta\Pi$ 可写为泰勒级数的形式：

$$\Delta\Pi = \delta\Pi + \frac{1}{2!}\delta^2\Pi + \frac{1}{3!}\delta^3\Pi + \frac{1}{4!}\delta^4\Pi\cdots \tag{8}$$

下面对上式进行逐项分析：

$\delta\Pi = r\theta - Pl\sin\theta$，$\delta\Pi_{\theta\to0} = (r\theta - Pl\sin\theta)_{\theta\to0} = 0$；

$\delta^2\Pi = r - Pl\cos\theta$，$\delta^2\Pi_{\theta\to0} = (r - Pl\cos\theta)_{\theta\to0} = r - \frac{r}{l}l \times 1 = 0$；

$\delta^3\Pi = Pl\sin\theta$，$\delta^3\Pi_{\theta\to0} = (Pl\sin\theta)_{\theta\to0} = 0$；

$\delta^4\Pi = Pl\cos\theta$，$\delta^4\Pi_{\theta\to0} = (Pl\cos\theta)_{\theta\to0} = Pl \times 1 > 0$。

后面的更高阶项数值不会大于 $\delta^4\Pi$，无需再分析，因此 $\theta = 0$ 时总势能增量 $\Delta\Pi > 0$，由能量准则可判定分岔点 A 也处于稳定平衡状态。

【例题 3.8】 图 3.10（a）所示侧向弹簧支承的刚压杆，水平弹簧的拉压刚度为 k，假设 P 的方向保持不变，试采用最小势能原理分别进行小变形、大变形条件下的稳定分析。

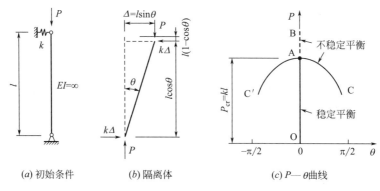

(a) 初始条件 (b) 隔离体 (c) P—θ曲线

图 3.10 例题 3.8 图

【解】 假设构件发生了倾斜，倾角为 θ，见图 3.10（b），对应水平位移 $\Delta = l\sin\theta$，则构件应变能 $U = k(l\sin\theta)^2/2$，外力势能 $V = -W = -Pl(1-\cos\theta)$ 总势能为：

$$\Pi = U + V = k(l\sin\theta)^2/2 - Pl(1-\cos\theta) \tag{1}$$

总势能的一阶变分为：

$$\delta\Pi = \partial\Pi/\partial\theta = l\sin\theta(kl\cos\theta - P) \tag{2}$$

因 $l\sin\theta \neq 0$，由势能驻值 $\delta\Pi = 0$ 可得：

$$kl\cos\theta - P = 0 \tag{3}$$

1）小变形条件下的稳定分析

对 Π 进行二阶变分，则有：

$$\delta^2\Pi = kl^2\cos2\theta - Pl\cos\theta \tag{4}$$

在小变形条件下，$\cos\theta \approx 1$，代入上式可得：

$$\delta^2\Pi = l(kl - P) \tag{5}$$

由最小势能原理可知：

当 $\delta^2\Pi = l(kl-P) > 0$，也即 $P < kl$ 时，构件处于稳定平衡状态；

当 $\delta^2\Pi = l(kl-P) < 0$，也即 $P > kl$ 时，构件处于不稳定平衡状态；

当 $\delta^2\Pi = l(kl-P) = 0$，也即 $P = kl$ 时，总势能不变，构件处于随遇平衡状态，可得临界荷载 $P_{cr} = kl$。

2）大变形条件下的稳定分析

假设 θ 为不可忽略的有限值，其范围为 $[-\pi/2, \pi/2]$。由式（3）可得：

$$P = kl\cos\theta \tag{6}$$

将上式代入到式（4）中，可得：

$$\delta^2\Pi = -kl^2\sin^2\theta \tag{7}$$

因在 $[-\pi/2, 0)$ 和 $(0, \pi/2]$ 范围内 $\sin^2\theta > 0$，故 $\delta^2\Pi < 0$，构件处于不稳定平衡状态，见图 3.10（c）。再分析分岔点 A（即 $\theta = 0$）的情况，$\theta \to 0$ 时，$\sin\theta \to 0$，$\delta^2\Pi \to 0$，

无法判定平衡状态是否稳定，需利用能量准则根据总势能增量 $\Delta\Pi$ 来判断平衡状态的稳定性。

经分析：$\delta\Pi_{\theta\to0}=0$，$\delta^2\Pi_{\theta\to0}=0$，$\delta^3\Pi_{\theta\to0}=0$，$\delta^4\Pi_{\theta\to0}=(-2kl^2\cos2\theta)_{\theta\to0}=-2kl^2<0$，后面的更高阶项数值不会大于 $\delta^4\Pi$，无需再分析，说明总势能是减小的，由能量准则可以判定 $\theta=0$ 时构件也处于不稳定平衡状态。

从上面各例题的分析结果可以看出，Timoshenko 能量法、势能驻值原理、最小势能原理和静力法得到的临界荷载都相同，但利用最小势能原理和能量准则还可判定体系的平衡状态，进行结构稳定分析时可以根据具体情况选用合适的方法。

3.3 动力准则与动力法

3.3.1 动力准则

体系在荷载作用下处于平衡状态时，对其施加微小的扰动，使其做自由振动，如果运动是有界或收敛的，则初始平衡状态是稳定的，如果运动是无界或发散的，则初始平衡状态是不稳定的。当外荷载趋向于临界荷载时，体系的自振频率（也称固有频率）为零，即体系处于随遇平衡状态。

3.3.2 动力法

先假定体系受微小扰动后发生了自由振动，写出振动平衡方程并解得自振频率 ω 的表达式，根据体系处于临界状态时的自振频率为零，得到体系的临界荷载，这就是动力法，可用下式表达：

$$\omega=0 \tag{3.20}$$

对有界运动，撤去干扰后运动会趋于静止，因此动力法不仅可用于保守体系，还可用于非保守体系，前面的静力法和各种能量法只能用于保守体系。对属于非保守体系的工程结构，可采用动力法。

简单体系的自由振动方程可用 $m^*\ddot{y}+k^*y=0$ 来表达，m^*、k^*、$\ddot{y}$、y 分别为广义质量、广义刚度、加速度和位移，自振频率 $\omega=\sqrt{k^*/m^*}$。复杂体系的振动方程可查阅相关资料，不再罗列。

【例题 3.9】 图 3.11（a）所示弹簧铰刚性链杆保守体系，初始处于挺直状态，弹簧铰刚度为 r，刚性杆线质量为 m/l，沿杆长均匀分布，假设 P 保持方向不变，试分别采用静力法、动力法求解临界荷载。

【解】 1）采用静力法求解临界荷载

假设体系产生了小变形，转角为 θ，取 AC 段隔离体，见图 3.11（b），对 A 点的力矩平衡方程为：

$$2r\theta-P\frac{l}{2}\sin\theta=0$$

在小变形条件下，$\sin\theta\approx\theta$，代入上式整理可得：

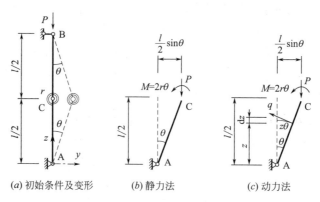

(a) 初始条件及变形　　　(b) 静力法　　　(c) 动力法

图 3.11　例题 3.9 图（保守体系）

$$\left(2r - P\,\frac{l}{2}\right)\theta = 0$$

因 $\theta \neq 0$，可得临界荷载 $P_{\mathrm{cr}} = 4r/l$。

2）采用动力法求解临界荷载

假设体系因受扰动而发生了振动，振动转角 θ 是时间 t 的函数，与 z 无关。任取微段 $\mathrm{d}z$，见图 3.11 (c)，则微段质量为 $\mathrm{d}m = (m/l)\,\mathrm{d}z$，发生 θ 转角时微段的位移（弧线长度）为 $z\theta$。由达朗贝尔原理[6] 可知，惯性力等于加速度和质量的乘积，故微段的惯性力 q 为：

$$q = \frac{\mathrm{d}^2(z\theta)}{\mathrm{d}t^2} \times \frac{m}{l}\mathrm{d}z = \frac{\mathrm{d}^2\theta}{\mathrm{d}t^2}z\,\frac{m}{l}\mathrm{d}z = \ddot{\theta}z\,\frac{m}{l}\mathrm{d}z$$

q 的方向垂直于杆段，且始终指向体系的初始位置，当微段足够短时，q 对 A 点的力矩为：

$$qz = \ddot{\theta}z^2\,\frac{m}{l}\mathrm{d}z$$

沿杆长积分可得 AC 段对 A 点的力矩：

$$\int_0^{l/2} \ddot{\theta}z^2\,\frac{m}{l}\mathrm{d}z = \frac{ml^2}{24}\ddot{\theta}$$

AC 段对 A 点的力矩平衡方程为：

$$\frac{ml^2}{24}\ddot{\theta} + 2r\theta - P\,\frac{l}{2}\sin\theta = 0 \tag{1}$$

在小变形条件下，$\sin\theta \approx \theta$，上式可进一步整理为：

$$\frac{ml^2}{24}\ddot{\theta} + \left(2r - P\,\frac{l}{2}\right)\theta = 0 \tag{2}$$

上式就是该体系的自由振动平衡方程，可得自振频率 ω：

$$\omega = \sqrt{\frac{2r - Pl/2}{ml^2/24}} \tag{3}$$

根据动力法可知，当 $\omega = 0$ 时体系处于随遇平衡状态，由式（3）可得：

$$2r - Pl/2 = 0$$

解得临界荷载 $P_{\mathrm{cr}} = 4r/l$，与静力法结论一致。

利用式（3）可将式（2）振动平衡方程改写为：

$$\frac{\mathrm{d}^2\theta}{\mathrm{d}t^2} + \omega^2\theta = 0 \tag{4}$$

上式为二阶齐次微分方程，其通解为：

$$\theta = A_1\cos\omega t + A_2\sin\omega t$$

【例题 3.10】 假设例题 3.9 中轴压力 P 的方向始终与杆件轴线方向保持一致，即 P 的方向随转角 θ 而变化（非保守体系），见图 3.12（a），其余条件不变，试用动力法进行稳定分析。

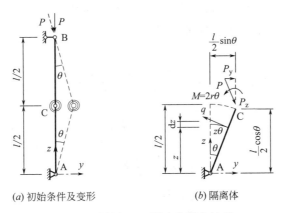

(a) 初始条件及变形　　　　(b) 隔离体

图 3.12　例题 3.10 图（非保守体系）

【解】 取 AC 段隔离体，惯性力与例题 3.9 完全相同，由于 P 的方向在变形过程中发生了改变，其倾角也为 θ，可分解为水平方向的 $P_y = P\sin\theta$ 和竖向的 $P_z = P\cos\theta$，体系的自由振动平衡方程为：

$$\frac{ml^2}{24}\ddot{\theta} + 2r\theta - P\sin\theta \times \frac{l}{2}\cos\theta - P\cos\theta \times \frac{l}{2}\sin\theta = 0 \tag{1}$$

在小变形条件下，$\sin\theta \approx \theta$，$\cos\theta \approx 1$，上式变为：

$$\frac{ml^2}{24}\ddot{\theta} + (2r - Pl)\theta = 0 \tag{2}$$

体系的自振频率为：

$$\omega = \sqrt{\frac{2r - Pl}{ml^2/24}}$$

由 $\omega = 0$ 可解得临界荷载 $P_{cr} = 2r/l$，是例题 3.9 保守体系临界荷载的 1/2。

3.4　稳定分析的近似方法

从前几节可以看出，无论是静力法还是动力法，稳定分析时都需要建立平衡微分方程（或平衡方程），通过求解平衡微分方程得到临界荷载，对简单体系而言，平衡微分方程尚可直接求解，但对复杂体系，求解非常困难，甚至无法得到临界荷载。

1908 年 Ritz 发现了一种通过势能驻值原理将求解微分方程转换为求解线性方程组的近似方法，后被称为 Ritz 法；1915 年 Galerkin 提出另外一种近似分析方法，通过变分原理将求解微分方程转换为求解线性方程组，后被称为 Galerkin 法。上述两种方法都是将复杂问题转换为线性方程组问题，非常便于求解，使得稳定分析变得简单可行。

3.4.1 Ritz 法

由例题 3.6 已经知道，势能驻值原理与静力法是等价的，两种方法得到的都是平衡微分方程，但微分方程不便于直接求解。Ritz 法将未知的位移曲线（变形函数）用多个可能位移函数的线性组合来表达，然后再根据势能驻值，得到线性方程组，从而将求解微分方程转换为求解线性方程组。

式（3.15）为描述平面变形问题的函数，可将其推广至空间变形问题。假设结构变形为空间位移，沿 x、y、z 三个坐标轴方向的位移分别为 u、v、w，变形函数可分别用下列线性多项式表达：

$$\left.\begin{array}{l} u = A_1\varphi_1 + A_2\varphi_2 + \cdots + A_n\varphi_n = \sum_{i=1}^{n} A_i\varphi_i \\ v = B_1\psi_1 + B_2\psi_2 + \cdots + B_n\psi_n = \sum_{i=1}^{n} B_i\psi_i \\ w = C_1\eta_1 + C_2\eta_2 + \cdots + C_n\eta_n = \sum_{i=1}^{n} C_i\eta_i \end{array}\right\} \quad (i = 1, 2, 3, \cdots, n) \quad (3.21)$$

式中：A_i、B_i、C_i 是 $3n$ 个待定的独立参数，即广义坐标；φ_i、ψ_i、η_i 为假定的 $3n$ 个可能位移函数，分别是 x、y、z 的连续函数，称为坐标函数。

式（3.21）中的坐标函数可以任意假定，但必须使位移函数满足位移边界条件，这也是 Ritz 法的基本要求。如果变形函数同时满足位移和力学边界条件，则精度会更高。

上式可把连续体系的无限自由度用 $3n$ 个有限自由度来代替，使问题大为简化。多项式的项数越多，模拟复杂变形的能力越强，越接近真实情况。当 φ_i、ψ_i、η_i 给定后，总势能表达式中将含有独立的待定参数 A_i、B_i、C_i，利用变分法（附录 A.3）由势能驻值原理 $\delta\Pi = 0$ 可得

$$\delta\Pi = \sum_{i=1}^{n} \left(\frac{\partial\Pi}{\partial A_i}\delta A_i + \frac{\partial\Pi}{\partial B_i}\delta B_i + \frac{\partial\Pi}{\partial C_i}\delta C_i \right) = 0 \quad (3.22)$$

因上式中的一阶变分 δA_i、δB_i、δC_i 都是不等于零的微小任意值，上式成立的条件可写为：

$$\left.\begin{array}{l} \dfrac{\partial\Pi}{\partial A_i} = 0 \\[6pt] \dfrac{\partial\Pi}{\partial B_i} = 0 \\[6pt] \dfrac{\partial\Pi}{\partial B_i} = 0 \end{array}\right\} \quad (i = 1, 2, 3, \cdots, n) \quad (3.23)$$

上式是由 $3n$ 个方程组成的线性方程组，也称 Ritz 方程组。由于 $3n$ 个独立参数 A_i、B_i、C_i 不能同时为零，故其系数行列式应为零，由此可得到特征方程，从而求出临界荷载。如果是非齐次线性方程组，则能够解出 A_i、B_i、C_i，得到结构的变形曲线。可见 Ritz 法是能量法的延伸，但无需再求解平衡微分方程。

【例题 3.11】 图 3.13（a）为完善的弹性轴压杆，一端固接一端铰接，假设 P 的方

向保持不变，试采用 Ritz 法进行稳定分析，并与两端铰接时的临界荷载进行比较。

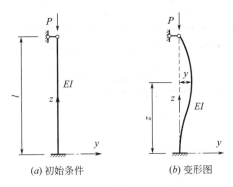

(a) 初始条件　　　　(b) 变形图

图 3.13　例题 3.11 图

【解】　假设构件的变形函数为式（3.16c）中的前两项，即

$$y = A_1 \varphi_1(z) + A_2 \varphi_2(z) \tag{1a}$$

$$\varphi_1(z) = z^2(l-z), \quad \varphi_2(z) = z^3(l-z) \tag{1b}$$

上式中的独立待定参数有 A_1、A_2 两个，由上式可得：

$$y' = A_1(2lz - 3z^2) + A_2(3lz^2 - 4z^3)$$

$$y'' = 2A_1(l-3z) + 6A_2(lz - 2z^2)$$

可以看出，变形函数满足位移边界条件 $y(0)=0$、$y(l)=0$、$y'(0)=0$，符合 Ritz 法的要求，除此之外，变形函数还满足力学边界条件 $y''(l)=0$。

将 y' 代入式（3.13），利用边界条件积分可得外力势能：

$$V = -P(0.067l^5 A_1^2 + 0.1l^6 A_1 A_2 + 0.043l^7 A_2^2) \tag{2}$$

将 y'' 代入式（3.10），利用边界条件积分可得构件的弯曲应变能：

$$U = EI(2l^3 A_1^2 + 4l^4 A_1 A_2 + 2.4l^5 A_2^2) \tag{3}$$

体系的总势能为：

$$\Pi = U + V = l^3(2EI - 0.067Pl^2)A_1^2 + l^4(4EI - 0.1Pl^2)A_1 A_2 +$$
$$l^5(2.4EI - 0.043Pl^2)A_2^2 \tag{4}$$

根据式（3.23）可得线性方程组：

$$\frac{\partial \Pi}{\partial A_1} = l^3(4EI - 0.133Pl^2)A_1 + l^4(4EI - 0.1Pl^2)A_2 = 0 \tag{5a}$$

$$\frac{\partial \Pi}{\partial A_2} = l^4(4EI - 0.1Pl^2)A_1 + l^5(4.8EI - 0.086Pl^2)A_2 = 0 \tag{5b}$$

如果独立参数 A_1、A_2 同时为零时，由式（1a）可知 $y=0$，构件处于挺直状态，为平凡解，因此上式成立的条件是 A_1、A_2 的系数行列式等于零，即

$$\begin{vmatrix} l^3(4EI - 0.133Pl^2) & l^4(4EI - 0.1Pl^2) \\ l^4(4EI - 0.1Pl^2) & l^5(4.8EI - 0.086Pl^2) \end{vmatrix} = 0 \tag{6}$$

得特征方程：

$$P^2 - 128.62\frac{EI}{l^2}P + 2253.52\left(\frac{EI}{l^2}\right)^2 = 0 \tag{7}$$

上式的解有两个，其中的较小值为临界荷载，即 $P_{cr} = 20.93EI/l^2$。该构件的精确解

为 $P_{cr}=20.2EI/l^2$，本例高出约 3.6%，偏差较小。如果变形函数中多项式的项数再多取一些，精度会更高。

例题 3.1 中两端铰接轴压构件的 $P_{cr}=9.87EI/l^2$，约是本例临界荷载的 $1/2$，说明构件的边界条件对临界荷载影响很大，约束越多，临界荷载越大。

【例题 3.12】 图 3.14（a）所示两端铰接变截面弹性轴压杆，上端惯性矩为 I_0，下端惯性矩为 mI_0，$m \geq 1$，惯性矩沿轴线呈线性变化，假设 P 的方向保持不变，试采用 Ritz 法进行稳定分析。

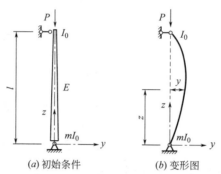

(a) 初始条件　　(b) 变形图

图 3.14　例题 3.12 图

【解】 惯性矩呈线性变化，则任意 z 坐标处的截面惯性矩为：

$$I = \left(m - \frac{m-1}{l}z \right) I_0 \tag{1}$$

假设构件的变形函数由两个可能位移组成：

$$y = A_1\varphi_1(z) + A_2\varphi_2(z) \tag{2a}$$

$$\varphi_1(z) = \sin\frac{\pi z}{l}, \quad \varphi_2(z) = \sin\frac{2\pi z}{l} \tag{2b}$$

则有：

$$y' = -A_1\frac{\pi}{l}\cos\frac{\pi z}{l} - A_2\frac{2\pi}{l}\cos\frac{2\pi z}{l}$$

$$y'' = -A_1\left(\frac{\pi}{l}\right)^2\sin\frac{\pi z}{l} - A_2\left(\frac{2\pi}{l}\right)^2\sin\frac{2\pi z}{l}$$

可见变形函数满足位移边界条件 $y(0)=0$、$y(l)=0$，符合 Ritz 法的要求。除此之外，变形函数也满足力学边界条件 $y''(0)=0$、$y''(l)=0$。

构件的弯曲应变能按式（3.10）计算，外力势能按式（3.13）计算，则体系的总势能为：

$$\Pi = U + V = \frac{1}{2}\int_0^l EIy''^2\mathrm{d}z - \frac{1}{2}\int_0^l Py'^2\mathrm{d}z$$

将 y'、y'' 代入并利用边界条件进行积分，再由式（3.23）可得到关于 A_1、A_2 的线性方程组：

$$\frac{\pi^2 EI_0}{l^2}\begin{bmatrix} \dfrac{\pi^2(m+1)}{4l} - \dfrac{Pl}{2EI_0} & \dfrac{32(m-1)}{9l} \\[3mm] \dfrac{32(m-1)}{9l} & \dfrac{4\pi^2(m+1)}{l} - \dfrac{2Pl}{2EI_0} \end{bmatrix}\begin{Bmatrix} A_1 \\ A_2 \end{Bmatrix} = \begin{Bmatrix} 0 \\ 0 \end{Bmatrix} \tag{3}$$

由系数行列式等于零可得到特征方程，并解出临界荷载：

$$P_{cr}=\frac{1}{2}\frac{\pi^2EI_0}{l^2}\left[\frac{5}{2}(m+1)-\sqrt{\frac{9}{4}(m+1)^2+\left(\frac{64}{9\pi^2}\right)^2(m-1)^2}\right]\qquad(4)$$

当 $m=1$ 时为等截面杆，惯性矩为 I_0，由上式可得 $P_{cr}=\pi^2EI_0/l^2$，与精确解一致，这也说明所假设的变形函数非常准确。

3.4.2　Galerkin 法

由例题 3.6 可知，当变形函数既满足位移边界又满足力学边界时，无需再利用势能驻值，可直接利用式（3.19）来求解临界荷载。由于式（3.19）左侧中括号内诸项都是 y 的函数，因此整个中括号内的项目可用函数 $L(y)$ 来代替，假设其积分范围为从 z_a 到 z_b，则式（3.19）可写为具有更普遍意义的形式：

$$\int_{z_a}^{z_b}L(y)\delta y\mathrm{d}z=0\qquad(3.24)$$

对于平面变形问题，可假设变形函数为式（3.15），则其一阶变分 δy 为：

$$\delta y=\frac{\partial y}{\partial A_1}\delta A_1+\frac{\partial y}{\partial A_2}\delta A_2+\cdots+\frac{\partial y}{\partial A_n}\delta A_n$$

由于 $\varphi_i(z)$ 与 A_i 无关，上式可进一步写为：

$$\delta y=\varphi_1(z)\delta A_1+\varphi_2(z)\delta A_2+\cdots+\varphi_n(z)\delta A_n$$

将上式代入式（3.24）可得：

$$\int_{z_a}^{z_b}L(y)\left[\varphi_1(z)\delta A_1+\varphi_2(z)\delta A_2+\cdots+\varphi_n(z)\delta A_n\right]\mathrm{d}z=0\qquad(3.25)$$

因 δA_i 是不等于零的微小任意值，要使上式恒成立，必有：

$$\left.\begin{array}{l}\displaystyle\int_{z_b}^{z_a}L(y)\varphi_1(z)\mathrm{d}z=0\\[2mm]\displaystyle\int_{z_b}^{z_a}L(y)\varphi_2(z)\mathrm{d}z=0\\[2mm]\cdots\\[2mm]\displaystyle\int_{z_b}^{z_a}L(y)\varphi_n(z)\mathrm{d}z=0\end{array}\right\}\quad(i=1,2,3,\cdots,n)\qquad(3.26)$$

上式经积分后变为含有独立参数 A_1、A_2、$\cdots$、A_n 的 n 个线性方程组，又因全部独立参数不同时为零，其系数行列式应等于零，可得到特征方程，解出临界荷载。

上述利用变分原理把求解微分方程问题简化成求解线性方程组问题的方法由 Galerkin 在 1915 年提出，式（3.26）称为 Galerkin 方程组。值得注意的是，Galerkin 法要求所假设的变形函数必须同时满足位移边界条件和力学边界条件，这一点与 Ritz 法不同。

【例题 3.13】　图 3.15（a）所示完善的两端固接弹性轴压杆，假设 P 的方向保持不变，试用 Galerkin 法求解临界荷载。

【解】　假设构件的变形函数由两个可能位移组成：

$$y=A_1\varphi_1(z)+A_2\varphi_2(z)\qquad(1a)$$

$$\varphi_1(z)=z^4-2lz^3+l^2z^2,\quad\varphi_2(z)=2z^5-5lz^4+4l^2z^3-l^3z^2\qquad(1b)$$

则有：

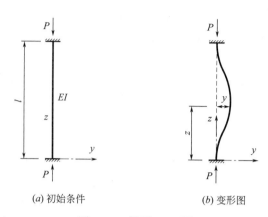

(a) 初始条件　　　(b) 变形图

图 3.15　例题 3.13 图

$$y' = A_1(4z^3 - 6lz^2 + 2l^2z) + A_2(10z^4 - 20lz^3 + 12l^2z^2 - 2l^3z)$$
$$y'' = A_1(12z^2 - 12lz + 2l^2) + A_2(40z^3 - 60lz^2 + 24l^2z - 2l^3)$$
$$y^{(4)} = A_1(24) + A_2(240z - 120l)$$

该构件两端固接，只有位移边界条件，即 $y(0)=0$、$y(l)=0$、$y'(0)=0$、$y'(l)=0$，显然变形函数满足 Galerkin 法的要求。又因本例是图 3.8（a）所示构件的一种特例（各转动弹簧、拉压弹簧的刚度均为无穷大），式（3.19）仍然适用，则有：

$$L(y) = EIy^{(4)} + Py''$$

引入 $k^2 = P/(EI)$，上式可写为：

$$L(y) = (y^{(4)} + k^2y'')EI \tag{2}$$

将 $y^{(4)}$、y'' 代入上式，整理可得：

$$L(y) = A_1[24 + 2k^2(6z^2 - 6lz + l^2)]EI + A_2[120(2z - l) + 2k^2(20z^3 - 30lz^2 + 12lz - l^3)]EI$$

根据式（3.26）可以写出 Galerkin 方程组：

$$\int_0^l L(y)\varphi_1(z)dz = A_1(0.8 - 0.0191k^2l^2)l^5EI = 0 \tag{3a}$$

$$\int_0^l L(y)\varphi_2(z)dz = A_1(-6k^2l^2)l^6EI + A_2(0.5714 - 0.0063k^2l^2)l^7EI = 0 \tag{3b}$$

上式中独立参数 A_1、A_2 不同时为零的条件为：

$$\begin{vmatrix} 0.8 - 0.0191k^2l^2 & 0 \\ -6k^2l^2 & (0.5714 - 0.0063k^2l^2)l \end{vmatrix} = 0 \tag{4}$$

由上式可解得 k 值，将 k 的最小值代入 $k^2 = P/(EI)$ 可得临界荷载 $P_{cr} = 41.99EI/l^2$。该构件的精确解为 $P_{cr} = 39.48EI/l^2$，本例解比精确解高出了 6.4%。如果式（1a）的项数取得再多一些，则精度会更高。另外还可以看出，两端固接轴压构件的临界荷载是例题 3.1 两端铰接轴压构件临界荷载的 4 倍。

【例题 3.14】 图 3.16（a）所示承受竖向线荷载 q 的悬臂弹性压杆，q 沿杆轴作用，方向保持不变，试采用 Galerkin 法进行稳定分析。

【解】 为方便求解，坐标原点设在顶端，见图 3.16（b）。假设构件的变形函数由两个可能位移组成：

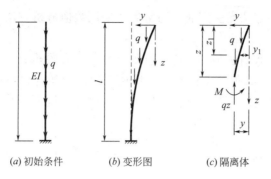

(a) 初始条件   (b) 变形图   (c) 隔离体

图 3.16 例题 3.14 图

$$y = A_1\varphi_1(z) + A_2\varphi_2(z) \tag{1a}$$

$$\varphi_1(z) = \sin\frac{\pi z}{2l}, \quad \varphi_2(z) = \sin\frac{3\pi z}{2l} \tag{1b}$$

变形函数满足位移边界条件 $y(0) = 0$、$y'(l) = 0$ 和力学边界条件 $y''(0) = 0$，符合 Galerkin 法要求。因轴力均匀分布，需取隔离体建立平衡微分方程，见图 3.16 (c)，或通过势能驻值得平衡微分方程：

$$EIy'' + \int_0^z q(y - y_1)\mathrm{d}z_1 = 0 \tag{2}$$

则有：

$$L(y) = EIy'' + \int_0^z q(y - y_1)\mathrm{d}z_1 \tag{3}$$

将式（1）代入上式可得：

$$L(y) = -EIA_1\left(\frac{\pi}{2l}\right)^2\sin\frac{\pi z}{2l} - EIA_2\left(\frac{3\pi}{2l}\right)^2\sin\frac{3\pi z}{2l} + qz\left(A_1\sin\frac{\pi}{2l} + A_2\sin\frac{3\pi z}{2l}\right)$$

$$+ qA_1\frac{2l}{\pi}\left(\cos\frac{\pi z}{2l} - 1\right) + qA_2\frac{2l}{3\pi}\left(\cos\frac{3\pi z}{2l} - 1\right) \tag{4}$$

根据式（3.26）可以写出 Galerkin 方程组：

$$\int_0^l L(y)\varphi_1(z)\mathrm{d}z = A_1\left[-\frac{\pi^2 EI}{8l} + ql^2\left(\frac{1}{4} - \frac{1}{\pi^2}\right)\right] - A_2\frac{3ql^2}{\pi^2} = 0 \tag{5a}$$

$$\int_0^l L(y)\varphi_2(z)\mathrm{d}z = -A_1\frac{3ql^2}{\pi^2} - A_2\left[\frac{9\pi^2 EI}{8l} - ql^2\left(\frac{1}{4} - \frac{1}{9\pi^2}\right)\right] = 0 \tag{5b}$$

独立参数 A_1、A_2 不同时为零的条件为：

$$\begin{vmatrix} -\dfrac{\pi^2 EI}{8l} + ql^2\left(\dfrac{1}{4} - \dfrac{1}{\pi^2}\right) & -\dfrac{3ql^2}{\pi^2} \\[4mm] -\dfrac{3ql^2}{\pi^2} & -\dfrac{9\pi^2 EI}{8l} + ql^2\left(\dfrac{1}{4} - \dfrac{1}{9\pi^2}\right) \end{vmatrix} = 0 \tag{6}$$

可解得临界荷载 $q_{cr} = 7.839 EI/l^3$。该构件的精确解为 $q_{cr} = 7.837 EI/l^3$，本例解与精确解非常接近，说明假设的变形函数精度较高。

3.5 稳定分析的数值法

实际工程中的材料为弹塑性，而且结构的失稳大多发生在弹塑性阶段，因此应考虑材料非线性，前几节中的方法无法完成，通常需要采用数值分析方法（简称数值法）并借助计算机完成。

可用于稳定分析的数值法很多，比如有限差分法、有限积分法、有限单元法、有限条法、加权残值法等[7-14]。数值法不仅可用于弹塑性稳定分析，也可用于弹性稳定分析，为了便于读者理解，本节仍以简单的弹性稳定分析为例进行说明，弹塑性稳定问题的数值分析将在后续章节中介绍。

3.5.1 有限差分法

有限差分法是一种求解微分方程连续定解的数值法，其在稳定分析中的应用思路是：为得到平衡微分方程的解——变形曲线 $y(z)$，先用有限个离散点（称为差分点）把连续变量 z 的定解区域分解成 n 个小区格，然后通过几何关系得到各差分点的 y 值表达式（称为差分式），将各点的差分式代入平衡微分方程，得到用离散点差分式表达的线性方程组（称为差分方程组），通过线性方程组的行列式为零便可得到特征方程和临界荷载，最后再利用差值函数可得到全部定解区域的 $y(z)$。因线性方程组是以有限个离散点的差分式来表达的，故称为有限差分法，简称差分法。

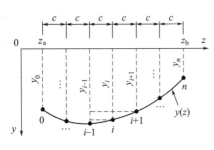

图 3.17 差分示意图

图 3.17 所示曲线为某平衡微分方程的连续定解，即变形曲线 $y(z)$，连续变量 z 的定解区域为 $[z_a, z_b]$，用 0 到 n 共 $n+1$ 个差分点（包含边界点）把定解区域等分成长度为 c 的 n 个小区格，图中 $i-1$、i、$i+1$ 为连续的差分点编号，对应的 $y(z)$ 值分别为 y_{i-1}、y_i、y_{i+1}，由几何关系可知，$y(z)$ 在 i 差分点的一阶导数可近似用原函数在两个差分点的值来表达，根据采用的差分点不同，分别有以下三种表达方式：

$$y'_i = \frac{y_{i+1} - y_i}{c}, \quad y'_i = \frac{y_i - y_{i-1}}{c}, \quad y'_i = \frac{y_{i+1} - y_{i-1}}{2c} \tag{3.27}$$

上式称为 $y(z)$ 在 i 点的差分式，因与一阶导数对应，故称一阶差分。第一个差分式利用了 y_{i+1} 与 y_i 的差，称为前进差分，相应地，第二个称为后退差分，第三个称为中央差分。差分点越密集，c 值越小，差分精度越高。对于一阶差分，中央差分的精度要比另外两种略高一些。

依此类推，可以求出二阶导数在 i 点的差分表达式（二阶差分），如果采用中央差分，则有：

$$y''_i = \frac{y'_{i+1} - y'_{i-1}}{2c} = \frac{(y_{i+2} - y_i)/(2c) - (y_i - y_{i-2})/(2c)}{2c} = \frac{y_{i+2} - 2y_i + y_{i-2}}{(2c)^2}$$

上式中涉及的差分点跨度很大，从第 $i-2$ 点到第 $i+2$ 点，精度下降。如果一阶采用前进差分，二阶采用后退差分，可得：

$$y''_i = \frac{y'_i - y'_{i-1}}{c} = \frac{(y_{i+1} - y_i)/c - (y_i - y_{i-1})/c}{c} = \frac{y_{i+1} - 2y_i + y_{i-1}}{c^2} \tag{3.28}$$

显然上式的精度要比中央差分高。同样道理，可以得出三阶、四阶差分：

$$y'''_i = \frac{y_{i+2} - 2y_{i+1} + 2y_{i-1} - y_{i-2}}{2c^3} \qquad (3.29)$$

$$y_i^{(4)} = \frac{y_{i+2} - 4y_{i+1} + 6y_i - 4y_{i-1} + y_{i-2}}{c^4} \qquad (3.30)$$

通过上述差分，使 $y(z)$ 的各阶导数都变成了由原函数 $y(z)$ 在各差分点数值组成的线性组合，这样一来，连续的微分方程被离散的线性方程组代替，微分方程的求解大为简化。

由于差分要用到差分点两侧的离散点，因此在边界处需借助虚拟的连续延伸线，见图 3.18，假设边界差分点编号为 0，外伸虚拟线上的差分点编号为 -1。

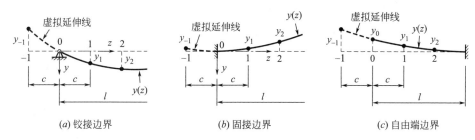

(a) 铰接边界　　　　　　(b) 固接边界　　　　　　(c) 自由端边界

图 3.18　边界差分

对于图 3.18（a）所示的铰接边界，由于 $y_0 = 0$、$y''_0 = 0$，代入式（3.28）则有：

$$y''_0 = \frac{y_1 - 2y_0 + y_{-1}}{c^2} = \frac{y_1 + y_{-1}}{c^2} = 0$$

可得：

$$y_{-1} = -y_1 \qquad (3.31)$$

对于图 3.18（b）所示的固接边界，由于 $y_0 = 0$、$y'_0 = 0$，代入式（3.27）则有：

$$y'_0 = \frac{y_1 - y_{-1}}{2c} = 0$$

可得：

$$y_{-1} = y_1 \qquad (3.32)$$

对于图 3.18（c）所示的自由边界，由于 $y''_0 = 0$，代入式（3.28）则有：

$$y''_0 = \frac{y_1 - 2y_0 + y_{-1}}{c^2} = 0$$

可得：

$$y_{-1} = 2y_0 - y_1 \text{ 或者 } y_0 = (y_{-1} + y_1)/2 \qquad (3.33)$$

【**例题 3.15**】　试用差分法求解完善的两端铰接弹性轴压构件的临界荷载。

【**解**】　首先通过静力法或其他方法建立构件的平衡微分方程，由例题 3.1 已经知道：

$$y'' + k^2 y = 0 \qquad (1)$$

平衡方程的定解为构件的变形曲线 $y(z)$，定解区域为 $[0, l]$，见图 3.19。假设将定解区域划分为四个等长的小区格，区格长度 $c = l/4$，利用式（3.28）作为全部差分点的二阶差分式，代入平衡微分方程可得：

差分点 1：$y''_1 + k^2 y_1 = 0$，即 $y_2 + (k^2 c^2 - 2)y_1 + y_0 = 0$，又因 $y_0 = 0$，故有：

$$y_2 + (k^2 c^2 - 2)y_1 = 0 \qquad (2)$$

差分点 2：$y_2'' + k^2 y_2 = 0$，即 $y_3 + (k^2 c^2 - 2)y_2 + y_1 = 0$，因结构对称，$y_3 = y_1$，故有：

$$(k^2 c^2 - 2)y_2 + 2y_1 = 0 \tag{3}$$

式（2）、式（3）便是差分方程组，要使 y_1、y_2 有不同时为零的解，其系数行列式应为零，即

$$\begin{vmatrix} 1 & k^2 c^2 - 2 \\ k^2 c^2 - 2 & 2 \end{vmatrix} = 0 \tag{4}$$

由上式可得特征方程：

$$k^4 c^4 - 4k^2 c^2 + 2 = 0 \tag{5}$$

再将 $k^2 = P/(EI)$、$c = l/4$ 代入上式，可得临界荷载 $P_{cr} = 9.38EI/l^2$，与例题 3.1 精确解 $P_{cr} = 9.87EI/l^2$ 相比，低约 5%，主要原因是离散点取得较少，如果再多一些，精度会显著提高。差分法得到的 P_{cr} 通常小于精确解，前面能量法得到的 P_{cr} 通常高于精确解，这两种方法得到的分别是 P_{cr} 的下限和上限[14]。

将 P_{cr} 代入式（2）、式（3）可得到 y_1、y_2 值，又因 $y_0 = y_4 = 0$、$y_3 = y_1$，利用上述五个差分点的值并借助差值函数可求出 $y(z)$ 在 $[0, l]$ 内任一点的值，从而得到全部 $y(z)$。差值函数可设为 $y(z) = A_1 z^2 + A_2 z + A_3$，先将三个相邻差分点（如图 3.20 中 $i-1$、i 和 $i+1$ 点）的 z 和 y 值分别代入到差值函数中，得到关于 A_1、A_2、A_3 的三个线性方程组，解出 A_1、A_2、A_3，从而得到变形曲线在 $i-1$、i 和 $i+1$ 点之间的连续表达式，依此类推，可得到全部定解范围内的变形曲线表达式。

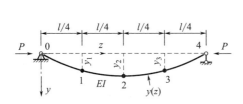

图 3.19　例题 3.15 图

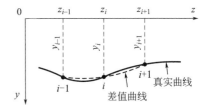

图 3.20　变形曲线的差值示意

3.5.2　有限积分法

有限积分法也是一种求解稳定问题的数值法，其基本思路是：先用 $n+1$ 个离散点把连续变量 z 的定解区域分解成 n 个小区格，然后将变形函数 $y(z)$ 在全部离散点的各阶导数用高阶导数的积分形式（称为积分式）来表达，并代入到平衡微分方程中，可得到用离散点高阶导数表达的线性方程组，再通过线性方程组的行列式为零得到特征方程和临界荷载。因线性方程组是以有限个离散点的积分形式来表达的，故称为有限积分法。

假设平衡微分方程中的最高阶导数为 y''，微分方程的连续定解为变形曲线 $y(z)$，变量 z 的定解区域为 $[0, l]$，用 $n+1$ 个离散点（包含边界点）把定解区域等分成 n 个长度为 c 的区格，$c = l/n$，则 $y(z)$ 在所有离散点的一阶导数 y' 和原函数 y 都可用该点二阶导数 y'' 的积分和边界点的 y_0' 来表达，以 i 点为例：

$$y_i' = \int y_i'' \mathrm{d}z + y_0' \tag{3.34a}$$

$$y_i = \int y_i' \mathrm{d}z + y_0 = \iint y_i'' \mathrm{d}z \mathrm{d}z + y_0' z + y_0 \tag{3.34b}$$

如果平衡微分方程中的最高阶导数的阶次更高，可以此类推，以 $y^{(4)}$ 为例，i 点的积分式为：

$$y'''_i = \int y_i^{(4)} \mathrm{d}z + y'''_0 \tag{3.35a}$$

$$y''_i = \int y'''_i \mathrm{d}z + y''_0 = \iint y_i^{(4)} \mathrm{d}z\mathrm{d}z + y'''_0 z + y''_0 \tag{3.35b}$$

$$y'_i = \int y''_i \mathrm{d}z + y'_0 = \iiint y_i^{(4)} \mathrm{d}z\mathrm{d}z\mathrm{d}z + \frac{y'''_0}{2}z^2 + y''_0 z + y'_0 \tag{3.35c}$$

$$y_i = \int y'_i \mathrm{d}z + y_0 = \iiiint y_i^{(4)} \mathrm{d}z\mathrm{d}z\mathrm{d}z\mathrm{d}z + \frac{y'''_0}{6}z^3 + \frac{y''_0}{2}z^2 + y'_0 z + y_0 \tag{3.35d}$$

式 (3.34)、式 (3.35) 适用于全部离散点，为方便表达，可写成矩阵形式，其中式 (3.34) 为：

$$\{y'\} = \frac{c}{12}[D]\{y''\} + y'_0\{1\} \tag{3.36a}$$

$$\{y\} = \left(\frac{c}{12}\right)^2[D]^2\{y''\} + y'_0\{z\} + y_0\{1\} \tag{3.36b}$$

式 (3.35) 的矩阵表达式为：

$$\{y'''\} = \frac{c}{12}[D]\{y^{(4)}\} + y'''_0\{1\} \tag{3.37a}$$

$$\{y''\} = \left(\frac{c}{12}\right)^2[D]^2\{y^{(4)}\} + y'''_0\{z\} + y''_0\{1\} \tag{3.37b}$$

$$\{y'\} = \left(\frac{c}{12}\right)^3[D]^3\{y^{(4)}\} + y'''_0\{z^2/2\} + y''_0\{z\} + y'_0\{1\} \tag{3.37c}$$

$$\{y\} = \left(\frac{c}{12}\right)^4[D]^4\{y^{(4)}\} + y'''_0\{z^3/6\} + y''_0\{z^2/2\} + y'_0\{z\} + y_0\{1\} \tag{3.37d}$$

以上诸式中，$\{z\}$ 为由各离散点 z 值组成的 $n+1$ 维列向量；$\{1\}$ 为单位列向量；$[D]$ 为数值积分运算过程中形成的积分矩阵，也称积分算子，是 $n+1$ 阶方阵，可由插值法求出[13]，其表达式为：

$$[D] = \begin{vmatrix} 0 & 0 & 0 & 0 & 0 & 0 \\ 5 & 8 & -1 & 0 & 0 & 0 \\ 4 & 16 & 4 & 0 & 0 & 0 \\ 4 & 16 & 9 & 8 & -1 & 0 & \cdots \\ 4 & 16 & 8 & 16 & 4 & 0 \\ 4 & 16 & 8 & 16 & 9 & 8 \\ & & & \cdots & & \end{vmatrix} \tag{3.38}$$

将全部离散点的积分式分别代入到平衡微分方程中，可以得到 $n+1$ 个方程，组成线性方程组，由系数行列式等于零可得到特征方程，解出临界荷载。

【例题 3.16】　用有限积分法求解例题 3.15 中构件的临界荷载。

【解】　前面已经得到了构件的平衡微分方程：

$$y'' + k^2 y = 0 \tag{1}$$

上式中的最高阶导数为 y''，则 y 的积分表达式可直接利用式 (3.36)。

假设将定解区域划分为四个等长的小区格，见图 3.19，区格长度 $c=l/4$。第 1 个离散点（0 点）$y_0=0$，因结构对称，第 3 个离散点（2 点）$y_2'=0$，代入式（3.36a）可得：

$$y_2' = \frac{c}{12}[D]_3\{y''\} + y_0'\{1\} = 0 \tag{2}$$

式中 $[D]_3$ 为第 3 个离散点在积分算子中的对应行向量，即 $[D]_3=[4 \quad 16 \quad 4]$。由上式可得：

$$y_0' = -\frac{c}{12}[D]_3\{y''\} \tag{3}$$

将上式和 $y_0=0$ 代入式（3.36b）整理可得：

$$\{y\} = \left(\frac{c}{12}\right)^2[D]^2\{y''\} - \frac{c}{12}[D]_3\{y''\}\{z\} \tag{4}$$

再将上式代入到式（1）中，可得到用各离散点积分表达的平衡方程组：

$$\{y''\} + k^2\left(\frac{c}{12}\right)^2[D]^2\{y''\} - k^2\frac{c}{12}[D]_3\{y''\}\{z\} = 0 \tag{5}$$

因结构对称，可取一半计算，对应的积分算子为式（3.38）中的前三行三列，则上式可写为：

$$\begin{Bmatrix} y_0'' \\ y_1'' \\ y_2'' \end{Bmatrix} + k^2\left(\frac{c}{12}\right)^2\begin{bmatrix} 0 & 0 & 0 \\ 5 & 8 & -1 \\ 4 & 16 & 4 \end{bmatrix}^2\begin{Bmatrix} y_0'' \\ y_1'' \\ y_2'' \end{Bmatrix} - k^2\frac{c}{12}[4 \quad 16 \quad 4]\begin{Bmatrix} y_0'' \\ y_1'' \\ y_2'' \end{Bmatrix}\begin{Bmatrix} 0 \\ c \\ 2c \end{Bmatrix} = \begin{Bmatrix} 0 \\ 0 \\ 0 \end{Bmatrix} \tag{6}$$

0 点为铰接边界点，即 $y_0''=0$，显然相应的行（列）可以剔除，则上式变为：

$$\begin{Bmatrix} y_1'' \\ y_2'' \end{Bmatrix} + k^2\left(\frac{c}{12}\right)^2\begin{bmatrix} 8 & -1 \\ 16 & 4 \end{bmatrix}^2\begin{Bmatrix} y_1'' \\ y_2'' \end{Bmatrix} - k^2\frac{c}{12}[16 \quad 4]\begin{Bmatrix} y_1'' \\ y_2'' \end{Bmatrix}\begin{Bmatrix} c \\ 2c \end{Bmatrix} = \begin{Bmatrix} 0 \\ 0 \end{Bmatrix} \tag{7}$$

将上式进行整理、合并，可得：

$$\begin{bmatrix} 12-12k^2c^2 & -5k^2c^2 \\ 16k^2c^2 & 12-8k^2c^2 \end{bmatrix}\begin{Bmatrix} y_1'' \\ y_2'' \end{Bmatrix} = \begin{Bmatrix} 0 \\ 0 \end{Bmatrix} \tag{8}$$

要使 y_1''、y_2'' 有不同时为零的解，其系数行列式应等于零，即

$$\begin{vmatrix} 12-12k^2c^2 & -5k^2c^2 \\ 16k^2c^2 & 12-8k^2c^2 \end{vmatrix} = 0 \tag{9}$$

可得特征方程：

$$22k^4c^4 - 30k^2c^2 + 18 = 0 \tag{10}$$

再将 $k^2=P/(EI)$、$c=l/4$ 代入上式后，可得临界荷载 $P_{cr}=10.02EI/l^2$，与例题 3.1 精确解相比高约 1.5%，与例题 3.15 有限差分法相比，同样是离散成四段，有限积分法的精度要略高一些。

3.5.3 有限单元法

有限单元法是一种有效解决数学问题的数值法，与其他数值法相比，具有通用性广、解题率高等特点，在工程研究和设计中应用非常广泛，本书主要针对有限单元法在结构稳定分析中的应用进行简单介绍，详细内容可参见这方面的相关资料[9-12]。有限单元法的概念起源于 20 世纪 40 年代，由于当时没有合适的计算工具而被搁置，随着计算机技术的发展，直到 1960 年有限单元法这一名词才被 Clough[15] 首次提出，简称为有限元法。

从数学角度上看，有限元法仍是求解微分方程的近似方法，其基本求解思想是：先把计算域划分为有限个互不重叠的单元，在每个单元内，选择一些合适的结点作为求解单元内部函数的插值点，将微分方程中的变量改写成由各变量或其导数的结点值与所选用的插值函数组成的线性表达式，借助于变分原理或加权余量法，将微分方程离散求解。

早期的有限元法主要应用于结构内力和位移分析，1970 年 Barsoum[16] 将有限元理论运用于弹塑性屈曲分析，使得求解各种边界及荷载作用下的临界荷载成为一个简单问题。

在稳定分析中常用的单元类型有：梁单元、板（壳）单元、块单元等，其中梁单元又可分为平面梁单元、空间梁单元两类。下面以平面梁单元为例，简单介绍其在轴压构件弹性稳定分析中的应用以及基本分析过程。

图 3.21（a）所示轴压构件，假设 P 作用下构件的弯曲变形发生在整体坐标 YZ 平面内，并忽略轴压变形，先把连续构件划分成通过结点连接的有限个单元，e 为其中的任意单元，i、j 为该单元的端部结点，e 单元的结点位移与杆端力见图 3.21（b），图中 yz 为单元坐标，M、Q 为单元杆端弯矩和横向力，v 为杆端沿 y 向位移，θ 为杆端转角，c 为单元长度。

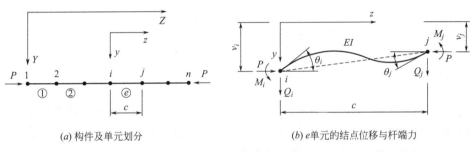

(a) 构件及单元划分　　　　　　(b) e 单元的结点位移与杆端力

图 3.21　平面梁单元

当 $P=0$ 时，根据结构力学中的转角位移方程可以得到单元的荷载位移方程组，写成矩阵的形式后称为单元刚度方程，即

$$\{F\}^e = [k_b]\{\delta\}^e \tag{3.39a}$$

$$\{F\}^e = [Q_i,\ M_i,\ Q_j,\ M_j]^{\mathrm{T}} \tag{3.39b}$$

$$\{\delta\}^e = [v_i,\ \theta_i,\ v_j,\ \theta_j]^{\mathrm{T}} \tag{3.39c}$$

式中：$\{F\}^e$ 为单元结点力列向量；$[k_b]$ 为单元弯曲刚度矩阵；$\{\delta\}^e$ 为单元结点位移列向量。

当 $P\neq0$ 时，有二阶效应，会引起荷载、位移发生变化，单元刚度方程变为：

$$\{F\}^e = \{[k_b] + P[k_g]\}\{\delta\}^e = [k]^e\{\delta\}^e \tag{3.40a}$$

$$[k]^e = [k_b] + P[k_g] \tag{3.40b}$$

式中：$\{k_g\}$ 为几何刚度矩阵，也称初应力刚度矩阵，用来反映 P 的影响；$[k]^e$ 为单元的压弯刚度矩阵。

通过结点力的平衡和变形协调条件，以及单元坐标与整体坐标的变换，可以将各单元的刚度方程组装到一起，形成整个构件的内力位移方程组，写成矩阵的形式后称为总刚度方程，即

$$\{F\} = [K]\{\delta\} \tag{3.41}$$

式中：$\{F\}$ 为全部结点力列向量；$[K]$ 为总刚度矩阵；$\{\delta\}$ 为全部结点的位移列向量。

引入边界条件并消除刚体位移后，可以得到新的总刚度方程，仍可以写成式（3.41）的形式。从第 1.2 节知道，当刚度为零时，构件处于随遇平衡状态，因此可利用 $|K|=0$ 得到特征方程，进而解得临界荷载，同时也可以得到构件的屈曲模态。

对于弹塑性稳定分析，还应考虑材料非线性，需引入弹塑性本构关系，情况要复杂得多，可以借助计算机通过有限元软件完成，图 3.22 为有限元软件对不同类型稳定问题的屈曲模态模拟图。

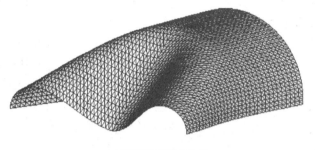

(a) 薄板筒壳结构的失稳　　　　　　　　　　　　(b) 薄壁方管的屈曲

图 3.22　结构稳定问题的有限元模拟

3.5.4　有限条法

有限条法诞生于 20 世纪 60 年代[17]，是有限元法的一个特殊分支，或者说是一种半解析有限元法，可将二维问题化为一维问题、将三维问题化为二维问题，从而使总刚方程降阶，提高计算效率，非常适用于长条状薄板结构的稳定分析。

与有限元法一样，有限条法亦需将连续体离散化，所不同的是，有限条法只能沿某一方向划分单元。如图 3.23 所示卷边 Z 型钢檩条[18]，有限条法只能沿板宽方向将板件分成若干个条状单元，而有限元法则可以任意划分单元，单元数量相对较多。条状单元的纵向边缘具有四个自由度，三个位移和一个转角，单元刚度方程的建立方法不再详细介绍。

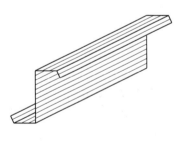
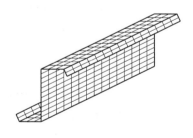

(a) 有限条法　　　　　　　　　　　　(b) 采用壳单元的有限元法

图 3.23　卷边 Z 型钢檩条的单元划分

从本质上说，上述诸数值法都是求解平衡微分方程的近似方法，利用有限个离散点的差分式或积分式，或者有限个单元的刚度方程，将连续的平衡微分方程离散成有限个线性方程组，通过利用线性方程组的系数行列式为零得到特征方程，并解出临界荷载，如果线性方程组是非齐次的，还可以得到平衡微分方程的解，再利用插值函数得到离散点或单元内部的解。

　　由于各数值法的离散方式不同，求解过程有所区别，有限差分法和有限积分法需要先建立结构的平衡微分方程，从原函数出发通过差分式或积分式来求解平衡方程，求解过程中不涉及结构自身的受力条件，只与几何量有关；有限元法和有限条法则需要先建立单元的内力与位移的关系（单元刚度方程）。相比较而言，有限差分法的精度稍低，有限单元法的精度较高且通用性强。

思考与练习题

　　3.1　稳定的判别准则有哪几种？

　　3.2　能量法的适用条件是什么？能否分析弹塑性体系或者非保守体系的稳定问题？

　　3.3　势能驻值原理与哪一个稳定分析方法是等价的？

　　3.4　采用 Ritz 法时，所假设的变形函数必须满足什么边界条件？

　　3.5　采用 Galerkin 法时，所假设的变形函数必须满足什么边界条件？

　　3.6　动力法是否可以用于非保守体系的稳定分析？

　　3.7　稳定分析的数值法有哪些？各有什么特点？

　　3.8　图 3.24 所示弹性悬臂轴压构件，假设 P 的方向保持不变，试用静力法求解构件的临界荷载，并给出特征曲线。

　　3.9　图 3.25 所示刚性链杆体系，中部两个水平拉压弹簧的刚度均为 k，假设 P 的方向保持不变，试用静力法求该体系的临界荷载，并绘出不同特征值对应的屈曲模态图。

　　3.10　图 3.26 所示刚性杆，顶端水平拉压弹簧的刚度为 k，下端转动弹簧的刚度为 r，假设 P 的方向保持不变，试用能量法求解临界荷载，并判定其平衡状态的稳定性。

　　3.11　图 3.27 所示弹性轴压杆，顶端可平动但不能转动，假设 P 的方向保持不变，试用能量法求构件的临界荷载，假设构件的位移曲线为：

$$y = A\sin\frac{\pi z}{2l}$$

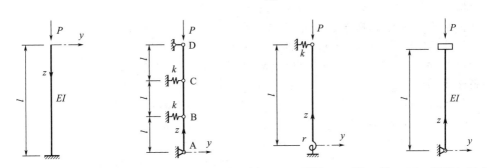

图 3.24　习题 3.8 图　　图 3.25　习题 3.9 图　　图 3.26　习题 3.10 图　　图 3.27　习题 3.11 图

　　3.12　图 3.28 所示弹簧铰悬臂刚性压杆，转动弹簧的刚度为 r，杆件的线质量为 m，假设 P 的方向保持不变，试用动力法求构件的临界荷载。

　　3.13　图 3.29 所示阶形悬臂弹性压杆，上段及下段的惯性矩分别为 I_1、I_2，假设 P 的方向保持不变，试用 Ritz 法求构件的临界荷载，假设构件的位移曲线为：

$$y = A\left(1 - \cos\frac{\pi z}{2l}\right)$$

3.14 试用 Galerkin 法求解习题 3.13 中构件的临界荷载，条件不变。

3.15 试用有限差分法求解图 3.30 所示弹性轴压构件的临界荷载，要求将构件等分成 6 段，并将计算结果与例题 3.15 进行精度比较。

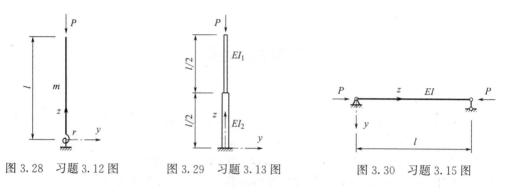

图 3.28 习题 3.12 图   图 3.29 习题 3.13 图   图 3.30 习题 3.15 图

参考文献

[1] 唐家祥，王仕统.结构稳定理论 [M].北京：中国铁道出版社，1989.

[2] 孙训方，方孝淑，关来泰.材料力学（第 5 版）[M].北京：高等教育出版社，2009.

[3] Timoshenko S. P., Gere J. M. Theory of elastic stability（2nd Edition）[M]. New York：McGraw-Hill，1964. 中译本：张福范译，弹性稳定理论 [M].北京：科学出版社，1965.

[4] 铁摩辛柯，沃诺斯基.板壳理论 [M].板壳理论翻译组译.北京：科学出版社，1977.

[5] 龙驭球，包世华，匡文起，等.结构力学（第 3 版）[M].北京：高等教育出版社，2012.

[6] 克拉夫，彭津著.结构动力学（第二版）[M].王光远，等译.北京：高等教育出版社，2006.

[7] 黄云清.数值计算方法 [M].北京：科学出版社，2010.

[8] 张文生.科学计算中的偏微分方程有限差分法 [M].北京：高等教育出版社，2006.

[9] 王勖成.有限单元法 [M].北京：清华大学出版社，2008.

[10] 朱伯芳.有限单元法原理与应用（第三版）[M].北京：水利水电出版社，2009.

[11] 童根树.钢结构的平面内稳定 [M].北京：中国建筑工业出版社，2015.

[12] 童根树.钢结构的平面外稳定（修订版）[M].北京：中国建筑工业出版社，2013.

[13] 陈骥.钢结构稳定理论与设计（第六版）[M].北京：科学出版社，2014.

[14] 毕尔格麦斯特，斯托依普.稳定理论（下卷）[M].北京：中国建筑工业出版社，1974.

[15] Clough R. W. The Finite Element in plane stress an analysis [C]. Proceeding of the 2nd ASCE Conference on Electronic Computation，Pittsburgh，PA.，1960：12-18.

[16] Barsoum R. S.，Gallagher R. H. Finite element analysis of torsional and torsional-flexural stability problems [J]. International Journal for Numerical Method in Engineering，1970，2（3）：335-352.

[17] 张佑启.结构分析的有限条法 [M].北京：人民交通出版社，1980.

[18] 郭兵，吴清波.卷边 Z 形钢的相关屈曲及有效宽度 [J].钢结构，2001，16（2）：54-56.

第 4 章　轴心受压构件的整体稳定

4.1　概　述

根据屈曲变形的形式不同，轴压构件的整体失稳形式包括弯曲屈曲、扭转屈曲和弯扭屈曲三种。当构件的抗扭刚度较大而抗弯刚度不大时，只能发生弯曲屈曲（图1.8），反之将发生扭转屈曲（图1.2），当构件的抗扭刚度和抗弯刚度都不大时，将发生弯扭屈曲（图1.9）。就同一个构件而言，在轴压力作用下只有一种失稳形式，也即只有一个屈曲荷载。

上一章已经对各类无缺陷弹性轴压构件的弯曲屈曲进行了初步探讨，知道弯曲屈曲发生在某一个平面内，属于平面稳定问题，扭转屈曲、弯扭屈曲则不同，构件的屈曲变形是空间的，属于空间稳定问题。对于无缺陷的弹性轴压构件，弯曲屈曲、扭转屈曲和弯扭屈曲在本质上都属于稳定分岔失稳[1]，对于有初始缺陷的弹塑性轴压构件，失稳形式不变，但失稳的本质均变为极值点失稳。

本章将利用第 2 章的弯曲和扭转理论并采用第 3 章的稳定分析方法，对轴压构件的三种整体失稳形式分别进行研究，探讨边界条件、初始缺陷、材料非线性等因素对稳定性的影响，然后研究结构对构件稳定的影响，最后介绍相关稳定理论在结构设计中的应用。

4.2　轴压构件的弯曲屈曲

影响轴压构件弯曲屈曲的因素很多，比如构件的抗弯刚度、边界条件、初始几何缺陷（初弯曲、初偏心）、力学缺陷（残余应力）、材料非线性等，本节将分别讨论上述因素对弯曲屈曲的影响。

构件截面有 x、y 两个主轴，绕哪个轴发生弯曲屈曲需要具体分析。如图 4.1 所示完善的两端铰接弹性轴压构件，截面为双轴对称工字形，绕 x、y 轴的弯曲位移分别为 v、u，根据式（3.1）可直接写出构件绕 x、y 轴的欧拉荷载 P_{Ex}、P_{Ey}：

$$P_{Ex}=\frac{\pi^2 EI_x}{l^2}, \qquad P_{Ey}=\frac{\pi^2 EI_y}{l^2} \qquad (4.1)$$

式中：I_x、I_y 分别为构件绕 x、y 轴的惯性矩。

工字形截面的 y 轴为弱轴，$I_x > I_y$，也即抗弯刚度 $EI_x > EI_y$，显然 $P_{Ex} > P_{Ey}$，说明 P_{Ey} 起控制作用，该构件只会绕 y 轴发生弯曲屈曲。如果图 4.1 中的构件截面为圆管，由于是极对称截面，主轴有很多组，且 $EI_x = EI_y$，构件可能绕任意轴发生弯曲屈曲。对于其他类型截面的两端铰接轴压构件，

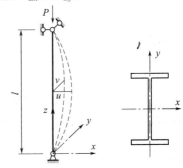

图 4.1　两端铰接轴压构件的弯曲方向

可以此类推。

4.2.1 边界条件对弹性弯曲屈曲的影响

Euler 荷载 P_E 是根据完善的两端铰接构件推导得来的，当构件并非两端铰接时，式（3.1）不再适用，此时构件的弯曲屈曲临界荷载记作 P_{cr}。从上一章已经知道，边界条件对临界荷载影响很大，比如例题 3.13 两端固接轴压构件的临界荷载是例题 3.1 两端铰接轴压构件临界荷载的 4 倍。

为方便计算，可引入构件的计算长度（记作 l_0），也就是把构件等效成两端铰接后的长度，这样一来，依据式（3.1）可直接写出构件弹性弯曲屈曲时的临界荷载：

$$P_{cr} = \frac{\pi^2 EI}{l_0^2} \tag{4.2}$$

计算长度的物理含义是构件上相邻两个反弯点（可以看作是铰）之间的距离，应注意的是，反弯点有可能在构件的延伸线上。构件计算长度 l_0 与几何长度 l 的关系可用下式表达：

$$l_0 = \mu l \tag{4.3}$$

式中：μ 称为构件的计算长度系数，简单构件在不同边界条件下的 μ 值见表 4.1。

不同边界条件下简单轴压构件的计算长度系数 μ 表 4.1

约束条件	两端铰接	一端固接一端铰接	两端固接	一端固接一端自由	一端铰接一端定向滑动	一端固接一端定向滑动
图例	$l_0=l$	$l_0=0.7l$ 反弯点	反弯点 $l_0=0.5l$ 反弯点	$l_0=2l$	$l_0=2l$	$l_0=l$
理论值	1.0	0.7	0.5	2.0	2.0	1.0

根据上述定义，可建立 P_{cr} 与 P_E 的关系：

$$P_{cr} = \frac{\pi^2 EI}{(\mu l)^2} = \frac{1}{\mu^2} P_E \tag{4.4}$$

可得 μ 的表达式：

$$\mu = \sqrt{\frac{P_E}{P_{cr}}} \text{ 或者 } \mu = \frac{\pi}{kl} \tag{4.5}$$

式中：$k = \sqrt{P_{cr}/(EI)}$，也称为稳定参数。

比如，将例题 3.11 一端固接一端铰接轴压构件的 $P_{cr} = 20.2 EI/l^2$ 代入上式，可得 $\mu = 0.7$。从表 4.1 还可以看出，构件的边界约束越多，μ 值越小，P_{cr} 也就越高。

引入计算长度后，轴压构件绕 x、y 轴弹性弯曲屈曲时的临界荷载可分别用下列公式表达：

$$P_{crx} = \frac{\pi^2 EI_x}{l_{0x}^2} = \frac{\pi^2 EI_x}{(\mu_x l)^2}, \qquad P_{cry} = \frac{\pi^2 EI_y}{l_{0y}^2} = \frac{\pi^2 EI_y}{(\mu_y l)^2} \qquad (4.6)$$

式中：P_{crx}、l_{0x}、μ_x 分别为绕 x 轴的临界荷载、计算长度和计算长度系数；P_{cry}、l_{0y}、μ_y 分别为绕 y 轴的临界荷载、计算长度和计算长度系数。

计算长度系数不仅与构件两端的边界条件有关，还与构件截面是否有变化（如例题 3.12）、轴压荷载的形式（如例题 3.5、3.14）、构件中间是否有支撑等情况有关。

【例题 4.1】　图 4.2（a）所示两端铰接工字形截面弹性轴压柱，在 yz 平面内构件中间无侧向支撑，在 xz 平面内构件中央设有侧向支撑。假设构件无缺陷，试分别计算柱绕 x、y 轴的弯曲屈曲临界荷载、计算长度系数、计算长度。

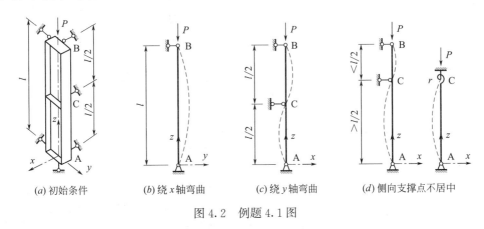

(a) 初始条件　　(b) 绕 x 轴弯曲　　(c) 绕 y 轴弯曲　　(d) 侧向支撑点不居中

图 4.2　例题 4.1 图

【解】　柱在 yz 平面内为两端铰接，见图 4.2（b），绕 x 轴弯曲屈曲临界荷载就是 Euler 荷载，即

$$P_{crx} = P_{Ex} = \frac{\pi^2 EI_x}{l^2} \qquad (1)$$

代入式（4.5）可得柱绕 x 轴的计算长度系数 $\mu_x = \sqrt{P_{Ex}/P_{crx}} = 1.0$，柱绕 x 轴的计算长度为 $l_{0x} = l$。

柱在 xz 平面内弯曲时，因上下两段柱长度相等，屈曲模态正好为两个相同的正弦半波，见图 4.2（c），由例题 3.1 可知 k 的最小值为 $k = 2\pi/l$，利用 $k = \sqrt{P_{cr}/(EI)}$ 可得绕 y 轴弯曲屈曲临界荷载：

$$P_{cry} = k^2 EI_y = \left(\frac{2\pi}{l}\right)^2 EI_y = \frac{4\pi^2 EI_y}{l^2} \qquad (2)$$

将 $k = 2\pi/l$ 代入式（4.5）可得柱绕 y 轴计算长度系数 $\mu_y = 0.5$，绕 y 轴的计算长度为 $l_{0y} = 0.5l$。可见，同一个构件绕不同轴的临界荷载、计算长度系数不一定相同。

如果支撑点 C 不在构件正中央，见图 4.2（d），则 AC 段线刚度小，BC 段线刚度大，因两段柱在 C 点转角相同，BC 段对 AC 段提供支持作用，类似于转动弹簧，AC 段会加速 BC 段的变形，当 BC 段不能再提供支持作用时，两段柱同时发生弯曲屈曲，体现了屈曲的相关性。该情况下需对柱分段建立平衡微分方程，再利用 C 点的变形协调条件解出 P_{cry}，两段柱的 P_{cry} 相同，不能简单地把杆分成上下两段并按两端简支来计算，需要整体分析，具体方法将在第 4.5.1 节和第 8 章中讲述。

【**例题 4.2**】 图 4.3（a）所示阶形弹性悬臂柱，上下两段柱的长度分别为 l_1、l_2，绕 x 轴的惯性矩分别为 I_1、I_2，假设构件无缺陷，试计算该柱绕 x 轴的弯曲屈曲临界荷载、计算长度系数。

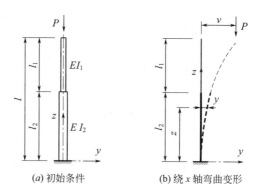

(*a*) 初始条件   (b) 绕 *x* 轴弯曲变形

图 4.3 例图 4.2 图

【**解**】 1）柱绕 x 轴的弯曲屈曲临界荷载

可以利用 Ritz 法来求解 P_{crx}，假设柱顶侧移为 v，见图 4.3（b），柱的变形函数可设为：

$$y = v\left(1 - \cos\frac{\pi z}{2l}\right) \tag{1}$$

该变形函数满足位移边界条件 $y(0)=0$、$y'(0)=0$、$y(l)=v$。任意高度 z 处的绕 x 轴弯矩为：

$$M = -P(v-y) = -Pv\cos\frac{\pi z}{2l} \tag{2}$$

构件的应变能、外力势能、总势能分别为：

$$U = \frac{1}{2}\int_0^{l_2}\frac{M^2}{EI_2}\mathrm{d}z + \frac{1}{2}\int_{l_2}^{l}\frac{M^2}{EI_1}\mathrm{d}z = \frac{P^2v^2}{4EI_2}\left[l_2 + (l-l_2)\frac{I_2}{I_1} - \frac{1}{\pi}\left(\frac{I_2}{I_1}-1\right)\sin\frac{\pi l_2}{l}\right]$$

$$V = -\frac{1}{2}P\int_0^l(y')^2\mathrm{d}z = -\frac{\pi 2Pv^2}{16l}$$

$$\Pi = U + V = \frac{P^2v^2}{4EI_2}\left[l_2 + (l-l_2)\frac{I_2}{I_1} - \frac{l}{\pi}\left(\frac{I_2}{I_1}-1\right)\sin\frac{\pi l_2}{l}\right] - \frac{\pi^2 Pv^2}{16l}$$

根据势能驻值 $\delta\Pi=0$ 可得线性方程：

$$\left\{\frac{P^2}{2EI_2}\left[l_2 + (l-l_2)\frac{I_2}{I_1} - \frac{1}{\pi}\left(\frac{I_2}{I_1}-1\right)\sin\frac{\pi l_2}{l}\right] - \frac{\pi^2 P}{8l}\right\}v = 0 \tag{3}$$

因独立参数 $v \neq 0$，故有：

$$\frac{P^2}{2EI_2}\left[l_2 + (l-l_2)\frac{I_2}{I_1} - \frac{1}{\pi}\left(\frac{I_2}{I_1}-1\right)\sin\frac{\pi l_2}{l}\right] - \frac{\pi^2 P}{8l} = 0 \tag{4}$$

可解得临界荷载：

$$P_{\mathrm{crx}} = \frac{\pi^2 EI_2}{4l^2}\cdot\frac{1}{\dfrac{l_2}{l} + \left(1-\dfrac{l_2}{l}\right)\dfrac{I_2}{I_1} - \dfrac{1}{\pi}\left(\dfrac{I_2}{I_1}-1\right)\sin\dfrac{\pi l_2}{l}} \tag{5}$$

2）柱绕 x 轴的计算长度系数

将式（5）写成式（4.6）的形式后，可得悬臂阶形柱绕 x 轴的计算长度系数：

$$\mu_x = 2\sqrt{\frac{l_2}{l} + \left(1 - \frac{l_2}{l}\right)\frac{I_2}{I_1} - \frac{1}{\pi}\left(\frac{I_2}{I_1} - 1\right)\sin\frac{\pi l_2}{l}} \tag{6}$$

如果 $I_1 = I_2$，则变为等截面柱，由上式可得 $\mu_x = 2.0$；如果 $I_1 = I_2/2$、$l_1 = l_2$，由上式可得 $\mu_x = 2.17$，比等截面柱的计算长度系数要大，也即屈曲荷载要低。

弯曲屈曲临界荷载除了式（4.2）表达形式之外，还可以用长细比 λ 来表达。λ 为表示构件细长程度的无量纲参数，$\lambda = l_0/i$，i 为截面回转半径。将 $l_0 = \lambda i$、$I = Ai^2$ 代入式（4.2），可得：

$$P_{cr} = \frac{\pi^2 EI}{l_0^2} = \frac{\pi^2 EAi^2}{\lambda^2 i^2} = \frac{\pi^2 EA}{\lambda^2}$$

构件绕 x、y 轴弹性弯曲屈曲时的临界荷载可分别写为：

$$P_{crx} = \frac{\pi^2 EA}{\lambda_x^2}, \qquad P_{cry} = \frac{\pi^2 EA}{\lambda_y^2} \tag{4.7}$$

$$\lambda_x = \frac{l_{0x}}{i_x}, \qquad \lambda_y = \frac{l_{0y}}{i_y} \tag{4.8}$$

式中：λ_x、λ_y 分别为构件绕 x、y 轴的长细比；i_x、i_y 分别为截面绕 x、y 轴的回转半径。

轴压构件发生屈曲时的截面平均应力称为临界应力或屈曲应力，记作 σ_{cr}，则有：

$$\sigma_{cr} = \frac{P_{cr}}{A} \tag{4.9}$$

利用式（4.7）可得构件绕 x、y 轴弹性弯曲屈曲时的临界应力：

$$\sigma_{crx} = \frac{P_{crx}}{A} = \frac{\pi^2 E}{\lambda_x^2}, \qquad \sigma_{cry} = \frac{P_{cry}}{A} = \frac{\pi^2 E}{\lambda_y^2} \tag{4.10}$$

与 Euler 荷载 P_E 对应的临界应力称为 Euler 应力，记作 σ_E，则有：

$$\sigma_E = \frac{P_E}{A}$$

对完善的弹性构件，E 为常数，σ_{cr} 只与 λ 有关，σ_{cr}-λ 关系为图 4.4 中的 ABC 曲线，σ_{cr} 可无限增大。如果构件材料为理想弹塑性，σ_{cr} 达到 f_y（图中 D 点）时不再增大，DA 曲线变为 DE 水平段。

实际工程材料并非理想弹塑性，当 σ_{cr} 超过 f_p（图中 B 点）后，进入弹塑性，曲线变为 BE 段，已属于弹塑性屈曲范畴，相关内容将在第 4.2.5 节讲述。如果将 $\sigma_{cr} = f_p$ 时所对应的长细比记作 λ_p，则 $\lambda \geqslant \lambda_p$ 时为弹性屈曲，$\lambda < \lambda_p$ 时为弹塑性屈曲。

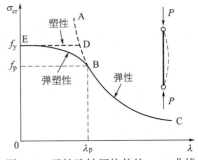

图 4.4　无缺陷轴压构件的 σ_{cr}-λ 曲线

4.2.2　初弯曲对弹性弯曲屈曲的影响

构件的初弯曲属于初始几何缺陷，样式很多，见图 1.22（a），可能绕 x 轴弯曲，也可能绕 y 轴弯曲。图 4.5（a）所示两端铰接弹性轴压构件，绕 x 轴的抗弯刚度为 EI，构

件绕 x 轴有任意初弯曲，z 坐标处沿 y 向的初弯曲幅值 y_0 可近似用傅里叶级数来表达：

$$y_0 = v_1 \sin\frac{\pi z}{l} + v_2 \sin\frac{2\pi z}{l} + \cdots + v_n \sin\frac{n\pi z}{l} = \sum_{i=1}^n v_i \sin\frac{i\pi z}{l} \qquad (4.11)$$

式中：v_i 为独立参数。

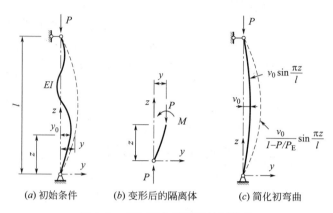

图 4.5　有初弯曲的弹性轴压构件

　　未加载之前，z 坐标处的曲率为 y_0''，施加轴压力后，总挠度为 y，曲率为 y''，则 z 坐标处的截面弯矩为 $M = -EI(y'' - y_0'')$。由图 4.5（b）可得力矩平衡方程 $M - Py = 0$，将 M 代入后得平衡微分方程：

$$EI(y'' - y_0'') + Py = 0$$

令 $k^2 = P/(EI)$，再将 y_0'' 代入上式，整理可得：

$$y'' + k^2 y = -\frac{\pi^2}{l^2}\sum_{i=1}^n i^2 v_i \sin\frac{i\pi z}{l} \qquad (4.12)$$

　　上式的通解由特解 y^* 和对应二阶齐次方程的通解 $y = A_1 \cos kz + A_2 \sin kz$ 组成。可设特解 y^* 为：

$$y^* = \sum_{i=1}^n B_i \sin\frac{i\pi z}{l}$$

将上式代入式（4.12），并根据同类项系数应相等可得：

$$B_i = -\frac{\pi^2}{l^2} \cdot \frac{i^2 v_i}{k^2 - i^2\pi^2/l^2}$$

则平衡微分方程的通解为：

$$y = A_1 \cos kz + A_2 \sin kz - \frac{\pi^2}{l^2}\sum_{i=1}^n \frac{i^2 v_i}{k^2 - i^2\pi^2/l^2}\sin\frac{i\pi z}{l}$$

将边界条件 $y(0) = 0$、$y(l) = 0$ 代入上式可得 $A_1 = 0$，$A_2 \sin kl = 0$，因屈曲前 $P < P_E$，$\sin kl \neq 0$，只能 $A_2 = 0$，特解变成了微分方程的通解，即构件的变形曲线为：

$$y = -\frac{\pi^2}{l^2}\sum_{i=1}^n \frac{i^2 v_i}{k^2 - i^2\pi^2/l^2}\sin\frac{i\pi z}{l}$$

将 $k^2 = P/(EI)$ 代入上式，并利用 Euler 荷载 $P_E = \pi^2 EI/l^2$ 代替式中的相关项，整理可得：

$$y = \frac{v_1}{1 - P/P_E}\sin\frac{\pi z}{l} + \frac{v_2}{1 - P/(2^2 P_E)}\sin\frac{2\pi z}{l} + \cdots + \frac{v_n}{1 - P/(n^2 P_E)}\sin\frac{n\pi z}{l}$$

上式与式（4.11）相比，每一项多了分母，当 P 趋向于 P_E 时，第一项趋于无穷大，而其他项为有限值，可以略去，故构件的变形曲线可近似表达为：

$$y = \frac{1}{1 - P/P_E}v_1\sin\frac{\pi z}{l}$$

可见构件的变形曲线仍为正弦半波，与初弯曲样式无关，因此构件的初弯曲可设为正弦半波曲线：

$$y_0 = v_0\sin\frac{\pi z}{l} \tag{4.13}$$

式中：v_0 为构件中点的初始挠度值，见图 4.5（c）。

构件弯曲变形时，$z = l/2$ 处的挠度和弯矩均最大：

$$y_{max} = \frac{1}{1 - P/P_E}v_0 = \alpha_v v_0 \tag{4.14}$$

$$M_{max} = Py_{max} = \frac{1}{1 - P/P_E}Pv_0 = \alpha_m Pv_0 \tag{4.15}$$

式中：α_v 为挠度放大系数，α_m 为弯矩放大系数，$\alpha_v = \alpha_m = 1/(1 - P/P_E)$。

因 $P \leqslant P_E$，可知 $\alpha_v \geqslant 1.0$、$\alpha_m \geqslant 1.0$，当 P 趋向于 P_E 时，α_v 和 α_m 均趋向于无穷大，这是由 P-δ 效应引起的。如果构件绕 y 轴有初弯曲，推导过程及结论与上面情况类似，只是惯性矩 I、弯矩 M 和屈曲荷载 P_E 均是绕 y 轴的，感兴趣的读者可以推导尝试。

有初弯曲两端铰接轴压构件的荷载挠度曲线见图 4.6（a），v 为总挠度，a、b 为弹性构件曲线，其中 b 的 v_0 值大于 a，曲线 a、b 均以欧拉荷载 P_E 为渐近线，当挠度无穷大时达到 P_E，说明初弯曲不影响弹性轴压构件的弯曲屈曲临界荷载，只是变形增大。c 为有初弯曲的弹塑性构件曲线，属于极值点失稳，当挠度达到一定程度（图中 A 点）时，构件进入弹塑性，最高点 B 对应的荷载为极限荷载 P_u。

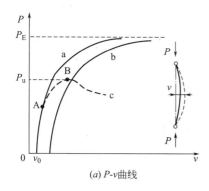
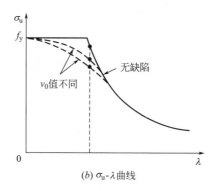

图 4.6　初弯曲对轴压构件的影响

P_u 对应的截面平均应力称为极限应力，记作 σ_u，即

$$\sigma_u = \frac{P_u}{A} \tag{4.16}$$

对于有初弯曲的理想弹塑性轴压构件，σ_u 不仅与长细比有关，还与初弯曲有关，初弯

曲使附加弯矩增大，构件提前进入弹塑性，抗弯刚度下降，σ_u 降低，σ_u-λ 曲线位于无缺陷构件曲线的下方，v_0 值越大，构件越早进入弹塑性，σ_u 的降低幅度也越大，见图 4.6（b）。

4.2.3 初偏心对弹性弯曲屈曲的影响

荷载初偏心也属于初始几何缺陷，两端偏心距不一定相等，见图 1.22（b），偏心方向也可能不同。从前面已经知道，影响轴压构件弹性弯曲屈曲的荷载是 P 而非 M，因此可按等偏心距考虑。图 4.7（a）所示两端铰接弹性轴压构件，两端 P 在 yz 平面内的偏心距均为 e，构件绕 x 轴抗弯刚度为 EI，假设构件弯曲后 z 坐标处挠度为 y，取隔离体可得平衡方程 $M-P(y+e)=0$，将 $M=-EIy''$ 代入后得平衡微分方程：

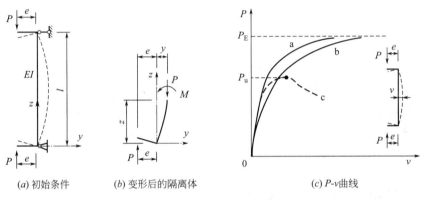

(a) 初始条件   (b) 变形后的隔离体   (c) P-v曲线

图 4.7 初偏心对轴压构件的影响

$$EIy'' + P(y+e) = 0$$

令 $k^2 = P/(EI)$，平衡微分方程变为 $y'' + k^2 y = -k^2 e$，其通解为 $y = A_1\cos kz + A_2\sin kz - e$，再利用边界条件 $y(0)=0$、$y(l)=0$ 可得 $A_1=e$，$A_2=(1-\cos kl)e/\sin kl$，则构件的变形曲线为：

$$y = \left(\cos kz + \frac{1-\cos kl}{\sin kl}\sin kz - 1\right)e \tag{4.17}$$

构件弯曲变形时，$z=l/2$ 处的挠度、弯矩均最大：

$$y_{\max} = \left(\sec\frac{kl}{2} - 1\right)e$$

$$M_{\max} = P(y_{\max}+e) = \sec\frac{kl}{2} \cdot Pe \tag{4.18}$$

引入参数 u，并令 $u=kl/2$，则有：

$$u = \frac{kl}{2} = \frac{l}{2}\sqrt{\frac{P}{EI}} = \frac{\pi}{2}\sqrt{\frac{P}{\pi^2 EI/l^2}} = \frac{\pi}{2}\sqrt{\frac{P}{P_E}} = 1.57\sqrt{\frac{P}{P_E}}$$

三角函数 $\sec u$ 可用幂级数展开，再将 u 代入可得：

$$\sec u = 1 + \frac{1}{2}u^2 + \frac{5}{24}u^4 + \frac{61}{720}u^6 + \cdots = 1 + 1.234\left(\frac{P}{P_E}\right) + 1.268\left(\frac{P}{P_E}\right)^2 + 1.273\left(\frac{P}{P_E}\right)^4 + \cdots$$

$$\approx 1 + 1.234\frac{P}{P_E}\left[1 + \left(\frac{P}{P_E}\right) + \left(\frac{P}{P_E}\right)^2 + \cdots\right] = \frac{1 + 0.234 P/P_E}{1 - P/P_E} \tag{4.19}$$

这里对上述推导过程作如下说明：上式中括号内的项目符合级数 $1/(1-x)=1+x+x^2+\cdots$ 的特点和适用范围（$|x|<1.0$），因此中括号内项目的值为 $1/(1-P/P_E)$。

将 $\sec u$ 代入式（4.18）可得：

$$M_{max}=\frac{1+0.234P/P_E}{1-P/P_E}Pe=\alpha_m Pe \tag{4.20}$$

式中：α_m 为弯矩放大系数，$\alpha_m=(1+0.234P/P_E)/(1-P/P_E)$。

与有初弯曲的轴压构件类似，$\alpha_m\geqslant1.0$，当 P 趋向于 P_E 时，α_m 无穷大。如果荷载 P 在 xz 平面内有初偏心，推导过程及结论与上面情况类似，只是惯性矩 I、弯矩 M 和屈曲荷载 P_E 均是绕 y 轴的。

有初偏心的两端铰接轴压构件的荷载挠度曲线见图 4.7（c），a、b 为弹性构件曲线，b 的初偏心值大于 a，a、b 曲线以 P_E 为渐近线，当挠度无穷大时达到 P_E；c 为有初偏心的弹塑性构件曲线，属于极值点失稳。不难看出，初弯曲和初偏心这两种几何缺陷对稳定的影响在本质上是相同的。

【例题 4.3】　长为 l 的两端铰接薄壁圆管轴压构件，截面直径为 d，壁厚为 t，构件长细比 $\lambda=150$，采用 Q235 钢，比例极限 $f_p=190\text{N/mm}^2$，弹性模量 $E=2.06\times10^5\ \text{N/mm}^2$，试分别计算初弯曲挠度 $v_0=l/1000$、初偏心 $e=l/1000$ 这两种情况下，截面边缘纤维应力刚好达到 f_p 时所对应的 P/A、P/P_E。

【解】　首先计算构件的截面特性：截面积 $A=\pi dt$，惯性矩 $I=\pi d^3 t/8$，截面模量 $W=\pi d^2 t/4$。

回转半径 $i=\sqrt{\dfrac{I}{A}}=\dfrac{d}{2\sqrt{2}}$，核心距 $\rho=\dfrac{W}{A}=\dfrac{d}{4}$，则有 $\dfrac{i}{\rho}=\sqrt{2}$。

1）初弯曲挠度 $v_0=l/1000$ 时

构件中央截面的边缘纤维应力最大，由轴压力 P 和 M_{max} 共同产生：

$$\sigma=\frac{P}{A}+\frac{M_{max}}{W}=\frac{P}{A}+\frac{Pv_0}{W(1-P/P_E)}=\frac{P}{A}\left(1+\frac{1}{\rho}\cdot\frac{v_0}{1-P/P_E}\right)$$

再将 $\sigma=f_p$、$v_0=l/1000$、$P_E=\pi^2 EA/\lambda^2$ 代入上式，整理可得：

$$f_p=\frac{P}{A}\left[1+\frac{1}{\rho}\cdot\frac{0.001l}{1-P\lambda^2/(\pi^2 EA)}\right]=\frac{P}{A}\left[1+\frac{i}{\rho}\cdot\frac{0.001\lambda}{1-(P/A)\lambda^2/(\pi^2 E)}\right]$$

上式中只有 P/A 未知，将其余参数代入后可解得 $P/A=77.18\text{N/mm}^2$，进而可得到：

$$\frac{P}{P_E}=\frac{P/A}{\pi^2 E/\lambda^2}=0.855$$

2）初偏心 $e=l/1000$ 时

构件中央截面的边缘纤维应力为：

$$\sigma=\frac{P}{A}+\frac{M_{max}}{W}=\frac{P}{A}+\frac{1+0.234P/P_E}{W(1-P/P_E)}Pe=\frac{P}{A}\left[1+\frac{1}{\rho}\cdot\frac{0.001l(1+0.234P/P_E)}{1-P/P_E}\right]$$

将 $\sigma=f_p$、$e=l/1000$、$P_E=\pi^2 EA/\lambda^2$ 代入上式，整理可得：

$$f_p=\frac{P}{A}\left\{1+\frac{i}{\rho}\cdot\frac{0.001\lambda[1+0.234(P/A)\lambda^2/(\pi^2 E)]}{1-(P/A)\lambda^2/(\pi^2 E)}\right\}$$

上式中也只有 P/A 未知，可得 $P/A=75.25\text{N/mm}^2$，进而得到 $P/P_E=0.834$。通过

比较可以看出，两个构件的 P/A 及 P/P_E 最大差值仅为 2.5%，说明初弯曲、初偏心的影响非常接近。

4.2.4 剪切变形对弹性弯曲屈曲的影响

（1）剪切变形对弯曲屈曲的影响

轴压构件弯曲时截面存在剪力，因此横向总位移由弯曲变形和剪切变形两部分组成，前面所有的稳定分析都只考虑了弯曲变形，忽略了剪切变形，这对抗剪刚度较大的构件是可以的，当构件的抗剪刚度有限时，剪切变形不可忽略。

图 4.8 所示完善的两端铰接矩形截面弹性轴压构件，z 坐标处的横向总位移为 y，截面总转角由弯矩 M 引起的转角 θ、剪力 V 引起的剪切角 γ 两部分组成，即 $y'=\theta+\gamma$，则微段 $\mathrm{d}z$ 的转角变化率 y'' 为：

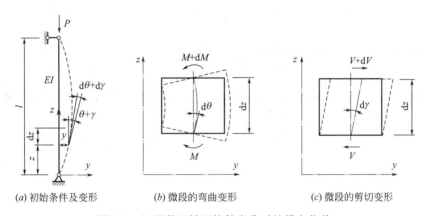

(a) 初始条件及变形　　(b) 微段的弯曲变形　　(c) 微段的剪切变形

图 4.8　矩形截面轴压构件弯曲时的横向位移

$$y''=\frac{\mathrm{d}\theta}{\mathrm{d}z}+\frac{\mathrm{d}\gamma}{\mathrm{d}z} \tag{4.21}$$

在小变形条件下，弯曲引起的转角变化率为：

$$\frac{\mathrm{d}\theta}{\mathrm{d}z}\approx-\Phi=-\frac{M}{EI}$$

由弹性力学知，剪力 V 引起的剪切角为：

$$\gamma=\frac{\eta V}{GA}=\gamma_1 V$$

式中：η 是与截面形状有关的常数，矩形截面 $\eta=1.2$，圆形截面 $\eta=10/9$，工字形截面 $\eta=A_w/A$，A_w 为腹板截面积，A 为构件截面积；G 为剪切模量；γ_1 为单位剪力作用下的剪切角，$\gamma_1=\eta/(GA)$。

剪切角对 z 求导可得：

$$\frac{\mathrm{d}\gamma}{\mathrm{d}z}=\gamma_1\frac{\mathrm{d}V}{\mathrm{d}z}=\gamma_1\frac{\mathrm{d}^2M}{\mathrm{d}z^2}$$

将相关项代入式（4.21）可得：

$$y''=-\frac{M}{EI}+\gamma_1\frac{\mathrm{d}^2M}{\mathrm{d}z^2}$$

再将 $M=Py$ 代入上式，整理可得平衡微分方程：

$$y'' + \frac{P}{EI(1-P\gamma_1)}y = 0$$

由上式可解得临界荷载：

$$P_{cr} = \frac{1}{1+\gamma_1\pi^2 EI/l^2}\frac{\pi^2 EI}{l^2} = \frac{P_E}{1+\gamma_1 P_E} \tag{4.22}$$

从上式看出，$P_{cr}<P_E$，说明剪切变形对临界荷载有降低作用。对于实腹式构件，γ_1 非常微小，剪切变形的影响完全可以忽略，则上式变为 $P_{cr}\approx P_E$。对格构式构件，绕虚轴弯曲时，γ_1 不可忽略。

为适用于各类边界条件，式（4.22）可用长细比来表达：

$$P_{cr} = \frac{1}{1+\gamma_1\pi^2 EA/\lambda^2}\frac{\pi^2 EA}{\lambda^2} = \frac{\pi^2 EA}{\lambda^2+\gamma_1\pi^2 EA} = \frac{\pi^2 EA}{\lambda_0^2} \tag{4.23}$$

$$\lambda_0 = \sqrt{\lambda^2+\gamma_1\pi^2 EA} \tag{4.24}$$

式中：λ_0 称为构件的换算长细比，用来考虑剪切变形的影响；λ 为构件的实际长细比，$\lambda=l_0/i$。

（2）双肢格构式柱的弯曲屈曲

先研究双肢缀条式格构柱，如图 4.9（a）所示，节间长度为 l_1，斜缀条与单肢间的夹角为 α，双肢轴线距离为 b。柱绕实轴（y 轴）弯曲时，槽钢腹板的抗剪刚度很大，剪切变形可忽略，临界荷载的计算方法与实腹式构件完全相同，也即采用 λ_y 来计算。柱绕虚轴（x 轴）弯曲时，因双肢间没有连续贯通的板件，只有两个缀面的缀条来承担截面剪力，抗剪刚度有限，须考虑剪切变形的影响。

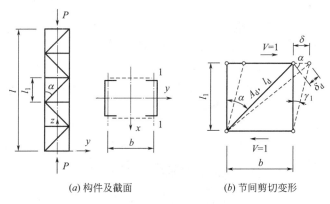

(a) 构件及截面　　　(b) 节间剪切变形

图 4.9　缀条式双肢格构柱

因工程中的缀条与单肢采用铰接连接，缀面可视为平面桁架，一个节间的隔离体见图 4.9（b），A_d 为一个缀面内斜缀条的截面积，l_d 为斜缀条的长度，$l_d=l_1/\cos\alpha$。在单位横向剪力的作用下，一个缀面承担的剪力为 $1/2$，斜缀条的轴力 $N_d=1/(2\sin\alpha)$，其拉伸变形 $\delta_d=N_d l_d/(EA_d)=l_1/(2EA_d\sin\alpha\cos\alpha)$。由几何关系可得到节间水平位移 $\delta=\delta_d/\sin\alpha=l_1/(2EA_d\sin^2\alpha\cos\alpha)$，节间的单位剪切角 γ_1 为：

$$\gamma_1 \approx \frac{\delta}{l_1} = \frac{1}{2EA_d\sin^2\alpha\cos\alpha} = \frac{1}{EA_1\sin^2\alpha\cos\alpha}$$

式中：A_1 为一个节间两个缀面内斜缀条的截面积之和，对于图 4.9 所示的双缀面格构柱，$A_1=2A_d$。

将上式代入式（4.24），整理可得绕 x 轴的换算长细比：

$$\lambda_{0x} = \sqrt{\lambda_x^2 + \frac{\pi^2}{\sin^2\alpha\cos\alpha} \cdot \frac{A}{A_1}} \tag{4.25}$$

式中：λ_x 为柱绕 x 轴的长细比，$\lambda_x = l_{0x}/i_x$，l_{0x}、i_x 分别为柱绕 x 轴的计算长度和回转半径。

再来研究双肢缀板式格构柱，如图 4.10（a）所示，节间几何长度为 l_1，双肢轴线距离为 b。绕实轴弯曲时，同样可忽略剪切变形的影响，但绕虚轴时必须考虑。

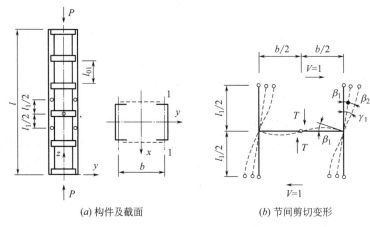

(a) 构件及截面   (b) 节间剪切变形

图 4.10 缀条式双肢格构柱

因缀板与单肢刚接，可视为框架，反弯点位于节间中点，通过反弯点取节间隔离体，见图 4.10（b）。在单位剪力作用下，两侧缀板承担的剪力之和为 $T = l_1/b$，引起的缀板转角 $\beta_1 = l_1 b/(12EI_b)$，EI_b 为两侧缀板的抗弯刚度之和；单肢承担的剪力为 $1/2$，引起的单肢转角 $\beta_2 = l_1^2/(24EI_1)$，EI_1 为一个单肢绕自身 1-1 轴的抗弯刚度。节间的单位剪切角为：

$$\gamma_1 \approx \beta_1 + \beta_2 = \frac{l_1 b}{12EI_b} + \frac{l_1^2}{24EI_1} = \frac{l_1^2}{24EI_1}\Big(2\frac{I_1/l_1}{I_b/b} + 1\Big)$$

将上式代入式（4.24），整理可得绕 x 轴的换算长细比：

$$\lambda_{0x} = \sqrt{\lambda_x^2 + \frac{\pi^2}{12}\Big(2\frac{I_1/l_1}{I_b/b} + 1\Big)\lambda_1^2} \tag{4.26}$$

式中：λ_x 为柱绕 x 轴的长细比；λ_1 为单肢绕自身 1-1 轴的长细比，$\lambda_1 = l_{01}/i_1$，l_{01} 为单肢在节间的净长度（l_1 减去缀板的宽度），见图 4.10（a），i_1 为单肢绕 1-1 轴的回转半径。

【例题 4.4】 试计算图 4.9（a）格构柱绕虚轴的临界荷载，并与不考虑剪切变形时进行对比。已知柱两端铰接，$l_{0x}=12\text{m}$，材料为弹性，$E=2.06\times10^5\text{N/mm}^2$，柱截面积 $A=5.86\times10^3\text{mm}^2$，$I_x=2.64\times10^8\text{mm}^4$，$\alpha=70°$，单个斜缀条截面面积 $A_d=236\text{ mm}^2$。

【解】 柱绕虚轴的回转半径、长细比分别为：

$$i_x=\sqrt{\frac{I_x}{A}}=\sqrt{\frac{2.64\times10^8}{5.86\times10^3}}=212.25\text{mm},\ \lambda_x=\frac{l_{0x}}{i_x}=\frac{12000}{212.25}=56.54$$

将相关参数代入式（4.25）可得绕虚轴的换算长细比：

$$\lambda_{0x}=\sqrt{56.54^2+\frac{\pi^2}{\sin^2 70^\circ\cos 70^\circ}\times\frac{5.86\times10^3}{2\times236}}=60.02$$

再将 λ_{0x} 代入式（4.23），可得考虑剪切变形影响后柱绕虚轴的临界荷载：

$$P_{crx}=\frac{\pi^2EA}{\lambda_{0x}^2}=\frac{3.14^2\times2.06\times10^3\times5.86\times10^3}{60.02^2}=3.30\times10^6\text{N}$$

如果忽略剪切变形的影响，利用 λ_x 由式（4.7）可得 $P_{crx}=3.72\times10^6$N，比用 λ_{0x} 计算的 P_{crx} 高出 12.7%，可见忽略剪切变形的影响偏于不安全。

4.2.5　无缺陷轴压构件的弹塑性弯曲屈曲

式（4.10）仅适用于构件弹性弯曲屈曲时的临界应力计算，从第 1.4.2 节知道，工程材料并非理想弹性，仅当应力小于比例极限 f_p 时属于弹性，因此式（4.10）的适用范围是 $\sigma_{cr}=\pi^2E/\lambda^2<f_p$，也即

$$\lambda>\pi\sqrt{E/f_p}=\lambda_p$$

以 Q235 钢为例，将 $f_p=190\text{N/mm}^2$、$E=2.06\times10^5\text{N/mm}^2$ 代入上式可得 $\lambda_p=103.4$，如果构件的 λ 小于 λ_p，失稳时的屈曲应力大于 f_p，属于弹塑性屈曲。

关于压杆的弹塑性屈曲，历史上曾出现过切线模量、双模量两种理论。1889 年 Engesser 首先提出了切线模量理论，该理论是基于全截面都处于加载状态提出的。如图 4.11（*a*）、（*b*）所示，当构件弯曲变形微小时，M 产生的截面弯曲正应力 σ_b 小于 P 产生的截面平均轴压应力 σ_a，全截面处于加载状态，各点的 E_t 区别不大，对于钢材，E_t 可按式（1.2）或式（2.52）计算，则 z 坐标处截面弯矩可写为 $M=-E_tIy''$，构件平衡微分方程为：

$$E_tIy''+Py=0$$

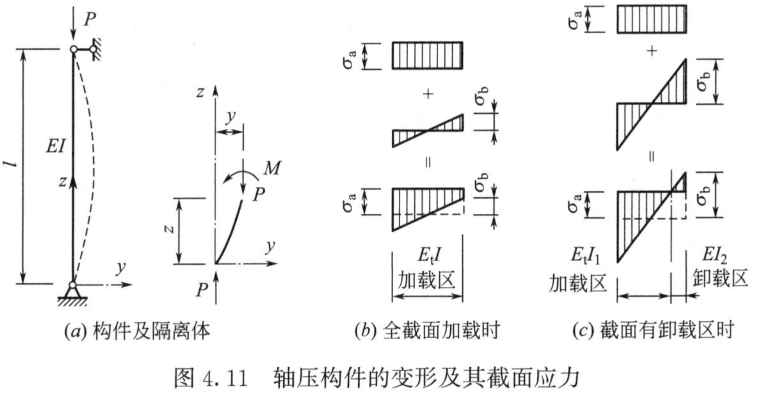

(*a*) 构件及隔离体　(*b*) 全截面加载时　(*c*) 截面有卸载区时

图 4.11　轴压构件的变形及其截面应力

由上式可解得弹塑性屈曲荷载：

$$P_t=\frac{\pi^2E_tI}{l^2}\tag{4.27}$$

式中：P_t 称为切线模量荷载。

对应的弹塑性屈曲应力可记作 σ_t：

$$\sigma_t = \frac{\pi^2 E_t}{\lambda^2} \tag{4.28}$$

1889 年 Considere 指出，当构件弯曲变形较大时，截面弯矩也较大，σ_b 会大于 σ_a，见图 4.11 （c），截面出现了卸载区，卸载时的变形模量为 E 而非 E_t，需要采用双模量。Engesser 也发现了这一问题，并在 1895 年提出了双模量理论。加载、卸载区的变形模量不同，必然导致中性轴偏移，假设加载、卸载区的惯性矩分别为 I_1、I_2，则任意截面的弯矩为：

$$M = -(E_t I_1 + E I_2) y''$$

构件的平衡微分方程为：

$$(E_t I_1 + E I_2) y'' + Py = 0$$

由上式可解得弹塑性屈曲荷载：

$$P_r = \frac{\pi^2 (E_t I_1 + E I_2)}{l^2} = \frac{\pi^2 E_r I}{l^2} \tag{4.29}$$

式中：P_r 称为双模量荷载；E_r 称为折算模量，与 E_t、I_1、I_2 均有关。

与 P_r 对应的弹塑性屈曲应力可记作 σ_r：

$$\sigma_r = \frac{\pi^2 E_r}{\lambda^2} \tag{4.30}$$

通过比较可知，$E > E_r > E_t$，故有 $P_E > P_r > P_t$。学术界也曾经一度认为，双模量理论比切线模量理论更完善，但后来的一些试验结果表明，切线模量理论更接近实际情况。为探讨其原因，1946 年 Shanley 设计了一个由两段刚性杆通过双肢铰链组成的力学模型，见图 4.12 （a），双肢铰链可承担弯矩，两个肢的间距、高度均为 h，截面积均为 $A/2$，材料弹性模量 E、切线模量 E_t 均为常数，该模型可以使体系屈曲变形时的全部非线性集中到铰链的两肢上。

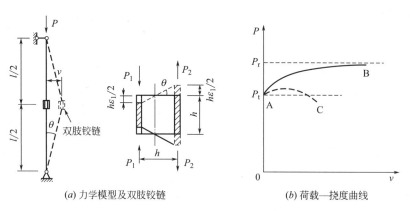

图 4.12 Shanley 力学模型及荷载-挠度曲线

假设屈曲时构件的倾角为 θ、中央挠度为 v，铰链两个单肢的应变分别为 ε_1、ε_2，变形模量分别为 E_1、E_2。由几何关系可得：

$$\theta = \frac{v}{l/2} = \frac{\varepsilon_1 h/2 + \varepsilon_2 h/2}{h} = \frac{\varepsilon_1 + \varepsilon_2}{2}$$

则有 $v = (\varepsilon_1 + \varepsilon_2) l/4$，双肢铰链承担的外力矩为 $M = Pv = (\varepsilon_1 + \varepsilon_2) Pl/4$。

两个单肢的轴力分别为 $P_1 = E_1 \varepsilon_1 A/2$，$P_2 = E_2 \varepsilon_2 A/2$，则双肢铰链对应的内力矩为 M

$=(E_1\varepsilon_1+E_2\varepsilon_2)Ah/4$。由内外力矩相等可得屈曲时的荷载表达式：

$$P=\frac{Ah}{l}\cdot\frac{E_1\varepsilon_1+E_2\varepsilon_2}{\varepsilon_1+\varepsilon_2}$$

下面分三种情况讨论屈曲荷载：

1）当屈曲发生在弹性阶段时，$E_1=E_2=E$，屈曲荷载为：

$$P_e=\frac{AhE}{l}$$

2）当屈曲发生在弹塑性阶段且采用切线模量时，$E_1=E_2=E_t$，屈曲荷载为：

$$P_t=\frac{AhE_t}{l}=\frac{E_t}{E}P_e$$

3）当屈曲发生在弹塑性阶段且采用双模量时，$E_1=E_t$，$E_2=E$，因 $P_1=P_2$，即 $E_t\varepsilon_1=E\varepsilon_2$，屈曲荷载为：

$$P_r=\frac{Ah\times2EE_t}{l(E+E_t)}=\frac{2E_t}{E+E_t}P_e=\frac{E_r}{E}P_e \qquad (4.31)$$

$$E_r=\frac{2EE_t}{E+E_t} \qquad (4.32)$$

式中：E_r 称为 Shanley 折算模量，显然 $E>E_r>E_t$。

为进一步探讨构件屈曲后的性能，Shanley 还给出了 P-v 关系：

$$P=P_t\left[1+\frac{1}{h/2v+(E_2/E_1+1)/(E_2/E_1-1)}\right]$$

上述关系为图 4.12（b）中的 AB 段曲线，当 $v=0$ 时，$P=P_t$，即 P_t 是屈曲荷载的下限；当 v 趋向于无穷大时，$P=P_r$，即 P_r 是屈曲荷载的上限，已属于大变形问题，实际上很难达到。由于 E_t 并非常数，而是小于 E 的变量，构件的 P-v 曲线实际为图 4.12（b）中的 AC 段，这也是 P_t 更接近试验结果的原因。

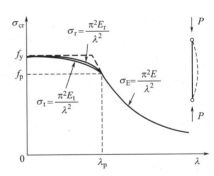

图 4.13　两种模量理论计算的 σ_{cr}-λ 曲线

对钢材而言，f_p 接近 f_y，由两种模量理论计算的弹塑性屈曲应力相差不大，见图 4.13，相比较而言，切线模量理论更实用，可用于无缺陷轴压构件的弹塑性弯曲屈曲计算。

4.2.6　残余应力对弯曲屈曲的影响

（1）残余应力对弹性弯曲屈曲的影响

钢构件中普遍存在纵向残余应力，由于残余压应力 σ_{rc}、残余拉应力 σ_{rt} 自相平衡，对整个截面而言，σ_{rc}、σ_{rt} 产生的弯矩相互抵消，不产生附加弯矩，如果构件处于弹性，截面各点的变形模量均为 E，因此残余应力对构件的弹性弯曲屈曲没有影响。

（2）残余应力对弹塑性弯曲屈曲的影响

上述结论导致学术界一度普遍认为，残余应力对构件弹塑性屈曲也没有影响，直到 1954 年 Huber[2] 通过短柱的试验和研究发现，σ_{rc} 与 P 产生的平均轴压应力 σ_a 叠加使截面部分区域提前进入塑性，截面平均变形模量降为 E_t，见第 2.7.1 节及式（2.52），因此残余应力对弹塑性屈曲荷载有降低作用。残余应力不仅对短柱有影响，对所有轴压构件都有影响。

有残余应力轴压构件的弹塑性屈曲可采用数值法来分析，以图 4.14（a）所示两端铰接工字形截面轴压钢构件为例，残余应力分布见图 4.14（b），压为正，拉为负，数值分析时先把截面划分成有限个小单元，见图 4.14（c），当单元面积足够小时，可认为各单元内部的应力应变状态相同，其中第 i 个单元的面积、应力、应变分别记作 A_i、σ_i、ε_i。

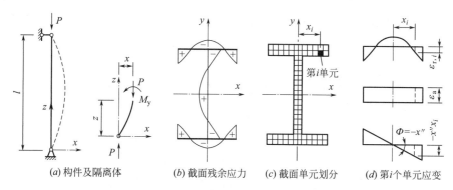

（a）构件及隔离体　　（b）截面残余应力　　（c）截面单元划分　　（d）第 i 个单元应变

图 4.14　数值法分析有残余应力的弹塑性屈曲

为简化分析，钢材的应力应变关系可假设为理想弹塑性。对于理想弹塑性材料，从第 1.4.2 节知道，σ_i 与 ε_i 的关系及变形模量如下：

$$\varepsilon_i \leqslant \varepsilon_y \text{ 时：} \qquad\qquad \sigma_i = E\varepsilon_i \qquad\qquad (4.33a)$$

$$\varepsilon_i > \varepsilon_y \text{ 时：} \qquad\qquad \sigma_i = f_y, \ E_t = 0 \qquad\qquad (4.33b)$$

首先分析构件绕 y 轴的弹塑性弯曲屈曲，第 i 单元中心到 y 轴的距离为 x_i，见图 4.14（c）。在 P 作用下构件绕 y 轴发生微小弯曲变形后，z 坐标处的截面位移为 x，见图 4.14（a），曲率 $\Phi = -x''$，截面弯矩为 M_y。构件隔离体的力矩平衡方程为 $M_y - Px = 0$，只有知道 M_y 后才能得到平衡微分方程，下面求解 M_y。

第 i 个单元的应变 ε_i 由残余应变、轴压应变、弯曲应变三部分组成，见图 4.14（d），即

$$\varepsilon_i = \varepsilon_{r,i} + \varepsilon_a - x''x_i$$

式中：$\varepsilon_{r,i}$ 为单元残余应变，$\varepsilon_{r,i} = \sigma_{r,i}/E$，$\sigma_{r,i}$ 为单元残余应力；ε_a 为 P 产生的平均轴压应变，$\varepsilon_a = P/(A_eE)$，A_e 为截面弹性区面积，当全截面处于弹性时 $A_e = A$；$-x''x_i$ 为单元弯曲应变。

对整个截面而言，轴压应力和残余应力对称，均不产生弯矩，只有应变 $-x''x_i$ 所对应的应力产生弯矩。因弹性区的变形模量为 E，塑性区的变形模量为 E_t，需要分区计算 M_y：

$$M_y = \int_A x_i\sigma_i \mathrm{d}A = \int_{A_e} x_i[E(-x''x_i)]\mathrm{d}A_e + \int_{A_p} x_i[E_1(-x''x_i)]\mathrm{d}A_p$$

式中：A_p 为截面塑性区面积。

构件为理想弹塑性材料，位于塑性区单元的 $E_t = 0$，上式可简化为：

$$M_y = -Ex''\int_{A_e} x_i^2 \mathrm{d}A_e = -EI_{ey}x''$$

式中：I_{ey} 为截面弹性区对 y 轴的惯性矩。

将 M_y 代入到力矩平衡方程后可得平衡微分方程 $EI_{ey}x'' + Px = 0$，解得绕 y 轴的弹塑

性屈曲荷载：

$$P_{\text{cry}} = \frac{\pi^2 EI_{\text{ey}}}{l^2} = \frac{I_{\text{ey}}}{I_y} \cdot \frac{\pi^2 EI_y}{l^2} = \frac{I_{\text{ey}}}{I_y} P_{\text{Ey}}$$

同理，当构件绕 x 轴弯曲时，z 坐标处截面位移为 y，对应的截面弯矩为 $M_x = -EI_{\text{ex}} y''$，平衡微分方程为 $EI_{\text{ex}} y'' + Py = 0$，构件绕 x 轴的弹塑性屈曲荷载为：

$$P_{\text{crx}} = \frac{\pi^2 EI_{\text{ex}}}{l^2} = \frac{I_{\text{ex}}}{I_x} P_{\text{Ex}}$$

综合上述情况，两端铰接轴压构件的弹塑性屈曲荷载可统一写成：

$$P_{\text{cr}} = \frac{\pi^2 EI_e}{l^2} = \frac{I_e}{I} P_E \tag{4.34}$$

式中：I_e 为截面弹性区的惯性矩；I_e/I 称为屈曲荷载折减系数。

当残余压应力分布于截面外边缘时，外边缘将率先屈服，弹性区位于截面核心区，此时 I_e 较小，对 P_{cr} 的降低作用比较显著；反之，如果残余压应力分布于截面核心区，对 P_{cr} 的影响要小得多。

弹塑性屈曲的分析过程比较复杂，主要是因为屈曲时的单元应力状态并不知道，无法得到弹性区的分布状况以及 A_e、I_e，计算时可先任意给定一个屈曲荷载（轴压力 P），并假设全截面处于弹性，然后根据应变反推出截面的应力状态，计算出截面的轴压力 F，再将 F 与给定的 P 进行验证和修正，通过反复迭代，最终才能得到真正的弹塑性屈曲荷载，计算流程参见图 4.15。

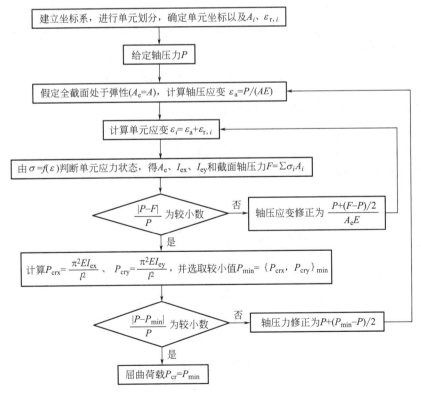

图 4.15　数值法计算轴压构件弹塑性弯曲屈曲流程图

【例题 4.5】 某两端铰接理想弹塑性轴压柱采用双轴对称工字形截面，截面尺寸及残余应力见图 4.16（a），两个翼缘的残余应力分布相同，σ_{rc}、σ_{rt} 的峰值均为 αf_y。假设 $\alpha = 0.4$，翼缘弹性区宽度为 βb，$0 \leqslant \beta \leqslant 1$，忽略腹板的影响，试分别完成下列工作：

1) 分别写出切线模量 E_t 以及屈曲荷载 P_{crx}、P_{cry} 的表达式；

2) 绘出 $\sigma_a / f_y - E_t / E$ 无量纲曲线；

3) 分别绘出绕 x、y 轴的 $\varphi - \lambda_c$ 无量纲曲线（$\varphi = \sigma_{cr} / f_y$，$\lambda_c = \sqrt{f_y / \sigma_E}$）。

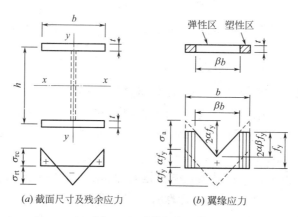

(a) 截面尺寸及残余应力   (b) 翼缘应力

图 4.16　例题 4.5 图

【解】 1）E_t 及屈曲荷载

当 P 产生的平均压应力 $\sigma_a < f_y - \sigma_{rc} = (1-\alpha) f_y = 0.6 f_y$ 时，全截面处于弹性，变形模量为 E；当 $\sigma_a \geqslant 0.6 f_y$ 时，翼缘两侧屈服，翼缘弹性区宽度为 βb，见图 4.16（b），由式（2.52）得切线模量：

$$E_t = \frac{A_e}{A} E = \frac{2\beta bt}{2bt} E = \beta E \tag{1}$$

构件绕 x、y 轴的屈曲荷载折减系数分别为：

$$\frac{I_{ex}}{I_x} \approx \frac{2\beta bt (h/2)^2}{2bt (h/2)^2} = \beta, \quad \frac{I_{ey}}{I_y} = \frac{2t(\beta b)^3 / 12}{2t(b)^3 / 12} = \beta^3 \tag{2}$$

代入式（4.34）可得绕 x、y 轴的弹塑性屈曲荷载：

$$P_{crx} = \frac{I_{ex}}{I_x} P_E = \beta P_E, \quad P_{cry} = \frac{I_{ey}}{I_y} P_E = \beta^3 P_E \tag{3}$$

由于 $\beta < 1$，故 $\beta^3 \ll 1$，也就是说，本例中的残余应力对 P_{cry} 的影响远大于对 P_{crx} 的影响。

2）$\sigma_a / f_y - E_t / E$ 无量纲曲线

弹性区宽度为 βb，根据图 4.16（b）几何关系可得对应的截面平均应力：

$$\sigma_a = \frac{2bt f_y - 2 \times 0.5 \times \beta bt \times 2\alpha\beta f_y}{2bt} = (1 - \alpha\beta^2) f_y \tag{4}$$

可得 $\sigma_a / f_y = 1 - \alpha\beta^2$，代入 $\alpha = 0.4$ 得 $\sigma_a / f_y = 1 - 0.4\beta^2$，由式（1）知 $\beta = E_t / E$，因此有：

$$\sigma_a / f_y = 1 - 0.4 (E_t / E)^2 \tag{5}$$

由上式可绘出 $\sigma_a/f_y - E_t/E$ 无量纲曲线，见图 4.17（a）。

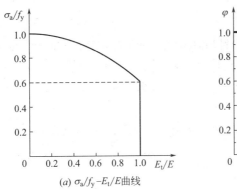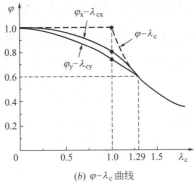

（a）$\sigma_a/f_y - E_t/E$ 曲线　　　　　（b）$\varphi - \lambda_c$ 曲线

图 4.17　残余应力对切线模量及屈曲应力的影响

3）$\varphi - \lambda_c$ 无量纲曲线

根据式（3）可得到用 λ_{cx} 表达的绕 x 轴的屈曲应力：

$$\sigma_{crx} = \frac{P_{crx}}{A} = \frac{\beta P_{Ex}}{A} = \beta \sigma_{Ex} = \beta \frac{f_y}{\lambda_{cx}^2}$$

则有：

$$\varphi_x = \frac{\sigma_{crx}}{f_y} = \frac{\beta}{\lambda_{cx}^2}$$

可得：

$$\beta = \varphi_x \lambda_{cx}^2 \tag{6}$$

根据式（4）可得到用截面平均应力表达的绕 x 轴的屈曲应力 $\sigma_{crx} = (1 - \alpha\beta^2)f_y$，则有：

$$\varphi_x = \frac{\sigma_{crx}}{f_y} = 1 - \alpha\beta^2 \tag{7}$$

将式（6）代入上式可得 $\varphi_x - \lambda_{cx}$ 关系式：

$$\alpha\lambda_{cx}^4 \varphi_x^2 + \varphi_x - 1 = 0 \tag{8}$$

同理可得 $\varphi_y - \lambda_{cy}$ 关系式：

$$\varphi_y^3 + (\alpha^3\lambda_{cy}^4 - 3)\varphi_y^2 + 3\varphi_y - 1 = 0 \tag{9}$$

将 $\alpha = 0.4$ 代入以上两式可绘出 $\varphi_x - \lambda_{cx}$、$\varphi_y - \lambda_{cy}$ 曲线，见图 4.17（b），两条曲线均位于无残余应力时的 $\varphi_x - \lambda_c$ 曲线下方，当 $\lambda_c = 1.0$ 时残余应力的影响最显著，φ_x、φ_y 分别下降 23.4%、31.2%。

该例题中的 φ 称为轴压构件的稳定系数，λ_c 称为轴压构件的正则化长细比，$\varphi - \lambda_c$ 曲线称为柱子曲线，相关内容将在后面第 4.6.2 节中详细讲述。

4.3　轴压构件的扭转屈曲

对开口薄壁轴压构件，当其抗弯刚度较大而抗扭刚度有限时，受到微小干扰后有可能发生扭转变形，需要进行扭转屈曲分析。薄壁轴压构件的弹性扭转屈曲可采用静力法或能量法来分析，弹塑性扭转屈曲则需要采用数值法分析。

4.3.1 轴压构件的弹性扭转屈曲

图 4.18（a）所示完善的两端简支弹性轴压构件，截面为双轴对称十字形，假设构件受干扰后绕剪心 S 发生了扭转，z 坐标处扭转角为 θ，则 $z+dz$ 处的扭转角可记作 $\theta+d\theta$，见图 4.18（b）、（c）。该构件两端的简支也称夹支，端部截面不能扭转，但可以自由翘曲，构件属于约束扭转。

在 dz 微段内任取纵向纤维 CD，其截面积为 dA，纤维至剪心的距离为 ρ。扭转使纤维位移至 $C'D'$，发生了倾斜，倾角为 α，见图 4.18（d），因变形微小，由几何关系可得 $dz\alpha = \rho d\theta$，则有：

$$\alpha = \rho \frac{d\theta}{dz} = \rho\theta'$$

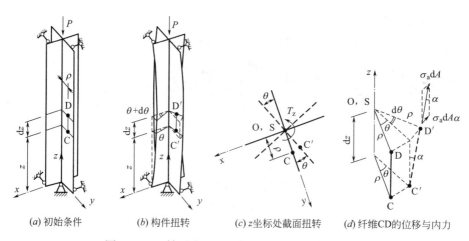

（a）初始条件   （b）构件扭转   （c）z 坐标处截面扭转   （d）纤维CD的位移与内力

图 4.18　双轴对称十字形截面弹性轴压构件的扭转

轴压力 P 产生的截面平均压应力为 $\sigma_a = P/A$，则纤维 CD 截面上的法向力为 $\sigma_a dA$，该力在 D' 点产生的水平分力为 $\sigma_a dA\alpha = \sigma_a dA\rho\theta'$，水平分力对剪心 S 形成微扭矩 dT_z：

$$dT_2 = \sigma_a \rho^2 \theta' dA$$

上述现象由 Wagner 在 1929 年研究薄壁构件约束扭转时发现，被称为 Wagner 效应。对整个截面进行积分，可得 z 坐标处截面对剪心的扭矩 T_z：

$$T_z = \int_A \sigma_a \rho^2 \theta' dA = \sigma_a \theta' \int_A \rho^2 dA \tag{4.35}$$

引入截面特性——截面对剪心的极回转半径 i_s：

$$i_s^2 = \frac{\int_A \rho^2 dA}{A} \tag{4.36}$$

则有 $\int_A \rho^2 dA = i_s^2 A$，代回到式（4.35）可得截面扭矩：

$$T_z = \sigma_a \theta' i_s^2 A = P i_s^2 \theta' \tag{4.37}$$

T_z 与 P、i_s 和 θ' 都有关，对等截面轴压构件，各截面的 P 和 i_s 相同，但 θ' 不同，

故各截面的 T_z 也不同。将上式代入到约束扭转平衡方程也即式（2.46），可得 z 坐标处截面的扭转平衡微分方程：

$$EI_\omega \theta''' + (Pi_s^2 - GI_t)\theta' = 0 \tag{4.38}$$

引入稳定参数 k，并令

$$k^2 = \frac{Pi_s^2 - GI_t}{EI_\omega}$$

则有：

$$\theta''' + k^2 \theta' = 0 \tag{4.39}$$

对上式积分一次，得 $\theta'' + k^2 \theta = C$，$C$ 为待定常数，可利用边界条件解出。以简支边界为例，扭转角 $\theta = 0$，又因截面可自由翘曲，双力矩 $B_\omega = -EI_\omega \theta'' = 0$，即 $\theta'' = 0$，可得 $C = 0$，故式（4.39）变为：

$$\theta'' + k^2 \theta = 0$$

其通解为：

$$\theta = A_1 \sin kz + A_2 \cos kz$$

将 $\theta(0) = 0$ 代入上式得 $A_2 = 0$；再由 $\theta(l) = 0$ 得 $A_1 \sin kl = 0$，A_1 不能再等于零，只有 $\sin kl = 0$，解得 $k = n\pi/l$，最小值为 $k = \pi/l$，代回到 k 的定义式，可得构件在轴压力作用下的扭转屈曲荷载，记作 P_{crz}（下角标中的 z 表示绕剪心轴扭转）：

$$P_{crz} = \frac{1}{i_s^2}\left(GI_t + \frac{\pi^2 EI_\omega}{l^2}\right) \tag{4.40a}$$

$$\text{或者} \quad P_{crz} = \frac{GI_t}{i_s^2}(1 + K^2) \tag{4.40b}$$

式中：K 称为扭转刚度参数，$K = \sqrt{\pi^2 EI_\omega / (GI_t l^2)}$，无量纲，表示翘曲刚度与抗扭刚度的相对关系。

开口、闭口截面的扭转平衡方程都是式（2.46），因此式（4.40）也适用于两端铰接闭口截面轴压构件，但开口、闭口截面的 I_t 分别按式（2.39）、式（2.40）计算。

从第 2.6 节已经知道，闭口截面的 I_t 远大于开口截面，说明闭口截面构件难以发生扭转屈曲。另外，常见闭口截面构件的 K 值很小，K^2 远小于 1.0，可见影响 P_{crz} 的主要是抗扭刚度 GI_t，而非翘曲刚度 EI_ω。对开口截面构件，K 值不可忽略，GI_t 和 EI_ω 均对 P_{crz} 有较大影响。

下面再来探讨截面对剪心的极回转半径 i_s。如图 4.19 所示任意截面，截面主轴的坐标原点位于形心 O，剪心 S 的坐标为 (x_s, y_s)，截面上任意纵向纤维 C 至剪心的距离为 ρ，则有 $\rho^2 = (x - x_s)^2 + (y - y_s)^2$，代入到式（4.36）并利用全截面对主轴的静矩为零，即 $S_x = S_y = 0$，可得：

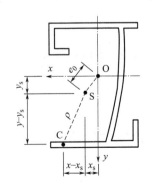

$$i_s^2 = x_s^2 + y_s^2 + \frac{I_x + I_y}{A} = e_0^2 + i_x^2 + i_y^2 = e_0^2 + i_0^2 \tag{4.41}$$

式中：e_0 为剪心至形心的距离，$e_0^2 = x_s^2 + y_s^2$。

对于双轴对称截面，剪心与形心重合，$e_0 = 0$，上式

图 4.19　任意截面的极回转半径

退化为 $i_s^2 = i_0^2$，i_0 为截面对坐标原点的极回转半径，见式（2.1e）。对于单轴对称截面或无对称轴截面，$i_s^2 \neq i_0^2$。

4.3.2 边界条件对弹性扭转屈曲的影响

前面 P_{crz} 是由两端铰接构件得出的，为考虑边界条件的影响，参考第 4.2.1 节中弯曲屈曲的方式，引入扭转屈曲计算长度 l_ω，把任意边界条件下的构件等效成两端铰接构件，则式（4.40a）可改写为：

$$P_{crz} = \frac{1}{i_s^2}\left(GI_t + \frac{\pi^2 EI_\omega}{l_\omega^2}\right) \tag{4.42}$$

式中：$l_\omega = \mu_\omega l$，l 为构件几何长度，μ_ω 为扭转计算长度系数。

由式（4.5）可知，μ_ω 可按下式计算：

$$\mu_\omega = \frac{\pi}{kl} \tag{4.43}$$

求解轴压构件的扭转平衡微分方程时，需要利用构件的扭转和翘曲边界条件，对于常见的各类边界，可分别按下述情况取用：

1）简支端，截面不能扭转但可自由翘曲，即 $\theta = 0$、$\theta'' = 0$；

2）固接端，截面不能扭转也不能翘曲，即 $\theta = 0$、$\theta' = 0$；

3）自由端，截面可自由翘曲和自由扭转，即 $\theta'' = 0$、$EI_\omega \theta''' - GI_t \theta' = 0$；

4）扭转约束弹簧端（转动约束刚度为 r），$\theta = -T/r$。

【例题 4.6】 试计算图 4.20（a）所示两端固接弹性轴压构件的扭转计算长度系数 μ_ω。

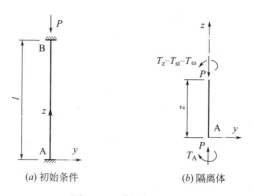

(a) 初始条件　　*(b) 隔离体*

图 4.20　例题 4.6 图

【解】 取隔离体见图 4.20（b），T_A 为 A 端的扭矩，建立扭矩平衡方程：

$$T_z - T_{st} - T_\omega - T_A = 0 \tag{1}$$

将式 $T_z = Pi_s^2\theta'$、$T_{st} = GI_t\theta'$、$T_\omega = -EI_\omega\theta'''$ 代入上式，整理可得：

$$EI_\omega\theta''' + (Pi_s^2 - GI_t)\theta' - T_A = 0 \tag{2}$$

引入参数 k 并令

$$k^2 = \frac{Pi_s^2 - GI_t}{EI_\omega} \tag{3}$$

则平衡微分方程变为：

$$\theta''' + k^2\theta' - \frac{T_A}{EI_\omega} = 0 \tag{4}$$

利用替换法对上式降阶一次后可得通解：

$$\theta = \frac{1}{k}A_1\sin kz + \frac{1}{k}A_2\cos kz + A_3 z + A_4 \tag{5}$$

再利用边界条件 $\theta(0)=0$、$\theta'(0)=0$、$\theta(l)=0$、$\theta'(l)=0$，可得线性方程组：

$$\begin{bmatrix} 0 & 1/k & 0 & 1 \\ 1 & 0 & 1 & 0 \\ \sin kl/k & \cos kl/k & l & 1 \\ \cos kl & -\sin kl & 1 & 0 \end{bmatrix} \begin{Bmatrix} A_1 \\ A_2 \\ A_3 \\ A_4 \end{Bmatrix} = \begin{Bmatrix} 0 \\ 0 \\ 0 \\ 0 \end{Bmatrix} \tag{6}$$

由系数行列式为零得特征方程：

$$\cos kl - 1 = 0 \tag{7}$$

k 的最小值为：

$$k = 2\pi/l \tag{8}$$

将式（8）代入式（4.43）可得扭转计算长度系数 $\mu_\omega = 0.5$。

对于中间无支撑的各类简单构件，利用上述方法同样可以计算出 μ_ω 值，分别如下：

1）两端简支时 $\mu_\omega = 1.0$；

2）两端固接时 $\mu_\omega = 0.5$；

3）一端固接一端简支时 $\mu_\omega = 0.7$；

4）一端固接一端自由时 $\mu_\omega = 2.0$；

5）两端不能翘曲但能自由转动时 $\mu_\omega = 0.5$。

当构件中间有支撑点时，可认为支撑点处的截面扭转角 $\theta = 0$，再利用变形协调条件（支撑点两侧截面的 θ'、B_ω 均相等）可计算出 μ_ω 值。对于两端简支构件，当正中间有一个支撑点时，$\mu_\omega = 0.5$。

除了式（4.42）外，P_{crz} 还可以用长细比来表达，参照式（4.7）的形式，引入参数 λ_z 并令

$$P_{crz} = \frac{\pi^2 EA}{\lambda_z^2} \tag{4.44}$$

式中：λ_z 称为扭转屈曲换算长细比，也就是把扭转屈曲等效成弯曲屈曲时的换算长细比。

联合式（4.42）和式（4.44），可解得 λ_z：

$$\lambda_z = \sqrt{\frac{Ai_s^2}{GI_t/(\pi^2 E) + I_\omega/l_\omega^2}} \tag{4.45}$$

有了 P_{crz}，便可以得到扭转屈曲应力 σ_{crz}：

$$\sigma_{crz} = \frac{P_{crz}}{A} = \frac{\pi^2 E}{\lambda_z^2} \tag{4.46}$$

上式与式（4.10）弯曲屈曲应力 σ_{crx} 和 σ_{cry} 具有相同的表达形式，只需比较分子 λ_z、λ_x、λ_y 便可知道 σ_{crz}、σ_{crx}、σ_{cry} 中哪一个最小，也即构件将发生何种形式的屈曲。

对于钢构件，$G = 79000\text{N/mm}^2$、$E = 206000\text{N/mm}^2$，代入式（4.45）可得：

$$\lambda_z = \sqrt{\frac{Ai_s^2}{I_t/25.7 + I_\omega/l_\omega^2}} \tag{4.47}$$

对于 $I_\omega \approx 0$ 的十字形、角钢等各类薄壁截面，上式可进一步简化为：

$$\lambda_z = \sqrt{25.7\frac{Ai_s^2}{I_t}} \tag{4.48}$$

式（4.48）有如下特点：λ_z 只与截面特性有关，与构件的边界条件无关。对于图 4.21（a）所示双轴对称十字形截面，$A = 4bt$，$i_s^2 = b^2/3$，$I_t = 4bt^3/3$，代入式（4.48）可得：

$$\lambda_z = \sqrt{25.7\frac{Ai_s^2}{I_t}} = \sqrt{25.7 \times \frac{4bt \times b^2/3}{4bt^3/3}} = 5.07\frac{b}{t} \tag{4.49}$$

我国热轧角钢截面具有一定的规律性，见图 4.21（b）、（c），x 轴为最小刚度轴。等边角钢的截面特性为：$A \approx 2bt$，$i_s^2 \approx 0.312b^2$，$I_t \approx 2bt^3/3$；不等边角钢的截面特性为：$A \approx 1.64b_1t$，$i_s^2 \approx 0.267b_1^2$，$I_t \approx 0.547b_1t^3$，b_1 为长肢长度，x 轴与 x_0 轴夹角约为 21°。将相关参数分别代入式（4.48）可得[3]：

等边角钢：
$$\lambda_z = \sqrt{25.7\frac{Ai_s^2}{I_t}} = \sqrt{25.7 \times \frac{2bt \times 0.312b^2}{2bt^3/3}} = 4.90\frac{b}{t} \tag{4.50a}$$

不等边角钢：
$$\lambda_z = \sqrt{25.7\frac{Ai_s^2}{I_t}} = \sqrt{25.7 \times \frac{1.64b_1t \times 0.267b_1^2}{0.547b_1t^3}} = 4.54\frac{b_1}{t} \tag{4.50b}$$

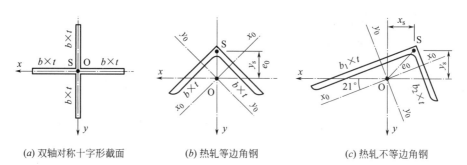

（a）双轴对称十字形截面　　　（b）热轧等边角钢　　　（c）热轧不等边角钢

图 4.21　$I_\omega \approx 0$ 的常见开口截面

可见双轴对称十字形截面、热轧等边及不等边角钢的 λ_z 只与板件的宽厚比有关，构件的扭转屈曲应力取决于板件的宽厚比，通过控制板件的宽厚比就可以使构件不发生扭转屈曲。

【例题 4.7】 图 4.22 所示构件长 12m，中间有侧向支撑点，截面为热轧 H 型钢 H294×200×8×12，假设构件无缺陷，材料为 Q235 钢，理想弹塑性，试计算弯曲屈曲、扭转屈曲应力，并进行比较。

【解】 1）截面特性

由型钢表查得：$A = 7303\text{mm}^2$，$I_x = 1.14 \times 10^8\text{mm}^4$，$I_y = 1.6 \times 10^7\text{mm}^4$，$i_x = 125\text{mm}$，$i_y = 46.9\text{mm}$。

由式（4.41）得：$i_s = \sqrt{e_0^2 + i_x^2 + i_y^2} = \sqrt{0 + 125^2 + 46.9^2} = 133.51\text{mm}$。

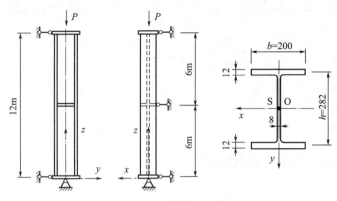

图 4.22　例题 4.7 图

由式（2.39）得：$I_t = \dfrac{k}{3}\sum_{i=1}^{n}b_i t_i^3 = \dfrac{1.31}{3} \times [2 \times 200 \times 12^3 + 282 \times 8^3] = 3.65 \times 10^5 \mathrm{mm}^4$。

由表 2.1 查得：$I_\omega = \dfrac{I_y h^2}{4} = \dfrac{1.6 \times 10^7 \times 282^2}{4} = 3.18 \times 10^{11} \mathrm{mm}^6$。

2）弯曲屈曲应力

构件绕 x 轴的计算长度 $l_{0x} = 12\mathrm{m}$，绕 y 轴的计算长度 $l_{0y} = 6\mathrm{m}$，对应的长细比分别为：

$$\lambda_x = \frac{l_{0x}}{i_x} = \frac{12000}{125} = 96.0, \quad \lambda_y = \frac{l_{0y}}{i_y} = \frac{6000}{46.9} = 127.93$$

由式（4.10）可得绕截面两个主轴的弯曲屈曲应力：

$$\sigma_{crx} = \frac{\pi^2 E}{\lambda_x^2} = \frac{3.14^2 \times 2.06 \times 10^5}{96.0^2} = 220.39 \mathrm{N/mm}^2$$

$$\sigma_{cry} = \frac{\pi^2 E}{\lambda_y^2} = \frac{3.14^2 \times 2.06 \times 10^5}{127.93^2} = 124.10 \mathrm{N/mm}^2$$

3）扭转屈曲应力

因侧向支撑点位于构件中央，$l_\omega = \mu_\omega l = 0.5 \times 12\mathrm{m} = 6\mathrm{m}$。将相关参数代入式（4.45）可得：

$$\lambda_z = \sqrt{\frac{A i_s^2}{I_t/25.7 + I_\omega/l_\omega^2}} = \sqrt{\frac{7303 \times 133.51^2}{3.65 \times 10^5/25.7 + 3.18 \times 10^{11}/6000^2}} = 75.17$$

由式（4.46）得构件的扭转屈曲应力：

$$\sigma_{crz} = \frac{\pi^2 E}{\lambda_z^2} = \frac{3.14^2 \times 206000}{75.17^2} = 359.45 \mathrm{N/mm}^2$$

显然 $\sigma_{crz} > \sigma_{crx} > \sigma_{cry}$，$\sigma_{cry}$ 为控制屈曲应力，该构件只会绕 y 轴发生弯曲屈曲，既不会绕 x 轴发生弯曲屈曲，也不会发生扭转屈曲。σ_{cry} 小于屈服强度 $235\mathrm{N/mm}^2$，属于弹性屈曲范畴。

4.3.3　无缺陷轴压构件的弹塑性扭转屈曲

当 $\sigma_{crz} > f_p$ 后，材料进入弹塑性，属于弹塑性扭转屈曲。对于无缺陷轴压构件，弹塑性扭转屈曲分析可采用切线模量法，将式（4.42）中的 E、G 分别替换为 E_t、G_t 后可得弹塑性扭转屈曲荷载：

$$P_{crz} = \frac{1}{i_s^2}\left(G_t I_t + \frac{\pi^2 E_t I_\omega}{l_\omega^2}\right) \tag{4.51}$$

上式中的 E_t、G_t 可分别采用式（1.2）、式（1.3b）计算。切线模量法可用于无缺陷冷弯薄壁型钢轴压构件的弹塑性扭转屈曲分析，因这类构件的残余应力较小，对扭转屈曲的影响可忽略不计[4]。

4.3.4 残余应力对扭转屈曲的影响

（1）残余应力对弹性扭转屈曲的影响

仍以图 4.18 为研究对象，纤维倾斜时残余应力 σ_r 同样也产生水平分力 $\sigma_r \mathrm{d}A\rho\theta'$，Wagner 效应由轴压应力 σ_a、残余应力 σ_r 两部分组成，截面扭矩为：

$$T_z = \int_A \rho^2(\sigma_a + \sigma_r)\theta' \mathrm{d}A = (Pi_s^2 + W_r)\theta' \tag{4.52}$$

$$W_r = \int_A \rho^2 \sigma_r \mathrm{d}A = \int_A (x^2 + y^2)\sigma_r \mathrm{d}A \tag{4.53}$$

式中：W_r 称为残余应力的 Wagner 效应系数，量纲与扭矩相同。

将式（4.52）代入到式（2.46）得构件的扭转平衡微分方程：

$$EI_\omega \theta''' + (Pi_s^2 + W_r - GI_t)\theta' = 0 \tag{4.54}$$

可解得考虑残余应力影响的弹性扭转屈曲荷载：

$$P_{crz} = \frac{1}{i_s^2}\left(GI_t - W_r + \frac{\pi^2 EI_\omega}{l_\omega^2}\right) \tag{4.55}$$

上式与式（4.42）相比，右侧多了 W_r，说明残余应力对弹性扭转屈曲荷载有影响，这与第 4.2.6 节中残余应力对弹性弯曲屈曲荷载没有影响显然不同。W_r 与残余应力的分布形式有关，可能为正值，也可能为负值，当 W_r 为正值时 P_{crz} 降低，当 W_r 为负值时 P_{crz} 提高。

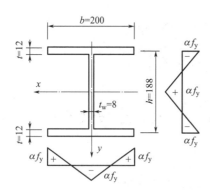

图 4.23 例题 4.8 图

【例题 4.8】 某双轴对称工字形截面轴压构件，$l_\omega = 6.0\mathrm{m}$，截面尺寸及残余应力见图 4.23，翼缘和腹板的应力峰值均为 αf_y，$\alpha = 0.9$，压为正，拉为负，两个翼缘的残余应力分布相同。已知 $I_t = 3.41 \times 10^5 \mathrm{mm}^4$，$I_\omega = 1.41 \times 10^{11} \mathrm{mm}^6$，$i_s = 99.5\mathrm{mm}$，$E = 206000\mathrm{N/mm}^2$，$G = 79000\mathrm{N/mm}^2$，$f_y = 235\mathrm{N/mm}^2$。假设材料为弹性，试计算该构件的弹性扭转屈曲荷载，并分析 W_r 的屈曲荷载的影响程度。

【解】 1）残余应力的 Wagner 效应系数 W_r

$$W_r = \int_A (x^2 + y^2)\sigma_r \mathrm{d}A = 4\int_0^{0.5b}\left(x^2 + \frac{1}{4}h^2\right)\alpha f_y\left(\frac{4}{b}x - 1\right)t\mathrm{d}x + 2\int_0^{0.5h} y^2 \alpha f_y\left(1 - \frac{4}{h}y\right)t_w \mathrm{d}y$$

$$= \frac{1}{24}\alpha f_y(2b^3 t - h^3 t_w) = \frac{1}{24} \times 0.9 \times 235 \times (2 \times 200^3 \times 12 - 188^3 \times 8) = 1.22 \times 10^9 \mathrm{N} \cdot \mathrm{mm}$$

2) 扭转屈曲荷载

$$GI_t = 79000 \times 3.41 \times 10^5 = 2.69 \times 10^{10} \text{N} \cdot \text{mm}$$

$$\frac{\pi^2 EI_\omega}{l_\omega^2} = \frac{3.14^2 \times 206000 \times 1.41 \times 10^{11}}{6000^2} = 7.96 \times 10^9 \text{N} \cdot \text{mm}$$

$$P_{crz} = \frac{1}{i_s^2}\left(GI_t - W_r + \frac{\pi^2 EI_\omega}{l_\omega^2}\right) = \frac{1}{99.5^2} \times (2.69 \times 10^{10} - 1.22 \times 10^9 + 7.96 \times 10^9)$$

$$= 3.40 \times 10^6 \text{N}$$

当无残余应力时，$W_r = 0$，可得 $P_{crz} = 3.52 \times 10^6$ N。不难发现，尽管残余应力的峰值较高，也仅使 P_{crz} 降低了 3.4%，说明残余应力对弹性扭转屈曲影响并不大，主要原因是 W_r 所占比例较小。

(2) 残余应力对弹塑性扭转屈曲的影响

对于有残余应力的弹塑性构件，可设材料为理想弹塑性，当 σ_{crz} 超过有效屈服强度 $f_y{}^* = f_y - \sigma_{rc}$ 时，构件将发生弹塑性扭转屈曲，需要采用数值法分析。以图 4.24 所示有残余应力的工字形截面轴压构件为例，先将截面划分成有限个单元，其中第 i 个单元的坐标为 (x_i, y_i)，单元面积、残余应力分别为 A_i、$\sigma_{r,i}$，单元中心到构件截面剪心的距离为 ρ_i。

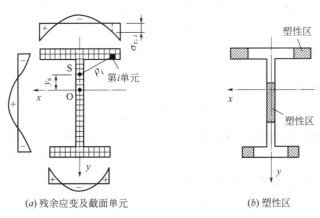

(a) 残余应变及截面单元   (b) 塑性区

图 4.24 数值法分析弹塑性扭转屈曲

在轴压力 P 作用下，第 i 个单元的应变由轴压应变 ε_a 和残余应变 $\varepsilon_{r,i}$ 两部分组成：

$$\varepsilon_i = \varepsilon_a + \varepsilon_{r,i} \tag{4.56}$$

对于理想弹塑性材料，由第 1.4.2 节可知应力应变关系及变形模量为：

$\varepsilon_i \leqslant \varepsilon_y$ 时：
$$\sigma_i = E\varepsilon_i, \ G = \frac{E}{2(1+\nu)} \tag{4.57a}$$

$\varepsilon_i > \varepsilon_y$ 时：
$$\sigma_i = f_y, \ E_t = 0, \ G_t = G/4 \tag{4.57b}$$

根据上述关系可得到单元的总应力 $\sigma_i = \sigma_a + \sigma_{r,i}$，进而得到截面弹性区、塑性区的分布状况。第 i 个单元对剪心的扭矩为 $T_{z,i} = \rho_i^2 \sigma_i A_i \theta' = \rho_i^2 (\sigma_a + \sigma_{r,i}) A_i \theta'$，整个截面的扭矩为：

$$T_z = \sum \rho_i^2 (\sigma_a + \sigma_{r,i}) A_i \theta' = \overline{W}\theta' \tag{4.58}$$

$$\overline{W} = \sum \rho_i^2 (\sigma_a + \sigma_{r,i}) A_i \tag{4.59}$$

式中：$\overline{W}$ 称为纵向应力的 Wagner 效应系数。$\overline{W}$ 中的纵向应力不仅包含残余应力，也包含轴压力产生的应力，不同于前面的 Wagner 效应系数 W_r。

另外值得一提的是，一旦部分截面进入塑性，剪心位置将会发生变化，各截面的剪心不再处于一条直线上，应该重新计算截面的剪心位置，这个过程非常烦琐。考虑到剪心位置变化并不显著，且对计算结果的影响也不大，可近似认为剪心位置仍保持不变。

构件进入弹塑性后的自由扭转扭矩、翘曲扭矩分别为：

$$T_{st} = (GI_{et} + G_t I_{pt})\theta'$$
$$T_{\omega} = -EI_{e\omega}\theta'''$$

式中：I_{et}、I_{pt} 分别为截面弹性区、塑性区的抗扭惯性矩；$I_{e\omega}$ 为截面弹性区的翘曲惯性矩。

将 T_z、T_{st}、T_{ω} 代入到式（2.46），得构件的弹塑性扭转平衡微分方程：

$$EI_{e\omega}\theta''' + [\overline{W} - (GI_{et} + G_t I_{pt})]\theta' = 0 \tag{4.60}$$

引入稳定参数 k，并令

$$k^2 = \frac{\overline{W} - (GI_{et} + G_t I_{pt})}{EI_{e\omega}}$$

则平衡微分方程变为：

$$\theta''' + k^2\theta' = 0$$

该式与式（4.39）完全一样，其最小特征值为 $k = \pi/l$，再代回到 k 的定义式，并将 l 改为 l_{ω} 来考虑边界条件的影响，可得任意边界条件下纵向应力的 Wagner 效应系数：

$$\overline{W} = GI_{et} + G_t I_{pt} + \frac{\pi^2 EI_{e\omega}}{l_{\omega}^2} \tag{4.61}$$

构件的弹塑性扭转屈曲荷载为：

$$P_{crz} = \sum \sigma_i A_i \tag{4.62}$$

因初始计算时截面弹性区的分布情况并不知道，无法计算 ε_a，利用式（4.56）计算 ε_i 时可先任意给定一个 ε_a，然后根据式（4.57）来判定单元的应力状态，再分别用式（4.59）和式（4.61）得到两个 $\overline{W}$，如果二者的差值较大，需重新给定 ε_a，如此反复尝试，直到满足要求，最后利用式（4.62）得到弹塑性扭转屈曲荷载。

4.4 轴压构件的弯扭屈曲

图 4.25（a）所示完善的两端铰接轴压构件，x、y 为截面主轴，假设构件受到干扰后绕 y 轴发生了弯曲变形，z 坐标处截面沿 x 方向的位移为 u，则纵轴的切线斜率也即截面转角为：

$$\alpha = \frac{du}{dz} = u'$$

如果将轴压力 P 在倾斜截面上的分力记作 V_x，当弯曲变形微小时，V_x 可按下式计算：

$$V_x = P\sin\alpha = P\sin(u') \approx Pu' \tag{4.63a}$$

同理，构件绕 x 轴弯曲时，z 坐标处截面沿 y 方向的位移记作 v，可得 P 在倾斜截面上的分力 V_y：

$$V_y \approx Pv' \tag{4.63b}$$

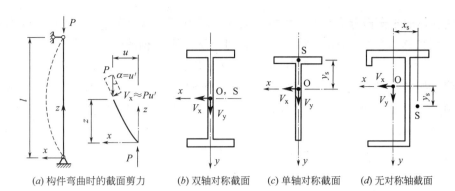

(a) 构件弯曲时的截面剪力　　(b) 双轴对称截面　　(c) 单轴对称截面　　(d) 无对称轴截面

图 4.25　轴压构件弯曲时的截面剪力与剪心的位置关系

因 P 通过截面形心 O，P 的分力 V_x、V_y 也通过 O 点，对于图 4.25（b）所示双轴对称工字形截面，剪心 S 与形心重合，无论构件绕哪个轴弯曲，P 的分力均通过剪心，从第 2 章知道，这类构件在弯曲的同时不会发生扭转，其失稳形式只能为弯曲屈曲。

对于图 4.25（c）所示单轴对称截面，当构件绕非对称轴（x 轴）弯曲时，P 的分力 V_y 通过剪心，截面无扭转，只会发生弯曲屈曲；当构件绕对称轴（y 轴）弯曲时，P 的分力 V_x 不通过剪心，弯曲的同时伴随着绕剪心的扭转，将发生弯扭屈曲，也称单向弯扭屈曲。

对于图 4.25（d）所示截面无对称轴且剪心与形心不重合的截面，构件弯曲时既有位移 u 也有位移 v，V_x、V_y 同时存在，且都不通过剪心，构件将发生弯扭屈曲，也称双向弯扭屈曲。

4.4.1　单轴对称截面轴压构件的弹性弯扭屈曲

单轴对称截面轴压构件绕对称轴单向弯扭时，可建立两个平衡微分方程：绕对称轴的弯曲平衡方程、绕剪心的扭转平衡方程。图 4.26 所示无缺陷的两端铰接轴压构件，截面为单轴对称工字形，坐标原点位于形心 O，剪心 S 的坐标为（0，y_s）。弯曲和扭转是同时发生的，但为了便于理解，可以假设 z 坐标处截面先绕 y 轴发生弯曲（沿 x 向平动，位移为 u），然后再绕剪心 S 发生扭转（扭转角为 θ），因此截面各点的位移由 x 向的平动和绕 S 的转动两部分组成。

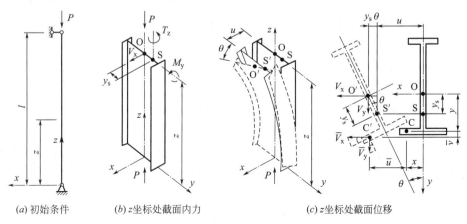

(a) 初始条件　　　　(b) z 坐标处截面内力　　　　(c) z 坐标处截面位移

图 4.26　单轴对称截面轴压构件的单向弯扭

先建立弯曲平衡微分方程。z 坐标处截面弯矩为 $M_y = -EI_y u''$，轴压力 P 作用在 O' 点，O' 点的位移为 $u + y_s \sin\theta \approx u + y_s\theta$，可得绕截面 y 轴的弯曲平衡微分方程：

$$EI_y u'' + Py_s\theta + Pu = 0 \tag{4.64}$$

再建立扭转平衡微分方程。取任意纵向纤维 C，其中心坐标为 (x, y)，截面积为 dA，纤维轴压力为 $\sigma_a dA$，轴压应力 $\sigma_a = P/A$。构件发生微小弯扭后，C 移至 C'，沿 x、y 向位移分别为：

$$\bar{u} = u - (y - y_s)\sin\theta \approx u - (y - y_s)\theta \tag{4.65a}$$

$$\bar{v} = v + (x - x_s)\sin\theta = 0 + (x - 0)\sin\theta \approx x\theta \tag{4.65b}$$

纤维在 x、y 向的切线斜率分别为 $\bar{u}' = u' - (y - y_s)\theta'$，$\bar{v}' = x\theta'$，参照式（4.63）的方法可得轴压力在纤维截面上的分力，见图 4.26 (c)，即

$$\bar{V}_x = \sigma_a dA \times \bar{u}' = \sigma_a[u' - (y - y_s)\theta']dA \tag{4.66a}$$

$$\bar{V}_y = \sigma_a dA \times \bar{v}' = \sigma_a x\theta' dA \tag{4.66b}$$

利用上式对构件全截面积分，可得轴压力在整个截面的分力：

$$V_x = \int_A \sigma_a[u' - (y - y_s)\theta']dA = \sigma_a(u'A + y_s\theta')A = Pu' + Py_s\theta'$$

$$V_y = \int_A x\theta'\sigma_a dA = \theta'\sigma_a\int_A x\,dA = \theta'\sigma_a S_y = 0$$

上式中利用了单轴对称截面对 y 轴的全截面静矩 $S_y = 0$。$\bar{V}_x$、$\bar{V}_y$ 对剪心形成扭矩 dT_z：

$$dT_z = (\bar{V}_y\cos\theta - \bar{V}_x\sin\theta)x - (\bar{V}_x\cos\theta + \bar{V}_y\sin\theta)(y - y_s)$$

又因小变形，故 $\cos\theta \approx 1$，$\sin\theta \approx 0$，上式可近似简化为 $dT_z \approx \bar{V}_y x - \bar{V}_x(y - y_s)$，代入 $\bar{V}_x$、$\bar{V}_y$ 后对全截面积分可得截面的总扭矩：

$$T_z = \int_A \sigma_a[x^2 + (y - y_s)^2]\theta' dA - \int_A \sigma_a u'(y - y_s)dA \tag{4.67a}$$

对上式进行积分，并利用单轴对称截面的 $\rho^2 = x^2 + (y - y_s)^2$ 可得：

$$T_z = \sigma_a A i_s^2\theta' + \sigma_a A y_s u' = Pi_s^2\theta' + Py_s u' \tag{4.67b}$$

将上式及 $T_{st} = GI_t\theta'$、$T_\omega = -EI_\omega\theta'''$ 代入式（2.46），可得构件的扭转平衡微分方程：

$$EI_\omega\theta''' + (Pi_s^2 - GI_t)\theta' + Py_s u' = 0 \tag{4.68}$$

弯曲方程与扭转方程相互耦联，需联合求解。将式（4.64）对 z 求导两次、式（4.68）对 z 求导一次，可得到适用于任意边界条件的单轴对称截面轴压构件的单向弯扭平衡微分方程：

$$EI_\omega\theta^{(4)} + (Pi_s^2 - GI_t)\theta'' + Py_s u'' = 0 \tag{4.69a}$$

$$EI_y u^{(4)} + Py_s\theta'' + Pu'' = 0 \tag{4.69b}$$

（1）两端铰接单轴对称截面轴压构件的弯扭屈曲荷载

两端铰接边界条件为：x 向位移为零，$u(0) = u(l) = 0$；端部绕 y 轴的弯矩为零，$u''(0) = u''(l) = 0$；端部扭转角为零，$\theta(0) = \theta(l) = 0$；端部可自由翘曲，$\theta''(0) = \theta''(l) = 0$。满足上述边界条件的变形函数可取为 $u = A_1\sin(\pi z/l)$，$\theta = A_2\sin(\pi z/l)$，将其代入式（4.69），利用边界条件及以下参数：

$$P_{crz} = \frac{1}{i_s^2}\left(GI_t + \frac{\pi^2 EI_\omega}{l^2}\right), \quad P_{cry} = \frac{\pi^2 EI_y}{l^2}$$

可得关于 A_1、A_2 的线性方程组：

$$(P - P_{cry})A_1 + Py_s A_2 = 0 \tag{4.70a}$$

$$Py_s A_1 + (P - P_{crz})i_s^2 A_2 = 0 \tag{4.70b}$$

独立参数 A_1、A_2 不能同时为零，上式中的系数行列式应为零，即

$$\begin{vmatrix} P - P_{cry} & Py_s \\ Py_s & (P - P_{crz})i_s^2 \end{vmatrix} = 0$$

可得特征方程：

$$(P - P_{cry})(P - P_{crz})i_s^2 - P^2 y_s^2 = 0 \tag{4.71a}$$

上式也可以写为：

$$(1 - y_s^2/i_s^2)P^2 - (P_{cry} + P_{crz})P + P_{cry}P_{crz} = 0 \tag{4.71b}$$

满足上式的 P 有两个值，其中的较小值即为单向弯扭屈曲荷载，记作 P_{cryz}（下角标中的 y 表示绕对称轴 y 轴弯曲，z 表示绕剪心轴扭转），即

$$P_{cryz} = \frac{(P_{cry} + P_{crz}) - \sqrt{(P_{cry} + P_{crz})^2 - 4(1 - y_s^2/i_s^2)P_{cry}P_{crz}}}{2(1 - y_s^2/i_s^2)} \tag{4.72}$$

为考察 P/P_{cry} 与 P/P_{crz} 的相关性，式（4.71a）可改写成：

$$\frac{P}{P_{cry}} + \frac{P}{P_{crz}} = 1 + \eta \frac{P}{P_{cry}} \cdot \frac{P}{P_{crz}}$$

$$\eta = 1 - y_s^2/i_s^2$$

由式（4.41）知，$y_s^2 \leqslant i_s^2$，故 $0 \leqslant \eta \leqslant 1.0$，则有 $P/P_{cry} + P/P_{crz} \geqslant 1.0$，$P/P_{cry}$ 与 P/P_{crz} 的相关性见图 4.27，$P \leqslant P_{cry}$ 且 $P \leqslant P_{crz}$，也就是说，该构件既不会绕 y 轴弯曲屈曲，也不会绕剪心轴扭转屈曲。除上述屈曲形式外，构件还有可能绕非对称轴（x 轴）弯曲屈曲，需将 P_{cryz} 与 P_{crx} 比较后才能确定。

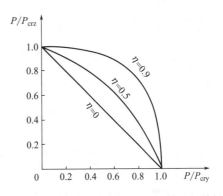

图 4.27 单轴对称截面弯曲与扭转的相关性

（2）任意边界下单轴对称截面轴压构件的弯扭屈曲荷载

构件的平衡微分方程仍为式（4.69），代入相应的边界条件，并利用以下参数：

$$P_{crz} = \frac{1}{i_s^2}\left(GI_t + \frac{\pi^2 EI_\omega}{l_\omega^2}\right), \quad P_{cry} = \frac{\pi^2 EI_y}{l_{0y}^2}$$

同样可以得到单向弯扭屈曲荷载 P_{cryz}，其表达式与式（4.72）完全相同。

参照式（4.7）的形式，引入参数 λ_{yz}，并令

$$P_{cryz} = \frac{\pi^2 EA}{\lambda_{yz}^2} \tag{4.73}$$

式中：λ_{yz} 称为单向弯扭屈曲换算长细比，也就是把单向弯扭屈曲等效成弯曲屈曲时的换算长细比。

联合式（4.72）和式（4.73），并利用 $P_{cry} = \pi^2 EA/\lambda_y^2$、$P_{crz} = \pi^2 EA/\lambda_z^2$，可解得 λ_{yz}：

$$\lambda_{yz} = \sqrt{\frac{\lambda_y^2 + \lambda_z^2 + \sqrt{(\lambda_y^2 + \lambda_z^2)^2 - 4\lambda_y^2\lambda_z^2(1 - y_s^2/i_s^2)}}{2}} \qquad (4.74)$$

有了 P_{cryz}，可得到对应的屈曲应力 σ_{cryz}：

$$\sigma_{cryz} = \frac{P_{cryz}}{A} = \frac{\pi^2 E}{\lambda_{yz}^2} \qquad (4.75)$$

从前面几节可以得到如下结论：无缺陷轴压构件的弹性扭转屈曲、弹性弯扭屈曲都可以通过换算长细比等效成弹性弯曲屈曲；对同一个构件，只需要比较长细比的大小便可知道构件的屈曲形式。

【例题 4.9】 某轴压杆件截面为等边单角钢 $\llcorner 100 \times 10$，长 3.5m，材料为 Q345 钢，坐标轴见图 4.21（b），假设杆件无缺陷，材料为理想弹塑性，试分别计算该杆件两端铰接、两端固接时的屈曲应力。

【解】 1）截面特性

由型钢表查得：$A = 1930\text{mm}^2$，$i_x = 19.6\text{mm}$、$i_y = 38.4\text{mm}$。

由表 2.1 得：$e_0 = y_s = b/(2\sqrt{2}) = 100/2.83 = 35.36\text{mm}$。

由式（4.41）得：$i_s^2 = e_0^2 + i_x^2 + i_y^2 = 35.36^2 + 19.6^2 + 38.4^2 = 3109\text{mm}^2$。

2）两端铰接时的屈曲应力

杆件绕 x、y 轴的长细比为：

$$\lambda_x = \frac{\mu_x l}{i_x} = \frac{1.0 \times 3500}{19.6} = 178.57, \quad \lambda_y = \frac{\mu_y l}{i_y} = \frac{1.0 \times 3500}{38.4} = 91.15$$

角钢可近似取 $I_\omega = 0$，由式（4.50a）可得扭转屈曲换算长细比：

$$\lambda_z = 4.90\frac{b}{t} = 4.90 \times \frac{100}{10} = 49.0$$

将 λ_y、λ_z、i_s、y_s 代入式（4.74）可得单向弯扭屈曲换算长细比：

$$\lambda_{yz} = \sqrt{\frac{91.15^2 + 49^2 + \sqrt{(91.15^2 + 49^2)^2 - 4 \times 91.15^2 \times 49^2 \times (1 - 35.36^2/3109)}}{2}} = 97.20$$

在 λ_x、λ_y、λ_z、λ_{yz} 中，λ_x 最大，因此杆件将绕 x 轴（最小刚度轴）发生弯曲屈曲，屈曲应力为：

$$\sigma_{crx} = \frac{\pi^2 E}{\lambda_x^2} = \frac{3.14^2 \times 2.06 \times 10^5}{178.57^2} = 63.70\text{N/mm}^2 < f_y = 345\text{N/mm}^2，为弹性屈曲。$$

3）两端固接时的屈曲应力

杆件绕 x、y 轴的长细比为：

$$\lambda_x = \frac{\mu_x l}{i_x} = \frac{0.5 \times 3500}{19.6} = 89.29, \quad \lambda_y = \frac{\mu_y l}{i_y} = \frac{0.5 \times 3500}{38.4} = 45.57$$

λ_z 仍为 49.0，由式（4.74）可得 $\lambda_{yz} = 60.53$，四个长细比中仍然是 λ_x 最大，弯曲屈曲应力为：

$$\sigma_{crx} = \frac{\pi^2 E}{\lambda_x^2} = \frac{3.14^2 \times 2.06 \times 10^5}{89.29^2} = 254.75\text{N/mm}^2 < f_y = 345\text{N/mm}^2，为弹性屈曲。$$

该构件的失稳形式只能是绕最小刚度轴 x 轴发生弯曲屈曲，不会发生扭转屈曲或弯扭屈曲。

4.4.2　无对称轴截面轴压构件的弹性弯扭屈曲

无对称轴且剪心与形心不重合的截面，构件弯扭时将呈现双向弯曲和扭转，见图 4.28，沿 x 向的弯曲位移为 u、沿 y 向的弯曲位移为 v、绕截面剪心的扭转角为 θ，因此需要建立三个平衡微分方程：绕 x、y 轴的弯曲方程和绕剪心的扭转方程。方程的建立方法与单轴对称截面类似，下面予以简单说明。

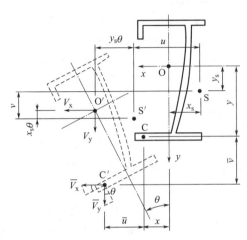

图 4.28　无对称轴截面轴压构件的双向弯扭

截面任意纤维 C 的位移为：

$$\bar{u} = u - (y - y_s)\sin\theta \approx u - (y - y_s)\theta \tag{4.76a}$$

$$\bar{v} = v + (x - x_s)\sin\theta \approx v + (x - x_s)\theta \tag{4.76b}$$

轴压力在纤维 C 截面上的分力为：

$$\bar{V}_x = \sigma_a dA \times \bar{u}' = \sigma_a [u' - (y - y_s)\theta'] dA \tag{4.77a}$$

$$\bar{V}_y = \sigma_a dA \times \bar{v}' = \sigma_a [v' + (x - x_s)\theta'] dA \tag{4.77b}$$

上述分力对剪心形成扭矩为：

$$dT_z = [(\bar{V}_y \cos\theta)(x - x_s) - (\bar{V}_x \cos\theta)(y - y_s)] dA \approx [\bar{V}_y(x - x_s) - \bar{V}_x(y - y_s)] dA$$

对全截面积分可得截面的总扭矩：

$$T_z = \sigma_a \int_A \{[(x - x_s)^2 + (y - y_s)^2]\theta' + v'(x - x_s) - u'(y - y_s)\} dA$$

$$= Pi_s^2\theta' - Px_s v' + Py_s u' \tag{4.78}$$

将上式及 $T_{st} = GI_t\theta'$、$T_\omega = -EI_\omega\theta'''$ 代入式（2.46），可得构件的扭转平衡微分方程：

$$EI_\omega\theta''' + (Pi_s^2 - GI_t)\theta''' - Px_s v' + Py_s u' = 0 \tag{4.79}$$

参照式（4.64）可直接写出截面绕 x、y 轴的弯曲平衡方程：

$$EI_x v'' - Px_s\theta + Pv = 0 \tag{4.80a}$$

$$EI_y u'' + Py_s\theta + Pu = 0 \tag{4.80b}$$

将式（4.79）对 z 求导一次、式（4.80）对 z 求导两次，可得到适用于任意边界条件任意截面轴压构件的双向弯扭平衡微分方程：

$$EI_\omega\theta^{(4)} + (Pi_s^2 - GI_t)\theta'' - Px_s v'' + Py_s u'' = 0 \tag{4.81a}$$

$$EI_x v^{(4)} - Px_s\theta'' + Pv'' = 0 \tag{4.81b}$$

$$EI_y u^{(4)} + Py_s\theta'' + Pu'' = 0 \tag{4.81c}$$

对于两端铰接构件，满足边界条件的变形函数为 $u = A_1\sin(\pi z/l)$，$v = A_2\sin(\pi z/l)$，$\theta = A_3\sin(\pi z/l)$，代入上式并利用边界条件及以下三个参数：

$$P_{crz} = \frac{1}{i_s^2}\left(GI_t + \frac{\pi^2 EI_\omega}{l^2}\right), \quad P_{crx} = \frac{\pi^2 EI_x}{l^2}, \quad P_{cry} = \frac{\pi^2 EI_y}{l^2}$$

可得关于 A_1、A_2、A_3 的线性方程组：

$$(P - P_{crx})A_2 - Px_s A_3 = 0 \tag{4.82a}$$

$$(P - P_{cry})A_1 + Py_s A_3 = 0 \tag{4.82b}$$

$$Py_s A_1 - Px_s A_2 + (P - P_{crz})i_s^2 A_3 = 0 \tag{4.82c}$$

独立参数 A_1、A_2、A_3 不能同时为零，上式中的系数行列式应为零，可得特征方程：

$$(P - P_{crx})(P - P_{cry})(P - P_{crz}) - P^2(P - P_{crx})\frac{y_s^2}{i_s^2} - P^2(P - P_{cry})\frac{x_s^2}{i_s^2} = 0 \tag{4.83}$$

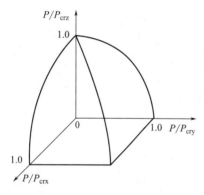

图 4.29 无对称轴截面弯曲
与扭转的相关性

上式中的 P 有三个解，其中最小值即为双向弯扭屈曲荷载。P/P_{crx}、P/P_{cry}、P/P_{crz} 的相关性见图 4.29，$P/P_{crx} + P/P_{cry} + P/P_{crz} \geqslant 1.0$，即 $P \leqslant P_{crx}$、$P \leqslant P_{cry}$、$P \leqslant P_{crz}$，也就是说，无对称轴截面只能发生双向弯扭屈曲，屈曲荷载记作 P_{crxyz}（下角标中的 x、y 分别代表绕 x、y 轴弯曲，z 代表绕剪心轴扭转）。

当 P_{crx}、P_{cry}、P_{crz} 分别按下列公式计算时：

$$P_{crx} = \frac{\pi^2 EI_x}{l_{0x}^2}, \quad P_{cry} = \frac{\pi^2 EI_y}{l_{0y}^2},$$

$$P_{crz} = \frac{1}{i_s^2}\left(GI_t + \frac{\pi^2 EI_\omega}{l_\omega^2}\right)$$

式（4.83）同样可适用于任意边界条件下的无对称轴轴压构件。

借鉴扭转屈曲的方式，通过引入双向弯扭屈曲换算长细比 λ_{xyz}，双向弯扭屈曲荷载 P_{crxyz} 也可以用 λ_{xyz} 来计算，也就是把双向弯扭屈曲等效成弯曲屈曲，则屈曲荷载、屈曲应力分别可写为：

$$P_{crxyz} = \frac{\pi^2 EA}{\lambda_{xyz}^2} \tag{4.84}$$

$$\sigma_{crxyz} = \frac{\pi^2 E}{\lambda_{xyz}^2} \tag{4.85}$$

由以上两式可得双向弯扭屈曲换算长细比：

$$\lambda_{xyz} = \pi\sqrt{\frac{EA}{P_{crxyz}}} = \pi\sqrt{\frac{E}{\sigma_{crxyz}}} \tag{4.86}$$

【例题 4.10】 某不等边单角钢轴压杆件，采用 ∟160×100×10，见图 4.21（c），$l_{0x} = l_{0y} = 2.5$m，$x_s = 37.7$mm，$y_s = 33.8$mm，材料为 Q235 钢，理想弹塑性，杆件无缺陷，试计算该杆的屈曲应力与换算长细比。

【解】 1）截面特性

由型钢表查得：$A = 2530\text{mm}^2$，$I_{x0} = 2.05 \times 10^6\text{mm}^4$，$I_{y0} = 6.69 \times 10^6\text{mm}^4$，$i_x = 21.9\text{mm}$。

$$I_x = Ai_x^2 = 2530 \times 21.9^2 = 1.21 \times 10^6\text{mm}^4$$

$$I_y = I_{x0} + I_{y0} - I_x = (2.05 + 6.69 - 1.21) \times 10^6 = 7.53 \times 10^6\text{mm}^4$$

$$i_y = \sqrt{I_y/A} = \sqrt{7.53 \times 10^6/2530} = 54.56\text{mm}$$

由式（4.41）可得：$i_s^2 = x_s^2 + y_s^2 + i_x^2 + i_y^2 = 37.7^2 + 33.8^2 + 21.9^2 + 54.56^2 = 6024\text{mm}^2$。

$$\lambda_x = \frac{l_{0x}}{i_x} = \frac{2500}{21.9} = 114.16, \quad \lambda_y = \frac{l_{0y}}{i_y} = \frac{2500}{54.56} = 45.82$$

由式（4.50b）可得 $\lambda_z = 4.54\dfrac{b_1}{t} = 4.54 \times \dfrac{160}{10} = 72.64$。

2）屈曲荷载、屈曲应力及换算长细比

$$P_{crx} = \frac{\pi^2 EA}{\lambda_x^2} = \frac{3.14^2 \times 206000 \times 2530}{114.16^2} = 3.94 \times 10^5\text{N} = 394\text{kN}$$

$$P_{cry} = \frac{\pi^2 EA}{\lambda_y^2} = \frac{3.14^2 \times 206000 \times 2530}{45.82^2} = 2.447 \times 10^6\text{N} = 2447\text{kN}$$

$$P_{crz} = \frac{\pi^2 EA}{\lambda_z^2} = \frac{3.14^2 \times 206000 \times 2530}{72.64^2} = 9.74 \times 10^5\text{N} = 974\text{kN}$$

将相关参数代入式（4.83）则有：

$$(P - 393)(P - 2447)(P - 974) - P^2(P - 393)\frac{33.8^2}{6024^2} - P^2(P - 2447)\frac{37.7^2}{6024^2} = 0$$

解得 $P_{crxyz} = 357\text{kN}$，与上面的 P_{crx}、P_{cry}、P_{crz} 相比，显然 P_{crxyz} 是最小屈曲荷载，构件只能发生双向弯扭屈曲，不会发生弯曲屈曲或扭转屈曲。

屈曲应力为：$\sigma_{crxyz} = \dfrac{P_{crxyz}}{A} = \dfrac{357 \times 10^3}{2530} = 141.1\text{N/mm}^2 < 235\text{N/mm}^2$，为弹性屈曲。

换算长细比为：$\lambda_{xyz} = \pi\sqrt{\dfrac{E}{\sigma_{crxyz}}} = 3.14 \times \sqrt{\dfrac{206000}{141.1}} = 120.0 > \lambda_x > \lambda_z > \lambda_y$

4.4.3　无缺陷轴压构件的弹塑性弯扭屈曲

当弯扭屈曲应力超过 f_p 时，属于弹塑性屈曲范畴。对于无缺陷轴压构件，弹塑性弯扭屈曲分析可采用切线模量法分析，单轴对称截面构件的单向弯扭屈曲荷载仍采用式（4.72）计算，无对称轴截面构件的双向弯扭屈曲荷载仍采用式（4.83）计算，以上两式中的 P_{crx}、P_{cry}、P_{crz} 分别按下列公式计算：

$$P_{crx} = \frac{\pi^2 E_t I_x}{l_{0x}^2}, \quad P_{cry} = \frac{\pi^2 E_t I_y}{l_{0y}^2}, \quad P_{crz} = \frac{1}{i_s^2}\left(G_t I_t + \frac{\pi^2 E_t I_\omega}{l_\omega^2}\right) \tag{4.87}$$

上式中的 E_t、G_t 可分别采用式（1.2）、式（1.3b）计算。切线模量法主要用于无初始几何缺陷的冷弯薄壁型钢构件，其残余应力较小，影响可忽略[4]。

4.4.4　残余应力对弯扭屈曲的影响

（1）残余应力对弹性弯扭屈曲的影响

由式（4.54）可知，残余应力使扭转平衡方程中增加了 W_r，类似地，弯扭平衡方程中也应增加 W_r。对单轴对称截面构件，考虑残余应力后的单向弯扭平衡微分方程可由式（4.69）直接改写为：

$$EI_\omega\theta^{(4)} + (Pi_s^2 - GI_t + W_r)\theta'' + Py_su'' = 0 \tag{4.88a}$$

$$EI_yu^{(4)} + Py_s\theta'' + Pu'' = 0 \tag{4.88b}$$

上式的解仍为式（4.72），但其中的 P_{crz} 应按式（4.55）计算。

对无对称截面构件，考虑残余应力后的双向弯扭平衡微分方程可由式（4.81）直接改写为：

$$EI_\omega\theta^{(4)} + (Pi_s^2 - GI_t + W_r)\theta'' - Px_sv'' + Py_su'' = 0 \tag{4.89a}$$

$$EI_xv^{(4)} - Px_s\theta'' + Pv'' = 0 \tag{4.89b}$$

$$EI_yu^{(4)} + Py_s\theta'' + Pu'' = 0 \tag{4.89c}$$

上式的特征方程仍为式（4.83），但式中的 P_{crz} 需按式（4.55）计算。

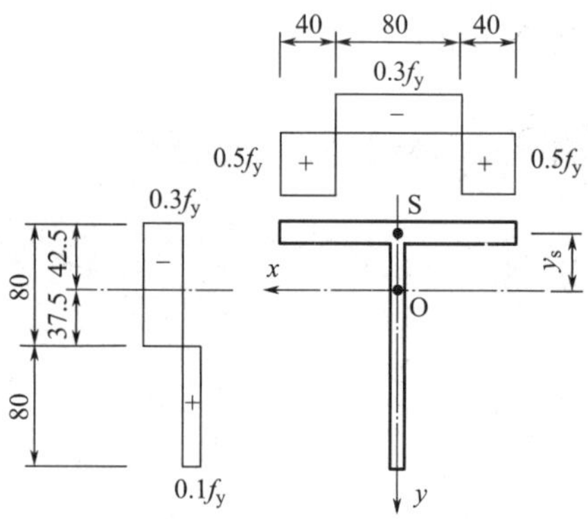

【例题 4.11】 某两端铰接轴压构件，长 5.2m，截面尺寸及残余应力见图 4.30，板厚均为 10mm，试计算构件的屈曲荷载，并与无残余应力时进行对比。已知 $f_y = 235\text{N/mm}^2$，$I_x = 9.19 \times 10^6\text{mm}^4$，$I_y = 3.41 \times 10^6\text{mm}^4$，$I_t = 1.07 \times 10^5\text{mm}^4$，$I_\omega \approx 0$，$y_s = 42.5\text{mm}$，$i_s = 75.8\text{mm}$。

图 4.30 例题 4.11 图

【解】 1) 有残余应力时的屈曲荷载

由式（4.53）得残余应力的 Wagner 效应系数：

$$W_r = \int_A (x^2 + y^2)\sigma_r dA = 2\int_{40}^{80} 0.5f_y(x^2 + 42.5^2) \times 10 \times dx - 2\int_0^{40} 0.3f_y(x^2 +$$

$$42.5^2) \times 10 \times dx + \int_{37.5}^{117.5} 0.1f_yy^2 \times 10 \times dy - \int_{-42.5}^{37.5} 0.3f_yy^2 \times 10 \times dy$$

$$= 4.14 \times 10^8\text{Nmm}$$

绕 x、y 轴的弯曲屈曲荷载分别为：

$$P_{crx} = \frac{\pi^2EI_x}{l_{0x}^2} = \frac{3.14^2 \times 206000 \times 9.19 \times 10^6}{5200^2} = 6.90 \times 10^5\text{N} = 690\text{kN}$$

$$P_{cry} = \frac{\pi^2EI_y}{l_{0y}^2} = \frac{3.14^2 \times 206000 \times 3.41 \times 10^6}{5200^2} = 2.56 \times 10^5\text{N} = 256\text{kN}$$

由式（4.55）可得考虑残余应力后的扭转屈曲荷载：

$$P_{crz} = \frac{1}{i_s^2}(GI_t - W_r + 0) = \frac{1}{75.8^2} \times (8.453 \times 10^9 - 4.14 \times 10^8) = 1.399 \times 10^6\text{N} = 1399\text{kN}$$

再由式（4.72）可得考虑残余应力后的单向弯扭屈曲荷载：

$$P_{cryz} = \frac{(256 + 1399) - \sqrt{(256 + 1399)^2 - 4 \times (1 - 42.5^2/75.8^2) \times 256 \times 1399}}{2 \times (1 - 42.5^2/75.8^2)}$$

$$= 240.3\text{kN}$$

因 $P_{cryz}<P_{crx}$，构件只能绕对称轴发生单向弯扭屈曲。

2）无残余应力时的屈曲荷载

当无残余应力时，$W_r=0$，$P_{crz}=1471kN$，可见残余应力的影响使扭转屈曲荷载降低了 4.9%。将 $P_{cry}=256kN$、$P_{crz}=1471kN$ 代入式（4.72）可得无残余应力时的 $P_{cryz}=241.4kN$，比有残余应力时提高了 0.5%，说明残余应力对该构件的弹性弯扭屈曲影响非常小。

（2）残余应力对弹塑性弯扭屈曲的影响

对有残余应力的弹塑性构件，可设材料为理想弹塑性，当弯扭屈曲应力超过 f_y^* 时将发生弹塑性弯扭屈曲，弹塑性弯扭屈曲也需要采用数值法分析，其方法与第 4.3.4 节内容类似。

对单轴对称截面，首先由式（4.56）计算单元的总应变，再根据式（4.57）得到单元应力，从而得到截面特性 I_{ey}、I_{et}、I_{pt}、$I_{e\omega}$；然后仍假设剪心位置不变，按式（4.59）计算出 $\overline{W}$，最后根据式（4.60）、式（4.88）可得到弹塑性单向弯扭平衡微分方程：

$$EI_{e\omega}\theta^{(4)}+[\overline{W}-(GI_{et}+G_tI_{pt})]\theta''+Py_su''=0 \tag{4.90a}$$

$$EI_{ey}u^{(4)}+Py_s\theta''+Pu''=0 \tag{4.90b}$$

对于无对称轴的截面，同样可得到弹塑性双向弯扭平衡微分方程：

$$EI_\omega\theta^{(4)}+[\overline{W}-(GI_{et}+G_tI_{pt})]\theta''-Px_sv''+Py_su''=0 \tag{4.91a}$$

$$EI_{ex}v^{(4)}-Px_s\theta''+Pv''=0 \tag{4.91b}$$

$$EI_{ey}u^{(4)}+Py_s\theta''+Pu''=0 \tag{4.91c}$$

因截面弹性区面积和分布情况未知，求解以上两个平衡方程组时，需要先假设轴压荷载下的平均应变 ε_a，然后再验证 $\overline{W}$，经反复尝试和验证，最终得到满足精度要求的 P_{cryz} 及 P_{crxyz}。

4.5　整体结构中的压杆

结构中的轴压构件不是孤立的，其内力、位移、边界条件是由整体结构决定的，结构有无侧移、结构初始缺陷（如初始侧移）、相邻构件、连接构造等都会对构件的稳定产生影响。

图 4.31（a）所示通过节点板焊接连接的桁架，AB 腹杆轴心受压，杆件两端的约束条件由节点交汇的杆件提供，类似于转动弹簧，弹簧刚度取决于相邻杆件的受力性质和线刚度，拉杆提供的约束大于压杆，受力性质相同时，线刚度大的杆件提供的约束大；反之，如果 AB 杆的线刚度比相邻压杆大，则 AB 杆对相邻压杆提供约束支持。图 4.31（b）所示门式刚架，中间设有两端铰接的摇摆柱 CD，因摇摆柱依附在刚架上，在 D 点的约束类似于水平弹簧，弹簧刚度取决于刚架的抗侧刚度，刚架在支持摇摆柱的同时降低了自身的稳定性，最终同步失稳。由此可见，轴压构件的稳定分析不仅要考虑构件自身因素，还应考虑结构因素，体现了稳定问题的整体性和相关性，需要进行相关屈曲分析。

考虑结构对构件稳定影响的方法与结构的内力分析方法有关，传统的结构分析方法是一阶弹性分析法，无法考虑 P-Δ 效应和 P-δ 效应，也不考虑结构初始缺陷和构件初始缺陷，因此需要将构件从结构中取出，利用一阶弹性分析所得内力专门进行构件的稳定分析，结构对构件稳定的影响可通过构件的计算长度 l_0（或计算长度系数 μ）来考虑，本节主要讲述该方法。除了上述方法之外，还有二阶分析法和直接分析法，相关内容将在第 8 章讲述。

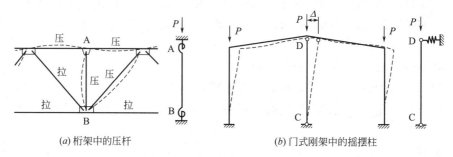

(a) 桁架中的压杆   *(b)* 门式刚架中的摇摆柱

图 4.31　整体结构中的轴压构件

4.5.1　有支撑框架柱在框架平面外的计算长度

图 4.32 所示厂房结构，柱间支撑为单层，因支撑与柱铰接，且上部屋架、下部基础对柱绕 y 轴的转动约束有限，柱在厂房框架平面外近似于两端铰接，因此我国《钢结构设计标准》GB 50017—2017[5]（以下简称 GB 50017—2017 标准）建议取 $l_{0y}=H$，H 为柱的总高度；对于柱底板厚度不小于 2 倍柱翼缘厚度的平板式柱脚，有一定的转动约束作用，GB 50017—2017 标准建议取 $l_{0y}=0.8H$。

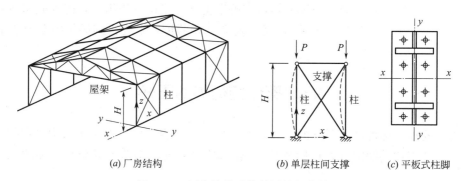

(a) 厂房结构   *(b)* 单层柱间支撑   *(c)* 平板式柱脚

图 4.32　厂房结构及其单层柱间支撑

对于图 4.33 所示完整的多层柱间支撑，支撑等高时，见图 4.33（*a*），柱绕 y 轴的屈曲波长相同，上下两段柱之间无支持作用；当支撑不等高时，如图 4.33（*b*）、（*c*）、（*d*），屈曲波长不同，短柱段对长柱段有支持作用。GB 50017—2017 标准规定：当各段柱的几何长度相差不超过 10% 时，可取 $l_{0y}=h$；当各段柱的几何长度相差超过 10% 时，宜根据相关屈曲的原则确定柱在框架平面外的计算长度。

考虑各段柱间的相关作用后，由弹性稳定理论可得到柱在框架平面外的计算长度[6]：

图 4.33（*b*）：　　　　　$l_{0y}=[1-0.3(1-\beta)^{0.7}]h_1$ 　　　　　(4.92a)

图 4.33（*c*）：　　　　　$l_{0y}=(0.7+0.3\beta)h_1$ 　　　　　(4.92b)

图 4.33（*d*）：　　　　　$l_{0y}=[1-0.5(1-\beta)^{0.8}]h_1$ 　　　　　(4.92c)

式中：$\beta=h_2/h_1$，$h_2 \leqslant h_1$。

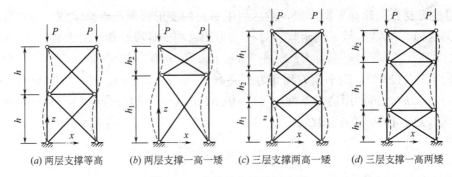

(a) 两层支撑等高　　(b) 两层支撑一高一矮　　(c) 三层支撑两高一矮　　(d) 三层支撑一高两矮

图 4.33　完整的多层柱间支撑

对于图 4.34 所示非完整的多层柱间支撑，因缺少交叉斜杆，会产生相应侧移，l_{0y} 将大于 h_1，柱在框架平面外的计算长度可按下列公式计算[6]：

图 4.34（a）：
$$l_{0y} = (2 + 0.7\beta)h_1 \tag{4.92d}$$

图 4.34（b）：
$$l_{0y} = [2.7 - 1.7(1 - \beta)^{0.9}]h_1 \tag{4.92e}$$

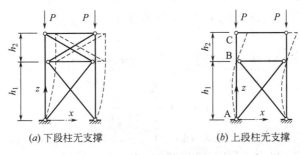

(a) 下段柱无支撑　　　　　　(b) 上段柱无支撑

图 4.34　非完整的多层柱间支撑

框架柱不仅需要计算在框架平面外的计算长度，也需要计算在框架平面内的计算长度，平面内的计算长度与框架有无侧移、梁柱的线刚度比值等有关，相关内容将在第 8 章讲述。

【例题 4.12】　试采用弹性稳定理论推导图 4.34（b）中的柱在框架平面外的计算长度系数，假设左右两柱完全相同，柱绕 y 轴的惯性矩为 I_y，$\beta = h_2/h_1$。

【解】　下层柱间支撑有交叉斜杆，B 点无水平位移，上层柱间支撑无交叉斜杆，柱顶可自由位移，属于自由端，柱的计算简图见图 4.35（a）。假设柱顶水平位移为 v，可得 B 点水平反力 $R_B = Pv/h_1$。

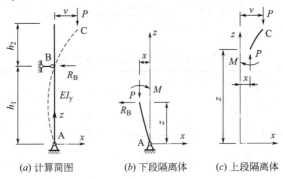

(a) 计算简图　　　　(b) 下段隔离体　　　　(c) 上段隔离体

图 4.35　例题 4.12 图

两段柱需要分别建立平衡方程，然后利用 B 点的变形协调条件来求解。下段柱隔离体见图 4.35 (b)，位移 x 是 z 的函数，对 A 点取矩，得 AB 段平衡微分方程：

$$EI_y x'' + Px + Pvz/h_1 = 0$$

令 $k^2 = P/(EI_y)$，则平衡方程变为 $x'' + k^2 x + k^2 vz/h_1 = 0$，其通解为 $x = A_1 \sin kz + A_2 \cos kz - vz/h_1$，再利用边界条件 $x(0) = 0$、$M(h_1) = -EI_y x''(h_1) = -Pv$ 可解得 A_1、A_2，也就得到了下段柱的挠曲线：

$$x = \frac{v}{\sin kh_1} \sin kz - \frac{v}{h_1} z$$

下段柱在 B 点转角为：

$$x'(h_1) = \left(\frac{kh_1}{\tan kh_1} - 1\right) \frac{y}{h_1} \tag{1}$$

上段柱隔离体见图 4.35 (c)，对 C 点取矩得 BC 段平衡微分方程：

$$EI_y x'' + Px - Pv = 0$$

利用 $k^2 = P/(EI_y)$，上式变为 $x'' + k^2 x - k^2 v = 0$，通解为 $x = A_3 \sin kz + A_4 \cos kz + v$。由边界条件 $x(h_1) = 0$、$x(h_1 + h_2) = v$ 可解得 A_3、A_4。上段柱的挠曲线及其在 B 点转角分别为：

$$x = v \frac{\cos[k(h_1 + h_2)]}{\sin kh_2} \sin kz - v \frac{\sin[k(h_1 + h_2)]}{\sin kh_2} \cos kz + v$$

$$x'(h_1) = -\frac{kv}{\tan kh_2} \tag{2}$$

两段柱在 B 点的转角相同，即式（1）与式（2）相等，可得特征方程：

$$kh_1(\tan kh_1 + \tan kh_2) - \tan kh_1 \tan kh_2 = 0 \tag{3}$$

假设柱绕 y 轴的计算长度系数为 μ_y，则有：

$$kh_1 = h_1\sqrt{\frac{P}{EI_y}} = h_1\sqrt{\frac{\pi^2 EI_y/(\mu_y h_1)^2}{EI_y}} = \frac{\pi}{\mu_y}$$

$$kh_2 = k\beta h_1 = \frac{\beta\pi}{\mu_y}$$

将以上两式代入式（3）可得用计算长度系数 μ_y 表达的特征方程：

$$\frac{\pi}{\mu_y}\left(\tan\frac{\pi}{\mu_y} + \tan\frac{\beta\pi}{\mu_y}\right) - \tan\frac{\pi}{\mu_y}\tan\frac{\beta\pi}{\mu_y} = 0 \tag{4}$$

上式为超越方程，可以利用图解法或试算法来求解，给定 β 值便可得到 μ_y，部分结果见表 4.2。

例题 4.12 中柱的计算长度系数 μ_y 表 4.2

$\beta = h_2/h_1$	0	0.1	0.2	0.3	0.4	0.5	0.6	0.7	0.8	0.9	1.0
μ_y	1.0	1.11	1.24	1.40	1.56	1.74	1.93	2.16	2.31	2.50	2.70

将表 4.2 中 β 与 μ_y 的关系进行拟合，便可得到式（4.92e）中的计算长度系数，即

$$\mu_y = 2.7 - 1.7(1-\beta)^{0.9} \tag{5}$$

4.5.2　各类桁架中杆件的计算长度

（1）平面桁架中杆件的计算长度

对于采用节点板连接的平面桁架，见图 4.36，上下弦杆、支座竖腹杆和支座斜腹杆的内力较大，杆件短粗，其余腹杆的内力则较小，杆件细长，因此弦杆对其有一定的转动约束作用，GB 50017—2017 标准建议这些腹杆在桁架平面内的计算长度取 $l_{0x}=0.8l$，l 为杆件几何长度。上下弦杆、支座处竖腹杆和斜腹杆受其余杆件的约束较小，接近两端铰接，在桁架平面内的计算长度取 $l_{0x}=l$。当腹杆采用单角钢或双角钢组合十字形截面时，因截面的两个主轴不在桁架平面内，而是在斜平面内，节点板对杆件也有一定的转动约束作用，这类杆件在斜平面内的计算长度取 $0.9l$。

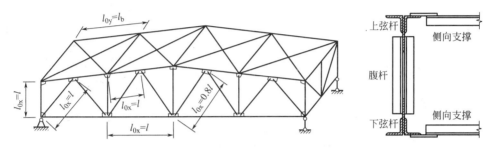

图 4.36　通过节点板连接的平面桁架中的杆件计算长度

平面桁架的各类侧向支撑与弦杆铰接，且能够有效阻止弦杆的侧向位移，弦杆在桁架平面外的计算长度取 $l_{0y}=l_b$，l_b 为侧向支撑点间距，见图 4.36。在弦杆稳定的条件下，腹杆两端不会发生平面外位移，又因弦杆对腹杆在平面外的转动约束有限，腹杆在桁架平面外的计算长度取 $l_{0y}=l$。

对于采用相贯节点连接的钢管平面桁架，由于腹杆直接与弦杆相贯焊接，腹杆对弦杆在平面内转动有一定的约束作用，GB 50017—2017 标准建议弦杆在桁架平面内的计算长度取 $l_{0x}=0.9l$，其余计算长度的取值方法与节点板连接平面桁架完全相同。

（2）桁架中变内力杆件的计算长度

在平面桁架中，弦杆的侧向支撑间距 l_b 多为节间长度的两倍，见图 4.37（a），两杆的轴力 N_1、N_2 通常不相等，由于两杆的长度和截面均相同，且构件未断开，压力较小的杆会对压力较大的杆提供支持作用，GB 50017—2017 标准建议按下式确定这类杆件在桁架平面外的计算长度：

$$l_{0y}=\left(0.75+0.25\frac{N_2}{N_1}\right)l_b，且 \ l_{0y}\geqslant 0.5l_b \tag{4.93}$$

式中：N_1、N_2 分别为两杆的轴力，压为正，拉为负，$N_1>N_2$。

对于桁架中的再分式腹杆，见图 4.37（b），也存在类似问题，腹杆在桁架平面外的计算长度 l_{0y} 也应按上式计算，在平面内的计算长度 l_{0x} 仍取各杆的几何长度。

（3）桁架中交叉腹杆的计算长度

对于桁架中的交叉腹杆，见图 4.38，两腹杆截面相同，交叉点有两种连接方法：一种是两杆直接连接到一起并不中断（背靠背连接），另一种是一杆中断并通过节点板与另一杆连接。在桁架平面内，两杆互为支撑，计算长度 $l_{0x}=l/2$，l 为腹杆总长度。在桁架平

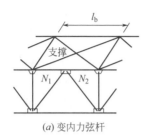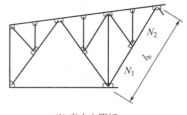

(a) 变内力弦杆   (b) 变内力腹杆

图 4.37　桁架中的变内力杆件

面外，腹杆的计算长度与腹杆的受力性质、腹杆是否中断有关，GB 50017—2017 标准建议按下列公式计算：

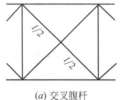

(a) 交叉腹杆   (b) 相交处不中断   (c) 相交处一杆中断

图 4.38　桁架中的交叉腹杆及其节点构造

1）两腹杆均受压，且在交叉点均不中断，压杆在桁架平面外的计算长度为：

$$l_{0y} = l\sqrt{\frac{1}{2}\left(1 + \frac{N_0}{N}\right)}$$

(4.94a)

2）两腹杆一拉一压，受压杆中断并通过节点板连接，压杆在桁架平面外的计算长度为：

$$l_{0y} = l\sqrt{1 + \frac{\pi^2}{12} \cdot \frac{N_0}{N}}$$

(4.94b)

3）两腹杆一拉一压，且两杆在交叉点均不中断，压杆在桁架平面外的计算长度为：

$$l_{0y} = l\sqrt{\frac{1}{2}\left(1 - \frac{3}{4} \cdot \frac{N_0}{N}\right)} \geqslant 0.5l$$

(4.94c)

4）两腹杆一拉一压，受拉杆中断并通过节点板连接，压杆在桁架平面外的计算长度为：

$$l_{0y} = l\sqrt{1 - \frac{3}{4} \cdot \frac{N_0}{N}} \geqslant 0.5l$$

(4.94d)

以上诸式中，N、N_0 分别为所计算杆的内力及相交另一杆的内力，均取绝对值。当两杆均受压且压力不相等时，应取压力较大的杆作计算杆。对于受拉的腹杆，计算长度可取 l。

（4）塔架主杆的计算长度

塔架属于空间桁架，由主杆和腹杆组成，见图 4.39，主杆通常采用等边单角钢，主杆的计算长度、弯曲轴与腹杆的布置形式有关，GB 50017—2017 标准建议采用下列长细比来计算主杆的整体稳定：

1）当相邻两个侧面腹杆体系的节点在主杆上全部重合时，见图 4.39（a），主杆的长细比 $\lambda = l/i_x$，l 为主杆的节间长度，i_x 为主杆截面绕最小刚度轴 x 轴的回转半径，坐标轴见图 4.39（d）；

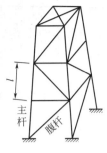 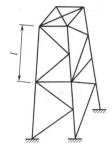 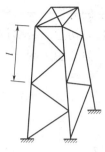 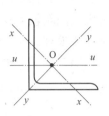

(a) 腹杆节点完全重合　　(b) 腹杆节点部分重合　　(c) 腹杆节点均不重合　　(d) 主杆截面及坐标轴

图 4.39　不同腹杆体系的塔架及主杆截面

2）当相邻两个侧面腹杆体系的节点在主杆上部分重合时，见图 4.39（b），由于构造原因，主杆会绕角钢的单肢平行轴 u 轴弯曲，且计算长度增大，主杆的长细比可取 $\lambda = 1.1l/i_u$，l 为较大节间长度；

3）当相邻两个侧面腹杆体系的节点在主杆上都不重合时，见图 4.39（c），主杆的长细比可取 $\lambda = 1.2l/i_u$，l 为较大节间长度。

（5）钢管网架及立体桁架中杆件的计算长度

钢管网架和立体桁架都属于空间桁架结构，如图 4.40 所示，通常情况下无再分式或交叉式杆件，因此杆件绕截面各轴的计算长度相同，没有平面内和平面外之分。

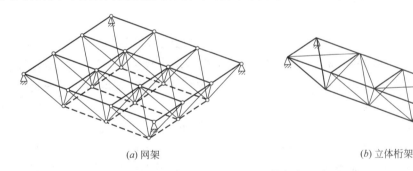

(a) 网架　　　　　　　　　　　　　　　(b) 立体桁架

图 4.40　网架及立体桁架示意图

网架杆件的计算长度与节点类型有关，我国现行行业标准《空间网格结构技术规程》JGJ 7—2010[7] 规定：对螺栓球节点网架，杆件接近于两端铰接，计算长度取几何长度 l；对焊接空心球节点网架，连接具有一定的转动约束能力，且弦杆对腹杆提供支持作用，因此弦杆的计算长度取 $0.9l$，腹杆的计算长度取 $0.8l$。

立体桁架中的钢管一般采用相贯节点焊接连接，GB 50017—2017 标准规定：弦杆的计算长度取 $0.9l$，支座处竖腹杆、斜腹杆的计算长度取 l，其余腹杆的计算长度取 $0.8l$。

4.6　轴压构件稳定理论在钢结构中的应用

4.6.1　轴压构件整体稳定公式的构建

（1）失稳形式和影响因素的简化处理

理想轴压构件可能发生的失稳形式有弯曲屈曲、扭转屈曲和弯扭屈曲三种，工程中轴压构件的材料为弹塑性，且有初弯曲、初偏心、残余应力等初始缺陷，在本质上均属于极值点失稳，问题较为复杂。为方便工程设计，需要对失稳形式、各类影响因素进行适当的归类和简化处理。

从轴压构件弹性稳定理论知道，扭转屈曲、弯扭屈曲都可以通过换算长细比等效成弯曲屈曲，即

$$\sigma_{\mathrm{crz}}=\frac{\pi^2 E}{\lambda_{\mathrm{z}}^2}, \quad \sigma_{\mathrm{cryz}}=\frac{\pi^2 E}{\lambda_{\mathrm{yz}}^2}, \quad \sigma_{\mathrm{crxyz}}=\frac{\pi^2 E}{\lambda_{\mathrm{xyz}}^2}$$

可见各因素对扭转屈曲、弯扭屈曲的影响都可以按照弯曲屈曲来考虑，大大简化了稳定设计工作，这也是我国及欧美一些国家规范采用的方法。我国的一些试验资料[8]表明，少数冷弯薄壁型钢构件采用上述等效方法得到的屈曲应力略偏高，但对绝大多数构件是偏于安全的。

从第 4.2 节知道，初弯曲、初偏心对稳定的影响在本质上相同且影响程度接近，由于二者以最大值同时出现在一个构件上的概率很低，各国规范都用初弯曲来综合考虑。统计资料表明，构件最大初弯曲挠度 v_0 介于 $l/2000 \sim l/500$，l 为构件几何长度。我国 GB 50017—2017 标准取 $v_0=l/1000$，而《冷弯薄壁型钢结构技术规范》GB 50018—2002[9]（以下简称 GB 50018—2002 规范）取 $v_0=l/750$，各类验收标准也都有与此对应的误差规定，保证了初弯曲值不会超出上述范围。

GB 50018—2002 规范适用的冷弯型钢最大壁厚为 6mm，随着生产工艺的进步，冷弯型钢的壁厚越来越大，GB 50018 规范 2017 修订送审稿将最大适用壁厚调整为 25mm，并将规范名称修改为《冷弯型钢结构技术规范》。由于修订送审稿的稳定条款基本延续了原规范的内容且仍处于调整过程中，本书主要介绍 GB 50018—2002 规范的相关规定，修订送审稿有调整的，也做简要介绍。

焊接和轧制钢构件（也称普通构件）的残余应力峰值高，且长细比不大，屈曲大多发生在弹塑性阶段，残余应力对稳定承载力影响较大。由于残余应力的大小和分布主要取决于构件的截面类型及加工成型方式，因此可通过影响程度对焊接和轧制构件的截面进行分类来简化处理，这也是各国规范的普遍做法。冷弯薄壁型钢构件一般较细长且残余应力峰值小，构件大多发生弹性屈曲，残余应力的影响较小，我国 GB 50018—2002 规范利用适当放大了的初弯曲来一并考虑。

材料非线性也可以简化考虑，由于普通结构钢的 f_{p} 与 f_{y} 比较接近，而且屈服平台很长，通常不会进入材料硬化阶段，可假设钢材为理想弹塑性。

（2）稳定系数的定义

轴压构件的稳定系数是用来衡量稳定承载力的无量纲参数，具体来说，就是稳定承载力（极限荷载 P_{u}）与强度承载力（全截面屈服荷载 P_{y}）的比值，记作 φ，则有：

$$\varphi=\frac{P_{\mathrm{u}}}{P_{\mathrm{y}}}=\frac{\sigma_{\mathrm{u}} A}{f_{\mathrm{y}} A}=\frac{\sigma_{\mathrm{u}}}{f_{\mathrm{y}}} \tag{4.95}$$

式中：$P_{\mathrm{y}}=A f_{\mathrm{y}}$；$A$ 为构件截面积；P_{u}、σ_{u} 分别为构件屈曲时的极限荷载及极限应力。

（3）整体稳定公式的构建

由式（4.95）可得 $\sigma_{\mathrm{u}}=\varphi f_{\mathrm{y}}$、$P_{\mathrm{u}}=\sigma_{\mathrm{u}} A=\varphi f_{\mathrm{y}} A$，构件在轴压力 P 作用下不失稳的条

件是 $P < P_u$，即

$$P \leqslant \varphi f_y A$$

实际工程中的荷载值及材料性能均具有一定的变异性，可借助分项系数通过设计值来考虑，将上式中的 P 改为构件的轴压力设计值 N、材料屈服强度 f_y 改为设计强度 f 后，可得到 GB 50017—2017 标准推荐的轴压构件整体稳定设计表达式：

$$\frac{N}{\varphi A f} \leqslant 1.0 \tag{4.96}$$

式中：A 为构件的毛截面面积。由于稳定是整体性问题，截面局部削弱对稳定的影响可忽略。

板件较薄时有可能在构件整体失稳前先发生局部屈曲，部分板件截面退出工作，对构件的稳定承载力有降低作用。GB 50017—2017 标准、GB 50018—2002 规范通过将上式中的毛截面面积 A 改为有效截面的毛截面面积 A_e（将在第 7 章讲述）来考虑局部屈曲的影响，整体稳定设计表达式变为：

$$\frac{N}{\varphi A_e f} \leqslant 1.0 \tag{4.97}$$

可以看出，轴压构件整体稳定设计的核心内容是确定稳定系数 φ。从前面第 4.2 节已经知道，影响弯曲屈曲荷载的最主要因素是构件的长细比 λ，如果能构建出 φ-λ 关系，则非常方便稳定计算。此外，由于扭转屈曲、弯扭屈曲都可以通过换算长细比等效成弯曲屈曲，只要知道了弯曲屈曲的 φ-λ 关系，同样可用于扭转屈曲和弯扭屈曲。

4.6.2　冷弯型钢轴压构件的稳定系数

冷弯薄壁型钢构件的残余应力较小，且板件通常较薄，塑性发展余地小，在轴压力和附加弯矩共同作用下，当构件截面边缘纤维的应力达到 f_y 时，已接近极限荷载 P_u，因此可将边缘纤维屈服时对应的屈曲荷载 P_{cr} 作为构件的控制荷载，该方法称为边缘纤维屈服准则。边缘纤维屈服准则将构件控制在弹性屈曲范畴，严格来讲，P_{cr} 并不是构件的极限荷载 P_u，但已非常接近，而且计算方便。

当只考虑初弯曲的影响时，如果构件的最大初弯曲挠度为 v_0，由式（4.15）可知构件的最大附加弯矩为 $M_{max} = P v_0 / (1 - P/P_E)$，则构件边缘纤维屈服准则可用下式表达：

$$f_y = \frac{P}{A} + \frac{M_{max}}{W} = \frac{P}{A} + \frac{P v_0}{W(1 - P/P_E)} = \frac{P}{A}\left(1 + \frac{\varepsilon_0}{1 - P/P_E}\right) \tag{4.98}$$

式中：ε_0 称为相对初弯曲，$\varepsilon_0 = v_0 A / W$，$A$、$W$ 分别为构件的截面面积、截面模量。

将 $P = \sigma A$、$P_E = \sigma_E A$ 代入上式后，整理可得：

$$f_y = \sigma\left(1 + \frac{\varepsilon_0 \sigma_E}{\sigma_E - \sigma}\right)$$

上式是关于 σ 的一元二次方程，其最小值即为根据边缘纤维屈服准则确定的 σ_{cr}，即

$$\sigma_{cr} = \frac{f_y + (1 + \varepsilon_0)\sigma_E}{2} - \sqrt{\frac{[f_y + (1 + \varepsilon_0)\sigma_E]^2}{4} - f_y \sigma_E} \tag{4.99}$$

因根据边缘纤维屈服准则确定的 σ_{cr} 非常接近 σ_u，可取 $\sigma_u = \sigma_{cr}$，代入式（4.95）可得稳定系数：

$$\varphi = \frac{\sigma_u}{f_y} \approx \frac{1 + (1 + \varepsilon_0)\sigma_E/f_y}{2} - \sqrt{\frac{[1 + (1 + \varepsilon_0)\sigma_E/f_y]^2}{4} - \frac{\sigma_E}{f_y}} \tag{4.100}$$

引入无量纲参数——轴压构件的正则化长细比（也称相对长细比）λ_c：

$$\lambda_c = \sqrt{\frac{P_y}{P_E}} = \sqrt{\frac{f_y}{\sigma_E}} = \sqrt{\frac{f_y}{\pi^2 E/\lambda^2}} = \frac{\lambda}{\pi}\sqrt{\frac{f_y}{E}} \tag{4.101}$$

代入到式（4.100）后，稳定系数 φ 的表达式变为：

$$\varphi = \frac{1 + \varepsilon_0 + \lambda_c^2 - \sqrt{(1 + \varepsilon_0 + \lambda_c^2)^2 - 4\lambda_c^2}}{2\lambda_c^2} \tag{4.102}$$

上式称为 Perry-Robertson 公式，φ 值与正则化长细比 λ_c、相对初弯曲 ε_0 有关。在 1970 年以前，很多国家采用上式作为冷弯薄壁型钢轴压构件的稳定设计公式，我国也采用该式，其不足之处是忽略了残余应力及构件截面形式多样性的影响。

如果取构件的初弯曲挠度 $v_0 = l/750$，利用截面核心矩 $\rho = W/A$、构件长细比 $\lambda = l/i$ 后，相对初弯曲 ε_0 可进一步表达为：

$$\varepsilon_0 = \frac{v_0 A}{W} = \frac{v_0}{\rho} = \frac{l}{750} \cdot \frac{1}{\rho} = \frac{\lambda}{750} \cdot \frac{i}{\rho} \tag{4.103}$$

可以看出，ε_0 取决于 λ 和 i/ρ，而常见截面的 i/ρ 差异性较大，见表 4.3，因此还需要考虑截面差异性的影响。为了能综合初弯曲、残余应力等缺陷以及截面差异性的影响，我国早期《冷弯薄壁型钢结构技术规范》GBJ 18—1987 采用等效相对初弯曲 ε_{e0} 来代替 ε_0，通过 164 个轴压构件的试验，结合 λ_c 与构件截面类型，回归出了 ε_{e0} 的取值方法，分以下三段表达：

$\lambda_c \leqslant 0.5$ 时： $\qquad\qquad\qquad \varepsilon_{e0} = 0.25\lambda_c \tag{4.104a}$

$0.5 < \lambda_c \leqslant 1.0$ 时： $\qquad\qquad \varepsilon_{e0} = 0.05 + 0.15\lambda_c \tag{4.104b}$

$\lambda_c > 1.0$ 时： $\qquad\qquad\qquad \varepsilon_{e0} = 0.25\lambda_c^2 \tag{4.104c}$

截面回转半径 i 与核心矩 ρ 的比值 表 4.3

截面形式	○	□	x——x（工字形）	x——x（带点工字形）
i/ρ	1.41	1.22	x 轴：1.25　y 轴：2.50	x 轴：1.16　y 轴：2.10
截面形式	┬（T形）	工（带点）	⊘（斜线圆）	▨（斜线方）　十
i/ρ	x 轴：2.30　y 轴：2.25	x 轴：1.14	2.0	1.73　　　1.73

将 ε_{e0} 代入 Perry-Robertson 公式后，可得 φ-λ_c 关系，也称为柱子曲线，见图 4.41，φ 随着 λ_c 的增大而减小。图中也给出了试验值，呈带状分布，绝大多数位于建议曲线上方，少数偏低，但不超过 8%。

GB 50018—2002 规范继续沿用上述柱子曲线。由式（4.101）可知，λ_c 与 λ 和 f_y 有

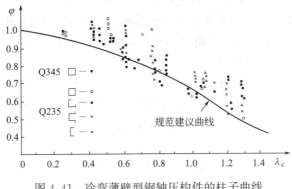

图 4.41　冷弯薄壁型钢轴压构件的柱子曲线

关，为方便使用，φ-λ_c 曲线可换算成 φ-λ/ε_k 关系并做成表格，见附录 B，ε_k 为钢号修正系数，$\varepsilon_k=\sqrt{235/f_y}$，$f_y$ 单位为 N/mm^2，利用 λ 和 f_y 可直接查得 φ 值。因缺乏相关研究资料的支持，GB 50018 规范 2017 修订送审稿仍沿用上述柱子曲线，未考虑弹塑性屈曲，偏保守，这也是今后需要研究的方向。

4.6.3　焊接和轧制轴压构件的稳定系数

由边缘纤维屈服准则确定的稳定系数是针对冷弯薄壁型钢构件得出的，属于弹性屈曲范畴，焊接和轧制构件与冷弯薄壁型钢构件有显著不同：其一，焊接和轧制钢构件的长细比一般不大，且板件厚实，大多发生弹塑性屈曲；其二，截面残余应力峰值高，对弹塑性屈曲影响很大，需单独考虑；其三，由于残余应力分布的多样性，稳定系数的离散性非常大，甚至对同一个构件绕 x、y 两个主轴的影响也不相同，见图 4.42，不宜再采用一条柱子曲线；其四，构件的初弯曲统计值与冷弯薄壁型钢不相同。

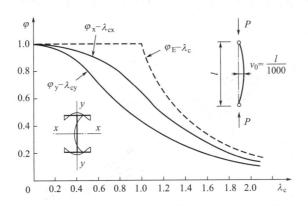

图 4.42　工字形截面轴压构件绕 x、y 轴的柱子曲线

综合考虑各类缺陷后，轴压构件实质上已属于压弯构件，其极限荷载 P_u 需依据极限荷载理论（将在第 6 章讲述）确定，只要知道了材料的 f_y 和 E、构件的截面尺寸、残余应力、初弯曲和端部约束条件，就可以计算出构件长度取不同值时所对应的 P_u，从而得到柱子曲线。

1972 年美国 Lehigh 大学利用 56 个轴压构件的实测数据，包括屈服强度和残余应力，

考虑初弯曲挠度 $v_0 = l/1000$，采用极限荷载理论分析了 112 个轴压构件[10]。1976 年美国结构稳定委员会（SSRC）在上述研究成果的基础上，按照构件截面等因素将柱子曲线归纳为三条。考虑到残余应力和初弯曲的不利影响并非总是叠加到一起的，1999 年美国钢结构协会的 LRFD 规范又将柱子曲线改为单条。

欧洲钢结构协会（ECCS）按统一标准进行了 1067 个轴压构件的试验，在此基础上以五类截面的残余应力形式，并考虑初弯曲挠度 $v_0 = l/1000$，依据极限荷载理论进行了大量的数值分析，得到了四条柱子曲线，每条曲线都接近于同类试件的平均值减去两倍的均方差[11]。

因桥梁结构大多采用工字形或箱形截面构件，我国《铁路桥梁钢结构设计规范》TB 10091—2017[12] 只提供了两条柱子曲线，一条适用于焊接工字形截面绕强轴的稳定计算以及焊接箱形截面、铆接构件，另一条则适用于焊接工字形截面绕弱轴的稳定计算。

我国早期《钢结构设计规范》TJ 17—74 仅一条柱子曲线，1982 年李开禧[13] 考虑 $v_0 = l/1000$ 的初弯曲、若干种典型截面及残余应力分布，共分析了 96 个轴压构件，并按同类截面的平均值建议采用 a、b、c 三条柱子曲线。基于该成果和大量的试验研究，《钢结构设计规范》GBJ 17—1988 采用了三条柱子曲线。随着厚板的大量应用，《高层民用建筑钢结构技术规程》JGJ 99—98 又针对板厚超过 40mm 的截面增加了 d 曲线，该曲线被《钢结构设计规范》GB 50017—2003 采纳，并沿用至现行的 GB 50017—2017 标准，因此我国柱子曲线共有 a、b、c、d 四条，见图 4.43，每条曲线代表一类截面，构件截面分类见附录 C，标准采用最小二乘法将四条柱子曲线拟合为 Perry-Robertson 型的公式：

$\lambda_c \leqslant 0.215$ 时：$\qquad \varphi = 1 - \alpha_1 \lambda_c^2 \leqslant 1.0$ (4.105a)

$\lambda_c > 0.215$ 时：$\varphi = \dfrac{\alpha_2 + \alpha_3 \lambda_c + \lambda_c^2 - \sqrt{(\alpha_2 + \alpha_3 \lambda_c + \lambda_c^2)^2 - 4\lambda_c^2}}{2\lambda_c^2} \leqslant 1.0$ (4.105b)

式中：λ_c 为正则化长细比，按式（4.101）计算；α_1、α_2、α_3 为系数，按表 4.4 采用。

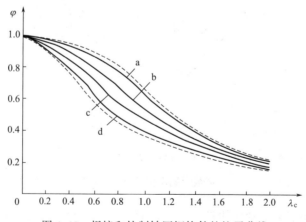

图 4.43 焊接和轧制轴压钢构件的柱子曲线

从图 4.43 可以看出：φ 随着 λ_c 的增大而减小，λ_c 相同时，a、b、c、d 曲线逐次下降。为方便使用，φ-λ_c 关系可换算成 φ-λ/ε_k 关系并做成表格，见附录 D，只要知道了 λ 和 f_y，就可以直接查到 φ 值。

系数 α_1、α_2、α_3 　　　　　　　　表 4.4

截面类别		α_1	α_2	α_3
a 类		0.41	0.986	0.152
b 类		0.65	0.965	0.300
c 类	$\lambda_c \leqslant 1.05$	0.73	0.906	0.595
	$\lambda_c > 1.05$		1.216	0.302
d 类	$\lambda_c \leqslant 1.05$	1.35	0.868	0.915
	$\lambda_c > 1.05$		1.375	0.432

4.6.4　各类构件的长细比

无论是冷弯型钢构件还是焊接和轧制钢构件，确定轴压稳定系数 φ 时都要用到构件的长细比或换算长细比，长细比的计算方法在前面几节中已经讲述过，本小节予以汇总。

（1）实腹式截面轴压构件

λ_x、λ_y 按式（4.8）计算，λ_z 按式（4.47）计算，λ_{yz} 按式（4.74）计算，λ_{xyz} 按式（4.86）计算。

（2）双肢格构式轴压构件

绕实轴的稳定系数采用 λ_y 来计算，绕虚轴的稳定系数须采用换算长细比 λ_{0x} 来计算，其中缀条式的 λ_{0x} 采用式（4.25），缀板式的 λ_{0x} 采用式（4.26）。

当双肢缀条式格构柱（图 4.9）中的缀条与单肢间夹角 α 在 $40°\sim70°$ 时，可近似取 $\sin^2\alpha\cos\alpha \approx 0.366$，代入到式（4.25）可得到 λ_{0x} 的简化公式：

$$\lambda_{0x} \approx \sqrt{\lambda_x^2 + 27\frac{A}{A_1}} \tag{4.106}$$

式中：A_1 为两个缀面内斜缀条的截面积之和。

当双肢缀板式格构柱中两侧缀板的线刚度（I_b/b）之和不小于 6 倍的单肢线刚度（I_1/l_1）时，可近似取 $I_b/b \approx 6 I_1/l_1$，代入到式（4.26）可得到 λ_{0x} 的简化公式：

$$\lambda_{0x} = \sqrt{\lambda_x^2 + \lambda_1^2} \tag{4.107}$$

式中：λ_1 为单肢绕 1—1 轴的长细比，见图 4.10，$\lambda_1 = l_{01}/i_1$，l_{01} 为单肢在节间的净长度，i_1 为单肢绕 1—1 轴的回转半径。

值得注意的是，节间长度 l_1 较大时，单肢可能先于整个构件发生失稳，为避免该现象，GB 50017—2017 标准规定：缀条柱的单肢长细比 $\lambda_1 = l_1/i_1$ 不应大于构件长细比 λ_{0x} 及 λ_y 中较大值的 0.7 倍；缀板柱的单肢长细比 $\lambda_1 = l_{01}/i_1$ 不应大于 $40\varepsilon_k$ 以及构件长细比 λ_{0x}、λ_y 中较大值的 0.5 倍。

【例题 4.13】某轴压构件采用热轧圆管 140×4，计算长度 $l_{0x} = l_{0y} = 2.4$m，材料为 Q345 钢，设计强度 $f = 310$N/mm²，轴压力设计值 $N = 400$kN，试按照 GB 50017—2017 标准验算该构件的稳定。

【解】查型钢表得 $A = 1709$mm²，$i_x = i_y = 48.1$mm。由式（4.8）可得构件的长细比：

$$\lambda_x = \lambda_y = \frac{2400}{48.1} = 49.90$$

代入到式（4.101）得正则化长细比：

$$\lambda_{cx} = \lambda_{cy} = \frac{49.90}{3.14} \times \sqrt{\frac{345}{206000}} = 0.650 > 0.215$$

因该构件只能发生弯曲屈曲，无需计算其余长细比。由附录 C 可知构件绕 x、y 轴的截面类别均为 a，由表 4.4 查得 $\alpha_1 = 0.41$，$\alpha_2 = 0.986$，$\alpha_3 = 0.152$，代入到式（4.105b）得稳定系数：

$$\varphi_x = \varphi_y = \frac{0.986 + 0.152 \times 0.65 + 0.65^2 - \sqrt{(0.986 + 0.152 \times 0.65 + 0.65^2) - 4 \times 0.65^2}}{2 \times 0.65^2}$$

$$= 0.881$$

除上述方法外，φ 也可由附表 D.1 直接查得。因 φ 的最小值为 0.881，由式（4.96）可得：

$$\frac{N}{\varphi A f} = \frac{400000}{0.881 \times 1709 \times 310} = 0.86 < 1.0$$

该构件不会发生整体失稳。

4.6.5　单面连接单角钢压杆的整体稳定计算

在桁架及塔架的内力分析中，腹杆一般是按轴心受力构件考虑的，而实际构造不一定与之完全一致，尤其是腹杆采用单角钢并通过节点板与弦杆连接时，受力存在一定程度的偏心。当弦杆、腹杆均为单角钢且都位于节点板同侧时，见图 4.44（a），偏心距 e 较小，可近似按轴压构件计算；当单角钢弦杆、腹杆位于节点板异侧，见图 4.44（b），或者弦杆为双角钢腹杆为单角钢，见图 4.44（c），此时偏心距 e 较大，引起的附加弯矩不可忽略，这类受压腹杆实际上属于压弯构件，其端部截面可以翘曲但不能扭转，构件最终将发生弯扭屈曲，其中的弯曲轴为与节点板平行的 u 轴，见图 4.44（d）。

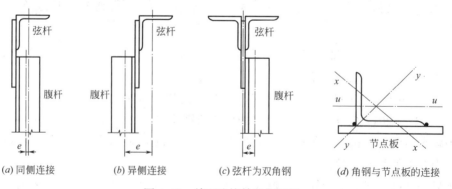

| (a) 同侧连接 | (b) 异侧连接 | (c) 弦杆为双角钢 | (d) 角钢与节点板的连接 |

图 4.44　单面连接单角钢压杆

为简化计算，我国早期钢结构设计规范一直将图 4.44（b）、（c）这两类受压腹杆按轴压构件来设计，通过折减钢材强度来考虑偏心影响。考虑到角钢腹杆在连接处只有单肢传力，存在剪切滞后并造成截面应力不均匀，现行 GB 50017—2017 标准建议采用腹杆的折

算截面积来进行稳定计算，即

$$\frac{N}{\varphi \eta A f} \leqslant 1.0 \qquad (4.108)$$

式中：φ 为由绕 u 轴长细比确定的稳定系数；η 为截面折减系数，按式（4.109）计算，且 $\eta \leqslant 1.0$。

等边角钢	$\eta = 0.6 + 0.0015\lambda$	(4.109a)
不等边角钢长肢与节点板相连	$\eta = 0.7$	(4.109b)
不等边角钢短肢与节点板相连	$\eta = 0.5 + 0.0025\lambda$	(4.109c)

式中：λ 为绕最小刚度轴（x 轴）的长细比，当 $\lambda < 20$ 时，取 $\lambda = 20$。

4.7 轴压构件稳定理论在混凝土结构中的应用

4.7.1 混凝土轴压柱的极限承载力

配有纵筋和普通箍筋的混凝土柱称为普通箍筋柱，因是实心截面，柱的抗扭能力很强，轴压时不会发生扭转或弯扭，只可能发生弯曲。长细比较小（称为短柱）时，$P\text{-}\delta$ 效应对承载力影响很小，可忽略，其破坏模式是纵筋被压屈向外凸出、混凝土被压碎，属于强度破坏，见图 4.45（a）。

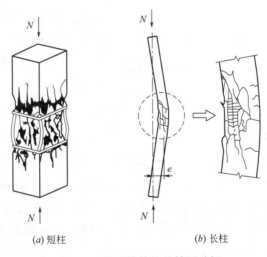

(a) 短柱 (b) 长柱

图 4.45 普通箍筋柱的轴压破坏

普通箍筋柱在轴压力作用下发生强度破坏时，其截面极限承载力由混凝土抗压承载力和纵向钢筋抗压承载力两部分组成：

$$N_{Su} = f_c A_c + f'_y A'_s \qquad (4.110)$$

式中：N_{Su} 为短柱的截面极限承载力；f_c 为混凝土轴心抗压强度设计值；A_c 为混凝土截面积；f'_y 为纵向钢筋的抗压强度设计值；A'_s 为全部纵向钢筋的截面积之和。

长细比较大（称为长柱）时，$P\text{-}\delta$ 效应不可忽略，见图 4.45（b），随着轴压力 N 和附加弯矩 Ne 的增加，凹侧混凝土首先被压碎，然后凸侧混凝土出现垂直于柱纵轴的裂纹，柱的弯曲变形急剧增加，最终发生弯曲屈曲，丧失承载能力。长柱的极限承载力为：

$$N_{Lu} = \frac{\pi^2 E_c I}{l_0^2}$$

式中：N_{Lu} 为长柱的极限承载力；E_c 为混凝土的弹性模量；I 为柱截面惯性矩；l_0 为柱的计算长度，按附录 E 中的附表 E.1、附表 E.2 取用。

4.7.2 混凝土轴压柱的整体稳定计算

从前面的稳定理论已经知道，柱的长细比越大，极限荷载越低。我国现行《混凝土结构设计规范》GB 50010—2010[14]（以下简称 GB 50010—2010 规范）将长柱与短柱的极限荷载之比定义为稳定系数 φ：

$$\varphi = \frac{N_{Lu}}{N_{Su}} \tag{4.111}$$

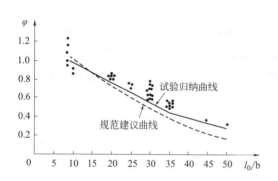

图 4.46　φ 值试验结果及 GB 50010—2010 规范取值

中国建筑科学研究院的试验资料及国外的一些试验数据均表明，稳定系数 φ 主要取决于柱的长细比，见图 4.46，混凝土强度等级、钢筋种类、配筋率也有一定的影响。考虑到荷载初偏心和长期荷载作用对构件的承载力也有不利影响，φ 的取值可比试验归纳值要低一些，以保证安全，GB 50010—2010 规范建议的矩形截面普通箍筋柱的 φ 值表达式为：

$$\varphi = \left[1 + 0.002 \left(\frac{l_0}{b} - 8 \right)^2 \right]^{-1} \leqslant 1.0 \tag{4.112}$$

式中：b 为矩形截面柱的短边尺寸。

上式可推广到任意截面普通箍筋柱：对圆形柱，可取 $b = \sqrt{3} d / 2$，d 为柱截面直径；对于其他类型截面柱可取 $b = \sqrt{12} i$，i 为截面最小回转半径。为方便使用，GB 50010—2010 规范将上式做成了表格，见本书附录 E 中的附表 E.3，设计时可根据相关参数直接查得 φ 值。

将式（4.110）代入式（4.111）可得到 GB 50010—2010 规范推荐的轴心受压普通箍筋柱的正截面受压承载力验算公式：

$$N \leqslant 0.9 \varphi (f_c A + f'_y A'_s) \tag{4.113}$$

式中：N 为柱承担的压力设计值；0.9 为可靠度调整系数；A 为柱截面面积，$A = A_c + A'_s$。

当纵向钢筋配筋率 $\rho = A'_s / A > 3\%$ 时，式（4.113）中的 A 应改为 $A - A'_s$。

【例题 4.14】　某钢筋混凝土普通箍筋柱，计算长度 $l_0 = 2.8$m，轴压力设计值 $N = 1450$kN，截面尺寸为 250mm×250mm，混凝土轴心抗压强度设计值 $f_c = 19.1$N/mm²，纵筋的面积之和 $A'_s = 1520$mm²，纵筋抗压强度设计值 $f'_y = 360$N/mm²，试验算该柱是否会失稳。

【解】　1）稳定系数

$l_0/b = 2800/250 = 11.2$，代入式（4.112）得稳定系数 $\varphi = 0.962$。

2）正截面承载力验算

配筋率 $\rho = A'_s/A = 1520/250^2 = 0.024 < 3\%$，则正截面承载力为：

$0.9\varphi\ (f_cA + f'_yA'_s) = 0.9 \times 0.962\ (19.1 \times 250^2 + 360 \times 1520) = 1.507 \times 10^6\,\text{N} > 1450\,\text{kN}$，不会失稳。

思考与练习题

4.1　轴压构件的屈曲形式有哪几种？与构件的刚度有何关系？

4.2　影响轴压构件弯曲屈曲的因素有哪些？

4.3　为什么格构式构件绕虚轴的屈曲荷载要采用换算长细比计算？

4.4　为什么残余应力对弹性弯曲屈曲没有影响但对弹塑性弯曲屈曲有影响？

4.5　影响轴压构件扭转屈曲的主要因素有哪些？

4.6　为什么无对称轴且剪心与形心不重合的截面构件只会发生双向弯扭屈曲？

4.7　影响轴压构件弯扭屈曲的主要因素有哪些？

4.8　扭转屈曲、弯扭屈曲是如何等效成弯曲屈曲的？

4.9　试举一例来说明结构对轴压构件的稳定有影响。

4.10　什么是柱子曲线？我国 GB 50018—2002 规范、GB 50017—2017 标准中的柱子曲线各有几条？分别是如何确定的？

4.11　稳定系数的含义是什么？在钢结构与钢筋混凝土结构中是否有不同？

4.12　由边缘纤维屈服准则确定的稳定系数适用于何种构件？

4.13　试计算图 4.47 所示等截面弹性轴压构件绕 x 轴的弯曲屈曲荷载、计算长度系数，已知构件绕 x 轴的抗弯刚度为 EI。

4.14　试给出图 4.48 所示刚架中 AB 柱绕 x 轴的屈曲方程（用计算长度系数 μ 表达），CD 柱无荷载，横梁刚度无穷大，两个柱的材料为弹性，在刚架平面内的抗弯刚度均为 EI。如果 CD 柱也承担相同的荷载 P，请写出 AB 柱的屈曲荷载表达式。

4.15　试给出图 4.49 所示弹性刚架中 AB 杆绕 x 轴的屈曲方程（用计算长度系数 μ 表达），已知两个构件在平面内的抗弯刚度均为 EI。如果 AC 杆变为刚性杆，其余条件不变，请写出 AB 杆的屈曲荷载表达式。

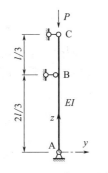

图 4.47　习题 4.13 图

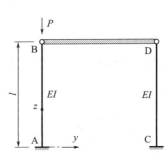

图 4.48　习题 4.14 图

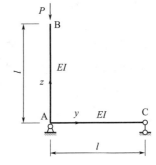

图 4.49　习题 4.15 图

4.16 图4.50所示某两端铰接轴压柱的截面，两个翼缘的残余应力分布相同，$\sigma_{rc}=\sigma_{rt}=0.5f_y$，忽略腹板的影响，材料为理想弹塑性，弹性模量为$E$，试写出切线模量$E_t$以及弯曲屈曲荷载$P_{crx}$、$P_{cry}$的表达式，并进行残余应力对两个轴屈曲荷载的影响对比。

4.17 图4.51所示某开口截面弹性悬臂轴压构件，EI_ω、GI_t均为已知参数，试计算该构件的扭转计算长度系数μ_ω。

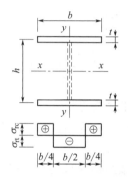

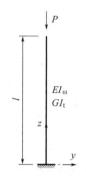

图 4.50 习题 4.16 图   图 4.51 习题 4.17 图

4.18 某两端铰接轴压构件，长 5m，中间无侧向支撑，采用图 4.52 所示双轴对称十字形截面，材料为 Q235 钢，假设材料为弹性且构件无缺陷，试判定构件的失稳形式，并给出屈曲应力。

4.19 某两端铰接轴压构件，长 3m，中间无侧向支撑，采用图 4.53 所示 T 形截面，材料为 Q345 钢，假设材料为弹性，且构件无缺陷，试判定构件的失稳形式，并给出构件的屈曲应力。

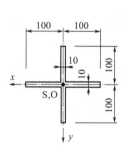

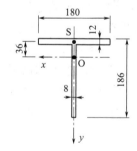

图 4.52 习题 4.18 图   图 4.53 习题 4.19 图

4.20 某桁架中的受压腹杆采用角钢 L100×10，通过节点板偏心连接，构件长 3m，中间无支撑，材料为 Q235 钢，试根据 GB 50017—2017 标准计算该构件的最大稳定承载力设计值（按 c 类截面考虑）。

参考文献

[1] 吕烈武，沈世钊，沈祖炎，等. 钢结构构件稳定理论 [M]. 北京：中国建筑工业出版社，1983.

[2] Huber A. W., Beedle L. S. Residual stress and the compressive strength of steel [J]. Welding Jour-

nal, 1954, 33 (12): 589-614.

[3] 郭兵. 单角钢压杆的屈曲及稳定计算 [J]. 建筑结构学报, 2004, 25 (6): 108-111.

[4] 陈骥. 钢结构稳定理论与设计 (第六版) [M]. 北京: 科学出版社, 2014.

[5] GB 50017—2017 钢结构设计标准 [S]. 北京: 中国建筑工业出版社, 2018.

[6] Ballio G., Mazzolani F. M. Theory and design of steel structure [M]. London: Chapman and Hall, 1983.

[7] JGJ 7—2010 空间网格结构技术规程 [S]. 北京: 中国建筑工业出版社, 2010.

[8] 张中权. 冷弯薄壁型钢轴心受压构件稳定性试验研究 [R]. 钢结构研究论文报告选集 (第一册), 全国钢结构标准技术委员会, 1982: 152-190.

[9] GB 50018—2002 冷弯薄壁型钢结构技术规范 [S]. 北京: 中国计划出版社, 2002.

[10] Bjorhovde R. Deterministic and probabilistic approaches to the strength of steel columns [D]. Ph. D. Dissertation, Department of Civil Engineering, Lehigh University, Bethlehem, PA, 1972.

[11] Stinteso D. European convention of constructional steelworks manual on the stability of steel structures (2nd Edition) [M]. Paris: ECCS, 1976.

[12] TB 10091—2017. 铁路桥梁钢结构设计规范 [S]. 北京: 中国铁道出版社, 2017.

[13] 李开禧, 肖允徽. 逆算单元长度法计算单轴失稳时钢压杆的临界力 [J]. 重庆建筑工程学院学报, 1982 (4): 26-45.

[14] GB 50010—2010 混凝土结构设计规范 [S]. 北京: 中国建筑工业出版社, 2010.

第 5 章　受弯构件的整体稳定

5.1　概　述

为充分利用材料，工程中受弯构件的截面通常高而窄，如图 5.1 所示，单向受弯时弯矩绕 x 轴（强轴）作用，双向受弯时主弯矩绕 x 轴作用。由于绕 y 轴（弱轴）的抗弯刚度 EI_y 和绕剪心 S 的抗扭刚度 GI_t 通常远小于绕强轴的抗弯刚度 EI_x，构件受到微小干扰后容易发生侧向弯扭变形。

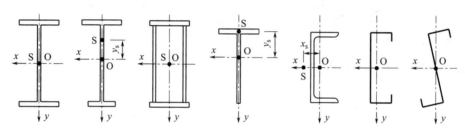

图 5.1　受弯构件的常见截面形式

图 5.2 所示完善的工字形截面弹性简（夹）支梁，加载前构件挺直，见图中虚线部分，在构件两端施加绕 x 轴的弯矩 M_x 后，M_x 不大时构件在弯矩作用平面（yz 平面）内处于稳定的弯曲平衡状态，只有 y 向位移 v，即使受干扰产生了侧向弯扭（x 向位移为 u，绕剪心 S 的扭转角为 θ），也会在撤除干扰后恢复到原平衡位置。当 M_x 增大到某一数值时，微小的干扰会使构件发生显著的侧向弯扭，撤除干扰后也不能恢复到原平衡位置，构件在弯矩作用平面外发生了弯扭屈曲，屈曲时的弯矩称为临界弯矩，记作 M_{cr}。

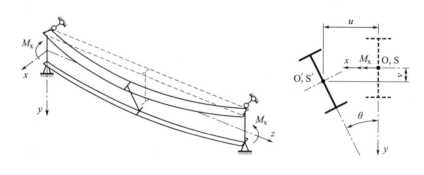

(a) 构件坐标、荷载及变形　　　　　　　(b) z 坐标处截面位移

图 5.2　单向纯弯弹性简支梁的弯扭屈曲

受弯构件的稳定研究也始于 18 世纪，但早期研究都没有考虑弯曲与扭转的耦合作用，

直到 1899 年 Prandtl 和 Michell 研究狭长矩形截面悬臂梁的稳定时才开始考虑耦合作用；1905 年 Timoshenko[1] 利用工字形截面受弯构件建立了薄壁构件的弯扭平衡微分方程。随着各种稳定分析方法的出现和完善，薄壁构件弯扭屈曲理论得到了快速发展，在 20 世纪中叶，Timoshenko[2]、Vlasov[3]、Bleich[4] 等学者在其著作中逐步将经典弹性弯扭屈曲理论系统化，后来 Trahair[5]、吕烈武[6]、Ghobarah[7]、Achour[8]、童根树[9] 等学者又通过不同的研究方法提出了一些新的见解。

与轴压构件类似，小变形条件下无缺陷弹性受弯构件的弯扭屈曲也属于平衡分岔失稳，其荷载位移曲线见图 5.3，A 点为分岔点。对于有初始侧向弯曲、初始扭转等几何缺陷的弹性受弯构件，一经加载便产生侧向弯扭，且方向唯一，荷载位移曲线为 a，弯扭变形无穷大时对应的弯矩为 M_{cr}。有缺陷弹塑性受弯构件的荷载位移曲线为 b，构件边缘纤维的应力在 B 点达到屈服强度，之后进入弹塑性，构件刚度降低，侧向弯扭快速发展，C 点对应的弯矩为极限弯矩，属于极值点失稳。

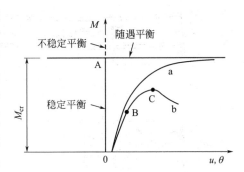

图 5.3　单向受弯构件的荷载位移曲线

除上述初始几何缺陷、力学缺陷、材料非线性因素之外，构件的约束条件、截面形式、荷载类型、横向荷载作用点位置等都会对弯扭屈曲产生影响。以图 5.2 中的构件为例，如果受压翼缘有密铺楼板并与翼缘紧密相连，构件不会发生侧向弯曲和扭转，也就不存在整体稳定问题，只有强度问题。

受弯构件的荷载类型及内力分布复杂多样，其弯扭屈曲分析要比轴压构件复杂的多。简单条件下的弹性弯扭屈曲分析可采用静力法或能量法，弹塑性屈曲则需要采用数值法。本章先从简单的弹性纯弯构件着手，采用静力法研究各类因素对 M_{cr} 的影响，然后采用能量法研究复杂荷载下的弹性弯扭屈曲，之后再分析弹塑性弯扭屈曲，最后介绍相关稳定理论在钢结构设计中的应用。

5.2　纯弯构件的弹性弯扭屈曲

本节先以理想的单轴对称截面纯弯简支梁为研究对象，采用静力法进行弹性弯扭屈曲分析，然后再分别研究构件边界条件、截面形式、屈曲前变形、残余应力等对弹性弯扭屈曲的影响。

对绕强轴受弯的开口截面构件，因其 EI_x 远大于 EI_y 和 GI_t，屈曲前截面沿 x 向位移 v（称为屈曲前变形）非常小，为简化分析，可以忽略 v 对弯扭屈曲的影响[4]。

5.2.1　单向纯弯简支梁的弹性弯扭屈曲

（1）平衡方程及临界弯矩

图 5.4（a）所示初始挺直的单向纯弯弹性简支梁，端弯矩 M_x 作用下的竖向挠度为 v，当构件因受干扰而发生了微小的侧向弯扭变形后，z 坐标处的截面弯矩由 M_x 变为

$M_x\cos\alpha$，α 为截面绕 y 轴的倾角；因截面绕剪心 S 有扭转角 θ，见图 5.4 (b)，实线为变形后位置，$M_x\cos\alpha$ 在强轴上的分量为 $M_x\cos\alpha\cos\theta \approx M_x$，在弱轴上的分量为 $M_x\cos\alpha\sin\theta \approx M_x\theta$，则变形后绕强轴和弱轴的弯曲平衡微分方程分别为：

$$EI_xv'' + M_x = 0 \tag{5.1}$$

$$EI_yu'' + M_x\theta = 0 \tag{5.2}$$

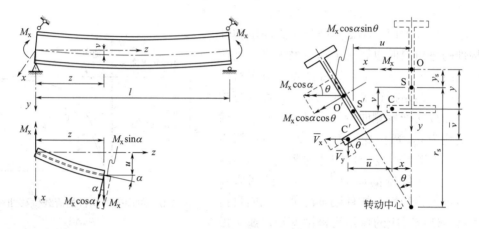

(a) 构件坐标、荷载及变形　　　　　　　　　(b) z 坐标处截面位移及内力

图 5.4　单轴对称工字形截面单向纯弯简支梁的弯扭

从第 4 章知道，截面扭矩 T_z 是由纵向应力的 Wagner 效应产生的，受弯构件也不例外，T_z 的推导与第 4.4.1 节单轴对称截面轴压构件类似，只需将纤维 C 的轴压应力 σ_a 替换为弯曲正应力 σ_b（以压为正），由图 5.4 (b) 可知，y 取负值时为压应力，因此有 $\sigma_b = -M_x y / I_x$，代入式（4.67a）后整理可得截面扭矩：

$$T_z = -\frac{M_x}{I_x}\int_A \{y[x^2 + (y - y_s)^2]\theta' - yu'(y - y_s)\}\mathrm{d}A = -2\beta_y M_x\theta' + M_xu' \tag{5.3}$$

$$\beta_y = \frac{1}{2I_x}\int_A y(x^2 + y^2)\mathrm{d}A - y_s \tag{5.4}$$

式中：β_y 称为截面不对称参数，量纲与长度相同，属于几何特性，常见截面绕 x 轴受弯时的 β_y 可按下列情况取用：

1）双轴对称截面、点对称截面、槽钢截面，$\beta_y = 0$；

2）单轴对称 T 形截面，当翼缘受压时 $\beta_y \approx 0.45h_0$，当翼缘受拉时 $\beta_y \approx -0.45h_0$，h_0 为腹板高度；

3）单轴对称工字形截面的 β_y 可近似按下式简化计算[10]：

$$\beta_y = 0.45h\left(2\frac{I_1}{I_y} - 1\right)\left(1 - \frac{I_y^2}{I_x^2}\right) \tag{5.5}$$

式中：h 为上下翼缘中心之间的距离；I_1 为受压翼缘对 y 轴的惯性矩。

式（5.3）中的 M_xu' 实际上是 M_x 的分量，也即 $M_x\sin\alpha \approx M_x\tan\alpha = M_xu'$，见图 5.4 ($a$)，为扭矩。由式（2.38）可知截面自由扭转扭矩 $T_{st} = GI_t\theta'$，由式（2.44）可知截面翘曲扭矩 $T_\omega = -EI_\omega\theta'''$，将式（5.3）以及 T_{st} 和 T_ω 代入式（2.43）可得扭转平衡微分方程：

$$EI_\omega\theta''' - (2\beta_y M_x + GI_t)\theta' + M_x u' = 0 \tag{5.6}$$

因屈曲前变形 v 可忽略，式（5.1）与侧向弯扭屈曲无关，只需联合求解式（5.2）和式（5.6）。为使上述平衡方程具有更广泛的适用范围，可将式（5.2）对 z 求导两次、式（5.6）对 z 求导一次，这样便可得到适用于任意边界条件及任意弯矩形式下单向受弯构件的弯扭平衡微分方程[9]：

$$EI_y u^{(4)} + (M_x\theta)'' = 0 \tag{5.7a}$$

$$EI_\omega\theta^{(4)} - [(2\beta_y M_x + GI_t)\theta']' + (M_x u')' = 0 \tag{5.7b}$$

上式之所以将微分符号写在括号外，是考虑非均匀受弯时 M_x 不是常数，而是 z 的函数。对纯弯构件，M_x 是常数，与 z 无关，以式（5.7a）为例，变为 $EI_y u^{(4)} + M_x\theta'' = 0$，积分两次可得：

$$EI_y u'' + M_x\theta = A_1 z + A_2$$

当构件为两端简支时，由 x 向位移为零可知 $u(0) = u(l) = 0$，由端弯矩为零可知 $u''(0) = u''(l) = 0$，代入上式后可得 $A_1 = A_2 = 0$，上式回归至式（5.2）。

下面针对两端简支的纯弯构件进行研究，由式（5.2）可得到用 θ 表达的 u''：

$$u'' = -\frac{M_x}{EI_y}\theta \tag{5.8}$$

将上式代入式（5.7b），可得到只有扭转角 θ 的平衡微分方程：

$$EI_\omega\theta^{(4)} - (2\beta_y M_x + GI_t)\theta'' - \frac{M_x^2}{EI_y}\theta = 0 \tag{5.9}$$

上式两侧同除以 EI_ω，并令

$$k_1 = \frac{2\beta_y M_x + GI_t}{EI_\omega}, \quad k_2 = \frac{M_x^2}{EI_\omega EI_y}$$

则式（5.9）变为：

$$\theta^{(4)} - k_1\theta'' - k_2\theta = 0$$

上式的通解为：

$$\theta = B_1\sinh(a_1 z) + B_2\cosh(a_1 z) + B_3\sin(a_2 z) + B_4\cos(a_2 z) \tag{5.10}$$

式中：B_1、B_2、B_3、B_4 为待定系数；a_1、a_2 为参数，分别如下：

$$a_1 = \sqrt{\frac{k_1 + \sqrt{k_1^2 + 4k_2}}{2}}, \quad a_2 = \sqrt{\frac{-k_1 + \sqrt{k_1^2 + 4k_2}}{2}} \tag{5.11}$$

对于两端简支构件，因端部不能扭转，$\theta(0) = \theta(l) = 0$，端部可以自由翘曲，$\theta''(0) = \theta''(l) = 0$，代入式（5.10）后得到以下线性方程组：

$$B_2 + B_4 = 0 \tag{5.12a}$$

$$B_2 a_1^2 - B_4 a_2^2 = 0 \tag{5.12b}$$

$$B_1\sinh(a_1 l) + B_2\cosh(a_1 l) + B_3\sin(a_2 l) + B_4\cos(a_2 l) = 0 \tag{5.12c}$$

$$B_1 a_1^2\sinh(a_1 l) + B_2 a_1^2\cosh(a_1 l) - B_3 a_2^2\sin(a_2 l) - B_4 a_2^2\cos(a_2 l) = 0 \tag{5.12d}$$

由于 B_1、B_2、B_3、B_4 不能同时为零，故线性方程组的系数行列式应为零，也即

$$\begin{vmatrix} 0 & 1 & 0 & 1 \\ 0 & a_1^2 & 0 & -a_2^2 \\ \sinh(a_1 l) & \cosh(a_1 l) & \sin(a_2 l) & \cos(a_2 l) \\ a_1^2\sinh(a_1 l) & a_1^2\cosh(a_1 l) & -a_2^2\sin(a_2 l) & -a_2^2\cos(a_2 l) \end{vmatrix} = 0$$

可得特征方程：

$$(a_1^2 + a_2^2)^2 \sinh(a_1 l) \sin(a_2 l) = 0$$

上式中 $(a_1^2 + a_2^2)$ 是大于零的正值，故只能 $\sinh(a_1 l) = 0$ 或 $\sin(a_2 l) = 0$，但如果 $\sinh(a_1 l) = 0$，则 $a_1 = 0$，代入线性方程组可得 B_1、B_2、B_3、B_4 均为零，是平凡解，因此只能是 $\sin(a_2 l) = 0$，可解得：

$$a_2 = n\pi/l \quad (n = 1, 2, 3, \cdots)$$

特征值的最小值为 $a_2 = \pi/l$，将 a_2、k_1、k_2 代入式（5.11），可得到 M_x 值，该值就是构件的弹性弯扭屈曲临界弯矩 M_{cr}：

$$M_{cr} = \frac{\pi^2 E I_y}{l^2} \left[\beta_y + \sqrt{\beta_y^2 + \frac{I_\omega}{I_y}\left(1 + \frac{G I_t l^2}{\pi^2 E I_\omega}\right)} \right] \tag{5.13}$$

可以看出，影响纯弯简支梁弹性临界弯矩的因素有：侧向抗弯刚度 EI_y、抗扭刚度 GI_t、翘曲刚度 EI_ω、构件跨度 l 和截面不对称参数 β_y。上式右侧中括号外为构件轴心受压时绕 y 轴的弯曲屈曲荷载 P_{cry}，再引入式（4.40b）中的扭转刚度参数 K 后，式（5.13）还可以写成如下形式：

$$M_{cr} = P_{cry} \left[\beta_y + \sqrt{\beta_y^2 + \frac{I_\omega}{I_y}\left(1 + \frac{1}{K^2}\right)} \right] \tag{5.14a}$$

$$P_{cry} = \frac{\pi^2 E I_y}{l^2}, \quad K = \sqrt{\frac{\pi^2 E I_\omega}{G I_t l^2}} \tag{5.14b}$$

对于截面不对称参数 $\beta_y = 0$ 的截面，式（5.13）、式（5.14a）可分别简化为：

$$M_{cr} = \frac{\pi^2 E I_y}{l^2} \sqrt{\frac{I_\omega}{I_y}\left(1 + \frac{G I_t l^2}{\pi^2 E I_\omega}\right)} = \frac{\pi}{l} \sqrt{E I_y\left(G I_t + \frac{\pi^2 E I_\omega}{l^2}\right)} \tag{5.15}$$

$$M_{cr} = P_{cry} \sqrt{\frac{I_\omega}{I_y}\left(1 + \frac{1}{K^2}\right)} \tag{5.16}$$

（2）屈曲模态

将 $\sin(a_2 l) = 0$ 代入式（5.12）后可知 $B_1 = B_2 = B_4 = 0$，由式（5.10）可得构件的扭转模态曲线：

$$\theta = B_3 \sin(a_2 z) = B_3 \sin\frac{\pi z}{l}$$

将上式代入到式（5.8）后，利用边界条件可解得构件的侧向弯曲模态曲线：

$$u = B_3 \frac{M_x}{\pi^2 E I_y/l^2} \sin\frac{\pi z}{l}$$

由以上两式可以看出，扭转与侧向弯曲的模态均为正弦曲线。与轴心受压构件类似，小变形理论只能得到临界荷载和模态曲线，无法得到变形的具体值，须采用大变形理论才能得到。在实际工程中大变形很难发生，当变形发展到一定程度时，构件已经发生破坏。

（3）截面转动中心

式（5.14a）右侧的 P_{cry} 为力，而其余项相当于力臂，可称之为截面的扭转半径，记作 r_s，也就是剪心到截面转动中心的距离，见图 5.4（b），则式（5.14a）还可写为：

$$M_{cr} = P_{cry} r_s \tag{5.17a}$$

$$r_s = \beta_y + \sqrt{\beta_y^2 + \frac{I_\omega}{I_y}\left(1 + \frac{1}{K^2}\right)} \qquad (5.17b)$$

（4）临界应力

将 M_{cr} 除以绕 x 轴的截面模量 W_x 即可得到构件弯扭屈曲时的临界应力 σ_{cr}：

$$\sigma_{cr} = \frac{M_{cr}}{W_x} \qquad (5.18)$$

【例题 5.1】 图 5.5 所示单向纯弯简支梁，$l = 8\text{m}$，截面为 H600×250×8×12，材料为 Q235 钢，假设材料为理想弹塑性、构件无缺陷，试计算其临界弯矩、临界应力以及截面扭转半径。

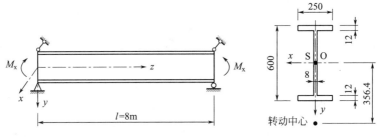

图 5.5　例题 5.1 图

【解】 构件截面特性：$\beta_y = 0$，$I_x = 6.46 \times 10^8\,\text{mm}^4$，$W_x = 2.15 \times 10^6\,\text{mm}^3$，$I_y = 3.13 \times 10^7\,\text{mm}^4$，$I_t = 5.09 \times 10^5\,\text{mm}^4$，$I_\omega = 2.71 \times 10^{12}\,\text{mm}^6$。

$$P_{cry} = \frac{\pi^2 E I_y}{l^2} = \frac{3.14^2 \times 206000 \times 3.13 \times 10^7}{8000^2} = 9.93 \times 10^5\,\text{N}$$

$$\frac{1}{K^2} = \frac{G I_t l^2}{\pi^2 E I_\omega} = \frac{79000 \times 5.09 \times 10^5 \times 8000^2}{3.14^2 \times 206000 \times 2.71 \times 10^{12}} = 0.467$$

将相关参数代入式（5.16）可得临界弯矩：

$$M_{cr} = P_{cry}\sqrt{\frac{I_\omega}{I_y}\left(1 + \frac{1}{K^2}\right)} = 9.93 \times 10^5 \times \sqrt{\frac{2.71 \times 10^{12}}{3.13 \times 10^7}(1 + 0.467)} = 353.9 \times 10^6\,\text{N} \cdot \text{mm}$$

将相关参数代入式（5.18）、式（5.17a）可得屈曲时的临界应力、截面扭转半径：

$$\sigma_{cr} = \frac{M_{cr}}{W_x} = \frac{353.9 \times 10^6}{2.15 \times 10^6} = 164.6\,\text{N/mm}^2 < f_y = 235\,\text{N/mm}^2，\text{为弹性弯扭屈曲。}$$

$$r_s = \frac{M_{cr}}{P_{cry}} = \frac{353.9 \times 10^6}{9.93 \times 10^5} = 356.4\,\text{mm}$$

由图 5.5 可以看出，截面转动中心位于下翼缘下侧不远处，如果侧向支撑设置在受拉的下翼缘，则距离转动中心很近，很难有效阻止截面的侧移和扭转，因此侧向支撑应设置在受压的上翼缘。

5.2.2　双向纯弯简支梁的弹性弯扭屈曲

构件双向受弯时，一经加载就会发生侧向弯扭，图 5.6（a）所示无缺陷的双向纯弯弹性简支梁，截面为双轴对称工字形，M_x、M_y 分别绕强轴和弱轴作用，假设构件发生小变形后 z 坐标处截面位置为图 5.6（b）中的实线，则绕强轴弯矩变为 $M_x\cos\theta - M_y\sin\theta \approx$

$M_x-M_y\theta$，绕弱轴弯矩变为 $M_y\cos\theta+M_x\sin\theta\approx M_y+M_x\theta$，参照式（5.3）可知截面扭矩 $T_z=M_xu'-M_yv'$，构件变形后的双向弯曲和扭转平衡微分方程分别为：

$$EI_xv''+M_x-M_y\theta=0 \tag{5.19a}$$

$$EI_yu''+M_x\theta+M_y=0 \tag{5.19b}$$

$$EI_\omega\theta'''-GI_t\theta'+M_xu'-M_yv'=0 \tag{5.19c}$$

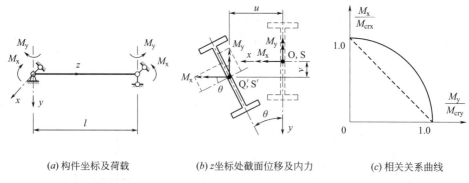

(a) 构件坐标及荷载 (b) z坐标处截面位移及内力 (c) 相关关系曲线

图 5.6 双轴对称工字形截面双向纯弯简支梁的弯扭

因 θ 与 u、v 相互关联，需要联合以上三式来求解。为具有更广的适用范围，将弯曲方程对 z 求导两次、扭转方程对 z 求导一次，可得到任意边界条件和任意弯矩形式下的弯扭平衡微分方程：

$$EI_xv^{(4)}+(M_x)''-(M_y\theta)''=0 \tag{5.20a}$$

$$EI_yu^{(4)}+(M_x\theta)''+(M_y)''=0 \tag{5.20b}$$

$$EI_\omega\theta^{(4)}-GI_t\theta''+(M_xu')'-(M_yv')'=0 \tag{5.20c}$$

对纯弯简支梁，M_x、M_y 均是常数，上式可退化为式（5.19）。双向纯弯简支梁的变形函数也为正弦半波曲线，可设 $u=A_1\sin(\pi z/l)$、$v=A_2\sin(\pi z/l)$、$\theta=A_3\sin(\pi z/l)$，代入式（5.19）后利用边界条件可得到关于 M_x、M_y 的表达式：

$$\left[\frac{M_x}{\pi/l\sqrt{EI_y(GI_t+\pi^2EI_\omega/l^2)}}\right]^2+\left[\frac{M_y}{\pi/l\sqrt{EI_x(GI_t+\pi^2EI_\omega/l^2)}}\right]^2=1$$

上式左侧第一项的分母是 M_x 单独作用下构件的临界弯矩，也即式（5.15），这里记作 M_{crx}，对应地，左侧第二项的分母就是 M_y 单独作用下构件的临界弯矩，这里记作 M_{cry}，则上式可简写为：

$$\left(\frac{M_x}{M_{crx}}\right)^2+\left(\frac{M_y}{M_{cry}}\right)^2=1 \tag{5.21a}$$

上式称为相关关系曲线，为 1/4 圆弧，见图 5.6（c），如果简化成直线关系显然是偏安全的，即

$$\frac{M_x}{M_{crx}}+\frac{M_y}{M_{cry}}=1 \tag{5.21b}$$

对于工字形截面构件，当仅承担绕弱轴的弯矩 M_y 时，见图 5.7，侧向抗弯刚度是 EI_x，远大于 EI_y，构件只会绕 y 轴弯曲，不会发生侧向弯曲和扭转，无整体稳定问题，只有绕 y 轴的强度问题，式（5.21b）中的 M_{cry} 可替换为绕 y 轴的全截面塑性弯矩

M_{py}，即

$$\frac{M_x}{M_{crx}} + \frac{M_y}{M_{py}} = 1 \tag{5.22}$$

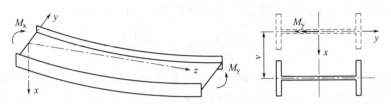

图 5.7　工字形截面构件绕弱轴单向受弯

5.2.3　边界条件对弹性弯扭屈曲的影响

对于任意边界条件下的单向纯弯构件，其弯扭平衡微分方程都是式（5.7），根据边界条件选择合适的变形函数后，同样可以求出弹性临界弯矩。

（1）两端固接单向纯弯构件的弹性屈曲

两端固接（图 5.8）时的边界条件为：沿 x 向位移 $u(0)=u(l)=0$，绕 y 轴的侧倾角 $u'(0)=u'(l)=0$，截面扭转角 $\theta(0)=\theta(l)=0$，截面扭转率 $\theta'(0)=0'(l)=0$，满足上述边界条件的变形函数为：

$$u = A_1\left(1 - \cos\frac{2n\pi z}{l}\right), \quad \theta = A_2\left(1 - \cos\frac{2n\pi z}{l}\right)$$

代入到式（5.7）后，再利用边界条件可解得两端固接单向纯弯构件的弹性临界弯矩：

$$M_{cr} = \frac{\pi^2 E I_y}{(l/2)^2}\left\{\beta_y + \sqrt{\beta_y^2 + \frac{I_\omega}{I_y}\left[1 + \frac{G I_t (l/2)^2}{\pi^2 E I_\omega}\right]}\right\} \tag{5.23}$$

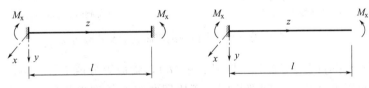

图 5.8　两端固接及悬臂时的单向受弯构件

（2）悬臂单向纯弯构件的弹性屈曲

悬臂构件（图 5.8）边界条件为：固接端 $u(0)=u'(0)=0$，$\theta(0)=\theta'(0)=0$；自由端 $u''(l)=\theta''(l)=0$，满足上述边界条件的变形函数为：

$$u = A_1\left(1 - \cos\frac{n\pi z}{2l}\right), \quad \theta = A_2\left(1 - \cos\frac{n\pi z}{2l}\right)$$

代入到式（5.7）同样可解得悬臂纯弯构件的弹性临界弯矩：

$$M_{cr} = \frac{\pi^2 E I_y}{(2l)^2}\left\{\beta_y + \sqrt{\beta_y^2 + \frac{I_\omega}{I_y}\left[1 + \frac{G I_t (2l)^2}{\pi^2 E I_\omega}\right]}\right\} \tag{5.24}$$

（3）任意边界条件下单向纯弯构件的弹性屈曲

从以上诸式可以看出，边界条件的影响可以通过引入计算长度 $l_{0y}=\mu_y l$、$l_\omega=\mu_\omega l$ 来考虑，这样任意边界条件下单向纯弯构件的弹性临界弯矩可以统一写为：

$$M_{cr} = \frac{\pi^2 EI_y}{l_{0y}^2} \left[\beta_y + \sqrt{\beta_y^2 + \frac{I_\omega}{I_y}\left(1 + \frac{GI_t l_\omega^2}{\pi^2 EI_\omega}\right)} \right] \tag{5.25}$$

上式仍可写成式（5.14a）的形式，但式中的 P_{cry}、K 分别变为：

$$P_{cry} = \frac{\pi^2 EI_y}{l_{0y}^2}, \quad K = \sqrt{\frac{\pi^2 EI_\omega}{GI_t l_\omega^2}}$$

当受弯构件跨中无侧向支撑时，确定 l_{0y}、l_ω 的方法比较简单，见表 4.1 以及第 4.3.2 节相关内容。当受弯构件跨中设有侧向支撑时，确定 l_{0y}、l_ω 时不仅需要考虑支座约束和侧向支撑，还需要考虑侧向支撑两侧相邻构件段之间的支持作用，不能简单地按表 4.1 取值。

图 5.9（a）所示纯弯简支梁，侧向支撑将梁分为长度不等的两段，尽管两段梁的弯矩分布相同，但 l_2 段的线刚度大，对 l_1 段提供支持作用，最终同步发生弯扭屈曲，需要对梁进行整体分析。如果不考虑梁段间的支持作用，将两段梁都看作是独立的简支构件，则所计算的 l_1 段临界弯矩要比实际值偏低，而 l_2 段偏高，以 l_1 段临界弯矩作为整个构件的临界弯矩显然偏于安全。

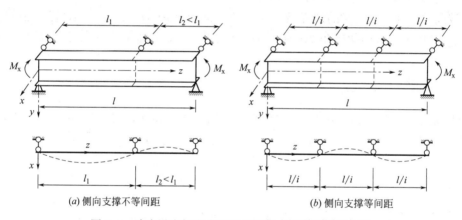

（a）侧向支撑不等间距 　　　　　　　　（b）侧向支撑等间距

图 5.9　跨中设有侧向支撑的纯弯简支梁及其侧向变形

当跨中侧向支撑等间距布置时，见图 5.9（b），梁被等分成 i 段，侧向支撑点间距为 l/i，因各段梁的弯矩分布、长度都相同，弯扭屈曲半波长度也相同，各段梁之间无支持作用，此时可取 $l_{0y} = l_\omega = l/i$，整个构件可以简化成长为 l/i 的独立纯弯简支构件。

如果图 5.9（b）中的简支梁不是纯弯，而是承担竖向均布荷载 q，则各梁段的弯矩图并不相同，弯矩较小的梁段属于强梁段，弯矩较大的梁段属于弱梁段，强梁段对弱梁段提供支持作用，需要进行整体分析，将在后面第 5.4 节讲述。

5.2.4　截面形式对弹性弯扭屈曲的影响

构件的截面形式会影响 β_y、I_y、I_t、I_ω 等参数，进而影响构件的刚度和变形，最终使临界弯矩也发生变化，下面通过例题来探讨截面形式的变化对临界弯矩的影响。

【例题 5.2】　如果将例题 5.1 中的纯弯简支梁截面由双轴对称工字形分别改为图 5.10（a）、（b）所示单轴对称工字形，截面面积、截面高度、板厚都不变，仅上下翼缘的宽度不同，试分别计算其临界弯矩、临界应力，并进行比较，假设钢材为弹性、构件无缺陷。

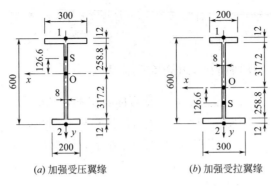

(a) 加强受压翼缘　　　　　　　(b) 加强受拉翼缘

图 5.10　例题 5.2 图

【解】　1）加强受压翼缘时

截面特性为：$I_x=6.02\times10^8\,\text{mm}^4$，$I_y=3.50\times10^7\,\text{mm}^4$，$I_t=5.09\times10^5\,\text{mm}^4$，$I_\omega=2.13\times10^{12}\,\text{mm}^6$；受拉边缘纤维应力最大，对应截面模量 $W_{2x}=6.02\times10^8/329.2=1.83\times10^6\,\text{mm}^3$；受压翼缘对 y 轴的惯性矩 $I_1=2.70\times10^7\,\text{mm}^4$。

根据式（5.5）可得单轴对称工字形截面的 β_y：

$$\beta_y=0.45h\left(2\frac{I_1}{I_y}-1\right)\left(1-\frac{I_y^2}{I_x^2}\right)=0.45\times588\times\left(2\times\frac{2.7\times10^7}{3.5\times10^7}-1\right)\left[1-\frac{(3.5\times10^7)^2}{(6.02\times10^8)^2}\right]$$

$$=143.2\,\text{mm}$$

再由式（5.14b）可得 P_{cry} 和 $1/K^2$：

$$P_{cry}=\frac{\pi^2EI_y}{l^2}=\frac{3.14^2\times206000\times3.5\times10^7}{8000^2}=1.11\times10^6\,\text{N}$$

$$\frac{1}{K^2}=\frac{GI_tl^2}{\pi^2EI_\omega}=\frac{79000\times5.09\times10^5\times8000^2}{3.14^2\times206000\times2.13\times10^{12}}=0.595$$

将相关参数分别代入式（5.14a）、式（5.18）可得：

$$M_{cr}=1.11\times10^6\times\left[143.2+\sqrt{143.2^2+\frac{2.13\times10^{12}}{3.5\times10^7}(1+0.595)}\right]=539.6\times10^6\,\text{N}\cdot\text{mm}$$

$$\sigma_{cr}=\frac{M_{cr}}{W_{2x}}=\frac{539.6\times10^6}{1.83\times10^6}=294.9\,\text{N/mm}^2$$

2）加强受拉翼缘时

截面倒置时 I_x、I_y、I_t、I_ω 都不变，故 P_{cry}、K 也不变。此时受压边缘纤维应力最大，对应截面模量 $W_{1x}=1.83\times10^6\,\text{mm}^3$；受压翼缘对 y 轴惯性矩 $I_1=8.0\times10^6\,\text{mm}^4$，则有：

$$\beta_y=0.45\times588\times\left(2\times\frac{8.0\times10^6}{3.5\times10^7}-1\right)\left[1-\frac{(3.5\times10^7)^2}{(6.02\times10^8)^2}\right]=-143.2\,\text{mm}$$

$$M_{cr}=1.11\times10^6\times\left[-143.2+\sqrt{(-143.2)^2+\frac{2.13\times10^{12}}{3.5\times10^7}(1+0.595)}\right]=221.7\times10^6\,\text{N}\cdot\text{mm}$$

$$\sigma_{cr}=\frac{M_{cr}}{W_{1x}}=\frac{221.7\times10^6}{1.83\times10^6}=121.1\,\text{N/mm}^2$$

图 5.5、图 5.10（a）、（b）三种截面的 M_{cr} 之比为 1.0∶1.53∶0.63，σ_{cr} 之比为

$1.0 : 1.79 : 0.74$，可见截面形式对临界弯矩、临界应力的影响很大。当采用单轴对称截面时，宜使加强翼缘位于受压区。

5.2.5 屈曲前变形对弹性弯扭屈曲的影响

前面的分析都是基于 EI_x 远大于 EI_y 和 GI_t 得出的，忽略了屈曲前绕 x 轴弯曲变形 v 的影响。对闭口截面，因其 EI_x、EI_y、GI_t 有可能属于同量级，此时不能再忽略 v 的影响。考虑 v 的影响后，M_x 作用下单轴对称截面纯弯简支梁的弯扭平衡微分方程为[11]：

$$EI_x v'' + M_x = 0 \tag{5.26a}$$

$$EI_y(u'' + v''\theta) + M_x\theta = 0 \tag{5.26b}$$

$$EI_\omega[\theta''' - v''u''' - 2v'''u'' - v^{(4)}u'] - (2\beta_y M_x + GI_t)(\theta' - v''u') + M_x u' = 0 \tag{5.26c}$$

构件的变形函数可采用下列公式：

$$u = A_1 \sin\frac{\pi z}{l}, \quad v = A_2 \sin\frac{\pi z}{l}, \quad \theta = A_3 \sin\frac{\pi z}{l}$$

代入到式（5.26）后，利用边界条件可解得弹性临界弯矩：

$$M_{cr} = \gamma_v M_{0cr} \tag{5.27a}$$

$$\gamma_v = \frac{1}{\sqrt{\left(1 - \dfrac{I_y}{I_x}\right)\left[1 - \dfrac{2\beta_y M_x + GI_t}{EI_x}\left(1 + \dfrac{\pi^2 EI_\omega/l^2}{2\beta_y M_x + GI_t}\right)\right]}} \tag{5.27b}$$

式中：γ_v 为屈曲前变形影响系数；M_{0cr} 为不考虑屈曲前变形影响的临界弯矩，也即式（5.13）。

根据上式可以得到以下结论：

1) 对方管和圆管，$I_x = I_y$，γ_v 为无穷大，构件不会发生弯扭屈曲；

2) 对截面高宽比不大的箱形截面，I_x、I_y 为同一量级，γ_v 也很大，较少发生弯扭屈曲；

3) 对工字形、槽形等开口截面，$\gamma_v \approx 1.0$。以例题 5.1 中构件为例，将相关参数代入式（5.27b）可得 $\gamma_v = 1.025$，考虑 v 的影响后临界弯矩仅提高了 2.5%，屈曲前变形的影响完全可以忽略。

5.2.6 残余应力对弹性弯扭屈曲的影响

残余应力的 Wagner 效应对受弯构件的扭转同样有影响，W_r 的计算方法与式（4.53）相同。因残余应力自相平衡，对侧向弯曲平衡微分方程没有影响，仍为式（5.2），考虑 W_r 后的扭转平衡微分方程可由式（5.6）改写为：

$$EI_\omega \theta''' - (2\beta_y M_x + GI_t - W_r)\theta' + M_x u' = 0 \tag{5.28}$$

联合求解式（5.2）、式（5.28），可得考虑残余应力影响后纯弯简支梁的弹性临界弯矩：

$$M_{cr} = \frac{\pi^2 EI_y}{l^2}\left\{\beta_y + \sqrt{\beta_y^2 + \frac{I_\omega}{I_y}\left[1 + \frac{(GI_t - W_r)l^2}{\pi^2 EI_\omega}\right]}\right\} \tag{5.29}$$

上式与式（5.13）相比，仅多出了一项 Wagner 效应系数 W_r，下面通过例题研究残余应力对弹性临界弯矩的影响程度。

【例题 5.3】 如果例题 5.1 中的构件仅翼缘有残余应力，见图 5.11，压为正，拉为负，两个翼缘的残余应力相同，h 为翼缘中线之间的距离，试计算残余应力峰值系数 $\alpha = 0.3$ 时构件的临界弯矩和临界应力。

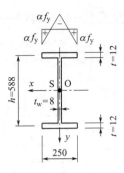

图 5.11 例题 5.3 图

【解】 1）残余应力的 Wagner 效应系数 W_r

$$W_r = \int_A (x^2 + y^2) \, \sigma_r \mathrm{d}A = 4 \int_0^{0.5b} \left(x^2 + \frac{1}{4} h^2 \right) \alpha f_y \left(\frac{4}{b} x - 1 \right) t \mathrm{d}x$$

$$= \frac{1}{12} \alpha f_y b^3 t = \frac{1}{12} \times 0.3 \times 235 \times 250^3 \times 12$$

$$= 1.10 \times 10^9 \, \text{N} \cdot \text{mm}$$

2）临界弯矩及截面最大应力

将例题 5.1 中的相关参数及 W_r 代入到式（5.29）可得：

$$M_{cr} = 9.93 \times 10^5 \sqrt{\frac{2.71 \times 10^{12}}{3.13 \times 10^7} \left[1 + \frac{(79000 \times 5.09 \times 10^5 - 1.10 \times 10^9) \times 8000^2}{3.14^2 \times 206000 \times 2.71 \times 10^{12}} \right]}$$

$$= 351.8 \times 10^6 \, \text{Nmm}$$

$\sigma_{cr} = \dfrac{351.8 \times 10^6}{2.15 \times 10^6} = 163.6 \, \text{N/mm}^2 < f_y^* = f_y - \alpha f_y = 164.5 \, \text{N/mm}^2$，构件为弹性屈曲。

与例题 5.1 无残余应力时相比，临界弯矩仅降低了 0.6%，说明残余应力对弹性临界弯矩的影响并不大。但如果本例中的残余应力峰值系数 $\alpha = 0.4$，则有效屈服强度 $f_y^* = 141.0 \text{N/mm}^2$，显然 $\sigma_{cr} > f_y^*$，已属于弹塑性弯扭屈曲，可见残余应力的存在可以加速构件进入弹塑性屈曲，残余应力对弹塑性弯扭屈曲的影响将在第 5.6 节讲述。

5.3 不同荷载类型下简支梁的弹性弯扭屈曲

单向受弯简支梁的荷载类型多种多样，构件中的弯矩分布比较复杂，很难用静力法进行稳定分析，可以利用势能驻值原理并借助 Ritz 法或 Galerkin 法等近似法来求解弹性临界弯矩。

5.3.1 单向受弯简支梁的总势能公式

从第 3 章已经知道，总势能 Π 由构件应变能 U 和外力势能 V 组成，由于问题的高度复杂性，目前受弯构件的总势能计算方法有很多种，比较有代表性的总势能公式有三个，分别由 Bleich[4]、吕烈武[6]、童根树[12] 给出，本节将逐一进行介绍。

首先做如下假定：材料为弹性；构件为等截面直杆且无初始缺陷；构件为小变形，且截面满足刚周边假定；荷载的大小、方向保持不变，也即为保守力。

（1）Bleich 提出的总势能公式

1952 年 Bleich[4] 给出了偏心轴压力 P 和横向均布荷载 q 共同作用下单向压弯简支构件的总势能公式，如果令 $P = 0$，则可以得到均布荷载 q 作用下单向受弯简支梁的总势能公式。

图 5.12 所示单轴对称工字形截面单向受弯简支梁，作用有通过剪心 S 的均布荷载 q 和 n 个集中荷载 Q_i，q 和 Q_i 的作用点到剪心的 y 向距离均为 a，见图 5.12（b），虚线为变形前的位置，假设 z 坐标处截面弯矩为 M_x，截面任意纵向纤维 C 的坐标为 (x, y)，

截面积为 $\mathrm{d}A$，构件发生微小弯扭后，纤维 C 在 x、y 向位移分别为 $\bar{u}$、$\bar{v}$。

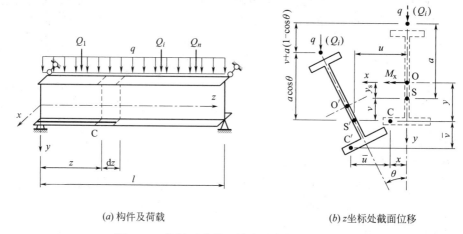

(a) 构件及荷载　　　　　　　　　(b) z坐标处截面位移

图 5.12　单轴对称截面单向受弯简支梁的弯扭

由于构件弯扭时存在几何非线性，Bleich 认为体系的总势能 $\varPi$ 由线性应变能 U^{L}、非线性应变能 U^{N} 和外力势能 V 三部分组成。线性应变能 U^{L} 包括弯曲应变能 U_1、翘曲应变能 U_2 和自由扭转应变能 U_3 三部分[6,9,13]。忽略屈曲前变形 v 的影响后，根据式（3.10）可直接写出弯曲应变能：

$$U_1 = \frac{1}{2}\int_0^l EI_x v''^2 \mathrm{d}z + \frac{1}{2}\int_0^l EI_y u''^2 \mathrm{d}z \approx \frac{1}{2}\int_0^l EI_y u''^2 \mathrm{d}z \tag{5.30}$$

从第 2 章知道，约束扭转产生的应力有翘曲正应力 σ_ω、翘曲剪应力 τ_ω 和自由扭转剪应力 τ_{st}。对常见截面，τ_ω 较小，可忽略，只需计算 σ_ω、τ_{st} 产生的应变能。利用式（3.5）可得 σ_ω 引起的翘曲应变能：

$$U_2 = \frac{1}{2}\iint \frac{\sigma_\omega^2}{E}\mathrm{d}A\,\mathrm{d}z$$

将式（2.48a）也即 $\sigma_\omega = -E\omega_{\mathrm{n}}\theta''$ 代入上式可得：

$$U_2 = \frac{1}{2}\iint E\theta''^2 \omega^2 \mathrm{d}A\,\mathrm{d}z = \frac{1}{2}\int_0^l \int_0^s E\theta''^2 \omega^2 t\,\mathrm{d}s\,\mathrm{d}z = \frac{1}{2}\int_0^l EI_\omega \theta''^2 \mathrm{d}z \tag{5.31}$$

由 τ_{st} 引起的自由扭转应变能在数值上等于自由扭转扭矩 T_{st} 所做的功，即

$$U_3 = \frac{1}{2}\int T_{\mathrm{st}}\mathrm{d}\theta$$

将式（2.38）也即 $T_{\mathrm{st}} = GI_t \theta'$ 代入上式，并利用 $\mathrm{d}\theta = \theta'\mathrm{d}z$ 可得：

$$U_3 = \frac{1}{2}\int GI_t \theta'(\theta'\mathrm{d}z) = \frac{1}{2}\int_0^l GI_t \theta'^2 \mathrm{d}z \tag{5.32}$$

构件的线性应变能 U^{L} 等于 U_1、U_2、U_3 之和：

$$U^{\mathrm{L}} = U_1 + U_2 + U_3 = \frac{1}{2}\int_0^l (EI_y u''^2 + EI_\omega \theta''^2 + GI_t \theta'^2)\mathrm{d}z \tag{5.33}$$

Bleich[4] 认为非线性应变能 U^{N} 可以通过截面纤维伸缩所做的功来计算，由式（4.76）可知，构件扭转后截面任意纤维 C 沿 x、y 向位移分别为：

$$\bar{u} = u - (y - y_{\mathrm{s}})\sin\theta \approx u - (y - y_{\mathrm{s}})\theta$$

$$\overline{v} = v + (x - 0)\sin\theta \approx x\theta$$

纤维在 x、y 向的切线斜率分别为：

$$\overline{u}' = u' - (y - y_s)\theta'$$
$$\overline{v}' = x\theta'$$

参照式（3.11）的方法，忽略高阶项后可得纤维 C 的伸缩量 δ：

$$\delta = \frac{1}{2}\int_0^l (\overline{u}'^2 + \overline{v}'^2)\mathrm{d}z \tag{5.34}$$

纤维 C 的轴向力可根据弯曲正应力 σ_b 来计算（以压为正），由图 5.12 可知 σ_b 与 y 坐标反号，则有：

$$\sigma_b \mathrm{d}A = -\frac{M_x y}{I_x}\mathrm{d}A \tag{5.35}$$

以上两式乘积的负值即为非线性应变能：

$$U^N = -\sigma_b \mathrm{d}A\delta = \frac{1}{2}\int_0^l\int_A \frac{M_x y}{I_x}(\overline{u}'^2 + \overline{v}'^2)\mathrm{d}A\mathrm{d}z \tag{5.36}$$

再将 $\overline{u}'$、$\overline{v}'$ 代入上式，并利用截面对主轴的静矩 $\int_A x\mathrm{d}A = \int_A y\mathrm{d}A = 0$，整理可得：

$$U^N = \frac{1}{2}\int_0^l (2\beta_y M_x \theta'^2 - 2M_x u'\theta')\mathrm{d}z \tag{5.37}$$

因构件两端简支，$\theta(0) = \theta(l) = 0$，将上式中的第二项进行分部积分可得：

$$\int_0^l (-2M_x u'\theta')\mathrm{d}z = [-2M_x u'\theta]_0^l + \int_0^l 2(M_x u')'\theta\mathrm{d}z = \int_0^l 2M_x u''\theta\mathrm{d}z + \int_0^l 2M_x' u'\theta\mathrm{d}z \tag{5.38}$$

式（5.37）变为：

$$U^N = \frac{1}{2}\int_0^l (2\beta_y M_x \theta'^2 + 2M_x u''\theta + 2M'_x u'\theta)\mathrm{d}z \tag{5.39}$$

下面分析外力势能。构件发生弯扭后，由图 5.12（b）可知 q 沿其作用方向移动的总距离为：

$$v + a(1 - \cos\theta) \approx a\left[1 - \left(1 - \frac{1}{2}\theta^2\right)\right] = \frac{1}{2}a\theta^2$$

当荷载作用点位于剪心上方时，外力势能是减小的，应为负值，因此这里对 a 的符号做如下约定：当荷载作用点位于剪心上方时 a 取负，反之取正。q 与上式的乘积即为外力 q 的势能 V_1：

$$V_1 = \frac{1}{2}\int_0^l qa\theta^2\mathrm{d}z \tag{5.40}$$

根据上述方法同样可得 n 个集中荷载 Q_i 的势能 V_2：

$$V_2 = \sum_{i=1}^n Q_i a(1 - \cos\theta_i) \approx \frac{1}{2}\sum_{i=1}^n Q_i a\theta_i^2 \tag{5.41}$$

式中：θ_i 为第 i 个集中荷载 Q_i 作用点处构件截面的扭转角。

总外力势能 V 等于 V_1、V_2 之和：

$$V = V_1 + V_2 = \frac{1}{2}\int_0^l qa\theta^2\mathrm{d}z + \frac{1}{2}\sum_{i=1}^n Q_i q\theta_i^2 \tag{5.42}$$

将上面的 U^L、U^N 和 V 相加，可得单轴对称截面单向受弯简支梁的总势能 Π：

$$\Pi = \frac{1}{2}\int_0^l (EI_y u''^2 + EI_\omega \theta''^2 + GI_t \theta'^2 + 2\beta_y M_x \theta'^2 + 2M_x u''\theta + 2M_x' u'\theta + qa\theta^2)\,\mathrm{d}z + \frac{1}{2}\sum_{i=1}^n Q_i a\theta_i^2$$

$$(5.43)$$

对于纯弯简支梁，$q=0$，$Q_i=0$，截面剪力 $V_y = M_x' = 0$，上式可简化为：

$$\Pi = \frac{1}{2}\int_0^l (EI_y u''^2 + EI_\omega \theta''^2 + GI_t \theta'^2 + 2\beta_y M_x \theta'^2 + 2M_x u''\theta)\,\mathrm{d}z \qquad (5.44)$$

对于非纯弯的简支梁，Bleich 直接忽略掉 M_x' 项，则式（5.43）变为：

$$\Pi = \frac{1}{2}\int_0^l (EI_y u''^2 + EI_\omega \theta''^2 + GI_t \theta'^2 + 2\beta_y M_x \theta'^2 + 2M_x u''\theta + qa\theta^2)\,\mathrm{d}z + \frac{1}{2}\sum_{i=1}^n Q_i a\theta_i^2$$

$$(5.45)$$

上式就是基于 Bleich 所给压弯构件总势能公式演化出的单向受弯简支梁的总势能公式，被国内外很多经典著作引用。

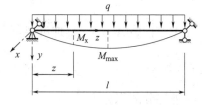
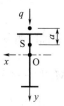

图 5.13　例题 5.4 图

【例题 5.4】　试用式（5.45）并通过 Ritz 法推导图 5.13 所示简支梁的临界弯矩表达式，构件跨度为 l，跨中无侧向支撑，荷载作用点位置为 a。

【解】　在均布荷载作用下，任意 z 坐标处的截面弯矩为：

$$M_x = \frac{1}{2}q(lz - z^2) \qquad (1)$$

侧向弯曲变形函数、扭转函数可分别设为：

$$u = A_1 \sin\frac{\pi z}{l}, \quad \theta = A_2 \sin\frac{\pi z}{l} \qquad (2)$$

将式（1）、式（2）代入式（5.45）并进行积分，可得总势能：

$$\Pi = \frac{\pi^4 EI_y}{4l^3}A_1^2 + \left[\frac{\pi^4 EI_\omega}{4l^3} + \frac{\pi^2 GI_t}{4l} + \frac{ql\beta_y(\pi^2-3)}{24} + \frac{qal}{4}\right]A_2^2 - \frac{ql(\pi^2+3)}{24}A_1 A_2$$

梁的最大弯矩 $M_{max} = ql^2/8$，可得 $q = 8M_{max}/l^2$，将上式中的外荷载 q 进行替换后，再根据势能驻值原理由 $\partial\Pi/\partial A_1 = 0$、$\partial\Pi/\partial A_2 = 0$ 可得到只含有 M_{max} 的线性方程组：

$$\frac{\pi^2 EI_y}{l^2}A_1 - \frac{2(\pi^2+3)}{3\pi^2}M_{max}A_2 = 0$$

$$-\frac{2(\pi^2+3)}{3\pi^2}M_{max}A_1 + \left[\frac{\pi^2 EI_\omega}{l^2} + GI_t + \frac{4\beta_y(\pi^2-3)}{3\pi^2}M_{max} + \frac{8a}{\pi^2}M_{max}\right]A_2 = 0$$

独立参数 A_1、A_2 不能同时为零，其系数行列式应为零，即

$$\begin{vmatrix} \dfrac{\pi^2 EI_y}{l^2} & -\dfrac{2(\pi^2+3)}{3\pi^2}M_{max} \\[2mm] -\dfrac{2(\pi^2+3)}{3\pi^2}M_{max} & \dfrac{\pi^2 EI_\omega}{l^2} + GI_t + \dfrac{4\beta_y(\pi^2-3)}{3\pi^2}M_{max} + \dfrac{8a}{\pi^2}M_{max} \end{vmatrix} = 0$$

由上式可得到特征方程，是关于 M_{max} 的一元二次方程，其最小解即为临界弯矩：

$$M_{cr} = \frac{3\pi^2}{2(\pi^2+3)} \cdot \frac{\pi^2 EI_y}{l^2} \left[\frac{6}{\pi^2+3}a + \frac{\pi^2-3}{\pi^2+3}\beta_y + \sqrt{\left(\frac{6}{\pi^2+3}a + \frac{\pi^2-3}{\pi^2+3}\beta_y\right)^2 + \frac{I_\omega}{I_y}\left(1 + \frac{GI_t l^2}{\pi^2 EI_\omega}\right)} \right]$$

将 $\pi = 3.14$ 代入上式后可得：

$$M_{cr} = 1.15 \frac{\pi^2 EI_y}{l^2} \left[0.47a + 0.53\beta_y + \sqrt{(0.47a + 0.53\beta_y)^2 + \frac{I_\omega}{I_y}\left(1 + \frac{GI_t l^2}{\pi^2 EI_\omega}\right)} \right]. \quad (3)$$

只要给出构件的截面尺寸、跨度 l 及荷载作用点位置 a 的具体值，便可得到临界弯矩值。上式与纯弯时的式（5.13）相比，不仅多出了常系数，也多出了用来考虑横向荷载作用点位置影响的参数 a。

（2）吕烈武提出的总势能公式

吕烈武[6] 认为 Bleich 只考虑了纵向非线性应变能，忽略了横向非线性剪应变能。吕烈武通过非线性力学并引入薄板中面的非线性剪应变，给出的非线性应变能为：

$$U^N = \frac{1}{2}\int_0^l (2\beta_y M_x \theta'^2 - 2M_x u'\theta' - 2V_y u'\theta + 2\beta_y V_y \theta\theta') dz \quad (5.46)$$

构件纯弯时，$V_y = M_x' = 0$，上式与式（5.37）完全相同，但当构件非均匀受弯时，$V_y \neq 0$，显然两式有区别。将式（5.33）、式（5.42）和式（5.46）相加可得构件的总势能：

$$\Pi = \frac{1}{2}\int_0^l (EI_y u''^2 + EI_\omega \theta''^2 + GI_t \theta'^2 + 2\beta_y M_x \theta'^2 - 2M_x u'\theta' - 2V_y u'\theta + 2\beta_y V_y \theta\theta'$$
$$+ qa\theta^2) dz + \frac{1}{2}\sum_{i=1}^n Q_i a\theta_i^2 \quad (5.47)$$

（3）童根树提出的总势能公式

童根树[12] 认为，薄壁受弯构件是杆件理论和板壳理论的混合体，Bleich 和吕烈武采用的都是板壳理论，无法考虑外力的非线性势能。童根树给出的外力势能为：

$$V = \frac{1}{2}\int_0^l q(a-\beta_y)\theta^2 dz + \frac{1}{2}\sum_{i=1}^n Q_i (a-\beta_y)\theta_i^2 \quad (5.48)$$

将式（5.33）、式（5.46）和式（5.48）相加可得构件的总势能：

$$\Pi = \frac{1}{2}\int_0^l [EI_y u''^2 + EI_\omega \theta''^2 + GI_t \theta'^2 + 2\beta_y M_x \theta'^2 - 2M_x u'\theta' - 2V_y u'\theta + 2\beta_y V_y \theta\theta'$$
$$+ q(a-\beta_y)\theta^2] dz + \frac{1}{2}\sum_{i=1}^n Q_i (a-\beta_y)\theta_i^2 \quad (5.49)$$

式（5.45）、式（5.47）、式（5.49）是目前关于受弯构件总势能公式的三个典型代表，除了双轴对称截面纯弯简支梁外，利用这三个公式解得的临界弯矩并不相同，个别情况下甚至区别很大[9,14]。相比较而言，式（5.45）的影响最广，但式（5.49）似乎更具有说服力。

对于双轴对称截面纯弯简支梁，$\beta_y = 0$，$V_y = M_x' = 0$，上述三个总势能公式都可以简化为：

$$\Pi = \frac{1}{2}\int_0^l (EI_y u''^2 + EI_\omega \theta''^2 + GI_t \theta'^2 + 2M_x u''\theta) dz$$

假设构件的变形函数 $u = A_1 \sin(\pi z/l)$、$\theta = A_2 \sin(\pi z/l)$，代入上式后利用势能驻值原理解得的临界弯矩表达式与静力法得到的式（5.13）完全相同。

5.3.2　简支梁的弹性临界弯矩计算方法

由于受弯构件的荷载、内力、边界条件复杂多变，弹性弯扭屈曲分析十分复杂，自20世纪初至今，很多学者在这方面进行了大量的研究，并给出了很多种弹性临界弯矩计算方法，其中影响比较广泛的是等效弯矩系数法和多参数法。

（1）等效弯矩系数法

1956年Salvadori[15]针对端弯矩作用下的单向受弯简支梁，见图5.14（a），采用Ritz法进行了弹性屈曲分析，并提出了利用等效弯矩系数来计算构件的临界弯矩：

$$M_{cr} = \beta_b M_{0cr} = \beta_b \frac{\pi^2 EI_y}{l^2}\left[\beta_y + \sqrt{\beta_y^2 + \frac{I_\omega}{I_y}\left(1 + \frac{GI_t l^2}{\pi^2 EI_\omega}\right)}\right] \tag{5.50}$$

$$\beta_b = 1.88 - 1.4m + 0.52m^2 \leqslant 2.7 \tag{5.51a}$$

$$\beta_b = 1.75 - 1.05m + 0.3m^2 \leqslant 2.3 \tag{5.51b}$$

$$m = M_2/M_1 \tag{5.52}$$

式中：β_b 为等效弯矩系数，也就是将非均匀受弯构件等效成纯弯构件时的等效系数；M_{0cr} 为纯弯简支梁的临界弯矩，也即式（5.13）；M_1、M_2 分别为构件两端的弯矩，$|M_2| \leqslant |M_1|$，当端弯矩使构件产生同向曲率时 M_1、M_2 取同号，否则取异号；m 为端弯矩的比值，$-1 \leqslant m \leqslant 1$。

Salvadori给出的 β_b 公式为拟合公式，实际上 β_b 在一定范围内波动，见图5.14（b），式（5.51a）为 β_b 上限，被欧洲EC3—2005规范采纳，式（5.51b）为 β_b 下限，被加拿大CNA/CSA S16—2001规范、日本AIJ—2010规范、澳大利亚AS 4100—1998规范、我国GB 50017—2003规范等采纳。

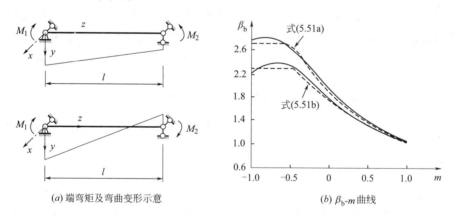

(a) 端弯矩及弯曲变形示意　　　(b) β_b-m 曲线

图5.14　端弯矩作用下的简支梁及 β_b-m 曲线

考虑到式（5.51）只能用于端弯矩作用下的简支梁，1979年Kirby[16]给出了任意荷载作用下双轴对称工字形截面简支梁的 β_b 经验公式：

$$\beta_b = \frac{12M_{max}}{2M_{max} + 3M_A + 4M_B + 3M_C} \tag{5.53}$$

式中：M_{max} 为最大弯矩；M_A、M_B、M_C 分别为四分点处的弯矩，见图5.15，以上诸弯矩均取绝对值。

上式有严格的使用范围，必须是双轴对称工字形截面，且横向荷载作用在剪心，实际

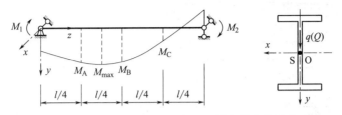

图 5.15 任意荷载下简支梁的弯矩及横向荷载作用点示意

工程中难以满足。上式被美国 ANSI/AISC 360—2005 规范、英国 BS 5950—2000 规范略加修改后应用,但并未提及荷载作用点问题,其中美国规范推荐的公式为:

$$\beta_b = \frac{12.5M_{max}}{2.5M_{max} + 3M_A + 4M_B + 3M_C}$$

由此可见,等效弯矩系数法只能适用于特殊荷载情况,主要原因是影响临界弯矩的因素太多,很难通过 β_b 这一个参数来全面考虑,当超出公式使用范围时计算结果偏差较大,甚至顾此失彼[17]。

（2）多参数法

1960 年 Clark[18] 针对典型荷载（比如纯弯、满跨均布荷载、跨中央单个集中荷载等）作用下的单向受弯简支梁,采用 Galerkin 法进行了弹性稳定分析,并提出了利用多参数法来计算弹性临界弯矩:

$$M_{cr} = C_1 \frac{\pi^2 EI_y}{l^2} \left[C_2 a + C_3 \beta_y + \sqrt{(C_2 a + C_3 \beta_y)^2 + \frac{I_\omega}{I_y} \left(1 + \frac{GI_t l^2}{\pi^2 EI_\omega}\right)} \right] \quad (5.54)$$

式中:a 为横向荷载作用点到截面剪心的距离（图 5.12）,位于剪心上方时取负,反之取正;C_1、C_2、C_3 为与荷载类型有关的参数,Clark 给出的典型荷载下的参数建议值如下:

1）纯弯时 $C_1 = 1.0$、$C_2 = 0$、$C_3 = 1.0$,式（5.54）也就简化成了式（5.13）;

2）满跨均布荷载时 $C_1 = 1.13$、$C_2 = 0.46$、$C_3 = 0.53$;

3）跨中央作用单个集中荷载时 $C_1 = 1.35$、$C_2 = 0.55$、$C_3 = 0.40$。

与式（5.50）相比,式（5.54）参数较多,其中 C_1、C_2、C_3 用来考虑荷载类型的影响,a 用来考虑荷载作用点位置的影响,因此该式是单向受弯简支梁的弹性临界弯矩通用计算公式。

5.3.3 荷载类型参数的通用表达式

工程中受弯构件的荷载类型复杂多样,只给出典型荷载下参数 C_1、C_2、C_3 的值显然是不够的,国内一些学者[19-21] 曾在这方面做过大量工作,并给出了一些建议方法,但都有各自的适用范围,要么不能适用于反对称荷载,要么不能适用于多种荷载共同作用,本节主要介绍笔者通过 Ritz 法得到的复杂荷载作用下单向受弯简支梁的荷载类型参数 C_1、C_2、C_3 的通用算法[22]。

（1）构件初始条件

图 5.16 所示跨中无侧向支撑的单轴对称工字形截面单向受弯简支梁,梁上同时作用有任意端弯矩 M_1、M_2 和 n 个横向集中荷载 Q_i,荷载作用点到剪心 S 的距离均为 a。假设初始状态下集中荷载的作用线都通过剪心,构件发生微小弯扭后,z 坐标处的剪心侧移

为 u、截面绕剪心的扭转角为 θ。

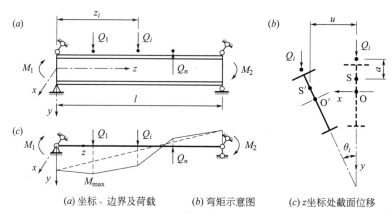

(a) 坐标、边界及荷载 (b) 弯矩示意图 (c) z坐标处截面位移

图 5.16   任意荷载下简支梁的初始条件及截面位移

采用上述荷载条件是基于如下考虑：均布荷载可以等效成若干个集中荷载；工程中集中荷载作用点位置 a 通常相同，比如次梁或檩条荷载、吊车轮压等，故可假设全部集中荷载的 a 均相同。

（2）M_x-M_{max} 及 Q_i-M_{max} 关系

从例题 5.4 知道，利用能量法求解 M_{cr} 时必须建立截面弯矩与构件最大弯矩 M_{max} 的关系、外荷载与 M_{max} 的关系，这样才能使总势能公式中只有 M_{max}，从而利用特征方程求出 M_{max} 的最小值，也即弹性临界弯矩 M_{cr}。

在端弯矩及横向集中荷载作用下，弯矩图由若干直线段组成，M_x-M_{max} 关系可用下式表达：

$$M_x = M_{max}\eta \tag{5.55}$$

式中：η 为 M_x 沿 z 轴的分布函数。在端弯矩和集中荷载共同作用下，η 是多线段函数，如图 5.16 (c) 所示，当构件仅承担端弯矩时 η 为一条直线，纯弯时 $\eta=1$。

为得到 Q_i-M_{max} 关系，首先引入荷载比例系数 γ_i，建立 Q_i 与最大集中荷载 Q_{max} 的关系：

$$\gamma_i = \frac{Q_i}{Q_{max}} \tag{5.56}$$

式中：γ_i 为第 i 个集中荷载 Q_i 的比例系数，当 Q_i 与 Q_{max} 同向时 γ_i 取正，反之取负，当构件上无横向荷载时，$\gamma_i=0$。

然后，引入等效力臂 e，建立 Q_{max} 与 M_{max} 的关系：

$$e = \frac{M_{max}}{Q_{max}} \tag{5.57}$$

最后通过式（5.56）、式（5.57）可以得到 Q_i-M_{max} 关系：

$$Q_i = \gamma_i Q_{max} = \gamma_i \frac{M_{max}}{e} \tag{5.58}$$

（3）侧向弯曲及扭转变形函数

从第 3.4.1 节知道，利用 Ritz 法进行稳定分析时，所假设的变形函数必须满足位移边界条件，如果还能满足力学边界条件，则精度会更高。基于上述情况，简支梁的侧向弯曲变形采用下式描述：

$$u = A_1 \psi + A_2 \zeta \tag{5.59a}$$

$$\psi = \sin \frac{\pi z}{l} \tag{5.59b}$$

$$\zeta = \sin \frac{2\pi z}{l} \tag{5.59c}$$

式中：A_1、A_2 为独立的广义坐标；u、ψ、ζ 均为 z 的函数。

当 A_1、A_2 取不同值时，上式可以模拟正对称、反对称以及非对称变形。上式不仅满足简支梁的位移边界条件 $u(0) = u(l) = 0$，也满足力学边界条件 $u''(0) = u''(l) = 0$。

式（5.59）也可用来描述扭转变形，尽管四个广义坐标能够提高计算精度，但会导致计算结果异常复杂，不方便使用。考虑到简支梁的扭转应力小，扭转变形对总势能的影响要比侧向弯曲变形低，为简化分析，可假设扭转变形函数为：

$$\theta = A_3 \psi \tag{5.60}$$

式中：A_3 为独立广义坐标；ψ 见式（5.59b）。上式既满足位移边界条件 $\theta(0) = \theta(l) = 0$，也满足力学边界条件 $\theta''(0) = \theta''(l) = 0$。

将集中荷载 Q_i 的纵坐标 z_i（图 5.16）代入上式，可得到 Q_i 作用处的构件截面的扭转角 θ_i：

$$\theta_i = A_3 \psi(z_i) \quad (i = 1, 2, \cdots, n) \tag{5.61}$$

（4）简支梁的临界弯矩通用公式

将式（5.49）中的 V_y 替换为 M'_x 后，可得端弯矩和多个集中荷载共同作用下简支梁的总势能：

$$\Pi = \frac{1}{2} \int_0^l (EI_y u''^2 + EI_\omega \theta''^2 + GI_t \theta'^2 + 2\beta_y M_x \theta'^2 - 2M_x u'\theta' + 2\beta_y M'_x \theta\theta' - 2M'_x u'\theta)\mathrm{d}z$$
$$+ \frac{1}{2}(a - \beta_y) \sum_{i=1}^n Q_i \theta_i^2 \tag{5.62}$$

式（5.55）、式（5.59a）、式（5.60）都是 z 的函数，对 z 求导可得：

$$M'_x = M_{\max} \eta' \tag{5.63}$$

$$u' = A_1 \psi' + A_2 \zeta', \quad u'' = A_1 \psi'' + A_2 \zeta'' \tag{5.64}$$

$$\theta' = A_3 \psi', \quad \theta'' = A_3 \psi'' \tag{5.65}$$

将相关参数代入式（5.62）可得总势能的展开表达式：

$$\Pi = \frac{1}{2} A_1^2 EI_y \int_0^l \psi''^2 \mathrm{d}z + A_1 A_2 EI_y \int_0^l \psi'' \zeta'' \mathrm{d}z - A_1 A_3 M_{\max} \left(\int_0^l \eta \psi'^2 \mathrm{d}z + \int_0^l \eta' \psi \psi' \mathrm{d}z \right)$$
$$+ \frac{1}{2} A_2^2 EI_y \int_0^l \zeta''^2 \mathrm{d}z - A_2 A_3 M_{\max} \left(\int_0^l \eta \psi' \zeta' \mathrm{d}z + \int_0^l \eta' \psi \zeta' \mathrm{d}z \right) + A_3^2 \beta_y M_{\max} \left(\int_0^l \eta \psi' \mathrm{d}z \right.$$
$$\left. + \int_0^l \eta' \psi \psi' \mathrm{d}z \right) + \frac{1}{2} A_3^2 EI_w \int_0^l \psi''^2 \mathrm{d}z + \frac{1}{2} A_3^2 GI_t \int_0^l \psi'^2 \mathrm{d}z - \frac{1}{2} A_3^2 (\beta_y - a) \frac{M_{\max}}{e} \sum_{i=1}^n \gamma_i \psi^2(z_i)$$
$$\tag{5.66}$$

为方便推导和表达，针对上式中的积分项与求和项，引入以下九个参数：

$$b_1 = \int_0^l \eta \psi'^2 \mathrm{d}z = \frac{\pi^2}{l^2} \int_0^l \eta (\cos \frac{\pi z}{l})^2 \mathrm{d}z \tag{5.67a}$$

$$b_2 = \int_0^l \eta' \psi \psi' \mathrm{d}z = \frac{\pi}{2l} \int_0^l \eta' \sin \frac{2\pi z}{l} \mathrm{d}z \tag{5.67b}$$

$$b_3 = \int_0^l \eta \psi' \zeta' \mathrm{d}z = \frac{2\pi^2}{l^2} \int_0^l \eta \cos \frac{\pi z}{l} \cos \frac{2\pi z}{l} \mathrm{d}z \tag{5.67c}$$

$$b_4 = \int_0^l \eta' \psi \zeta' \mathrm{d}z = \frac{2\pi}{l} \int_0^l \eta' \sin \frac{\pi z}{l} \cos \frac{2\pi z}{l} \mathrm{d}z \tag{5.67d}$$

$$b_5 = \frac{1}{e} \sum_{i=1}^n \gamma_i \psi^2(z_i) = \frac{1}{e} \sum_{i=1}^n \gamma_i \left(\sin \frac{\pi z_i}{l} \right)^2 \tag{5.67e}$$

$$b_6 = \int_0^l \psi''^2 \mathrm{d}z = \int_0^l \left(\sin \frac{\pi z}{l} \right)''^2 \mathrm{d}z = \frac{\pi^4}{2l^3} \tag{5.67f}$$

$$b_7 = \int_0^l \psi'^2 \mathrm{d}z = \int_0^l \left(\sin \frac{\pi z}{l} \right)'^2 \mathrm{d}z = \frac{\pi^2}{2l} \tag{5.67g}$$

$$b_8 = \int_0^l \zeta''^2 \mathrm{d}z = \int_0^l \left(\sin \frac{2\pi z}{l} \right)''^2 \mathrm{d}z = \frac{8\pi^4}{l^3} \tag{5.67h}$$

$$b_9 = \int_0^l \psi'' \zeta'' \mathrm{d}z = \int_0^l \left(\sin \frac{\pi z}{l} \right)'' \left(\sin \frac{2\pi z}{l} \right)'' \mathrm{d}z = 0 \tag{5.67i}$$

可以看出，参数 $b_1 \sim b_4$ 与弯矩分布函数 η 有关，参数 b_5 与等效力臂 e、荷载比例系数 γ_i 及荷载纵坐标 z_i 有关，只有给定荷载才能得到 η、e、γ_i、z_i，进而得到 $b_1 \sim b_5$ 的值（无横向荷载时 $b_5 = 0$）；参数 $b_6 \sim b_9$ 均为已知数，且 $b_9 = 0$。将式（5.66）中的相关项替换为 $b_1 \sim b_9$ 后，总势能公式简化为：

$$\Pi = \frac{1}{2} EI_y b_6 A_1^2 - (b_1 + b_2) M_{\max} A_1 A_3 + \frac{1}{2} EI_y b_8 A_2^2 - (b_3 + b_4) M_{\max} A_2 A_3$$

$$+ \frac{1}{2} \{ EI_\omega b_6 + GI_t b_7 + [ab_5 + \beta_y (2b_1 + 2b_2 - b_5)] M_{\max} \} A_3^2 \tag{5.68}$$

根据势能驻值原理，由 $\partial \Pi / \partial A_1 = 0$、$\partial \Pi / \partial A_2 = 0$、$\partial \Pi / \partial A_3 = 0$ 可得如下三个线性方程：

$$EI_y b_6 A_1 - (b_1 + b_2) M_{\max} A_3 = 0 \tag{5.69a}$$

$$EI_y b_8 A_2 - (b_3 + b_4) M_{\max} A_3 = 0 \tag{5.69b}$$

$$-(b_1 + b_2) M_{\max} A_1 - (b_3 + b_4) M_{\max} A_2$$

$$+ \{ EI_\omega b_6 + GI_t b_7 + [ab_5 + \beta_y (2b_1 + 2b_2 - b_5)] M_{\max} \} A_3 = 0 \tag{5.69c}$$

线性方程组恒成立的条件是 A_1、A_2、A_3 的系数行列式等于零，即

$$\begin{vmatrix} EI_y b_6 & 0 & -(b_1 + b_2) M_{\max} \\ 0 & EI_y b_8 & -(b_3 + b_4) M_{\max} \\ -(b_1 + b_2) M_{\max} & -(b_3 + b_4) M_{\max} & EI_\omega b_6 + GI_t b_7 + [ab_5 + \beta_y (2b_1 + 2b_2 - b_5)] M_{\max} \end{vmatrix} = 0$$

$$\tag{5.70}$$

可得特征方程：

$$[(b_1 + b_2)^2 b_8 + (b_3 + b_4)^2 b_6] M_{\max}^2 - EI_y b_6 b_8 [ab_5 + \beta_y (2b_1 + 2b_2 - b_5)] M_{\max}$$

$$- EI_y b_6 b_8 (EI_\omega b_6 + GI_t b_7) = 0 \tag{5.71}$$

上式是关于 $M_{\max}$ 的一元二次方程，有两个解，其中的较小值即为临界弯矩 M_{cr}，因 b_6、b_7、b_8 为已知数，代入上式后，可得到简支梁的 M_{cr} 通用计算公式，该式在形式上与式（5.54）完全相同，但式中的参数 C_1、C_2、C_3 不再是具体数值，而是分别按下列公式计算：

$$C_1 = \frac{2\pi^2}{l\sqrt{16(b_1+b_2)^2+(b_3+b_4)^2}} \tag{5.72a}$$

$$C_2 = \frac{2b_5}{\sqrt{16(b_1+b_2)^2+(b_3+b_4)^2}} \tag{5.72b}$$

$$C_3 = \frac{4b_1+4b_2-2b_5}{\sqrt{16(b_1+b_2)^2+(b_3+b_4)^2}} \tag{5.72c}$$

上式为荷载类型参数 C_1、C_2、C_3 的通用表达式，不仅适用于典型荷载，也适用于复杂荷载，但是要求全部横向荷载的作用点位置 a 相同。该方法虽然过程复杂，但能够得到较高精度的解，只要给出构件的荷载，便可求出 $b_1 \sim b_5$，进而得到 C_1、C_2、C_3，最后由式（5.54）得到 M_{cr}。

在下列情况下荷载类型参数可以简化计算：当无横向荷载时，$b_5=0$，故 $C_2=0$；当横向荷载作用在剪心时，$a=0$，C_2 无需计算（C_2 并非为零）；对双轴对称截面，$\beta_y=0$，C_3 也无需计算（C_3 并非为零）。

5.3.4　端弯矩作用下简支梁的临界弯矩

对于图 5.14（a）所示端弯矩作用下的单向受弯简支梁，因 $|M_2| \leqslant |M_1|$，$M_{max}=M_1$，M_x 的分布函数为：

$$\eta = \frac{m-1}{l}z+1$$

式中：m 为端弯矩比例，见式（5.52），$-1 \leqslant m \leqslant 1$。

因无横向荷载，$\gamma_i=0$，将 γ_i 及 η 代入式（5.67）可得 $b_1 \sim b_5$：

$$b_1 = \frac{\pi^2(1+m)}{4l}, \ b_2=b_5=0, \ b_3=\frac{20(1-m)}{9l}, \ b_4=\frac{4(1-m)}{3l}$$

代入式（5.72）可得荷载类型参数：

$$C_1 = \frac{18\pi^2}{\sqrt{81\pi^4(1+m)^2+1024(1-m)^2}} \tag{5.73a}$$

$$C_2 = 0 \tag{5.73b}$$

$$C_3 = \frac{(1+m)}{2}C_1 \tag{5.73c}$$

上式即是简支梁在端弯矩作用下的荷载类型参数表达式，C_1、C_3 仅与端弯矩的比值 m 有关，见图 5.17。当构件纯弯（$m=1$）时，$C_1=C_3=1.0$，代入式（5.54）后，得到的 M_{cr} 表达式与式（5.13）完全相同，也即纯弯只是其中的一个特例。

对于端弯矩作用下的双轴对称截面简支梁，$a=0$，$\beta_y=0$，将式（5.50）和式（5.54）对比后可以发现，此时 $C_1=\beta_b$，根据式（5.51a）计算的 β_b 见图 5.17，可以看

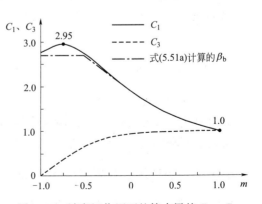

图 5.17　端弯矩作用下的简支梁的 C_1、C_3

出，β_b 与 C_1 比较接近，当 $m \geqslant -0.5$ 时二者几乎完全重合，当 $m < -0.5$ 时，由于式（5.51a）取水平线，导致 β_b 比 C_1 略低，但最大偏差为 8.5%。这同时也说明，式（5.51b）用于双轴对称截面时，β_b 偏低，计算的临界弯矩有些保守。对于端弯矩作用下的单轴对称截面简支梁，因 $\beta_y \neq 0$，β_b 不能与参数 C_1、C_2 直接对比。

【例题 5.5】 图 5.18 所示单向受弯简支梁，端弯矩 $M_2 = -0.5 M_1$，构件跨度 $l = 5\text{m}$，截面为双轴对称工字钢。假设钢材为弹性，试分别用等效弯矩系数法和多参数法计算构件的临界弯矩。

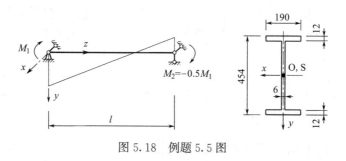

图 5.18 例题 5.5 图

【解】 截面特性：$I_y = 1.37 \times 10^7 \text{mm}^4$，$I_t = 3.28 \times 10^5 \text{mm}^4$，$I_\omega = 6.70 \times 10^{11} \text{mm}^6$，$\beta_y = 0$。

$$\frac{\pi^2 E I_y}{l^2} = \frac{3.14^2 \times 206000 \times 1.37 \times 10^7}{5000^2} = 1.11 \times 10^6 \text{N}$$

$$\frac{G I_t l^2}{\pi^2 E I_\omega} = \frac{79000 \times 3.28 \times 10^5 \times 5000^2}{3.14^2 \times 206000 \times 6.70 \times 10^{11}} = 0.476$$

1）等效弯矩系数法

端弯矩比值 $m = M_2/M_1 = -0.5$，代入式（5.51a）、式（5.51b）分别可得 $\beta_b = 2.7$、$\beta_b = 2.3$，将相关参数代入式（5.50）可得以下两个临界弯矩：

$$M_{cr} = 2.7 \times 1.11 \times 10^6 \times \left[0 + \sqrt{0 + \frac{6.70 \times 10^{11}}{1.37 \times 10^7}(1 + 0.476)}\right] = 805.2 \times 10^6 \text{N} \cdot \text{mm}$$

$$M_{cr} = 2.3 \times 1.11 \times 10^6 \times \left[0 + \sqrt{0 + \frac{6.70 \times 10^{11}}{1.37 \times 10^7}(1 + 0.476)}\right] = 685.9 \times 10^6 \text{N} \cdot \text{mm}$$

2）多参数法

将 $m = -0.5$ 代入式（5.73）可得 $C_1 = 2.72$、$C_2 = 0$、$C_3 = 0.68$，再由式（5.54）可得：

$$M_{cr} = 2.72 \times 1.11 \times 10^6 \left[0 + 0 + \sqrt{(0+0)^2 + \frac{6.70 \times 10^{11}}{1.37 \times 10^7}(1 + 0.476)}\right]$$
$$= 811.2 \times 10^6 \text{N} \cdot \text{mm}$$

通过对比可以发现，对于双轴对称截面，利用式（5.51a）所得临界弯矩与多参数法非常接近，而利用式（5.51b）所得临界弯矩偏低 15.4%。

5.3.5 跨中央集中荷载作用下简支梁的临界弯矩

图 5.19 所示简支梁跨中作用集中荷载 Q_1，$z_1 = l/2$，由弯矩图可知 $M_{max} = Q_1 l/4$，弯

矩分布函数为：

$$\eta = \begin{cases} 2z/l & (0 \leqslant z \leqslant l/2) \\ 2-2z/l & (l/2 < z \leqslant l) \end{cases}$$

只有一个集中荷载，$Q_{max}=Q_1$，由式（5.56）可得荷载比例系数 $\gamma_1 = Q_1/Q_{max}=1$；由式（5.57）可得等效力臂 $e = M_{max}/Q_{max}=l/4$。将 η、e、γ_1、z_1 代入式（5.67）可得 $b_1 \sim b_5$：

$$b_1 = \frac{\pi^2-4}{4l}, \quad b_2 = \frac{2}{l}, \quad b_3=b_4=0, \quad b_5=\frac{4}{l}$$

再将 $b_1 \sim b_5$ 代入式（5.72）可得参数 $C_1=1.37$、$C_2=0.55$、$C_3=0.41$，只要给出构件的跨度、截面尺寸以及荷载在截面上的作用点位置 a，便可利用式（5.54）得到弹性临界弯矩值。

【例题 5.6】　某简支钢梁跨中央作用一个集中荷载，$l=9\text{m}$，截面见图 5.20。假设钢材为弹性，试分别计算集中荷载作用点位于 1 号点、2 号点（剪心）和 3 号点时的临界弯矩，并进行比较。

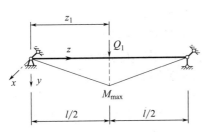

图 5.19　跨中央作用有集中荷载

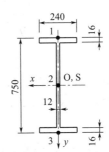

图 5.20　例题 5.6 图

【解】　构件截面特性为：$\beta_y=0$，$I_y=3.70\times10^7\text{mm}^4$，$I_t=1.41\times10^6\text{mm}^4$，$I_\omega=4.98\times10^{12}\text{mm}^6$。

$$\frac{\pi^2 EI_y}{l^2} = \frac{3.14^2 \times 206000 \times 3.70\times10^7}{9000^2} = 9.28\times10^5\text{N}$$

$$\frac{GI_t l^2}{\pi^2 EI_\omega} = \frac{79000 \times 1.41\times10^6 \times 9000^2}{3.14^2 \times 206000 \times 4.98\times10^{12}} = 0.892$$

1）荷载作用点位于 1 号点时

作用点在剪心上方，$a=-375\text{mm}$，$C_2 a + C_3 \beta_y = 0.55\times(-375)+0.41\times0 = -206.25\text{mm}$，由式（5.54）得：

$$M_{cr} = 1.37 \times 9.28\times10^5 \left[-206.25 + \sqrt{(-206.25)^2 + \frac{4.98\times10^{12}}{3.70\times10^7}(1+0.892)} \right]$$

$$= 430.9\times10^6\text{N}\cdot\text{mm}$$

2）荷载作用点位于 2 号点时

$a=0$，$C_2 a + C_3 \beta_y = 0$，将相关参数代入式（5.54）可得：

$$M_{cr} = 1.37 \times 9.28\times10^5 \left[0 + \sqrt{0^2 + \frac{4.98\times10^{12}}{3.70\times10^7}(1+0.892)} \right] = 641.6\times10^6\text{N}\cdot\text{mm}$$

3）荷载作用点位于 3 号点时

作用点在剪心下方，$a=375\text{mm}$，$C_2 a + C_3 \beta_y = 0.55\times375+0.41\times0 = 206.25\text{mm}$。

由式（5.54）得：

$$M_{cr} = 1.37 \times 9.28 \times 10^5 \left[206.25 + \sqrt{206.25^2 + \frac{4.98 \times 10^{12}}{3.70 \times 10^7}(1 + 0.892)} \right]$$

$$= 955.3 \times 10^6 \text{N} \cdot \text{mm}$$

通过对比可以看出，荷载作用在 1 号、2 号、3 号点时，临界弯矩的比值为 1.0：1.49：2.22，可见横向荷载作用点位置对简支梁的弹性临界弯矩影响很大。

5.3.6 满跨均布荷载作用下简支梁的临界弯矩

满跨均布荷载可等效成若干个等间距的集中荷载，如图 5.21 所示，跨中四分点处分别作用有三个相同的集中荷载，$Q_1 = Q_2 = Q_3 = ql/4$，$z_1 = l/4$，$z_2 = l/2$，$z_3 = 3l/4$，则构件的弯矩分布函数为：

$$\eta = \begin{cases} 3z/l & (0 \leqslant z \leqslant l/4) \\ 1/2 + z/l & (l/4 < z \leqslant l/2) \\ 3/2 - z/l & (l/2 < z \leqslant 3l/4) \\ 3 - 3z/l & (3l/4 < z \leqslant l) \end{cases}$$

$Q_{max} = Q_1 = Q_2 = Q_3$，可得 $\gamma_1 = \gamma_2 = \gamma_3 = 1$；因 $M_{max} = ql^2/8 = Q_{max}l/2$，可得 $e = M_{max}/Q_{max} = l/2$。将 η、e、γ_i、z_i 代入式（5.67）可得 $b_1 \sim b_5$：

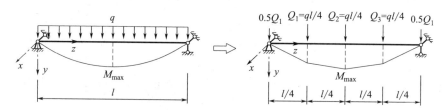

图 5.21 满跨均布荷载及等效集中荷载

$$b_1 = \frac{5\pi^2 - 16}{16l}, \quad b_2 = \frac{2}{l}, \quad b_3 = b_4 = 0, \quad b_5 = \frac{4}{l}$$

再将 $b_1 \sim b_5$ 代入式（5.72）可得参数 $C_1 = 1.13$、$C_2 = 0.46$、$C_3 = 0.53$。为方便对比和使用，上述几种典型荷载作用下简支梁的 C_1、C_2、C_3 汇总于表 5.1 中。

典型荷载作用下简支梁的参数 C_1、C_2、C_3　　　　表 5.1

荷载类型	C_1	C_2	C_3
纯弯	1.0	0	1.0
端弯矩	式(5.73a)	0	式(5.73c)
跨中央集中荷载	1.37	0.55	0.41
满跨均布荷载	1.13	0.46	0.53

5.3.7 复杂荷载作用下简支梁的临界弯矩

表 5.1 远不能满足工程需求，复杂荷载下的 C_1、C_2、C_3 只能根据具体情况利用式

（5.72）计算，下面以图 5.22 所示复杂荷载作用下的简支梁为例进行说明。

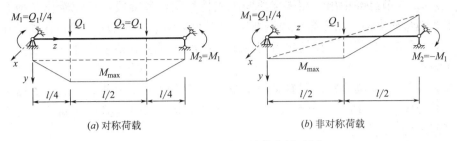

图 5.22　复杂荷载下的简支梁示例

图 5.22（a）所示简支梁承担对称荷载，其中横向集中荷载 $Q_1=Q_2$，荷载的纵坐标 $z_1=l/4$，$z_2=3l/4$，端弯矩 $M_1=M_2=Q_1l/4$。构件的弯矩分布函数为：

$$\eta=\begin{cases}1/2+2z/l & (0\leqslant z\leqslant l/4)\\1 & (l/4<z\leqslant 3l/4)\\5/2-2z/l & (3l/4<z\leqslant l)\end{cases}$$

$Q_{max}=Q_1=Q_2$，可得 $\gamma_1=\gamma_2=1$；因 $M_{max}=Q_1l/2$，可得 $e=M_{max}/Q_{max}=l/2$。将 η、e、γ_i、z_i 代入式（5.67）可得 $b_1\sim b_5$：

$$b_1=\frac{7\pi^2-8}{16l}, \quad b_2=\frac{1}{l}, \quad b_3=b_4=0, \quad b_5=\frac{2}{l}$$

再将 $b_1\sim b_5$ 代入式（5.72）可得 $C_1=1.02$、$C_2=0.21$、$C_3=0.79$。

图 5.22（b）所示简支梁承担非对称荷载，其中横向集中荷载 Q_1 位于跨中央，也即 $z_1=l/2$，端弯矩 M_1、M_2 大小相等但使构件产生反向曲率。构件的弯矩分布函数为：

$$\eta\begin{cases}1 & (0\leqslant z\leqslant l/2)\\3-4z/l & (l/2<z\leqslant l)\end{cases}$$

只有一个荷载，$Q_{max}=Q_1$，$\gamma_1=1$；因 $M_{max}=Q_1l/4$，可得 $e=M_{max}/Q_{max}=l/4$。将 η、e、γ_i、z_i 代入式（5.67）可得 $b_1\sim b_5$：

$$b_1=\frac{\pi^2-4}{4l}, \quad b_2=\frac{2}{l}, \quad b_3=\frac{40}{9l}, \quad b_4=\frac{8}{3l}, \quad b_5=\frac{4}{l}$$

再将 $b_1\sim b_5$ 代入式（5.72）可得 $C_1=1.27$、$C_2=0.51$、$C_3=0.38$。

对于图 5.22 所示构件，只要给出构件的跨度、截面尺寸以及横向荷载在截面上的作用点位置 a，将 C_1、C_2、C_3 等参数代入式（5.54）后，就可计算出构件的弹性临界弯矩值，这里不再举例。

5.4　不同边界条件下受弯构件的弹性弯扭屈曲

前几节研究的对象主要是跨中无侧向支撑的简支梁，实际工程中受弯构件的边界条件要复杂得多，不仅跨中会设有侧向支撑，还可能是悬臂梁或者多跨连续梁等。

5.4.1　侧向支撑等间距时的简支梁

由于侧向支撑能够约束梁截面的侧移和扭转，可以显著提高临界弯矩，因此在梁的受压翼缘设置侧向支撑是工程中的常见做法。对于侧向支撑等间距布置的纯弯简支梁（图 5.9*b*），第 5.2.3 节已经指出，相邻梁段间无支持作用，各梁段可近似看作是独立的简支梁；对于非纯弯简支梁，由于各梁段的弯矩分布通常不同，梁段间一般存在支持作用，式（5.54）不再适用，当荷载类型简单且对称时，可用能量法对整个构件进行稳定分析并求出临界弯矩。

图 5.23 所示简支梁分别作用有满跨均布荷载及跨中央集中荷载，侧向支撑等间距布置，梁被等分成 i 段，段长 $l_b = l/i$，因变形只能发生在侧向支撑点之间并形成多个正弦半波，可假设变形函数为：

$$u = A_1 \sin \frac{i\pi z}{l}, \quad \theta = A_2 \sin \frac{i\pi z}{l}$$

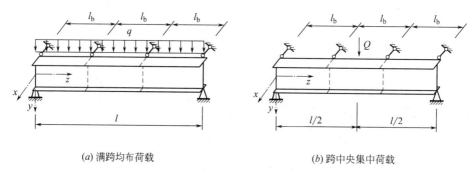

(*a*) 满跨均布荷载　　　　　　　　　　(*b*) 跨中央集中荷载

图 5.23　简单荷载下侧向支撑等间距时的简支梁

利用 Ritz 法或 Galerkin 法可得到构件的弹性临界弯矩[9,18]：

$$M_{cr} = C_1 \frac{\pi^2 E I_y}{l_b^2} \left[C_2 a + C_3 \beta_y + \sqrt{(C_2 a + C_3 \beta_y)^2 + \frac{I_\omega}{I_y} \left(1 + \frac{G I_t l_b^2}{\pi^2 E I_\omega} \right)} \right] \tag{5.74}$$

式中：l_b 为侧向支撑间距，见图 5.23，跨中无侧向支撑时，$l_b = l$；参数 C_1、C_2、C_3 的值见表 5.2。

简单荷载下侧向支撑等间距时简支梁的 C_1、C_2、C_3　　　　　　表 5.2

荷载类型	跨中侧向支撑数量	C_1	C_2	C_3
满跨均布荷载	1	1.39	0.14	0.86
	2	1.45	0.07	0.93
	3	1.47	0.04	0.96
	4	1.48	0.02	0.98
	≥5	1.50	0	1.0
跨中央集中荷载	1	1.75	0.18	0.82
	2	1.84	0.09	0.91
	3	1.90	0.05	0.95
	4	1.97	0.03	0.97
	≥5	2.0	0	1.0

5.4.2　单向受弯构件的弹性临界弯矩通用公式

工程中的侧向支撑不一定等间距布置，构件的支承条件也不一定是简支，故式（5.74）的适用范围仍有限。对于复杂边界条件下的受弯构件，可在式（5.54）的基础上，借鉴第 5.2.3 节的方法通过引入构件的计算长度 l_{0y}、l_ω 来考虑边界条件的影响，可得到单向受弯构件的弹性临界弯矩通用公式：

$$M_{cr} = C_1 \frac{\pi^2 E I_y}{l_{0y}^2} \left[C_2 a + C_3 \beta_y + \sqrt{(C_2 a + C_3 \beta_y)^2 + \frac{I_\omega}{I_y}\left(1 + \frac{G I_t l_\omega^2}{\pi^2 E I_\omega}\right)} \right] \tag{5.75}$$

式中：$l_{0y} = \mu_y l$，$l_\omega = \mu_\omega l$，μ_y、μ_ω 分别为构件绕 y 轴的计算长度系数、扭转计算长度系数。

【例题 5.7】　图 5.24 所示承担均布荷载的悬臂梁，$l = 4.5\text{m}$，截面为 HN500×200×10×16，悬臂端的上下翼缘均设有侧向支撑。假设钢材为弹性，荷载作用点位于剪心上方 350mm，试求构件的临界弯矩。

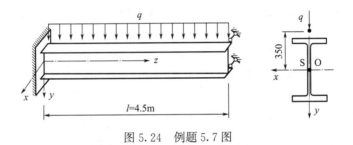

图 5.24　例题 5.7 图

【解】　构件截面特性：$I_y = 2.14 \times 10^7 \text{mm}^4$，$I_t = 9.27 \times 10^5 \text{mm}^4$，$I_\omega = 1.25 \times 10^{12} \text{mm}^6$，$\beta_y = 0$。荷载作用点位于剪心上方，$a = -350\text{mm}$。因悬臂端不能侧移和扭转，从表 4.1 和第 4.3.2 节可知 $\mu_y = \mu_\omega = 0.7$。

$$\frac{\pi^2 E I_y}{l_{0y}^2} = \frac{3.14^2 \times 206000 \times 2.14 \times 10^7}{(0.7 \times 4500)^2} = 4.38 \times 10^6 \text{N}$$

$$\frac{G I_t l_\omega^2}{\pi^2 E I_\omega} = \frac{79000 \times 9.27 \times 10^5 \times (0.7 \times 4500)^2}{3.14^2 \times 206000 \times 1.25 \times 10^{12}} = 0.286$$

引入计算长度后，构件可以看成是简支梁，因构件承担满跨均布荷载且跨中无侧向支撑，由表 5.1 查得 $C_1 = 1.13$，$C_2 = 0.46$，$C_3 = 0.53$，则 $C_2 a + C_3 \beta_y = 0.46 \times (-350) + 0.53 \times 0 = -161\text{mm}$。将相关参数代入式（5.75）可得临界弯矩：

$$M_{cr} = 1.13 \times 4.38 \times 10^6 \left[-161 + \sqrt{(-161)^2 + \frac{1.25 \times 10^{12}}{2.14 \times 10^7} \times (1 + 0.286)} \right]$$

$$= 776.4 \times 10^6 \text{N} \cdot \text{mm}$$

5.4.3　复杂边界条件下相关屈曲的简化处理

对于多连跨或者跨中设有任意侧向支撑的受弯构件，如图 5.25（a）所示，确定 l_{0y}、l_ω 时既要考虑边界约束条件的影响，也要考虑相邻梁段之间的支持作用，需进行相关屈曲分析，较为复杂。目前有两种简化方法来解决，一种是直接忽略相邻梁段间的支持作用，另一种是近似考虑梁段间的支持作用。

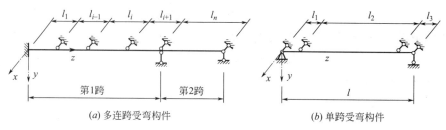

(a) 多连跨受弯构件 $\qquad\qquad$ (b) 单跨受弯构件

图 5.25　单向受弯构件的边界条件示意

（1）忽略梁段间支持作用的方法

1）先将侧向支撑间的各梁段都看作是独立的简支梁，采用式（5.75）分别计算出各梁段的临界弯矩，由于不考虑梁段间的支持作用，各段梁的计算长度等于几何长度；

2）将全部梁段中的临界弯矩最小值作为整个受弯构件的临界弯矩。

忽略梁段间支持作用后得到的临界弯矩要比实际值低，因此上述简化方法偏安全，有时甚至偏保守。以图 5.25（b）所示构件为例，当侧向支撑间距 l_1、l_3 非常小时，l_2 梁段最弱，其两端绕 y 轴已接近于固接，计算长度 $l_{0y} \approx 0.5 l_2$，而简化方法按两端绕 y 轴铰接考虑，$l_{0y} = l_2$，所得临界弯矩必然较低。

（2）近似考虑梁段间支持作用的方法

Nethercot[23]、Tong[24] 借鉴框架梁对框架柱约束作用的分析方法，分别提出了考虑梁段间支持作用的近似方法，两种方法大同小异，计算过程如下：

1）将各梁段按简支梁考虑，分别计算出各梁段的临界弯矩，其中第 i 段的临界弯矩记作 $M_{cr,i}$；

2）找出临界弯矩最小的梁段（最弱梁段），该梁段接受相邻梁段的支持作用，为便于解释，此处假设第 i 段为最弱梁段，见图 5.25（a）；

3）按下列公式计算最弱梁段及相邻梁段的线刚度 α：

最弱梁段：
$$\alpha_i = \frac{2EI_y}{l_i} \tag{5.76a}$$

相邻梁段：
$$\alpha_{i-1} = \frac{\gamma EI_y}{l_{i-1}}\left(1 - \frac{M_{cr,i}}{M_{cr,i-1}}\right) \tag{5.76b}$$

$$\alpha_{i+1} = \frac{\gamma EI_y}{l_{i+1}}\left(1 - \frac{M_{cr,i}}{M_{cr,i+1}}\right) \tag{5.76c}$$

式中：γ 为线刚度调整系数，远端为铰接时 $\gamma = 3$，远端为固接时 $\gamma = 4$，远端为连续梁段时 $\gamma = 2$。

4）根据相邻梁段与最弱梁段的线刚度比值 K_1、K_2，按下式计算最弱梁段的计算长度系数 μ_y：

$$\mu_y = \frac{3 + 1.4(K_1 + K_2) + 0.64K_1K_2}{3 + 2(K_1 + K_2) + 1.28K_1K_2} \tag{5.77}$$

式中：$K_1 = \alpha_{i-1}/\alpha_i$、$K_2 = \alpha_{i+1}/\alpha_i$。

5）当无特殊约束时，可取 $\mu_\omega = \mu_y$，从而得到最弱梁段的计算长度 $l_{0y} = l_\omega = \mu_y l_i$，再

利用式（5.75）可得到考虑相邻梁段间支持作用后最弱梁段的临界弯矩，也就是整个构件的临界弯矩。

上述方法借鉴了框架梁对框架柱约束作用的计算方法（将在第 8 章讲述），最弱梁段类似于框架柱，而相邻梁段类似于柱上下端的框架梁。依据该方法计算的临界弯矩仍然偏于安全[25]，但不保守。

【例题 5.8】　图 5.26 所示作用有两个相同 Q 的简支梁，Q 作用处设有侧向支撑，构件截面为双轴对称工字钢 H650×200×10×14，跨度 $l=12$m。假设钢材为弹性，构件无缺陷，荷载作用在剪心，试分别采用忽略和考虑梁段间支持作用的两种简化方法来计算构件的临界弯矩。

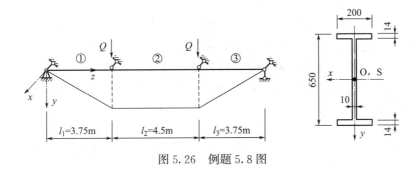

图 5.26　例题 5.8 图

【解】　构件的截面特性：$\beta_y = 0$，$I_y = 1.87 \times 10^7 \, \text{mm}^4$，$I_t = 7.57 \times 10^5 \, \text{mm}^4$，$I_\omega = 1.89 \times 10^{12} \, \text{mm}^6$。

1）忽略梁段间支持作用的方法

将各梁段看成简支梁后，均属于端弯矩作用下的简支梁，各梁段的计算长度等于其几何长度，利用式（5.75）很容易求出各梁段的临界弯矩。

第 1 段和第 3 段的 $l_{0y} = l_\omega = 3750$mm，$m = 0$，故临界弯矩也相同。利用式（5.73）可得 $C_1 = 1.88$、$C_2 = 0$、$C_3 = 0.94$，可得第 1 段和第 3 段的临界弯矩 $M_{cr1} = M_{cr3} = 1784.3 \times 10^6 \, \text{N} \cdot \text{mm}$。

第 2 段的 $l_{0y} = l_\omega = 4500$mm，$m = 1.0$。由式（5.73）可得 $C_1 = C_3 = 1.0$、$C_2 = 0$，可得第 2 段的临界弯矩 $M_{cr2} = 684.6 \times 10^6 \, \text{N} \cdot \text{mm}$。

显然第 2 段为最弱梁段，可将其作为整个构件的临界弯矩，即 $M_{cr} = M_{cr2}$。通过比较可以发现，第 2 段与第 1、3 段的临界弯矩相差很大，说明梁段间的支持作用比较显著。

2）近似考虑梁段间支持作用的方法

因第 2 段为最弱梁段，第 1、3 段对其有支持作用。根据式（5.76）可得到各梁段的线刚度：

$$\alpha_1 = \alpha_3 = \frac{3EI_y}{3750}\left(1 - \frac{684.6 \times 10^6}{1784.3 \times 10^6}\right) = 4.93 \times 10^{-4} EI_y, \quad \alpha_2 = \frac{2EI_y}{4500} = 4.44 \times 10^{-4} EI_y$$

第 1、3 段与第 2 段的线刚度比值为 $K_1 = K_2 = \alpha_1/\alpha_2 = 4.93/4.44 = 1.11$，代入式（5.77）可得第 2 段的计算长度系数：

$$\mu_y = \frac{3 + 1.4(1.11 + 1.11) + 0.64 \times 1.11 \times 1.11}{3 + 2(1.11 + 1.11) + 1.28 \times 1.11 \times 1.11} = 0.76$$

第 2 段的计算长度为 $l_{0y}=\mu_y l_2=0.76\times4500=3420mm$，$l_\omega=l_{0y}$，将 $C_1=C_3=1.0$、$C_2=0$ 等参数代入式（5.75）可得第 2 段也即整个构件的临界弯矩 $M_{cr}=1123.8\times10^6 N\cdot mm$，与前面不考虑梁段间支持作用时的计算结果相比，临界弯矩提高了 64%，说明第一种方法过于保守。

5.5　薄壁构件的弹性畸变屈曲

随着高强度钢材的应用，开口薄壁截面构件中的板件越来越薄，当构件的长度不大时，在弯矩或轴压力作用下，构件除了可能发生整体屈曲、局部屈曲之外，还可能发生畸变屈曲，在某些情况下畸变屈曲可能起控制。

整体屈曲时，构件截面形状保持不变，截面发生整体位移，符合刚周边假定，见图 5.27（a）。局部屈曲时受压板件发生凸曲，截面形状发生了变化，但板件之间的夹角不变，且板件交线（棱线）仍保持为直线，板件绕棱线发生转动，见图 5.27（b）。如果屈曲时棱线不再保持为直线，发生了偏移，见图 5.27（c）和图 5.28，也即棱线出现了波浪形屈曲，该现象称为畸变屈曲。

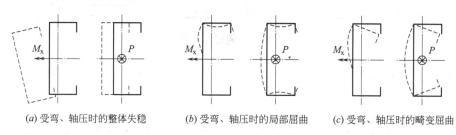

(a) 受弯、轴压时的整体失稳　　(b) 受弯、轴压时的局部屈曲　　(c) 受弯、轴压时的畸变屈曲

图 5.27　卷边 C 型钢的屈曲类型

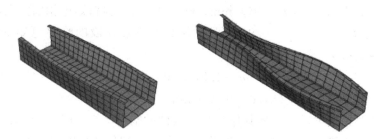

图 5.28　卷边 C 型钢的畸变屈曲模态

畸变屈曲可采用广义梁理论、能量法、数值法来分析。广义梁理论由德国学者 Schardt 在 1989 年提出，其核心内容是放弃刚周边假定，把构件截面的变形分解为互相正交的不同模态，并考虑模态间的不同组合，从而得到问题的解，本书不再详细讲述。

我国 GB 50018—2002 规范没有对畸变屈曲做出规定，GB 50018 规范 2017 修订送审稿给出的冷弯薄壁型钢轴压构件和纯弯构件的弹性畸变屈曲临界应力 σ_{crd} 通用表达式为：

$$\sigma_{crd}=\frac{E}{2A}\left[\alpha_1+\alpha_2-\sqrt{(\alpha_1+\alpha_2)^2-4\alpha_3}\right] \tag{5.78}$$

式中：E 为弹性模量；A 为构件的毛截面面积；α_1、α_2、α_3 为参数，取值方法与构件的受力性质等有关，比较烦琐，本书不再罗列。

提高构件畸变屈曲荷载的有效措施是沿构件长度方向设置横隔，间距为 1/2 畸变屈曲半波长度，横隔的作用类似于弯曲屈曲时侧向支撑的作用。GB 50018 规范 2017 送审稿还建议，当开口截面冷弯薄壁型钢构件符合下列情况之一时，可不考虑畸变屈曲对构件承载力的影响：

1) 构件受压翼缘有可靠的限制畸变屈曲变形的约束；
2) 构件自由长度小于构件畸变屈曲半波长度的一半；
3) 构件截面采取了其他有效抑制畸变屈曲发生的措施。

5.6　单向受弯构件的弹塑性弯扭屈曲

受弯构件不仅会发生弹性弯扭屈曲，也可能发生弹塑性弯扭屈曲，以跨中无侧向支撑的纯弯简支梁为例，其荷载跨度曲线见图 5.29，纵坐标为临界弯矩 M_{cr} 与全截面塑性弯矩 M_p 的比值，横坐标为跨度 l。如果构件无缺陷且材料为弹性，曲线为 ABCD，M_{cr} 随着 l 减小而增大；如果材料为理想弹塑性，当 l 不太长时构件会发生弹塑性屈曲（图中 BE 段），当 l 减小到一定程度时，$M_{cr}=M_p$，也即构件全截面屈服前不会发生弯扭屈曲，此时已属于强度问题（图中 EF 段）。对钢构件，实际上还存在残余应力，使弹塑性屈曲的起始点由 B 点降低到 C 点，曲线变为 FCD。

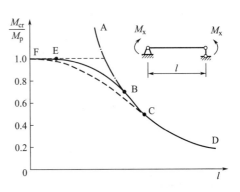

图 5.29　纯弯简支构件的 M_{cr}/M_p-l 曲线

5.6.1　基于切线模量法的弹塑性弯扭屈曲

对于无缺陷受弯构件，当临界应力超过 f_p 时为弹塑性屈曲，可采用切线模量法进行分析。构件进入弹塑性后，截面各点的变形模量并不相同，如果按照各点的真实变形模量来计算将十分困难，可近似认为整个截面的变形模量都与边缘纤维相同，这样便可得到弹塑性临界弯矩的下限。因计算中要用到弹性临界弯矩 M_{cr}，为以示区别，本小节将弹塑性临界弯矩记作 M_{cr2}。

将式（5.75）中的 E、G 分别替换为切线模量 E_t、G_t 后，可得 M_{cr2}：

$$M_{cr2}=C_1\frac{\pi^2 E_t I_y}{l_{0y}^2}\left[C_2 a+C_3\beta_y+\sqrt{(C_2 a+C_3\beta_y)^2+\frac{I_\omega}{I_y}\left(1+\frac{G_t I_t l_\omega^2}{\pi^2 E_t I_\omega}\right)}\right]\qquad(5.79)$$

尽管式（1.2）和式（1.3）分别给出了 E_t、G_t 的计算方法，但由于真实应力并不知道，无法得到 E_t、G_t。从式（1.3a）可知，$G_t/E_t\approx G/E$，代入到上式后发现，E_t 与 M_{cr2} 成正比，并可得到以下关系：

$$\frac{M_{cr2}}{M_{cr}}=\frac{\sigma_{cr2}}{\sigma_{cr}}=\frac{E_t}{E}\qquad(5.80)$$

式中：σ_{cr2} 为弹塑性临界应力；M_{cr}、σ_{cr} 分别为按弹性理论计算的临界弯矩和临界应力。

又由式（1.2）可知：

$$\frac{E_t}{E}=\frac{\sigma_{cr2}(f_y-\sigma_{cr2})}{f_p(f_y-f_p)}$$

由以上两式可得弹塑性临界应力 σ_{cr2}：

$$\sigma_{cr2}=f_y-\frac{f_p(f_y-f_p)}{\sigma_{cr}} \tag{5.81}$$

【例题 5.9】 图 5.30 所示均布荷载作用下的无缺陷简支梁，$l=2\text{m}$，荷载作用点位于剪心上方 71mm 处，构件截面为 Z140×50×20×2.5，材料为 Q235 钢，比例极限 $f_p=0.75f_y$，试根据切线模量法计算构件的屈曲应力和屈曲弯矩。

【解】 截面特性为：$\beta_y=0$，$W_{1x}=2.63\times10^4\text{mm}^3$，$I_y=1.45\times10^5\text{mm}^4$，$I_t=1.35\times10^3\text{mm}^4$，$I_\omega=1.29\times10^9\text{mm}^4$。构件为两端简支且跨中无侧向支撑，$l_{0y}=l_\omega=l$，由表 5.1 可查得 $C_1=1.13$，$C_2=0.46$，$C_3=0.53$，荷载作用点位于剪心上方，$a=-71\text{mm}$。

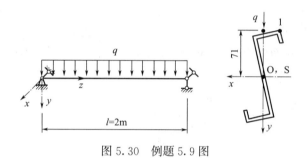

图 5.30 例题 5.9 图

1）假设材料为弹性时的临界应力

$$C_2a+C_3\beta_y=0.46\times(-71)+0.53\times0=-32.7\text{mm}$$

$$\frac{\pi^2EI_y}{l_{0y}^2}=\frac{3.14^2\times206000\times1.45\times10^5}{(1.0\times2000)^2}=7.36\times10^4\text{N}$$

$$\frac{GI_tl_\omega^2}{\pi^2EI_\omega}=\frac{79000\times1.35\times10^3\times(1.0\times2000)^2}{3.14^2\times206000\times1.29\times10^9}=0.163$$

由式（5.75）和式（5.18）可得构件的临界弯矩和临界应力如下：

$$M_{cr}=1.13\times7.36\times10^4\left[-32.7+\sqrt{(-32.7)^2+\frac{1.29\times10^9}{1.45\times10^5}\times(1+0.163)}\right]$$

$$=6.17\times10^6\text{N}\cdot\text{mm}$$

$$\sigma_{cr}=\frac{M_{cr}}{W_{1x}}=\frac{6.17\times10^6}{2.63\times10^4}=234.6\text{N/mm}^2>f_p=0.75f_y=176.3\text{N/mm}^2$$

显然构件属于弹塑性屈曲，可利用切线模量法来计算临界弯矩。

2）弹塑性临界应力和临界弯矩

将 $\sigma_{cr}=234.6$、$f_y=235$、$f_p=176.3$ 代入式（5.81）可得弹塑性临界应力：

$$\sigma_{cr2}=235-\frac{176.3(235-176.3)}{234.6}=190.9\text{N/mm}^2$$

将 σ_{cr}、σ_{cr2} 代入式（5.80）可得 $E_t=0.814E$，弹塑性临界弯矩为：

$$M_{cr2} = M_{cr} \frac{E_t}{E} = 6.17 \times 10^6 \times 0.814 = 5.02 \times 10^6 \, \text{N} \cdot \text{mm}$$

5.6.2 残余应力对弹塑性弯扭屈曲的影响

焊接和轧制钢构件残余应力峰值较高，稍微施加弯矩后，残余应变和弯曲正应变 ε_b 叠加就会使部分截面屈服，因此构件大多发生弹塑性弯扭屈曲，属于极值点失稳。以双轴对称截面纯弯简支梁为例，假设材料为理想弹塑性，拉区的屈服面积、位置与压区并不相同，见图 5.31，导致截面中和轴、剪心轴的位置发生了变化。由于残余压应变 ε_{rc} 的峰值通常大于残余拉应变 ε_{rt}，整个截面中受压翼缘两侧最先屈服，然后才是受拉翼缘中部，中和轴、剪心轴都向下移动，剪心轴移动的幅度更大，位于中和轴的下方，见图 5.31 (b)，中和轴移动的距离为 y_n，剪心轴移动的距离为 y_s。如果构件为非均匀受弯，沿构件长度方向各截面的塑性发展程度不同，中和轴、剪心轴的位置也不相同，问题更加复杂。

弹塑性弯扭屈曲可采用数值法来分析，需将截面划分成若干个单元，其总体思路是：首先在弯矩作用平面内进行弹塑性分析，以便确定沿构件轴线方向各截面的弹性区分布情况，然后再依据该应力状况建立构件的侧向弯曲和扭转平衡微分方程，并求解弹塑性临界弯矩。

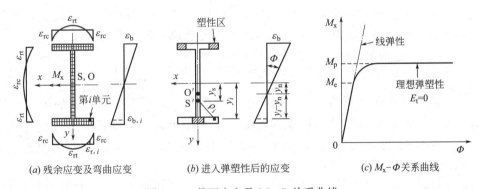

(a) 残余应变及弯曲应变   (b) 进入弹塑性后的应变   (c) M_x-Φ 关系曲线

图 5.31 截面应变及 M_x-Φ 关系曲线

(1) 建立截面在弯矩作用平面内的 M_x-Φ 关系

先给定截面绕 x 轴的曲率 Φ（以中和轴以上受压为正），根据几何关系可得到中和轴位置 y_n，截面第 i 单元的应变 ε_i 及其与应力 σ_i 之间的关系为：

$$\varepsilon_i = \varepsilon_{b,i} + \varepsilon_{r,i} = \Phi(y_i - y_n) + \varepsilon_{r,i} \tag{5.82}$$

式中：$\varepsilon_{b,i}$、$\varepsilon_{r,i}$ 分别为第 i 单元的弯曲应变、残余应变。

对理想弹塑性材料，应力应变关系及变形模量为：

当 $-\varepsilon_y \leqslant \varepsilon_i \leqslant \varepsilon_y$ 时，$\sigma_i = E\varepsilon_i$；

当 $\varepsilon_i > \varepsilon_y$ 时，$\sigma_i = f_y$，$E_i = 0$，$G_i = G/4$；

当 $\varepsilon_i < -\varepsilon_y$ 时，$\sigma_i = -f_y$，$E_i = 0$，$G_i = G/4$。

残余应力自相平衡，对确定中和轴的位置没有影响。根据 $\Sigma\sigma_i A_i = 0$ 可以得到中和轴

的新位置 O'，如果该位置与前面计算的 y_n 有不可忽略的差别，可重新假设 Φ，并得到对应的 y_n，重复上述计算直到满足要求。这样就可以得到截面弯矩 M_x：

$$M_x = \sum \sigma_i A_i (y_i - y_n) \tag{5.83}$$

再给定一个 Φ 值，同样可得到对应的 M_x 值，以此类推，可以建立 M_x-Φ 关系曲线，见图 5.31（c），图中 M_e 为边缘纤维屈服时的弹性最大弯矩。依据 M_x-Φ 关系，任意给定一个 M_x 值就可以确定截面的 Φ 及其截面应变和应力，并得到弹性区的分布状况以及相关截面特性，比如弹性区绕 y 轴惯性矩 I_{ey}、弹性区翘曲惯性矩 $I_{e\omega}$、弹性区抗扭惯性矩 I_{et}、塑性区抗扭惯性矩 I_{pt}、剪心位置 y_s、纵向应力的 Wagner 效应系数 $\overline{W}$ 等，其中 $\overline{W}$ 按下式计算：

$$\overline{W} = \sum \sigma_i A_i \rho_i^2 = \sum \sigma_i A_i [x_i^2 + (y_i - y_s)^2] \tag{5.84}$$

对非均匀受弯构件，需将构件沿纵轴分成若干段，当段长足够小时，各段可看成均匀受弯，用各段中点的弯矩和曲率代表该段的弯矩和曲率，同样可以确定各段的弹性区分布状况和相关截面特性。

（2）建立弯扭平衡方程并求解弹塑性临界弯矩

构件各段绕 y 轴的平衡微分方程及扭转平衡微分方程分别为：

$$EI_{ey} u'' + M_x \theta = 0 \tag{5.85a}$$

$$EI_{e\omega} \theta''' + (\overline{W} - GI_{et} - GI_{pt}) \theta' + M_x u' = 0 \tag{5.85b}$$

以双轴对称截面纯弯简支梁为例，因各截面弹性区的分布都相同，可设变形函数 $u = A_1 \sin(\pi z/l)$、$\theta = A_2 \sin(\pi z/l)$，代入上式可得弹塑性临界弯矩：

$$M_{cr} = \frac{\pi}{l} \sqrt{EI_{ey} \left(GI_{et} + G_t I_{pt} - \overline{W} + \frac{\pi^2 EI_{e\omega}}{l^2} \right)} \tag{5.86}$$

上式中的截面特性是在给定 M_x 的前提下根据 M_x-Φ 关系得到的，如果 M_{cr} 与 M_x 的偏差足够小，即是构件的弹塑性临界弯矩；如果偏差较大，则需要重新选择 M_x 值，得到新的截面特性和 M_{cr}，再进行对比，当二者的差别足够小时，即为弹塑性临界弯矩。

将式（5.86）和式（5.15）比较后可以看出，残余应力对临界弯矩的降低不仅仅是因为 Wagner 效应，主要是由于残余应力导致截面部分区域提前屈服，降低了构件的侧向抗弯刚度及抗扭刚度等。残余应力峰值越高，对临界弯矩的降低作用越显著，见图 5.32，坐标轴中的 M_p 为构件的全截面塑性弯矩。另外，当受压翼缘的残余压应力峰值位于翼缘两侧时，对临界弯矩的影响最显著。

5.6.3　初始几何缺陷对弹塑性弯扭屈曲的影响

工程中的受弯构件存在初始几何缺陷，比如构件的侧向初弯曲、初扭转，横向荷载的初偏心等，这些缺陷可用横向荷载的等效初偏心 e_0 来综合考虑，图 5.33 为 e_0 分别取 0、$l/1000$、$l/500$ 时悬臂构件的试验曲线[26]，e_0 越大，对临界弯矩的降低作用越显著，但与残余应力的影响相比，初始几何缺陷的影响幅度要小得多，这一点可以从相邻曲线的间隙上看出来。

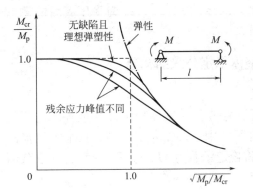

图 5.32　残余应力对临界弯矩的影响

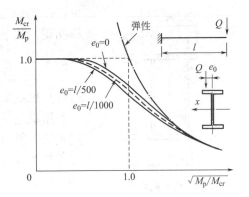

图 5.33　几何缺陷对临界弯矩的影响

5.7　受弯构件稳定理论在钢结构中的应用

5.7.1　受弯构件整体稳定的保证

前面各节稳定分析时都假定简支端的截面转角 $\theta=0$，也即简支端为夹支，如果构造不当，简支支座处的截面会发生扭转，如图 5.34（a）所示。比较理想的构造做法是在翼缘上设置侧向支撑，见图 5.34（b），对于高宽比不大的截面，支座加劲肋也能够在很大程度上约束截面的扭转。

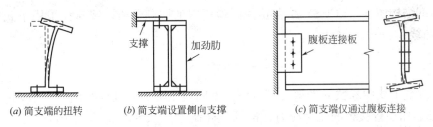

（a）简支端的扭转　　（b）简支端设置侧向支撑　　（c）简支端仅通过腹板连接

图 5.34　简支构件的支座

当简支端仅通过腹板与其他构件连接时，不能有效阻止梁截面的扭转，见图 5.34（c），对临界弯矩有降低作用，考虑该不利因素的方法有两种：一是对临界弯矩进行折减，Bose[27] 建议折减系数取 0.85；二是放大受弯构件的侧向支撑间距，英国、澳大利亚以及我国规范均采用后者，GB 50017—2017 标准建议侧向支撑间距取实际间距的 1.2 倍。

当梁的受压翼缘上有密铺板，密铺板与受压翼缘牢固相连且能阻止受压翼缘侧向位移时，梁不会发生弯扭屈曲，无须再进行整体稳定计算。

对于箱形截面简支梁，从第 5.2.5 节已经知道，当截面的高宽比不大时很难发生弯扭屈曲，当截面高宽比较大时则有可能失稳，GB 50017—2017 标准采纳了潘有昌[28] 给出的箱形截面简支受弯构件不发生弯扭屈曲的条件，即

$$\frac{h}{b_0}\leqslant 6 \text{ 且} \frac{l_b}{b_0}\leqslant 95\varepsilon_k^2 \tag{5.87}$$

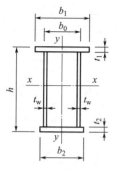

图 5.35 箱形截面尺寸

式中：ε_k 为钢号修正系数，$\varepsilon_k=\sqrt{235/f_y}$；$l_b$ 为受压翼缘的侧向支撑间距，其余符号见图 5.35。

5.7.2 受弯构件整体稳定公式的构建

（1）稳定系数的定义

利用稳定系数来进行受弯构件的整体稳定计算是各国规范的通用做法，但国内外又有所区别。首先介绍欧洲、日本等规范的定义，参考式（4.95），将稳定承载力 M_{cr} 与强度承载力（全截面塑性弯矩 M_p）之比定义为受弯构件的稳定系数，记作 φ_b，则有：

$$\varphi_b=\frac{M_{cr}}{M_p} \tag{5.88}$$

参考式（4.101）引入受弯构件的正则化长细比 λ_b：

$$\lambda_b=\sqrt{\frac{M_p}{M_{cr}}} \tag{5.89}$$

由以上两式可得到 φ_b-λ_b 关系曲线：

$$\varphi_b=\frac{1}{\lambda_b^2} \tag{5.90}$$

无缺陷弹性受弯构件的 φ_b-λ_b 关系为图 5.36 中的 EFCD 抛物线，实际受弯构件的材料为弹塑性且有初始缺陷，弯扭屈曲大多发生在弹塑性阶段，受不同初始缺陷的影响，曲线在 AF 水平线以下浮动变化，显然式（5.90）不能适用于弹塑性屈曲。目前各国规范对 φ_b-λ_b 关系的确定方法不尽相同[29]。

欧洲钢结构协会（ECCS）结合相关试验资料的回归分析，曾建议采用下式来表达整条 φ_b-λ_b 曲线：

$$\varphi_b=\frac{1}{[1+(\lambda_b)^{2n}]^{1/n}} \tag{5.91}$$

通过改变上式中参数 n 的值，可以模拟不同残余应力和几何缺陷的影响，ECCS 建议取 $n=2.5$。由于焊接梁的残余应力普遍低于轧制梁，二者的 n 值应予以区分，日本福本秀士[30] 根据各国积累的大量试验资料并通过统计分析得到轧制梁、焊接梁 n 的平均值分别为 2.5、2.0。德国 DIN 18800—1990 规范建议轧制梁取 $n=1.5$，焊接梁取 $n=2.0$。

因 φ_b-λ_b 曲线会存在 $\varphi_b=1.0$ 的水平段（图 5.36 中的 AB 段），B 点对应的正则化长细比称为初始正则化长细比，记作 λ_{b0}。显然式（5.91）无法模拟水平段，仍存在不足。

欧洲 EC3—2005 规范提供了两套计算 φ_b 的方法，一套是直接借用轴心受压构件的四条柱子曲线作为受弯构件的稳定系数曲线，并规定 $\lambda_b \leqslant 0.2$ 时 $\varphi_b=1.0$；另一套则采纳了英国 BS 5950—2000 规范的方法，直接借用轴压构件的 Perry-Robertson 公式：

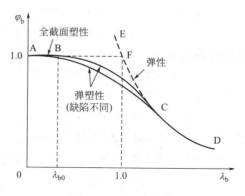

图 5.36 φ_b-λ_b 曲线

$$\varphi_b = \frac{1 + \varepsilon_0 + \lambda_b^2 - \sqrt{(1 + \varepsilon_0 + \lambda_b^2)^2 - 4\lambda_b^2}}{2\lambda_b^2}$$

$$(5.92)$$

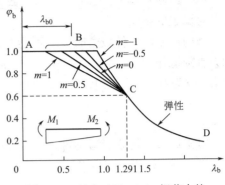

图 5.37　日本 AIJ—2010 规范中的
φ_b-λ_b 曲线

式中：参数 $\varepsilon_0 = 0.651 (\lambda_b - 0.4)$，当 $\lambda_b \leqslant 0.4$ 时取 $\varphi_b = 1.0$。

日本 AIJ—2010 规范依据端弯矩作用下 106 个热轧构件和 67 个焊接构件的试验结果，建议将 φ_b-λ_b 曲线分为直线 AB、BC 和抛物线 CD 三段来表达，见图 5.37，B 点的位置与构件端弯矩比值 m 有关，φ_b-λ_b 曲线的分段表达式为：

$\lambda_b \leqslant \lambda_{b0}$ 时：　　　$\varphi_b = 1.0$　　　(5.93a)

$\lambda_{b0} \leqslant \lambda_b \leqslant 1.291$ 时：　　　$\varphi_b = 1.0 - 0.4 \dfrac{\lambda_b - \lambda_{b0}}{1.291 - \lambda_{b0}}$　　　(5.93b)

$\lambda_b > 1.291$ 时：　　　$\varphi_0 = 1/\lambda_b^2$　　　(5.93c)

式中：λ_b 为正则化长细比，按式 (5.89) 计算；λ_{b0} 为初始正则化长细比，$\lambda_{b0} = 0.6 - 0.3m$；$m$ 为所计算构件的端弯矩比值，按式 (5.52) 计算；1.291 是残余压应力为 $0.4f_y$ 时对应的 λ_b 值。

与欧洲和日本不同，我国采用弹性屈曲临界弯矩 M_{cr} 和边缘纤维屈服时的弹性最大弯矩 M_e 来定义 φ_b 和 λ_b，即

$$\varphi_b = \frac{M_{cr}}{M_e}$$

$$(5.94)$$

$$\lambda_b = \sqrt{\frac{M_e}{M_{cr}}}$$

$$(5.95)$$

式中：$M_e = W_x f_y$。

为了便于和国外 φ_b-λ_b 曲线进行对比，引入截面形状系数 γ_F，则有 $M_p = \gamma_F M_e$，可得 $M_{cr}/M_p = \varphi_b/\gamma_F$，也即国外的 φ_b 相当于我国的 φ_b/γ_F，见图 5.38 中的竖坐标，同理，$\sqrt{M_p/M_{cr}} = \lambda_b \sqrt{\gamma_F}$。当构件弹性屈曲时，为 BCD 抛物线，弹塑性屈曲时变为 A、C 点之间的曲线。

（2）单向受弯构件整体稳定公式的构建

构件在 M_x 作用下不发生弯扭屈曲的条件为 $M_x \leqslant M_{cr}$，将式 (5.94) 代入后可得：

$$M_x \leqslant \varphi_b M_e = \varphi_b W_x f_y$$

根据可靠度标准，设计时需要取 M_x 为设计值，并将屈服强度 f_y 改为钢材强度设计值 f，这样就得到了我国 GB 50017—2017 标准推荐的 M_x 作用下单向受弯构件的整体稳定计算公式：

$$\frac{M_x}{\varphi_b W_x f} \leqslant 1.0 \qquad (5.96)$$

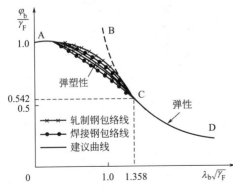

图 5.38　GB 50017—2017 标准中
的稳定系数曲线

式中：M_x 为所计算梁段的最大弯矩设计值；

W_x 为按受压纤维确定的绕 x 轴的毛截面模量，由于稳定是整体性问题，忽略了截面局部削弱对稳定的影响。

当构件中的板件较薄时，有可能在构件整体失稳前先发生局部屈曲，对构件的稳定承载力有降低作用。GB 50017—2017 标准、GB 50018—2002 规范通过将上式中的毛截面模量 W_x 改为有效截面的毛截面模量 W_{ex} 来考虑局部屈曲的影响，整体稳定计算公式变为：

$$\frac{M_x}{\varphi_b W_{ex} f} \leq 1.0 \tag{5.97}$$

对于焊接和轧制受弯构件，GB 50017—2017 标准规定：板件宽厚比等级为 S1 级、S2 级、S3 级和 S4 级时应取 W_x，S5 级时应取 W_{ex}。计算 W_{ex} 时，均匀受压翼缘的有效外伸宽度可取 $15\varepsilon_k$，腹板有效高度的取值方法以及板件宽厚比等级的划分将在第 7 章讲述。

（3）双向受弯构件整体稳定公式的构建

双向受弯构件的整体稳定要复杂得多，因研究资料较少，其相关关系可偏安全地采用式（5.22）来表达。1978 年我国曾进行过 7 根双向受弯梁的试验，发现双向受弯时的破坏荷载比单向受弯时低。对主弯矩绕 x 轴作用的工字形和 H 型钢截面双向受弯构件，GB 50017—2017 标准根据试验结果并参考式（5.22）和式（5.96），建议按下述经验公式计算整体稳定：

$$\frac{M_x}{\varphi_b W_x f} + \frac{M_y}{\gamma_y W_y f} \leq 1.0 \tag{5.98}$$

式中：M_y 为与 M_x 同截面处绕 y 轴的弯矩设计值；W_y 为按受压最大纤维确定的对 y 轴的毛截面模量；φ_b 为根据绕 x 轴弯曲确定的稳定系数；γ_y 为对 y 轴的截面塑性发展系数，见附录 F；其余符号含义同前。

（4）弯扭构件整体稳定公式的构建

当横向荷载不通过截面剪心 S 时，构件在双向受弯的同时还受扭，如图 5.39（a）所示，GB 50017—2017 标准没有提供该情况下的稳定计算方法，GB 50018—2002 规范给出的整体稳定计算公式为：

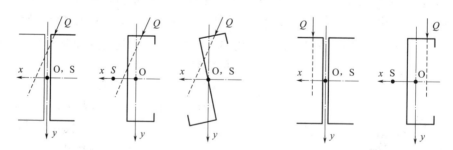

(a) 荷载偏离剪心且不与主轴平行　　　　　　（b）荷载偏离剪心但与一个主轴平行

图 5.39　横向荷载不通过截面剪心

$$\frac{M_x}{\varphi_b W_{ex} f} + \frac{M_y}{W_{ey} f} + \frac{B_\omega}{W_\omega f} \leq 1.0 \tag{5.99}$$

式中：W_{ey} 为按受压最大纤维确定的对 y 轴的有效截面模量；B_ω 为 M_x 最大处截面的双力矩设计值，简支梁的 B_ω 计算见表 5.3；W_ω 为毛截面扇性模量，见第 2.2 节及表 2.1；其余符号含义同前。

当横向荷载不通过截面剪心但与一个主轴平行时，上式可以简化，如图 5.39（b）所示，Q 方向与 y 轴平行，截面只有 M_x 和扭矩，式（5.99）中的 M_y 项可以去掉。

简支梁的双力矩计算公式 表 5.3

荷载简图			
B_ω	$0 \leqslant z \leqslant l/2$ 时 $\dfrac{T}{2k} \cdot \dfrac{\sinh kz}{\cosh(kl/2)}$	$0 \leqslant z \leqslant l/3$ 时：$\dfrac{T}{k} \cdot \dfrac{\cosh(kl/6)}{\cosh(kl/2)} \sinh kz$ $l/3 \leqslant z \leqslant 2l/3$ 时： $\dfrac{T}{k} \cdot \dfrac{\sinh(kl/3)}{\cosh(kl/2)} \cosh(kl/2 - kz)$	$\dfrac{t}{k^2}\left[1 - \dfrac{\cosh(kl/2 - kz)}{\cosh(kl/2)}\right]$

注：1. T 为集中荷载对剪心产生的集中扭矩；t 为线荷载对剪心产生的线性分布扭矩；$k = \sqrt{GI_t/EI_\omega}$。

2. 当构件跨中作用有三个及以上等间距集中扭矩时，可折算成线性分布扭矩计算。

5.7.3 焊接和轧制受弯构件的稳定系数

与轴压构件相同，受弯构件整体稳定设计的核心内容也是确定稳定系数，只要知道了 φ_b，很容易进行构件的整体稳定计算。我国根据受弯构件的截面形式和边界条件，给出了不同的 φ_b 计算方法。

（1）等截面焊接工字形和轧制 H 型钢简支梁

对于跨中无侧向支撑的纯弯简支梁，将式（5.13）代入式（5.94）后可得构件弹性弯扭屈曲时的 φ_b 表达式：

$$\varphi_b = \frac{1}{W_x f_y} \cdot \frac{\pi^2 E I_y}{l^2}\left[\beta_y + \sqrt{\beta_y^2 + \frac{I_\omega}{I_y}\left(1 + \frac{GI_t l^2}{\pi^2 E I_\omega}\right)}\right] \tag{5.100}$$

当纯弯简支梁采用图 5.40 中的双轴对称工字形截面（上翼缘受压）时，$\beta_y = 0$，$I_y = A i_y^2$，$I_\omega/I_y \approx h^2/4$，$\lambda_y = l/i_y$，如果近似取 $t_w = t_1$，则有 $I_t \approx A t_1^2/3$，将上述诸参数及 π、E、G 的名义值代入上式后整理可得：

$$\varphi_b = \frac{4320}{\lambda_y^2} \cdot \frac{Ah}{W_x}\sqrt{1 + \left(\frac{\lambda_y t_1}{4.4h}\right)^2} \cdot \varepsilon_k^2 \tag{5.101}$$

当纯弯简支梁采用图 5.40 中的单轴对称工字形截面时，β_y 应按式（5.4）计算，考虑到式中的积分项比后面的 y_s 小得多，可近似取 $\beta_y \approx -y_s$。通过引入截面不对称影响系数 η_b，$-y_s$ 可做如下简化[31]：

$$\beta_y \approx -y_s = \frac{I_1 h_1 - I_2 h_2}{I_y} \approx 0.5 h \eta_b \tag{5.102}$$

式中：I_1、I_2 分别为受压、受拉翼缘对 y 轴惯性矩，$I_y \approx I_1 + I_2$；η_b 为截面不对称影响系数，按下式计算：

加强受压翼缘时：　　　　　　　　$\eta_b = 0.8(2\alpha_b - 1)$ 　　　　　　　（5.103a）

加强拉压翼缘时：　　　　　　　　$\eta_b = 2\alpha_b - 1$ 　　　　　　　　　（5.103b）

　　　　　　　　　　　　　　　　$\alpha_b = I_1/I_y$ 　　　　　　　　　　　（5.103c）

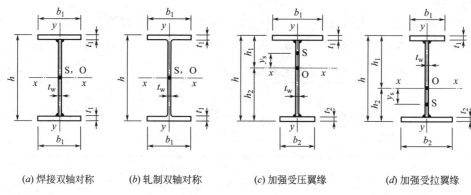

(a) 焊接双轴对称　　(b) 轧制双轴对称　　(c) 加强受压翼缘　　(d) 加强受拉翼缘

图 5.40　焊接或轧制工字形截面的尺寸

又因 $I_\omega = I_1 I_2 h^2 / I_y$，$I_y = A i_y^2$，$\lambda_y = l / i_y$，将上述诸参数及 π、E、G 代入式 (5.100) 后整理可得：

$$\varphi_b = \frac{4320}{\lambda_y^2} \cdot \frac{Ah}{W_x} \left[\sqrt{1 + \left(\frac{\lambda_y t_1}{4.4h} \right)^2} + \eta_b \right] \varepsilon_k^2 \tag{5.104}$$

如果取截面不对称系数 $\eta_b = 0$，则上式退化为式 (5.101)，因此上式为跨中无侧向支撑时工字形截面纯弯简支梁的 φ_b 通用计算公式。工程中很多简支梁的跨中设有等间距布置的侧向支撑，而且有横向荷载作用，为了能适用于这些情况[32]，我国从《钢结构设计规范》GB 50017—2003 开始到现行 GB 50017—2017 标准，一直通过引入等效弯矩系数来综合考虑，即

$$\varphi_b = \beta_b \frac{4320}{\lambda_y^2} \cdot \frac{Ah}{W_x} \left[\sqrt{1 + \left(\frac{\lambda_y t_1}{4.4h} \right)^2} + \eta_b \right] \varepsilon_k^2 \tag{5.105}$$

$$\lambda_y = \frac{l_b}{i_y} \tag{5.106}$$

$$\xi = \frac{l_b t_1}{b_1 h} \tag{5.107}$$

式中：β_b 为受弯构件的等效弯矩系数，取值方法见附表 G.1，主要与参数 ξ 有关；l_b 为受压翼缘的侧向支撑间距；η_b 按式 (5.103) 计算，当截面双轴对称时，$\eta_b = 0$；其余符号含义同前。

对于横向荷载作用下跨中无侧向支撑的简支梁，当 $\xi \leqslant 2.0$ 时 β_b 与 ξ 呈线性关系，当 $\xi > 2.0$ 时 β_b 可取为常数；对于横向荷载作用下跨中有等间距布置侧向支撑的简支梁，β_b 也可近似取为常数。下面以图 5.41 中的简支梁为例说明 β_b 的取值方法：

图 5.41 (a) 的梁被侧向支撑等分成两段，集中荷载 Q 位于跨中央，两段梁的条件相同，无相互支持，按照附表 G.1 中第 7 项可得 $\beta_b = 1.75$，与利用公式 (5.51b) 所得数值相同。

图 5.41 (b) 有多个集中荷载，根据附表 G.1 的第 2 条注释可知，β_b 应按第 5 项或第 6 项采用，而不是第 7 项，主要是因为 Q 并非全部位于跨中央附近，梁的弯矩图接近于均布荷载下的情况。

图 5.41 (c) 中的梁被侧向支撑等分成三段，中间段纯弯，当不考虑梁段间支持作用

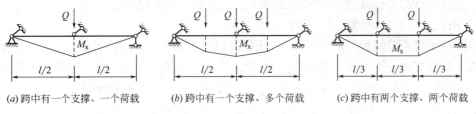

(a) 跨中有一个支撑、一个荷载　　　(b) 跨中有一个支撑、多个荷载　　　(c) 跨中有两个支撑、两个荷载

图 5.41　承担横向荷载且侧向支撑等间距布置的简支梁

时，β_b 应为 1.0，而根据附表 G.1 中第 8、9 项分别可得 β_b 为 1.2、1.4，显然考虑了两侧梁段对中间梁段的支持作用。

值得一提的是，附表 G.1 中没有给出任意荷载及侧向支撑条件下的 β_b 取值方法，此时可按照前面第 5.3.7 节和第 5.4.3 节中的方法先计算出 M_{cr}，然后直接利用式（5.94）得到 φ_b。

式（5.105）只能适用于工字形截面简支梁的弹性屈曲，张显杰[33]、夏志斌[34] 以 10 个梁的试验结果为基础，采用切线模量法对试验结果进行拟合，给出了两组弹塑性屈曲包络曲线，见图 5.38 中 A、C 点之间的曲线，由于轧制梁的残余应力较小，其包络曲线比焊接梁的稍高一些，为便于应用，弹塑性段的稳定系数可采用一条回归曲线来表达：

$$\frac{\varphi_b}{\gamma_F}=1.0-0.384(\lambda_b\sqrt{\gamma_F})^2+0.1(\lambda_b\sqrt{\gamma_F})^3$$

C 点的 $\lambda_b\sqrt{\gamma_F}=1.358$，$\varphi_b/\gamma_F=0.542$，对于双轴对称工字形截面，$\gamma_F$ 可取 1.1，得 C 点的 $\varphi_b\approx0.6$，也即当 $\varphi_b>0.6$ 时构件将发生弹塑性屈曲，当 $\varphi_b\leqslant0.6$ 时为弹性屈曲。将 $\gamma_F=1.1$ 代入上后，可得弹塑性段的稳定系数（为与弹性阶段区别，记作 φ_b'）：

$$\varphi_b'=1.1-0.4646\lambda_b^2+0.1269\lambda_b^{1.5}$$

将 $\lambda_b^2=1/\varphi_b$ 代入上式后可得到用弹性阶段的 φ_b 来表达的弹塑性阶段的 φ_b'。我国《钢结构设计规范》GB 50017—2003 参考 18 根梁的试验结果后，又将上式修正为[32]：

$$\varphi_b'=1.07-0.282/\varphi_0\leqslant1.0 \tag{5.108}$$

这就是工字形截面简支梁的弹塑性屈曲稳定系数计算公式，当由式（5.105）计算所得 $\varphi_b>0.6$ 时，需采用上式中的 φ_b' 来进行整体稳定计算，GB 50017—2017 标准继续沿用该方法。

【例题 5.10】　如果例题 5.8 中构件材料为 Q235 钢（$f=215\text{N/mm}^2$），其余条件不变，试分别用式（5.94）和式（5.105）两种方法来计算该构件的稳定系数和对应的 M_x 最大值。

【解】　截面特性：$W_x=2.36\times10^6\text{mm}^3$，$A=11820\text{mm}^2$，$i_y=39.79\text{mm}$。

1）用式（5.94）计算

从例题 5.8 中已经知道 $M_{cr}=1123.8\times10^6\text{N}\cdot\text{mm}$，利用式（5.94）可直接得到稳定系数：

$$\varphi_b=\frac{M_{cr}}{M_e}=\frac{M_{cr}}{W_xf_y}=\frac{1123.8\times10^6}{2.36\times10^6\times235}=2.03>0.6$$

为弹塑性屈曲，由式（5.108）得 $\varphi_b'=1.07-0.282/2.36=0.95$，再由式（5.96）得 M_x 最大值：

$$M_x = \varphi_b' W_x f = 0.95 \times 2.36 \times 10^6 \times 215 = 484.3 \times 10^6 \, \text{N} \cdot \text{mm}$$

2）用式（5.105）计算

因侧向支撑不等间距，附表 G.1 中没有提供这类情况下的 β_b，这里忽略梁段间的支持作用，分段按简支梁计算，则第 1、3 段的 $\lambda_y = 3750/39.79 = 94.24$。端弯矩比值 $m = 0$，由式（5.51b）可得 $\beta_b = 1.75$，将相关参数代入式（5.105）可得稳定系数：

$$\varphi_b = 1.75 \times \frac{4320}{94.24^2} \cdot \frac{11820 \times 650}{2.36 \times 10^6} \left[\sqrt{1 + \left(\frac{94.24 \times 14}{4.4 \times 650} \right)^2} + 0 \right] = 3.05 > 0.6$$

属于弹塑性屈曲，由式（5.108）得：$\varphi_b' = 1.07 - 0.282/3.05 = 0.98$。

第 2 段的 $\lambda_y = 4500/39.79 = 113.09$，$m = 1.0$，由式（5.51b）可得 $\beta_b = 1.0$，代入式（5.105）有：

$$\varphi_b = 1.0 \times \frac{4320}{113.09^2} \cdot \frac{11820 \times 650}{2.36 \times 10^6} \left[\sqrt{1 + \left(\frac{113.09 \times 14}{4.4 \times 650} \right)^2} + 0 \right] = 1.26 > 0.6$$

属于弹塑性屈曲，由式（5.108）得 $\varphi_b' = 1.07 - 0.282/1.26 = 0.85$。

在三段梁中，显然第 2 段起控制作用，由式（5.96）得 M_x 最大值：

$$M_x = \varphi_b' W_x f = 0.85 \times 2.36 \times 10^6 \times 215 = 431.3 \times 10^6 \, \text{N} \cdot \text{mm}$$

由于方法二忽略了第 1 和第 3 段对第 2 段提供的支持作用，计算所得 M_x 最大值比方法一偏低 10.5%，略显保守。

（2）其他截面形式的简支梁和悬臂梁

对于轧制普通工字钢简支梁、轧制槽钢简支梁、等截面的双轴对称焊接工字形悬臂梁、轧制 H 型钢悬臂梁，φ_b 不能按照式（5.105）计算，GB 50017—2017 标准推荐的 φ_b 计算方法见附录 G.2、G.3 和 G.4，当计算所得 $\varphi_b > 0.6$ 时，也需要采用式（5.108）来计算弹塑性屈曲稳定系数 φ_b'。

5.7.4 冷弯型钢受弯构件的稳定系数

（1）截面绕强轴对称的简支梁

当冷弯薄壁型钢截面绕强轴对称时，见图 5.42（a），GB 50018—2002 规范给出的 φ_b 计算公式为：

$$\varphi_b = \xi_1 \frac{4320}{\lambda_y^2} \cdot \frac{Ah}{W_x} (\sqrt{\eta^2 + \zeta} + \eta) \varepsilon_k^2 \tag{5.109}$$

$$\eta = 2 \frac{\xi_2 a}{h} \tag{5.110}$$

$$\zeta = \frac{4 I_\omega}{h^2 I_y} + \frac{0.156 I_t}{I_y} \left(\frac{l_b}{h} \right)^2 \tag{5.111}$$

上式中的 λ_y 与式（5.105）中的 λ_y 相同，计算长度取侧向支撑点间距 l_b；参数 ξ_1 相当于式（5.105）中的 β_b；参数 η 与式（5.105）中的 η_b 不完全相同，η 不仅包括截面非对称的影响，也包括横向荷载作用点位置 a 的影响，当荷载作用点位于剪心时 $a = 0$，当荷载作用点位于剪心上方时 a 取负值，反之取正值。上式中参数 ξ_1 和 ξ_2 的取值方法见附录 H。

当由式（5.109）计算所得 $\varphi_b > 0.7$ 时属于弹塑性屈曲，应按下式计算弹塑性屈曲稳

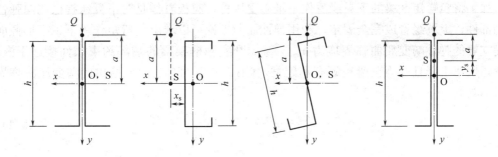

(a) 绕x轴对称或点对称截面　　　　　　　　　　　(b) 绕x轴非对称截面

图 5.42　绕强轴受弯构件的截面及荷载

定系数：

$$\varphi_b' = 1.091 - \frac{0.274}{\varphi_b} \tag{5.112}$$

（2）截面绕强轴非对称的简支梁

当截面绕强轴非对称时，见图 5.42（b），GB 50018—2002 规范推荐的 φ_b 计算公式仍为式（5.109），但式中的参数 η 按下式计算：

$$\eta = 2\frac{\xi_2 a + \xi_3 \beta_y}{h} \tag{5.113}$$

式中：β_y 为截面不对称参数，按式（5.4）计算；参数 ξ_1、ξ_2、ξ_3 的取值方法见附录 H；其余参数同前。

当计算所得 $\varphi_b > 0.7$ 时属于弹塑性屈曲，也需要采用式（5.112）计算弹塑性屈曲稳定系数。

值得一提的是，附录 H 中的参数取值方法目前还有争议[12-14]，GB 50018 规范 2017 修订送审稿中没有做出相应调整，需要进一步研究。

5.7.5　框架梁负弯矩区的稳定计算

框架梁的端部存在负弯矩区，见图 5.43，工字形截面梁的上翼缘受拉，下翼缘受压，由于上翼缘上铺设的楼板起到侧向支撑和提供扭转约束的作用，上翼缘很难发生侧向位移和扭转，因此在负弯矩作用下只能下翼缘发生侧向位移和扭转，梁的棱线和截面形状发生了变化，属于畸变屈曲。

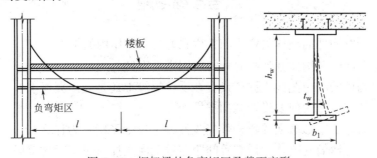

图 5.43　框架梁的负弯矩区及截面变形

如果将负弯矩区梁的下翼缘看作是轴心受压杆，腹板看作是对下翼缘提供侧向弹性支撑的部件，上翼缘看成完全固定，利用弹性屈曲理论可以求出负弯矩作用下工字形截面纯弯简支梁的弹性畸变屈曲临界应力 σ_{crd}。考虑到实际框架梁的端部约束条件接近于嵌固、负弯矩快速下降且变为正弯矩等有利因素，GB 50017—2017 标准给出的畸变屈曲临界应力表达式为：

$$\sigma_{crd} = \frac{3.46b_1t_1^3 + h_wt_w^3(7.27\gamma + 3.3)\varphi_1}{h_w^2(12b_1t_1 + 1.78h_wt_w)}E \tag{5.114a}$$

$$\gamma = \frac{b_1}{t_w}\sqrt{\frac{b_1t_1}{h_wt_w}} \tag{5.114b}$$

$$\varphi_1 = \frac{1}{2}\left(\frac{5.436\gamma h_w^2}{l^2} + \frac{l^2}{5.436\gamma h_w^2}\right) \tag{5.114c}$$

式中：b_1、t_1 为受压翼缘的宽度和厚度；h_w、t_w 为腹板的高度和厚度；E 为弹性模量；l 为框架梁净长的一半，见图 5.43，当框架梁上有次梁且次梁高度不小于框架梁高度的 1/2 时，l 取次梁到柱的净距。

有了畸变屈曲应力，可得到换算长细比 λ_e，再通过正则化长细比 λ_d 可得到下翼缘的轴压稳定系数 φ_d，GB 50017—2017 标准给出的框架梁负弯矩区的稳定计算公式为：

$$\frac{M_x}{\varphi_d W_{1x}f} \leqslant 1.0 \tag{5.115a}$$

$$\lambda_e = \pi\lambda_d\sqrt{\frac{E}{f_y}} \tag{5.115b}$$

$$\lambda_d = \sqrt{\frac{f_y}{\sigma_{crd}}} \tag{5.115c}$$

式中：W_{1x} 为按受压最大纤维确定的梁毛截面模量；φ_d 为轴压稳定系数，根据换算长细比 λ_e 按 b 类截面也即附表 D.2 查取；f_y 为材料屈服强度；其余符号含义同前。

当负弯矩区框架梁不满足式（5.115a）要求时，通过设置横向加劲肋能够为下翼缘提供较强的约束作用，并带动楼板提供转动约束，此时一般无需再进行稳定验算。

混凝土结构中的受弯构件一般采用矩形截面，抗扭刚度很大，而且框架梁通常与楼板一体浇筑，不存在整体稳定问题，我国《混凝土结构设计规范》GB 50010—2010 中没有这方面的规定。

思考与练习题

5.1 单向受弯构件的整体失稳为何发生在弯矩 M_x 作用的平面外？

5.2 影响单向受弯构件弹性临界弯矩的因素有哪些？

5.3 受弯构件的跨中侧向支撑应设置在受拉翼缘上还是受压翼缘上？为什么？

5.4 构件的支座处为何要设置侧向支撑？

5.5 单轴对称工字形截面受弯构件应该使哪个翼缘受压？为什么？

5.6 为什么纯弯简支梁跨中设有等间距布置侧向支撑时可不考虑梁段间的支持作用？

5.7 为什么横向荷载作用下必须考虑荷载作用点位置对临界弯矩的影响？

5.8 何为畸变屈曲？与局部屈曲有何区别？

5.9 残余应力是如何影响受弯构件的弹塑性弯扭屈曲的？

5.10 在什么情况下不需要计算受弯构件的整体稳定？

5.11 图 5.44 所示槽钢截面单向纯弯简支梁，弯矩绕 x 轴作用，$l=4m$，跨中无侧向支撑，假设钢材为弹性、构件无缺陷，试计算 M_{cr} 及 r_s。

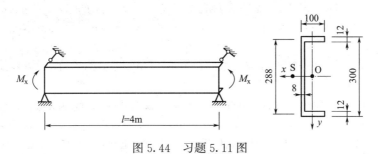

图 5.44 习题 5.11 图

5.12 如果习题 5.11 中的构件改为一端固接一端铰接，其余条件不变，M_{cr} 为多少？

5.13 如果习题 5.11 中的构件跨中央受压翼缘设置一个侧向支撑，其余条件不变，M_{cr} 为多少？

5.14 图 5.45 所示工字形截面单向受弯简支钢梁，$l=6m$，三分点处有侧向支撑和集中荷载 Q，构件截面为 H500×200×8×12。假设钢材为弹性且构件无缺陷，试分别用第 5.4.3 节中的两种方法计算梁的 M_{cr}。

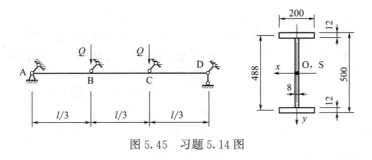

图 5.45 习题 5.14 图

5.15 图 5.46 所示单向受弯简支钢梁，$l=6m$，跨中央设有一个侧向支撑，构件截面同习题 5.14，假设荷载作用点位于上翼缘表面，钢材为弹性且构件无缺陷，试计算该构件的弹性临界弯矩 M_{cr}。

5.16 图 5.47 所示单向受弯简支钢梁，跨中无侧向支撑，集中荷载 Q 作用 $l/3$ 处，假设钢材为弹性，构件无缺陷，试用第 5.3.3 节中的方法计算参数 C_1、C_2、C_3 的值。

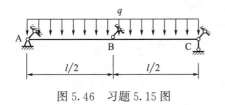

图 5.46 习题 5.15 图

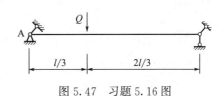

图 5.47 习题 5.16 图

5.17 试分别用式（5.94）和（5.105）计算习题 5.15 构件的整体稳定系数，材料为 Q235 钢。

参考文献

[1] Timoshenko S. F. Theory of elastic stability [M]. New York：McGraw-Hill Book Company，Inc.，1936.

[2] Timoshenko S. P.，Gere J. M. Theory of elastic stability（2nd Edition）[M]. New York：McGraw-Hill，1961.

[3] Vlasov V. Z. Thin-walled elastic beams（2nd Edition）[M]. Jerusalem：Israel Program for Scientific Translation，1961.

[4] Bleich F. Buckling strength of metal structures [M]. New York：McGraw-Hill，1952.

[5] Trahair N. S. Flexural-torsional buckling of structures [M]. London：E & FN SPON，1993.

[6] 吕烈武，沈世钊，沈祖炎，等. 钢结构构件稳定理论 [M]. 北京：中国建筑工业出版社，1983.

[7] Ghobarah A. A.，Tso W. K. Non-linear thin-walled beam theory [J]. International Journal of Mechanical Sciences，1971，13（12）：1025-1038.

[8] Achour B.，Roberts T. M. Non-linear strains and instability of thin-walled bars [J]. Journal of Constructional Steel Research，2000，56（3）：237-252.

[9] 童根树. 钢结构的平面外稳定（修订版）[M]. 北京：中国建筑工业出版社，2013.

[10] Kitipornchai S.，Trahair N. S. Buckling properties of mono-symmetric I-beam [J]. Journal of Structural Division，ASCE，109（ST5）：941-957，1980.

[11] Vacharajittiphan P.，Woolcock S. T.，Trahair N. S. Effect of in-plane deformation on lateral buckling [J]. Journal of Structural Mechanics，1974，3（1）：29-60.

[12] 童根树，张磊. 薄壁钢梁稳定性计算的争议及其解决 [J]. 建筑结构学报，2002，23（3）：44-51.

[13] 周绪红，刘占科，陈明，等. 钢梁弯扭屈曲临界弯矩通用公式研究 [J]. 建筑结构学报，2013，34（5）：80-86.

[14] 郭耀杰，方山峰. 钢结构构件弯扭屈曲问题的计算和分析 [J]. 建筑结构学报，1990，11（3）：38-44.

[15] Salvadori M. G. Lateral buckling of eccentrically loaded I-columns [J]. Transactions of the American Society of Civil Engineers，1956，121（1）：1163-1178.

[16] Kirby P. A.，Nethercot D. A. Design for structural stability [M]. Suffolk：Constrado Monographs，Granada Publishing，1979.

[17] 郭兵，孙乃毅，杨大彬. 简支梁弹性临界弯矩计算方法研究进展 [J]. 山东建筑大学学报，2017，32（1）：69-77.

[18] Clark J. W.，Hill H. N. Lateral buckling of beams [J]. Journal of Structural Division，ASCE，1960，86（ST7）：175-196.

[19] 周绪红，刘占科，陈明，等. 钢梁弯扭屈曲临界弯矩通用公式研究 [J]. 建筑结构学报，2013，34（5）：80-86.

[20] 刘占科，周绪红，何子奇，等. 复合荷载作用下简支钢梁弹性弯扭屈曲研究 [J]. 建筑结构学报，2014，35（4）：78-85.

[21] 管海龙，郭兵，褚昊. 复合荷载下简支梁的弹性弯扭屈曲 [J]. 山东建筑大学学报，2016，31（3）：249-253.

[22] 郭兵，管海龙，褚昊. 复杂荷载作用下单向受弯简支钢梁的弹性临界弯矩 [J]. 建筑结构学报，

2017，38（11）：166-173.

［23］ Nethercot D. A. Buckling of laterally or torsionally restrained beams ［J］. Journal of the Engineering Mechanics Division，ASCE，1973，99（4）：773-791.

［24］ Tong G. S. ，Chen S. F. Buckling of laterally and torsionally braced beams ［J］. Journal of Constructional Steel Research，1988，11（1）：41-55.

［25］ 陈绍蕃. 有约束梁的整体稳定 ［J］. 钢结构，2008，23（8）：22-25.

［26］ Nethercot D. A. Inelastic buckling of steel beams under non-uniform moment ［J］. The Structural Engineer，1975，53（2）：73-78.

［27］ Bose B. The influence of torsional restraint stiffness at supports on the buckling strength of beams ［J］. The Structural Engineer，1982，60B（4）：69-75.

［28］ 潘有昌. 单轴对称箱形简支梁的整体稳定 ［R］. 钢结构研究论文报告选集（第二册），1983：40-57.

［29］ 童根树. 钢梁稳定性再研究：国际上规范对比及其可靠度分析（III）［J］. 工业建筑，2014，44（3）：162-168.

［30］ Fukumoto，Y. ，Itoh Y. Evaluation of beam strength from the experimental data-base approach ［C］. Third International Colloquium on Stability of Metal Structures，Toronto，1983.

［31］ 夏志斌. 受弯构件整体稳定性计算 ［J］. 钢结构，1991，（1）：34-41.

［32］ 钢结构设计规范编制组. 钢结构设计规范应用讲解（第二篇）［M］. 北京：中国计划出版社，2003.

［33］ 张显杰，夏志斌. 钢梁侧扭屈曲的归一化研究 ［R］. 钢结构稳定研究论文报告集（第二册），1983：58-77.

［34］ 夏志斌，潘有昌，张显杰. 焊接工字钢梁的非弹性侧扭屈曲 ［J］. 浙江大学学报，1985，19（S）：75-63.

第 6 章　压弯构件的整体稳定

6.1　概　述

压弯构件的弯矩可能由偏心压力、横向荷载或者支座位移产生，也可能来自端弯矩，如图 6.1 所示，弯矩绕 x 轴，属于单向压弯构件。压弯构件一经加载就产生挠度，由于各截面的挠度值不同，$P\text{-}\delta$ 效应产生的附加弯矩也不同。压弯构件的加载过程可能有很多种，弹性阶段构件的性能与加载过程无关，只与荷载最终值有关，弹塑性阶段加载过程对构件的性能有影响，但通常影响不大，可忽略[1]。

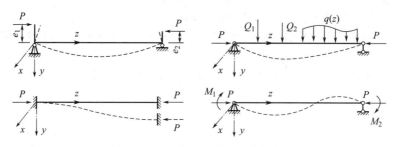

图 6.1　几种典型的单向压弯构件

图 6.2（a）所示无缺陷偏心受压构件，偏心距产生的弯矩 Pe 位于 yz 平面内，如果构件绕 y 轴的抗弯刚度、抗扭刚度足够大，只能在弯矩作用平面内发生弯曲变形，见图 6.2（b），构件的失稳形式与第 4.2.3 节有初偏心轴压构件相同，在弯矩作用平面内发生弯曲屈曲，简称平面内失稳。压力 P 与构件中点挠度 v_m 的关系见图 6.2（c），其中 a 直线为一阶弹性分析结果；b 曲线为二阶弹性分析结果，曲线以 Euler 荷载 P_E 为渐近线；c

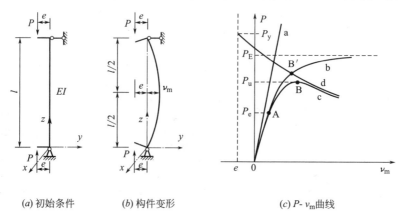

(a) 初始条件　　　(b) 构件变形　　　(c) $P\text{-}v_\mathrm{m}$曲线

图 6.2　偏心受压构件在弯矩作用平面内的荷载挠度曲线

曲线为二阶弹塑性分析结果，曲线在 A 点处进入弹塑性，在 B 点达到极限荷载 P_u。图中还给出了二阶刚塑性（假设构件中点出现了塑性铰，其余构件段均为刚性）分析结果，见曲线 d，与 b 曲线交于 B' 点，该点位于 B 点上方不远处，图中的 P_y 为轴压屈服荷载。

当图 6.2 中构件绕 y 轴的侧向抗弯刚度、抗扭刚度有限时，有可能像受弯构件一样发生弯扭屈曲，或者像轴压构件一样发生扭转屈曲，因这两种屈曲变形都发生在弯矩作用平面外，称为弯矩作用平面外失稳，简称平面外失稳。对于绕截面两个主轴均有弯矩的双向压弯构件，一经加载就会产生侧向弯扭，只能在弯矩作用平面外发生弯扭屈曲。

弯矩作用平面内的弹性稳定分析可采用静力法或能量法，弹塑性稳定分析通常采用数值法。1910 年 Karman 首次采用数值法对矩形截面偏心受压构件的极限承载力进行了研究；1934 年 Chwalla 将 Karman 的分析方法推广至其他截面类型及荷载形式下的压弯构件；除数值法外，1934 年 Jezek 还提出了一种计算极限荷载的近似解析法。

弯矩作用平面外的弹性稳定分析可采用静力法或能量法，1952 年 Bleich[2] 建立了轴压力与横向均布荷载作用下单向压弯构件的总势能表达式，后被推广至其他荷载类型下的压弯构件。弯矩作用平面外的弹塑性稳定分析需要采用数值法。

压弯构件在弯矩作用平面内发生弹性弯曲屈曲的本质与轴压构件完全相同。以图 6.2 (a) 所示偏心受压构件为例，无论偏心距（弯矩）多大，屈曲荷载都是 P_E，说明影响弹性弯曲屈曲的要素是压力，而非弯矩，因此本章不再讲述压弯构件在弯矩作用平面内的弹性稳定。

本章将从单向压弯构件着手，首先分析构件的弹性变形、内力以及转角位移方程，接着研究构件在弯矩作用平面内的弹塑性弯曲屈曲和极限荷载，然后再研究构件在弯矩作用平面外的弹性、弹塑性屈曲，对于双向压弯构件仅作简单阐述，最后介绍相关稳定理论在结构设计中的应用。

6.2 压弯构件的弹性变形与内力

本节针对各类典型荷载和边界条件下无侧移、有侧移以及有初始几何缺陷的单向压弯构件进行二阶弹性分析，找出构件的变形曲线以及最大挠度、最大弯矩计算方法，并建立构件的转角位移方程。假设构件为等截面，材料为弹性，在荷载作用下构件发生的是小变形，忽略剪切变形的影响。

6.2.1 无侧移压弯构件的二阶分析

（1）均布荷载下的简支压弯构件

图 6.3 (a) 所示无缺陷简支压弯构件，作用有轴压力 P 和横向均布荷载 q，假设 z 坐标处截面位移为 y，取变形后的隔离体见图 6.3 (b)，根据第 2 章弹性弯曲理论，对 A 点取矩可得弯曲平衡微分方程：

$$EIy'' + Py = \frac{q}{2}(z^2 - lz)$$

令 $k^2 = P/(EI)$，上式变为：

$$y'' + k^2 y = \frac{q}{2EI}(z^2 - lz)$$

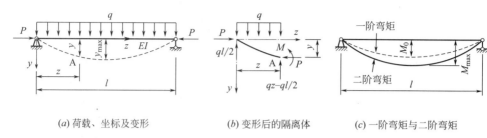

（a）荷载、坐标及变形　　　　　（b）变形后的隔离体　　　　（c）一阶弯矩与二阶弯矩

图 6.3　横向均布荷载下的简支压弯构件

上式为二阶常系数非齐次微分方程，其通解由特解 $y*$ 和齐次方程的通解 $y = A_1 \sin kz + A_2 \cos kz$ 组成，可设特解 $y* = B_1 z^2 + B_2 z + B_3$，代入后根据对应项系数相等可得 B_1、B_2、B_3，则通解为：

$$y = A_1 \sin kz + A_2 \cos kz + \frac{q}{2P} z^2 - \frac{ql}{2P} z - \frac{q}{Pk^2}$$

利用边界条件 $y(0) = y(l) = 0$，可解得 A_1、A_2，构件的挠曲线为：

$$y = \frac{q}{Pk^2} \left(\tan \frac{kl}{2} \sin kz + \cos kz - 1 \right) + \frac{q}{2P} (z^2 - lz) \tag{6.1}$$

引入参数 u，并令 $u = kl/2$，则有：

$$u = \frac{kl}{2} = \frac{l}{2} \sqrt{\frac{P}{EI}} = \frac{\pi}{2} \sqrt{\frac{P}{\pi^2 EI / l^2}} = \frac{\pi}{2} \sqrt{\frac{P}{P_E}} \tag{6.2}$$

式中：P_E 为绕 x 轴的 Euler 荷载，$P_E = \pi^2 EI / l^2$。

构件跨中挠度最大，将 $z = l/2$ 代入式（6.1）可得二阶最大挠度 $y_{\max}$：

$$y_{\max} = \frac{ql^4}{16EIu^4} \left(\frac{1 - \cos u}{\sin u} \right) - \frac{ql^4}{32EIu^2} = \frac{12(2\sec u - u^2 - 2)}{5u^4} \cdot \frac{5ql^4}{384EI} = \alpha_v y_0 \tag{6.3a}$$

$$\alpha_v = \frac{12(2\sec u - u^2 - 2)}{5u^4}, \qquad y_0 = \frac{5ql^4}{384EI} \tag{6.3b}$$

式中：α_v 为挠度放大系数；y_0 为跨中央一阶挠度值。

下面对 α_v 进行分析，利用正割函数 $\sec u$ 的幂级数：

$$\sec u = 1 + \frac{1}{2} u^2 + \frac{5}{24} u^4 + \frac{61}{720} u^6 + \frac{277}{8064} u^8 + \cdots$$

α_v 可变为：

$$\alpha_v = \frac{12(2\sec u - u^2 - 2)}{5u^4} = 1 + 1.0034 \left(\frac{P}{P_E} \right) + 1.0038 \left(\frac{P}{P_E} \right)^2 + \cdots$$

$$\approx \frac{1}{1 - P/P_E} \tag{6.4}$$

因 $P \leqslant P_E$，故 $\alpha_v \geqslant 1.0$。当 $P = 0$ 时 $\alpha_v = 1$，二阶挠度与一阶挠度相等；当 P 趋向于 P_E 时，α_v 趋向于无穷大，也即构件在弯矩作用平面内弯曲失稳时，挠度无穷大。

构件中点弯矩最大，二阶最大弯矩为：

$$M_{\max} = \frac{ql^2}{8} + Py_{\max} = \left(1 + \frac{P}{1 - P/P_E} \cdot \frac{5}{48EI/l^2} \right) \frac{ql^2}{8}$$

$$= \left(1 + \frac{1.027 P/P_E}{1 - P/P_E} \right) \frac{ql^2}{8} = \alpha_m M_0 \tag{6.5a}$$

$$\alpha_m = \frac{1 + 0.027 P/P_E}{1 - P/P_E}, \qquad M_0 = \frac{ql^2}{8} \tag{6.5b}$$

式中：α_m 为弯矩放大系数；M_0 为跨中央一阶弯矩值。

因 $P \leqslant P_E$，故 $\alpha_m \geqslant 1.0$。当 $P = 0$ 时 $\alpha_m = 1$，二阶弯矩与一阶弯矩相等；当 P 趋向于 P_E 时，α_m 趋向于无穷大，也即构件在弯矩作用平面内弯曲失稳时，弯矩无穷大。

从上面可以看出，由于 P 的存在，构件的挠度和弯矩均被放大，不仅跨中央挠度和弯矩被放大，其他截面的挠度和弯矩也被放大，见图 6.3（c）。

（2）跨中央集中荷载下的简支压弯构件

图 6.4（a）所示无缺陷简支压弯构件，跨中央作用有横向集中荷载 Q，取变形后的隔离体见图 6.4（b），依据弹性弯曲理论，对 A 点取矩，并令 $k^2 = P/(EI)$，可得到构件的弯曲平衡微分方程：

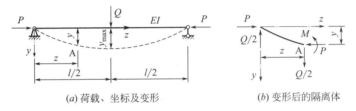

(a) 荷载、坐标及变形　　　　　　　　(b) 变形后的隔离体

图 6.4　跨中央集中荷载下的简支压弯构件

$$y'' + k^2 y = -\frac{Q}{2EI} z \qquad (0 < z \leqslant l/2)$$

上式的通解为：

$$y = A_1 \sin kz + A_2 \cos kz - \frac{Q}{2P} z$$

利用边界条件 $y(0) = y'(l/2) = 0$，再引入 $u = kl/2$，可得构件的挠曲线：

$$y = \frac{Q}{2Pk} (\sec u \sin kz - kz) \tag{6.6}$$

构件跨中央挠度最大，将 $z = l/2$ 代入上式可得二阶最大挠度 y_{max}：

$$y_{max} = \frac{Ql}{4Pu} (\tan u - u) = \frac{3}{u^3} (\tan u - u) \cdot \frac{Ql^3}{48EI} = \alpha_v y_0 \tag{6.7a}$$

$$\alpha_v = \frac{3}{u^3} (\tan u - u), \qquad y_0 = \frac{Ql^3}{48EI} \tag{6.7b}$$

正切函数 $\tan u$ 的幂级数为：

$$\tan u = u + \frac{1}{3} u^3 + \frac{2}{15} u^5 + \frac{17}{315} u^7 + \frac{62}{2835} u^9 + \cdots$$

利用上式及式（6.2），可得挠度放大系数 α_v：

$$\alpha_v = \frac{3}{u^3} (\tan u - u) = 1 + 0.987 \left(\frac{P}{P_E} \right) + 0.986 \left(\frac{P}{P_E} \right)^2 + \cdots \approx \frac{1}{1 - P/P_E} \tag{6.8}$$

构件跨中央的二阶弯矩最大：

$$M_{max} = \frac{Ql}{4} + P y_{max} = \left(1 + \frac{P}{1 - P/P_E} \cdot \frac{1}{12EI/l^2} \right) \cdot \frac{Ql}{4}$$

$$= \frac{1-0.178P/P_E}{1-P/P_E} \cdot \frac{Ql}{4} = \alpha_m M_0 \tag{6.9a}$$

$$\alpha_m = \frac{1-0.178P/P_E}{1-P/P_E}, \qquad M_0 = \frac{Ql}{4} \tag{6.9b}$$

对于多个横向荷载 Q 作用下的简支压弯构件，依据上述方法均可以得到 α_m。当构件上作用有两个或两个以上等间距布置的 Q 时，α_m 可近似按式（6.5b）计算。

（3）端弯矩作用下的简支压弯构件

图 6.5（a）所示无缺陷简支压弯构件，作用有端弯矩 M_1、M_2，假设 $|M_2| \leqslant |M_1|$，当 M_1、M_2 使构件产生同向曲率时取同号，反之取异号。取隔离体，对 A 点取矩，并令 $k^2 = P/(EI)$，可得平衡微分方程：

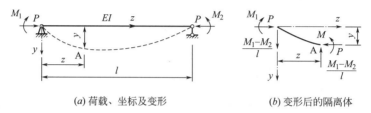

(a) 荷载、坐标及变形　　　　　(b) 变形后的隔离体

图 6.5　端弯矩作用下的简支压弯构件

$$y'' + k^2 y = \frac{M_1 - M_2}{EIl}z - \frac{M_1}{EI}$$

上式的通解为：

$$y = A_1 \sin kz + A_2 \cos kz + \frac{M_1 - M_2}{Pl}z - \frac{M_1}{P}$$

利用边界条件 $y(0) = y(l) = 0$，再引入 $u = kl/2$，可得构件的挠曲线：

$$y = -\frac{M_1 \cos 2u - M_2}{P\sin 2u}\sin kz + \frac{M_1}{P}\cos kz + \frac{M_1 - M_2}{Pl}z - \frac{M_1}{P} \tag{6.10}$$

任意 z 坐标处的截面弯矩为：

$$M = -EIy'' = M_1 \cos kz - \frac{(M_1 \cos 2u - M_2)}{\sin 2u}\sin kz \tag{6.11}$$

利用 $dM/dz = 0$ 可求出挠曲线极值点的 z 坐标位置（记作 $\bar{z}$），则有：

$$\tan \bar{z} = -\frac{M_1 \cos 2u - M_2}{M_1 \sin 2u}$$

如果 $\bar{z} < 0$ 或者 $\bar{z} > l$，则最大弯矩截面位于杆端，也就是 M_1。如果 $0 \leqslant \bar{z} \leqslant l$，说明最大弯矩位于构件长度范围内，最大二阶弯矩为：

$$M_{max} = M_1 \sqrt{\frac{m^2 - 2m\cos 2u + 1}{\sin^2 2u}} \tag{6.12a}$$

$$m = \frac{M_2}{M_1} \tag{6.12b}$$

式中：m 为端弯矩的比值，定义与式（5.52）完全相同。

对于图 6.1 中偏心压力作用下的简支构件，可以看作是端弯矩 $M_1 = Pe_1$、$M_2 = Pe_2$ 作用下的压弯构件，其变形、内力的分析与上述端弯矩作用下的压弯构件完全相同。

特殊地，当端弯矩 $M_1=M_2$ 时，一阶弯矩均匀分布，构件的挠曲线由式（6.10）变为：

$$y=\frac{M_1}{P}(\tan u\sin kz+\cos kz-1) \tag{6.13}$$

构件跨中央挠度最大，将 $z=l/2$ 代入式（6.13）可得二阶最大挠度 $y_{\max}$：

$$y_{\max}=\frac{M_1}{P}(\sec u-1)=\frac{2}{u^2}(\sec u-1)\cdot\frac{M_1l^2}{8EI}=\alpha_v y_0 \tag{6.14a}$$

$$\alpha_v=\frac{2}{u^2}(\sec u-1)，\qquad y_0=\frac{M_1l^2}{8EI} \tag{6.14b}$$

利用 $\sec u$ 的幂级数以及式（6.2）可得：

$$\alpha_v=\frac{2}{u^2}(\sec u-1)=1+1.027\left(\frac{P}{P_E}\right)+1.029\left(\frac{P}{P_E}\right)^2+\cdots\approx\frac{1}{1-P/P_E} \tag{6.15}$$

$M_1=M_2$ 时跨中央弯矩也最大，最大二阶弯矩为：

$$M_{\max}=-EIy''(l/2)=M_1(\tan u\sin u+\cos u)=M_1\sec u=\alpha_m M_1 \tag{6.16a}$$

式（4.19）已给出了 $\sec u$ 的近似值，因此可得 α_m：

$$\alpha_m=\sec u\approx\frac{1+0.234P/P_E}{1-P/P_E} \tag{6.16b}$$

（4）均布荷载下的两端固接压弯构件

图 6.6（a）所示无缺陷的两端固接压弯构件，承担横向均布荷载 q，取 dz 微段隔离体，见图 6.6（b），微段自身产生的位移为 dy，Q 为 z 坐标处截面的 y 向力（见例题 3.6），则隔离体在 y 向力的平衡方程为：

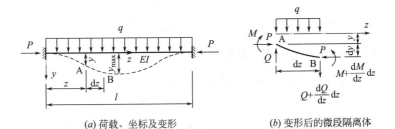

(a) 荷载、坐标及变形　　　　　　　(b) 变形后的微段隔离体

图 6.6　横向均布荷载下的两端固接压弯构件

$$q\,dz+\left(Q+\frac{dQ}{dz}dz\right)-Q=0$$

整理可得：

$$\frac{dQ}{dz}=-q \tag{6.17}$$

隔离体的力矩平衡方程为：

$$M+\frac{dM}{dz}dz-M-P\,dy-Q\,dz+\frac{1}{2}q(dz)^2=0$$

忽略上式中的高阶项 $(dz)^2$ 后，可得：

$$Q=\frac{dM}{dz}-P\frac{dy}{dz}=-EIy'''-Py' \tag{6.18}$$

联合式（6.17）、式（6.18），并令 $k^2=P/(EI)$，可得到构件的弯曲平衡微分方程：

$$y^{(4)} + k^2 y'' = \frac{q}{EI}$$

上式的通解为：

$$y = A_1 \sin kz + A_2 \cos kz + \frac{q}{2P} z^2 + A_3 z + A_4$$

构件的边界条件为 $y(0) = y'(0) = y'(l/2) = 0$，又因 $Q(l/2) = 0$，故 $y'''(l/2) = 0$，得挠曲线：

$$y = \frac{ql}{2EIk^3} \left[\sin kz + \frac{\cos kz - 1}{\tan(kl/2)} + \frac{kz^2}{l} - kz \right] \tag{6.19}$$

上式的二阶导数为：

$$y'' = \frac{ql}{2EIk} \left[-\sin kz - \frac{\cos kz}{\tan(kl/2)} + \frac{2}{kl} \right]$$

引入参数 u，并令 $u = kl/2$，对于两端固接的轴压构件，$P_{cr} = \pi^2 EI / l_0^2 = \pi^2 EI / (0.5l)^2$，故有：

$$u = \frac{kl}{2} = \frac{l}{2} \sqrt{\frac{P}{EI}} = \pi \sqrt{\frac{P}{P_{cr}}} \tag{6.20}$$

构件跨中央挠度最大，将 $z = l/2$、$u = kl/2$ 代入式（6.19）可得二阶最大挠度：

$$y_{max} = \frac{ql^4}{16EIu^3} \left(\sin u + \frac{\cos u - 1}{\tan u} - \frac{u}{2} \right)$$

$$= \frac{24}{u^3} \left(\csc u - \cot u - \frac{u}{2} \right) \cdot \frac{ql^4}{384EI} = \alpha_v y_0 \tag{6.21a}$$

$$\alpha_v = \frac{24}{u^3} \left(\csc u - \cot u - \frac{u}{2} \right), \qquad y_0 = \frac{ql^4}{384EI} \tag{6.21b}$$

利用式（6.20）以及以下三角函数的级数：

$$\cot u = \frac{1}{u} - \left(\frac{1}{3} u + \frac{1}{45} u^3 + \frac{2}{945} u^5 + \frac{2}{4725} u^7 + \cdots \right)$$

$$\csc u = \frac{1}{u} + \frac{1}{6} u + \frac{7}{360} u^3 + \frac{31}{15120} u^5 + \frac{127}{604800} u^7 + \cdots$$

代入式（6.21b）可得跨中央挠度放大系数：

$$\alpha_v = \frac{24}{u^3} \left(\csc u - \cot u - \frac{u}{2} \right) = \frac{24}{u^3} \left(\frac{1}{24} u^3 + \frac{1}{240} u^5 + \frac{17}{40320} u^7 + \cdots \right)$$

$$= 1 + \frac{1}{10} u^2 + \frac{17}{1680} u^4 + \cdots = 1 + 0.987 \left(\frac{P}{P_{cr}} \right) + 0.986 \left(\frac{P}{P_{cr}} \right)^2 + \cdots$$

$$\approx \frac{1}{1 - P/P_{cr}} \tag{6.22}$$

构件两端的固端弯矩 $\overline{M}$ 相等：

$$\overline{M} = -EIy''(0) = \frac{3}{u} \left(-\cot u + \frac{1}{u} \right) \cdot \left(-\frac{ql^2}{12} \right) = \bar{\alpha}_m \overline{M}_0 \tag{6.23a}$$

$$\bar{\alpha}_m = \frac{3}{u} \left(-\cot u + \frac{1}{u} \right), \qquad \overline{M}_0 = -\frac{ql^2}{12} \tag{6.23b}$$

式中：α_m 为固端弯矩放大系数；$\overline{M}_0$ 为固端弯矩的一阶值。

利用 $\cot u$ 的级数以及式（6.20）可得固端弯矩放大系数：

$$\overline{\alpha}_m = \frac{3}{u}\left(-\cot u + \frac{1}{u}\right) = 1 + \frac{1}{15}u^2 + \frac{2}{315}u^4 + \frac{1}{1575}u^6 + \cdots$$

$$= 1 + 0.658\left(\frac{P}{P_{cr}}\right) + 0.618\left(\frac{P}{P_{cr}}\right)^2 + 0.610\left(\frac{P}{P_{cr}}\right)^3 + \cdots$$

$$\approx \frac{1 - 0.38 P/P_{cr}}{1 - P/P_{cr}} \tag{6.24}$$

同理可以求得构件跨中央二阶弯矩：

$$M = -EIy''(l/2) = \frac{6}{u}\left(\csc u - \frac{1}{u}\right) \cdot \frac{ql^2}{24} = \alpha_m M_0 \tag{6.25a}$$

$$\alpha_m = \frac{6}{u}\left(\csc u - \frac{1}{u}\right), \qquad M_0 = \frac{ql^2}{24} \tag{6.25b}$$

利用 $\csc u$ 的级数以及式（6.20）可得跨中央弯矩放大系数 α_m：

$$\alpha_m = \frac{6}{u}\left(\csc u - \frac{1}{u}\right) = 1 + \frac{7}{60}u^2 + \frac{31}{2520}u^4 + \frac{127}{100800}u^6 + \cdots$$

$$= 1 + 1.151\left(\frac{P}{P_{cr}}\right) + 1.198\left(\frac{P}{P_{cr}}\right)^2 + 1.211\left(\frac{P}{P_{cr}}\right)^3 + \cdots$$

$$\approx \frac{1 + 0.2 P/P_{cr}}{1 - P/P_{cr}} \tag{6.26}$$

（5）跨中央集中荷载下的两端固接压弯构件

图 6.7 所示无缺陷的两端固接压弯构件，跨中央作用有横向集中荷载 Q，取 dz 微段隔离体，由力矩平衡同样可得到式（6.18），令 $k^2 = P/(EI)$ 可得：

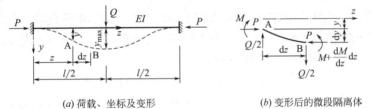

(a) 荷载、坐标及变形　　　　　　　(b) 变形后的微段隔离体

图 6.7　跨中央集中荷载下的两端固接压弯构件

$$y''' + k^2 y' = -\frac{Q}{2EI} \qquad (0 \leqslant z \leqslant l/2)$$

上式的通解为：

$$y = A_1 \sin kz + A_2 \cos kz - \frac{Q}{2P}z + A_3$$

利用构件的边界条件 $y(0) = y'(0) = y'(l/2) = 0$ 以及 $u = kl/2$，可解得构件的挠曲线：

$$y = \frac{Q}{2EIk^3}\left[\sin kz + \frac{1 - \cos u}{\sin u}(1 - \cos kz) - kz\right] \tag{6.27}$$

其二阶导数为：

$$y'' = \frac{Q}{2EIk}\left(\frac{1 - \cos u}{\sin u}\cos kz - \sin kz\right)$$

构件跨中央挠度最大，将 $z = l/2$ 代入式（6.27）可得二阶最大挠度：

$$y_{\max}=\frac{24}{u^3}\Big(\csc u-\cot u-\frac{u}{2}\Big)\cdot\frac{Ql^3}{192EI}=\alpha_{\mathrm{v}}y_0 \tag{6.28a}$$

$$\alpha_{\mathrm{v}}=\csc u-\cot u-\frac{u}{2}\approx\frac{1}{1-P/P_{\mathrm{cr}}},\qquad y_0=\frac{Ql^3}{192EI} \tag{6.28b}$$

构件两端的固端弯矩 $\overline{M}$ 相等，其值为：

$$\overline{M}=-EIy''(0)=\frac{2}{u}(\csc u-\cot u)\cdot\Big(-\frac{Ql}{8}\Big)=\overline{\alpha}_{\mathrm{m}}\overline{M}_0 \tag{6.29a}$$

$$\overline{\alpha}_{\mathrm{m}}=\frac{2}{u}(\csc u-\cot u),\qquad \overline{M}_0=-\frac{Ql}{8} \tag{6.29b}$$

利用 $\cot u$ 和 $\csc u$ 的幂级数以及式（6.20）可得固端弯矩放大系数：

$$\begin{aligned}
\overline{\alpha}_{\mathrm{m}}&=\frac{2}{u}(\csc u-\cot u)=1+\frac{1}{12}u^2+\frac{1}{120}u^4+\frac{17}{20160}u^6+\cdots\\
&=1+\frac{1}{12}u^2\Big(1+\frac{1}{10}u^2+\frac{17}{1680}u^2+\cdots\Big)\\
&=1+0.822\frac{P}{P_{\mathrm{cr}}}\Big[1+0.986\Big(\frac{P}{P_{\mathrm{cr}}}\Big)+0.984\Big(\frac{P}{P_{\mathrm{cr}}}\Big)^2+\cdots\Big]\\
&\approx\frac{1-0.178P/P_{\mathrm{cr}}}{1-P/P_{\mathrm{cr}}}
\end{aligned} \tag{6.30}$$

同理可以求得构件跨中央二阶弯矩及其弯矩放大系数：

$$M=-EIy''(l/2)=\frac{2}{u}(\csc u-\cot u)\cdot\frac{Ql}{8}\approx\alpha_{\mathrm{m}}M_0 \tag{6.31a}$$

$$\alpha_{\mathrm{m}}=\frac{2}{u}(\csc u-\cot u)=\overline{\alpha}_{\mathrm{m}}\approx\frac{1-0.178P/P_{\mathrm{cr}}}{1-P/P_{\mathrm{cr}}},\qquad M_0=-\overline{M}_0=\frac{Ql}{8} \tag{6.31b}$$

当两端固接压弯构件作用有两个或两个以上等间距布置的集中荷载时，固接端、跨中央的弯矩放大系数与均布荷载下两端固接构件基本相同，可近似按式（6.24）、式（6.26）计算。

根据前面的诸压弯构件，可以得到如下结论：

$$y_{\max}=\alpha_{\mathrm{v}}y_0,\ M_{\max}=\alpha_{\mathrm{m}}M_0,\ \overline{M}=\overline{\alpha}_{\mathrm{m}}\overline{M}_0 \tag{6.32}$$

对于简单压弯构件，y_0、α_{v}、M_0、α_{m} 见表 6.1，各构件的 α_{m} 不尽相同，其中相等端弯矩作用下的 α_{m} 最大；y_0、M_0 均与 P 无关，但 α_{v}、α_{m} 均与 P 呈非线性关系。

简单压弯构件的挠度、弯矩和等效弯矩系数　　　表 6.1

项次	构件及一阶弯矩图	挠度及其放大系数		弯矩及其放大系数		等效弯矩系数 β_{m}
		一阶最大挠度 y_0	挠度放大系数 α_{v}	一阶最大弯矩 M_0、$\overline{M}_0$	弯矩放大系数 α_{m}、$\overline{\alpha}_{\mathrm{m}}$	
1		$\dfrac{5ql^4}{384EI}$（跨中）		$\dfrac{ql^2}{8}$（跨中）	$\dfrac{1+0.027P/P_{\mathrm{E}}}{1-P/P_{\mathrm{E}}}$	$1-0.18\dfrac{P}{P_{\mathrm{E}}}$
2		$\dfrac{Ql^3}{48EI}$（跨中）	$\dfrac{1}{1-P/P_{\mathrm{E}}}$	$\dfrac{Ql}{4}$（跨中）	$\dfrac{1-0.178P/P_{\mathrm{E}}}{1-P/P_{\mathrm{E}}}$	$1-0.36\dfrac{P}{P_{\mathrm{E}}}$
3		$\dfrac{M_1l^2}{8EI}$（跨中）		M_1	$\dfrac{1+0.234P/P_{\mathrm{E}}}{1-P/P_{\mathrm{E}}}$	1.0

192

项次	构件及一阶弯矩图	挠度及其放大系数		弯矩及其放大系数		等效弯矩系数 β_m
		一阶最大挠度 y_0	挠度放大系数 α_v	一阶最大弯矩 M_0、$\overline{M}_0$	弯矩放大系数 α_m、$\overline{\alpha}_m$	
4	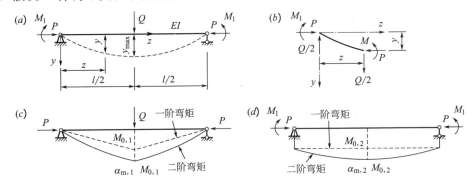	$\dfrac{ql^4}{384EI}$ （跨中）		$-\dfrac{ql^2}{12}$ （两端）	$\dfrac{1-0.38P/P_{cr}}{1-P/P_{cr}}$	$1-0.52\dfrac{P}{P_{cr}}$
5		$\dfrac{Ql^3}{192EI}$ （跨中）	$\dfrac{1}{1-P/P_{cr}}$	$\dfrac{Ql}{8}$ （跨中及两端）		
6		$\dfrac{Ql^3}{12EI}$ （定向端）		$\dfrac{Ql}{2}$ （两端）	$\dfrac{1-0.178P/P_{cr}}{1-P/P_{cr}}$	$1-0.36\dfrac{P}{P_{cr}}$
7		$\dfrac{Ql^3}{3EI}$ （悬臂端）		Ql （固端）		

注：$P_E=\pi^2EI/l^2$，$P_{cr}=\pi^2EI/l_0^2$；l_0、EI 分别为构件在弯矩作用平面内的计算长度、抗弯刚度。

（6）复合荷载下的压弯构件

前面讲述的都是简单荷载，实际构件可能有复合荷载作用，如图 6.8（a）所示无缺陷简支压弯构件，同时承担均布弯矩 M_1 和跨中央集中荷载 Q，且 M_1 与 Q 使构件产生同向曲率，假设 P 保持不变。取隔离体可得弯曲平衡微分方程：

（a）荷载、坐标及变形；（b）隔离体；（c）横向荷载产生的弯矩；（d）端弯矩产生的弯矩

图 6.8　复合荷载下的简支压弯构件

$$EIy''+Py=-\frac{Q}{2}z-M_1\qquad(0<z\leqslant l/2)$$

令 $k^2=P/(EI)$，上式变为：

$$y''+k^2y=-\frac{Q}{2EI}z-\frac{M_1}{EI}$$

上式的通解为：

$$y = A_1 \sin kz + A_2 \cos kz - \frac{Q}{2P}z - \frac{M_1}{P}$$

利用边界条件 $y(0) = y'(l/2) = 0$，并引入 $u = kl/2$，可得构件的挠曲线：

$$y = \frac{Q}{2Pk}(\sec u \sin kz - kz) + \frac{M_1}{P}(\tan u \sin kz + \cos kz - 1) \quad (6.33)$$

可以看出，挠度由两项叠加组成，第一项即是集中荷载 Q 作用下的式（6.6），第二项即是均布弯矩 M_1 作用下的式（6.13），说明在 P 保持不变的情况下叠加原理同样适用于最大挠度计算。

构件跨中央挠度最大，将 $z = l/2$ 代入上式可得二阶最大挠度：

$$y_{\max} = \frac{3}{u^3}(\tan u - u) \cdot \frac{Ql^3}{48EI} + \frac{2}{u^2}(\sec u - 1) \cdot \frac{M_1 l^2}{8EI}$$

利用式（6.8）、式（6.15）可得：

$$y_{\max} = \frac{1}{1 - P/P_E} \cdot \frac{Ql^3}{48EI} + \frac{1}{1 - P/P_E} \cdot \frac{M_1 l^2}{8EI} = \frac{1}{1 - P/P_E}(y_{0,1} + y_{0,2}) \quad (6.34)$$

式中：$y_{0,1}$、$y_{0,2}$ 分别为集中荷载 Q、均布弯矩 M_1 单独作用下的跨中央一阶挠度。

构件跨中央二阶弯矩最大：

$$M_{\max} = -EIy''(l/2) = \frac{Ql}{4u}\tan u + M_1 \sec u$$

利用 $\tan u$、$\sec u$ 级数可得：

$$M_{\max} = \frac{1 - 0.178P/P_E}{1 - P/P_E} \cdot \frac{Ql}{4} + \frac{1 + 0.234P/P_E}{1 - P/P_E}M_1 = \alpha_{m,1}M_{0,1} + \alpha_{m,2}M_{0,2} \quad (6.35)$$

式中：$\alpha_{m,1}$、$M_{0,1}$ 分别为 Q 单独作用下的弯矩放大系数、一阶弯矩最大值，见图 6.8（c）；$\alpha_{m,2}$、$M_{0,2}$ 分别为 M_1 单独作用下的弯矩放大系数、一阶弯矩最大值。

从上式可以看出，P 保持不变时最大弯矩也符合叠加原理，总弯矩等于各荷载下的一阶弯矩值乘以各自的弯矩放大系数。对于 n 个复合荷载下的压弯构件，只要各荷载产生的一阶弯矩最大值的位置都相同，二阶最大弯矩可以直接利用下式计算：

$$M_{\max} = \sum \alpha_{m,i}M_{0,i} \quad (6.36)$$

式中：$\alpha_{m,i}$、$M_{0,i}$ 分别为第 i 个荷载单独作用下的弯矩放大系数和一阶值弯矩最大值，按表 6.1 取用。

因 α_v、α_m 均与 P 呈非线性关系，如果 P 发生了变化，各荷载产生的二阶效应相互影响，上述叠加原理不再适用。

6.2.2 有侧移压弯构件的二阶分析

有些压弯构件的端部在受力过程中有可能发生侧移，比如图 6.9 所示的单层框架，承担轴向力 P 和水平力 Q，假设横梁刚度无穷大，由一阶分析可知水平力由两柱平均分担，则柱顶一阶弯矩 M_0、柱顶一阶侧移 Δ_0 分别为：

柱脚铰接时： $M_0 = \frac{Q}{2}l = \frac{Ql}{2}$ ，$\Delta_0 = \frac{(Q/2)l^3}{3EI} = \frac{Ql^3}{6EI}$ （6.37a）

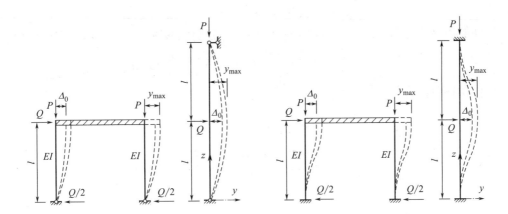

(a) 柱脚铰接时的框架及其等效压弯柱　　　　　　(b) 柱脚刚接时的框架及其等效压弯柱

图 6.9　有侧移框架及其压弯柱的等效模型

柱脚刚接时：
$$M_0 = \frac{Q}{2} \cdot \frac{l}{2} = \frac{Ql}{4} \ ,\ \Delta_0 = \frac{(Q/2)l^3}{12EI} = \frac{Ql^3}{24EI} \tag{6.37b}$$

对框架柱而言，Δ_0 相当于支座侧移。因柱顶转角为零，可将框架柱分别等效成长度为 $2l$、中点作用横向集中荷载 Q 的两端铰接或固接压弯构件，见图 6.9，前面已经给出了这两类压弯构件的 α_v、α_m 计算公式，同样适用于该等效压弯柱，不同之处是需将相关公式中的 P_E 修改为 P_{cr}。

【**例题 6.1**】　图 6.10（a）所示无缺陷悬臂弹性压弯构件，悬臂端作用有横向集中荷载 Q，试采用二阶分析法计算构件的最大位移和弯矩。

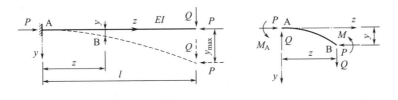

(a) 荷载、坐标及变形　　　　　　　　(b) 变形后的隔离体

图 6.10　例题 6.1 图

【**解**】　取隔离体见图 6.10（b），对 A 点取矩可得隔离体的平衡微分方程：
$$EIy'' + Py + Qz - M_A = 0$$

令 $k^2 = P / (EI)$ 可得：
$$y'' + k^2 y = -\frac{Q}{EI}z + \frac{M_A}{EI}$$

上式的通解为：
$$y = A_1 \sin kz + A_2 \cos kz - \frac{Q}{P}z + \frac{M_A}{P}$$

变形函数的各阶导数为：
$$y' = A_1 k \cos kz - A_2 k \sin kz - \frac{Q}{P}$$

$$y'' = -A_1 k^2 \sin kz - A_2 k^2 \cos kz$$

构件的边界条件为 $y(0) = y'(0) = y''(l) = 0$，分别代入以上三式，联合求解可得：

$$A_1 = \frac{Q}{Pk} , A_2 = -\frac{Q}{Pk} \tan kl , M_A = \frac{Q}{k} \tan kl$$

构件的挠曲线为：

$$y = \frac{Q}{Pk} (\sin kz - \tan kl \cos kz - kz + \tan kl) \tag{1}$$

悬臂端的挠度最大，将 $z = l$ 代入上式可得二阶最大挠度：

$$y_{\max} = \left(\frac{\tan kl}{kl} - 1 \right) \frac{Ql}{P} = \left(\frac{\tan kl}{kl} - 1 \right) \frac{3}{(kl)^2} \cdot \frac{Ql^3}{3EI} = \alpha_v y_0 \tag{2}$$

式中：y_0 为悬臂端挠度的一阶值，$y_0 = Ql^3 / (3EI)$。

引入参数 u，并令 $u = kl$，对于悬臂轴压构件，$P_{cr} = \pi^2 EI / l_0^2 = \pi^2 EI / (2l)^2$，故有：

$$u = kl = l \sqrt{\frac{P}{EI}} = \frac{\pi}{2} \sqrt{\frac{P}{P_{cr}}} \tag{3}$$

$$\alpha_v = \left(\frac{\tan u}{u} - 1 \right) \frac{3}{u^2} = 1 + \frac{2}{5} u^2 + \frac{17}{105} u^4 + \cdots = 1 + 0.987 \left(\frac{P}{P_{cr}} \right) + 0.986 \left(\frac{P}{P_{cr}} \right)^2 + \cdots$$

$$\approx \frac{1}{1 - P / P_{cr}} \tag{4}$$

构件在 A 点的二阶弯矩最大，即

$$M_{\max} = M_A = \frac{Q}{k} \tan kl = \frac{\tan u}{u} Ql = \alpha_m M_{A0} \tag{5}$$

式中：M_{A0} 为 A 点弯矩一阶值，$M_{A0} = Ql$。

利用 $\tan u$ 的级数可得 α_m：

$$\alpha_m = \frac{\tan u}{u} = 1 + \frac{1}{3} u^2 + \frac{2}{15} u^4 + \frac{17}{315} u^6 + \cdots = 1 + 0.822 \frac{P}{P_{cr}} \cdot \frac{1}{1 - P / P_{cr}}$$

$$\approx \frac{1 - 0.178 P / P_{cr}}{1 - P / P_{cr}} \tag{6}$$

6.2.3 有几何缺陷压弯构件的二阶分析

单向压弯构件也存在初弯曲、初偏心等初始几何缺陷，如果 P 保持不变，二阶弹性分析时叠加原理同样适用。因二阶效应由 P 产生，而非弯矩引起，故可将第 4.2.2 节、第 4.2.3 节中有初始几何缺陷轴压构件的二阶效应与上一节中无缺陷压弯构件的二阶效应直接相加。

以图 6.11 所示有初弯曲的弹性简支压弯构件为例，构件最大初始挠度为 v_0，两端作用有相等端弯矩 M_1，式（4.14）和式（4.15）分别给出了有初弯曲时的二阶最大挠度和最大弯矩，式（6.14）和式（6.16）分别给出了 M_1 作用下无缺陷时的二阶最大挠度和最大弯矩，如果 P 保持不变，将式（4.14）和式（6.14）相加可得该构件的二阶最大挠度：

$$y_{\max} = \frac{1}{1 - P / P_E} v_0 + \frac{1}{1 - P / P_E} \cdot \frac{M_1 l^2}{8EI}$$

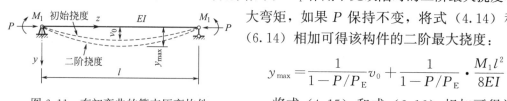

图 6.11 有初弯曲的简支压弯构件

将式（4.15）和式（6.16）相加可得该压

弯构件的二阶最大弯矩：

$$M_{\max} = \frac{1+0.234P/P_{\mathrm{E}}}{1-P/P_{\mathrm{E}}} \cdot M_1 + \frac{1}{1-P/P_{\mathrm{E}}}Pv_0$$

6.3　压弯构件的等效弯矩系数

从前面知道，一阶弯矩的大小和分布与荷载形式有关，而荷载形式又是多种多样的，为避免荷载形式的影响，这里借鉴第 5 章受弯构件等效弯矩的思路，引入压弯构件的等效弯矩 M_{eq}，也就是将一阶弯矩由非均匀分布等效成均匀分布，等效原则为等效前后的二阶最大弯矩 $M_{\max}$ 不变。

图 6.12 （a）所示简支压弯构件，在均布荷载 q 作用下一阶弯矩非均匀分布，最大弯矩为 M_0，可将其等效成均匀分布的一阶弯矩 M_{eq}，见图 6.12（b），对于 M_{eq} 作用下的压弯构件，利用式（6.16）可得二阶最大弯矩：

$$M_{\max} = \frac{1+0.234P/P_{\mathrm{E}}}{1-P/P_{\mathrm{E}}}M_{\mathrm{eq}} \tag{6.38}$$

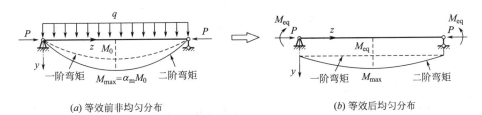

(a) 等效前非均匀分布　　　　　　　　　　　　(b) 等效后均匀分布

图 6.12　压弯构件的等效弯矩示意

等效前构件的二阶最大弯矩为 $M_{\max} = \alpha_{\mathrm{m}}M_0$，根据等效前后 $M_{\max}$ 不变的原则，可得 M_{eq}：

$$M_{\mathrm{eq}} = \frac{1-P/P_{\mathrm{E}}}{1+0.234P/P_{\mathrm{E}}}\alpha_{\mathrm{m}}M_0 \tag{6.39}$$

引入压弯构件的等效弯矩系数 β_{m}，并令

$$\beta_{\mathrm{m}} = \frac{1-P/P_{\mathrm{E}}}{1+0.234P/P_{\mathrm{E}}}\alpha_{\mathrm{m}} \tag{6.40}$$

则式（6.39）变为：

$$M_{\mathrm{eq}} = \beta_{\mathrm{m}}M_0 \tag{6.41}$$

将式（6.41）代入式（6.38）后可得到用 β_{m} 表达的任意荷载下压弯构件的二阶最大弯矩 $M_{\max}$：

$$M_{\max} = \frac{1+0.234P/P_{\mathrm{E}}}{1-P/P_{\mathrm{E}}}\beta_{\mathrm{m}}M_0 \tag{6.42}$$

对于非两端铰接构件，需要将 P_{E} 改为 P_{cr}，则式（6.40）变为：

$$\beta_{\mathrm{m}} = \frac{1-P/P_{\mathrm{cr}}}{1+0.234P/P_{\mathrm{cr}}}\alpha_{\mathrm{m}} \tag{6.43}$$

当构件的固端弯矩最大时，以上诸式中的 α_{m} 需替换为 $\bar{\alpha}_{\mathrm{m}}$。

6.3.1 无侧移压弯构件的等效弯矩系数

（1）均布荷载下的简支压弯构件

将均布荷载下简支压弯构件的 α_m（表 6.1 中的第 1 项）代入式（6.40）可得：

$$\beta_m = \frac{1-P/P_E}{1+0.234P/P_E} \cdot \frac{1+0.027P/P_E}{1-P/P_E} = \frac{1+0.027P/P_E}{1+0.234P/P_E}$$

P/P_E 的取值范围为 0~1，利用上式可以绘出 $\beta_m - P/P_E$ 曲线，接近于线性关系，见

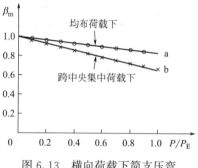

图 6.13 横向荷载下简支压弯
构件的 β_m 曲线

图 6.13 中的 a 曲线，陈绍蕃[3] 给出的 β_m 拟合公式为：

$$\beta_m \approx 1 - 0.18\frac{P}{P_E} \tag{6.44}$$

（2）跨中央集中荷载下的简支压弯构件

将跨中央集中荷载下简支压弯构件的 α_m（表 6.1 中的第 2 项）代入式（6.40）可得：

$$\beta_m = \frac{1-0.178P/P_E}{1+0.234P/P_E}$$

$\beta_m - P/P_E$ 曲线为图 6.13 中的 b 曲线，同样可以得到 β_m 拟合公式[3]：

$$\beta_m \approx 1 - 0.36\frac{P}{P_E} \tag{6.45}$$

（3）端弯矩作用下的简支压弯构件

构件的实际最大弯矩为式（6.12a），等效后的最大弯矩为式（6.38），根据等效原则可得：

$$M_1\sqrt{\frac{m^2-2m\cos 2u+1}{\sin^2 2u}} = \frac{1+0.234P/P_E}{1-P/P_E}M_{eq}$$

又由式（6.16b）可知 $(1+0.234P/P_E)/(1-P/P_E)=\sec u$，故有：

$$M_1\sqrt{\frac{m^2-2m\cos 2u+1}{\sin^2 2u}} = \sec u \cdot M_{eq}$$

可得等效弯矩：

$$M_{eq} = M_1\sqrt{\frac{(m-1)^2}{4\sin^2 u}+m}$$

因 $|M_1| \geqslant |M_2|$，M_1 就是构件的一阶最大弯矩 M_0，上式中的根号项就是等效弯矩系数，即

$$\beta_m = \sqrt{\frac{(m-1)^2}{4\sin^2 u}+m} \tag{6.46}$$

影响 β_m 的因素是 m、u，m 和 u 的定义分别见式（6.12b）和式（6.2），二者无关联。u 又与 P/P_E 有关，可得到 β_m 与 m 和 P/P_E 的关系，见图 6.14。

精确确定端弯矩作用下的 β_m 较困难，很多学者[4-6] 曾提出过不同的简化计算公式。Ballio[7] 等曾计算过上千种不同情况下的 β_m 值，试图得到实用的统一公式，但结果发现

β_m 值很分散。

1956 年 Massonnet 建议 β_m-m 关系可按下式采用：

$$\beta_m = \sqrt{0.3m^2 + 0.4m + 0.3} \quad (6.47)$$

1961 年 Austin[5] 建议用直线来表达 β_m-m 关系，并给出了 β_m 的简化计算公式：

$$\beta_m = 0.6 + 0.4m \quad (6.48)$$

上式就是图 6.14 中的 AC 直线。Chen[6] 曾进行了工字形、箱形截面压弯构件的一系列试验，并采用数值法分析了大量的构件，结果均表明，构件无论是处于弹性还是弹塑

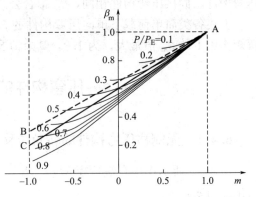

图 6.14 端弯矩作用下简支压弯构件的 β_m 曲线

性，式（6.48）的适用性均较好，该式被我国 GB 50017—2017 标准采纳。当 $m = 1.0$ 时，一阶弯矩为均匀分布，显然 $\beta_m = 1.0$。

我国早期《钢结构设计规范》取图 6.14 中的 AB 直线，即

$$\beta_m = 0.65 + 0.35m \quad (6.49)$$

（4）均布荷载下的两端固接压弯构件

支座处的固端弯矩最大，将固端 $\bar{\alpha}_m$（表 6.1 中的第 4 项）代入式（6.43）可得：

$$\beta_m = \frac{1 - 0.38P/P_{cr}}{1 + 0.234P/P_{cr}} \approx 1 - 0.52\frac{P}{P_{cr}} \quad (6.50)$$

（5）跨中央集中荷载下的两端固接压弯构件

支座处固端弯矩和跨中央弯矩相同，将 α_m（表 6.1 中的第 5 项）代入式（6.43）可得：

$$\beta_m = \frac{1 - 0.178P/P_{cr}}{1 + 0.234P/P_{cr}} \approx 1 - 0.36\frac{P}{P_{cr}} \quad (6.51)$$

（6）复合荷载下的压弯构件

当 P 保持不变时，等效弯矩亦可叠加。如图 6.8（a）所示压弯构件，式（6.35）给出了实际二阶最大弯矩，式（6.38）给出了等效后的二阶最大弯矩，根据等效原则可得：

$$\alpha_{m,1}M_{0,1} + \alpha_{m,2}M_{0,2} = \frac{1 + 0.234P/P_E}{1 - P/P_E}M_{eq}$$

等效弯矩 M_{eq} 为：

$$M_{eq} = \frac{1 - P/P_E}{1 + 0.234P/P_E}(\alpha_{m,1}M_{0,1} + \alpha_{m,2}M_{0,2}) = \beta_{m,1}M_{0,1} + \beta_{m,2}M_{0,2}$$

式中：$\beta_{m,1}$、$\beta_{m,2}$ 分别为 Q、M_1 单独作用下的等效弯矩系数。

可以看出，总的等效弯矩等于各荷载单独作用下的等效弯矩之和，对于 n 个复合荷载下的压弯构件，等效弯矩可以直接利用下式计算：

$$M_{eq} = \sum \beta_{m,i}M_{0,i} \quad (6.52)$$

式中：$\beta_{m,i}$、$M_{0,i}$ 分别为第 i 个荷载单独作用下的等效弯矩系数和一阶弯矩最大值。

6.3.2 有侧移压弯构件的等效弯矩系数

对于图 6.9（a）、（b）所示有侧移的框架柱，因其 α_m 分别与跨中央集中荷载下简支

压弯构件、固接压弯构件相同，β_m 拟合公式分别同式（6.45）、式（6.51）。

上述各类简单荷载下单向压弯构件的 β_m 公式也汇总于表 6.1 中，可以看出，相等端弯矩作用下的 β_m 值最大，为 1.0，其余情况下的 β_m 均小于 1.0。

6.4　压弯构件的弹性转角位移方程

6.4.1　无侧移压弯构件的转角位移方程

图 6.15 所示作用有端弯矩 M_A、M_B 的无侧移简支压弯构件，根据式（6.10）可直接写出挠曲线：

$$y = -\frac{M_A \cos kl + M_B}{P \sin kl} \sin kz + \frac{M_A}{P} \cos kz + \frac{M_A + M_B}{Pl} z - \frac{M_A}{P}$$

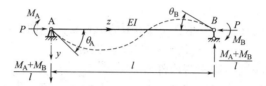

图 6.15　端弯矩作用下无侧移压弯构件

构件的转角表达式为：

$$y' = -\frac{M_A \cos kl + M_B}{kEI \sin kl} \cos kz - \frac{M_A}{kEI} \sin kz + \frac{M_A + M_B}{k^2 EIl},$$

构件两端的转角分别为：

$$\theta_A = y'(0) = \frac{l}{EI} \left[\frac{\sin kl - kl \cos kl}{(kl)^2 \sin kl} M_A + \frac{\sin kl - kl}{(kl)^2 \sin kl} M_B \right] \tag{6.53a}$$

$$\theta_B = y'(l) = \frac{l}{EI} \left[\frac{\sin kl - kl}{(kl)^2 \sin kl} M_A + \frac{\sin kl - kl \cos kl}{(kl)^2 \sin kl} M_B \right] \tag{6.53b}$$

为与受弯构件的转角位移方程具有相同的形式，上式还可以改写成：

$$M_A = \frac{EI}{l} \left[\frac{kl \sin kl - (kl)^2 \cos kl}{2 - 2\cos kl - kl \sin kl} \theta_A + \frac{(kl)^2 - kl \sin kl}{2 - 2\cos kl - kl \sin kl} \theta_B \right] \tag{6.54a}$$

$$M_B = \frac{EI}{l} \left[\frac{(kl)^2 - kl \sin kl}{2 - 2\cos kl - kl \sin kl} \theta_A + \frac{kl \sin kl - (kl)^2 \cos kl}{2 - 2\cos kl - kl \sin kl} \theta_B \right] \tag{6.54b}$$

引入构件的线刚度 $i = EI/l$，并将转角前的系数替代为 C、S 后，转角位移方程可简写为：

$$M_A = i(C\theta_A + S\theta_B) \tag{6.55a}$$

$$M_B = i(S\theta_A + C\theta_B) \tag{6.55b}$$

式中：iC、iS 分别称为近端和远端的抗弯刚度；C、S 分别称为近端和远端的抗弯刚度系数，也称稳定函数；S/C 称为弯矩传递系数。相关参数的表达式分别如下：

$$C = \frac{kl \sin kl - (kl)^2 \cos kl}{2 - 2\cos kl - kl \sin kl} = \frac{u(\tan u - u)}{\tan u [2\tan(u/2) - u]} \tag{6.56a}$$

$$S = \frac{(kl)^2 - kl\sin kl}{2 - 2\cos kl - kl\sin kl} = \frac{u(u - \sin u)}{\sin u\left[2\tan(u/2) - u\right]} \tag{6.56b}$$

$$S/C = \frac{kl - \sin kl}{\sin kl - kl\cos kl} = \frac{u - \sin u}{\sin u - u\cos u} \tag{6.56c}$$

$$u = kl = \sqrt{\frac{P}{EI} \cdot l^2} = \pi\sqrt{\frac{P}{P_E}} = \frac{\pi}{\mu} \tag{6.56d}$$

C、S 及 S/C 与 kl 的关系[2] 见图 6.16，当 $kl = 0$ 也即 $P = 0$ 时，属于受弯构件，$C = 4$，$S = 2$，$S/C = 0.5$，与结构力学中的一阶分析结果完全相同。当 $kl \neq 0$ 时，随着 kl 的增加，C 减小，而 S 增大；当 $kl = 4.49$ 也即 $P = \pi^2 EI/(0.7l)^2$ 时，$C = 0$，S/C 为无穷大，说明近端抗弯刚度消失，远端抗弯刚度无穷大，此时的 P 正好是一端铰接一端固接轴压构件的屈曲荷载；当 $kl = 2\pi$ 也即 $P = \pi^2 EI/(0.5l)^2$ 时，C 和 S 均为无穷大，说明近端和远端抗弯刚度均为无穷大，此时的 P 正好是两端固接轴压构件的屈曲荷载。可以看出，P 改变了构件的抗弯刚度，构件失稳的本质是抗弯刚度消失。

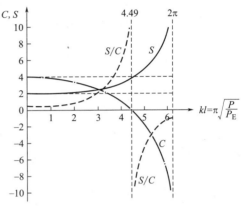

图 6.16　C、S 与 kl 的关系曲线

转角位移方程可以用于刚架的稳定分析（将在第 8 章讲述），因求解刚架屈曲荷载时要用到 C 和 S，C 和 S 都与 kl 有关，见表 6.2，而 kl 又与 P 有关，故可得屈曲荷载。

抗弯刚度系数 C、S　　　　　表 6.2

kl	C	S	kl	C	S	kl	C	S
0.0	4.0	2.0	2.40	3.1659	2.2328	3.30	2.2763	2.5382
0.20	3.9946	2.0024	2.44	3.1352	2.2424	3.40	2.1463	2.5881
0.40	3.9786	2.0057	2.48	3.1039	2.2522	3.50	2.0084	2.6424
0.60	3.9524	2.0119	2.52	3.0717	2.2623	3.60	1.8619	2.7017
0.80	3.9136	2.0201	2.56	3.0389	2.2728	3.70	1.7060	2.7668
1.0	3.8650	2.0345	2.60	3.0052	2.2834	3.80	1.5400	2.8382
1.20	3.8042	2.0502	2.64	2.9710	2.2946	3.90	1.3627	2.9168
1.40	3.7317	2.0696	2.68	2.9357	2.3060	4.0	1.1731	3.0037
1.60	3.6466	2.0927	2.72	2.8997	2.3177	4.20	0.7510	3.2074
1.80	3.5483	2.1199	2.76	2.8631	2.3300	4.40	0.2592	3.4619
2.0	3.4364	2.1523	2.80	2.8255	2.3425	4.60	−0.3234	3.7866
2.04	3.4119	2.1589	2.84	2.7870	2.3555	4.80	−1.0289	4.2111
2.08	3.3872	2.1662	2.88	2.7476	2.3688	5.0	−1.9087	4.7845
2.12	3.3617	2.1737	2.92	2.7073	2.3825	5.25	−3.3951	5.8469
2.16	3.3358	2.1814	2.96	2.6662	2.3967	5.50	−5.6726	7.6472
2.20	3.3090	2.1893	3.0	2.6243	2.4115	5.75	−9.8097	11.244
2.24	3.2814	2.1975	3.10	2.5144	2.4499	6.0	−20.637	21.453
2.28	3.2538	2.2059	3.15	2.4549	2.4681	6.25	−188.38	188.48
2.32	3.2252	2.2146	3.20	2.3987	2.4922	2π	$-\infty$	∞
2.36	3.1959	2.2236	3.25	2.3385	2.5148	6.50	29.500	−30.232

6.4.2 有侧移压弯构件的转角位移方程

图 6.17 所示端弯矩 M_A、M_B 作用下有相对侧移 Δ 的简支压弯构件，由于两端转角 θ_A、θ_B 中都包含了侧移引起的倾角 Δ/l，如果将该转角扣除，则转角位移方程将与无侧移情况完全相同，可得：

$$M_A = i[C(\theta_A - \Delta/l) + S(\theta_B - \Delta/l)] = i[C\theta_A + S\theta_B - (C+S)\Delta/l] \quad (6.57a)$$

$$M_B = i[S(\theta_A - \Delta/l) + C(\theta_B - \Delta/l)] = i[S\theta_A + C\theta_B - (C+S)\Delta/l] \quad (6.57b)$$

式中：$i(C+S)$ 称为抗侧移刚度；$(C+S)$ 称为抗侧移刚度系数；C 和 S 的定义同式 (6.56)。

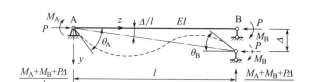

图 6.17 端弯矩作用下有侧移的压弯构件

当构件有固端弯矩且 P 保持不变时，可将两端固端弯矩 $\overline{M}_A$、$\overline{M}_B$ 直接加到转角位移方程中，即

$$M_A = i[C\theta_A + S\theta_B - (C+S)\Delta/l] + \overline{M}_A \quad (6.58a)$$

$$M_B = i[S\theta_A + C\theta_B - (C+S)\Delta/l] + \overline{M}_B \quad (6.58b)$$

式中的固端弯矩 $\overline{M} = \overline{\alpha}_m \overline{M}_0$，相关参数见表 6.1。

【例题 6.2】 图 6.18 所示三个 Γ 形刚架，仅柱脚连接方式不同，梁、柱长度均为 l，抗弯刚度均为 EI，在 B 点作用有 P，试利用转角位移方程分别计算各刚架柱的屈曲荷载和计算长度系数。

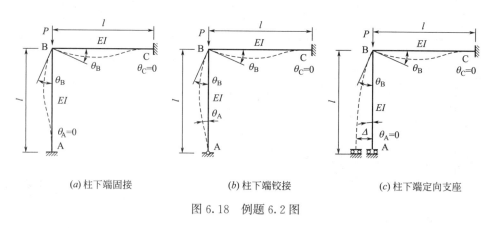

(a) 柱下端固接　　　　　　(b) 柱下端铰接　　　　　　(c) 柱下端定向支座

图 6.18 例题 6.2 图

【解】 1）图 6.18 (a) 刚架柱

固接端转角 $\theta_A = \theta_C = 0$，梁与柱刚接，夹角保持不变，因此整个刚架只有 B 节点的转角 θ_B 为未知量。刚架柱属于无侧移压弯构件，由式 (6.55a) 可得柱在 B 端的弯矩 M_{BA}：

$$M_{BA} = i(C\theta_B + S\theta_A) = iC\theta_B \quad (1)$$

梁是受弯构件，B 端的弯矩 M_{BC} 为：

$$M_{BC} = i(4\theta_B + 2\theta_C) = 4i\theta_B \tag{2}$$

由 B 节点力矩平衡可知，$M_{BA} + M_{BC} = 0$，将以上两式代入后可得：

$$i(C+4)\theta_B = 0$$

因 i 和 θ_B 均不为零，只能 $C+4=0$，这也就是特征方程，得 $C=-4$。利用式 (6.56a) 或者表 6.2 可得 $kl = 5.33$，再利用式 (6.56d) 可得刚架柱的计算长度系数 μ 及屈曲荷载 P_{cr}：

$$\mu = \frac{\pi}{kl} = \frac{\pi}{5.33} = 0.59 \ , \ P_{cr} = \frac{28.41EI}{l^2}$$

2）图 6.18 (b) 刚架柱

整个刚架的位移未知量有 θ_A、θ_B 两个，可以建立 A、B 两个节点的弯矩平衡方程。A 节点的平衡方程为 $M_{AB} = 0$，又因 $M_{AB} = i(C\theta_A + S\theta_B)$，可得：

$$C\theta_A + S\theta_B = 0 \tag{3}$$

柱顶弯矩为 $M_{BA} = i(C\theta_B + S\theta_A)$，梁端弯矩为式 (2)，利用 B 节点的平衡方程 $M_{BA} + M_{BC} = 0$ 可得：

$$S\theta_A + (C+4)\theta_B = 0 \tag{4}$$

式 (3)、式 (4) 是关于 θ_A、θ_B 的线性方程组，显然 θ_A、θ_B 不为零，其系数行列式应为零，即

$$\begin{vmatrix} C & S \\ S & C+4 \end{vmatrix} = 0$$

可得特征方程：

$$C^2 - S^2 + 4C = 0$$

将式 (6.56) 中的 C、S 代入上式，可解得 $kl = 3.83$，刚架柱的 μ 和 P_{cr} 分别为：

$$\mu = \frac{\pi}{3.83} = 0.82 \ , \ P_{cr} = \frac{14.66EI}{l^2}$$

3）图 6.18 (c) 刚架柱

整个刚架的位移未知量有 θ_B、Δ 两个，也需要建立两个平衡方程。刚架柱属于有侧移压弯构件，由式 (6.57) 可得柱两端弯矩：

$$M_{AB} = i[S\theta_B + C \times 0 - (C+S)\Delta/l] = i[S\theta_B - (C+S)\Delta/l] \tag{5}$$

$$M_{BA} = i[C\theta_B + S \times 0 - (C+S)\Delta/l] = i[C\theta_B - (C+S)\Delta/l] \tag{6}$$

B 节点的弯矩平衡方程为 $M_{BA} + M_{BC} = 0$，将式 (6)、式 (2) 代入后可得：

$$(C+4)\theta_B - (C+S)\Delta/l = 0 \tag{7}$$

柱的弯矩平衡方程为 $M_{AB} + M_{BA} + P\Delta = 0$，将式 (5)、式 (6) 及 $P = k^2 EI$ 代入后整理可得：

$$(C+S)\theta_B - [2(C+S) - (kl)^2]\Delta/l = 0 \tag{8}$$

式 (7)、式 (8) 是关于 θ_B 和 Δ 的线性方程组，因 θ_B 和 Δ 不为零，其系数行列式应为零，即

$$\begin{vmatrix} C+4 & -(C+S) \\ C+S & -[2(C+S) - (kl)^2] \end{vmatrix} = 0$$

可得特征方程：

$$(C+S)^2 - 2(C+4)\left[(C+S) + (kl)^2\right] = 0$$

将式（6.56）中的 C、S 代入上式可解得 $kl = 2.57$，刚架柱的 μ 和 P_{cr} 分别为：

$$\mu = \frac{\pi}{kl} = \frac{\pi}{2.57} = 1.22 , \quad P_{cr} = \frac{6.60EI}{l^2}$$

通过例题可以看出，转角位移方程可用于压弯构件在弯矩作用平面内的弹性稳定分析，该方法又称为位移法，其核心仍是利用弯矩平衡条件得出特征方程。位移法可以广泛应用于刚架在平面内的稳定分析，详细内容将在第 8 章中详述。

6.5 弯矩作用平面内的极限荷载

弹性压弯构件在弯矩作用平面内的弯曲屈曲与第 4 章中的轴压构件相同，本章不再讲述。当构件为弹塑性材料时，最大应力位于弯矩最大截面，边缘纤维最先屈服，随着荷载的增加，塑性区向截面深处扩展，当弹性区缩小到一定程度时将丧失稳定平衡状态，发生弹塑性弯曲屈曲。

压弯构件弹塑性屈曲时，弯矩最大截面的塑性区有三种分布方式：仅受压侧屈服，如图 6.19（a）所示的双轴对称工字形截面；拉压侧都屈服，如图 6.19（b）所示宽翼缘受压的单轴对称工字形截面；仅受拉侧屈服，如图 6.19（c）所示 T 形截面。另外，由于受二阶效应及横向荷载的影响，构件各截面的二阶弯矩值不相等，在弹塑性阶段各截面的塑性发展情况以及弯矩曲率关系也不相同，需要逐截面计算确定。上述情况增加了弹塑性稳定分析的难度。

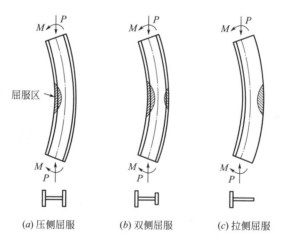

(a) 压侧屈服   (b) 双侧屈服   (c) 拉侧屈服

图 6.19　压弯构件的塑性区示意

压弯构件弹塑性弯曲屈曲时的极限荷载 P_u 通常需要采用数值法来求解，如果构件截面形式、荷载形式都比较简单，且不计及残余应力的影响，也可采用近似解析法来求解，该方法由 Jezek 在 1934 年提出，被称为 Jezek 法，但只能适用于简单压弯构件，这在没有计算机的年代是非常有效的手段。

6.5.1　Jezek 法求解极限荷载

首先作如下假设：构件材料为理想弹塑性，构件的弯曲变形为一个正弦半波：

$$y = v_m \sin\frac{\pi z}{l}$$

式中：v_m 为构件跨中央的挠度。

由于给定了变形曲线，Jezek 法只能适用于特定边界条件和荷载形式，下面以图 6.20（a）所示作用有轴压力 P 和相等端弯矩 M 的简支压弯构件为例介绍 Jezek 法。假设构件截面为矩形，截面积 $A = bh$，跨中央挠度和弯矩均最大。当 P 较大 M 较小时，跨中截面可能仅受压侧屈服，见图 6.20（b）；当 P 较小 M 较大时，可能两侧屈服，见图 6.20（c）。下面分别针对这两种情况建立平衡方程并求解极限荷载 P_u。

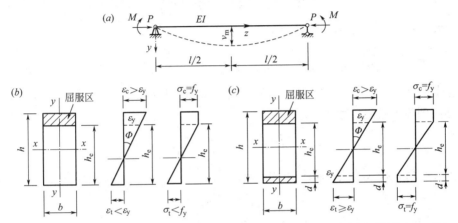

（a）构件及变形；（b）压侧屈服时跨中截面及其应变、应力；（c）两侧屈服时跨中截面及其应变、应力

图 6.20 矩形截面压弯构件的应变、应力

（1）仅受压侧屈服时

图 6.20（b）中 h_e 为截面弹性区高度；ε_t、ε_c 分别为拉、压侧边缘纤维的应变，由于轴压力的存在，$\varepsilon_t < \varepsilon_y$；$\sigma_t$、$\sigma_c$ 分别为拉、压侧边缘纤维的应力；Φ 为构件在该截面处的曲率。根据轴向内外力平衡可得：

$$P = P_y - \frac{1}{2}(f_y + \sigma_t)bh_e$$

式中：P_y 为轴压时全截面屈服承载力，$P_y = Af_y = bhf_y$。

根据绕 x 轴的内外力矩平衡可得：

$$\frac{1}{2}(f_y + \sigma_t)bh_e\left(\frac{h}{2} - \frac{h_e}{3}\right) = M + Pv_m$$

联合以上两式可得到弹性区高度 h_e：

$$h_e = \frac{3}{2}h - \frac{3(M + Pv_m)}{P_y - P} \tag{6.59}$$

由应变图可得构件在该截面处的曲率：

$$\Phi = \frac{\Delta\varepsilon}{h_e} = \frac{\varepsilon_y + \varepsilon_t}{h_e} = \frac{f_y + \sigma_t}{Eh_e} = \frac{2(P_y - P)}{Ebh_e^2}$$

由变形曲线也可得到该截面处的曲率：

$$\Phi = -y''\left(\frac{l}{2}\right) = \frac{\pi^2 v_m}{l^2}$$

以上两式所计算的 Φ 应相等，则有：

$$h_e^2 = \frac{2l^2(P_y - P)}{\pi^2 E b v_m}$$

将式（6.59）代入上式可以消去 h_e，从而得到 $P\text{-}v_m$ 关系：

$$v_m \left[\frac{h}{2}\left(1 - \frac{P}{P_y}\right) - \frac{M + Pv_m}{P_y} \right]^2 = \frac{2l^2 P_y}{9\pi^2 Eb}\left(1 - \frac{P}{P_y}\right)^3 \tag{6.60}$$

再由极值条件 $dP/dv_m = 0$ 可得跨中央挠度值：

$$v_m = \frac{1}{3}\frac{P_y}{P}\left[\frac{h}{2}\left(1 - \frac{P}{P_y}\right) - \frac{M}{P_y} \right] \tag{6.61}$$

将上式代回到式（6.60）可得到跨中央截面关于 P 的表达式：

$$P = \frac{\pi^2 E}{l^2} \times \frac{1}{12}bh^3 \left[1 - \frac{2M}{hP_y(1 - P/P_y)} \right]^3 = \frac{\pi^2 EI}{l^2}\left[1 - \frac{2M}{hP_y(1 - P/P_y)} \right]^3$$

构件全截面屈服时绕 x 轴的塑性弯矩 $M_p = bh^2 f_y/4 = P_y h/4$，可得 $hP_y = 4M_p$，代入上式后可得到关于极限荷载 P_u 的表达式：

$$P_u = \frac{\pi^2 EI}{l^2}\left[1 - \frac{M}{2M_p(1 - P_u/P_y)} \right]^3 \tag{6.62}$$

将式（6.61）代入式（6.59）可得：

$$\frac{h_e}{h} = 1 - \frac{M}{2M_p(1 - P_u/P_y)}$$

再将上式代入式（6.62）可得：

$$P_u = \frac{\pi^2 EI}{l^2}\left(\frac{h_e}{h}\right)^3 = \frac{\pi^2 EI_e}{l^2} \tag{6.63}$$

式中：I_e 为截面弹性区对 x 轴的惯性矩。

上式与轴压构件的弹塑性屈曲荷载，也即式（4.34），完全相同，可见 P_u 取决于截面弹性区的抗弯刚度。

（2）拉压两侧均屈服时

拉压两侧均屈服时，见图 6.20（c），$\varepsilon_t \geqslant \varepsilon_y$，拉区塑性深度为 d。根据轴向内外力平衡可得：

$$P = P_y - bh_e f_y - 2bd f_y \tag{6.64}$$

根据绕 x 轴的内外力矩平衡可得：

$$bh_e f_y\left(\frac{h}{2} - \frac{h_e}{2} - d\right) + 2bd f_y\left(\frac{h}{2} - \frac{d}{2}\right) = M + Pv_m \tag{6.65}$$

由应变图、变形曲线分别可得曲率 Φ，二者应相等，即

$$\frac{2f_y}{Eh_e} = \frac{\pi^2 v_m}{l^2}$$

弹性区高度为：

$$h_e = \frac{2f_y l^2}{\pi^2 E v_m} \tag{6.66}$$

联合式（6.64）~（6.66）可得 $P\text{-}v_m$ 关系：

$$v_{\mathrm{m}}^2\left\{\frac{h}{4}\left[1-\left(\frac{P}{P_{\mathrm{y}}}\right)^2\right]-\frac{M+Pv_{\mathrm{m}}}{P_{\mathrm{y}}}\right\}=\frac{f_{\mathrm{y}}l^4}{3\pi^2 Eh} \tag{6.67}$$

由极值条件 $\mathrm{d}P/\mathrm{d}v_{\mathrm{m}}=0$ 可得跨中央挠度值：

$$v_{\mathrm{m}}=\frac{P_{\mathrm{y}}}{3P}\left\{\frac{h}{2}\left[1-\left(\frac{P}{P_{\mathrm{y}}}\right)^2\right]-\frac{2M}{P_{\mathrm{y}}}\right\} \tag{6.68}$$

再将上式代回式（6.67），整理可得：

$$P_{\mathrm{u}}=\frac{\pi^2 EI}{l^2}\left[1-\left(\frac{P_{\mathrm{u}}}{P_{\mathrm{y}}}\right)^2-\frac{M}{M_{\mathrm{p}}}\right]^{3/2} \tag{6.69}$$

利用式（6.66）、式（6.67）可得：

$$\frac{h_{\mathrm{e}}}{h}=\left[1-\left(\frac{P_{\mathrm{u}}}{P_{\mathrm{y}}}\right)^2-\frac{M}{M_{\mathrm{p}}}\right]^{3/2}$$

将上式代入到式（6.69）可得极限荷载 P_{u}，其表达式与式（6.63）完全相同。

以上两种情况均表明，压弯构件在弯矩作用平面内的极限荷载与轴心受压构件弯曲屈曲荷载的表达形式相同。

6.5.2　数值法求解极限荷载

Jezek 法只能适用于简单荷载和特定边界条件，当荷载或边界条件较复杂时，需采用数值法来求解极限荷载，主要步骤如下[8]：

1）根据内外力平衡得到构件各截面的轴压力-弯矩-曲率（P-M-Φ）关系；

2）利用差分法得到构件的挠度-转角-曲率（y-θ-Φ）关系，再通过 P-M-Φ 关系建立构件的荷载挠度曲线，从而得到极限荷载 P_{u}。

为方便理解，仍以作用有相等端弯矩 M 的简支压弯构件为例进行说明，见图 6.21（a），截面残余应力分布见图 6.21（b）。假设材料为理想弹塑性，并忽略加载顺序的影响[1]。

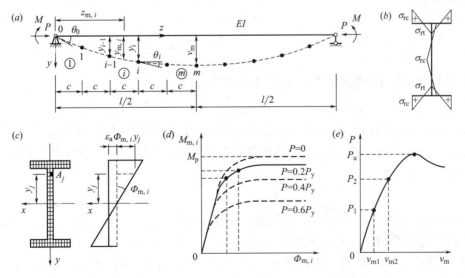

（a）构件及长度单元；（b）残余应力；（c）$z_{\mathrm{m},i}$ 处截面单元及应变；（d）$z_{\mathrm{m},i}$ 处 P-M-Φ 关系；（e）P-v_{m} 曲线

图 6.21　数值法求解压弯构件在弯矩作用平面内的极限荷载

（1）P-M-Φ 关系

将构件沿纵轴分成若干个长度单元，见图 6.21（a），单元长度为 c，当单元数量足够多时，可用单元中点的弯矩和曲率来代表单元的弯矩和曲率，第 i 个长度单元中点（$z_{m,i}$ 处）的弯矩、曲率分别为 $M_{m,i}$、$\Phi_{m,i}$，挠度为 $y_{m,i}$。因弹塑性阶段各长度单元的截面塑性发展情况不同，需要逐一进行分析，这里以第 i 个长度单元的中点截面为例进行说明。

将第 i 个长度单元中点（$z_{m,i}$ 处）的构件截面划分为若干个截面单元，见图 6.21（c），其中第 j 个截面单元的面积为 A_j，残余应变为 $\varepsilon_{r,j}$，单元中心到 x 轴距离为 y_j。如果全截面处于弹性，则轴压力产生的截面应变为 $\varepsilon_a = P/(AE)$，弯矩在截面第 j 个单元产生的应变为 $\Phi_{m,i} y_j$，单元的总应变为：

$$\varepsilon_j = \varepsilon_a + \varepsilon_{r,j} + \Phi_{m,i} y_j \tag{6.70}$$

根据内外力平衡可得弹性阶段 $z_{m,i}$ 处截面的轴压力和弯矩：

$$P = \int_A \sigma_j \, \mathrm{d}A = \int_A E(\varepsilon_a + \varepsilon_{r,j} + \Phi_{m,i} y_j) \mathrm{d}A = E \int_A \varepsilon_a \mathrm{d}A = E \varepsilon_a A$$

$$M_{m,i} = \int_A y_j \sigma_j \, \mathrm{d}A = \int_A y_j E(\varepsilon_a + \varepsilon_{r,j} + \Phi_{m,i} y_j) \mathrm{d}A = E \int_A \Phi_{m,i} y_j^2 \mathrm{d}A = EI\Phi_{m,i} = -EIy''$$

以上两式中利用了残余应力的自相平衡性，全截面积分为零，另外 P 也不产生弯矩，因此弹性状态下 $M_{m,i}$ 与 $\Phi_{m,i}$ 成正比，与残余应力和 P 均无关。

如果构件进入弹塑性，从第 2.7.3 节知道，截面 M 不仅与 Φ 有关，还与 P 有关，因三个参数相互关联，确定 P-M-Φ 关系时可以先给定其中的两个，这里先给定 P，然后再给定 Φ，最后可得到 M，以此类推，可以得到不同 P 值时的 M-Φ 关系。仍以 $z_{m,i}$ 处截面为例，具体计算过程如下：

1）首先任意给定一个 P 值（比如 $P = 0.2P_y$），再任意给定一个 $\Phi_{m,i}$ 值，并假定全截面处于弹性，由 $\varepsilon_a = P/(AE)$ 和式（6.70）可得到截面上各单元的应变，进而依据下列公式得到单元应力：

$-\varepsilon_y \leqslant \varepsilon_j \leqslant \varepsilon_y$ 时：$\qquad\qquad \sigma_j = E\varepsilon_j$ $\qquad\qquad\qquad$ (6.71a)

$\varepsilon_j > \varepsilon_y$ 时：$\qquad\qquad\qquad \sigma_j = f_y$ $\qquad\qquad\qquad$ (6.71b)

$\varepsilon_j < -\varepsilon_y$ 时：$\qquad\qquad\qquad \sigma_j = -f_y$ $\qquad\qquad\qquad$ (6.71c)

根据上述应力可得截面弹性区面积 A_e 和轴压力 F：

$$F = \sum \sigma_j A_j \tag{6.72}$$

如果该 F 值与前面给定的 P 值相比误差较大，需要利用所得 A_e 重新计算 ε_a，即 $\varepsilon_a = P/(A_e E)$，重复上述工作，直到 F 与 P 的误差足够小，这样便可得到给定 P 和 $\Phi_{m,i}$ 值下的截面弯矩 $M_{m,i}$：

$$M_{m,i} = \sum y_j \sigma_j A_j \tag{6.73}$$

2）保持 P 不变，再给定一个 $\Phi_{m,i}$ 值，同样可以得到一个对应的 $M_{m,i}$ 值，以此类推，可以得到给定 P 值时 $z_{m,i}$ 处截面的整个 $M_{m,i}$-$\Phi_{m,i}$ 关系，见图 6.21（d）。

3）重新给定一个 P 值（比如 $P = 0.4P_y$），重复上述 1）、2）步骤，可以得到该 P 值下的 $M_{m,i}$-$\Phi_{m,i}$ 关系，这样便得到了不同 P 值时 $z_{m,i}$ 处截面的全部 $M_{m,i}$-$\Phi_{m,i}$ 关系。

（2）y-θ-Φ 关系及荷载挠度曲线

构件在任意截面处的内外力矩平衡方程为：

$$M + Py = -EI_e y''$$

由式（6.71）已经知道，每个长度单元中点的截面塑性发展程度不同，即 I_e 是变量，因此上式为变系数微分方程，不便于直接求解，但可以利用差分法来构建出 $y\text{-}\theta\text{-}\Phi$ 关系，然后再利用 $P\text{-}M\text{-}\Phi$ 关系得到荷载挠度曲线，最终得到极限荷载 P_u。

构件的挠曲线 y、转角 y' 均可用泰勒插值函数来表示：

$$y(z+c) = y(z) + cy'(z) + \frac{c^2}{2!}y''(z) + \frac{c^3}{3!}y'''(z) + \cdots \tag{6.74}$$

$$y'(z+c) = y'(z) + cy''(z) + \frac{c^2}{2!}y'''(z) + \frac{c^3}{3!}y^{(4)}(z) + \cdots \tag{6.75}$$

长度单元的弯矩和曲率可用单元中点的 $M_{m,i}$、$\Phi_{m,i}$ 来代表，利用式（6.74）以及 $\theta = y'$、$\Phi = -y''$，可得第 i 结点的挠度 y_i：

$$y_i = y_{i-1} + cy'(z_{i-1}) + \frac{c^2}{2}y''(z_{i-1}) + \cdots \approx y_{i-1} + c\theta_{i-1} - \frac{c^2}{2}\Phi_{m,i} \tag{6.76}$$

利用式（6.75）以及 $\theta = y'$、$\Phi = -y''$，可得第 i 结点处的转角 θ_i：

$$\theta_i = \theta_{i-1} - c\Phi_{i-1} - \cdots \approx \theta_{i-1} - c\Phi_{m,i} \tag{6.77}$$

再次利用插值法可得第 i 单元中点的挠度 $y_{m,i}$：

$$y_{m,i} = y_{i-1} + \frac{c}{2}\theta_{i-1} - \frac{c^2}{8}\Phi_{m,i} \approx y_{i-1} + \frac{c}{2}\theta_{i-1} \tag{6.78}$$

以上两式即为 $y\text{-}\theta\text{-}\Phi$ 关系，只要给定 $i\text{-}1$ 结点的挠度 y_{i-1} 和截面转角 θ_{i-1}，便可利用式（6.78）求出第 i 单元中点的挠度 $y_{m,i}$，也就得到了单元弯矩 $M_{m,i}$：

$$M_{m,i} = M + Py_{m,i} \tag{6.79}$$

对图 6.21（a）所示构件，利用上面的 $P\text{-}M\text{-}\Phi$ 关系、$y\text{-}\theta\text{-}\Phi$ 关系可以得到构件的荷载挠度曲线和极限荷载 P_u，具体步骤如下：

1）构件左端起始点为 0 结点，已知 $y_0 = 0$，但 θ_0 未知，需假设，可先任意给定一个值，然后由式（6.78）得 1 单元平均挠度 $y_{m,1} = c\theta_0/2$，再由式（6.79）得到 1 单元平均弯矩 $M_{m,1} = M + Py_{m,1}$，根据前面已有的单元中点截面的 $P\text{-}M\text{-}\Phi$ 关系，先给定一个 P_1，则由 P_1、$M_{m,1}$ 可得到 $\Phi_{m,1}$，利用式（6.77）得 1 结点截面转角 $\theta_1 = \theta_0 - c\Phi_{m,1}$，将 y_0、θ_0、$\Phi_{m,1}$ 代入式（6.76）得 1 结点挠度 $y_1 = c\theta_0 - c^2\Phi_{m,1}/2$。

2）重复上述过程，可以得到轴压力为 P_1 时的 $y_{m,2}$、$M_{m,2}$、$\Phi_{m,2}$、θ_2、y_2，依次可以得到全部单元中点的挠度、弯矩、曲率以及全部结点的挠度与转角。对于对称结构，计算到构件跨中结点即可，如果此处转角为零，说明前面假设的 θ_0 是准确的，否则需要对 θ_0 进行修正并重复上述计算过程，直到满足要求，P_1 下构件跨中结点的挠度记作 v_{m1}。对于非对称结构，可以利用构件右端的边界条件，比如铰接时 $y(l) = 0$、固接时 $\theta(l) = 0$，来验证所设 θ_0 的准确性。

3）再将 P_1 变换为 P_2，重复上述步骤，可以得到对应的跨中挠度 v_{m2}，以此类推，可以得到整条荷载挠度（$P\text{-}v_m$）曲线，见图 6.21（e），曲线极值点对应的荷载即为构件的极限荷载 P_u。

上述计算只考虑了截面残余应力的影响，未考虑构件初弯曲 v_0 的影响。如果考虑初弯曲，只需在计算 i 单元的中点弯矩时，将式（6.79）替换为：

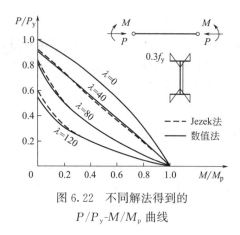

图 6.22 不同解法得到的
P/P_y-M/M_p 曲线

$$M_{m,i}=M+P(y_{m,i}+v_{0m,i}) \qquad (6.80)$$

式中：$v_{0m,i}$ 为第 i 单元中点的初弯曲值。

图 6.22 为考虑残余应力后由 Jezek 法、数值法求出的长细比不同时简单压弯构件的 P/P_y-M/M_p 无量纲曲线（也称 P-M 相关曲线），P_y 为轴压屈服荷载，M_p 为全截面塑性弯矩，可见两种算法的结果区别不大。当 $M=0$ 时，各曲线与纵坐标相交于不同的点，交点处的数值与构件长细比有关，长细比越大，值越低，属于轴压稳定问题；当 $P=0$ 时，各曲线与横坐标都相交于 $M/M_p=1.0$ 处，说明与构件长细比无关，属于弯曲强度问题。

6.5.3 荷载形式对极限荷载的影响

从第 6.2 节知道，荷载形式对二阶最大弯矩有影响，必然也会影响到构件的极限荷载。如图 6.23 所示跨中横向集中荷载下的简支压弯构件，第 i 单元的弯矩 $M_{m,i}$ 为：

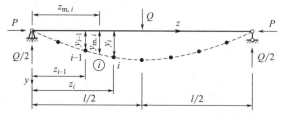

图 6.23 跨中集中荷载作用下的压弯构件

$$M_{m,i}=\frac{z_{i-1}Q/2+z_iQ/2}{2}+Py_{m,i}=\frac{Q(z_{i-1}+z_i)}{4}+Py_{m,i} \qquad (6.81)$$

根据上一小节中的数值法，利用上式同样可以计算出该构件在弯矩作用平面内的极限荷载 P_u，并得到 P/P_y-M/M_p 曲线，计算过程不再详述。

图 6.24 为利用数值法得到的相同简支压弯构件在三种不同荷载作用下的 P/P_y-M/M_e 相关曲线[7]，同时考虑了残余应力和 $v_0=l/1000$ 的初弯曲，图中 M_e 为弹性最大弯矩，$M_e=Wf_y$。可以看出：随着长细比的增加，承载力下降；在 M/M_e 相同的情况下，跨中单个集中荷载下的 P/P_y 值最大，相等端弯矩下的 P/P_y 值最小，说明在一阶最大弯矩相同的情况下，相等端弯矩作用下的极限荷载最小，这是因为其二阶弯矩最大，如果将任意荷载下的弯矩通过 β_m 等效成均布弯矩并以此来进行稳定计算，是偏于

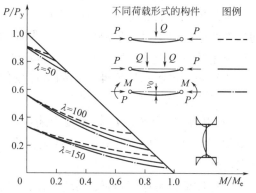

图 6.24 不同荷载下的压弯构件比较

安全的，而且可以避免荷载形式的影响，使计算大为简化，这也是目前国际上的通用方法。

6.6　弯矩作用平面外的稳定与极限荷载

对于单向压弯构件，当其侧向抗弯刚度、抗扭刚度有限时，构件在没有达到弯矩作用平面内的极限荷载之前，有可能发生出平面的弯扭屈曲（图 6.25）或扭转屈曲；对于双向压弯构件，一经加载就会产生侧向弯曲，其失稳形式只能是弯扭屈曲。

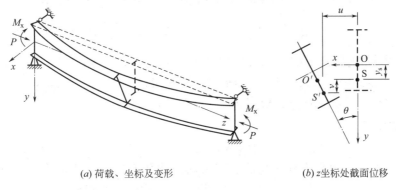

(a) 荷载、坐标及变形　　　　　　　(b) z 坐标处截面位移

图 6.25　单轴对称截面压弯构件的弯扭屈曲

6.6.1　单向压弯构件的弹性屈曲

首先做如下假定：材料为弹性，构件无缺陷；构件为小变形，且截面形状保持不变（刚周边假定）；对弯矩绕强轴（x 轴）作用的单向压弯构件，屈曲前的弯曲变形 v 很小，其对弯扭屈曲的影响可忽略；构件的轴压力与弯矩为比例加载。

仍以图 6.25 中的单轴对称截面简支压弯构件为例，假设构件长为 l，剪心坐标为 y_s，一阶弯矩 M_x 沿构件均匀分布且使 y 坐标为负值的上翼缘受压，构件发生微小弯扭后，z 坐标处截面位移分别为 u、v、θ。构件绕截面 x、y 轴的弯曲平衡方程、绕剪心轴的扭转平衡方程，可直接参照第 4.4.1 节单轴对称截面轴压构件和第 5.2.1 节单向纯弯简支构件建立，平衡方程如下：

$$EI_x v'' + Pv + M_x = 0 \tag{6.82a}$$

$$EI_y u'' + Pu + (Py_s + M_x)\theta = 0 \tag{6.82b}$$

$$EI_\omega \theta''' + (Pi_s^2 - 2\beta_y M_x - GI_t)\theta' + (Py_s + M_x)u' = 0 \tag{6.82c}$$

式中：i_s 为截面对剪心的极回转半径，见式（4.36）；β_y 为截面不对称参数，见式（5.4）。

将上式中的弯曲平衡方程求导两次、扭转平衡方程求导一次后，可得到适用于任何边界条件下单向压弯构件的弯扭平衡微分方程：

$$EI_x v^{(4)} + Pv'' = 0 \tag{6.83a}$$

$$EI_y u^{(4)} + Pu'' + (Py_s + M_x)\theta'' = 0 \tag{6.83b}$$

$$EI_\omega \theta^{(4)} + (Pi_s^2 - 2\beta_y M_x - GI_t)\theta'' + (Py_s + M_x)u'' = 0 \tag{6.83c}$$

式（6.83a）描述的是弯矩作用平面内的 $P\text{-}v$ 关系，与侧向弯扭并无耦联，而后两式与侧向弯曲和扭转都有关，是耦联的，如果给定边界条件，利用后两式即可求出弯扭屈曲荷载。

以两端简支构件为例，适合边界条件的弯扭变形函数为：

$$u = A_1 \sin\frac{\pi z}{l} \ , \ \theta = A_2 \sin\frac{\pi z}{l}$$

代入到式（6.82b）、式（6.82c）可得线性方程组：

$$(P - P_{cry})A_1 + (Py_s + M_x)A_2 = 0 \tag{6.84a}$$

$$(Py_s + M_x)A_1 + [(P - P_{crz})i_s^2 - 2\beta_y M_x]A_2 = 0 \tag{6.84b}$$

式中：P_{cry}、P_{crz} 分别为轴压时的侧向弯曲屈曲荷载、扭转屈曲荷载，即

$$P_{cry} = \frac{\pi^2 EI_y}{l^2} \ , \ P_{crz} = \frac{1}{i_s^2}\Big(GI_t + \frac{\pi^2 EI_\omega}{l^2}\Big)$$

A_1、A_2 不同时为零的条件是式（6.84）的系数行列式为零：

$$\begin{vmatrix} P - P_{cry} & Py_s + M_x \\ Py_s + M_x & (P - P_{crz})i_s^2 - 2\beta_y M_x \end{vmatrix} = 0$$

由上式得特征方程：

$$(P - P_{cry})[(P - P_{crz})i_s^2 - 2\beta_y M_x] - (Py_s + M_x)^2 = 0 \tag{6.85}$$

当 $M_x = 0$ 时上式退化为轴压构件的弯扭屈曲特征方程，也就是式（4.71a），可得到弯扭屈曲临界荷载 P_{cryz}。当 $P = 0$ 时上式退化为纯弯构件的弯扭屈曲特征方程，可得到临界弯矩 M_{cr}，也就是式（5.13）。

如果构件是偏心受压，偏心距为 e 可能为负值，见图 6.26（a），也可能为正值，见图 6.26（b），为能用偏心弯矩替代式（6.85）中的 M_x，这里规定当使 y 坐标为负值的翼缘受压时偏心距取 $-e$，反之取 e。对于图 6.26（a）中的偏心压弯构件，式（6.85）中的 M_x 替换为 $-Pe$ 后变为：

$$[i_s^2 + 2\beta_y e - (y_s - e)^2]P^2 - [i_s^2(P_{cry} + P_{crz}) + 2\beta_y e P_{cry}]P + i_s^2 P_{cry}P_{crz} = 0 \tag{6.86}$$

上式为一元二次方程，P 有两个解，其中的较小值即为构件的弯扭屈曲荷载 P_{cryz}，不再罗列。

特殊地，如果 P 作用在剪心且 e 为负值，见图 6.26（c），式（6.85）中的 M_x 替换为 $-Py_s$ 后变为：

$$(P - P_{cry})[i_s^2 P_{crz} - P(i_s^2 + 2\beta_y y_s)] = 0 \tag{6.87}$$

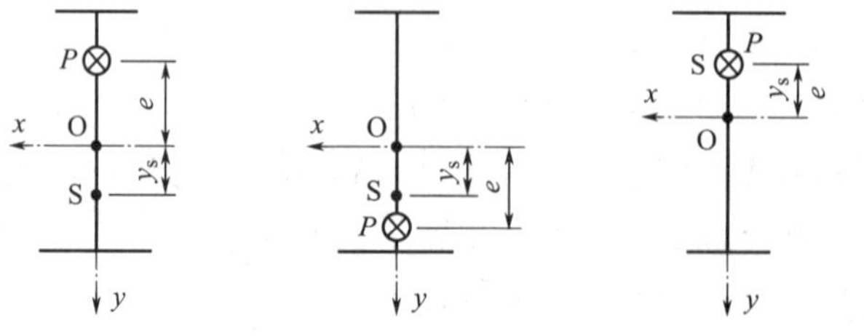

（a）e 为负值　　　（b）e 为正值　　　（c）P 在剪心且 e 为负

图 6.26　单轴对称截面偏心受压构件的荷载位置

上式的两个解分别为：

$$P_{cr1} = P_{cry}, \quad P_{cr2} = \frac{i_s^2}{i_s^2 + 2\beta_y y_s} P_{crz}$$

显然需要进行比较：当 $P_{cr1} < P_{cr2}$ 时，P_{cr1} 为屈曲荷载，构件将绕对称轴（y 轴）发生弯曲屈曲；当 $P_{cr1} > P_{cr2}$ 时，P_{cr2} 为屈曲荷载，构件将绕剪心轴发生扭转屈曲，从第 4 章知道，对于常见的工字形、箱形、T 形截面，$P_{crz} > P_{cry}$，不会发生扭转屈曲，但对于十字形截面则有可能发生。

双轴对称截面是单轴对称截面的特例，其 $\beta_y = 0$、$y_s = 0$，截面对剪心的极回转半径 i_s 等于对形心的极回转半径 i_0，如果构件两端简支且承担均匀分布 M_x，则式（6.85）变为：

$$(P - P_{cry})(P - P_{crz}) - \frac{M_x^2}{i_0^2} = 0 \tag{6.88}$$

上式两个解中的较小值即为构件的弯扭屈曲荷载 P_{cryz}，即

$$P_{cryz} = \frac{1}{2}\left[P_{cry} + P_{crz} - \sqrt{(P_{cry} + P_{crz})^2 - 4\left(P_{cry}P_{crz} - \frac{M_x^2}{i_0^2}\right)} \right] \tag{6.89}$$

从第 5 章知道，双轴对称截面纯弯简支构件的临界弯矩为：

$$M_{crx} = \frac{\pi}{l}\sqrt{EI_y\left(GI_t + \frac{\pi^2 EI_\omega}{l^2}\right)} = i_0\sqrt{P_{cry}P_{crz}}$$

由上式可得 $i_0^2 = M_{crx}^2/(P_{cry}P_{crz})$，再代入式（6.88）后，整理可得：

$$\left(1 - \frac{P}{P_{cry}}\right)\left(1 - \frac{P}{P_{crz}}\right) - \left(\frac{M_x}{M_{crx}}\right)^2 = 0 \tag{6.90}$$

上式可用 P/P_{cry}-M_x/M_{crx} 相关关系曲线来表达，P_{cry}/P_{crz} 取不同值时的曲线见图 6.27，当 $P_{crz}/P_{cry} > 1.0$ 时，曲线是外凸的，对于工程中常见的双轴对称工字形、箱形及圆形截面（十字形截面除外），不会发生扭转屈曲，显然有 $P_{crz}/P_{cry} > 1.0$，这些截面如果采用 $P_{crz}/P_{cry} = 1.0$ 时的直线来代替外凸曲线是偏于安全的。对于单轴对称的工字形、T 形截面，构件也不会发生扭转屈曲，曲线同样也是外凸的[9]。

上面弹性屈曲推导中采用的是一阶弯矩 M_x，没有考虑二阶效应对 M_x 的影响，可以通过弯矩放大系数 α_m（见表 6.1）来近似考虑，也就是将式（6.85）、式（6.88）中的 M_x 乘以 α_m。

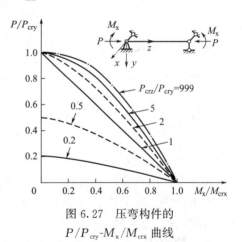

图 6.27　压弯构件的 P/P_{cry}-M_x/M_{crx} 曲线

【例题 6.3】　图 6.28 所示承担均布荷载 q 的简支压弯构件，$l = 8$m，$P = 200$kN，跨中一阶最大弯矩 $M_x = 150$kN·m，构件截面为 H600×250×8×12。假设钢材为弹性，要求验算该构件是否会发生弯扭屈曲；如果考虑二阶效应，弯扭屈曲荷载将有何变化？

【解】　构件的截面特性为：$A = 10608$mm^2，$I_x = 6.46 \times 10^8$mm^4，$I_y = 3.13 \times 10^7$mm^4，$I_\omega = 2.71 \times 10^{12}$mm^6，$I_t = 5.09 \times 10^5$mm^4，$i_s = i_0 = 252.68$mm。

1）忽略二阶弯矩时的屈曲荷载

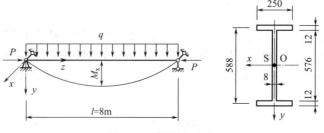

图 6.28　例题 6.3 图

$$P_{cry} = \frac{3.14^2 \times 206000 \times 3.13 \times 10^7}{8000^2} = 9.93 \times 10^5 \text{N}$$

$$P_{crz} = \frac{1}{252.68^2}\left(79000 \times 5.09 \times 10^5 + \frac{3.14^2 \times 206000 \times 2.71 \times 10^{12}}{8000^2}\right) = 1.977 \times 10^6 \text{N}$$

$$P_{cry} + P_{crz} = 2.97 \times 10^6 \text{N}$$

将相关参数代入式（6.89）可得弯扭屈曲荷载：

$$P_{cryz} = \frac{1}{2}\left\{2.97 \times 10^6 - \sqrt{(2.97 \times 10^6)^2 - 4\left[9.93 \times 10^5 \times 1.977 \times 10^6 - \frac{(150 \times 10^6)^2}{252.68^2}\right]}\right\}$$

$$= 7.14 \times 10^5 \text{N}$$

显然 $P = 200\text{kN} < P_{cryz} = 714\text{kN}$，构件不会发生弯扭屈曲。

2）考虑二阶效应时的屈曲荷载

$$P_{E} = \frac{3.14^2 \times 206000 \times 6.46 \times 10^8}{8000^2} = 2.05 \times 10^6 \text{N} = 2050\text{kN}$$

由表 6.1 查得 $\alpha_m = \dfrac{1 + 0.027 P/P_E}{1 - P/P_E} = \dfrac{1 + 0.027 \times 200/2050}{1 - 200/2050} = 1.11$

二阶弯矩最大值为 $M_{max} = \alpha_m M_x = 1.11 \times 150 = 166.5 \text{kN} \cdot \text{m}$

再将相关参数代入式（6.89）可得弯扭屈曲荷载：

$$P_{cryz} = \frac{1}{2}\left\{2.97 \times 10^6 - \sqrt{(2.97 \times 10^6)^2 - 4\left[9.93 \times 10^5 \times 1.977 \times 10^6 - \frac{(166.5 \times 10^6)^2}{252.68^2}\right]}\right\}$$

$$= 6.65 \times 10^5 \text{N}$$

考虑了二阶效应后，弯扭屈曲荷载降低了 6.9%，可见其对稳定承载力的影响不可忽略。如果考虑二阶效应，尽管将式（6.87）、式（6.90）中的 M_x 变为 $\alpha_m M_x$ 即可，但因 α_m 中包含 P，使得公式复杂化，变为非线性问题。为能够简化说明弯矩作用平面外的屈曲问题，后面两小节中暂按一阶弯矩计算，二阶效应的影响将在第 6.7 节构建稳定设计公式时再来考虑。

6.6.2　双向压弯构件的弹性屈曲

图 6.29 所示长为 l 的单轴对称工字形截面简支压弯构件，双向一阶弯矩 M_x、M_y 均沿构件均匀分布，轴压力 P 作用在形心 O，截面剪心坐标为 y_s。假设材料为弹性，构件无缺陷且为小变形，依据前面方法可以直接写出构件的弯扭平衡方程：

$$EI_x v'' + Pv + M_x - M_y \theta = 0 \tag{6.91a}$$

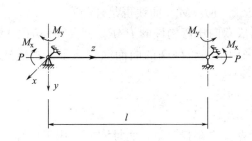
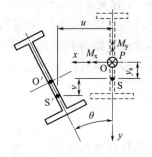

(a) 荷载及坐标　　　　　　(b) z 坐标处截面位移

图 6.29　单轴对称截面双向压弯构件

$$EI_y u'' + Pu + M_y + (Py_s + M_x)\theta = 0 \tag{6.91b}$$

$$EI_\omega \theta''' + (Pi_s^2 - 2\beta_y M_x - GI_t)\theta' + (Py_s + M_x)u' - M_y v' = 0 \tag{6.91c}$$

将弯曲平衡方程求导两次、扭转平衡方程求导一次后，可得到适用于任何边界条件下双向压弯构件的弯扭平衡微分方程：

$$EI_x v^{(4)} + Pv'' - M_y \theta'' = 0 \tag{6.92a}$$

$$EI_y u^{(4)} + Pu'' + (Py_s + M_x)\theta'' = 0 \tag{6.92b}$$

$$EI_\omega \theta^{(4)} + (Pi_s^2 - 2\beta_y M_x - GI_t)\theta'' + (Py_s + M_x)u'' - M_y v'' = 0 \tag{6.92c}$$

显然三个方程相互耦联，必须联合求解。对于简支构件，可设变形函数为：

$$u = A_1 \sin\frac{\pi z}{l} \ , \ v = A_2 \sin\frac{\pi z}{l} \ , \ \theta = A_3 \sin\frac{\pi z}{l}$$

将变形函数代入到式（6.92）后可得线性方程组：

$$(P - P_{crx})A_2 - M_y A_3 = 0 \tag{6.93a}$$

$$(P - P_{cry})A_1 + (Py_s + M_x)A_3 = 0 \tag{6.93b}$$

$$(Py_s + M_x)A_1 - M_y A_2 + [(P - P_{crz})i_s^2 - 2\beta_y M_x]A_3 = 0 \tag{6.93c}$$

A_1、A_2、A_3 不同时为零的条件是式（6.93）的系数行列式为零：

$$\begin{vmatrix} 0 & P - P_{crx} & -M_y \\ P - P_{cry} & 0 & Py_s + M_x \\ Py_s + M_x & -M_y & (P - P_{crz})i_s^2 - 2\beta_y M_x \end{vmatrix} = 0$$

由上式可得特征方程：

$$(P - P_{crx})(P - P_{cry})[(P - P_{crz})i_s^2 - 2\beta_y M_x] - (Py_s + M_x)^2(P - P_{crx})$$
$$- M_y^2(P - P_{cry}) = 0 \tag{6.94}$$

上式中的 P 有三个解，其中的较小值即为构件的弯扭屈曲荷载 P_{cryz}，不再罗列。当 $M_y = 0$ 时，上式可退化为式（6.85），也就是单向压弯构件的特征方程。

当构件为双轴对称截面时，$\beta_y = 0$、$y_s = 0$，$i_s = i_0$，式（6.94）变为：

$$(P - P_{crx})(P - P_{cry})(P - P_{crz})i_0^2 - M_x^2(P - P_{crx}) - M_y^2(P - P_{cry}) = 0 \tag{6.95}$$

下面对上式进行讨论：

1）$P = 0$ 时为双向受弯构件，$M_x/M_{crx} - M_y/M_{cry}$ 曲线为圆弧线，见图 5.6（c），是外凸的；

2）$M_y = 0$ 时为单向压弯构件，上式退化为式（6.90），由图 6.27 知 P/P_{cry}-M_x/M_{crx} 曲线也是外凸的；同理，$M_x = 0$ 时 P/P_{crx}-M_y/M_{cry} 曲线也是外凸的。

上述两种情况组合到一起后可以形成双向压弯构件的 P/P_{cr}-M_x/M_{crx}-M_y/M_{cry} 相关关系曲面，该曲面也是外凸的[8-9]，如果采用下式将外凸的曲面简化成平面来表达是偏于安全的：

$$\frac{P}{P_{cr}} + \frac{M_x}{M_{crx}} + \frac{M_y}{M_{cry}} = 1 \tag{6.96}$$

上式对简化双向压弯构件的稳定计算公式大有裨益，而且同样适用于单轴对称截面双向压弯构件[9]，很多国家规范中双向压弯构件的稳定计算公式也是基于上式构建的。

6.6.3 弯矩作用平面外的极限荷载

求解压弯构件在弯矩作用平面外的弹塑性极限荷载需要利用数值法，下面以图 6.25 所示单轴对称截面单向压弯构件为例进行简单介绍。首先将构件沿纵向分成若干个长度单元（同图 6.21a，任意单元为 i），再将第 i 个长度单元中点处的截面划分成若干个截面单元（同图 6.21c，任意单元为 j），然后采用第 6.5.2 节中的方法构建出弯矩作用平面内的 P-M-Φ 关系、y-θ-Φ 关系并得到荷载挠度曲线，此时已经知道了截面任意 j 单元的应变、应力状态及变形模量：

$-\varepsilon_y \leqslant \varepsilon_j \leqslant \varepsilon_y$ 时 $\qquad \sigma_j = E\varepsilon_j$，$E_j = E$，$G_j = G$ $\qquad$ (6.97a)

$\varepsilon_j > \varepsilon_y$ 时 $\qquad \sigma_j = f_y$，$E_j = E_t = 0$，$G_j = G_t = G/4$ $\qquad$ (6.97b)

$\varepsilon_j < -\varepsilon_y$ 时 $\qquad \sigma_j = -f_y$，$E_j = E_t = 0$，$G_j = G_t = G/4$ $\qquad$ (6.97c)

进而可得到截面弹性区的面积 A_e，弹性区的惯性矩 I_{ex}、I_{ey}，弹性区的翘曲惯性矩 $I_{e\omega}$，弹性区、塑性区的抗扭刚度 I_{et}、I_{pt}。截面纵向应力的 Wagner 效应系数为：

$$\overline{W} = \sum \rho_i^2 \sigma_i A_i \tag{6.98}$$

忽略弹塑性阶段中和轴的偏移后，构件的弹塑性弯扭平衡方程为：

$$EI_{ex}v'' + Pv + M_x = 0 \tag{6.99a}$$

$$EI_{ey}u'' + Pu + (Py_s + M_x)\theta = 0 \tag{6.99b}$$

$$EI_{e\omega}\theta''' + (\overline{W} - GI_{et} - G_t I_{pt})\theta' + (Py_s + M_x)u' = 0 \tag{6.99c}$$

由上式可以解得扭转屈曲极限荷载 P_u。

6.7 压弯构件稳定理论在钢结构中的应用

各国规范中压弯构件的稳定设计公式不尽相同，但都是基于稳定理论得到的，而且公式的构建思路大致相同[8]，首先借助于轴力与弯矩的相关关系曲线构建出稳定公式雏形，然后再通过与数值分析结果、试验结果的对比分析，将公式中的个别参数进行局部调整，最终得到实用的稳定设计公式。本节主要介绍我国规范中压弯构件稳定公式的构建及相关规定。

6.7.1 弯矩作用平面内整体稳定公式的构建

单向压弯构件受压边缘纤维应力最大，假设一阶最大弯矩 M_x 绕 x 轴作用（图 6.30），

构件在轴压力 P 和二阶最大弯矩 M_{max} 的共同作用下，边缘纤维屈服时的承载力可用以下相关关系来表达：

$$\frac{P}{P_y} + \frac{M_{max}}{M_{el}} = 1 \tag{6.100}$$

式中：P_y 为轴压屈服荷载，$P_y = A f_y$；M_{el} 为按受压纤维确定的弹性最大弯矩，$M_{el} = W_{1x} f_y$，W_{1x} 为对受压最大纤维（图 6.30 中 1 号点）的截面模量。

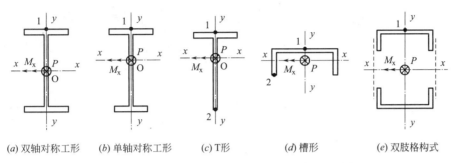

(a) 双轴对称工形　　(b) 单轴对称工形　　(c) T形　　(d) 槽形　　(e) 双肢格构式

图 6.30　弯矩绕 x 轴作用的单向压弯构件

从前面知道，当构件有初始缺陷且 P 保持不变时，M_{max} 可根据叠加原理计算。对于任意荷载作用下的无缺陷单向压弯构件，其二阶最大弯矩 M_{max1} 可偏安全地用式（6.42）来计算，即

$$M_{max1} = \frac{1 + 0.234 P/P_{Ex}}{1 - P/P_{Ex}} \beta_m M_x$$

式中：P_{Ex} 为绕 x 轴的 Euler 荷载，$P_{Ex} = \pi^2 EA/\lambda_x^2$。

构件的各类初始缺陷可借鉴轴压构件的方法用等效初弯曲 v_0 来综合考虑[3]，由式（4.15）可得对应的二阶最大弯矩 M_{max2}：

$$M_{max2} = \frac{1}{1 - P/P_{Ex}} P v_0$$

因此，有缺陷压弯构件总的二阶最大弯矩为：

$$M_{max} = M_{max1} + M_{max2} = \frac{(1 + 0.234 P/P_{Ex}) \beta_m M_x + P v_0}{1 - P/P_{Ex}}$$

将 M_{max} 代入式（6.100）可得：

$$\frac{P}{P_y} + \frac{(1 + 0.234 P/P_{Ex}) \beta_m M_x + P v_0}{(1 - P/P_{Ex}) M_{el}} = 1 \tag{6.101}$$

为得到 v_0，令 $M_x = 0$，变为轴心受压构件，在弯矩作用平面内 P 的最大值为 P_{crx}，代入上式可得：

$$v_0 = \frac{(P_y - P_{crx})(P_{Ex} - P_{crx})}{P_{Ex} P_y P_{crx}} M_{el}$$

将 v_0 代回到式（6.101）可得：

$$\frac{P}{P_y} + \frac{(1 + 0.234 P/P_{Ex}) \beta_m M_x}{(1 - P/P_{Ex}) M_{el}} + \frac{P}{(1 - P/P_{Ex})} \cdot \frac{(P_y - P_{crx})(P_{Ex} - P_{crx})}{P_{Ex} P_y P_{crx}} = 1$$

等号两侧同乘以 $(1 - P/P_{Ex}) P_{Ex} P_y$，并将第二项之外的其他项进行整理合并，可得：

$$\left(P_y P_{Ex} - PP_{crx}\right)\left(\frac{P}{P_{crx}} - 1\right) + \frac{P_y P_{Ex}(1 + 0.234P/P_{Ex})\beta_m M_x}{M_{el}} = 0$$

等号两侧再同除以 $(P_y P_{Ex} - PP_{crx})$，上式变为：

$$\frac{P}{P_{crx}} - 1 + \frac{P_y P_{Ex}(1 + 0.234P/P_{Ex})\beta_m M_x}{(P_y P_{Ex} - PP_{crx})M_{el}} = 0$$

将第三项的分子、分母同除以 $P_y P_{Ex}$：

$$\frac{P}{P_{crx}} - 1 + \frac{(1 + 0.234P/P_{Ex})\beta_m M_x}{[1 - (P_{crx}/P_y)(P/P_{Ex})]M_{el}} = 0$$

因 $P_{crx}/P_y = \varphi_x A f_y/(A f_y) = \varphi_x$，$\varphi_x$ 为绕 x 轴的轴压稳定系数，代入上式可得：

$$\frac{P}{P_{crx}} + \frac{(1 + 0.234P/P_{Ex})\beta_m M_x}{(1 - \varphi_x P/P_{Ex})M_{el}} = 1 \tag{6.102}$$

又因 $|0.234P/P_{Ex}| < 1.0$，利用级数并忽略高阶项可得：

$$1 + 0.234P/P_{Ex} \approx \frac{1}{1 - 0.234P/P_{Ex}}$$

将上式代入式（6.102）后可得：

$$\frac{P}{P_{crx}} + \frac{\beta_m M_x}{(1 - 0.234P/P_{Ex})(1 - \varphi_x P/P_{Ex})M_{el}} = 1 \tag{6.103}$$

再利用下式：

$$(1 - 0.234P/P_{Ex})(1 - \varphi_x P/P_{Ex}) \approx 1 - (0.234 + \varphi_x)P/P_{Ex}$$

式（6.103）进一步简化为：

$$\frac{P}{P_{crx}} + \frac{\beta_m M_x}{[1 - (0.234 + \varphi_x)P/P_{Ex}]M_{el}} = 1$$

将 $P_{crx} = \varphi_x A f_y$、$M_{el} = W_{1x} f_y$ 代入后可得：

$$\frac{P}{\varphi_x A f_y} + \frac{\beta_m M_x}{[1 - (0.234 + \varphi_x)P/P_{Ex}]W_{1x} f_y} = 1$$

令 $a_1 = 0.234 + \varphi_x$，则上式变为：

$$\frac{P}{\varphi_x A f_y} + \frac{\beta_m M_x}{(1 - a_1 P/P_{Ex})W_{1x} f_y} = 1 \tag{6.104}$$

式中：a_1 为参数；$\beta_m M_x$ 为等效弯矩，也即 M_{eq}（均匀分布的一阶弯矩），见第6.3节。

上式就是根据边缘纤维屈服准则得到的单向压弯构件在弯矩作用平面内的稳定计算公式雏形，对于塑性发展余地较小的冷弯薄壁型钢构件、弯矩绕虚轴作用的格构式构件，由上式确定的 P 接近于极限荷载 P_u，但对于实腹式构件，上式计算结果与 P_u 有一定的偏差。考虑到上式的组成形式直观简单，且使用方便，我国规范通过调整参数 a_1，将上式推广至实腹式压弯构件。

对于图6.30（c）、（d）这类受拉侧无翼缘的单轴对称截面，有可能出现受拉侧先屈服的情况，借鉴式（6.101）的思路可得到边缘纤维受拉屈服时的相关关系：

$$\frac{(1 + 0.234P/P_{Ex})\beta_m M_x + Pv_0}{(1 - P/P_{Ex})M_{e2}} - \frac{P}{P_y} = 1 \tag{6.105}$$

式中：M_{e2} 为按受拉纤维确定的弹性最大弯矩，$M_{e2} = W_{2x} f_y$，W_{2x} 为对受拉最大纤维（图6.30中2号点）的截面模量。

令 $M_x = 0$ 可得到 v_0，再代回式（6.105）后整理可得：

$$\frac{P}{P_{crx}} + \frac{\beta_m M_x}{[1 - (0.234 - \varphi_x) P/P_{Ex}] M_{e2}} = 1$$

令 $a_2 = 0.234 - \varphi_x$，并将 $P_{crx} = \varphi_x A f_y$、$M_{e2} = W_{2x} f_y$ 一并代入上式，可得：

$$\frac{P}{\varphi_x A f_y} + \frac{\beta_m M_x}{(1 - a_2 P/P_{Ex}) W_{2x} f_y} = 1$$

因是计算受拉侧，上式左侧第二项应取负号，为了不变成负值，左侧应取绝对值，则有：

$$\left| \frac{P}{\varphi_x A f_y} - \frac{\beta_m M_x}{(1 - a_2 P/P_{Ex}) W_{2x} f_y} \right| = 1 \tag{6.106}$$

式中：a_2 为参数。

上式也是根据边缘纤维屈服准则得到的，可以通过调整参数 a_2，使其适用于受拉侧无翼缘的单轴对称实腹式压弯构件。

6.7.2　弯矩作用平面外整体稳定公式的构建

（1）单向压弯构件

图 6.27 给出了弹性压弯构件在弯矩作用平面外的 $P/P_{cry} - M_x/M_{crx}$ 相关关系曲线，曲线是外凸的。实际构件有缺陷，大多发生弹塑性屈曲。西安冶金建筑学院曾针对常见截面类型的单向压弯构件进行了一系列试验[10-11]，试验结果见图 6.31，P_{cry}、P_{cryz} 分别为轴压时绕 y 轴的弯曲屈曲荷载、弯扭屈曲荷载，M_{crx} 为弯矩绕 x 轴作用时受弯构件的弯扭屈曲荷载，可以看出，试验点位于图中直线的外侧。

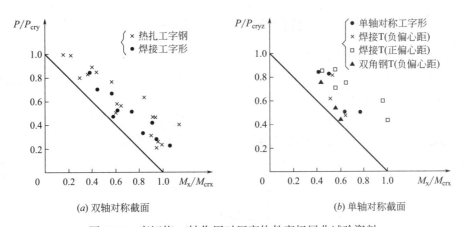

(a) 双轴对称截面　　　　　　　　　　　　　　*(b)* 单轴对称截面

图 6.31　弯矩绕 x 轴作用时压弯构件弯扭屈曲试验资料

对于双轴对称截面单向压弯构件，弯矩作用平面外的极限承载力可用以下相关关系来表达[12]：

$$\frac{P}{P_{cry}} + \left(\frac{M_x}{M_{crx}} \right)^n = 1 \tag{6.107}$$

式中：n 为不小于 1.0 的参数。

为简化计算并从安全角度出发，可取 $n = 1$，上式变为：

$$\frac{P}{P_{\text{cry}}} + \frac{M_{\text{x}}}{M_{\text{crx}}} = 1 \tag{6.108}$$

上式就是双轴对称截面单向压弯构件在弯矩作用平面外的极限承载力相关关系，再将 $P_{\text{cry}} = \varphi_y A f_y$、$M_{\text{crx}} = \varphi_b W_{1x} f_y$ 代入上式可得弯矩作用平面外稳定计算公式的雏形：

$$\frac{P}{\varphi_y A f_y} + \frac{M_{\text{x}}}{\varphi_b W_{1x} f_y} = 1 \tag{6.109}$$

对于单轴对称截面压弯构件，弹性分析和试验结果均表明，构件在弯矩作用平面外的极限承载力相关关系仍可以近似采用上述公式，而且是偏于安全的。

（2）双向压弯构件

在轴压力 P 和一阶最大弯矩 M_{x} 及 M_{y} 的共同作用下，双向压弯构件的变形是空间的，双向弯曲和扭转始终并存，确定弹塑性极限荷载非常复杂。从式（6.96）知道，弹性阶段的相关关系可以偏安全地简化为直线关系，弹塑性阶段也可简化成直线关系。比较简单的方法是将两个方向的单向压弯相关公式进行合并，因可能绕 y 轴弯扭也可能绕 x 轴弯扭，合并后的公式有以下两种情况：

$$\frac{P}{\varphi_x A f_y} + \frac{\beta_{\text{mx}} M_{\text{x}}}{(1 - a_1 P/P_{\text{Ex}}) W_{1x} f_y} + \frac{M_{\text{y}}}{\varphi_{\text{by}} W_{1y} f} = 1 \tag{6.110a}$$

$$\frac{P}{\varphi_y A f_y} + \frac{M_{\text{x}}}{\varphi_{\text{bx}} W_{1x} f_y} + \frac{\beta_{\text{my}} M_{\text{y}}}{(1 - a_1 P/P_{\text{Ey}}) W_{1y} f_y} = 1 \tag{6.110b}$$

式中：φ_{bx}、φ_{by} 分别为对 x、y 轴的受弯稳定系数，W_{1y} 为按受压纤维确定的对 y 轴的截面模量；β_{mx}、β_{my} 分别为对 x、y 轴的等效弯矩系数；P_{Ey} 为绕 y 轴的 Euler 荷载，$P_{\text{Ey}} = \pi^2 E A / \lambda_y^2$；其余符号含义同前。

6.7.3 焊接和轧制压弯构件的整体稳定计算

（1）实腹式单向压弯构件在弯矩作用平面内的整体稳定

对于弯矩绕强轴（x 轴）作用的实腹式单向压弯构件，焊接和轧制钢构件截面具有一定的塑性开展能力，为与强度计算相衔接，GB 50017—2017 标准在式（6.104）的基础上，引入内力设计值和截面塑性发展系数，然后再通过与数值分析结果、试验结果的拟合分析，取参数 $a_1 = 0.8$，得到的弯矩作用平面内的整体稳定计算公式为：

$$\frac{N}{\varphi_x A f} + \frac{\beta_{\text{mx}} M_{\text{x}}}{\gamma_x W_{1x} (1 - 0.8 N/N'_{\text{Ex}}) f} \leqslant 1.0 \tag{6.111}$$

$$N'_{\text{Ex}} = \frac{N_{\text{Ex}}}{1.1} = \frac{\pi^2 E A}{1.1 \lambda_x^2} \tag{6.112}$$

式中：N 为所计算构件段的轴压力设计值；φ_x 为绕 x 轴的轴心受压稳定系数，按第 4.6.3 节方法确定；A 为构件的毛截面面积；f 为钢材设计强度；β_{mx} 为等效弯矩系数，按表 6.3 取值；M_{x} 为所计算构件段内的一阶最大弯矩设计值；γ_x 为对 x 轴的截面塑性发展系数，按附录 F 取值；W_{1x} 为对受压最大纤维的毛截面模量；N'_{Ex} 为考虑抗力分项系数后的 Euler 荷载；λ_x 为对 x 轴的长细比。

表 6.3 中之所以采用 N_{crx} 而非表 6.1 中的 P_{E}，是为了具有更广泛的应用范围，不再局限于两端铰接构件；悬臂构件的 β_{mx} 采用了陈绍蕃[13] 的研究成果，当 $m = 0$ 时也就退

化成了表 6.1 中的第 7 项。

GB 50017—2017 标准建议的 β_{mx} 及等效弯矩　　　　表 6.3

项次	构件条件	荷载类型	等效弯矩系数 β_{mx}	等效弯矩
1	无侧移框架柱和两端支承的构件	有端弯矩但无横向荷载	$\beta_{mx}=0.6+0.4m$ 式中：$m=M_2/M_1$，$\mid M_1\mid\geqslant\mid M_2\mid$，使构件产生同向曲率时 M_1、M_2 取同号，反之取异号。	$\beta_{mx}M_x$
2		无端弯矩，跨中作用单个集中荷载	$\beta_{mx}=1-0.36N/N_{crx}$	$\beta_{mx}M_x$
3		无端弯矩，满跨作用均布荷载	$\beta_{mx}=1-0.18N/N_{crx}$	$\beta_{mx}M_x$
4		同时作用有端弯矩和横向荷载	各类荷载分别按 1、2、3 项取对应的 β_{mx}	$\Sigma\beta_{mx,i}M_{x,i}$
5	有侧移框架柱	有横向荷载时柱脚铰接的底层框架柱	$\beta_{mx}=1.0$	$\beta_{mx}M_x$
6		除第 5 项之外的框架柱	$\beta_{mx}=1-0.36N/N_{crx}$	$\beta_{mx}M_x$
7	悬臂构件	任意荷载	$\beta_{mx}=1-0.36（1-m）N/N_{crx}$ 式中：m 为自由端弯矩与固端弯矩的比值，使构件产生同向曲率时取同号，反之取异号。	$\beta_{mx}M_x$

注：N_{crx} 为构件的弹性临界力，$N_{crx}=\pi^2EI_x/l_{0x}^2=\pi^2EA/\lambda_x^2$。

对于受拉侧无翼缘的实腹式单轴对称截面，比如 T 形，除需按式（6.111）计算外，还需对受拉侧屈服进行补充验算，GB 50017—2017 标准在式（6.106）的基础上，同样引入截面塑性发展系数 γ_x，并经过与数值分析结果的对比后，取 $a_2=1.25$，得到以下计算公式：

$$\left|\frac{N}{Af}+\frac{\beta_{mx}M_x}{\gamma_xW_{2x}(1-1.25N/N'_{Ex})f}\right|\leqslant1.0 \tag{6.113}$$

式中：W_{2x} 为对受拉最大纤维的毛截面模量；其余符号含义同前。

当利用板件屈曲后强度时，只有有效截面参与受力，因形心轴发生了偏移，N 存在偏心（将在第 7 章讲述），GB 50017—2017 标准给出的弯矩作用平面内的整体稳定计算公式为：

$$\frac{N}{\varphi_xA_ef}+\frac{\beta_{mx}M_x+Ne}{\gamma_xW_{e1x}(1-0.8N/N'_{Ex})f}\leqslant1.0 \tag{6.114}$$

式中：A_e 为有效截面的毛截面面积；W_{e1x} 为有效截面的毛截面对较大受压纤维的截面模量；e 为有效截面形心至原截面形心的距离；其余符号含义同前。

【例题 6.4】 图 6.32 所示简支压弯构件，$l=3$m，均布荷载设计值 $q=4$kN/m，轴压力设计值 $N=30$kN，截面为 2 $\llcorner$ $100\times80\times10$，已知截面特性 $A=1720$mm^2，$W_{1x}=5.35\times10^4$mm^3，$W_{2x}=2.43\times10^4$mm^3，$i_x=31.2$mm，截面塑性发展系数 $\gamma_{x1}=1.05$，

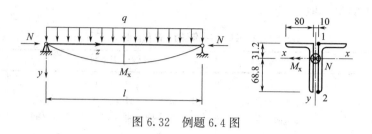

图 6.32　例题 6.4 图

$\gamma_{x2}=1.2$，材料为 Q235 钢，$f=215\text{N/mm}^2$，试验算该构件在弯矩作用平面内的整体稳定。

【解】 构件的一阶最大弯矩设计值为 $M_x=ql^2/8=4\times3^2/8=4.5\text{kN}\cdot\text{m}$。

长细比为 $\lambda_x=l_{0x}/i_x=3000/31.2=96.2$，截面类别为 b 类，查得轴压稳定系数 $\varphi_x=0.58$。

$$N'_{Ex}=\frac{\pi^2EA}{1.1\lambda_x^2}=\frac{3.14^2\times206000\times1720}{1.1\times96.2^2}=3.43\times10^5\text{N}$$

$$N_{crx}=\frac{\pi^2EA}{\lambda_x^2}=\frac{3.14^2\times206000\times1720}{96.2^2}=3.77\times10^5\text{N}$$

构件属于两端支承，由表 6.3 中的第 3 项可得：

$$\beta_{mx}=1-0.18\frac{N}{N_{crx}}=1-0.18\times\frac{3\times10^4}{3.77\times10^5}=0.986$$

将相关参数代入式（6.111）可得：

$$\frac{3\times10^4}{0.58\times1720\times215}+\frac{0.986\times4.5\times10^6}{1.05\times5.35\times10^4[1-0.8\times3\times10^4/(3.43\times10^5)]\times215}$$
$$=0.535<1.0$$

将相关参数代入式（6.113）可得：

$$\left|\frac{3\times10^4}{1720\times215}-\frac{0.986\times4.5\times10^6}{1.2\times2.43\times10^4\,[1-1.25\times3\times10^4/\,(3.43\times10^5)]\times215}\right|$$
$$=0.714<1.0$$

该构件在弯矩作用平面内不会发生整体失稳，但受拉纤维的应力大于受压纤维。

（2）实腹式单向压弯构件在弯矩作用平面外的整体稳定

GB 50017—2017 标准在式（6.109）的基础上，引入截面影响系数 η、等效弯矩系数 β_{tx} 后，给出的弯矩作用平面外的整体稳定计算公式为：

$$\frac{N}{\varphi_yAf}+\eta\frac{\beta_{tx}M_x}{\varphi_bW_{1x}f}\leqslant1.0 \tag{6.115}$$

式中：φ_y 为绕 y 轴的轴心受压稳定系数，按第 4.6.3 节方法确定；η 为截面影响系数，闭口截面 $\eta=0.7$，其他截面 $\eta=1.0$；β_{tx} 为等效弯矩系数，按表 6.4 取值；φ_b 为受弯构件的稳定系数，由于构件已通过 β_{tx} 等效成均匀受弯，φ_b 可按附录 G.5 中的简化方法计算，对闭口截面可取 $\varphi_b=1.0$；其余符号含义同前。

当利用板件屈曲后强度时，只有有效截面参与受力，GB 50017—2017 标准给出的弯矩作用平面外的整体稳定计算公式为：

GB 50017—2017 标准建议的 β_{tx} 及等效弯矩　　　表 6.4

项次	构件条件	荷载类型	等效弯矩系数 β_{tx}	等效弯矩
1	在弯矩作用平面外有支承的构件	有端弯矩但无横向荷载	$\beta_{tx}=0.65+0.35m$	$\beta_{tx}M_x$
2		同时作用有端弯矩和横向荷载	使构件产生同向曲率时 $\beta_{tx}=1.0$ 使构件产生异向曲率时 $\beta_{tx}=0.85$	$\beta_{tx}M_x$
3		无端弯矩但有横向荷载	$\beta_{tx}=1.0$	$\beta_{tx}M_x$
4	在弯矩作用平面外为悬臂的构件	任意荷载	$\beta_{tx}=1.0$	$\beta_{tx}M_x$

$$\frac{N}{\varphi_y A_e f}+\eta\frac{\beta_{tx}M_x+Ne}{\varphi_b W_{elx}f}\leqslant 1.0 \tag{6.116}$$

式中：符号含义同前，其中有效截面及形心轴距离 e 将在第 7 章讲述。

【例题 6.5】 图 6.33 所示压弯构件截面为热轧 H 型钢 HN500×200×10×16，$l=6$m，跨中央设有侧向支撑，轴压力设计值 $N=350$kN，左端弯矩设计值 $M_x=300$kN·m，右端弯矩为零。已知材料为 Q235 钢，$f=215$N/mm²，试验算该构件在弯矩作用平面外的整体稳定。

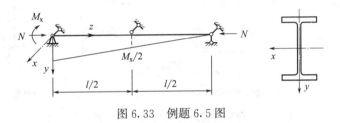

图 6.33 例题 6.5 图

【解】 由型钢表查得构件的截面特性为：$A=11420$mm²，$W_x=1.91\times10^6$mm³，$i_y=43.3$mm。构件中点的弯矩为 150kN·m。构件只能在侧向支撑点间发生弯扭屈曲，因两段构件内力不对称，需分别计算。

1）左段构件

长细比 $\lambda_y=l_{0y}/i_y=3000/43.3=69.3$，查得轴压稳定系数 $\varphi_y=0.755$。因 $\lambda_y<120\varepsilon_k$，由附录 G.5 可得：

$$\varphi_b=1.07-\frac{69.3^2}{44000}\cdot\frac{f_y}{235}=0.96$$

开口截面的 $\eta=1.0$，左段构件的 $m=0.5$，由表 6.4 中的第 1 项可得 $\beta_{tx}=0.65+0.35\times0.5=0.825$，将相关参数代入式（6.115）得：

$$\frac{350\times10^3}{0.755\times11420\times215}+1.0\times\frac{0.825\times300\times10^6}{0.96\times1.91\times10^6\times215}=0.82<1.0$$

2）右段构件

右段构件的 λ_y、φ_y、φ_b 与左段构件相同，右段构件的 $m=0$，由表 6.4 中的第 1 项可得 $\beta_{tx}=0.65$，由式（6.115）可得：

$$\frac{350 \times 10^3}{0.755 \times 11420 \times 215} + 1.0 \times \frac{0.65 \times 150 \times 10^6}{0.96 \times 1.91 \times 10^6 \times 215} = 0.44 < 1.0$$

该构件在弯矩作用平面外不会发弯扭屈曲，但由计算结果可以看出，右段构件的稳定承载力高于左段，GB 50017—2017 提供的计算方法忽略了两段构件间的支持作用，偏于安全。

（3）双肢格构式单向压弯构件的整体稳定

当弯矩绕虚轴（x 轴）作用时，见图 6.34，不宜考虑塑性发展，GB 50017—2017 标准在式（6.104）的基础上，取参数 $a_1 = 1.0$，得到的弯矩作用平面内的整体稳定计算公式为：

$$\frac{N}{\varphi_x A f} + \frac{\beta_{mx} M_x}{W_{1x}(1 - N/N'_{Ex}) f} \leqslant 1.0 \qquad (6.117)$$

式中：φ_x 由换算长细比 λ_{0x} 确定的轴压稳定系数；$W_{1x} = I_x/y_0$，y_0 为 x 轴到压力较大分肢轴线的距离或者到压力较大分肢腹板外边缘的距离，取二者中的较大者，见图 6.34（a）；N'_{Ex} 按式（6.112）计算，但式中的 λ_x 应替换为 λ_{0x}；其余符号含义同前。

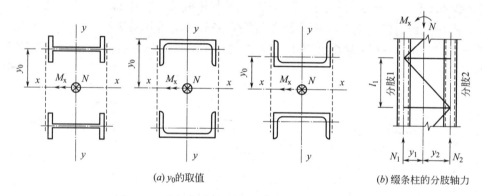

(a) y_0 的取值   (b) 缀条柱的分肢轴力

图 6.34 弯矩绕虚轴作用的双肢格构式压弯构件

在弯矩作用平面外，只要分肢不失稳，柱的整体稳定就有保障，因此只需验算分肢的整体稳定即可。计算分肢轴力时可将格构柱视作桁架，分肢轴力由 N 和 M_x 共同产生，见图 6.34（b），两个分肢的轴力分别为：

$$N_1 = \frac{M_x + N y_2}{y_1 + y_2} \qquad (6.118a)$$

$$N_2 = N - N_1 \qquad (6.118b)$$

式中：y_1、y_2 分别为分肢 1 轴线、分肢 2 轴线到 x 轴的距离。

对缀条柱，因缀条与分肢铰接，分肢只有轴压力，按实腹式轴压构件计算，分肢在缀材平面内的计算长度可取节间计算长度 l_1，在缀材平面外的计算长度取格构柱的侧向支撑点间距。对缀板柱，因缀板与分肢刚接，分肢有弯矩，见图 4.10 中的 $Tb/2$，需按实腹式压弯构件计算。

当弯矩绕实轴（y 轴）作用时，构件在弯矩作用平面内、弯矩作用平面外的整体稳定计算均与实腹式构件完全相同，分别按式（6.111）、式（6.115）计算，因弯矩变为 M_y，需将公式中的参数下角标 x 变为 y，比如等效弯矩系数 β_{mx} 变为 β_{my}，其值仍参照表 6.3 确定。在计算弯矩作用平面外的整体稳定时，长细比应取换算长细比 λ_{0x}，φ_b 应取 1.0。

（4）实腹式双向压弯构件的整体稳定

实腹式双向压弯构件宜采用双轴对称截面。对于工程中常用的工字形、箱形截面，GB 50017—2017 标准在式（6.110）的基础上，引入截面塑性发展系数 γ_x 和 γ_y、截面影响系数 η，并取 $a_1=0.8$，给出的实腹式双向压弯构件的整体稳定计算公式为：

$$\frac{N}{\varphi_x A f}+\frac{\beta_{mx}M_x}{\gamma_x W_x(1-0.8N/N'_{Ex})f}+\eta\frac{\beta_{ty}M_y}{\varphi_{by}W_y f}\leqslant 1.0 \qquad (6.119a)$$

$$\frac{N}{\varphi_y A f}+\eta\frac{\beta_{tx}M_x}{\varphi_{bx}W_x f}+\frac{\beta_{my}M_y}{\gamma_y W_y(1-0.8N/N'_{Ey})f}\leqslant 1.0 \qquad (6.119b)$$

式中：M_x、M_y 分别为所计算构件段内对 x、y 轴的一阶最大弯矩设计值；W_x、W_y 分别为对 x、y 轴的毛截面模量；β_{mx}、β_{my} 按表 6.3 确定；β_{tx}、β_{ty} 按表 6.4 确定；φ_{bx}、φ_{by} 分别为考虑弯矩变化与荷载位置影响的所计算构件段对 x、y 轴的受弯稳定系数，按附录 G.1～G.4 计算，闭口截面取 $\varphi_{bx}=\varphi_{by}=1.0$；$N'_{Ey}$ 为考虑抗力分项系数后对 y 轴的 Euler 荷载，按下式计算：

$$N'_{Ey}=\frac{\pi^2 EA}{1.1\lambda_y^2} \qquad (6.120)$$

（5）双肢格构式双向压弯构件的整体稳定

弯矩作用在两个主平面内的双肢格构式压弯构件，见图 6.35，不宜考虑塑性发展，因 x 轴为强轴，M_x 应大于 M_y，也即 M_x 为主弯矩，GB 50017—2017 标准基于式（6.110a），取 $a_1=1.0$、$\varphi_{by}=1.0$，得到的整体稳定计算公式为：

$$\frac{N}{\varphi_x A f}+\frac{\beta_{mx}M_x}{W_{1x}(1-N/N'_{Ex})f}+\frac{\beta_{ty}M_y}{W_{1y}f}\leqslant 1.0 \quad (6.121)$$

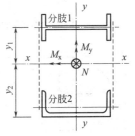

图 6.35　双肢格构式
双向压弯构件

式中：W_{1y} 为按较大受压纤维确定的对 y 轴的毛截面模量；其余符号含义同前。

双向受弯格构柱不仅要验算整体稳定，还要验算分肢的稳定。对于双肢格构柱，在 N、M_x、M_y 共同作用下，每个分肢均属于实腹式单向压弯构件。分肢的轴压力由 N 和 M_x 产生，按式（6.118）计算，分肢的弯矩由 M_y 产生，两个分肢承担的弯矩分别为：

$$M_{y1}=\frac{I_1/y_1}{I_1/y_1+I_2/y_2}M_y \qquad (6.122a)$$

$$M_{y2}=\frac{I_2/y_2}{I_1/y_1+I_2/y_2}M_y \qquad (6.122b)$$

式中：I_1、I_2 分别为分肢 1、分肢 2 对 y 轴的惯性矩。

6.7.4　冷弯型钢压弯构件的整体稳定计算

对冷弯薄壁型钢压弯构件，我国 GB 50018—2002 规范提供的整体稳定计算公式同样是基于第 6.7.1 节和 6.7.2 节中的相关公式得到的，与焊接和轧制压弯构件的稳定公式相比，不同之处有以下几点：

1）由于冷弯薄壁型钢的板件较薄，构件整体失稳前会发生局部屈曲，因此毛截面面积、毛截面模量均采用有效截面来计算；

2）等效弯矩系数的取值方法不完全与表 6.3 和表 6.4 相同；

3）按弹性屈曲考虑，不考虑截面塑性的发展；

4）参数 a_1、a_2 的取值不同；

5）N'_{Ex}、N'_{Ey} 的计算方法略有区别。

（1）实腹式单向压弯构件在弯矩作用平面内的整体稳定

对于图 6.36（a）所示单向压弯构件，GB 50018—2002 规范基于式（6.104）给出的弯矩作用平面内的整体稳定计算公式为：

$$\frac{N}{\varphi_x A_e f} + \frac{\beta_{mx} M_x}{W_{ex}(1-\varphi_x N/N'_{Ex})f} \leqslant 1.0 \tag{6.123a}$$

$$N'_{Ex} = \frac{\pi^2 EA}{\gamma_R \lambda_x^2} \tag{6.123b}$$

式中：φ_x 为绕 x 轴的轴心受压稳定系数，按第 4.6.2 节方法确定；A_e、W_{ex} 为分别为有效截面的毛截面面积、有效截面的毛截面对较大受压纤维的截面模量，将在第 7 章讲述；γ_R 为抗力分项系数，Q235 钢和 Q345 钢取 1.165，GB 50018 规范 2017 修订送审稿又增加了 Q390 钢，并建议取 1.125；等效弯矩系数 β_{mx} 按下列规定取值：

1）构件端部无侧移且无中间横向荷载时，β_{mx} 按表 6.3 中的第 1 项取值；

2）构件端部无侧移但有中间横向荷载时，β_{mx} 取 1.0；

3）构件端部有侧移时，β_{mx} 取 1.0。

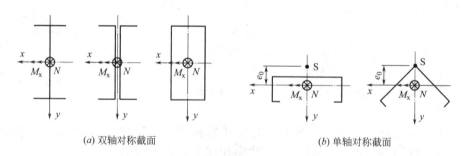

(*a*) 双轴对称截面   (*b*) 单轴对称截面

图 6.36　冷弯薄壁型钢压弯构件

对于图 6.36（b）所示剪心一侧受压的单轴对称截面压弯构件，除需按上式计算外，还需进行受拉侧屈服验算，GB 50018—2002 规范基于式（6.106）给出的建议公式为：

$$\left| \frac{N}{A_e f} - \frac{\beta_{mx} M_x}{W'_{ex}(1-N/N'_{Ex})f} \right| \leqslant 1.0 \tag{6.124}$$

式中：W'_{ex} 为有效截面的毛截面对最大受拉纤维的截面模量；其余符号含义同前。

（2）实腹式单向压弯构件在弯矩作用平面外的整体稳定

对于图 6.36（a）所示单向压弯构件，GB 50018—2002 规范基于式（6.109）给出的弯矩作用平面外的整体稳定计算公式为：

$$\frac{N}{\varphi_y A_e f} + \eta \frac{M_x}{\varphi_b W_{ex} f} \leqslant 1.0 \tag{6.125}$$

式中：φ_y 为绕 y 轴的轴压稳定系数，按第 4.6.2 节方法确定；η 为截面影响系数，闭口截面 $\eta=0.7$，其他截面 $\eta=1.0$；φ_b 为受弯构件的稳定系数，按附录 H 确定，对闭口截面可

取 $\varphi_b=1.0$；其余符号含义同前。

对于图 6.36 (b) 所示单向压弯构件，除需按上式计算外，还需按轴心受压构件利用式 (4.97) 进行弯扭屈曲稳定验算，轴压稳定系数由弯扭屈曲换算长细比确定。

（3）双肢格构式单向压弯构件的整体稳定

当弯矩绕虚轴（x 轴）作用时，见图 6.37 (a)，GB 50018—2002 规范基于式 (6.104) 给出的弯矩作用平面内的整体稳定计算公式为：

$$\frac{N}{\varphi_x A_e f}+\frac{\beta_{mx}M_x}{W_{ex}(1-\varphi_x N/N'_{Ex})f}\leqslant 1.0 \tag{6.126}$$

式中：φ_x 由换算长细比 λ_{0x} 确定的轴压稳定系数；N'_{Ex} 按式 (6.123b) 计算，但式中的 λ_x 应替换为 λ_{0x}；其余符号含义同前。

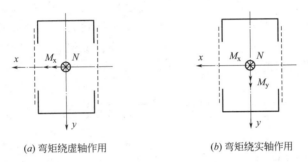

(a) 弯矩绕虚轴作用　　　　　　　　(b) 弯矩绕实轴作用

图 6.37　双肢格构式冷弯薄壁型钢单向压弯构件

在弯矩作用平面外，只要分肢不失稳，柱的整体稳定就有保障，故只需验算分肢的稳定即可，分肢内力的计算方法见第 6.7.3 节。

当弯矩绕实轴（y 轴）作用时，见图 6.37 (b)，构件在弯矩作用平面内、弯矩作用平面外的整体稳定计算均与实腹式构件完全相同，分别按式 (6.123)、式 (6.125) 计算，因弯矩变为 M_y，需将公式中的参数下角标 x 变为 y。在计算弯矩作用平面外的整体稳定时，长细比应取换算长细比，φ_b 应取 1.0。

（4）实腹式双向压弯构件的整体稳定

实腹式双向压弯构件宜采用双轴对称截面，GB 50018—2002 规范基于式 (6.110) 给出的实腹式双向压弯构件的整体稳定计算公式为：

$$\frac{N}{\varphi_x A_e f}+\frac{\beta_{mx}M_x}{W_{ex}(1-\varphi_x N/N'_{Ex})f}+\eta\,\frac{M_y}{\varphi_{by}W_{ey}f}\leqslant 1.0 \tag{6.127a}$$

$$\frac{N}{\varphi_y A_e f}+\eta\,\frac{M_x}{\varphi_{bx}W_{ex}f}+\frac{\beta_{my}M_y}{W_{ey}(1-\varphi_y N/N'_{Ey})f}\leqslant 1.0 \tag{6.127b}$$

式中：W_{ey} 为对 y 轴的有效截面模量；β_{my} 为对 y 轴的等效弯矩系数，取值方法同 β_{mx}；φ_{bx}、φ_{by} 分别为所计算构件段对 x、y 轴的受弯稳定系数，按附录 H 确定，闭口截面可取 $\varphi_{bx}=\varphi_{by}=1.0$；$N'_{Ey}$ 为考虑抗力分项系数后对 y 轴的 Euler 荷载，按式 (6.128) 计算；其余符号含义同前。

$$N'_{Ey}=\frac{\pi^2 EA}{\gamma_R\lambda_y^2} \tag{6.128}$$

（5）有扭矩单向压弯构件的整体稳定

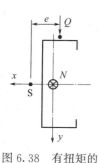

图 6.38 有扭矩的
单向压弯构件

图 6.38 所示开口截面单向压弯构件，横向荷载 Q 产生绕 x 轴的弯矩 M_x，由于 Q 不通过截面剪心 S，有附加扭矩 Qe，GB 50018—2002 规范建议这类构件在弯矩作用平面内、弯矩作用平面外的整体稳定分别按以下两式计算：

$$\frac{N}{\varphi_x A_e f} + \frac{\beta_{mx} M_x}{W_{ex}(1 - \varphi_x N/N'_{Ex})f} + \frac{B}{W_\omega f} \leqslant 1.0 \quad (6.129)$$

$$\frac{N}{\varphi_y A_e f} + \frac{M_x}{\varphi_{bx} W_{ex} f} + \frac{B}{W_\omega f} \leqslant 1.0 \quad (6.130)$$

式中：B_ω 为双力矩设计值；W_ω 为毛截面扇性模量，计算方法同式 (5.99)；其余符号含义同前。

上述诸稳定计算公式是 GB 50018—2002 规范是按照弹性屈曲确定的，适用于壁厚小于 6mm 的冷弯构件，GB 50018 规范 2017 修订送审稿将板厚适用范围增加到 25mm 后，仍沿用了上述公式，未考虑实腹式构件的弹塑性屈曲，偏保守，主要是缺乏相关研究资料的支持，今后尚需继续研究。

6.8 压弯构件稳定理论在混凝土结构中的应用

6.8.1 偏心受压混凝土柱的破坏模式

混凝土构件是由多种材料组成的，材料性能复杂，压弯时很难像钢构件那样进行相对精确的弹性及弹塑性理论分析，因此试验成为解决问题的重要手段。

国内外大量的试验结果均表明[14]，偏心受压混凝土短柱只会发生"材料破坏"。当偏心距较大且受拉侧钢筋不太多时，破坏形态为受拉侧钢筋率先屈服，最终受压侧边缘混凝土也被压碎，该破坏形态称为受拉破坏或大偏心受压破坏。当偏心距不大时，全截面受压，破坏形态为受压较大侧的边缘混凝土率先被压碎，该侧的钢筋也可能受压屈服，该破坏形态称为受压破坏或小偏心受压破坏。对于偏心受压混凝土长柱，随着构件长细比的增加，P-δ 效应不可忽略，构件有可能发生材料破坏，当长细比较大时也可能发生失稳破坏。

由于混凝土柱的截面高宽比通常不大，而且普遍采用矩形、圆形等实心截面，抗扭刚度非常大，在弯矩和轴压力共同作用下构件不会发生扭转，只能在弯矩作用平面内发生弯曲，失稳形式类似于轴心受压构件的弯曲屈曲。

影响偏心受压柱稳定性的主要因素是构件长细比，以图 6.39 所示偏心受压柱为例：

1）当构件长细比小于 8 时，P-δ 效应可忽略，N-M 曲线为 OB 直线段，弯矩与轴压力成比例增加，构件破坏形态为材料破坏，最大承载力为 N_0；

2）当长细比介于 8～30 时，P-δ 效应不可忽略，N-M 曲线为 OC 曲线段，破坏形态仍为材料破坏，最大承载力为 N_1；

3）当长细比大于 30 时，P-δ 效应产生的附加弯矩较大，在材料发生破坏之前构件会发生弯曲屈曲，N-M 曲线为 OE 曲线段，最大承载力为 N_2。

图 6.39 中的 ABCD 曲线为构件破坏时的 N-M 相关关系曲线，显然 $N_2 < N_1 < N_0$。

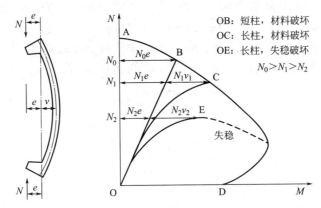

图 6.39　不同长细比柱从加荷到破坏的 N-M 相关关系曲线

6.8.2　偏心受压混凝土柱的二阶效应

普通框架柱的反弯点通常位于柱中部，尽管 P-δ 效应能够增大构件的弯矩和曲率，但不会超过柱两端的弯矩，在这种情况下，P-δ 效应不会对构件截面的偏心受压承载能力产生不利影响，计算时可忽略。对于剪力墙、核心筒墙肢类构件，P-δ 效应也不明显，同样可忽略。

当反弯点不在构件高度范围内（端弯矩同号），构件细长且轴压比偏大时，考虑 P-δ 效应后，构件中部弯矩有可能超过柱端控制截面的弯矩。因此我国《钢筋混凝土结构设计规范》GB 50010—2010 规定，当满足下列条件中的任意一个条件时，必须考虑 P-δ 效应引起的附加弯矩的影响：

1）长细比 $l_c/i > 34 - 12(M_1/M_2)$；

2）在同号端弯矩作用下 $M_1/M_2 > 0.9$；

3）轴压比 $N/(Af_c) > 0.9$。

以上诸式中：l_c 为偏心受压构件在相应主轴方向上下支承点之间的距离；i 为偏心方向的回转半径；M_1、M_2 为已考虑侧移影响的偏心受压构件两端截面按结构弹性分析确定的对同一主轴弯矩设计值，绝对值较大端为 M_2，绝对值较小端为 M_1（与钢结构的规定不同），当使构件产生同向曲率时 M_1、M_2 取同号，否则取异号；A 为构件截面面积；f_c 为混凝土轴心抗压强度设计值。

GB 50010—2010 规范借鉴美国 ACI 318—2008 规范的思路，根据国内试验结果调整了部分参数的取值，建议考虑 P-δ 效应后偏心受压构件控制截面的弯矩设计值 M 按下式计算：

$$M = C_m \eta_{ns} M_2 \tag{6.131a}$$

$$C_m = 0.7 + 0.3 \frac{M_1}{M_2} \geqslant 0.7 \tag{6.131b}$$

$$\eta_{ns} = 1 + \frac{1}{1300(M_2/N + e_a)/h_0} \left(\frac{l_c}{h}\right)^2 \zeta_c \tag{6.131c}$$

$$\zeta_c = \frac{0.5 A f_c}{N} \leqslant 1.0 \tag{6.131d}$$

式中：C_m 为构件端部截面偏心距调节系数；η_{ns} 为弯矩增大系数；N 为与 M_2 相应的轴压力设计值；e_a 为附加偏心距，取 20mm 和偏心方向截面最大尺寸的 1/30 两者中的较大值；ζ_c 为截面曲率修正系数；h 为截面高度或直径；h_0 为截面有效高度。

对于柱脚固接柱顶铰接的排架柱，$P\text{-}\delta$ 效应就是 $P\text{-}\Delta$ 效应，GB 50010—2010 规范考虑二阶效应后建议弯矩设计值 M 按下式计算：

$$M = \eta_s M_0 \tag{6.132a}$$

$$\eta_s = 1 + \frac{1}{1500 e_i h_0}\left(\frac{l_0}{h}\right)^2 \zeta_c \tag{6.132b}$$

$$e_i = \frac{M_0}{N} + e_a \tag{6.132c}$$

式中：η_s 为截面曲率修正系数，也即弯矩增大系数；M_0 为一阶弹性分析所得柱端弯矩设计值；e_i 为初始偏心距；l_0 为排架柱的计算长度，按附录 E 取值；其余符号含义同前。

混凝土偏心受压构件需要进行正截面受压承载力、斜截面受剪承载力等内容的验算，验算公式与构件的截面形式、配筋方式等有关，本书不再详述。

思考与练习题

6.1　压弯构件整体失稳的形式有哪些？

6.2　为什么二阶分析所得压弯构件的弯矩和挠度要比一阶分析结果大？

6.3　什么情况下叠加原理可以适用于二阶分析？

6.4　压弯构件的等效弯矩系数 β_m 与受弯构件的等效弯矩系数 β_b 有无区别？

6.5　压弯构件在弯矩作用平面内的弹性弯曲屈曲与轴压构件有无区别？

6.6　简要阐述用数值法求解压弯构件在弯矩作用平面内极限荷载的主要步骤。

6.7　单向压弯构件是否会发生扭转屈曲？为什么双向压弯构件只能发生弯扭屈曲？

6.8　单向压弯构件在弯矩作用平面内的稳定公式是基于什么原则构建的？

6.9　为什么弯矩绕虚轴作用的双肢格构式压弯构件不需要验算弯矩作用平面外的整体稳定？

6.10　利用静力法求解图 6.40 所示两端简支弹性压弯构件的二阶最大挠度、二阶最大弯矩，并写出等效弯矩系数 β_m 的表达式，集中荷载 Q 作用在三分点处。

6.11　利用转角位移方程求解图 6.41 所示有侧移弹性压弯构件的二阶固端弯矩。

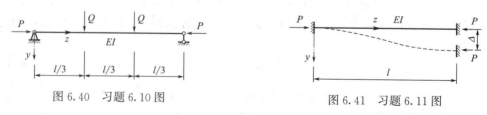

图 6.40　习题 6.10 图　　　　　　图 6.41　习题 6.11 图

6.12　利用转角位移方程求解图 6.42 所示刚架柱的屈曲荷载、计算长度系数。

6.13　图 6.43 所示简支单向压弯构件，截面为热轧工字钢 I10，跨度 $l = 3.6\text{m}$，跨中三分点处设有侧向支撑，轴压力设计值 $N = 15\text{kN}$，端弯矩设计值 $M_x = 10\text{kN}\cdot\text{m}$，两端弯矩相等且使构件产生异向曲率。已知材料为 Q235 钢，试根据 GB 50017—2017 标准验算该构件在弯矩作用平面内、平面外的整体稳定性。

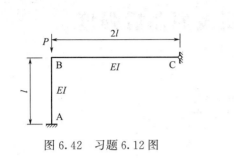

图 6.42　习题 6.12 图

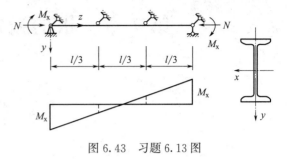

图 6.43　习题 6.13 图

参考文献

［1］ 蔡春生，王国周. 加载路径对压弯构件稳定极限承载力的影响［C］. 中国钢结构协会结构稳定与疲劳协会论文集，1991：73-81.

［2］ Bleich F. Buckling strength of metal structures［M］. New York：McGraw-Hill，1952. 中译本：同济大学钢木教研室译. 金属结构的屈曲强度［M］. 北京：科学出版社，1965.

［3］ 陈绍蕃. 钢压弯构件面内等效弯矩系数取值的改进（上）两端支承的构件［J］. 建筑钢结构进展，2010，12（5）：1-7.

［4］ Goncalves R.，Camotin D. On the application of beam-column interaction formulae to steel members with arbitrary loading and suppor t conditions［J］. Journal of Constructional Steel Research，2004，60（3-5）：433-450.

［5］ Austin W. J. Strength and design of metal beam-columns［J］. Journal of the Structural Division，ASCE，1961，87（4）：1-32.

［6］ Chen W. F.，Zhou S. P. C_m factor in load and resistance factor design［J］. Journal of Structural Engineering，ASCE，1987，113（8）：1738-1754.

［7］ Ballio G.，Mazzolani F. M. Theory and design of steel structure［M］. London：Chapman and Hall，1983.

［8］ 陈骥. 钢结构稳定理论与设计（第六版）［M］. 北京：科学出版社，2014.

［9］ 童根树. 钢结构的平面外稳定（修订版）［M］. 北京：中国建筑工业出版社，2013.

［10］ 陈绍蕃. 开口截面钢偏心压杆在弯矩作用平面外的稳定系数［J］. 西安冶金建筑学院学报，1974，6（2）：1-27.

［11］ 陈绍蕃. 压弯构件在弯矩作用平面外的稳定性计算［J］. 钢结构，1991，6（2）：46-52.

［12］ 陈绍蕃. 偏心压杆在弯矩作用平面外稳定计算的相关公式［J］. 西安冶金建筑学院学报，1981，13（1）：1-12.

［13］ 陈绍蕃，申红侠，冉红东，等. 钢压弯构件面内等效弯矩系数取值的改进（下）端部有侧移的构件［J］. 建筑钢结构进展，2010，12（5）：8-12.

［14］ 江见鲸. 高等混凝土结构理论［M］. 北京：中国建筑工业出版社，2007.

第 7 章 板的稳定及屈曲后强度

7.1 概 述

从第 1 章知道，受压薄板会发生失稳，构件中的板件可能受压，存在稳定问题。以图 7.1（a）所示工字形截面纯弯构件为例，上翼缘受压，板件可能在构件发生整体失稳之前率先发生屈曲，因受压翼缘只是组成构件的一部分，这类屈曲称为局部屈曲或局部失稳。

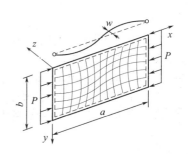

（a）受弯构件中受压翼缘的屈曲　　　　　　（b）单向均匀受压的四边简支板

图 7.1　受压板件的屈曲

由于薄壁构件的板厚远小于截面轮廓尺寸，板件可近似看作是中面受力，也即荷载 P 作用于板中面内，见图 7.1（b）。从弹性力学知道，中面受力的薄板属于平面应力问题，板件的凸曲使板双向受弯，任意一点的挠度 w 都与板的平面坐标 x、y 有关，因此其平衡方程属于二维偏微分方程。当荷载及边界条件都比较简单时，可由平衡微分方程直接求出板的屈曲荷载，但当荷载或边界条件稍微复杂时，通常需要利用能量法、近似法或数值法来求解屈曲荷载。

根据板厚 t 与板宽 b 的比值不同，板件可分为厚板、薄板、薄膜三类[1]。$t/b > (1/8 \sim 1/5)$ 时称为厚板，板的横向剪切变形与弯曲变形为同一量级，不可忽略。$(1/100 \sim 1/80) < t/b < (1/8 \sim 1/5)$ 时称为薄板，板的剪切变形远小于弯曲变形，可忽略。$t/b < (1/100 \sim 1/80)$ 时称为薄膜，板的抗弯刚度可忽略不计，一旦受压就产生较大的凸曲变形，只能通过薄膜拉力与外荷载平衡。对于薄板，当凸曲变形较大且板边位移受到约束时，板内也会产生薄膜拉力，使得板件屈曲后承载力还可以提高，称为屈曲后强度。

根据挠曲程度不同，板件可分为小挠度板、大挠度板两类。当挠度 $w < t/5$ 时，属于小变形范畴，称为小挠度板，小挠度板的薄膜拉力较小，进行稳定分析时可忽略，称为小挠度理论；当 w 与 t 属于同一量级或者 $w > t$ 时，属于大变形范畴，称为大挠度板，稳定分析时薄膜拉力不可忽略，称为大挠度理论。采用小挠度理论只能得到板的屈曲荷载，而大挠度理论则可以得到屈曲后强度以及板的挠度。

薄板的屈曲研究可追溯到 19 世纪，1891 年 Bryan 利用小挠度理论给出了均匀受压四边简支板的屈曲荷载，并将最小势能原理应用于板的屈曲分析[2]，这一方法后被证明是各类弹性板件稳定分析的有力工具。1907 年 Timoshenko[3] 系统地研究了各类边界条件下矩形板的弹性屈曲，极大地推动了板壳理论的发展。1910 年 Karman 提出了四边简支板的大挠度方程组，为屈曲后性能研究奠定了基础；1948 年 Stowell[4] 给出了板的非弹性屈曲荷载近似求解方法。20 世纪 70 年代以后，随着计算机技术的发展和有限元理论的应用，板件的弹塑性屈曲以及屈曲后强度的研究得到了飞速发展。

本章主要针对工程中最常用的矩形薄板进行研究，首先利用小挠度理论建立板的平衡微分方程，并分析不同边界条件下均匀受压板的弹性屈曲；其次介绍板的总势能公式，并采用能量法对非均匀受压小挠度板进行弹性稳定分析；接着介绍小挠度板的弹塑性屈曲；然后讲述大挠度板的平衡微分方程，并进行板的屈曲后性能分析；最后介绍板件屈曲的相关性以及板件稳定理论在钢结构中的应用。

7.2　板的小挠度理论

7.2.1　薄板的平衡偏微分方程

图 7.2（a）所示厚度为 t 的平板，x、y 坐标轴位于板中面内，对于弹性小挠度薄板，当荷载作用在板平面内时可以引入如下三个假设[3]：

1）板件为各向同性的弹性体，应力应变关系符合胡克定律；

2）因板件较薄，板的受力属于平面应力问题，σ_z、τ_{zx}、τ_{zy} 远小于 σ_x、σ_y 和 τ_{xy}，可近似取为零；

3）小挠度板的弯曲变形非常小，板中面（$z=0$）的薄膜拉力也非常小，可忽略。

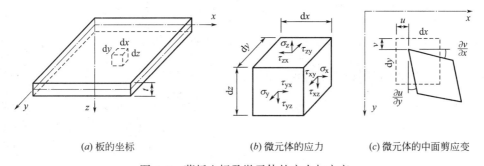

(a) 板的坐标　　　　(b) 微元体的应力　　　　(c) 微元体的中面剪应变

图 7.2　薄板坐标及微元体的应力与应变

假设板内任意一点沿 x、y、z 方向的位移分别为 u、v、w，根据上述第 1）、2）条假设，由弹性力学可知存在以下几何关系和物理关系[5]：

$$\varepsilon_x = \frac{\partial u}{\partial x}, \quad \varepsilon_y = \frac{\partial v}{\partial y}, \quad \varepsilon_z = \frac{\partial w}{\partial z} = 0 \tag{7.1a}$$

$$\gamma_{xy} = \gamma_{yx} = \frac{\partial u}{\partial y} + \frac{\partial v}{\partial x}, \quad \gamma_{yz} = \gamma_{zy} = \frac{\partial v}{\partial z} + \frac{\partial w}{\partial y} = 0, \quad \gamma_{zx} = \gamma_{xz} = \frac{\partial w}{\partial x} + \frac{\partial u}{\partial z} = 0 \tag{7.1b}$$

$$\sigma_x = \frac{E}{1-\nu^2}(\varepsilon_x + \nu\varepsilon_y), \qquad \sigma_y = \frac{E}{1-\nu^2}(\varepsilon_y + \nu\varepsilon_x), \qquad \sigma_z = 0 \tag{7.2a}$$

$$\tau_{xy} = \tau_{yx} = \frac{E}{2(1+\nu)}\gamma_{xy}, \qquad \tau_{yz} = \tau_{zy} = 0, \qquad \tau_{zx} = \tau_{xz} = 0 \tag{7.2b}$$

式中：E 为弹性模量；ν 为泊松比。

上述诸应力、应变见图 7.2（b）、（c），图中应力均为正值，其中正应力以拉为正。$\varepsilon_z = \partial w / \partial z = 0$ 说明 w 与 z 无关，与 x、y 有关，即 $w = w(x, y)$，沿板厚度方向各点的 z 向位移相同，可用中面位移 w 来表达。剪应变 $\gamma_{xz} = \gamma_{yz} = 0$ 说明沿板厚度方向没有剪切变形，板弯曲前垂直于中面的直线在板弯曲后仍垂直于中面，也称为直法线假定，这类似于受弯构件的平截面假定。

由式（7.1b）的 $\gamma_{zx} = \gamma_{zy} = 0$ 可得：

$$\frac{\partial u}{\partial z} = -\frac{\partial w}{\partial x}, \qquad \frac{\partial v}{\partial z} = -\frac{\partial w}{\partial y}$$

因 w 与 z 无关，上式积分后可得：

$$u = -\int \frac{\partial w}{\partial x}\mathrm{d}z + A_1 = -\frac{\partial w}{\partial x}z + A_1$$

$$v = -\int \frac{\partial w}{\partial y}\mathrm{d}z + A_2 = -\frac{\partial w}{\partial y}z + A_2$$

式中：A_1、A_2 为待定常数。

根据第 3）条假设，板弯曲引起的中面伸缩量为零，不会引起中面的水平位移，也即 $u_{z=0} = v_{z=0} = 0$，代入上式可知 $A_1 = A_2 = 0$，则有：

$$u = -z\frac{\partial w}{\partial x}, \qquad v = -z\frac{\partial w}{\partial y} \tag{7.3}$$

将上式代入到式（7.1a）、式（7.1b）可得应变与挠度 w 的关系：

$$\varepsilon_x = \frac{\partial u}{\partial x} = -z\frac{\partial^2 w}{\partial x^2}, \qquad \varepsilon_y = \frac{\partial v}{\partial y} = -z\frac{\partial^2 w}{\partial y^2} \tag{7.4a}$$

$$\gamma_{xy} = \gamma_{yx} = -2z\frac{\partial^2 w}{\partial x \partial y} \tag{7.4b}$$

再代入式（7.2）可得应力与挠度 w 的关系：

$$\sigma_x = -\frac{Ez}{1-\nu^2}\left(\frac{\partial^2 w}{\partial x^2} + \nu\frac{\partial^2 w}{\partial y^2}\right), \qquad \sigma_y = -\frac{Ez}{1-\nu^2}\left(\frac{\partial^2 w}{\partial y^2} + \nu\frac{\partial^2 w}{\partial x^2}\right) \tag{7.5a}$$

$$\tau_{xy} = \tau_{yx} = -\frac{Ez}{1+\nu} \cdot \frac{\partial^2 w}{\partial x \partial y} \tag{7.5b}$$

下面研究板的弯矩与挠度之间的关系。微元体侧立面上的应力对板中面的合力矩就是板的弯矩，见图 7.3，沿板厚积分可得板的弯矩挠度方程：

$$M_x = \int_{-t/2}^{t/2} \sigma_x z \mathrm{d}z = -D\left(\frac{\partial^2 w}{\partial x^2} + \nu\frac{\partial^2 w}{\partial y^2}\right) \tag{7.6a}$$

$$M_y = \int_{-t/2}^{t/2} \sigma_y z \mathrm{d}z = -D\left(\frac{\partial^2 w}{\partial y^2} + \nu\frac{\partial^2 w}{\partial x^2}\right) \tag{7.6b}$$

$$M_{xy} = M_{yx} = \int_{-t/2}^{t/2} \tau_{xy} z \mathrm{d}z = -D(1-\nu)\frac{\partial^2 w}{\partial x \partial y} \tag{7.6c}$$

$$D = \frac{Et^3}{12(1-\nu^2)} \qquad (7.7)$$

式中：M_x、M_y、M_{xy}、M_{yx} 为板在单位宽度内的弯矩或扭矩，量纲为 N·m/m＝N，诸参数的下角标及方向与前几章的定义不同，图 7.3 中的弯矩均为正方向；D 为板在单位宽度内的抗弯刚度，也称柱面刚度。

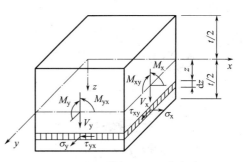

图 7.3　微元体侧立面上的内力

再研究板的法向力和切向力。图 7.4（a）所示中面受力的矩形薄板，P_x、P_y 为单位宽度内的法向荷载，P_{xy}、P_{yx} 为单位宽度内的切向荷载，荷载量纲均为 N/m。对 z 轴取矩，由力矩平衡可知 $P_{xy} = P_{yx}$。

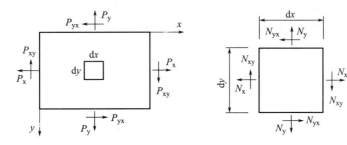

（a）作用在板中面的外力　　　（b）中面微元体的内力

图 7.4　矩形薄板中面内的外力与内力

从板中面取微元体，见图 7.4（b），假设微元体在单位宽度内的法向内力为 N_x、N_y，在单位宽度内的切向内力为 N_{xy}、N_{yx}，同理有 $N_{xy} = N_{yx}$。对小挠度薄板，弯曲时不会引起法向力、切向力的变化，由内外力平衡可知 $N_x = P_x$、$N_y = P_y$、$N_{xy} = N_{yx} = P_{xy}$。为与图 7.2（b）中的应力符号协调一致，图 7.4 中的内外力均为正值，法向力以拉为正，压为负。

根据前面的弯矩挠度方程和中面内力，可建立板的小挠度平衡微分方程。板发生微小弯曲后，假设微元体的挠度为 w，则微元体中面与 x、y 轴间的夹角可分别用 $\partial w / \partial x$、$\partial w / \partial y$ 来表达，见图 7.5（a），因变形微小，这些夹角的余弦值均可近似取为 1.0，正弦值均可近似取等于夹角。

由平衡条件可知，在微元体中面内，N_x、N_y、N_{xy}、N_{yx} 在 x 及 y 向的合力都应等于零，对 x 及 y 轴的合力矩也都应等于零。下面分析以上诸力在 z 轴方向的分力：

N_x 在 z 向的分力为：

$$N_x \left[\frac{\partial w}{\partial x} + \frac{\partial}{\partial x}\left(\frac{\partial w}{\partial x}\right) dx \right] dy - N_x \frac{\partial w}{\partial x} dy = N_x \frac{\partial^2 w}{\partial x^2} dx\, dy$$

N_y 在 z 向的分力为：

$$N_y \left[\frac{\partial w}{\partial y} + \frac{\partial}{\partial y}\left(\frac{\partial w}{\partial y}\right) dy \right] dx - N_y \frac{\partial w}{\partial y} dx = N_y \frac{\partial^2 w}{\partial y^2} dx\, dy$$

N_{xy}、N_{yx} 在 z 向的分力相等，均为：

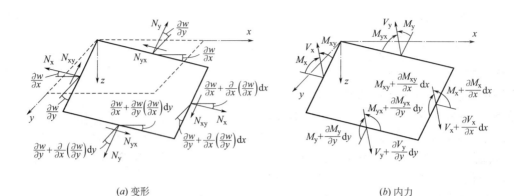

(a) 变形   (b) 内力

图 7.5　板中面微元体的变形及内力

$$N_{xy}\left[\frac{\partial w}{\partial y}+\frac{\partial}{\partial x}\left(\frac{\partial w}{\partial y}\right)dy\right]dx - N_{xy}\frac{\partial w}{\partial y}dx = N_{xy}\frac{\partial^2 w}{\partial x \partial y}dx\,dy$$

以上诸力在 z 向分力的合力记作 N_{z1}，则有：

$$N_{z1}=\left(N_x\frac{\partial^2 w}{\partial x^2}+2N_{xy}\frac{\partial^2 w}{\partial x \partial y}+N_y\frac{\partial^2 w}{\partial y^2}\right)dx\,dy \tag{7.8}$$

板件弯曲后，微元体中面剪力 V_x（图 7.5b）在 z 向的分力为：

$$\left(V_x+\frac{\partial V_x}{\partial x}dx\right)dy - V_x dy = \frac{\partial V_x}{\partial x}dx\,dy$$

V_y 在 z 向的分力为：

$$\left(V_y+\frac{\partial V_y}{\partial y}dy\right)dx - V_y dx = \frac{\partial V_y}{\partial y}dx\,dy$$

V_x、V_y 在 z 向分力的合力记作 N_{z2}，则有：

$$N_{z2}=\left(\frac{\partial V_x}{\partial x}+\frac{\partial V_y}{\partial y}\right)dx\,dy \tag{7.9}$$

因板件中面受力，z 向合力 $N_z=N_{z1}+N_{z2}$ 应为零，也即式（7.8）和式（7.9）相加应为零，则有：

$$N_x\frac{\partial^2 w}{\partial x^2}+2N_{xy}\frac{\partial^2 w}{\partial x \partial y}+N_y\frac{\partial^2 w}{\partial y^2}+\frac{\partial V_x}{\partial x}+\frac{\partial V_y}{\partial y}=0 \tag{7.10}$$

图 7.5（b）中各力对 x 轴的力矩应平衡，可得：

$$-\frac{\partial M_y}{\partial y}dx\,dy - \frac{\partial M_{yx}}{\partial x}dx\,dy + \frac{\partial V_x}{\partial x}dx\,dy\,\frac{dy}{2}+\left(V_y+\frac{\partial V_y}{\partial y}dy\right)dx\,dy=0$$

略去高阶项后可得：

$$V_y=\frac{\partial M_y}{\partial y}+\frac{\partial M_{yx}}{\partial x} \tag{7.11}$$

上式对 y 偏导一次变为：

$$\frac{\partial V_y}{\partial y}=\frac{\partial^2 M_y}{\partial y^2}+\frac{\partial^2 M_{yx}}{\partial x \partial y} \tag{7.12}$$

同理，由图 7.5（b）中各力对 y 轴的力矩平衡可得：

$$V_x = \frac{\partial M_x}{\partial x} + \frac{\partial M_{xy}}{\partial y} \tag{7.13}$$

上式对 x 偏导一次可得：

$$\frac{\partial V_x}{\partial x} = \frac{\partial^2 M_x}{\partial x^2} + \frac{\partial^2 M_{xy}}{\partial x \partial y} \tag{7.14}$$

将式（7.12）、式（7.14）代入式（7.10）可得：

$$N_x \frac{\partial^2 w}{\partial x^2} + 2N_{xy} \frac{\partial^2 w}{\partial x \partial y} + N_y \frac{\partial^2 w}{\partial y^2} + \frac{\partial^2 M_x}{\partial x^2} + 2\frac{\partial^2 M_{xy}}{\partial x \partial y} + \frac{\partial^2 M_y}{\partial y^2} = 0$$

再将式（7.6）代入上式后即可得到中面受力薄板的小挠度平衡微分方程：

$$D\left(\frac{\partial^4 w}{\partial x^4} + 2\frac{\partial^4 w}{\partial x^2 \partial y^2} + \frac{\partial^4 w}{\partial y^4} \right) = N_x \frac{\partial^2 w}{\partial x^2} + 2N_{xy} \frac{\partial^2 w}{\partial x \partial y} + N_y \frac{\partial^2 w}{\partial y^2} \tag{7.15}$$

上式是以挠度 w 为未知量的常系数四阶偏微分方程，求解时需利用板件四个边的边界条件，下面以图 7.6 中 $x=a$ 处的板边为例介绍板的常见边界条件：

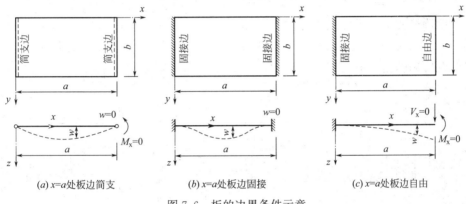

(a) $x=a$ 处板边简支　　　　(b) $x=a$ 处板边固接　　　　(c) $x=a$ 处板边自由

图 7.6　板的边界条件示意

1）简支边（用平行的实线和虚线来表示）

简支边的挠度 $w=0$，弯矩 $M_x=0$。由式（7.6a）得 $\partial^2 w / \partial x^2 + \nu \partial^2 w / \partial y^2 = 0$，又因简支边沿 y 向保持为直线，也即绕 x 轴的曲率 $\partial^2 w / \partial y^2 = 0$，可知 $\partial^2 w / \partial x^2 = 0$。

2）固接边

固接边的挠度 $w=0$，绕 y 轴的转角（斜率）$\partial w / \partial x = 0$。

3）自由边

自由边的弯矩 $M_x=0$，由式（7.6a）得 $\partial^2 w / \partial x^2 + \upsilon \partial^2 w / \partial y^2 = 0$；自由边的剪力 $V_x=0$，扭矩 $M_{xy}=0$，又因均匀分布的扭矩 M_{xy} 等效于均匀分布的剪力 $\partial M_{xy} / \partial y$，则有 $V_x + \partial M_{xy} / \partial y = 0$，利用式（7.13）、式（7.6a）和式（7.6c）后可得：

$$\frac{\partial^3 w}{\partial x^3} + (2-\nu)\frac{\partial^3 w}{\partial x \partial y^2} = 0$$

对于其他板边，可以此类推，比如 $y=b$ 处的板边，当为简支、固接或自由时，只需要将上述边界条件对 x、y 的偏导互换即可。

7.2.2　单向均匀受压板的弹性屈曲

工程中很多构件中的板件属于单向均匀受压板，以图 7.7 所示工字形截面简支构件为例，构件轴心受压时，翼缘和腹板均为单向均匀受压，构件受弯或压弯时，上翼缘也可以近似看作单向均匀受压。

构件中各板件的边界条件不一定相同，如图7.7所示，翼缘和加劲肋可以有效约束腹板的侧移，如果忽略其转动约束作用，则腹板可视为四边简支板；翼缘外伸部分（b_0）可视为三边简支一边自由的板。箱形截面的翼缘和腹板均可以看作四边简支板，而T形截面的翼缘和腹板均为三边简支一边自由。本节主要研究单向均匀受压小挠度板的弹性屈曲，非均匀受压板将在第7.3节讲述。

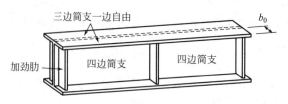

图 7.7　工字形截面构件中的板件边界条件

（1）四边简支板的弹性屈曲

图7.8（a）所示长为a、宽为b的四边简支板，板厚为t，沿x向作用有均匀分布压力，单位宽度内的荷载值为P_x。因板单向均匀受力，可知$N_x=P_x$、$N_y=0$、$N_{xy}=0$。

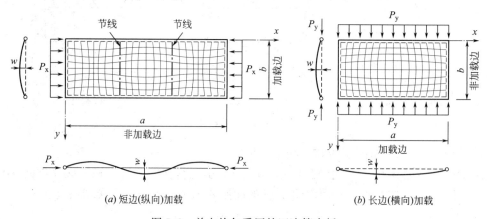

(a) 短边(纵向)加载　　　　　　　(b) 长边(横向)加载

图 7.8　单向均匀受压的四边简支板

进行板的小挠度分析时，假定板的法向内外力以压为正，则式（7.15）中的N_x应替换为$-N_x$也即$-P_x$，又因$N_y=0$、$N_{xy}=0$，板单向均匀受压时的平衡偏微分方程变为：

$$D\left(\frac{\partial^4 w}{\partial x^4}+2\frac{\partial^4 w}{\partial x^2\partial y^2}+\frac{\partial^4 w}{\partial y^4}\right)=-P_x\frac{\partial^2 w}{\partial x^2} \tag{7.16}$$

$x=0$、$x=a$、$y=0$、$y=b$ 四个边均为简支，符合该边界条件的中面挠度可用二重三角级数来表达：

$$w=\sum_{m=1}^{\infty}\sum_{n=1}^{\infty}A_{mn}\sin\frac{m\pi x}{a}\sin\frac{n\pi y}{b} \quad (m=1,2,3\cdots;\quad n=1,2,3\cdots) \tag{7.17}$$

式中：m、n 分别为板在x、y 方向的屈曲正弦半波数（以下简称半波数），图7.8（a）中$m=3$，$n=1$；A_{mn} 为$m\times n$ 个独立参数。

将上式代入式（7.16）可得：

$$\sum_{m=1}^{\infty}\sum_{n=1}^{\infty}A_{mn}\left\{\left[\left(\frac{m\pi}{a}\right)^2+\left(\frac{n\pi}{b}\right)^2\right]^2-\frac{P_x}{D}\left(\frac{m\pi}{a}\right)^2\right\}\sin\frac{m\pi x}{a}\sin\frac{n\pi y}{b}=0$$

上式恒成立的条件是独立参数 $A_{mn}=0$ 或者大括号内的项目等于零，如果 $A_{mn}=0$ 则由式（7.17）可知 $w=0$，与板件已发生凸曲变形不相符，属于平凡解，因此板的屈曲条件为：

$$\left[\left(\frac{m\pi}{a}\right)^2+\left(\frac{n\pi}{b}\right)^2\right]^2-\frac{P_x}{D}\left(\frac{m\pi}{a}\right)^2=0$$

可得：

$$P_x=\left(\frac{mb}{a}+\frac{n^2a}{mb}\right)^2\frac{\pi^2 D}{b^2}$$

当横向屈曲半波数 $n=1$ 时，见图 7.8（a），P_x 具有最小值，可得板的屈曲荷载：

$$P_{x,cr}=k\frac{\pi^2 D}{b^2} \tag{7.18a}$$

$$k=\left(\frac{mb}{a}+\frac{A}{mb}\right)^2 \tag{7.18b}$$

式中：k 称为板的屈曲系数，也称板的稳定系数，由 $\partial k/\partial m=0$ 可得到 k 的最小值，即 $a/b=m$（m 为正整数）时 $k_{min}=4.0$。

纵向屈曲半波数 m、屈曲系数 k 均与板的长宽比 a/b 有关，见图 7.9，$a/b\leqslant\sqrt{2}$ 时 $m=1$，$k_{min}=4.0$；$\sqrt{2}<a/b\leqslant\sqrt{6}$ 时 $m=2$，$k_{min}=4.0$，与 $m=1$ 时的曲线交点处 $k=4.50$；$\sqrt{6}<a/b\leqslant\sqrt{12}$ 时 $m=3$，$k_{min}=4.0$，曲线交点处 $k=4.17$，以此类推，下包络线（图中实线）即为 k 曲线，$a/b>\sqrt{12}$ 时 k 曲线已非常平坦，接近于 4.0，也就是说狭长矩形板的 k 可近似取 4.0，此时纵向屈曲半波长度等于板宽 b。

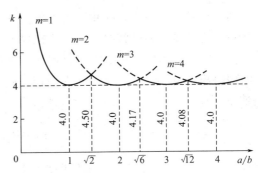

图 7.9 单向均匀受压四边简支板的屈曲系数

当板件有多个屈曲半波时，见图 7.8（a），相邻半波间有一条挠度为零的直线，称为节线，单向均匀受压四边简支板的节线与板的纵边垂直，故节线相当于简支边，每个半波板都可以看作四边简支板。

因 $P_{x,cr}$ 是单位板宽内的荷载，板的屈曲应力为：

$$\sigma_{x,cr}=\frac{P_{x,cr}}{t}=k\frac{\pi^2 D}{b^2 t}=\frac{k\pi^2 E}{12(1-\nu^2)}\left(\frac{t}{b}\right)^2 \tag{7.19}$$

可以看出，弹性屈曲应力与屈曲系数 k 成正比，与板件宽厚比 b/t 的平方成反比，与板长 a 无关，因此提高板件屈曲应力的最有效措施是减小板件的宽厚比。将 $k_{min}=4.0$ 代入上式可得屈曲应力最小值：

$$\sigma_{x,cr}=\frac{4\pi^2 E}{12(1-\nu^2)}\left(\frac{t}{b}\right)^2 \tag{7.20}$$

对于图 7.8（b）所示的长边加载板，两个方向的屈曲半波数均为 1，屈曲荷载、屈曲应力分别为：

$$P_{y,cr} = \left(\frac{b}{a} + \frac{a}{b}\right)^2 \frac{\pi^2 D}{a^2} = k\frac{\pi^2 D}{a^2 t} \tag{7.21}$$

$$\sigma_{y,cr} = \frac{P_{y,cr}}{t} = \frac{k\pi^2 E}{12(1-\nu^2)}\left(\frac{t}{a}\right)^2 \tag{7.22}$$

当 $a=b$ 时，$k_{min}=4.0$，无论是 a 边加载还是 b 边加载，$m=n=1$，屈曲荷载、屈曲应力完全相同。

【例题 7.1】 某无缺陷正方形四边简支板，$a=b=600mm$，板件单向均匀受压，材料为 Q235 钢，假设为理想弹塑性，$E=206000N/mm^2$，$\nu=0.3$，试分别计算板厚 t 为 6mm、10mm 时的屈曲应力。

【解】 正方形单向均匀受压四边简支板的屈曲半波数 $m=n=1$，由式（7.18b）可得 $k=4.0$。当 $t=6mm$ 时，由式（7.19）可得屈曲应力：

$$\sigma_{x,cr} = \frac{4 \times 3.14^2 \times 206000}{12(1-0.3^2)}\left(\frac{6}{600}\right)^2 = 74.40N/mm^2 < 235N/mm^2$$

当板厚 $t=10mm$ 时，屈曲应力为：

$$\sigma_{x,cr} = \frac{4 \times 3.14^2 \times 206000}{12(1-0.3^2)}\left(\frac{10}{600}\right)^2 = 206.66N/mm^2 < 235N/mm^2$$

通过比较可以看出，在相同边界条件下板的宽厚比 b/t 对弹性屈曲应力影响很大，因此工程中常用减小板件宽厚比的方法来提高屈曲应力。

式（7.16）平衡方程的推导过程与边界条件无关，故该式可适用于各类边界条件下的 x 向均匀受压板。对于加载边简支的板，由于沿 y 向的屈曲半波数 $n=1$，式（7.16）的通解[2] 为：

$$w = Y(y)\sin\frac{m\pi x}{a} \tag{7.23a}$$

$$Y(y) = A_1 \cosh\alpha y + A_2 \sinh\alpha y + A_3 \cos\beta y + A_4 \sin\beta y \tag{7.23b}$$

$$\alpha = \sqrt{\frac{m\pi}{a}\left(\sqrt{\frac{P_x}{D}} + \frac{m\pi}{a}\right)}, \beta = \sqrt{\frac{m\pi}{a}\left(\sqrt{\frac{P_x}{D}} - \frac{m\pi}{a}\right)} \tag{7.23c}$$

式中：m 为沿 x 向的屈曲半波数；A_1、A_2、A_3、A_4 为独立参数。

利用上式进行稳定分析时，板的非加载边常见边界条件为：

1）简支边：$Y=0$，$\dfrac{d^2Y}{dy^2}=0$；

2）自由边：$\dfrac{d^2Y}{dy^2} - \nu\left(\dfrac{m\pi}{a}\right)^2 Y = 0$，$\dfrac{d^3Y}{dy^3} - (2-\nu)\left(\dfrac{m\pi}{a}\right)^2\dfrac{dY}{dy} = 0$；

3）固接边：$Y=0$，$\dfrac{dY}{dy}=0$。

（2）加载边简支、非加载边一边简支一边自由

图 7.10（a）所示三边简支一边自由的单向均匀受压板，单位宽度荷载为 P_x。利用 $y=0$ 处的简支边界条件式（7.23b）可得 $A_1=A_3=0$；再利用 $y=b$ 处的自由边界条件由式（7.23b）可得：

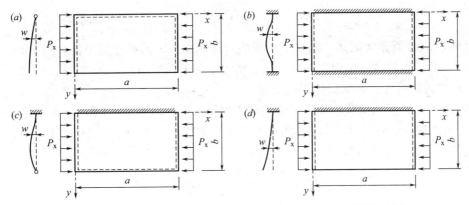

(a) 一边简支一边自由；(b) 两边固接；(c) 一边固接一边简支；(d) 一边固接一边自由；

图 7.10 单向均匀受压板的非加载边边界

$$A_2 \sinh\alpha b \left[\alpha^2 - \nu\left(\frac{m\pi}{a}\right)^2\right] - A_4 \sin\beta b \left[\beta^2 + \nu\left(\frac{m\pi}{a}\right)^2\right] = 0 \tag{7.24a}$$

$$A_2\alpha\cosh\alpha b \left[\alpha^2 - (2-\nu)\left(\frac{m\pi}{a}\right)^2\right] - A_4\beta\cos\beta b \left[\beta^2 + (2-\nu)\left(\frac{m\pi}{a}\right)^2\right] = 0 \tag{7.24b}$$

由上式中 A_2、A_4 的系数行列式等于零可得特征方程：

$$\alpha\gamma_2^2\tan\beta b = \beta\gamma_1^2\tanh\alpha b \tag{7.25a}$$

$$\gamma_1 = \alpha^2 - \nu\left(\frac{m\pi}{a}\right)^2, \gamma_2 = \beta^2 + \nu\left(\frac{m\pi}{a}\right)^2 \tag{7.25b}$$

三边简支一边自由板在 x、y 向的屈曲半波数始终都是 $m=1$、$n=1$，由式（7.23c）知道 α、β 中均包含 P_x，将 $m=1$ 及式（7.23c）代入上式可得到屈曲荷载 $P_{x,cr}$，仍为式（7.18a），屈曲系数为：

$$k = 0.425 + \left(\frac{b}{a}\right)^2 \tag{7.26}$$

a/b 取不同值时的 k 值见表 7.1，对于狭长的矩形板，$a/b \approx \infty$，k 值最小，即 $k_{\min} = 0.425$。

加载边简支、非加载边一边简支一边自由板的屈曲系数　　　　表 7.1

a/b	0.75	1	2	3	5	10	∞
k	2.217	1.417	0.669	0.533	0.464	0.435	0.425

【例题 7.2】 对于单向均匀受压的三边简支一边自由狭长矩形板，如果要使板件的屈曲应力正好等于材料的比例极限 $f_p = 0.8f_y$，b/t 应取多少？假设 $E = 206000\text{N/mm}^2$，$\nu = 0.3$。

【解】 由式（7.26）可知，狭长矩形板的 $k=0.425$。屈曲应力 $\sigma_{x,cr}$ 等于 f_p，则有：

$$\frac{0.425\pi^2 E}{12(1-\nu^2)}\left(\frac{t}{b}\right)^2 = 0.8f_y \tag{1}$$

由上式整理可得：

$$\frac{b}{t} = 0.69\sqrt{\frac{E}{f_y}} = 0.69\sqrt{\frac{E}{235} \cdot \frac{235}{f_y}} = 20.4\sqrt{\frac{235}{f_y}} = 20.4\varepsilon_k \tag{2}$$

可见 $20.4\varepsilon_k$ 就是无缺陷三边简支板发生弹性屈曲所需的最小宽厚比，当 $b/t \geqslant 20.4\varepsilon_k$ 时，$\sigma_{x,cr} \leqslant f_p$，板件将发生弹性屈曲，反之将发生弹塑性屈曲。

（3）加载边简支、非加载边固接的板

图 7.10（b）所示加载边简支、非加载边固接的板，利用 $y=0$ 和 $y=b$ 处的固接边界条件 $Y=0$、$dY/dy=0$，由式（7.23b）可得线性方程组，再由 A_1、A_2、A_3、A_4 的系数行列式等于零可得特征方程：

$$(\cosh\alpha b - \cos\beta b)^2 = \left(\sinh\alpha b + \frac{\beta}{\alpha}\sin\beta b\right)\left(\sinh\alpha b + \frac{\alpha}{\beta}\sin\beta b\right) \tag{7.27}$$

当 m 取不同值时由上式可得到不同的 P_x 值，最小值为临界荷载，表达式仍为式（7.18a），$k_{min} = 6.97$。对狭长矩形板，屈曲半波长度为 $0.668b$。

（4）加载边简支、非加载边一边固接一边简支的板

图 7.10（c）所示加载边简支、非加载边一边固接一边简支的板，利用 $y=0$ 处固接、$y=b$ 处简支的边界条件，由式（7.23b）同样可得特征方程：

$$\alpha b \tan\beta b = \beta b \tanh\alpha b \tag{7.28}$$

可解得临界荷载，表达式仍为式（7.18a），$k_{min} = 5.42$。对狭长矩形板，屈曲半波长度为 $0.80b$。

（5）加载边简支、非加载边一边固接一边自由的板

图 7.10（d）所示加载边简支、非加载边一边固接一边自由的板，利用 $y=0$ 处固接、$y=b$ 处自由的边界条件，由式（7.23b）也可得到特征方程：

$$2\gamma_1\gamma_2 + (\gamma_1^2 + \gamma_2^2)\cosh\alpha b\cos\beta b = \left(\frac{\alpha}{\beta}\gamma_2^2 - \frac{\beta}{\alpha}\gamma_1^2\right)\sinh\alpha b\sin\beta b \tag{7.29}$$

可解得临界荷载，表达式仍为式（7.18a），$k_{min} = 1.277$。对狭长矩形板，屈曲半波长度为 $1.68b$。

可见各类边界下单向均匀受压板的屈曲荷载、屈曲应力均可用式（7.18a）、式（7.19）来计算，只是屈曲系数 k 值不同，最小值 k_{min} 汇总于表 7.2，对于狭长矩形板，表中也列出了 y 向的屈曲半波长度。式（7.18a）、式（7.19）实际上也是各类荷载作用下板件屈曲荷载、屈曲应力通用公式。

加载边简支时单向均匀受压板的屈曲系数最小值及半波长度　　　　　　　　　表 7.2

非加载边的边界	两边固接	一边固接一边简支	两边简支	一边固接一边自由	一边简支一边自由
屈曲系数最小值 k_{min}	6.97	5.42	4.0	1.277	0.425
屈曲半波长度	$0.668b$	$0.8b$	b	$1.68b$	等于 a，即 $n=1$

7.2.3　双向均匀受压简支板的弹性屈曲

图 7.11（a）所示双向均匀受压四边简支板，单位宽度荷载分别为 P_x、P_y，因稳定分析时以压为正，式（7.15）中的 N_x、N_y 应分别替换为 $-P_x$、$-P_y$，又因 $N_{xy}=0$，平

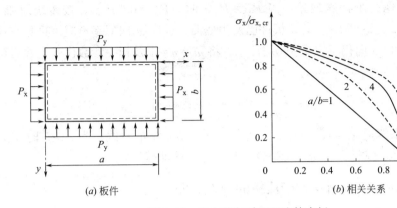

(a) 板件　　　　　　　　　　　(b) 相关关系

图 7.11　双向均匀受压四边简支板

衡偏微分方程变为：

$$D\left(\frac{\partial^4 w}{\partial x^4}+2\,\frac{\partial^4 w}{\partial x^2 \partial y^2}+\frac{\partial^4 w}{\partial y^4}\right)=-P_x\,\frac{\partial^2 w}{\partial x^2}-P_y\,\frac{\partial^2 w}{\partial y^2}$$

板件的挠曲面仍可采用式（7.17），代入上式并利用第 7.2.1 节简支边界条件可得屈曲条件：

$$D\left[\left(\frac{m\pi}{a}\right)^2+\left(\frac{n\pi}{b}\right)^2\right]^2-P_x\left(\frac{m\pi}{a}\right)^2-P_y\left(\frac{n\pi}{b}\right)^2=0 \tag{7.30}$$

如果 $a=b$，可知屈曲半波数 $m=n=1$ 时板件的临界荷载有最小值，由上式可得：

$$\frac{4D\pi^2}{b^2}=P_x+P_y$$

又因 $a=b$ 时单向均匀受压屈曲荷载 $P_{x,cr}=P_{y,cr}=4D\pi^2/b^2$，代入上式可得屈曲荷载的相关关系：

$$\frac{P_x}{P_{x,cr}}+\frac{P_y}{P_{y,cr}}=1 \tag{7.31}$$

将上式左侧各项的分子分母同除以板厚 t，可得屈曲应力相关关系（图 7.11b）：

$$\frac{\sigma_x}{\sigma_{x,cr}}+\frac{\sigma_y}{\sigma_{y,cr}}=1 \tag{7.32}$$

式中：$\sigma_x=P_x/t$，$\sigma_y=P_y/t$。

如果 $a\neq b$，从式（7.18）、式（7.21）知道，P_x、P_y 单独作用下的屈曲荷载 $P_{x,cr}$、$P_{y,cr}$ 并不相同。这里假设 $a>b$，则可取 y 向屈曲半波数 $n=1$，将式（7.30）两侧同除以 $P_{y,cr}$ 后整理可得：

$$P_x=\left(\frac{mb}{a}+\frac{a}{mb}\right)^2\frac{\pi^2 D}{b^2}-\left(\frac{a}{mb}\right)^2\frac{P_y}{P_{y,cr}}\left(\frac{b}{a}+\frac{a}{b}\right)^2\frac{\pi^2 D}{a^2}$$

要使得 P_x 有最小值，m 同样应取 1，可得到 $a>b$ 时的屈曲荷载相关关系：

$$\left(2\,\frac{P_x}{P_{x,cr}}-1\right)^2+\left[\left(\frac{b}{a}\right)^2+1\right]^2\frac{P_y}{P_{y,cr}}=1 \tag{7.33}$$

对于狭长板，$b\ll a$，可取 $b/a\approx 0$，上式变为：

$$\left(2\,\frac{P_x}{P_{x,cr}}-1\right)^2+\frac{P_y}{P_{y,cr}}=1 \tag{7.34}$$

从上式可以发现一个特殊现象，当 $P_y = P_{y,cr}$ 时，$P_x = 0.5 P_{x,cr}$。按传统思维来看，当板件仅作用有 P_y 且达到 $P_{y,cr}$ 时，板件已发生屈曲，此时 x 向似乎不应该再具有承载能力，而上式表明此时 x 向仍可以承担 $0.5 P_{x,cr}$。将 $m = n = 1$ 及相关参数代入上式后可得狭长板的屈曲应力相关关系：

$$\frac{4}{(b/a + a/b)^2} \cdot \frac{\sigma_x}{\sigma_{x,cr}} + \frac{\sigma_y}{\sigma_{y,cr}} = 1 \tag{7.35}$$

当 $a = b$ 时，上式退化为式（7.32），为图 7.11（b）中的直线；当 $a > b$ 时相关关系变为外凸的曲线，板件越狭长（a/b 越大），曲线外凸程度越显著。

7.2.4 Galerkin 法分析均匀受压板的弹性屈曲

除了静力法外，各类均匀受压小挠度板的弹性屈曲也可以用 Galerkin 法来进行近似分析。板的平衡偏微分方程可写为：

$$L(w) = 0 \tag{7.36}$$

同时满足几何边界和力学边界条件的板的挠曲面函数可假设为：

$$w = \sum_{i=1}^{n} A_i \varphi_i (x, y) \tag{7.37}$$

式中：A_i 为 n 个独立参数（广义坐标）；φ_i 为假定的 n 个可能位移函数，都是 x、y 的连续函数。

板的 Galerkin 方程组可写为：

$$\left. \begin{array}{l} \int_0^a \int_0^b L(w) \varphi_1 (x, y) \mathrm{d}x \mathrm{d}y = 0 \\[2mm] \int_0^a \int_0^b L(w) \varphi_2 (x, y) \mathrm{d}x \mathrm{d}y = 0 \\[2mm] \cdots \\[2mm] \int_0^a \int_0^b L(w) \varphi_n (x, y) \mathrm{d}x \mathrm{d}y = 0 \end{array} \right\} \tag{7.38}$$

上式积分后可得到关于 A_1、A_2、$\cdots$、A_n 的线性方程组，由系数行列式等于零得到特征方程，从而解得屈曲荷载。

【例题 7.3】 试用 Galerkin 法对加载边简支、非加载边固接的单向均匀受压矩形板进行屈曲分析。

【解】 单向均匀受压矩形板的外荷载只有 P_x，平衡偏微分方程也为式（7.16），则有：

$$L(w) = D \left(\frac{\partial^4 w}{\partial x^4} + 2 \frac{\partial^4 w}{\partial x^2 \partial y^2} + \frac{\partial^4 w}{\partial y^4} \right) + P_x \frac{\partial^2 w}{\partial x^2} \tag{1}$$

板的挠曲面方程可设为：

$$w = A \varphi(x, y) = A \sin \frac{m \pi x}{a} \sin^2 \frac{\pi y}{b} \tag{2}$$

上式满足几何边界条件条件：$x = 0$、$x = a$ 时 $w = 0$；$y = 0$、$y = b$ 时 $w = 0$、$\partial w / \partial y = 0$；同时也满足力学边界条件：$x = 0$、$x = a$ 时 $\partial^2 w / \partial x^2 = 0$，$\partial^2 w / \partial y^2 = 0$。

因只有一个广义坐标 A，根据式（7.38）可写出 Galerkin 方程：

$$\int_0^a \int_0^b \left[D\left(\frac{\partial^4 w}{\partial x^4} + 2\frac{\partial^4 w}{\partial x^2 \partial y^2} + \frac{\partial^4 w}{\partial y^4}\right) + P_x \frac{\partial^2 w}{\partial x^2}\right] \sin\frac{m\pi x}{a}\sin^2\frac{\pi y}{b}\, \mathrm{d}x\, \mathrm{d}y = 0 \qquad (3)$$

将式（2）代入上式后积分可得：

$$P_x = \left(\frac{m^2 b^2}{a^2} + \frac{16a^2}{3m^2 b^2} + \frac{8}{3}\right)\frac{\pi^2 D}{b^2} \qquad (4)$$

P_x 具有最小值的条件是 $\mathrm{d}P_x/\mathrm{d}(m^2) = 0$，可得：

$$m^2 = \frac{4a^2}{\sqrt{3}\, b^2}$$

将上式代回到式（4）中可得 P_x 的最小值，即屈曲荷载为：

$$P_{x,cr} = 7.28\frac{\pi^2 D}{b^2} \qquad (5)$$

屈曲系数 $k = 7.28$，与表 7.2 中的 6.97 相差 4.4%，这与所假设的挠曲面函数 w 的精度有关。

7.3　基于能量法的小挠度板弹性稳定分析

如果板的受力状态稍微复杂一些，比如非均匀受压板、受剪板、压力和剪力共同作用下的板等，稳定计算相对复杂，通常需要采用能量法或 Ritz 法等来进行稳定分析。

7.3.1　板的总势能公式

板的总势能 Π 由应变能 U 和外力势能 V 组成。首先分析应变能 U，从第 7.2.1 节知道，任意边界下中面受力薄板的 σ_z、τ_{zx}、τ_{zy} 远小于 σ_x、σ_y 和 τ_{xy}，可忽略，利用式（3.5）可得板的应变能：

$$U = \frac{1}{2}\int_0^a \int_0^b \int_{-t/2}^{t/2} (\sigma_x \varepsilon_x + \sigma_y \varepsilon_y + \tau_{xy}\gamma_{xy})\, \mathrm{d}x\, \mathrm{d}y\, \mathrm{d}z$$

将式（7.2）中的相关参数代入上式可得：

$$U = \frac{1}{2E}\int_0^a \int_0^b \int_{-t/2}^{t/2}\left[\sigma_x^2 + \sigma_y^2 - 2\nu\sigma_x\sigma_y + 2(1+\nu)\tau_{xy}^2\right]\mathrm{d}x\, \mathrm{d}y\, \mathrm{d}z$$

再将式（7.5）代入上式并沿板厚 t 进行积分，可得到用挠度 w 表达的应变能：

$$U = \frac{D}{2}\int_0^a \int_0^b \left\{\left(\frac{\partial^2 w}{\partial x^2} + \frac{\partial^2 w}{\partial y^2}\right)^2 - 2(1-\nu)\left[\frac{\partial^2 w}{\partial x^2}\frac{\partial^2 w}{\partial y^2} - \left(\frac{\partial^2 w}{\partial x \partial y}\right)^2\right]\right\}\mathrm{d}x\, \mathrm{d}y \qquad (7.39)$$

对图 7.4（a）所示同时作用有法向力 P_x、P_y 和切向力 P_{xy}、P_{yx} 的板，参照式（3.12）可写出这四个外力所做功的表达式：

$$W_1 = \int_0^b P_x \int_0^a \frac{1}{2}\left(\frac{\partial w}{\partial x}\right)^2 \mathrm{d}x\, \mathrm{d}y, \qquad W_2 = \int_0^a P_y \int_0^b \frac{1}{2}\left(\frac{\partial w}{\partial y}\right)^2 \mathrm{d}x\, \mathrm{d}y$$

$$W_3 = \int_0^b P_{xy}\int_0^a \frac{1}{2}\frac{\partial w}{\partial x}\frac{\partial w}{\partial y}\mathrm{d}x\, \mathrm{d}y, \qquad W_4 = \int_0^a P_{yx}\int_0^b \frac{1}{2}\frac{\partial w}{\partial x}\frac{\partial w}{\partial y}\mathrm{d}x\, \mathrm{d}y$$

由于功始终为正值，与力的正负号无关，当 P_x、P_y 为压力时，上述表达式不变。又因 $P_{xy} = P_{yx}$，则有 $W_3 = W_4$。外力势能 V 等于外力所做功的负值，总外力势能为：

$$V = -(W_1 + W_2 + 2W_3) = -\frac{1}{2}\int_0^a\int_0^b\left[P_x\left(\frac{\partial w}{\partial x}\right)^2 + P_y\left(\frac{\partial w}{\partial y}\right)^2 + 2P_{xy}\frac{\partial w}{\partial x}\frac{\partial w}{\partial y}\right]\mathrm{d}x\,\mathrm{d}y$$

$$(7.40)$$

式（7.39）和式（7.40）相加即为总势能 Π。以仅作用 P_x 的板为例，$P_y = P_{xy} = P_{yx} = 0$，总势能为：

$$\Pi = \frac{D}{2}\int_0^a\int_0^b\left\{\left(\frac{\partial^2 w}{\partial x^2} + \frac{\partial^2 w}{\partial y^2}\right)^2 - 2(1-\nu)\left[\frac{\partial^2 w}{\partial x^2}\frac{\partial^2 w}{\partial y^2} - \left(\frac{\partial^2 w}{\partial x\partial y}\right)^2\right]\right\}\mathrm{d}x\,\mathrm{d}y - \frac{1}{2}\int_0^a\int_0^b P_x\left(\frac{\partial w}{\partial x}\right)^2\mathrm{d}x\,\mathrm{d}y$$

$$(7.41)$$

7.3.2 Ritz 法分析板的弹性屈曲

从第 3.4.1 节知道，只要给定了满足几何边界条件的变形函数，就可以通过 Ritz 法来求解屈曲荷载。假定板的变形函数 w 为式（7.37），将 w 代入到总势能公式后，利用以下驻值方程：

$$\frac{\partial \Pi}{\partial A_{11}} = 0, \qquad \frac{\partial \Pi}{\partial A_{12}} = 0, \qquad \ldots, \qquad \frac{\partial \Pi}{\partial A_{mn}} = 0$$

可得到线性方程组，再由系数行列式等于零可解得屈曲荷载。

【例题 7.4】 试用 Ritz 法求解图 7.10（a）所示加载边简支、非加载边一边简支一边自由板的临界荷载，假定板的挠曲面函数为 $w = Ay\sin(m\pi x/a)$。

【解】 挠曲面函数 w 满足几何边界条件：$x = 0$、$x = a$ 时 $w = 0$；$y = 0$ 时 $w = 0$，可以采用 Ritz 法进行稳定分析。当板仅作用有 P_x 时，总势能为式（7.41），将 w 代入后并进行积分可得：

$$\Pi = \left\{\frac{D}{2}\left(\frac{m\pi}{a}\right)^2\left[\left(\frac{m\pi}{a}\right)^2\frac{b^2}{6} + (1-\nu)\right]ab - \frac{P_x}{12}\left(\frac{m\pi}{a}\right)^2 ab^3\right\}A^2 \qquad (1)$$

根据驻值原理，由 $\partial\Pi/\partial A = 0$ 可得：

$$\left\{D\left(\frac{m\pi}{a}\right)^2\left[\left(\frac{m\pi}{a}\right)^2\frac{b^2}{6} + (1-\nu)\right]ab - \frac{P_x}{6}\left(\frac{m\pi}{a}\right)^2 ab^3\right\}A = 0 \qquad (2)$$

因独立参数 $A \neq 0$，只能大括号内的项目为零，可解得 P_x：

$$P_x = \left[6(1-\nu) + \left(\frac{m\pi}{a}\right)^2 b^2\right]\frac{D}{b^2}$$

当 $m = 1$ 时，P_x 值最小，屈曲荷载为：

$$P_{x,\mathrm{cr}} = \left[\frac{6(1-\nu)}{\pi^2} + \left(\frac{b}{a}\right)^2\right]\frac{\pi^2 D}{b^2} \qquad (3)$$

中括号内的项目即为屈曲系数 k，将泊松比 $\nu = 0.3$ 代入可得：

$$k = \left[\frac{6(1-\nu)}{\pi^2} + \left(\frac{b}{a}\right)^2\right] = 0.426 + \left(\frac{b}{a}\right)^2 \qquad (4)$$

上式与式（7.26）相比，误差非常小，说明所假设的挠曲面函数 w 精度较高。

7.3.3 单向非均匀受压板的弹性屈曲

构件中的板件可能单向非均匀受压，比如受弯构件及压弯构件中的腹板等，本小节针对加载边简支、非加载边为任意边界条件时的单向非均匀受压板进行弹性屈曲分析。

（1）四边简支板

图 7.12（a）所示四边简支板，加载边同时作用有轴压力 P 和弯矩 M，则板件横截面的正应力 σ_x 由 P 产生的均匀压应力 σ、M 产生的弯曲应力 σ_b 叠加而成，σ_x 呈线性分布，见图 7.12（b），属于非均匀受压板。σ_x 以压为正，则任意 y 坐标处的 σ_x 可用下式表达：

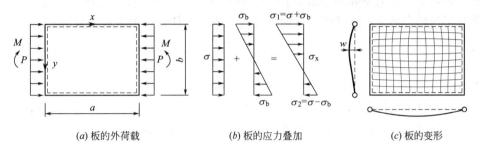

| （a）板的外荷载 | （b）板的应力叠加 | （c）板的变形 |

图 7.12　非均匀受压四边简支板

$$\sigma_x = \sigma_1\left(1 - \frac{\alpha_0}{b}y\right) \tag{7.42}$$

$$\alpha_0 = \frac{\sigma_1 - \sigma_2}{\sigma_1} \tag{7.43}$$

式中：σ_1 为上边缘的压应力，为正值；σ_2 为下边缘的应力，拉应力时为负值，压应力时为正值；α_0 为应力梯度，板件仅承担 P 时 $\sigma_1 = \sigma_2$，$\alpha_0 = 0$，仅承担 M 时 $\sigma_2 = -\sigma_1$，$\alpha_0 = 2$，因此 $0 \leqslant \alpha_0 \leqslant 2$。

在 P 和 M 共同作用下，板件中面单位宽度内的压力 P_x 为：

$$P_x = t\sigma_x = t\sigma_1\left(1 - \alpha_0\frac{y}{b}\right) = P_1\left(1 - \alpha_0\frac{y}{b}\right)$$

式中：P_1 为板中面最大受压边缘处单位宽度内的压力，$P_1 = t\sigma_1$；当 $M = 0$ 时，$P_x = P$。

无论 P_x 是否均匀分布，板的总势能都是式（7.41）。非均匀受压四边简支板的挠曲面函数仍可采用式（7.17），为了便于得到近似解，Timshenko[3] 在计算屈曲荷载时取 $m = 1$、$n = 3$，则式（7.17）变为：

$$w = A_{11}\sin\frac{\pi x}{a}\sin\frac{\pi y}{b} + A_{12}\sin\frac{\pi x}{a}\sin\frac{2\pi y}{b} + A_{13}\sin\frac{\pi x}{a}\sin\frac{3\pi y}{b} \tag{7.44}$$

将 P_x 和 w 代入式（7.41），再由势能驻值 $\partial\Pi/\partial A_{11} = 0$、$\partial\Pi/\partial A_{12} = 0$、$\partial\Pi/\partial A_{13} = 0$ 可得：

$$\left[D\pi^4\left(\frac{1}{a^2} + \frac{1}{b^2}\right)^2 - P_1\frac{(2-\alpha_0)\pi^2}{2a^2}\right]A_{11} + P_1\frac{16\alpha_0}{9a^2}A_{12} = 0 \tag{7.45a}$$

$$P_1\frac{16\alpha_0}{9a^2}A_{11} + \left[D\pi^4\left(\frac{1}{a^2} + \frac{1}{b^2}\right)^2 - P_1\frac{(2-\alpha_0)\pi^2}{2a^2}\right]A_{12} + P_1\frac{48\alpha_0}{25a^2}A_{13} = 0 \tag{7.45b}$$

$$P_1\frac{48\alpha_0}{25a^2}A_{12} + \left[D\pi^4\left(\frac{1}{a^2} + \frac{9}{b^2}\right)^2 - P_1\frac{(2-\alpha_0)\pi^2}{2a^2}\right]A_{13} = 0 \tag{7.45c}$$

由 A_{11}、A_{12}、A_{13} 的系数行列式等于零可得到特征方程，进而得到 P_1 的最小值，也就是屈曲荷载，与应力梯度 α_0 有关。参照均匀受压时的式（7.18a）、式（7.19）的形式，

非均匀受压板的屈曲荷载、屈曲应力可分别写为:

$$P_{1,cr} = k\frac{\pi^2 D}{b^2} \tag{7.46}$$

$$\sigma_{1,cr} = \frac{P_{1,cr}}{t} = k\frac{\pi^2 D}{b^2 t} = \frac{k\pi^2 E}{12(1-\nu^2)}\left(\frac{t}{b}\right)^2 \tag{7.47}$$

由于非均匀压应力下屈曲系数 k 的表达式非常复杂,不方便直接使用,需要简化,经过数值分析与拟合后,k 值可用以下两个经验公式中的任意一个来近似计算:

$$k = \frac{6}{2-\alpha_0 + \sqrt{(2-\alpha_0)^2 + 0.112\alpha_0^2}} \tag{7.48a}$$

$$k = 4 + 2\alpha_0 + 2\alpha_0^3 \tag{7.48b}$$

当 $\alpha_0 = 0$ 时为均匀受压板,由以上两式所得 k 均为 4.0。下面讨论四边简支板纯弯($\alpha_0 = 2$)时的情况,由式(7.45)可得到屈曲应力 $\sigma_{b,cr}$ 及屈曲系数 k:

$$\sigma_{b,cr} = \frac{k\pi^2 E}{12(1-\nu^2)}\left(\frac{t}{b}\right)^2 \tag{7.49}$$

$$k = \frac{\pi^2[1+(a/b)^2][1+4(a/b)^2][1+9(a/b)^2]}{32(a/b)^2\sqrt{9[1+(a/b)^2]^2/625 + [1+9(a/b)^2]^2/81}} \tag{7.50}$$

纯弯四边简支板的 k 与 a/b 关系见图 7.13,当 $a/b = 2/3$(屈曲半波长度为 $2b/3$)时,$k_{min} = 23.9$,随着 a/b 的增大,曲线越来越平缓,k 非常接近最小值,因此狭长板件纯弯时可取 $k = 23.9$。

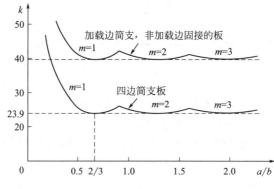

图 7.13 纯弯板的屈曲系数

因单向非均匀受压可视为均匀受压和受弯的叠加,应力见图 7.14(a),可以得到二者间的相关关系[6],见图 7.14(b),其表达式为:

$$\frac{\sigma}{\sigma_{cr}} + \left(\frac{\sigma_b}{\sigma_{b,cr}}\right)^2 = 1 \tag{7.51a}$$

$$\sigma_{cr} = \frac{4\pi^2 D}{b^2 t}, \qquad \sigma_{b,cr} = \frac{23.9\pi^2 D}{b^2 t} \tag{7.51b}$$

式中:σ_{cr}、$\sigma_{b,cr}$ 分别为均匀受压、受弯时的屈曲应力。

(2)加载边简支、非加载边固接的板

利用能量法同样可得到单向非均匀受压时 k 的表达式:

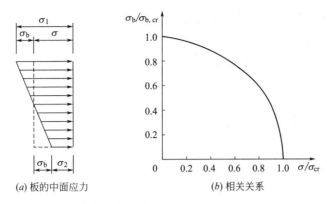

(a) 板的中面应力　　　　　　　(b) 相关关系

图 7.14　单向非均匀受压板的相关关系

$$k = \frac{27.86}{\sqrt{(2-\alpha_0)^2 + 0.124\alpha_0^2} + 2 - \alpha_0} \tag{7.52}$$

当 $\alpha_0 = 2$ 时，$k_{\min} = 39.6$，见图 7.13。上式也可以采用以下近似表达式：

$$k = 6.97 + 3.34\alpha_0 + 3.24\alpha_0^3 \tag{7.53}$$

（3）加载边简支、非加载边一边固接一边简支的板

利用能量法可得到单向非均匀受压时 k 的表达式：

$$k = \frac{21.6}{\sqrt{(2-\alpha_0)^2 + 0.204\alpha_0^2} + (2-\alpha_0)(1+0.2\alpha_0)} \tag{7.54}$$

当 $\alpha_0 = 2$ 时，$k_{\min} = 23.9$。上式还可以采用以下近似表达式：

$$k = 5.4 + 2.36\alpha_0 + 1.68\alpha_0^3 \tag{7.55}$$

7.3.4　均匀受剪板的弹性屈曲

板件受剪时也可能发生屈曲，图 7.15（a）所示均匀受剪四边简支板，$a \gg b$，因主应力方向是倾斜的，节线与板边不垂直，假设节线方程为 $x = \eta y$，η 为节线斜率，节线间距为 l，则挠曲面可用下式表达[6]：

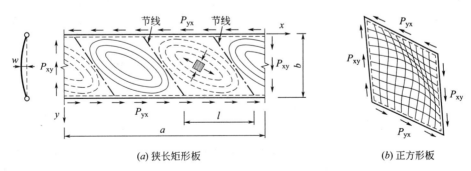

(a) 狭长矩形板　　　　　　　　(b) 正方形板

图 7.15　均匀受剪四边简支板

$$w = A \sin \frac{\pi(x - \eta y)}{l} \sin \frac{\pi y}{b} \tag{7.56}$$

上式满足几何边界条件：$y=0$、$y=b$ 时 $w=0$，也满足节线上各点 $w=0$。因 $P_x=P_y=0$，将式（7.39）和式（7.40）相加可得总势能：

$$\Pi = \frac{D}{2}\int_0^a\int_0^b\left\{\left(\frac{\partial^2 w}{\partial x^2}+\frac{\partial^2 w}{\partial y^2}\right)^2 - 2(1-\nu)\left[\frac{\partial^2 w}{\partial x^2}\frac{\partial^2 w}{\partial y^2}-\left(\frac{\partial^2 w}{\partial x\partial y}\right)^2\right]\right\}\mathrm{d}x\mathrm{d}y$$
$$-\int_0^a\int_0^b P_{xy}\frac{\partial w}{\partial x}\frac{\partial w}{\partial y}\mathrm{d}x\mathrm{d}y$$

将式（7.56）代入上式积分得：

$$\Pi = \left\{\frac{\pi^4 D}{8lb}\left[\left(\frac{l}{b}\right)^2+6\eta^2+2+\left(\frac{b}{l}\right)^2(1+\eta^2)^2\right]-P_{xy}\frac{\pi^2\eta b}{4l}\right\}A^2$$

根据驻值原理，由 $\partial\Pi/\partial A=0$ 可得屈曲条件：

$$\frac{\pi^2 D}{2b}\left[\left(\frac{l}{b}\right)^2+6\eta^2+2+\left(\frac{b}{l}\right)^2(1+\eta^2)^2\right]-P_{xy}\eta b=0$$

再将 $P_{xy}=\tau t$ 代入上式可得板的剪应力 τ：

$$\tau = \frac{1}{2\eta}\left[\left(\frac{l}{b}\right)^2+6\eta^2+2+\left(\frac{b}{l}\right)^2(1+\eta^2)^2\right]\frac{\pi^2 D}{b^2 t} \tag{7.57}$$

上式中有两个待定参数 η、l，要使得 τ 具有最小值，可令 $\partial\tau/\partial\eta=0$、$\partial\tau/\partial l=0$，得：

$$\eta=1/\sqrt{2},\qquad l=1.22b$$

再代回式（7.57）得剪切屈曲应力：

$$\tau_{cr}=4\sqrt{2}\frac{\pi^2 D}{b^2 t}=5.66\frac{\pi^2 D}{b^2 t}$$

上式与式（7.19）形式相同，仅系数不同，故均匀受剪时的屈曲应力可以写成：

$$\tau_{cr}=k_s\frac{\pi^2 D}{b^2 t}=\frac{k_s\pi^2 E}{12(1-\nu^2)}\left(\frac{t}{b}\right)^2 \tag{7.58}$$

式中：k_s 为板件的剪切屈曲系数，对于 $a\gg b$ 的板，k_s 的精确解为 5.34，能量法得到的 $k_s=5.66$，与之相差 6%，主要是由所设变形函数的精度引起。

经过更精确理论分析[7]，均匀受剪四边简支板的 k_s（图 7.16）为：

当 $a\geqslant b$ 时：$\qquad\qquad\qquad\qquad k_s=5.34+4(b/a)^2 \tag{7.59a}$

当 $a<b$ 时：$\qquad\qquad\qquad\qquad k_s=4+5.34(b/a)^2 \tag{7.59b}$

均匀受剪四边固接板的 k_s（图 7.16）为：

当 $a\geqslant b$ 时：$\quad k_s=8.98+5.6(b/a)^2 \tag{7.60a}$

当 $a<b$ 时：$\quad k_s=5.6+8.98(b/a)^2 \tag{7.60b}$

由图 7.16 可以看出，对四边简支板，随着 a/b 的增加，k_s 趋向于 5.34，随着 a/b 的减小，k_s 一直增大，这意味着 τ_{cr} 也一直增大，如果板件为弹塑性材料，当 k_s 增大到一定程度时，在板件发生剪切屈服前不会发生屈曲，变为强度问题。对于四边固接板，也存在同样的规律。

钢构件中的剪力主要由腹板承担，为提高 τ_{cr}，

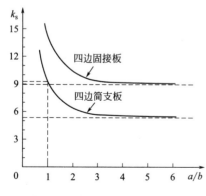

图 7.16 均匀受剪板的屈曲系数

可以增大 k_s 或者增加板厚 t，显然后者不经济，因此比较实用的方法是通过设置腹板横向加劲肋（图 7.7）来减小 a/b，使得 k_s 增大，设置加劲肋后的板长 a 即为加劲肋间距，对四边简支板，当 $a=b$ 时，$k_s=9.34$。为方便使用，矩形板在简单应力和常见边界条件下的弹性屈曲系数汇总于表 7.3。

简单应力和常见边界条件下板的弹性屈曲系数 k 表 7.3

荷载形式	边界条件	弹性屈曲系数
单向均匀受压	加载边简支、非加载边一边简支一边自由	式 (7.26)，$k_{min}=0.425$
	四边简支	式 (7.18b)，$k_{min}=4.0$
纯弯	四边简支	式 (7.50)，$k_{min}=23.9$
	加载边简支、非加载边固接	式 (7.52) 或 (7.53)，$k_{min}=39.6$
纯剪	四边简支	式 (7.59)，$a \gg b$ 时 $k_{min}=5.34$
单向非均匀受压	四边简支	式 (7.48a) 或 (7.48b)

注：a、b 分别为板件的长与宽。

【例题 7.5】 对均匀受剪四边简支板，如果要使板的 τ_{cr} 正好等于剪切屈服强度 τ_y，试分别计算 $a \gg b$、$a=0.5b$ 两种情况下板件的宽厚比 b/t。假设材料为理想弹塑性，$E=206000\text{N/mm}^2$，$\nu=0.3$。

【解】 $\tau_y = f_y/\sqrt{3}$，要使得 $\tau_{cr}=\tau_y$，则有：

$$\frac{k_s \pi^2 E}{12(1-\nu^2)}\left(\frac{t}{b}\right)^2 = \frac{f_y}{\sqrt{3}} \tag{1}$$

可得：

$$\frac{b}{t} = 37\sqrt{\frac{235}{f_y}k_s} = 37\varepsilon_k \sqrt{k_s} \tag{2}$$

当 $a \gg b$ 时 $b/a \approx 0$，由式（7.59a）可得 $k_s=5.34$，代入上式得 $b/t=85.5\varepsilon_k$。当 $a=0.5b$ 时，由式（7.59b）可得 $k_s=25.36$，代入上式得 $b/t=186.3\varepsilon_k$。

7.3.5 复合应力下四边简支板的弹性屈曲

构件中的板件可能同时存在两种或两种以上的应力，比如受弯构件的腹板同时有弯曲应力和剪应力，压弯构件的腹板同时有非均匀压应力和剪应力，而吊车梁的腹板则同时有弯曲应力、剪应力和横向压应力，上述板件需要进行复合应力下的屈曲分析。

（1）单向均匀压应力和剪应力作用下的简支板

图 7.17（a）所示同时作用有纵向均匀压应力 σ 和剪应力 τ 的四边简支板，则有 $P_x=\sigma t$，$P_{xy}=P_{yx}=\tau t$，挠曲面仍可采用式（7.56），板的总势能为：

$$\Pi = \left\{\frac{\pi^4 D}{8lb}\left[\left(\frac{l}{b}\right)^2 + 6\eta^2 + 2 + \left(\frac{b}{l}\right)^2(1+\eta^2)^2\right] - \sigma t \frac{\pi^2 b}{8l} - \tau t \frac{\pi^2 \eta b}{4l}\right\}A^2$$

由势能驻值可得：

$$\sigma + 2\eta\tau = \left[\left(\frac{l}{b}\right)^2 + 6\eta^2 + 2 + \left(\frac{b}{l}\right)^2(1+\eta^2)^2\right]\frac{\pi^2 D}{b^2 t}$$

当等号右侧中括号内的数值最小，也即 $(l/b)^2 = 1+\eta^2$ 时，应力最小，则有：

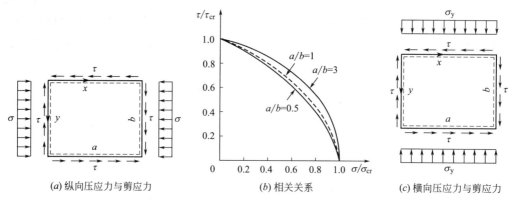

图 7.17　单向均匀压应力和剪应力共同作用下的板

$$\sigma+2\eta\tau=4(1+2\eta^2)\frac{\pi^2 D}{b^2 t} \tag{7.61}$$

从前面已经知道，单向均匀压力、剪力单独作用下板的屈曲应力分别为：

$$\sigma_{cr}=4\frac{\pi^2 D}{b^2 t},\qquad \tau_{cr}=4\sqrt{2}\frac{\pi^2 D}{b^2 t}$$

式（7.61）又可写为：

$$\frac{\sigma}{\sigma_{cr}}+2\sqrt{2}\,\eta\,\frac{\tau}{\tau_{cr}}=1+2\eta^2$$

σ/σ_{cr} 有最小值的条件是 $\eta=\tau/(\sqrt{2}\tau_{cr})$，代回上式可得相关关系，见图 7.17（$b$），即

$$\frac{\sigma}{\sigma_{cr}}+\left(\frac{\tau}{\tau_{cr}}\right)^2=1.0 \tag{7.62}$$

同样道理，当板件同时作用有横向均匀压应力 σ_y 和剪应力 τ 时，见图 7.17（c），相关关系为：

$$\frac{\sigma_y}{\sigma_{y,cr}}+\left(\frac{\tau}{\tau_{cr}}\right)^2=1.0 \tag{7.63}$$

（2）弯曲应力和剪应力作用下的简支板

图 7.18（a）所示四边简支板，同时作用有弯曲应力 σ_b 和剪应力 τ，早在 1936 年 Way 就通过采用双重级数给出了这类板的相关关系：

$$\left(\frac{\sigma_b}{\sigma_{b,cr}}\right)^2+\left(\frac{\tau}{\tau_{cr}}\right)^2=1.0 \tag{7.64}$$

式中：σ_b 为板边缘的弯曲压应力，见图 7.18（a）。

上式为 1/4 圆弧曲线，也即图 7.18（b）中的实线。后来的一些研究[2-3] 表明：当板件的长宽比 a/b 介于 0.8～1.0 时上式的精度较高，当 $a/b>1$ 时曲线在圆弧外侧，上式略偏安全，工程中的绝大多数板属于这一类；当 $a/b<0.8$ 时曲线在圆弧内侧，如果仍采用上式会偏于不安全，通过对有限元分析结果的拟合发现[6]，$\sigma_b/\sigma_{b,cr}$ 的指数可由 2 变为 β，β 的表达式为：

$$\beta=\frac{2}{3}\left[2+\frac{(a/b)^{10}}{6+(a/b)^{10}}\right] \tag{7.65}$$

（3）弯曲应力、横向压应力和剪应力作用下的简支板

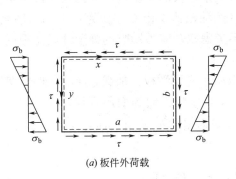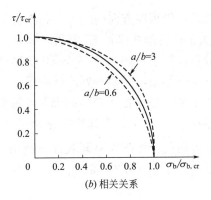

(*a*) 板件外荷载　　　　　　　　　　(*b*) 相关关系

图 7.18　弯曲应力和剪应力共同作用下的板

图 7.19 所示四边简支板，同时作用有弯曲应力 σ_b、剪应力 τ 和横向均匀压应力 σ_y，当 $a/b \geqslant 0.8$ 时，借鉴式（7.63）、式（7.64）可得到如下相关关系：

$$\left(\frac{\sigma_b}{\sigma_{b,cr}}\right)^2 + \frac{\sigma_y}{\sigma_{y,cr}} + \left(\frac{\tau}{\tau_{cr}}\right)^2 = 1.0 \tag{7.66}$$

当 $a/b < 0.8$ 时，上式中 $\sigma_b/\sigma_{b,cr}$ 的指数应由 2 变为 β，β 见式（7.65）。

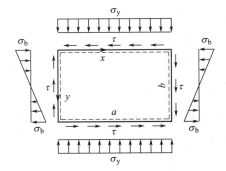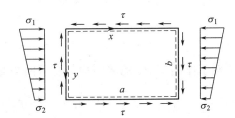

图 7.19　σ_b、σ_y 及 τ 共同作用　　　　图 7.20　非均匀压应力和剪应力共同作用

（4）非均匀压应力和剪应力作用下的简支板

图 7.20 所示四边简支板，同时作用有非均匀压应力 σ 以及剪应力 τ，Chwala 给出的相关关系为：

$$\left(\frac{\tau}{\tau_{cr}}\right)^2 + \left[1 - \left(\frac{\alpha_0}{2}\right)\right]\frac{\sigma_1}{\sigma_{1,cr}} + \left(\frac{\alpha_0}{2}\right)\left(\frac{\sigma_1}{\sigma_{1,cr}}\right)^2 = 1.0 \tag{7.67}$$

式中：σ_1 为板边缘的最大压应力，见图 7.20；α_0 为应力梯度；$\sigma_{1,cr}$ 非均匀受压时的屈曲应力，见式（7.47）；τ_{cr} 为纯剪时的屈曲应力，见式（7.58）。

后来，Bijlaard[8] 给出了精度更高的相关关系：

$$\left(\frac{\tau}{\tau_{cr}}\right)^2 + \left[1 - \left(\frac{\alpha_0}{2}\right)^5\right]\frac{\sigma_1}{\sigma_{1,cr}} + \left(\frac{\alpha_0}{2}\right)^5\left(\frac{\sigma_1}{\sigma_{1,cr}}\right)^2 = 1.0 \tag{7.68}$$

7.4　无缺陷小挠度板的弹塑性屈曲

小挠度板的屈曲应力通常大于比例极限，属于弹塑性屈曲范畴。板件因弯曲变形进入弹塑性后，沿板厚方向的应力分布不再是线性关系，板的平衡偏微分方程不仅与切线模量 E_t 有关，还与割线模量 E_s 有关，而且塑性区的泊松比 ν 由 0.3 变为 0.5，这使得弹塑性屈曲分析较复杂。1948 年 Stowell 曾提出过不考虑残余应力影响的弹塑性屈曲理论，因求解过程十分复杂，并未得到广泛应用。

Bleich[2] 建议把无缺陷的弹塑性板视为双向正交异性板，加载方向的变形与切线模量 E_t 有关，$E_t = \eta E$，η 为弹性模量折减系数，而非加载方向的变形只与弹性模量 E 有关，当两个方向的变形需要协调或存在剪切时，变形模量近似采用 $\sqrt{\eta} E$，这样一来，板的应力应变关系由式（7.2）变为：

$$\sigma_x = \frac{1}{1-\nu^2}(\eta E \varepsilon_x + \sqrt{\eta} E \nu \varepsilon_y) \tag{7.69a}$$

$$\sigma_y = \frac{1}{1-\nu^2}(\eta E \varepsilon_y + \sqrt{\eta} E \nu \varepsilon_x) \tag{7.69b}$$

$$\tau_{xy} = \tau_{yx} = \frac{\sqrt{\eta} E}{2(1+\nu)} \gamma_{xy} \tag{7.69c}$$

相应地，式（7.6）变为：

$$M_x = -D\left(\eta \frac{\partial^2 w}{\partial x^2} + \nu \sqrt{\eta} \frac{\partial^2 w}{\partial y^2}\right) \tag{7.70a}$$

$$M_y = -D\left(\eta \frac{\partial^2 w}{\partial y^2} + \nu \sqrt{\eta} \frac{\partial^2 w}{\partial x^2}\right) \tag{7.70b}$$

$$M_{xy} = M_{yx} = -D(1-\nu)\sqrt{\eta} \frac{\partial^2 w}{\partial x \partial y} \tag{7.70c}$$

对于作用有 P_x 的单向均匀受压四边简支板，平衡偏微分方程由式（7.16）变为：

$$D\left(\eta \frac{\partial^4 w}{\partial x^4} + 2\sqrt{\eta} \frac{\partial^4 w}{\partial x^2 \partial y^2} + \frac{\partial^4 w}{\partial y^4}\right) = -P_x \frac{\partial^2 w}{\partial x^2} \tag{7.71}$$

如果引入新的坐标 $\bar{x}$，并令 $\bar{x} = x/\sqrt[4]{\eta}$，上式可写为：

$$D\left(\frac{\partial^4 w}{\partial \bar{x}^4} + 2\frac{\partial^4 w}{\partial \bar{x}^2 \partial y^2} + \frac{\partial^4 w}{\partial y^4}\right) = -\frac{1}{\sqrt{\eta}} P_x \frac{\partial^2 w}{\partial \bar{x}^2}$$

与式（7.16）相比，右侧多了因子 $1/\sqrt{\eta}$，仍可采用第 7.2.2 节中的方法来求解，板的弹塑性屈曲荷载、屈曲应力分别为：

$$P_{x,cr} = \sqrt{\eta} k \frac{\pi^2 D}{b^2} \tag{7.72a}$$

$$\sigma_{x,cr} = \frac{\sqrt{\eta} k \pi^2 E}{12(1-\nu^2)}\left(\frac{t}{b}\right)^2 \tag{7.72b}$$

式中：k 为弹性屈曲系数，见表 7.3；η 为弹性模量折减系数，$\eta = E_t/E$，对于弹性屈曲的板，$\eta = 1.0$，上式也就退化成了式（7.19），故上式既可以用于弹塑性屈曲，也可以用于弹性屈曲。

上式与式（7.18a）、式（7.19）相比，仅多了一个系数 $\sqrt{\eta}$，计算非常方便，其正确性已被试验验证。式（7.72）中的 $\sqrt{\eta} k$ 也可以记作 k_p，称为弹塑性屈曲系数。因 $\sqrt{\eta} \leqslant 1$，$k_p \leqslant k$。

对于加载边简支、非加载边为任意边界条件的单向均匀受压板，同样可以得到弹塑性屈曲荷载，公式的形式同式（7.72），弹塑性屈曲系数的通用表达式为：

$$k_p = C_1 \sqrt{\eta} + C_2 \left(\frac{a}{mb} \right)^2 + \eta \left(\frac{mb}{a} \right)^2 \tag{7.73}$$

式中：C_1、C_2 为与边界条件有关的参数，见表 7.4。

加载边简支时单向均匀受压板的 C_1、C_2　　　　　　　　　表 7.4

非加载边的边界	两边固接	一边固接一边简支	两边简支	一边固接一边自由	一边简支一边自由
C_1	2.50	2.27	2.0	0.570	0.425
C_2	5.0	2.45	1.0	0.125	0
$C_1 + 2\sqrt{C_2}$	6.97	5.42	4.0	1.280	0.425

k_p 的最小值可由 $\partial k_p / \partial m = 0$ 得到：

$$k_p = \sqrt{\eta} (C_1 + 2\sqrt{C_2}) \tag{7.74}$$

比较表 7.2、表 7.4 可以发现，$C_1 + 2\sqrt{C_2}$ 等于弹性屈曲系数的最小值 k_{min}，故 $k_{p,min} = \sqrt{\eta} k_{min}$。对于非均匀受压板，弹塑性理论及试验结果表明，$k_p$ 略大于 $\sqrt{\eta} k$，因此近似采用式（7.72）来计算是偏于安全的，而且比较简便。

【例题 7.6】 试计算某单向均匀受压正方形四边简支板的屈曲应力，已知板件的宽厚比 $b/t = 58$，材料为 Q235 钢，比例极限 $f_p = 190\text{N/mm}^2$，$E = 206000\text{N/mm}^2$。

【解】 先按弹性屈曲计算，正方形四边简支板的弹性屈曲系数 $k = 4$，由式（7.19）可得：

$$\sigma_{x,cr} = \frac{k\pi^2 E}{12(1-\nu^2)} \left(\frac{t}{b} \right)^2 = \frac{4 \times 3.14^2 \times 206000}{12(1-0.3^2)} \left(\frac{1}{58} \right)^2 = 221.16\text{N/mm}^2 > f_p$$

板件已属于弹塑性屈曲范畴，需按照弹塑性屈曲理论计算。由式（1.2）可得弹性模量折减系数：

$$\eta = \frac{E_t}{E} = \frac{\sigma(f_y - \sigma)}{f_p(f_y - f_p)} = \frac{221.16 \times (235 - 221.16)}{190 \times (235 - 190)} = 0.358$$

再由式（7.72b）可得板的弹塑性屈曲应力为：

$$\sigma_{x,cr} = \frac{\sqrt{\eta} k\pi^2 E}{12(1-\nu^2)} \left(\frac{t}{b} \right)^2 = \sqrt{0.358} \times 221.16 = 132.22\text{N/mm}^2$$

屈曲应力也可以直接采用弹塑性屈曲系数 k_p 来计算，由式（7.74）和表 7.4 可得 $k_{p,min} = 4\sqrt{\eta}$，所得计算结果完全相同。

7.5　板的大挠度理论及屈曲后强度

前面的小挠度理论是基于板的挠度远小于板厚、板中面薄膜拉力可以忽略而建立的。当板的挠度较大且边界能够约束板边位移时，如图 7.21 所示单向受压四边简支板，板屈曲后中面会因纵边的约束而产生不可忽略的薄膜拉力，使屈曲后强度显著提高，最终的破坏荷载远大于屈曲荷载，板件的宽厚比越大，屈曲后强度越高，有较大的利用价值。

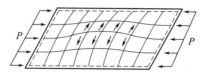

图 7.21　四边简支板的薄膜拉力

7.5.1　板的大挠度理论

尽管大挠度板的挠度与板厚属于同量级，但与板的平面尺寸相比仍属于较小量，弯曲引起的变形角非常小，建立平衡方程时仍可以假设变形角的正弦值等于变形角、余弦值等于 1.0，因此采用大挠度理论分析板的屈曲时除了需要考虑薄膜拉力外，其余假设均与第 7.2.1 节中小挠度理论相同。

（1）平衡微分方程

从第 7.2.1 节知道，板弯曲后任意微元体的中面力为 N_x、N_y、N_{xy}（N_x、N_y 以拉为正，见图 7.4），对于小挠度板，因薄膜拉力较小，中面力与外荷载可以直接建立联系，即 $N_x = P_x$、$N_y = P_y$、$N_{xy} = P_{xy}$；对于大挠度板，由于薄膜拉力的存在，中面力 N_x、N_y、N_{xy} 为变量，也是 x、y 的函数。

大挠度板的平衡微分方程也通过微元体建立，方法与第 7.2.1 节相同，z 方向的平衡方程为：

$$D\left(\frac{\partial^4 w}{\partial x^4} + 2\frac{\partial^4 w}{\partial x^2 \partial y^2} + \frac{\partial^4 w}{\partial y^4}\right) = N_x \frac{\partial^2 w}{\partial x^2} + 2N_{xy}\frac{\partial^2 w}{\partial x \partial y} + N_y \frac{\partial^2 w}{\partial y^2} \tag{7.75}$$

上式与式（7.15）在形式上完全相同，但含义不同，式（7.15）中只有 w 一个变量，而上式中的 w、N_x、N_y、N_{xy} 均为变量，属于变系数偏微分方程，如果求解上式还必须补充三个方程。

根据微元体中面力在 x、y 方向力的平衡，可分别得到以下两个平衡方程：

$$\frac{\partial N_x}{\partial x} + \frac{\partial N_{xy}}{\partial y} = 0 \text{ 或 } t\left(\frac{\partial \sigma_x}{\partial x} + \frac{\partial \tau_{xy}}{\partial y}\right) = 0 \tag{7.76}$$

$$\frac{\partial N_x}{\partial y} + \frac{\partial N_{xy}}{\partial x} = 0 \text{ 或 } t\left(\frac{\partial \sigma_y}{\partial y} + \frac{\partial \tau_{xy}}{\partial x}\right) = 0 \tag{7.77}$$

中面力的平衡方程只能建立以上两个，第三个方程需要通过变形协调条件来建立。

（2）变形协调方程

为便于理解，可将中面变形分成两步来分析。第一步是 xy 平面内的变形，见图 7.22（a），ABC 位移至 $A'B'C'$，假设 B 点沿 x、y 向的位移分别为 u、v，则 A 点沿 x、y 向的位移增量分别为：

$$\delta_{Ax} = \frac{\partial u}{\partial x}dx, \qquad \delta_{Ay} = \frac{\partial v}{\partial x}dx$$

C 点沿 x、y 向的位移增量分别为：

$$\delta_{Cx} = \frac{\partial u}{\partial y}dy, \qquad \delta_{Cy} = \frac{\partial v}{\partial y}dy$$

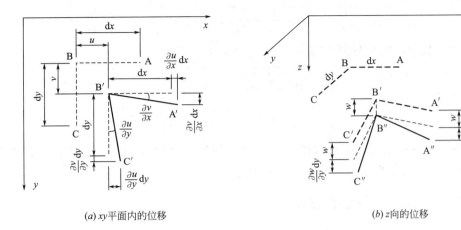

(a) xy 平面内的位移　　　　　　　　　(b) z 向的位移

图 7.22　大挠度板的中面变形

上述位移增量在 xy 平面内产生的 x、y 向正应变以及剪应变分别为：

$$\varepsilon_{x1}=\frac{\partial u}{\partial x}, \qquad \varepsilon_{y1}=\frac{\partial v}{\partial y}, \qquad \gamma_{xy1}=\frac{\partial v}{\partial x}+\frac{\partial u}{\partial y} \tag{7.78}$$

第二步是弯曲变形，$A'B'C'$ 沿 z 向位移至 $A''B''C''$，见图 7.22 (b)，假设 B' 点的 z 向位移为 w，则 A'、C' 点的 z 向位移增量分别为：

$$\delta_{Az}=\frac{\partial w}{\partial x}\mathrm{d}x, \qquad \delta_{Cz}=\frac{\partial w}{\partial y}\mathrm{d}y$$

根据几何关系，可得到上述弯曲挠度引起的 x、y 向正应变以及剪应变[9] 分别为：

$$\varepsilon_{x2}=\frac{1}{2}\left(\frac{\partial w}{\partial x}\right)^2, \qquad \varepsilon_{y2}=\frac{1}{2}\left(\frac{\partial w}{\partial y}\right)^2, \qquad \gamma_{xy2}=\frac{\partial w}{\partial x}\frac{\partial w}{\partial y} \tag{7.79}$$

由式（7.78）、式（7.79）可得中面的应变：

$$\varepsilon_{x}=\frac{\partial u}{\partial x}+\frac{1}{2}\left(\frac{\partial w}{\partial x}\right)^2, \qquad \varepsilon_{y}=\frac{\partial v}{\partial y}+\frac{1}{2}\left(\frac{\partial w}{\partial y}\right)^2, \qquad \gamma_{xy}=\frac{\partial v}{\partial x}+\frac{\partial u}{\partial y}+\frac{\partial w}{\partial x}\frac{\partial w}{\partial y} \tag{7.80}$$

消去中面位移 u、v，可得到用应变表达的变形协调方程：

$$\frac{\partial^2\varepsilon_{y}}{\partial x^2}-\frac{\partial^2\gamma_{xy}}{\partial x\partial y}+\frac{\partial^2\varepsilon_{x}}{\partial y^2}=\left(\frac{\partial^2 w}{\partial x\partial y}\right)^2-\frac{\partial^2 w}{\partial x^2}\frac{\partial^2 w}{\partial y^2} \tag{7.81}$$

因式（7.2）的应力应变关系也可用下式表达：

$$\varepsilon_{x}=\frac{1}{E}(\sigma_{x}-\nu\sigma_{y}), \qquad \varepsilon_{y}=\frac{1}{E}(\sigma_{y}-\nu\sigma_{x}), \qquad \gamma_{xy}=\frac{2(1+\nu)}{E}\sigma_{xy}$$

代入到式（7.81）后可得用应力表达的变形协调方程：

$$\frac{1}{E}\left(\frac{\partial^2\sigma_{y}}{\partial x^2}-2\frac{\partial^2\tau_{xy}}{\partial x\partial y}+\frac{\partial^2\sigma_{x}}{\partial y^2}\right)=\left(\frac{\partial^2 w}{\partial x\partial y}\right)^2-\frac{\partial^2 w}{\partial x^2}\frac{\partial^2 w}{\partial y^2} \tag{7.82}$$

（3）大挠度方程

式（7.75）、式（7.76）及式（7.77）三个平衡方程和式（7.82）变形协调方程构成了大挠度板的求解条件，但因其中涉及几何关系和物理关系，求解较为复杂。为便于求解，1910 年 Karman 引入了满足式（7.76）和式（7.77）的应力函数 F（以拉为正），并令

$$\sigma_x = \frac{N_x}{t} = \frac{\partial^2 F}{\partial y^2}, \quad \sigma_y = \frac{N_y}{t} = \frac{\partial^2 F}{\partial x^2}, \quad \tau_{xy} = \frac{N_{xy}}{t} = -\frac{\partial^2 F}{\partial x \partial y} \tag{7.83}$$

则式（7.75）、式（7.82）分别可写为：

$$\frac{\partial^4 w}{\partial x^4} + 2\frac{\partial^4 w}{\partial x^2 \partial y^2} + \frac{\partial^4 w}{\partial y^4} - \frac{t}{D}\left(\frac{\partial^2 F}{\partial y^2}\frac{\partial^2 w}{\partial x^2} - 2\frac{\partial^2 F}{\partial x \partial y}\frac{\partial^2 w}{\partial x \partial y} + \frac{\partial^2 F}{\partial x^2}\frac{\partial^2 w}{\partial y^2}\right) = 0 \tag{7.84}$$

$$\frac{\partial^4 F}{\partial x^4} + 2\frac{\partial^4 F}{\partial x^2 \partial y^2} + \frac{\partial^4 F}{\partial y^4} - E\left[\left(\frac{\partial^2 w}{\partial x \partial y}\right)^2 - \frac{\partial^2 w}{\partial x^2}\frac{\partial^2 w}{\partial y^2}\right] = 0 \tag{7.85}$$

以上两式就是 Karman 提出的板的大挠度方程组，也称 Karman 方程组，需要采用 Galerkin 法或数值法等来求解，将在下一节讲述。

7.5.2 板的挠度与屈曲后强度

为便于理解，本节仍以单向均匀受压四边简支板为例进行推导，首先对四边简支板的边界条件作如下解释：板的四条边能够约束板的平面外位移（板边 $w = 0$），但不能约束板件绕板边的转动；板边可以在平面内发生整体平移，但板边始终保持为直线，且与原位置平行，见图 7.23。

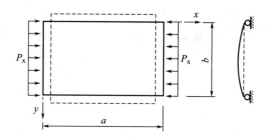

图 7.23 单向加载四边简支板的边界条件

（1）板的挠度

图 7.23 所示板的大挠度方程组可采用 Galerkin 法来求解。假设板件在 y 向的屈曲半波数 $n = 1$，则满足几何边界、力学边界的挠曲面方程可取为：

$$w = f\sin\frac{m\pi x}{a}\sin\frac{\pi y}{b} \tag{7.86}$$

式中：f 为板屈曲后的最大挠度；m 为 x 向的屈曲半波数。将上式代入式（7.85）可得：

$$\frac{\partial^4 F}{\partial x^4} + 2\frac{\partial^4 F}{\partial x^2 \partial y^2} + \frac{\partial^4 F}{\partial y^4} = \frac{f^2 m^2 \pi^4 E}{2a^2 b^2}\left(\cos\frac{2m\pi x}{a} + \cos\frac{2\pi y}{b}\right)$$

上式的通解为：

$$F = \frac{f^2 E}{32}\left(\frac{a^2}{m^2 b^2}\cos\frac{2m\pi x}{a} + \frac{m^2 b^2}{a^2}\cos\frac{2\pi y}{b}\right) - \frac{P_x}{2t}y^2 \tag{7.87}$$

根据第 7.2.4 节的 Galerkin 法，由式（7.84）、式（7.86）可分别得到函数 $L(w)$ 和 $\varphi(x, y)$：

$$L(w) = \frac{\partial^4 w}{\partial x^4} + 2\frac{\partial^4 w}{\partial x^2 \partial y^2} + \frac{\partial^4 w}{\partial y^4} - \frac{t}{D}\left(\frac{\partial^2 F}{\partial y^2}\frac{\partial^2 w}{\partial x^2} - 2\frac{\partial^2 F}{\partial x \partial y}\frac{\partial^2 w}{\partial x \partial y} + \frac{\partial^2 F}{\partial x^2}\frac{\partial^2 w}{\partial y^2}\right)$$

$$\varphi(x, y) = \sin\frac{m\pi x}{a}\sin\frac{\pi y}{b}$$

再由式（7.38）可得 Galerkin 方程：

$$\int_0^a \int_0^b \left[\left(\frac{\partial^4 w}{\partial x^4} + 2 \frac{\partial^4 w}{\partial x^2 \partial y^2} + \frac{\partial^4 w}{\partial y^4} \right) - \frac{t}{D} \left(\frac{\partial^2 F}{\partial y^2} \frac{\partial^2 w}{\partial x^2} - 2 \frac{\partial^2 F}{\partial x \partial y} \frac{\partial^2 w}{\partial x \partial y} + \frac{\partial^2 F}{\partial x^2} \frac{\partial^2 w}{\partial y^2} \right) \right]$$

$$\times \sin \frac{m \pi x}{a} \sin \frac{\pi y}{b} \mathrm{d}x \mathrm{d}y = 0$$

将式（7.86）、式（7.87）代入上式，积分后可得：

$$P_x = \left(\frac{mb}{a} + \frac{a}{mb} \right)^2 \frac{\pi^2 D}{b^2} + \left(\frac{m^2 b^2}{a^2} + \frac{a^2}{m^2 b^2} \right) \frac{\pi^2 E t f^2}{16 b^2} \tag{7.88}$$

上式等号右侧第一项就是式（7.18），也即由小挠度理论得到的屈曲荷载 $P_{x,cr}$；第二项就是板屈曲后的荷载提高值。将第一项替换为 $P_{x,cr}$ 后，可得到板的最大挠度 f 以及 f 与板厚 t 的比值：

$$f = \frac{4b}{\pi} \sqrt{\frac{P_x - P_{x,cr}}{Et \left[m^2 b^2 / a^2 + a^2 / (m^2 b^2) \right]}} \tag{7.89a}$$

$$\frac{f}{t} = \frac{4b}{\pi t} \sqrt{\frac{P_x - P_{x,cr}}{Et \left[m^2 b^2 / a^2 + a^2 / (m^2 b^2) \right]}} \tag{7.89b}$$

单向均匀受压四边简支件的荷载挠度曲线[10] 见图 7.24（a），a 曲线为无缺陷弹性板，$P_x / P_{x,cr} = 1.0$ 时板件屈曲，之后荷载可以一直增大，但板的横截面应力分布并不均匀，见图 7.24（b），两侧大中间小，相关内容后面讲述；b 曲线为无缺陷弹塑性板，当荷载达到 A 点时板边缘应力 σ_{max} 达到 f_y，板件进入弹塑性，之后挠度快速增加，很快达到极限荷载 B 点；c 曲线为初始挠度为 f_0 的弹性板，一经加载就有挠度，荷载也可以一直增大；d 曲线为有初始挠度的弹塑性板，自 A' 点开始进入弹塑性，B' 点达到极限荷载。由于 B' 点与 A' 点的荷载相差不大，而且边缘应力达到 f_y 时的荷载计算比较方便，可近似将 A' 点对应的荷载作为极限荷载 P_u，P_u 所对应的横截面平均应力为 σ_u，称为屈曲后强度，见图 7.24（c）。

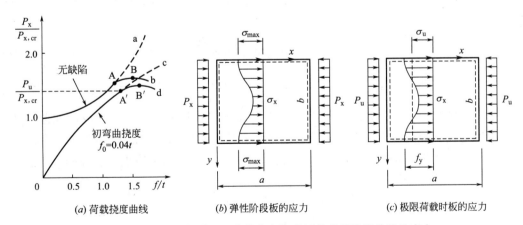

图 7.24　单向均匀受压四边简支大挠度板的荷载挠度曲线及应力

（2）板的中面力

将式（7.89a）代回式（7.87）可得应力函数 F：

$$F = \frac{b^2(P_x - P_{x,cr})}{2\pi^2 t[m^2 b^2/a^2 + a^2/(m^2 b^2)]}\left(\frac{a^2}{m^2 b^2}\cos\frac{2m\pi x}{a} + \frac{m^2 b^2}{a^2}\cos\frac{2\pi y}{b}\right) - \frac{P_x}{2t}y^2$$

再利用式（7.83）可得板的中面力（这里以压为正，故需要变号）：

$$N_x = -t\frac{\partial^2 F}{\partial y^2} = P_x + \frac{2(P_x - P_{x,cr})}{1 + a^4/(m^4 b^4)}\cos\frac{2\pi y}{b} \qquad (7.90a)$$

$$N_y = -t\frac{\partial^2 F}{\partial x^2} = \frac{2(P_x - P_{x,cr})}{m^2 b^2/a^2 + a^2/(m^2 b^2)}\cos\frac{2m\pi x}{a} \qquad (7.90b)$$

可见板中面不仅存在 N_x 也存在 N_y，N_x 与 y 坐标有关，N_y 与 x 坐标有关，都是非均匀分布。板边缘的中面力最大，$y=0$（或 $y=b$）处的 N_x 可记作 N_{max}，则有：

$$N_{max} = P_x + \frac{2(P_x - P_{x,cr})}{1 + a^4/(m^4 b^4)}$$

对四边简支板，$a/b=m$ 时 k 最小，将 $a/b=m$ 代入上式可得 $N_{max} = 2P_x - P_{x,cr}$，对应的应力为：

$$\sigma_{max} = \frac{N_{max}}{t} = \frac{2P_x}{t} - \frac{P_{x,cr}}{t} \qquad (7.91)$$

（3）板的屈曲后强度

从图 7.24（a）已经知道，当板边缘应力 σ_{max} 达到 f_y（A′点）时 P_x 已非常接近极限荷载 P_u（B′点），可将此时的 P_x 记作 P_u，则有：

$$P_u = \sigma_u t \qquad (7.92)$$

将式（7.91）中的 σ_{max} 替换为 f_y、P_x 替换为 P_u 后可得：

$$f_y = \frac{2P_u}{t} - \frac{P_{x,cr}}{t} = 2\sigma_u - \sigma_{x,cr}$$

整理可得屈曲后强度：

$$\sigma_u = \frac{f_y + \sigma_{x,cr}}{2} \qquad (7.93)$$

同样令 $a/b=m$，由式（7.90）可得 P_x 达到 P_u 时板中面任意一点沿 x、y 向的应力：

$$\sigma_x = \sigma_u + (\sigma_u - \sigma_{x,cr})\cos\frac{2\pi y}{b} \qquad (7.94a)$$

$$\sigma_y = (\sigma_u - \sigma_{x,cr})\cos\frac{2m\pi x}{a} \qquad (7.94b)$$

σ_x 与 y 有关，与 x 无关；σ_y 与 x 有关，与 y 无关。图 7.25（a）为纵向屈曲半波数 $m=2$ 时四边简支板的应力分布，σ_y 有拉有压，拉应力对应的力就是薄膜拉力。对于 $a=b$ 的正方形板，$m=1$，屈曲后应力分布类似于图 7.25（a）中的半块板，板件的最大挠度可由式（7.89a）简化为：

$$f = \frac{4b}{\pi}\sqrt{\frac{\sigma_u - \sigma_{x,cr}}{2E}} \qquad (7.95)$$

对于加载边简支、非加载边为任意边界的单向均匀受压板，可借鉴式（7.23）引入变形函数 w，利用上述方法同样可以得到 σ_u、σ_x、σ_y 的表达式。如果板件的两个非加载边均为自由边，则 $m=1$，$\sigma_y=0$，但 σ_x 是 x、y 的函数[11]，应力分布见图 7.25（b），相对

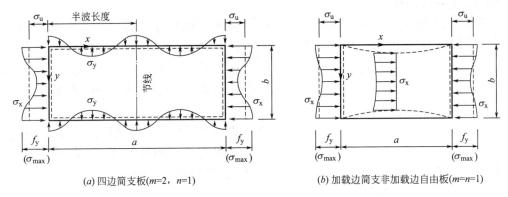

(a) 四边简支板(m=2, n=1)　　　　　　　　　(b) 加载边简支非加载边自由板(m=n=1)

图 7.25　单向均匀受压板屈曲后的应力分布及屈曲后强度

均匀，屈曲后强度并不明显，很少利用。

【例题 7.7】　如果例题 7.1 中两块板的材料均为理想弹塑性，$f_y=235\text{N/mm}^2$，试分别计算两块板的屈曲后强度 σ_u、极限荷载 P_u 以及板的应力分布和最大挠度 f，并进行比较。

【解】　1）$t=6\text{mm}$ 的板

由例题 7.1 已知 $\sigma_{x,cr}=74.40\text{N/mm}^2$，代入到式（7.93）可得屈曲后强度：

$$\sigma_u=\frac{f_y+\sigma_{x,cr}}{2}=\frac{235+74.40}{2}=154.70\text{N/mm}^2=2.08\sigma_{x,cr}$$

由式（7.92）可得板的极限承载力：$P_u=\sigma_u t=154.70\times6=928.20\text{N/mm}$。

单向均匀受压正方形板的 $m=1$，由式（7.94）可分别得到 $y=b/2$ 处的 σ_x 以及 $x=a/2$ 处的 σ_y：

$$\sigma_x=\sigma_u+(\sigma_u-\sigma_{x,cr})\cos\pi=\sigma_{x,cr}=74.40\text{N/mm}^2（压应力）$$

$$\sigma_y=(\sigma_u-\sigma_{x,cr})\cos\pi=-(\sigma_u-\sigma_{x,cr})=-(154.70-74.40)=-80.30\text{N/mm}^2（拉应力）$$

当 σ_y 为拉应力时也就是薄膜拉力。依据上述方法可以得到板内任意一点的应力，见图 7.26（a）。由式（7.95）可得板中央的挠度最大值：

$$f=\frac{4b}{\pi}\sqrt{\frac{\sigma_u-\sigma_{x,cr}}{2E}}=\frac{4\times600}{3.14}\sqrt{\frac{154.70-74.40}{2\times206000}}=10.67\text{mm}=1.78t$$

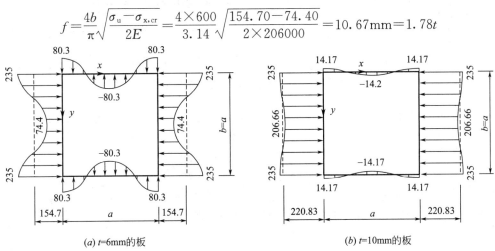

(a) t=6mm的板　　　　　　　　　　　(b) t=10mm的板

图 7.26　例题 7.7 板的屈曲后应力

2）$t=10$mm 的板

由例题 7.1 知 $\sigma_{x,cr}=206.66$N/mm^2，同样可得屈曲后强度为 $\sigma_u=220.83$N/mm^2 $=$ $1.07\sigma_{x,cr}$，提高幅度很小。板的极限荷载为 $P_u=2208.3$N/mm，$y=b/2$ 处的 $\sigma_x=$ 206.66N/mm^2，$x=a/2$ 处的 $\sigma_y=-14.17$N/mm^2，见图 7.26（b），拉应力很小，这也是屈曲后强度不高的原因。板中央的挠度为 $f=$ 4.48mm $=0.75t$。

由该例题可以看出，板的宽厚比越大，挠度也就越大，屈曲后的应力分布越不均匀，薄膜拉力越大，屈曲后强度提高的幅度也越大。$\sigma_{x,cr}$、σ_u 与板件宽厚比 b/t 的关系见图 7.27。

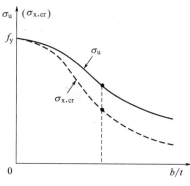

图 7.27　$\sigma_{x,cr}$、σ_u 与 b/t 的关系

7.5.3　利用屈曲后强度的计算方法

目前国际上有两种利用板件屈曲后强度的计算方法：等效宽度法、直接强度法。我国规范采用等效宽度法，美国、澳大利亚等国的规范则采用直接强度法，本节重点介绍等效宽度法。

（1）等效宽度法

对无缺陷单向均匀受压板，为简化屈曲后强度计算，可将 σ_{max} 达到 f_y 时应力分布不均匀的板等效成两条宽度为 $b_e/2$ 且应力均匀达到 f_y 的板，b_e 称为板的有效宽度，见图 7.28，并认为中部宽度为 $b-b_e$ 的板无效，等效原则是板的极限承载力保持不变，即

$$P_u b=\sigma_u bt=f_y b_e t$$

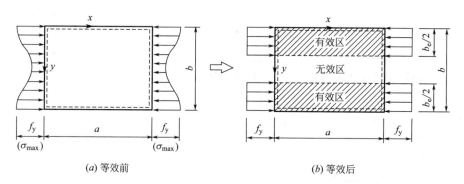

(a) 等效前　　　　　　　　　　　　　　　　(b) 等效后

图 7.28　单向均匀受压四边简支板的有效宽度法

等效后的板件可视为宽为 b_e、屈曲应力均匀达到 f_y 的小挠度板，则由式（7.19）可得：

$$f_y=k\frac{\pi^2 D}{b_e^2 t}=\frac{b^2}{b_e^2}k\frac{\pi^2 D}{b^2 t}=\frac{b^2}{b_e^2}\sigma_{cr} \tag{7.96}$$

式中：σ_{cr} 为等效前板的屈曲应力，为方便期间，下角标中不再标注应力的方向 x。

参照轴心受压构件，引入板件受压时的正则化长细比：

$$\lambda_{n,p}=\sqrt{\frac{f_y}{\sigma_{cr}}} \tag{7.97}$$

将上式代入到式（7.96）后可得板的有效宽度 b_e：

$$b_e = \frac{1}{\lambda_{n,p}} b \tag{7.98}$$

对理想弹塑性材料，当 $\sigma_{cr} = f_y$ 时，$\lambda_{n,p} = 1.0$，$b_e = b$，板件全截面有效；当 $\sigma_{cr} < f_y$ 时，$\lambda_{n,p} > 1.0$，$b_e < b$，板件部分截面有效。上式由 Karman 在 1932 年提出，是有效宽度的理论值，没有考虑残余应力、初弯曲等缺陷的影响。当板件存在残余应力、初弯曲时，极限荷载会降低。考虑残余应力和初弯曲后板件的弹塑性屈曲分析非常复杂，需要采用数值法。

以单向均匀受压四边简支板为例，如果材料为理想弹塑性，由数值法得到的 b_e/b-$\lambda_{n,p}$ 曲线见图 7.29，a 曲线为未考虑屈曲后强度的无缺陷板，b 曲线为考虑屈曲后强度的无缺陷板，也就是式（7.98），c 曲线为考虑初弯曲、残余应力和屈曲后强度的板，可以看出 c 曲线位于 b 曲线下方，有缺陷板的有效宽度要比无缺陷板低，因此式（7.98）需要修正。

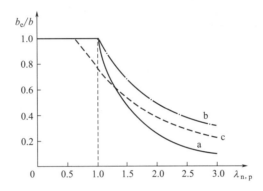

图 7.29 单向均匀受压四边简支板的 b_e/b-$\lambda_{n,p}$ 曲线

Winter[12]、Kalyanaraman[13] 结合有缺陷四边简支板的试验结果，将式（7.98）修改为：

$$b_e = \frac{1}{\lambda_{n,p}} \left(1 - \frac{0.25}{\lambda_{n,p}} \right) b \tag{7.99}$$

考虑到构件存在整体稳定，影响板件的屈曲应力，Pekoz[14] 又将上式进一步修改为：

$$b_e = \frac{1}{\lambda_{n,p}} \left(1 - \frac{0.22}{\lambda_{n,p}} \right) b \tag{7.100}$$

引入板的有效宽度系数 ρ：

$$\rho = \frac{b_e}{b} \tag{7.101}$$

则式（7.100）可改写为：

$$\rho = \frac{1}{\lambda_{n,p}} \left(1 - \frac{0.22}{\lambda_{n,p}} \right) \tag{7.102}$$

上式曾被多个国家的规范采纳，主要用于冷弯薄壁型钢构件中的均匀受压板件，1996年国际标准化组织（ISO/TC/167/SC1）也建议采用该式。对于单向均匀受压四边简支板，当板件全截面有效时，$\rho = 1.0$，由上式可得 $\lambda_{n,p} = 0.673$，因此板的有效宽度为：

$\lambda_{n,p} \leq 0.673$ 时：$\qquad\qquad\qquad b_e = b \tag{7.103a}$

$\lambda_{\mathrm{n,p}} > 0.673$ 时：
$$b_{\mathrm{e}} = \rho b \qquad\qquad\qquad (7.103\mathrm{b})$$

以例题 7.1 中 $t = 6\mathrm{mm}$ 的四边简支板为例，$b = 600\mathrm{mm}$、$\sigma_{\mathrm{cr}} = 74.4\mathrm{N/mm^2}$、$f_{\mathrm{y}} = 235\mathrm{N/mm^2}$，由式（7.97）可得 $\lambda_{\mathrm{n,p}} = 1.78$，再由式（7.102）、式（7.103）可得 $\rho = 0.49$、$b_{\mathrm{e}} = 295.4\mathrm{mm}$。

（2）直接强度法

直接强度法的原理见图 7.30，将均匀受压时的非均匀分布压应力 σ 等效成均匀压应力 σ_{a}，板件全截面受力，确定 σ_{a} 的原则是等效前后板的极限承载力保持不变，即

$$P_{\mathrm{u}}b = \int_b \sigma_{\mathrm{x}}\mathrm{d}yt = \sigma_{\mathrm{a}}bt$$

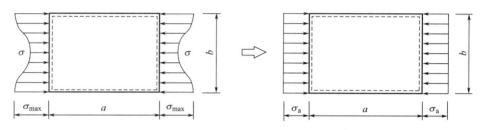

图 7.30 单向均匀受压四边简支板的直接强度法

这样一来，只要知道了 σ_{a} 就可以直接利用板宽 b 计算出板件的极限承载力 P_{u}，无须再计算板件的有效宽度。实际上直接强度法将 σ 等效成 σ_{a} 与有效宽度法将 b 等效成 b_{e} 的作用是完全相同的，都是保持极限承载力不变，只是出发点不同。但就整个的构件的设计而言，直接强度法比有效宽度法便捷，因为计算构件的 A、W 等截面特性时采用的是全截面，而不是有效截面。

7.6 构件中板件局部屈曲的相关性

在前面几节中，均将板件视为独立的研究对象并赋予理想化的边界条件，实际构件中的板件是相互影响的，强板对弱板有支持作用，板的屈曲应力将会有一定的变化，这也体现了稳定的相关性。板件屈曲的相关性可采用有限元法或有限条法来分析，并作如下假设：在板件发生局部屈曲之前，构件不会整体失稳；局部屈曲时板件的交线（棱线）仍保持为直线，即相邻板件具有相同的屈曲半波长度，且在棱线处转角相同，见图 7.31（a）。如果棱线不为直线，则属于畸变屈曲。

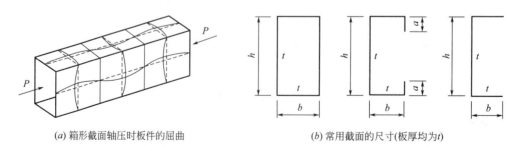

(a) 箱形截面轴压时板件的屈曲　　　　(b) 常用截面的尺寸(板厚均为t)

图 7.31 冷弯薄壁型构件的局部屈曲及截面尺寸

7.6.1　考虑相关性后板件的屈曲应力

考虑板件局部屈曲的相关性后，板的弹性屈曲应力、弹塑性屈曲应力可分别在式 (7.19)、式 (7.72b) 的基础上修改为：

$$\sigma_{cr}=\frac{\chi k\pi^2 E}{12(1-\nu^2)}\left(\frac{t}{b}\right)^2 \tag{7.104}$$

$$\sigma_{cr}=\frac{\chi k\pi^2 E\sqrt{\eta}}{12(1-\nu^2)}\left(\frac{t}{b}\right)^2 \tag{7.105}$$

式中：χ 称为约束系数或嵌固系数，用来考虑相关性的影响；k 为不考虑相关性也即单块理想板的弹性屈曲系数，详见表 7.3；b/t 为所计算板件的宽厚比。

式 (7.104)、式 (7.105) 中的 χk 实际上就是考虑相关性后板的屈曲系数，故 χk 也可用一个符号来替代，对翼缘和腹板可分别记作 k_f、k_w，即

$$k_f=\chi_f k \tag{7.106a}$$
$$k_w=\chi_w k \tag{7.106b}$$

式中：χ_f、χ_w 分别为翼缘、腹板的约束系数。

以图 7.31 中板厚为 t 的箱形截面为例，因各板件都属于单向均匀受压板，当 $h=b$ 时，各板件的受力条件完全相同，板件间无相互支持作用，属于四边简支板，$k_w=k_f=4.0$，故有 $\chi_f=\chi_w=1.0$；当 $h>b$ 时，翼缘属于强板，对腹板有支持作用，$\chi_w>1.0$；当 $h<b$ 时，腹板支持翼缘，$\chi_f>1.0$。

7.6.2　冷弯型钢构件中板件的约束系数

冷弯薄壁型钢中的板件宽厚比较大且板厚相同，见图 7.31 (b)，局部屈曲发生在弹性范畴。无论构件是轴心受压、受弯还是压弯，受压的翼缘和腹板都将同步屈曲，且板件相交处的应力相同，故有：

$$\frac{k_f\pi^2 E}{12(1-\nu^2)}\left(\frac{t}{b}\right)^2=\frac{k_w\pi^2 E}{12(1-\nu^2)}\left(\frac{t}{h}\right)^2$$

由上式可得 k_f 与 k_w 的关系：

$$k_f=\left(\frac{b}{h}\right)^2 k_w \tag{7.107}$$

英国标准协会的冷弯薄壁型钢规范 BS 5950—5 给出的常用冷弯薄壁构件轴心受压时腹板的 k_w 近似计算公式如下：

箱形截面：
$$k_w=7-\frac{2b/h}{0.11+b/h}-1.2(b/h)^3 \tag{7.108a}$$

卷边槽钢截面：
$$k_w=7-\frac{1.8b/h}{0.15+b/h}-1.43(b/h)^3 \tag{7.108b}$$

非卷边槽钢及 Z 形截面：
$$k_w=\frac{2}{\sqrt{1+15(b/h)^3}}+\frac{2+4.8b/h}{1+15(b/h)^3} \tag{7.108c}$$

由以上诸式得到 k_w 后，由式 (7.107) 可得到 k_f，再利用式 (7.106) 可得到 χ_f、χ_w。

当冷弯薄壁槽钢设有卷边且卷边尺寸 a（图 7.31b）合适时，可以起到有效支承翼缘

的作用，此时翼缘也可以看作四边简支板，英国标准协会要求 $a > b/5$，相当于卷边绕翼缘板中线的惯性矩不小于 $b^3 t/375$，否则起不到完全支承作用，属于弹性支承。

受弯构件中的腹板非均匀受压，腹板受压区将和受压翼缘同步发生屈曲，受拉翼缘不会屈曲。英国标准协会给出的常见冷弯薄壁构件受弯时翼缘的 k_f 近似计算公式如下：

箱形截面、绕非对称轴弯曲的卷边槽钢截面：

$$k_f = 7 - \frac{1.8h/b}{0.15 + h/b} - 0.091(h/b)^3 \tag{7.109a}$$

绕对称轴弯曲的卷边槽钢截面：

$$k_f = 5.4 - \frac{1.4h/b}{0.6 + h/b} - 0.02(h/b)^3 \tag{7.109b}$$

绕对称轴弯曲的不带卷边槽钢及 Z 形截面：

$$k_f = 1.28 - \frac{0.8h/b}{2 + h/b} - 0.0025(h/b)^3 \tag{7.109c}$$

由以上诸式得到 k_f 后，由式（7.107）可得到 k_w，再利用式（7.106）可得到 χ_f、χ_w。

我国 GB 50018—2002 规范不按构件来划分板件，而是将各类构件中的板件统一看作非均匀受压板，并根据边界条件不同把板划分为加劲板、部分加劲板和非加劲板三类：当板件两侧均有邻接板时称为加劲板，比如图 7.31（b）中各类截面的腹板；当板件一侧有邻接板，另一侧有卷边且卷边高厚比 a/t 在表 7.5 范围内时称为部分加劲板；当板件一侧有邻接板，另一侧自由或者虽有卷边但卷边高厚比不在表 7.5 范围内时称为非加劲板。表 7.5 中的 a/t 范围是根据最小刚度要求以及保证卷边不先发生局部屈曲确定的，a/t 过小时对邻接板起不到支承作用，过大时可能先于邻接板屈曲。

卷边的最小高厚比   表 7.5

b/t	15	20	25	30	35	40	45	50	55	60
a/t	5.4	6.3	7.2	8.0	8.5	9.0	9.5	10.0	10.5	11.0

注：a、b 见图 7.31（b）；t 为板厚

上海交通大学、湖南大学以及南昌大学对冷弯薄壁箱形截面、卷边及非卷边槽钢截面构件进行了一系列的轴心受压、偏心受压试验，132 个试件的数据结果表明，加劲板、部分加劲板、非加劲板的约束系数 χ 均可按式（7.110）计算，这也是 GB 50018—2002 规范推荐的方法。

$\xi \leqslant 1.1$ 时：
$$\chi = \frac{1}{\sqrt{\xi}} \tag{7.110a}$$

$\xi > 1.1$ 时：
$$\chi = 0.11 + \frac{0.93}{(\xi - 0.05)^2} \tag{7.110a}$$

$$\xi = \frac{c}{b}\sqrt{\frac{k}{k_c}} \tag{7.111}$$

式中：b 为所计算板件的宽度；c 为与所计算板件邻接的板件宽度，如果所计算板件两侧均有邻接板，取压应力较大一侧的邻接板宽度；k 为所计算板件的屈曲系数；k_c 为邻接板

件的屈曲系数。

根据上式计算所得 χ 不得超过约束系数上限值 χ'：对加劲板，$\chi'=1.7$；对部分加劲板，$\chi'=2.4$；对非加劲板，$\chi'=3.0$。当计算板件为非加劲板或部分加劲板，且邻接板受拉时，取 $\chi=\chi'$。

各类受压板件的屈曲系数 k 主要与边界条件和应力分布状况有关，应力分布可用 ψ 来表达：

$$\psi=\frac{\sigma_2}{\sigma_1} \tag{7.112}$$

式中：σ_1 为受压板件边缘的最大压应力，取为正值；σ_2 为板件另一边缘的应力，压为正，拉为负。

显然 $\psi\leqslant1$，见图 7.32 中的翼缘。当构件受弯时，板边缘可能存在拉应力，此时 ψ 为负值，如果 σ_2 为拉应力且超过了最大压应力 σ_1，则 $\psi<-1$。

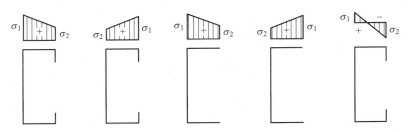

图 7.32　板的应力分布示意图（压为正，拉为负）

GB 50018—2002 规范依据弹性屈曲理论和试验回归分析，给出了各类受压板屈曲系数 k，2017 修订送审稿又将部分加劲板件的 k 做了调整，各类受压板屈曲系数 k 的取值方法如下：

1）加劲板件

$-1\leqslant\psi\leqslant0$ 时：
$$k=7.8-6.29\psi+9.78\psi^2 \tag{7.113a}$$

$0<\psi\leqslant1$ 时：
$$k=7.8-8.15\psi+4.35\psi^2 \tag{7.113b}$$

2）部分加劲板件

σ_1 作用于支承边且 $-1\leqslant\psi\leqslant-1/(3+12a/b)$ 时：
$$k=2(1-\psi)^3+2(1-\psi)+4 \tag{7.114a}$$

σ_1 作用于支承边且 $-1/(3+12a/b)\leqslant\psi\leqslant1$ 时：
$$k=\frac{(b/\lambda)^2/3+0.142+10.92Ib/(\lambda^2t^3)}{0.083+(0.25+a/b)\psi} \tag{7.114b}$$

σ_1 作用于加劲边时：
$$k=\frac{(b/\lambda)^2/3+0.142+10.92Ib/(\lambda^2t^3)}{\psi/12+a/b+0.25} \tag{7.114c}$$

式（7.114b）和式（7.114c）计算所得 k 值不得大于式（7.114a）的值。

3）非加劲板件

σ_1 作用于支承边且 $-1\leqslant\psi\leqslant-0.4$ 时：　$k=6.07-9.51\psi+8.33\psi^2$ $\quad$ (7.115a)

σ_1 作用于支承边且 $-0.4<\psi\leqslant0$ 时：　$k=1.70-1.75\psi+55\psi^2$ $\quad$ (7.115b)

σ_1 作用于支承边且 $0<\psi\leqslant1$ 时：　$k=1.70-3.025\psi+1.75\psi^2$ $\quad$ (7.115c)

σ_1 作用于自由边且 $\psi \geqslant -1$ 时：$\qquad k=0.567-0.213\psi+0.071\psi^2 \qquad (7.115\mathrm{d})$

式中：a、b、t 分别为板的长度、宽度与厚度；I 为卷边对板件形心轴的惯性矩；λ 为畸变屈曲半波长和构件计算长度的最小值；ψ 为应力分布不均匀系数，当 $\psi < -1$ 时，以上诸式中的取 $\psi = -1$。

7.6.3 焊接和轧制钢构件中板件的约束系数

常用焊接和轧制钢构件的截面尺寸见图 7.33，对工字形截面，当构件无缺陷且材料为弹性时，根据翼缘、腹板同步屈曲且屈曲应力相等，同样可得到：

$$\frac{k_{\mathrm{f}}\pi^2 E}{12(1-\nu^2)}\left(\frac{t_{\mathrm{f}}}{b_0}\right)^2 = \frac{k_{\mathrm{w}}\pi^2 E}{12(1-\nu^2)}\left(\frac{t_{\mathrm{w}}}{h_0}\right)^2$$

式中：b_0、t_{f} 分别为翼缘的计算宽度与厚度；h_0、t_{w} 分别为腹板的计算高度与厚度；对于各类热轧型钢，b_0、h_0 均不包含翼缘与腹板的圆弧过渡（倒角）段，见图 7.33 (a)。

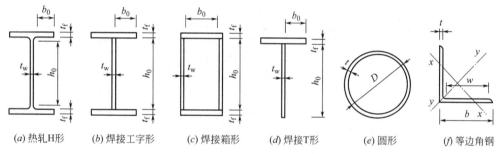

(a) 热轧H形　　(b) 焊接工字形　　(c) 焊接箱形　　(d) 焊接T形　　(e) 圆形　　(f) 等边角钢

图 7.33　常见截面中的板件尺寸

由上式可得 k_{f} 与 k_{w} 的关系：

$$k_{\mathrm{f}} = \left(\frac{b_0}{h_0} \cdot \frac{t_{\mathrm{w}}}{t_{\mathrm{f}}}\right)^2 k_{\mathrm{w}} \qquad (7.116)$$

（1）轴压构件中的板件

工字形截面轴心受压时，由式（7.116）可知 k_{w} 与 b_0/h_0、$t_{\mathrm{w}}/t_{\mathrm{f}}$ 有关，三者关系曲线[15] 见图 7.34，因工程中构件截面尺寸普遍满足 $b_0/h_0 \leqslant 0.5$、$t_{\mathrm{w}}/t_{\mathrm{f}} \leqslant 0.8$（图中阴影区），可见除极少数阴影区的 $k_{\mathrm{w}} \leqslant 4.0$ 外，绝大多数阴影区的 $k_{\mathrm{w}} > 4.0$，也即 $\chi_{\mathrm{w}} > 1.0$，说明翼缘对腹板有支持作用，$t_{\mathrm{w}}/t_{\mathrm{f}}$ 越小，支持作用越显著。

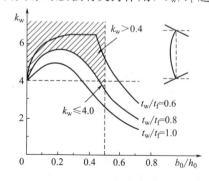

图 7.34　工字形截面构件轴压时板件的相关屈曲

对工字形截面轴压构件，何保康[16] 依据试验结果建议取 $\chi_{\mathrm{w}}=1.3$，$\chi_{\mathrm{f}}=1.0$，这两个系数实际上都考虑了初始缺陷的影响，该建议被我国 GB 50017—2017 标准采纳。对箱形截面轴压构件，考虑到翼缘对腹板的约束作用有限，GB 50017—2017 标准忽略了板件间的相关作用，取 $\chi_{\mathrm{w}}=\chi_{\mathrm{f}}=1.0$。

（2）受弯构件中的板件

工字形截面构件受弯时，板件间的约束作用与受压翼缘的扭转是否受到约束有关[15]。当受压翼缘上有紧密相连的密铺楼板时，见图 7.35 (a)，翼缘不会扭转，对腹板有较强的转动约束，受拉区腹板的刚度很大，不会转动，因此腹板相当于加载边简支、非加载边固接的纯弯板，从表7.3可知屈曲系数为39.6，而四边简支纯弯板的屈曲系数为23.9，由式（7.106b）可得 $\chi_w=39.6/23.9=1.66$，该值被 GB 50017—2017 标准采纳，但并没有考虑缺陷的影响。美国 ANSI/AISC 360—2005 规范取 $\chi_w=1.51$，比我国规范值略低。因对腹板的约束主要来自于楼板而非翼缘，且腹板对翼缘又无支持，可取 $\chi_f=1.0$。

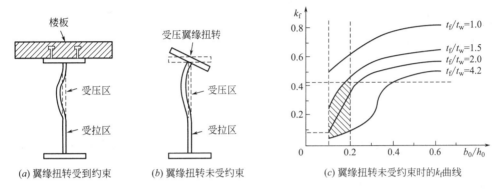

图 7.35 工字形截面梁受压翼缘的扭转约束及 k_f 曲线

当工字形截面受压翼缘的扭转未受约束时，k_f 与 b_0/h_0、t_f/t_w 的关系见图 7.35（c），因梁截面的高宽比通常在 2~5 之间，也即 b_0/h_0 为 0.1~0.2，而且 t_f/t_w 一般不小于 1.5（图中阴影区），可见除极少数区域外，绝大多数阴影区的 $k_f<0.425$，说明翼缘对腹板有支持作用。如果取 $b_0/h_0=0.1$、$t_f/t_w=2$，从图中可知 $k_f=0.08$，代入式（7.116）得 $k_w=32$，则 $\chi_w=32/23.9=1.34$。考虑到翼缘的压应力通常较大，甚至会进入塑性，对腹板的支持作用有所降低，因此我国 GB 50017—2017 标准建议简支梁取 $\chi_w=1.23$、$\chi_f=1.0$。对框架梁，支座处梁段的翼缘压应力和腹板剪应力都比较大，可忽略板件的支持作用，GB 50017—2017 标准取 $\chi_w=\chi_f=1.0$。为方便使用，工字形截面中板件的约束系数汇总于表 7.6。

工字形截面构件中板件的约束系数　　　　表 7.6

构件受力及使用条件			腹板约束系数 χ_w	翼缘约束系数 χ_f
构件轴心受压			1.3	1.0
构件受弯	受压翼缘的扭转受到约束		1.66	1.0
	受压翼缘的扭转未受到约束	简支梁	1.23	1.0
		框架梁	1.0	1.0

7.7　板屈曲理论在焊接和轧制钢构件中的应用

构件中各板件的受力情况和边界条件不尽相同，以工字形截面简支梁为例，受压翼缘主要承担弯矩且均匀受力，同时为腹板提供约束，如果翼缘过早发生局部屈曲，不利于抗震耗能，此时需要严格控制翼缘的宽厚比；腹板主要受剪，也承担非均匀压力，由于腹板的边界条件较好，为降低用钢量，可以利用其屈曲后强度。

7.7.1 轴压构件不利用屈曲后强度时的板件宽厚比

当不利用板件屈曲后强度时，防止板件过早发生局部屈曲的最有效方法是控制其宽厚比。目前有两种方法来得到板件的宽厚比限值，一种是控制板件的屈曲应力等于构件整体失稳时的临界应力，称为等稳定准则；另一种是控制板件的屈曲应力等于钢材的屈服强度，称为屈服准则。

（1）工字形截面翼缘和腹板的宽厚比限值

对工字形截面轴压构件，我国采用等稳定准则。早在 1936 年 Timoshenko 就提出了无缺陷压杆的等稳定概念，后来 Bleich[2] 利用式（7.105）和式（4.28）相等得到了等稳定表达式：

$$\frac{\chi k \pi^2 E \sqrt{\eta}}{12(1-\nu^2)} \left(\frac{t}{b}\right)^2 = \frac{\pi^2 E \eta}{\lambda^2}$$

式中：η 为弹性模量折减系数，$\eta = E_t/E$，弹性屈曲时 $\eta = 1.0$；λ 为构件的最大长细比。

上式并没有考虑初始几何缺陷、残余应力等的影响。从第 4 章知道，考虑各类缺陷后轴压构件的临界应力可用极限应力 $\sigma_u = \varphi f_y$ 来代替，故有：

$$\frac{\chi k \pi^2 E \sqrt{\eta}}{12(1-\nu^2)} \left(\frac{t}{b}\right)^2 = \varphi f_y \tag{7.117}$$

将 $\pi = 3.14$、$E = 206000 \text{N/mm}^2$、$\nu = 0.3$ 代入上式后，整理可得根据等稳定准则确定的板件宽厚比：

$$\frac{b}{t} = \sqrt{\frac{3.14^2 \times 206000 \chi k \sqrt{\eta}}{12(1-0.3^2) \times 235 \varphi} \frac{235}{f_y}} = 28.1 \sqrt{\frac{\chi k \sqrt{\eta}}{\varphi}} \varepsilon_k$$

工字形截面翼缘、腹板的屈曲系数 k 分别为 0.425 和 4.0，又从第 7.6.3 节知道，考虑缺陷后翼缘、腹板的约束系数分别为 1.0 和 1.3，各自代入上式后，可得到翼缘、腹板的宽厚比限值：

翼缘：
$$\frac{b_0}{t_f} = 18.3 \frac{\sqrt[4]{\eta}}{\sqrt{\varphi}} \varepsilon_k \tag{7.118a}$$

腹板：
$$\frac{h_0}{t_w} = 64.2 \frac{\sqrt[4]{\eta}}{\sqrt{\varphi}} \varepsilon_k \tag{7.118b}$$

显然板件的宽厚比与弹性模量折减系数 η、构件的轴心受压整体稳定系数 φ（也即长细比 λ）有关。何保康[16] 根据工字形截面轴压构件试验给出的 η 表达式为：

$$\eta = 0.1013 \lambda^2 \left(1 - 0.0248 \lambda^2 \frac{f_y}{E}\right) \frac{f_y}{E} \leqslant 1.0 \tag{7.119}$$

将式（7.119）代入式（7.118）并用 b 类截面的 φ 值可得到板件宽厚比与构件长细比的关系曲线[16]，见图 7.36 中的理论曲线。为方便使用，我国 GB 50017—2017 标准采用三段直线（两段水平线和一段斜线）来表达，工字形截面翼缘宽厚比和腹板高厚比的限值公式为：

翼缘：
$$\frac{b_0}{t_f} \leqslant (10 + 0.1\lambda) \varepsilon_k \tag{7.120a}$$

腹板：
$$\frac{h_0}{t_w} \leqslant (25+0.5\lambda)\varepsilon_k \tag{7.120b}$$

式中：λ 为构件的较大长细比，当 $\lambda < 30$ 时取 $\lambda = 30$，当 $\lambda > 100$ 时取 $\lambda = 100$。

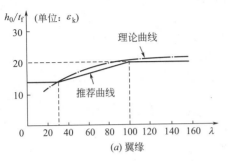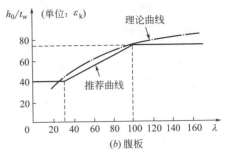

图 7.36 工字形截面轴压构件的板件宽厚比曲线

当板件的宽厚比超过上述范围时，板件在构件整体失稳前会发生局部屈曲，可以通过增加板厚使其满足要求，对于腹板，还可以通过设置纵向加劲肋来减小高厚比。

（2）箱形截面壁板的宽厚比限值

箱形截面的翼缘、腹板统称为壁板。对箱形截面轴压构件，我国采用屈服准则。当板件屈曲应力刚达到 f_y 时，屈服准则可用下式表达：

$$\frac{\chi k \pi^2 E}{12(1-\nu^2)}\left(\frac{t}{b}\right)^2 = f_y$$

将 $\pi = 3.14$、$E = 206000\text{N/mm}^2$、$\nu = 0.3$ 代入上式后，整理可得根据屈服准则确定的板件宽厚比：

$$\frac{b}{t} = \sqrt{\frac{3.14^2 \times 206000 \chi k}{12(1-0.3^2) \times 235}\frac{235}{f_y}} = 28.1\sqrt{\chi k}\,\varepsilon_k \tag{7.121}$$

上式不仅适用于箱形截面中的板件，也适用于其他截面中的板件，只是屈曲系数和约束系数的取值不同。对于箱形截面，从第 7.6.3 节知道，无缺陷壁板的屈曲系数为 4.0，约束系数为 1.0，将相关参数代入上式可得：

$$\frac{b}{t} = 56.2\varepsilon_k$$

综合考虑各类初始缺陷的不利影响后，GB 50017—2017 标准建议箱形截面壁板的宽厚比限值为：

$$\frac{b_0}{t_f} \leqslant 40\varepsilon_k \tag{7.122a}$$

$$\frac{h_0}{t_w} \leqslant 40\varepsilon_k \tag{7.122b}$$

式中：b_0、t_f、h_0、t_w 见图 7.33（c），当箱形截面设有纵向加劲肋时，壁板的计算宽（高）度应取加劲肋与壁板之间的净距离。

（3）T 截面板件的宽厚比限值

T 形截面翼缘的宽厚比限值与工字形截面翼缘相同，见式（7.120a）。因 T 形截面腹板的悬伸尺寸要比翼缘大得多，且板厚小，翼缘对腹板有约束作用，另外焊接截面比热轧截面初始缺陷多，需要区别对待。GB 50017—2017 标准采纳了陈绍蕃[17] 的建议，高厚比限值如下：

热轧剖分 T 型钢腹板：$\dfrac{h_0}{t_w} \leqslant (15+0.2\lambda)\varepsilon_k$ (7.123a)

焊接 T 形截面腹板：$\dfrac{h_0}{t_w} \leqslant (13+0.17\lambda)\varepsilon_k$ (7.123b)

（4）其他类型截面中板件的宽厚比限值

无缺陷轴压圆管的弹性屈曲应力理论值[3] 为：

$$\sigma_{cr} = \frac{2E}{\sqrt{3(1-\nu^2)}} \frac{t}{D} \approx 1.2E\frac{t}{D}$$

式中：D、t 分别为圆管的外径和壁厚，见图 7.33（e）。

大量的试验表明[18,19]，圆管的实际屈曲应力远小于理论值，主要是圆柱壳的屈曲对缺陷比较敏感。GB 50017—2017 标准参考国外相关规范后，给出的径厚比限值为：

$$\frac{D}{t} \leqslant 100\varepsilon_k^2 \qquad (7.124)$$

我国早期规范对等边角钢的板件宽厚比没有规定，主要是普通热轧角钢的板件宽厚比较大，不存在局部屈曲问题。随着高强度钢的应用，出现了宽厚比较大的热轧角钢，GB 50017—2017 标准依据陈绍蕃[20] 的研究成果，给出的宽厚比限值为：

$\lambda \leqslant 80\varepsilon_k$ 时：$\dfrac{w}{t} \leqslant 15\varepsilon_k$ (7.125a)

$\lambda > 80\varepsilon_k$ 时：$\dfrac{w}{t} \leqslant 5\varepsilon_k + 0.125\lambda$ (7.125b)

式中：λ 为按角钢最小刚度轴（图 7.33f 中的 x 轴）确定的构件长细比；w、t 分别为角钢单肢平板部分的宽度和厚度，w 可取 $b-2t$，b 为角钢的肢宽。

GB 50017—2017 标准还建议，当轴压构件承担的压力设计值 N 小于构件稳定承载力 φAf 时，上述诸截面中板件的宽厚比限值可乘以如下放大系数：

$$\alpha = \sqrt{\frac{\varphi Af}{N}} \qquad (7.126)$$

【例题 7.8】 某焊接工字形截面轴压构件，截面为 H350×300×6×10，焰切边，Q235 钢，$\lambda_x=45$，$\lambda_y=58$，承担的轴压力设计值 $N=1000$kN，$f=215$N/mm²，截面面积 $A=7980$mm²，试验算局部稳定。

【解】 1）板件的宽厚比限值

构件的最大长细比为 $\lambda=\lambda_y=58$，由附表 C.1 可知属于 b 类截面，查附表 D.2 得稳定系数 $\varphi=0.818$，构件的稳定承载力为 $\varphi Af=1403.4$kN＞1000kN，可以考虑将板件的宽厚比限值放大，放大系数为：

$$\alpha = \sqrt{\frac{\varphi Af}{N}} = \sqrt{\frac{1403.4}{1000}} = 1.18$$

将 $\lambda=58$ 代入式（7.120a）可得翼缘的宽厚比限值为 15.8，再乘以放大系数 α 后变为 18.64。同理，将 $\lambda=58$ 代入式（7.120b）可得腹板的高厚比限值为 54.0，再乘以 α 后变为 63.72。

2）板件的宽厚比验算

$$\frac{b_0}{t_f}=\frac{(300-6)/2}{10}=14.7<18.64$$

$$\frac{h_0}{t_w}=\frac{350-2\times10}{6}=55<63.72$$

可见，翼缘和腹板均满足限值要求，构件整体失稳前不会发生局部屈曲，但如果腹板的限值不乘 α，则不满足要求。

目前，关于轴压构件的板件宽厚比限值还存在如下不同看法：

1）工字形截面采用等稳定准则，板件的宽厚比与构件的长细比挂钩，而箱形截面采用屈服准则，与长细比无关，不仅与等稳定准则不协调，对短柱也偏严格。陈绍蕃[21] 认为，短柱整体失稳时的应力较高，宜采用屈服准则，而中长柱的应力较低，宜采用等稳定准则。

2）对于采用等稳定准则得到的宽厚比，当 $N<\varphi A f$ 时乘以放大系数 α 是可以的，但对采用屈服准则得到的宽厚比，与构件的整体稳定关系不明确，乘以 α 缺乏说服力。

7.7.2　轴压构件的板件屈曲后强度利用

工字形截面的腹板、箱形截面的壁板均属于四边简支板，具备屈曲后形成较大薄膜拉力的条件，为降低用钢量，这类板件的宽厚比可以不按照第 7.7.1 节中的限值来控制，以便利用屈曲后强度。

（1）板件的有效宽度

从第 7.5.3 节知道，计算板件的有效宽度系数 ρ 时需利用正则化长细比 $\lambda_{n,p}$，由于屈曲后板边缘应力已达到 f_y，约束系数可取 1.0。对宽厚比为 b/t 的任意受压板，将式（7.104）代入式（7.97）可得：

$$\lambda_{n,p}=\sqrt{\frac{f_y}{\sigma_{cr}}}=\frac{b/t}{28.1\sqrt{k}}\cdot\frac{1}{\varepsilon_k} \tag{7.127}$$

四边简支板的 $k=4.0$，代入到上式可得：

$$\lambda_{n,p}=\frac{b/t}{56.2}\cdot\frac{1}{\varepsilon_k} \tag{7.128}$$

式（7.102）提供的有效宽度系数是针对冷弯薄壁型钢的，考虑到焊接和轧制钢构件的残余应力要比冷弯薄壁型钢高很多，GB 50017—2017 标准给出的箱形截面壁板、工字形截面腹板有效宽度系数为：

$b/t\leqslant42\varepsilon_k$ 时：
$$\rho=1.0 \tag{7.129a}$$

$b/t>42\varepsilon_k$ 时：
$$\rho=\frac{1}{\lambda_{n,p}}\left(1-\frac{0.19}{\lambda_{n,p}}\right) \tag{7.129b}$$

当 $b/t>52\varepsilon_k$ 时，根据上式计算所得 ρ 不应小于 $(29\varepsilon_k+0.25\lambda)t/b$。以上诸式中的 b/t 是板的宽厚比，对翼缘应为 b_0/t_f，对于腹板应为 h_0/t_w。有了 ρ，便可以得到板件的有效宽度或有效高度：

箱形截面翼缘的有效宽度：
$$b_e=\rho b_0 \tag{7.130a}$$

工字形及箱形截面腹板的有效高度：
$$h_e=\rho h_0 \tag{7.130b}$$

因工字形截面腹板的边界条件完全由翼缘提供，翼缘宽厚比不允许超过式（7.120a）的限值，整个翼缘全部有效；腹板有效高度 h_e 均分在腹板两侧，见图 7.37（a）。箱形截面中翼缘的有效宽度 b_e、腹板的有效高度 h_e 同样均分在板件的两侧，见图 7.37（b）。

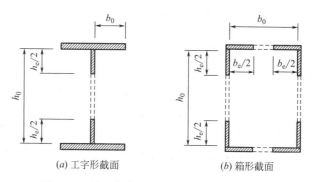

(a) 工字形截面　　　　　　(b) 箱形截面

图 7.37　轴压构件中的板件有效宽度及分布

（2）考虑板件屈曲后强度时的截面强度计算

考虑板件屈曲后强度时，轴压构件的强度计算应采用有效截面，GB 50017—2017 标准给出公式为：

$$\frac{N}{A_{ne}} \leqslant f \tag{7.131}$$

式中：A_{ne} 为构件有效截面的净截面面积。

（3）考虑板件屈曲后强度时的整体稳定计算

考虑板件屈曲后强度时，轴压构件的整体稳定计算应采用有效截面的毛截面面积，见式（4.97）。

7.7.3　受弯构件的板件宽厚比等级

基于安全性、经济性及抗震耗能考虑，各类受弯构件的塑性发展要求并不同，欧洲 EC3—2005 规范将构件截面分为塑性、厚实、半厚实、柔性四类，美国和日本规范也有类似规定。我国 GB 50017—2017 标准将受弯构件的截面板件分为以下五个级别：

S1 级：塑性转动截面，可达全截面塑性，并保证塑性铰具有塑性设计要求的转动能力；

S2 级：塑性截面，可达全截面塑性，但由于局部屈曲，塑性铰的转动能力有限；

S3 级：部分塑性开展的截面，翼缘全部屈服，腹板可发展不超过 1/4 截面高度的塑性；

S4 级：边缘纤维屈服截面，边缘纤维可达屈服强度，但由于局部屈曲而不能发展塑性；

S5 级：超屈曲设计截面，在边缘纤维达到屈服强度前，腹板可能发生局部屈曲。

上述五个级别中，S1、S2、S3 级均允许截面有塑性发展，S1 级用于产生塑性铰的部位；S5 级已属于弹性屈曲范畴，应采用有效截面设计。板件的宽厚比等级不同时，对应的宽厚比限值也不同。

（1）工字形截面板件不同等级时所对应的宽厚比限值

当工字形截面的板件为 S4 级时，无缺陷翼缘的屈曲应力可按式（7.104）计算，梁截面边缘纤维屈服时，翼缘的平均应力略小于 f_y，可取 $0.95f_y$，根据屈服准则可知：

$$\frac{\chi_f k \pi^2 E}{12(1-\nu^2)}\left(\frac{t_f}{b_0}\right)^2 = 0.95 f_y$$

将 $\nu=0.3$、$\pi=3.14$ 代入后整理可得翼缘的宽厚比：

$$\frac{b_0}{t_f} = \sqrt{\frac{\chi_f k E}{247.3} \frac{235}{f_y}} = \sqrt{\frac{\chi_f k E}{247.3}} \varepsilon_k \tag{7.132}$$

从第 7.6.3 节知道，无缺陷工字形截面翼缘的 $\chi_f=1.0$、$k=0.425$，弹性屈曲时 $E=206000\text{N/mm}^2$，将相关参数代入上式可得 $b_0/t_f=18.8\varepsilon_k$，该值也称屈服宽厚比，再将其除以 1.25 来综合考虑各类缺陷的影响[21]，取整数后可得到 S4 级工字形截面翼缘的宽厚比限值为 $b_0/t_f \leqslant 15\varepsilon_k$。当 $b_0/t_f>15\varepsilon_k$ 时板件将发生弹性屈曲，当 $b_0/t_f \leqslant 15\varepsilon_k$ 时将发生弹塑性屈曲，b_0/t_f 越小，梁截面的塑性发展程度也就越深。

对于 S3 级截面，塑性发展系数 $\gamma_x=1.05$，塑性发展深度见图 7.38，翼缘已全部屈服，其割线模量为 $E_s=3E/4$，忽略 $0.95f_y$ 和 f_y 的区别后，将式（7.132）中的 E 替换为 E_s，可得 $b_0/t_f=16.3\varepsilon_k$，再除以 1.25 后取整数，可得到 S3 级工字形截面翼缘的宽厚比限值：$b_0/t_f \leqslant 13\varepsilon_k$。

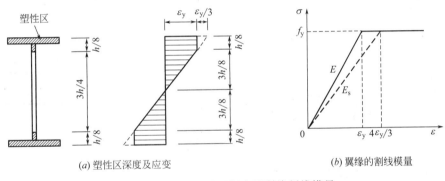

(a) 塑性区深度及应变   (b) 翼缘的割线模量

图 7.38 梁的塑性区深度及翼缘割线模量

考虑缺陷及截面转动能力后，GB 50017—2017 标准给出的工字形截面翼缘宽厚比限值见表 7.7，S1～S5 级的限值分别是屈服宽厚比的 0.5、0.6、0.7、0.8 和 1.1 倍并取整数。

受弯构件的板件宽厚比限值　　　　　　表 7.7

截面类型及板件		宽厚比等级				
		S1	S2	S3	S4	S5
工字形	翼缘 b_0/t_f	$9\varepsilon_k$	$11\varepsilon_k$	$13\varepsilon_k$	$15\varepsilon_k$	$20\varepsilon_k$
	腹板 h_0/t_w	$65\varepsilon_k$	$72\varepsilon_k$	$93\varepsilon_k$	$124\varepsilon_k$	250
箱形	翼缘 b_0/t_f	$25\varepsilon_k$	$32\varepsilon_k$	$37\varepsilon_k$	$42\varepsilon_k$	—
	腹板 h_0/t_w	同工字形截面腹板				

注：1. 当腹板宽厚比不满足相应等级要求时，可通过设置加劲肋来减小宽厚比。

2. 对于 S5 级板件，如果其宽厚比乘以修正因子 $\varepsilon_\sigma=\sqrt{f/\sigma_{max}}$ 后属于 S4 级范畴，则可划归为 S4 级，f 为钢材设计强度，σ_{max} 为板件的最大应力。

对于工字形截面的腹板，当为 S4 级时，腹板边缘的应力约为 $0.97f_y$，由屈服准则可得：

$$\frac{\chi_w k \pi^2 E}{12(1-\nu^2)}\left(\frac{t_w}{h_0}\right)^2 = 0.97f_y$$

将常数 ν、π、E 代入后整理可得：

$$\frac{h_0}{t_w} = 28.6\sqrt{\chi_w k}\,\varepsilon_k \tag{7.133}$$

在弯曲应力作用下，腹板的 $k=23.9$，$\chi_w=1.23$，代入上式可得腹板屈服高厚比：$h_0/t_w \leqslant 155.1\varepsilon_k$，再除以 1.25 后取整数，可得到 S4 级工字形截面腹板的高厚比限值：$h_0/t_w \leqslant 124\varepsilon_k$。其他各级腹板的限值见表 7.7，S1~S3 级的限值并没有直接取屈服高厚比的 0.5、0.6 和 0.7 倍，而是更严格，主要是出于抗震耗能考虑。

下面对 S5 级腹板的取值予以解释。梁的受压翼缘局部弯曲时，对腹板产生竖向压力，可设压应力为 σ_w，见图 7.39（a），如果腹板过薄，σ_w 会将腹板压屈，Basler[22] 给出的 σ_w 表达式为：

$$\sigma_w = 2\sigma_f \varepsilon_f \frac{A_f}{A_w} \tag{7.134}$$

式中：σ_f、ε_f 分别为受压翼缘的平均应力和应变；A_w 为腹板截面积；A_f 为两个翼缘的截面积之和。

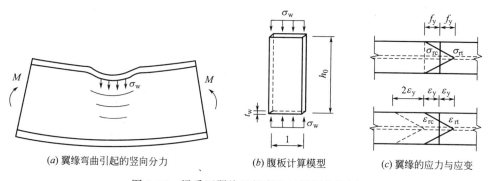

(a) 翼缘弯曲引起的竖向分力　　(b) 腹板计算模型　　(c) 翼缘的应力与应变

图 7.39　梁受压翼缘局部弯曲对腹板的作用

σ_w 作用下的腹板段可近似看作高为 h_0、截面为 $1 \times t_w$ 的两端铰接轴心受压构件，见图 7.39（b），其稳定承载力 $\sigma_{cr}t_w$ 取决于板的柱面刚度 D，即

$$\sigma_{cr}t_w = \frac{\pi^2 D}{h_0^2}$$

将式（7.7）的 D 代入可得：

$$\sigma_{cr} = \frac{\pi^2 E}{12(1-\nu^2)}\left(\frac{t_w}{h_0}\right)^2$$

当 $\sigma_w \geqslant \sigma_{cr}$ 时腹板将发生屈曲，可得腹板的高厚比限值：

$$\frac{h_0}{t_w} \leqslant \sqrt{\frac{\pi^2 E}{24(1-\nu^2)} \cdot \frac{A_w}{A_f} \cdot \frac{1}{\sigma_f \varepsilon_f}}$$

对于薄腹板梁，腹板面积较小，可偏安全地取 $A_w/A_f = 0.5$。ε_f 与残余应力有关，焊接工字形截面翼缘的残余拉、压应力的峰值均可达到 f_y，当受压翼缘的平均应力达到 f_y 时，翼缘平均应变为 $\varepsilon_f = 2\varepsilon_y$，见图 7.39（$c$），如果取 $f_y = 235\text{N/mm}^2$，代入上式可得[23]：

$$\frac{h_0}{t_w} \leqslant \sqrt{\frac{\pi^2 E}{24(1-\nu^2)} \times 0.5 \times \frac{E}{2f_y^2}} = 294 \tag{7.135}$$

该数值较大，如果残余应力峰值不高，得到的数值会更大，因此不同国家的规定并不相同。考虑到高厚比较大时，加工制作过程中很难保持腹板平整，会有较大的初挠曲，焊接时也容易翘曲，对构件的整体稳定和局部稳定都有较大的影响，我国建议腹板的高厚比上限值为 250，该限值与钢号无关，仅仅是为了保证加工质量。

（2）箱形截面板件不同等级时所对应的宽厚比限值

箱形截面腹板的高厚比限值与工字形截面腹板完全相同，翼缘宽厚比限值的推导过程与工字形截面类同，只是屈曲系数取 4.0，嵌固系数取 1.0，结果见表 7.7。

7.7.4　受弯构件腹板的屈曲应力及局部稳定计算

为降低用钢量，梁腹板的高厚比通常较大，局部稳定比较突出，而且应力复杂，一般有弯曲正应力和剪应力，有时还有横向局部压应力。尽管第 7.3 节已经给出了板在各种简单及复杂应力作用下的弹性屈曲计算方法，但并没有考虑初始缺陷和材料非线性，另外腹板也会设置加劲肋，故屈曲应力的计算方法和复杂应力下的稳定计算应进行相应调整。

（1）纯剪作用下的腹板屈曲应力

考虑板件相关作用引入腹板约束系数 χ_w 后，腹板弹性剪切屈曲应力可由式（7.58）改写为：

$$\tau_{cr} = \frac{\chi_w k_s \pi^2 E}{12(1-\nu^2)} \left(\frac{t_w}{h_0}\right)^2 \tag{7.136}$$

借鉴式（7.97），引入板件受剪时的正则化长细比 $\lambda_{n,s}$：

$$\lambda_{n,s} = \sqrt{\frac{\tau_y}{\tau_{cr}}} \tag{7.137}$$

式中：τ_y 为钢材的剪切屈服强度，$\tau_y = f_y/\sqrt{3} \approx 0.58 f_y$。

由上式可知，当 $\tau_{cr} = \tau_y$ 也即 $\lambda_{n,s} = 1.0$ 时腹板将发生塑性剪切屈曲，当 $\tau_{cr} < \tau_y$ 也即 $\lambda_{n,s} > 1.0$ 时将发生弹性剪切屈曲。将式（7.136）以及 τ_y、$E = 206000\text{N/mm}^2$、$\nu = 0.3$ 代入上式，整理可得：

$$\lambda_{n,s} = \frac{h_0/t_w}{37\sqrt{\chi_w k_s}} \cdot \frac{1}{\varepsilon_k} \tag{7.138}$$

令 $\eta = \sqrt{\chi_w}$，并将式（7.59）四边简支板的剪切屈曲系数 k_s 代入上式可得：

$\dfrac{a}{h_0} \leqslant 1.0$ 时：
$$\lambda_{n,s} = \frac{h_0/t_w}{37\eta\sqrt{4+5.34(h_0/a)^2}} \cdot \frac{1}{\varepsilon_k} \tag{7.139a}$$

$\dfrac{a}{h_0} > 1.0$ 时：
$$\lambda_{n,s} = \frac{h_0/t_w}{37\eta\sqrt{5.34+4(h_0/a)^2}} \cdot \frac{1}{\varepsilon_k} \tag{7.139b}$$

式中：a 为腹板的计算宽度，当无横向加劲肋时 a 为梁长，此时可取 $h_0/a = 0$，当有横向加劲肋时，见图 7.40 (a)、(b)，a 取横向加劲肋的间距；简支梁的 $\eta=\sqrt{1.23}\approx1.1$，框架梁的 $\eta=\sqrt{1.0}=1.0$。

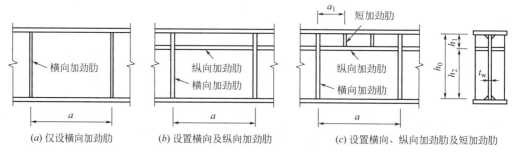

(a) 仅设横向加劲肋   (b) 设置横向及纵向加劲肋   (c) 设置横向、纵向加劲肋及短加劲肋

图 7.40　梁的加劲肋类型

无缺陷理想弹塑性腹板纯剪时的 τ_{cr}/τ_y-$\lambda_{n,s}$ 曲线为图 7.41 中的 ABC，AB 段为塑性，BC 段为弹性，B 点 $\lambda_{n,s}=1.0$，是弹性与塑性的分界点。实际钢材并非理想弹塑性，当 τ_{cr} 小于剪切比例极限 τ_p 时属于弹性屈曲，如果取 $\tau_p=0.8\tau_y$，则 $\tau_{cr}=\tau_p$ 时对应的 $\lambda_{n,s}=1.12$；当 τ_{cr} 超过 τ_p 时属于弹塑性屈曲，τ_{cr} 达到 τ_y 时属于塑性屈曲。考虑到构件存在残余应力和几何缺陷，GB 50017—2017 标准把弹性范围推迟到 $\lambda_{n,s}>1.2$，把塑性范围缩小到 $\lambda_{n,s}\leqslant0.8$，则 $0.8<\lambda_{n,s}\leqslant1.2$ 属于弹塑性范围，再引入 $1.1f_v$ 来代替 τ_y，1.1 近似于抗力分项系数，f_v 为钢材抗剪强度设计值，这样就可以得到腹板发生塑性、弹塑性、弹性剪切屈曲（图 7.41 中曲线 DE、EF、FC 段）时的屈曲应力实用计算方法：

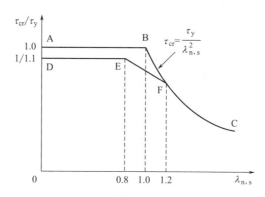

图 7.41　纯剪时梁腹板的 τ_{cr}/τ_y-$\lambda_{n,s}$ 曲线

$\lambda_{n,s}\leqslant0.8$ 时：
$$\tau_{cr}=f_v \tag{7.140a}$$

$0.8<\lambda_{n,s}\leqslant1.2$ 时：
$$\tau_{cr}=[1-0.59(\lambda_{n,s}-0.8)]f_v \tag{7.140b}$$

$\lambda_{n,s}>1.2$ 时：
$$\tau_{cr}=1.1f_v/\lambda_{n,s}^2 \tag{7.140c}$$

式中：$\lambda_{n,s}$ 按式（7.139）计算。

对于无横向加劲肋的腹板，$a\gg h_0$，$k_s\approx5.34$，如果取 $\lambda_{n,s}=1.0$、$\chi_w=1.0$，由式（7.138）可得：

$$\frac{h_0}{t_w}=1.0\times37\sqrt{1.0\times5.34}\times\varepsilon_k=85.5\varepsilon_k$$

GB 50017—2017 标准还规定：当腹板的高厚比 $h_0/t_w\leqslant80\varepsilon_k$ 时，如果梁上无横向集中

荷载作用（$\sigma_c = 0$），可不配置横向加劲肋，如果 $\sigma_c \neq 0$，为提高腹板的屈曲应力，应按构造配置横向加劲肋，如图 7.40（a）所示，横向加劲肋间距 a 的最小值为 $0.5h_0$，最大值为 $2h_0$（当 $\sigma_c = 0$ 且 $h_0/t_w \leqslant 100\varepsilon_k$ 时，最大值可放宽至 $2.5h_0$）；当高厚比 $h_0/t_w > 80\varepsilon_k$ 时也应按上述构造要求配置横向加劲肋。

（2）纯弯作用下的腹板屈曲应力

考虑板件的相关作用后，腹板受弯时的弹性屈曲应力可由式（7.49）改写为：

$$\sigma_{cr} = \frac{\chi_w k \pi^2 E}{12(1-\nu^2)}\left(\frac{t_w}{h_0}\right)^2 \tag{7.141}$$

引入板件受弯时的正则化长细比 $\lambda_{n,b}$：

$$\lambda_{n,b} = \sqrt{\frac{f_y}{\sigma_{cr}}} \tag{7.142}$$

可以看出，当 $\sigma_{cr} < f_y$ 也即 $\lambda_{n,b} > 1.0$ 时，腹板将发生弹性屈曲。将式（7.141）及 E、ν 等相关常数代入上式后，整理可得：

$$\lambda_{n,b} = \frac{h_0/t_w}{28.1\sqrt{\chi_w k}} \cdot \frac{1}{\varepsilon_k} \tag{7.143}$$

纯弯板的 $k = 23.9$，由表 7.6 知道，当受压翼缘的扭转受到约束时 $\chi_w = 1.66$，未受约束时 χ_w 有 1.23 和 1.0 两种取值，可偏安全地取 $\chi_w = 1.0$。将 k 及两种 χ_w 值分别代入上式后可得：

梁受压翼缘扭转受到约束时：
$$\lambda_{n,b} = \frac{2h_c/t_w}{177} \cdot \frac{1}{\varepsilon_k} \tag{7.144a}$$

梁受压翼缘扭转未受约束时：
$$\lambda_{n,b} = \frac{2h_c/t_w}{138} \cdot \frac{1}{\varepsilon_k} \tag{7.144b}$$

式中：h_c 为腹板受压区的高度，对于双轴对称截面，$2h_c = h_0$。

无缺陷弹塑性腹板纯弯时的 σ_{cr}/f_y-$\lambda_{n,b}$ 为图 7.42 中的 ABC 曲线，B 点为塑性与弹性的分界点，对应的 $\lambda_{n,b} = 1.0$。GB 50017—2017 标准引入 $1.1f$ 来代替 f_y，考虑各类缺陷影响后，把塑性范围缩小到 $\lambda_{n,b} \leqslant 0.85$，弹性范围推迟到 $\lambda_{n,b} > 1.25$，则 $0.85 < \lambda_{n,b} \leqslant 1.25$ 属于弹塑性范围，曲线 DE、EF、FC 分别代表塑性、弹塑性、弹性屈曲，各阶段的受弯屈曲应力实用计算公式分别为：

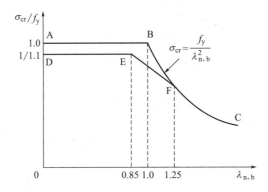

图 7.42　纯弯时梁腹板的 σ_{cr}/f_y-$\lambda_{n,b}$ 曲线

$\lambda_{n,b} \leqslant 0.85$ 时： $\qquad\qquad\qquad \sigma_{cr} = f \qquad\qquad\qquad\qquad\qquad$ (7.145a)

$0.85 < \lambda_{n,b} \leqslant 1.25$ 时： $\qquad \sigma_{cr} = [1 - 0.75(\lambda_{n,b} - 0.85)]f \qquad\qquad$ (7.145b)

$\lambda_{n,b} > 1.25$ 时： $\qquad\qquad\qquad \sigma_{cr} = 1.1f/\lambda_{n,b}^2 \qquad\qquad\qquad$ (7.145c)

式中：$\lambda_{n,b}$ 按式（7.144）计算；f 为钢材强度设计值。

当 $\lambda_{n,b} = 1.0$ 时，由式（7.143）可得：

$$\frac{h_0}{t_w} = 28.13\varepsilon_k \sqrt{23.9\chi_w} = 138\varepsilon_k \sqrt{\chi_w}$$

χ_w 有 1.66 和 1.23 两种值，代入上式后得到的 h_0/t_w 分别为 $177\varepsilon_k$ 和 $153\varepsilon_k$，因此 GB 50017—2017 标准规定：当 $h_0/t_w > 170\varepsilon_k$（受压翼缘的扭转受到约束）或 $h_0/t_w > 150\varepsilon_k$（受压翼缘的扭转未受约束）时，为提高腹板的屈曲应力，应在腹板受压区配置纵向加劲肋，见图 7.40（b），纵向加劲肋至腹板受压边缘的距离 h_1 应在 $h_c/2.5 \sim h_c/2$ 范围内；局部压应力很大的梁，尚宜在受压翼缘和纵向加劲肋之间配置短加劲肋，见图 7.40（c）；任何情况下腹板的高厚比均不应超过 250。

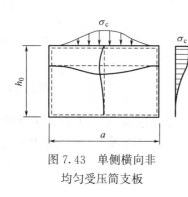

图 7.43　单侧横向非均匀受压简支板

（3）局部压应力作用下的腹板屈曲应力

第 7.2.2 节给出了横向均匀加载时四边简支板（图 7.8b）的弹性屈曲应力计算方法，实际横向荷载可能是单边加载且非均匀分布，如图 7.43 所示的局部压应力 σ_c，这类板件的弹性屈曲应力 $\sigma_{c,cr}$ 仍可采用式（7.141）的形式，即

$$\sigma_{c,cr} = \frac{\chi_w k \pi^2 E}{12(1 - \nu^2)} \left(\frac{t_w}{h_0}\right)^2 \qquad\qquad (7.146)$$

局部压应力作用下腹板的屈曲系数 k、约束系数 χ_w 可分别按下列公式计算[24]：

$0.5 \leqslant \dfrac{a}{h_0} \leqslant 1.5$ 时： $\qquad k = \left(4.5\dfrac{h_0}{a} + 7.4\right)\dfrac{h_0}{a} \qquad\qquad$ (7.147a)

$0.5 < \dfrac{a}{h_0} \leqslant 2.0$ 时： $\qquad k = \left(11 - 0.9\dfrac{h_0}{a}\right)\dfrac{h_0}{a} \qquad\qquad$ (7.147b)

$$\chi_w = 1.81 - 0.255\frac{h_0}{a} \qquad\qquad (7.148)$$

引入板件局部受压时的正则化长细比：

$$\lambda_{n,c} = \sqrt{\frac{f_y}{\sigma_{c,cr}}} \qquad\qquad (7.149)$$

将式（7.146）、式（7.147）及式（7.148）代入上式可得：

$0.5 \leqslant \dfrac{a}{h_0} \leqslant 1.5$ 时： $\qquad \lambda_{n,c} = \dfrac{h_0/t_w}{28\sqrt{10.9 + 13.4(1.83 - a/h_0)^3}} \cdot \dfrac{1}{\varepsilon_k} \qquad$ (7.150a)

$1.5 < \dfrac{a}{h_0} \leqslant 2.0$ 时： $\qquad \lambda_{n,c} = \dfrac{h_0/t_w}{28\sqrt{18.9 - 5a/h_0}} \cdot \dfrac{1}{\varepsilon_k} \qquad\qquad$ (7.150b)

局部压应力作用下板件同样可能发生塑性、弹塑性和弹性屈曲，GB 50017—2017 标准综合考虑各类缺陷的影响后，把塑性范围缩小到 $\lambda_{n,c} \leqslant 0.9$，弹性范围推迟到 $\lambda_{n,c} > 1.2$，

则 $0.9 < \lambda_{n,c} \leqslant 1.2$ 属于弹塑性范围，各阶段的屈曲应力实用计算公式分别为：

$\lambda_{n,c} \leqslant 0.9$ 时： $\qquad\qquad \sigma_{c,cr} = f$ (7.151a)

$0.9 < \lambda_{n,c} \leqslant 1.2$ 时： $\qquad \sigma_{c,cr} = [1 - 0.79(\lambda_{n,c} - 0.9)]f$ (7.151b)

$\lambda_{n,c} > 1.2$ 时： $\qquad\qquad \sigma_{c,cr} = 1.1 f / \lambda_{n,c}^2$ (7.151c)

式中：$\lambda_{n,c}$ 按式（7.150）计算。

如果在集中荷载作用处腹板设有横向加劲肋，则腹板不会发生局部屈曲，无须进行局部压应力作用下的稳定计算。

（4）仅配置横向加劲肋时腹板的局部稳定计算

图 7.40（a）所示腹板被横向加劲肋划分成不同的区格，各区格可能同时作用有弯曲应力 σ、局部压应力 σ_c、剪应力 τ，参照式（7.66）可以得到各区格的稳定计算公式：

$$\left(\frac{\sigma}{\sigma_{cr}}\right)^2 + \left(\frac{\tau}{\tau_{cr}}\right)^2 + \frac{\sigma_c}{\sigma_{c,cr}} \leqslant 1.0 \tag{7.152}$$

式中：σ 为所计算腹板区格内由平均弯矩产生的腹板受压边缘的弯曲压应力；τ 为所计算腹板区格内由平均剪力产生的剪应力，$\tau = V/(h_w t_w)$；σ_c 为腹板计算高度边缘的局部压应力；σ_{cr}、τ_{cr}、$\sigma_{c,cr}$ 为各种应力单独作用下腹板的屈曲应力，分别按式（7.145）、式（7.140）、式（7.151）计算。

（5）同时配置横向、纵向加劲肋时腹板的局部稳定计算

图 7.44 所示同时配置横向、纵向加劲肋的腹板被纵向加劲肋分为 h_1、h_2 两个区域，h_1 区域的区格位于受压翼缘与纵向加劲肋之间，承担弯曲压应力，h_2 区域的区格位于受拉翼缘与纵向加劲肋之间，弯曲应力有拉有压，由于 h_1、h_2 区域的腹板受力情况并不相同，两个区域的区格稳定需分别计算。

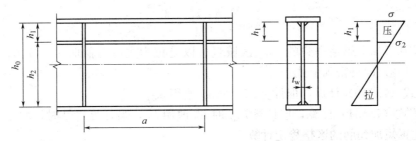

图 7.44 设置纵向加劲肋后的腹板区格和弯曲应力

1）h_1 区域的区格

该区域的区格属于狭长板，a 远大于 h_1，这类板的相关曲线是外凸的，且 σ_c、τ 的影响比较明显，因此 GB 50017—2017 标准给出的区格稳定计算公式为：

$$\frac{\sigma}{\sigma_{cr1}} + \left(\frac{\sigma_c}{\sigma_{c,cr1}}\right)^2 + \left(\frac{\tau}{\tau_{cr1}}\right)^2 \leqslant 1.0 \tag{7.153}$$

式中：τ_{cr1}、σ_{cr1}、$\sigma_{c,cr1}$ 分别为剪应力、弯曲应力、局部压应力单独作用下所计算区格的屈曲应力，分别按下列规定计算：

τ_{cr1} 按式（7.140）计算，但计算 $\lambda_{n,s}$ 时 h_0 应改为 h_1。

σ_{cr1} 按式（7.145）计算，但 $\lambda_{n,b}$ 应改为 $\lambda_{n,b1}$（h_1 区域腹板的受弯正则化长细比），计算公式为：

梁受压翼缘扭转受到约束时：　　$\lambda_{n,bl} = \dfrac{h_1/t_w}{75} \cdot \dfrac{1}{\varepsilon_k}$ 　　　　　　　　　　(7.154a)

梁受压翼缘扭转未受约束时：　　$\lambda_{n,bl} = \dfrac{h_1/t_w}{64} \cdot \dfrac{1}{\varepsilon_k}$ 　　　　　　　　　　(7.154b)

上式是基于如下思路得到的：h_1 区域位于腹板受压区，无拉应力，k 远小于 23.9，可近似取 $k = 5.13$，χ_w 也有所降低，当受压翼缘的扭转受到约束时可取 $\chi_w = 1.40$，未受到约束时仍可取 $\chi_w = 1.0$，将上述参数代入式（7.143）即可得到 $\lambda_{n,bl}$ 值。

$\sigma_{c,crl}$ 按式（7.151）计算，但 $\lambda_{n,c}$ 应改为 $\lambda_{n,cl}$（h_1 区域腹板的局压正则化长细比），计算公式为：

梁受压翼缘扭转受到约束时：　　$\lambda_{n,bl} = \dfrac{h_1/t_w}{56} \cdot \dfrac{1}{\varepsilon_k}$ 　　　　　　　　　　(7.155a)

梁受压翼缘扭转未受约束时：　　$\lambda_{n,bl} = \dfrac{h_1/t_w}{40} \cdot \dfrac{1}{\varepsilon_k}$ 　　　　　　　　　　(7.155b)

2）h_2 区域的区格

该区域的区格属于长宽比不大的矩形板，GB 50017—2017 标准给出的稳定计算公式为：

$$\left(\frac{\sigma_2}{\sigma_{cr2}}\right)^2 + \left(\frac{\tau}{\tau_{cr2}}\right)^2 + \frac{\sigma_{c2}}{\sigma_{c,cr2}} \leqslant 1.0 \qquad\qquad (7.156)$$

式中：σ_2 为所计算区格内由平均弯矩产生的腹板在纵向加劲肋处的弯曲压应力，见图 7.44；σ_{c2} 为腹板在纵向加劲肋处的横向压应力，可取 $\sigma_{c2} = 0.3\sigma_c$；$\sigma_{cr2}$、$\tau_{cr2}$、$\sigma_{c,cr2}$ 分别为各种应力单独作用下所计算区格的屈曲应力，按下列规定计算：

σ_{cr2} 按式（7.145）计算，但 $\lambda_{n,b}$ 用以下 $\lambda_{n,b2}$ 代替：

$$\lambda_{n,b2} = \frac{h_2/t_w}{194} \cdot \frac{1}{\varepsilon_k} \qquad\qquad (7.157)$$

上式是基于如下思路得到的：h_2 区域腹板以受拉为主，近似取 $k = 47.6$，$\chi_w = 1.0$，代入式（7.143）即可得到上式。

τ_{cr2} 按式（7.140）计算，但计算 $\lambda_{n,s}$ 时 h_0 改用 h_2。

$\sigma_{c,cr2}$ 按式（7.151）计算，但计算 $\lambda_{n,c}$ 时 h_0 改用 h_2，当 $a/h_2 > 2$ 时，取 $a/h_2 = 2$。

（6）配置短加劲肋的区格稳定计算

对于图 7.40（c）所示配置短加劲肋的小区格，其局部稳定按式（7.153）计算，其中 τ_{crl} 按式（7.140）计算，但计算 $\lambda_{n,s}$ 时 h_0、a 分别改为 h_1、a_1；σ_{crl} 按式（7.145）计算，但 $\lambda_{n,b}$ 用式（7.154）的 $\lambda_{n,bl}$ 代替；$\sigma_{c,crl}$ 也按式（7.145）计算，但 $\lambda_{n,b}$ 用下列 $\lambda_{n,cl}$ 代替：

梁受压翼缘扭转受到约束时：　　$\lambda_{n,cl} = \dfrac{a_1/t_w}{87} \cdot \dfrac{1}{\varepsilon_k}$ 　　　　　　　　　　(7.158a)

梁受压翼缘扭转未受约束时：　　$\lambda_{n,cl} = \dfrac{a_1/t_w}{73} \cdot \dfrac{1}{\varepsilon_k}$ 　　　　　　　　　　(7.158b)

对 $a_1/h_1 > 1.2$ 的区格，上式右侧应乘以 $1/\sqrt{0.4 + 0.5a_1/h_1}$。

【例题 7.9】 图 7.45（a）所示简支梁，截面为 H800×280×8×12，材料为 Q235 钢，梁上无楼板，试判定板的宽厚比等级，并进行加劲肋的配置和腹板稳定计算。已知 $f = 215\text{N/mm}^2$，$f_v = 125\text{N/mm}^2$，$W_x = 3.39 \times 10^6 \text{mm}^3$。

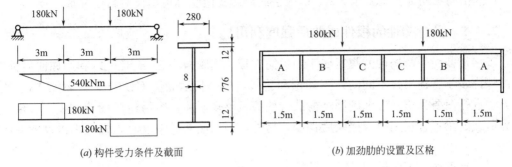

(a) 构件受力条件及截面　　　　(b) 加劲肋的设置及区格

图 7.45　例题 7.9 图

【解】 板件的宽厚比为：

$$\frac{b_0}{t_f}=\frac{(280-8)/2}{12}=11.3, \qquad \frac{h_0}{t_w}=\frac{800-2\times12}{8}=97.0$$

由表 7.7 可知，翼缘宽厚比满足 S3 级，腹板高厚比满足 S4 级。因腹板高厚比介于 $80\varepsilon_k\sim170\varepsilon_k$，需要配置横向加劲肋，考虑到支座处要设置支座加劲肋，集中荷载作用处必须设置横向加劲肋，可取加劲肋间距 $a=1.5\mathrm{m}$，见图 7.45（b），介于 $0.5h_0\sim2h_0$，满足构造要求。

由内力图可知，腹板区格共分为 A、B、C 三种，需要分别进行验算。先以 B 区格为例进验算，B 区格作用有剪应力 τ 和弯曲应力 σ，因集中荷载作用处设置了加劲肋，可取 $\sigma_c=0$。

由图 7.45（a）可知，B 区格的剪力均匀分布，平均剪力 $V=180\mathrm{kN}$，产生的腹板剪应力为：

$$\tau=\frac{V}{h_w t_w}=\frac{180\times10^3}{776\times8}=29.0\mathrm{N/mm^2}$$

B 区格的弯矩呈线性变化，区格内的平均弯矩 $M=(270+540)/2=405\mathrm{kN\cdot m}$，该弯矩对应的腹板受压边缘弯曲压应力为：

$$\sigma=\frac{M}{W_x}\cdot\frac{h_w}{h}=\frac{405\times10^6}{3.39\times10^6}\times\frac{776}{800}=115.9\mathrm{N/mm^2}$$

$a/h_0>1.0$，由式（7.139b）可得板件的受剪正则化长细比：

$$\lambda_{n,s}=\frac{h_0/t_w}{37\eta\sqrt{5.34+4(h_0/a)^2}}\cdot\frac{1}{\varepsilon_k}=\frac{97}{37\times1.1\sqrt{5.34+4(776/1500)^2}}=0.934$$

$0.8<\lambda_{n,s}<1.2$，由式（7.140b）可得剪力作用下的屈曲应力：

$$\tau_{cr}=[1-0.59(\lambda_{n,s}-0.8)]f_v=[1-0.59(0.934-0.8)]\times125=115.1\mathrm{N/mm^2}$$

受压翼缘的扭转未受到约束，由式（7.144b）可得板件的受弯正则化长细比：

$$\lambda_{n,b}=\frac{2h_c/t_w}{138}\cdot\frac{1}{\varepsilon_k}=\frac{97}{138}=0.703$$

$\lambda_{n,b}<0.85$，由式（7.145a）可得弯矩作用下的屈曲应力 $\sigma_{cr}=f=215\mathrm{N/mm^2}$。

将上述相关参数代入式（7.152）可得：

$$\left(\frac{\sigma}{\sigma_{cr}}\right)^2+\left(\frac{\tau}{\tau_{cr}}\right)^2=\left(\frac{115.9}{215}\right)^2+\left(\frac{29.0}{115.1}\right)^2=0.354<1.0$$

B区格满足局部稳定要求，A、C区格的局部稳定验算可由读者自己完成。

7.7.5 受弯构件的板件屈曲后强度利用

工字形截面受弯构件的腹板属于四边简支板，当腹板为S5级时可以利用屈曲后强度，国内外许多学者提出过不同的计算理论和公式，本书仅对我国GB 50017—2017标准建议的方法进行简要介绍。考虑到循环荷载会使腹板反复屈曲，容易造成疲劳破损，直接承受动力荷载的梁不宜利用腹板屈曲后强度。另外，利用屈曲后强度时，腹板不再设置纵向加劲肋。

（1）纯剪作用下的抗剪承载力计算

加劲肋和翼缘是腹板的边界，剪力V作用下腹板将发生图7.15（b）所示斜向凸曲变形，在垂直于波脊线方向不能承担压力，而沿波脊线方向可以承担较大的拉力，形成斜向拉力带。如果将翼缘看作桁架的弦杆、将横向加劲肋看作桁架的竖腹杆，则斜向拉力带类似于只受拉的斜腹杆，见图7.46，因此腹板剪切屈曲后承载力还可以继续增加，抗剪承载力V_u等于屈曲时剪力V_{cr}与屈曲后剪力V_t之和[25]，即

$$V_u = V_{cr} + V_t \tag{7.159a}$$

$$V_{cr} = h_w t_w \tau_{cr} \tag{7.159b}$$

$$V_t = \frac{\sqrt{3} h_w t_w}{2} \cdot \frac{\tau_y - \tau_{cr}}{\sqrt{1 + (a/h_0)^2}} \tag{7.159c}$$

式中：h_w为腹板的几何高度，对热轧型钢，不需要去除圆弧段。

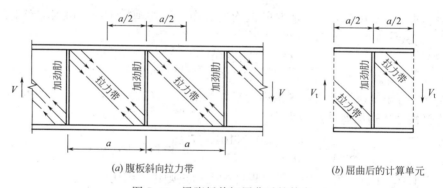

（a）腹板斜向拉力带　　　　　　　　　　（b）屈曲后的计算单元

图7.46　梁腹板剪切屈曲后的剪力

上式被美国ANSI/AISC 360—2005规范略加修改后采纳。我国GB 50017—2017标准引用正则化长细比$\lambda_{n,s}$后，给出的纯剪作用下考虑腹板屈曲后强度时梁的抗剪承载力设计值V_u为：

$\lambda_{n,s} \leqslant 0.8$时：
$$V_u = h_w t_w f_v \tag{7.160a}$$

$0.8 < \lambda_{n,s} \leqslant 1.2$时：
$$V_u = h_w t_w f_v [1 - 0.5(\lambda_{n,s} - 0.8)] \tag{7.160b}$$

$\lambda_{n,s} > 1.2$时：
$$V_u = h_w t_w f_v / \lambda_{n,s}^{1.2} \tag{7.160c}$$

式中：$\lambda_{n,s}$按式（7.139）计算；f_v为腹板材料的抗剪强度设计值。

（2）纯弯作用下的抗弯承载力计算

在弯矩M作用下腹板的屈曲后性能与纯剪时有所不同。腹板屈曲前，构件全截面有

效，弯曲应力 σ 沿腹板高度呈线性分布，见图 7.47（a）。腹板一旦发生屈曲，弯曲应力将呈非线性分布且中和轴下移，见图 7.47（b），根据有效宽度的概念，计算梁极限弯矩时可将弯曲应力简化成图 7.47（c）所示的分布形式，翼缘及受拉区腹板全部有效，原受压区 h_c 范围内的中央腹板退出工作，即有效区高度由 h_c 变为 ρh_c，有效高度系数 ρ 与受弯正则化长细比 $\lambda_{n,b}$ 有关，GB 50017—2017 标准建议按下式取值：

$\lambda_{n,b} \leqslant 0.85$ 时：$\qquad\qquad\qquad \rho = 1.0$ $\qquad\qquad$ (7.161a)

$0.85 < \lambda_{n,b} \leqslant 1.25$ 时：$\qquad \rho = 1 - 0.82(\lambda_{n,b} - 0.85)$ $\qquad$ (7.161b)

$\lambda_{n,b} > 1.25$ 时：$\qquad\qquad \rho = \dfrac{1}{\lambda_{n,b}}\left(1 - \dfrac{0.2}{\lambda_{n,b}}\right)$ $\qquad$ (7.161c)

式中：$\lambda_{n,b}$ 按式（7.144）计算。

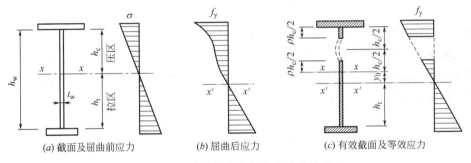

(a) 截面及屈曲前应力　　　　(b) 屈曲后应力　　　　(c) 有效截面及等效应力

图 7.47　受弯构件的腹板应力及有效截面

根据图 7.47（c）所示的有效截面（阴影区）可以计算出 x' 轴与 x 轴之间的距离 y_0，从而得到有效截面对 x' 轴的截面模量 $W_{ex'}$：

$$W_{ex'} \approx \alpha_e W_x \qquad\qquad (7.162a)$$

$$\alpha_e = 1 - \frac{(1-\rho)h_c^3 t_w}{2I_x} \qquad\qquad (7.162b)$$

式中：h_c 为腹板受压区高度；I_x、W_x 分别为全截面有效时对 x 轴的惯性矩及截面模量；α_e 为考虑腹板有效高度后的截面模量折减系数。

有效截面的边缘纤维屈服时对应的承载力为 $\alpha_e W_x f_y$，GB 50017—2017 标准引入截面塑性发展系数 γ_x 后给出的纯弯作用下考虑腹板屈曲后强度时梁的抗弯承载力设计值 M_{eu} 为：

$$M_{eu} = \gamma_x \alpha_e W_x f \qquad\qquad (7.163)$$

（3）弯矩和剪力共同作用下的承载力计算

对于厚腹板梁，弯矩 M 单独作用下腹板的弯曲应力 σ 可以达到 f_y，剪力 V 单独作用下腹板平均剪应力 τ 可以达到 τ_y，但在 M 和 V 共同作用下，腹板屈服时 $\sigma < f_y$、$\tau < \tau_y$，应力分布见图 7.48（a）。在厚腹板梁中，腹板面积 A_w 不会小于 2 倍的翼缘面积 A_f，A_f 为两个翼缘面积之和，Basler[26] 偏安全地取 $A_w/A_f = 2$，并利用 Mises 屈服准则推导出的极限承载力相关公式为：

$$\left(\frac{V}{V_u}\right)^2 + \frac{M - M_f}{M_p - M_f} = 1.0 \qquad\qquad (7.164)$$

式中：V_u 为 V 单独作用下腹板的抗剪承载力；M_p、M_f 分别为 M 单独作用下梁的全截面塑性弯矩、两个翼缘所承担的弯矩。

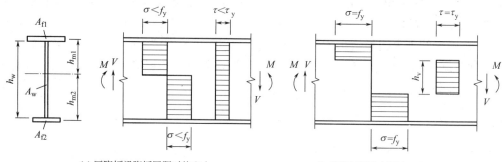

(a) 厚腹板梁腹板屈服时的应力　　　　　(b) 薄腹板梁腹板屈曲后的应力分布

图 7.48　弯矩与剪力共同作用下的腹板应力

对于薄腹板梁，数值分析及试验研究均表明，腹板屈曲后的应力分布更接近于图 7.48 (b)，中部的 h_v 部分来抗剪，其余部分来承弯，而且当 h_v 不超过 $0.5h_w$ 也即 $V < 0.5V_u$ 时，腹板屈曲后的抗弯承载力不会下降，GB 50017—2017 标准结合上述情况给出的考虑腹板屈曲后强度时梁的承载力设计公式为：

$$\left(\frac{V}{0.5V_u} - 1\right)^2 + \frac{M - M_f}{M_{eu} - M_f} \leqslant 1.0 \qquad (7.165a)$$

$$M_f = \left(A_{f1}\frac{h_{m1}^2}{h_{m2}} + A_{f2}h_{m2}\right)f \qquad (7.165b)$$

式中：V_u、M_{eu} 分别按式（7.160）、式（7.163）计算，当 $V < V_u$ 时取 $V = 0.5V_u$，当 $M < M_f$ 时取 $M = M_f$；A_{f1}、h_{m1} 分别为较大翼缘的截面积及其形心至梁中和轴的距离，见图 7.48（a）；A_{f2}、h_{m2} 分别为较小翼缘的截面积及其形心至梁中和轴的距离。

（4）考虑腹板屈曲后强度时的截面受弯强度计算

当工字形截面受弯构件的腹板宽厚比等级为 S5 级时，在截面边缘纤维达到屈服强度前，板件会发生局部屈曲，此时可以利用屈曲后强度，但无须再考虑截面塑性的发展。对于主弯矩绕强轴作用的受弯构件，GB 50017—2017 标准给出的受弯强度计算公式为：

$$\frac{M_x}{W_{nex}} + \frac{M_y}{W_{ney}} \leqslant f \qquad (7.166)$$

式中：W_{nex}、W_{ney} 分别为有效截面绕 x 轴、y 轴的净截面模量。确定有效截面时，受拉翼缘全截面有效，受压翼缘的有效外伸宽度取 $15\varepsilon_k$，腹板的有效高度按图 7.47（c）和式（7.161）取值。

（5）考虑腹板屈曲后强度时的整体稳定计算

对于弯矩绕强轴作用的工字形截面单向受弯构件，当腹板宽厚比等级为 S5 级时，也应采用有效截面进行整体稳定计算，GB 50017—2017 标准给出的计算方法见式（5.97），采用有效截面的毛截面模量，有效截面的确定方法同式（7.166）。

7.7.6　压弯构件的板件宽厚比等级

框架柱、屋面斜梁等压弯构件发生强度破坏或者在弯矩作用平面内失稳时，受压较大一侧也会出现塑性，我国 GB 50017—2017 标准将压弯的截面板件分为 S1、S2、S3、S4、

S5 五个级别，各级别的塑性发展要求与受弯构件完全相同，板件的宽厚比等级不同时，对应的宽厚比限值也不同。

（1）工字形截面板件不同等级时所对应的宽厚比限值

工字形截面压弯构件的翼缘受力性质与受弯构件翼缘相同，都属于三边简支、一边自由的均匀受压板，因此二者的宽厚比等级和宽厚比限值也相同。腹板属于复杂应力下的非均匀受压板，见图 7.49，由式（7.48a）知道，屈曲系数 k 与应力梯度 α_0 有关，故腹板高厚比限值也与 α_0 有关，考虑到 α_0 接近于零时腹板趋向于均匀受压，可偏安全地取 $\chi_w = 1.0$，代入式（7.121）可得受压翼缘屈服时腹板的高厚比限值，考虑各类缺陷影响后再除以 1.25 可得：

$$\frac{h_0}{t_w} = \frac{28.1}{1.25}\varepsilon_k\sqrt{k} = 22.5\varepsilon_k\sqrt{k}$$

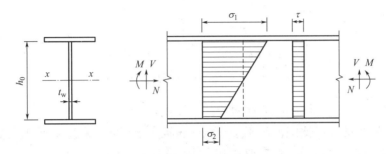

图 7.49　压弯构件腹板的应力

将式（7.48a）代入上式后，整理可得 S4 级腹板的高厚比限值：

$$\frac{h_0}{t_w} \leqslant 22.5\varepsilon_k\sqrt{k} \approx (45+25\alpha_0^{1.66})\varepsilon_k \tag{7.167}$$

GB 50017—2017 标准给出的各级腹板的高厚比限值见表 7.8，其中 S5 级的高厚比限值为 250，和受弯工字形截面相同，主要是为了保证加工质量。

压弯构件的板件宽厚比限值　　　　　　　　　　表 7.8

截面类型及板件		宽厚比等级				
		S1	S2	S3	S4	S5
工字形	翼缘 b_0/t_f	$9\varepsilon_k$	$11\varepsilon_k$	$13\varepsilon_k$	$15\varepsilon_k$	$20\varepsilon_k$
	腹板 h_0/t_w	$(33+13\alpha_0^{1.3})\varepsilon_k$	$(38+13\alpha_0^{1.39})\varepsilon_k$	$(40+18\alpha_0^{1.5})\varepsilon_k$	$(45+25\alpha_0^{1.66})\varepsilon_k$	250
箱形	翼缘 b_0/t_f	$30\varepsilon_k$	$35\varepsilon_k$	$40\varepsilon_k$	$45\varepsilon_k$	—
	腹板 h_0/t_w	同工字形截面腹板				
圆管	D/t	$50\varepsilon_k^2$	$70\varepsilon_k^2$	$90\varepsilon_k^2$	$100\varepsilon_k^2$	—

注：1. α_0 为腹板的应力梯度，按式（7.43）计算。

　　2. 当腹板宽厚比不满足相应等级要求时，可通过设置加劲肋来减小宽厚比值。

　　3. 对 S5 级板件，如果其宽厚比乘以修正因子 $\sqrt{f/\sigma_{max}}$ 后属于 S4 范畴，则可划归为 S4 级，f 为钢材设计强度，σ_{max} 为板件的最大应力。

对于部分发展塑性的 S3 级，考虑到压弯构件中腹板的剪应力一般不大[27]，可近似取 $\tau = 0.15\alpha_0\sigma_1$，而塑性发展深度则可取 $0.25h_0$，按照弹塑性屈曲理论也可得到复杂应力下

的屈曲应力 $\sigma_{1,cr}$，令 $\sigma_{1,cr}=f_y$ 便可得到腹板的高厚比与应力梯度 α_0 的关系，见图 7.50，S3 级腹板的高厚比限值可近似取：

$$\frac{h_0}{t_w}\leqslant(40+18\alpha_0^{1.5})\varepsilon_k \tag{7.168}$$

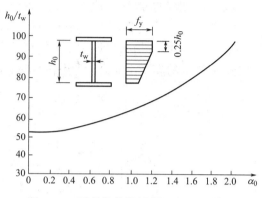

图 7.50 压弯构件腹板的 h_0/t_w-α_0 关系

（2）箱形截面板件不同等级时所对应的宽厚比限值

箱形截面腹板的高厚比限值与工字形截面腹板完全相同，翼缘宽厚比限值的推导过程与工字形截面类同，只是屈曲系数取 4.0，嵌固系数取 1.0，结果见表 7.8。

7.7.7 压弯构件的板件屈曲后强度利用

工字形截面的腹板、箱形截面的翼缘和腹板都属于四边简支板，当上述板件的宽厚比等级为表 7.8 中的 S5 级时，可以利用屈曲后强度。

（1）工字形及箱形截面腹板的有效宽度

工字形及箱形截面的腹板非均匀受压，拉区全部有效，而压区可能只有部分有效，GB 50017—2017 标准给出的受压区有效高度为：

$$h_e=\rho h_c \tag{7.169}$$

式中：h_e、h_c 分别为腹板的有效高度和受压区高度，当腹板全部受压时，$h_c=h_w$，见图 7.51；ρ 为板件的有效宽度系数，其值与板件的正则化长细比 $\lambda_{n,p}$ 有关，按下列公式计算：

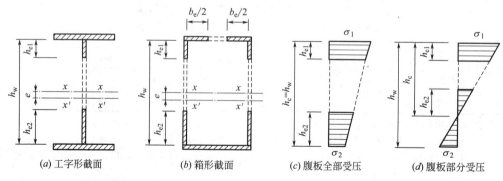

(a) 工字形截面　(b) 箱形截面　(c) 腹板全部受压　(d) 腹板部分受压

图 7.51 压弯构件中的板件有效宽度及分布

$\lambda_{n,p}\leqslant0.75$ 时：　　　　　　　　　　$\rho=1.0$ 　　　　　　　　　　(7.170a)

$\lambda_{n,p} > 0.75$ 时：

$$\rho = \frac{1}{\lambda_{n,p}} \left(1 - \frac{0.19}{\lambda_{n,p}} \right) \qquad (7.170b)$$

$$\lambda_{n,p} = \frac{h_w / t_w}{28.1 \sqrt{k}} \cdot \frac{1}{\varepsilon_k} \qquad (7.171)$$

式中：k 为非均匀受压板的屈曲系数，按式（7.48a）计算。

腹板有效高度 h_e 被分成 h_{e1}、h_{e2} 两部分，因非均匀受压，$h_{e1} \neq h_{e2}$，见图 7.51（a）、（b），根据力的平衡条件可以得到 h_{e1}、h_{e2}，当腹板全部受压也即应力梯度 $\alpha_0 \leqslant 1$ 时，见图 7.51（c），h_{e1}、h_{e2} 分别为：

$$h_{e1} = \frac{2h_e}{4 + \alpha_0} \qquad (7.172a)$$

$$h_{e2} = h_e - h_{e1} \qquad (7.172b)$$

式中：α_0 按式（7.43）计算。

当腹板存在受拉区也即 $\alpha_0 > 1$ 时，见图 7.51（d），h_{e1}、h_{e2} 分别为：

$$h_{e1} = 0.4 h_e \qquad (7.173a)$$

$$h_{e2} = 0.6 h_e \qquad (7.173b)$$

（2）箱形截面翼缘的有效宽度

箱形截面翼缘的有效宽度按式（7.130a）计算，其中 ρ 按式（7.170）计算，因翼缘的屈曲系数 $k = 4.0$，$\lambda_{n,p}$ 按下式计算：

$$\lambda_{n,p} = \frac{b_0 / t_f}{56.2} \cdot \frac{1}{\varepsilon_k} \qquad (7.174)$$

翼缘的有效宽度 b_e 被等分在翼缘两侧，见图 7.51（b）。

（3）考虑板件屈曲后强度时的截面强度计算

压弯构件考虑板件的屈曲后强度时，只有有效截面参与受力，由于腹板的有效区分布不对称，截面形心轴发生了偏移，需要考虑轴压力产生的附加弯矩，GB 50017—2017 标准给出的强度计算公式为：

$$\frac{N}{A_{ne}} \pm \frac{M_x + Ne}{W_{nex}} \leqslant f \qquad (7.175)$$

式中：A_{ne} 为构件有效截面的净截面面积；W_{nex} 为有效截面绕 x 轴的净截面模量；e 为有效截面形心至原截面形心的距离，见图 7.51。

（4）考虑板件屈曲后强度时的整体稳定计算

考虑板件屈曲后强度时，压弯构件在弯矩作用平面内的整体稳定计算应采用式（6.114），在弯矩作用平面外的整体稳定应采用式（6.116）。

【例题 7.10】 图 7.52（a）所示焊接工字形截面压弯构件，截面为 H600×250×6×10，材料为 Q235 钢，试判定截面板件的宽厚比等级，并计算有效宽度。已知 $A = 8480 \text{mm}^2$，$I_x = 5.33 \times 10^8 \text{mm}^4$。

【解】 1）截面板件的宽厚比等级

翼缘的宽厚比为 $b_f / t_f = (122/8) \varepsilon_k = 12.2$，由表 7.8 可知属于 S3 级，属于弹塑性屈

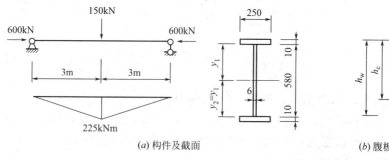

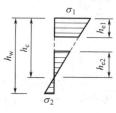

(a) 构件及截面   (b) 腹板应力及有效区高度

图 7.52 例题 7.10 图

曲范畴，另外，工字形截面的翼缘属于三边简支板，不利用其屈曲后强度。

因腹板的高厚比限值与应力梯度有关，首先计算腹板上、下边缘的应力（以压为正）：

$$\sigma_1 = \frac{N}{A} + \frac{My_1}{I_x} = \frac{600 \times 10^3}{8480} + \frac{225 \times 10^6 \times 290}{5.33 \times 10^8} = 70.75 + 122.42 = 193.2 \text{N/mm}^2$$

$$\sigma_2 = \frac{N}{A} - \frac{My_2}{I_x} = 70.75 - 122.42 = -51.7 \text{N/mm}^2$$

由式（7.43）可得应力梯度为：

$$\alpha_0 = \frac{\sigma_1 - \sigma_2}{\sigma_1} = \frac{193.2 - (-51.7)}{193.2} = 1.268$$

腹板的高厚比为 $h_0/t_w = (580/6)\varepsilon_k = 96.7 > (45 + 25\alpha_0^{1.66})\varepsilon_k = 82.1$，由表 7.8 可知属于 S5 级，属于弹性屈曲范畴，可以利用屈曲后强度。

2）腹板的有效宽度

腹板非均匀受压，由式（7.48a）可得腹板的屈曲系数：

$$k = \frac{16}{2 - \alpha_0 + \sqrt{(2 - \alpha_0)^2 + 0.112\alpha_0^2}} = 10.139$$

将 k 代入式（7.171）可得腹板的正则化长细比：

$$\lambda_{n,p} = \frac{h_w/t_w}{28.1\sqrt{k}} \cdot \frac{1}{\varepsilon_k} = \frac{96.7}{28.1\sqrt{10.139}} = 1.081 > 0.75$$

再由式（7.170b）可得有效高度系数：

$$\rho = \frac{1}{\lambda_{n,p}}\left(1 - \frac{0.19}{\lambda_{n,p}}\right) = \frac{1}{1.081}\left(1 - \frac{0.19}{1.081}\right) = 0.763$$

由图 7.52（b）可得腹板受压区的高度为：

$$h_c = \frac{\sigma_1}{\sigma_1 - \sigma_2}h_w = \frac{193.2}{193.2 + 51.7} \times 580 = 457.6 \text{mm}$$

腹板的有效高度为 $h_e = \rho h_c = 0.763 \times 457.6 = 349.1 \text{mm}$。因 $\alpha_0 > 1$，由式（7.173）可得 h_{e1} 和 h_{e2}：

$$h_{e1} = 0.4h_e = 139.6\text{mm}$$
$$h_{e2} = 0.6h_e = 209.5\text{mm}$$

7.8 板屈曲理论在冷弯型钢构件中的应用

7.8.1 冷弯构件中受压板件的有效宽厚比

我国 GB 50018—2002 规范没有采纳第 7.5.3 节中国际标准组织建议的有效宽厚比通用公式，而是根据我国冷弯薄壁型钢构件的试验资料提出了新的计算公式。上海交通大学、湖南大学以及南昌大学进行的一系列试验均表明，无论哪一类构件中的受压薄板，均具有屈曲后强度。如果忽略板组约束的影响，板的有效宽度 b_e 可用下式来表达：

$$b_e = \left(\sqrt{\frac{21.8\rho t}{b}} - 0.1 \right) b \tag{7.176}$$

$$\rho = \sqrt{\frac{235k}{f_y}} \tag{7.177}$$

式中：ρ 为参数；k 为板的屈曲系数，见表 7.3。

当由式（7.176）计算所得 $b_e \geqslant b$ 时，说明全截面有效，其条件是：

$$\sqrt{\frac{21.8\rho t}{b}} - 0.1 \geqslant 1.0$$

由上式可得全截面有效时的宽厚比：

$$b/t \leqslant 18\rho \tag{7.178}$$

以上仅为设计公式的雏形，使用时尚需对式（7.176）和式（7.177）进行修改，GB 50018—2002 规范将板宽 b 改为受压宽度 b_c，将屈服强度 f_y 改为受压板边缘的最大压应力 σ_1，将屈服强度 235N/mm^2 改为设计强度 205N/mm^2，并在 ρ 之前增加了修正系数 α，在 k 之前增加了约束系数 χ，这样一来就可以得到各类受压板件的有效宽度与板厚之比（称为有效宽厚比）：

$b/t \leqslant 18\alpha\rho$ 时：
$$\frac{b_e}{t} = \frac{b_c}{t} \tag{7.179a}$$

$18\alpha\rho < b/t \leqslant 38\alpha\rho$ 时：
$$\frac{b_e}{t} = \left(\sqrt{\frac{21.8\alpha\rho}{b/t}} - 0.1 \right) \frac{b_c}{t} \tag{7.179b}$$

$b/t > 38\alpha\rho$ 时：
$$\frac{b_e}{t} = \frac{25\alpha\rho}{b/t} \cdot \frac{b_c}{t} \tag{7.179c}$$

$$\rho = \sqrt{\frac{205\chi k}{\sigma_1}} \tag{7.180}$$

式中：ψ 为应力分布不均匀系数，按式（7.112）计算；修正系数 $\alpha = 1.15 - 0.15\psi$，当 $\psi < 0$ 时取 $\alpha = 1.15$；板的约束系数 χ 按式（7.110）计算；板的屈曲系数 k 按式（7.113）~式（7.115）计算。

进行上述有效宽厚比计算时，还应注意以下事项：

1) 对轴压构件，采用式（7.112）计算板的应力分布不均匀系数 ψ 时，最大压应力 σ_1

应取 φf，φ 为由构件最大长细比所确定的轴压构件稳定系数，f 为钢材强度设计值。

2）对压弯构件，采用式（7.112）计算 ψ 时，σ_1、σ_2 应取构件的毛截面按强度计算，不考虑双力矩的影响，其中最大压应力板件的 σ_1 取钢材的强度设计值 f。

3）对受弯及拉弯构件，各板件的 ψ 及 σ_1 应由构件毛截面按强度计算，不考虑双力矩的影响。

4）截面中的受拉板件全部有效。

GB 50018—2002 规范规定，当受压板件非全截面有效时，有效截面应自截面的受压部分按图 7.53 所示位置扣除虚线部分来确定，并按下列方式分布：

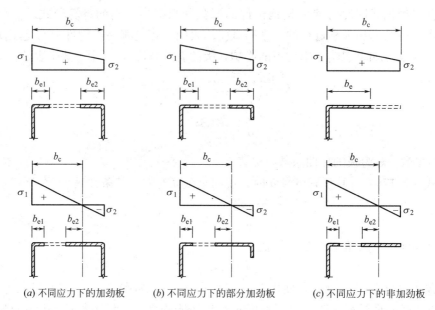

(a) 不同应力下的加劲板   (b) 不同应力下的部分加劲板   (c) 不同应力下的非加劲板

图 7.53   冷弯薄壁型钢构件中板的有效截面

1）加劲板

$\psi \geqslant 0$ 时：
$$b_{e1}=\frac{2b_e}{5-\psi}, \qquad b_{e2}=b_e-b_{e1} \tag{7.181a}$$

$\psi < 0$ 时：
$$b_{e1}=0.4b_e, \qquad b_{e2}=0.6b_e \tag{7.181b}$$

2）部分加劲板及非加劲板
$$b_{e1}=0.4b_e, \qquad b_{e2}=0.6b_e \tag{7.182}$$

为增加板件的刚度，使应力分布相对均匀，冷弯薄壁型钢构件中的板件有时会设置中间加劲肋，这类板称为中间加劲板，如图 7.54 所示，宽度为 b 的两边支承板被加劲肋分成了两块宽度为 b_s 的平板（称为子板）。对于中间加劲板，Desmond[28] 指出，因传力过程中有剪切滞后现象，加劲肋附近板的应力提高，但仍小于被支承板边的 σ_{max}，截面应力分布与加劲肋的抗弯刚度有关，为起到有效的加劲作用，中间加劲肋对自身形心轴（图中 x 轴）的惯性矩 I_{is} 不应小于下式要求：

$$I_{is}=3.66t^4\sqrt{\left(\frac{b_s}{t}\right)^2-0.136\frac{E}{f_y}}\geqslant 18.4t^4 \tag{7.183}$$

当 $b/t \leqslant 1.28\sqrt{E/\sigma_{max}}$ 时，在 b 范围内全截面有效；当 $b/t > 1.28\sqrt{E/\sigma_{max}}$ 时，部分

截面有效，每块子板需要按式（7.103）计算有效宽度 b_e，其分布如图 7.54 所示。

GB 50018—2002 规范参考式（7.183）给出的中间加劲肋对自身形心轴的惯性矩要求为：

$$I_{is} = 3.66t^4 \sqrt{\left(\frac{b_s}{t}\right)^2 - \frac{27100}{f_y}} \geqslant 18t^4 \quad (7.184)$$

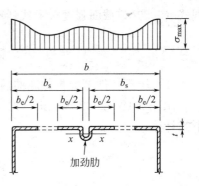

图 7.54 中间有加劲肋的受压板件

如果惯性矩不满足上式要求，可忽略加劲肋的作用。对于中间加劲板，GB 50018—2002 规范没有提供有效宽度的计算方法，GB 50018 规范 2017 修订送审稿借鉴了澳大利亚 AS/NZS 4600—2005 规范的方法，先将厚度为 t 的中间加劲板等效成厚度为 t_s 的平板，见图 7.55（a），t_s 按式（7.185）计算，然后采用式（7.179）计算出板的等效宽度 b_e，最后将 b_e 赋予中间加劲板来计算构件有效截面的截面特性，见图 7.55（b）。

$$t_s = \sqrt[3]{\frac{12I_{sp}}{b}} \quad (7.185)$$

式中：I_{sp} 为中间加劲板对自身中和轴的惯性矩。

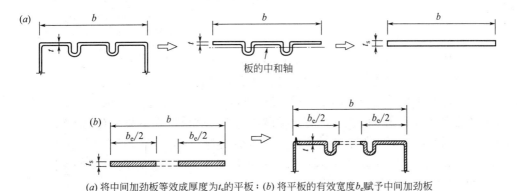

（a）将中间加劲板等效成厚度为 t_s 的平板；（b）将平板的有效宽度 b_e 赋予中间加劲板

图 7.55 有中间加劲肋的受压板件

7.8.2 各类冷弯构件中板件屈曲后强度的利用

（1）轴压构件考虑板件屈曲后强度的计算

利用板件屈曲后强度时，GB 50018—2002 规范推荐的轴压构件的强度和整体稳定计算公式与焊接和轧制轴压构件的公式完全相同，其中截面强度验算采用式（7.131），整体稳定验算采用式（4.97）。

（2）受弯构件考虑板件屈曲后强度的计算

当荷载通过截面剪心并与主轴平行时（图 5.42），GB 50018—2002 规范推荐的整体稳定计算公式同式（5.97），抗弯强度按下式计算：

$$\frac{M_x}{W_{nex}} \leqslant f \quad (7.186)$$

当荷载不通过截面剪心时（图 5.39），GB 50018—2002 规范推荐的整体稳定计算公式同式（5.99），截面强度按下式计算：

$$\frac{M_x}{W_{nex}} + \frac{M_y}{W_{ney}} + \frac{B}{W_\omega} \leqslant f \tag{7.187}$$

（3）压弯构件考虑板件屈曲后强度的计算

GB 50018—2002 规范推荐的压弯构件整体稳定计算公式见第 6.7.4 节，截面强度按下式计算：

$$\frac{N}{A_{ne}} \pm \frac{M_x}{W_{nex}} \pm \frac{M_y}{W_{ney}} \leqslant f \tag{7.188}$$

GB 50018 规范 2017 修订送审稿延续了 GB 50018—2002 规范的方法，这对冷弯薄壁型钢是可以的，但当冷弯型钢构件为实腹式截面且壁厚较大时，宜允许截面塑性的发展和利用，否则偏保守。

混凝土构件通常采用实心的矩形或圆形截面，即使采用工字形截面，板件的宽厚比也非常小，不存在局部稳定问题，我国《混凝土结构设计规范》GB 50010—2010 也没有这方面的规定。

思考与练习题

7.1 影响弹性无缺陷受压板件屈曲应力的主要因素有哪些？

7.2 为什么单向均匀受压四边简支板沿短向只有一个屈曲半波？

7.3 板的大挠度理论与小挠度理论的主要区别是什么？

7.4 为什么四边简支薄板的屈曲后强度可以利用？

7.5 请解释有效宽度的概念，有效宽度法与直接强度法在本质上有无区别？

7.6 我国冷弯型钢构件中的受压板件分为哪几类？

7.7 请解释约束系数 χ 的含义，为什么梁受压翼缘的扭转受到约束时可取 $\chi_w = 1.66$？

7.8 不利用屈曲后强度时，轴压构件中板件的宽厚比控制准则有哪两种？

7.9 为什么受弯和压弯构件截面的板件要进行分级？哪一级可以利用屈曲后强度？

7.10 梁腹板加劲肋的类型有哪些？各种加劲肋的主要作用是什么？

7.11 对于单向均匀受压的四边简支狭长矩形板，假设材料为理想弹塑性且板件无缺陷，如果要使得板件的屈曲应力刚好等于钢材的屈服强度 f_y，板的宽厚比应取多少？已知 $E = 206000\text{N/mm}^2$，$\nu = 0.3$。

7.12 试用能量法求解图 7.56 所示单向非均匀受压四边简支正方形板的屈曲系数 k，压力 P_x 呈线性分布，最大应力为 σ_1，假定材料为弹性，板的挠曲面函数为：

$$w = A_1 \sin\frac{\pi x}{a}\sin\frac{\pi y}{a} + A_2\sin\frac{\pi x}{a}\sin\frac{2\pi y}{a}$$

7.13 试用 Ritz 法求解图 7.57 所示单向均匀受压四边简支正方形板的屈曲荷载 P_{crx} 与屈曲系数 k，假定材料为弹性，板的挠曲面函数为：

$$w = A\sin\frac{\pi x}{a}\sin\frac{\pi y}{a}$$

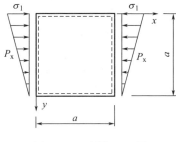

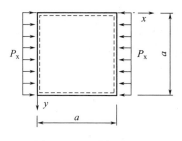

图 7.56　习题 7.12 图　　　　　　　　　　　图 7.57　习题 7.13 图

7.14　某单向均匀受压四边简支板，板长 $a=1600\text{mm}$，板宽 $b=800\text{mm}$，板厚 $t=8\text{mm}$，材料为 Q235 钢，假定为弹性，试计算其屈曲后强度 σ_u 和最大挠度 f。

7.15　某焊接工字形截面轴压构件，截面为 H500×400×8×12，焰切边，Q235 钢，$\lambda_x=65$，$\lambda_y=70$，承担的轴压力设计值 $N=1200\text{kN}$，试根据 GB 50017—2017 标准验算该构件的板件宽厚比。

7.16　某轧制轴压构件，截面为 300×300×6 方管，材料为 Q345 钢，试根据 GB 50017—2017 标准确定构件的有效截面积。

参考文献

［1］　李存权. 结构稳定和稳定内力［M］. 北京：人民交通出版社，2000.

［2］　Bleich F. Buckling strength of metal structures［M］. New York：McGraw-Hill，1952. 中译本：同济大学钢木教研室译，金属结构的屈曲强度［M］. 北京：科学出版社，1965.

［3］　Timoshenko S. P.，Gere J. M. Theory of elastic stability（2nd Edition）［M］. New York：McGraw-Hill，1964. 中译本：张福范译，弹性稳定理论［M］. 北京：科学出版社，1965.

［4］　Stowell E. Z. A united theory of plastic buckling of columns and plates［J］. NACA，Tech. Note 1556，1948.

［5］　徐芝纶. 弹性力学（第四版）［M］. 北京：高等教育出版社，2006.

［6］　童根树. 钢结构的平面外稳定（修订版）［M］. 北京：中国建筑工业出版社，2013.

［7］　Brush D. O.，Almroth B. O. Buckling of bars，plates and shells［M］. New York：McGraw-Hill，1975.

［8］　Bijlaard P. P. Plastic buckling of simple surported plates subjected to combined shear and bending or eccentrical compression in their plane［J］. Journal of Applied Mechanics，1957，24（23）：291-303.

［9］　陈骥. 钢结构稳定理论与设计（第六版）［M］. 北京：科学出版社，2014.

［10］　Trahair N. S.，Bradford M. A. Thebehavior and design of steel structures（Rivised 2nd）［M］. London：Chapman and Hall，1991.

［11］　Allen H. G.，Bulson P. S. Background to buckling［M］. New York：McGraw-Hill，1980.

［12］　Winter G. Strength of thin steelcompression flanges［J］. Transactions，ASCE，1947，122（1）：527-576.

［13］　Kalyanaraman V.，Pekoz T.，Winter G. Unsiffened compression elements［J］. Journal of Structural Division，ASCE，1977，103（ST9）：1833-1848.

［14］　Pekoz T. Development of a unified approach to the design of cold-formed steel members［R］. AISI

Report SG86-4，1986：2-15.

[15] 陈绍蕃.钢结构稳定设计指南 [M].北京：中国建筑工业出版社，1996.

[16] 何保康.轴心压杆局部稳定试验研究 [J].西安冶金建筑学院学报，1985，17（1）：20-34.

[17] 陈绍蕃.T形截面压杆的腹板局部屈曲 [J].钢结构，2001，16（52）：52-53.

[18] Brush D. O.，Almroth B. O. Buckling of bars，plates and shells [M].New York：McGraw-Hill，1975.

[19] 赵阳，滕锦光.轴压圆柱钢薄壳稳定设计综述 [J].工程力学，2003，20（6）：116-120.

[20] 陈绍蕃，王先铁.单角钢压杆的肢件宽厚比限值和超限杆的承载力 [J].建筑结构学报，2010，31（9）：70-76.

[21] 陈绍蕃.轴心压杆板件宽厚比限值的统一分析 [J].建筑钢结构进展，2009，11（5）：1-7.

[22] Basler K.，Thurlimann B. Strength of plate girder in bending [J].Journal of Structural Division，ASCE，1961，87（6）：153-181.

[23] 郭兵，顾强，苏明周.焊接工形梁在纯弯作用下的腹板高厚比限值及极限承载力 [J].工业建筑，2000，30（9）：62-65.

[24] 王国周，瞿履谦.钢结构原理与设计 [M].北京：清华大学出版社，1993.

[25] Basler K. Strength of plate girders in shear [J].Journal of Structural Division，ASCE，1961，87（7）：151-180.

[26] Basler K. Strength of plate girders under combined bending and shear [J].Journal of Structural Division，ASCE，1961，87（7）：181-197.

[27] 李从勤.对称截面偏心压杆腹板的屈曲 [J].西安冶金建筑学院学报，1984，16（1）：1-16.

[28] Desmond T. P.，Pekoz T.，Winter G. Intermediatestiffeners for thin-walled members [C].Journal of the Structural Division，ASCE，Proceedings，Apr.，1981，107：627-648.

第 8 章　框架的稳定

8.1　概　述

框架是建筑中最常见的结构类型，单层框架有时也称刚架或排架（梁柱铰接）。框架分为有侧移、无侧移两类，如图 8.1 所示，在竖向荷载 P 和水平荷载 H 作用下，有侧移框架的侧移 Δ 不可忽略，$P\text{-}\Delta$ 效应显著，不利于框架的稳定，而无侧移框架没有 $P\text{-}\Delta$ 效应。工程中一般通过设置剪力墙或支撑等抗侧体系来增大框架的抗侧刚度，当抗侧刚度足够大时，可近似看作无侧移框架。

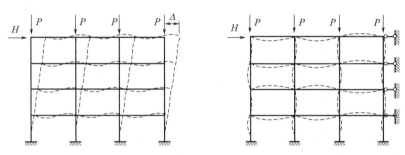

图 8.1　有侧移框架及无侧移框架

构件是结构的基本组成单元，构件的稳定与结构的稳定密切相关，这也体现了稳定的整体性和相关性，只有着眼于整个结构才能得到精确的稳定分析结果。传统的结构设计通常先对结构进行一阶弹性内力分析，然后再对构件进行弹塑性稳定设计，为体现结构对构件的影响，前几章研究构件的稳定时都引入了构件的计算长度，并给出了某些特定条件下构件计算长度系数 μ 的取值方法。值得注意的是，μ 的取值方法不能盲目套用，必须直接针对框架进行稳定分析才能得到构件的精确 μ 值。

影响框架稳定的因素很多，比如框架是否有侧移、框架的组成形式、荷载作用情况、初始缺陷及材料非线性等。图 8.2（a）所示弹性无缺陷对称框架，柱顶作用有相同的轴压荷载 P 且同步加载，梁、柱的抗弯刚度分别为 EI_b、EI_c，柱高均为 l_c，如果忽略梁的压缩变形，当 P 不大时框架保持挺直状态，当 P 达到一定程度时侧向干扰会使框架产生较大的侧移，最终发生分岔失稳，框架的临界荷载等于两个柱的临界荷载之和。由于两柱之间以及梁柱之间不能提供支持作用，两个柱均可看作悬臂轴压构件，柱的计算长度系数 $\mu=2.0$。图 8.2（b）框架柱顶设置了侧向约束，则属于无侧移框架，框架的临界荷载等于两个一端固接一端铰接轴压构件的临界荷载之和，柱的计算长度系数 $\mu=0.699$。如果梁柱由铰接变为刚接，则梁对柱端的转动有约束作用，框架的临界荷载以及柱的计算长度系数都会发生显著变化。

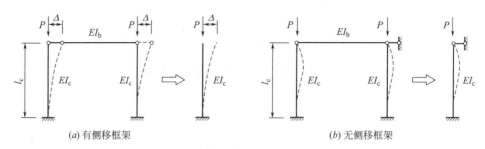

图 8.2　框架失稳的形式

再比如图 8.3 所示两个 Γ 形框架，梁柱抗弯刚度相同，$EI_b = EI_c$，长度也相同，$l_b = l_c$，两个框架的荷载不同。图 8.3（a）仅在柱顶作用有轴压荷载 P，一旦柱因侧向干扰发生弯曲变形，梁会约束柱端的转动，采用例题 6.2 中的位移法可以得到柱的计算长度系数 $\mu = 0.875$。图 8.3（b）的梁和柱均作用有轴压荷载 P，且同步加载，侧向干扰下梁和柱将同步发生弯曲变形，相互间无转动约束，梁和柱都相当于两端铰接轴压构件，计算长度系数均为 $\mu = 1.0$。

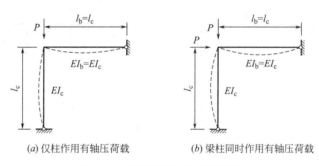

图 8.3　不同荷载下的 Γ 形框架

实际结构中的框架都是空间体系，稳定分析比较复杂，考虑到很多空间结构（比如排架、门式刚架、规则的框架）都可以转化成平面框架，为说明问题并便于读者理解，本章仅针对平面框架在框架平面内的稳定进行研究。平面框架的弹性稳定分析可以采用静力法、位移法、层刚度法，弹塑性稳定分析则需要采用刚塑性法、塑性铰法、塑性区法、直接分析法等方法。

本章首先针对竖向轴压荷载下的典型框架进行弹性稳定分析，重点介绍静力法及位移法在框架稳定分析中的应用，接着研究多层多跨框架的弹性稳定以及框架失稳的本质、层刚度法，然后介绍特殊情况下柱在框架平面内的计算长度系数，再研究框架的弹塑性屈曲与极限荷载求解方法，最后介绍框架稳定分析的实用方法及其在设计中的应用。

8.2　典型框架的弹性稳定

框架上通常作用有多种竖向和水平荷载，比如图 8.4（a）中的集中荷载 Q、均布荷载 q 等，进行弹性稳定分析时可以进行适当的简化。框架柱属于压弯构件，从第 6 章已经知道，影响压弯构件在弯矩作用平面内弹性稳定的因素是轴压力而非弯矩，故可忽略非节点荷载产生的弯矩的影响（相关内容将在第 8.5.2 节讲述），把非节点荷载转化为通过节点的轴线荷载，比如水平荷载 H_1、H_2，竖向荷载 P_1、P_2 等。当框架只承担竖向轴线荷载时，由于柱的压缩刚度非常大，其压缩变形可忽略，因此很容易得到柱的轴压力，以图 8.4 (b) 为例，AB 柱的轴压力为 P_1，BC 柱的轴压力为 P_1+P_3。

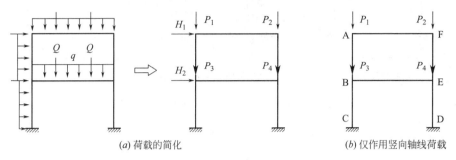

(a) 荷载的简化　　　　　　　　　　　　　　(b) 仅作用竖向轴线荷载

图 8.4　弹性稳定分析时框架荷载的简化

采用静力法分析框架的稳定时，首先需要将框架离散为构件，然后利用第 3.1 节中的方法针对各构件建立平衡微分方程并解得构件的变形函数，再通过相邻构件的变形协调条件得到框架的平衡方程组，从而得到框架的特征方程并解出临界荷载。采用位移法分析框架的稳定时也需要将框架离散化，先利用第 6.4 节中的转角位移方程得到各构件的端部弯矩，再通过节点或构件的弯矩（或力矩）平衡条件得到框架的平衡方程组，从而得到框架的特征方程并解得临界荷载。由此可见，两种方法在本质上相同。

8.2.1　竖向荷载下无侧移的典型框架

为简化框架的弹性稳定分析，首先作如下假设：

1）构件材料为弹性且框架无缺陷；

2）忽略柱的轴向变形，框架屈曲时柱轴压力的变化也忽略不计[1]；

3）框架屈曲时在横梁中产生的轴向力非常小，忽略不计。

（1）柱脚铰接的单层单跨对称框架

图 8.5 (a) 所示竖向轴线荷载 P 作用下的无侧移对称框架，柱脚铰接，梁柱刚接，梁、柱的抗弯刚度分别为 EI_b、EI_c，几何长度分别为 l_b、l_c。首先采用静力法进行稳定分析，框架离散后的构件见图 8.5 (b)、(c)，CD 柱与 AB 柱对称，图中未画。由上面的假设可知，柱的轴压力等于 P。因梁柱刚接，梁端转角与柱端转角相同，又因框架变形对称，梁两端的转角相同，方向相反，即 $\theta_C=-\theta_B$。

取 AB 柱的隔离体，见图 8.5 (b)，x_c、y_c 为柱的坐标系，M_B 为柱在 B 点的弯矩，假设侧向干扰下任意坐标 x_c 处的侧移为 y_c，则 x_c 处的截面弯矩 $M=-EI_c y_c''$，对 A 点取矩可得平衡方程：

$$-M+Py_c+\frac{M_B}{l_c}x_c=0$$

将 $M=-EI_c y_c''$ 代入上式，并令 $k^2=P/(EI_c)$，可得平衡微分方程：

$$y_c''+k^2 y_c+\frac{M_B}{EI_c l_c}x_c=0$$

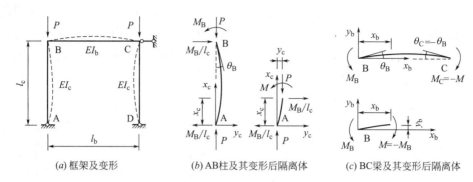

(a) 框架及变形　　　　　(b) AB柱及其变形后隔离体　　　(c) BC梁及其变形后隔离体

图 8.5　静力法分析柱脚铰接的无侧移对称框架

利用边界条件 $y_c(0)=0$、$y_c(l_c)=0$，可解得柱的变形曲线：

$$y_c = \frac{M_B}{P}\left(\frac{x_c}{l_c} - \frac{\sin k x_c}{\sin k l_c}\right)$$

柱在 B 点的转角为：

$$\theta_B = y_c'(l_c) = \frac{M_B}{P}\left(\frac{1}{l_c} - \frac{k}{\tan k l_c}\right) \tag{8.1}$$

取 BC 梁的隔离体，见图 8.5 (c)，x_b、y_b 为梁的坐标系，假设任意坐标 x_b 处的侧移为 y_b，则截面弯矩为 $M=-EI_b y_b''$。因梁的轴力忽略不计，又无外荷载，隔离体属于纯弯段，$M=-M_B$，可得平衡方程：

$$EI_b y_b'' - M_B = 0$$

利用边界条件 $y_b(0)=0$、$y_b(l_b)=0$，可解得梁的变形曲线：

$$y_b = \frac{M_B}{2EI_b}(x_b^2 - l_b x_b)$$

梁在 B 点的转角为：

$$\theta_B = y_b'(0) = -\frac{M_B}{2EI_b}l_b \tag{8.2}$$

根据变形协调条件，梁、柱在 B 点处的转角应相同，由式（8.1）、式（8.2）可得：

$$\frac{M_B}{P}\left(\frac{1}{l_c} - \frac{k}{\tan k l_c}\right) = -\frac{M_B}{2EI_b}l_b$$

$M_B \neq 0$，等号两侧可以约去，再将 $P = k^2 EI_c$ 代入后整理可得：

$$2\frac{I_b l_c}{I_c l_b}(\tan k l_c - k l_c) + (k l_c)^2 \tan k l_c = 0$$

这就是该框架的特征方程，引入横梁与柱的线刚度之比 K_1：

$$K_1 = \frac{i_b}{i_c} = \frac{EI_b/l_b}{EI_c/l_c} = \frac{I_b l_c}{I_c l_b} \tag{8.3}$$

式中：i_b、i_c 分别为梁、柱的线刚度，$i_b = EI_b/l_b$，$i_c = EI_c/l_c$。

将上式代入特征方程后可得：

$$2K_1(\tan k l_c - k l_c) + (k l_c)^2 \tan k l_c = 0 \tag{8.4}$$

上式为超越方程，需采用图解法或试算法求解，但只要给定梁柱的线刚度比 K_1，就可以得到 k，k 的最小值所对应的 P 就是 AB 柱的临界荷载 P_{crl}，$P_{crl} = k^2 EI_c$。由对称性可知，AB、CD 柱的临界荷载相同，$P_{cr1}=P_{cr2}$，框架的临界荷载 $P_{cr}=P_{cr1}+P_{cr2}=2P_{cr1}$。有了柱的临界荷载，利用式（4.5）可得柱的计算长度系数，两个柱的计算长度系数也相同。

上述特征方程也可以用柱的计算长度系数 μ 来表达，由式（4.5）可知 $kl_c=\pi/\mu$，代入上式可得：

$$2K_1\left(\tan\frac{\pi}{\mu}-\frac{\pi}{\mu}\right)+\left(\frac{\pi}{\mu}\right)^2\tan\left(\frac{\pi}{\mu}\right)=0 \qquad (8.5)$$

K_1 取不同值时的 μ 见表 8.1，K_1 介于 0～∞，μ 在 1.0～0.699 之间波动，μ 随着 K_1 的增大而减小。当 $K_1=0$ 时 $\mu=1.0$，相当于两端铰接柱；当 $K_1=\infty$ 时，$\mu=0.699$，相当于一端固接一端铰接柱。表 8.1 中还给出了 μ 的拟合公式[2]。

竖向轴线荷载下单层单跨对称框架的柱计算长度系数　　　　　　　　表 8.1

框架条件		梁与柱的线刚度比值 K_1							μ 的拟合公式
		0	0.2	1.0	2.0	5.0	10.0	∞	
框架无侧移	柱脚铰接见图 8.5	1.0	0.964	0.875	0.820	0.760	0.732	0.699	$\mu=\dfrac{1.4K_1+3}{2K_1+3}$
	柱脚刚接见图 8.7	0.699	0.679	0.626	0.590	0.546	0.524	0.50	$\mu=\dfrac{K_1+2.188}{2K_1+3.125}$
框架有侧移	柱脚铰接见图 8.10	∞	3.420	2.330	2.170	2.070	2.030	2.0	$\mu=2\sqrt{1+\dfrac{0.38}{K_1}}$
	柱脚刚接见图 8.11	2.0	1.50	1.160	1.080	1.030	1.020	1.0	$\mu=\sqrt{\dfrac{7.5K_1+4}{7.5K_1+1}}$

从上面可以得到以下结论：无侧移对称框架的临界荷载与梁柱的线刚度比值 K_1 有关，K_1 越大，梁对柱的约束作用越强，框架的临界荷载越高，柱的计算长度系数也就越小。

图 8.5 中框架的稳定分析也可以采用位移法，假设侧向干扰下构件发生了弯曲变形，各节点的转角及构件隔离体见图 8.6，因框架变形对称，$\theta_C=-\theta_B$，$\theta_D=-\theta_A$，整个框架的位移未知量只有 θ_A、θ_B 两个，需要借助转角位移方程建立两个平衡方程。

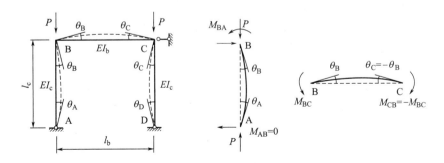

图 8.6　位移法分析柱脚铰接的无侧移对称框架

利用第 6.4.1 节给出的无侧移压弯构件的转角位移方程，也即式（6.55），可得 AB

柱两端的弯矩：

$$M_{AB} = i_c(C\theta_A + S\theta_B)$$
$$M_{BA} = i_c(C\theta_B + S\theta_A)$$

由于梁的轴力被忽略，属于受弯构件，由转角位移方程可知梁在 B 端的弯矩为：

$$M_{BC} = i_b(4\theta_B + 2\theta_C) = i_b[4\theta_B + 2\times(-\theta_B)] = 2i_b\theta_B$$

A、B 节点的弯矩平衡方程分别为 $M_{AB} = 0$、$M_{BA} + M_{BC} = 0$，将相关弯矩代入后分别可得：

$$i_c C\theta_A + i_c S\theta_B = 0$$
$$i_c S\theta_A + (i_c C + 2i_b)\theta_B = 0$$

以上两式的两侧同除以 i_c 后，再将梁柱的线刚度比 $i_b/i_c = K_1$ 代入，可得：

$$C\theta_A + S\theta_B = 0 \tag{8.6a}$$
$$S\theta_A + (C + 2K_1)\theta_B = 0 \tag{8.6b}$$

上式为平衡方程组，因 θ_A 和 θ_B 均不为零，要使上式成立，系数行列式应为零，即

$$\begin{vmatrix} C & S \\ S & C + 2K_1 \end{vmatrix} = 0$$

由上式可得框架的特征方程：

$$C^2 + 2K_1 C - S^2 = 0 \tag{8.7}$$

将式（6.56）抗弯刚度系数 C、S 代入上式后，即可整理得到式（8.4），可见位移法与静力法得到的结论完全一致，而且位移法相对更直观、便捷。

（2）柱脚刚接的单层单跨对称框架

图 8.7（a）所示柱脚刚接的无侧移对称框架，柱的轴压力等于轴线荷载 P，柱脚固接，$\theta_A = \theta_D = 0$，由对称性可知 $\theta_C = -\theta_B$，框架的位移未知量只有 θ_B。利用转角位移方程可得柱端弯矩 M_{BA} 和梁端弯矩 M_{BC}：

$$M_{BA} = i_c(C\theta_B + S\theta_A) = i_c C\theta_B$$
$$M_{BC} = i_b(4\theta_B + 2\theta_C) = i_b(4\theta_B - 2\theta_B) = 2i_b\theta_B$$

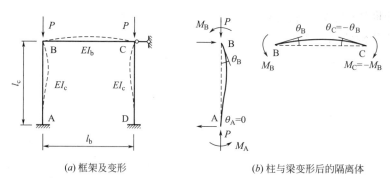

(a) 框架及变形　　　　　　　　(b) 柱与梁变形后的隔离体

图 8.7　柱脚刚接的单层单跨无侧移对称框架

B 节点的弯矩平衡方程为 $M_{BA} + M_{BC} = 0$，将上述弯矩代入可得：

$$(i_c C + 2i_b)\theta_B = 0$$

$\theta_B \neq 0$，只能括号内的项目为零，可得特征方程：

$$i_c C + 2i_b = 0$$

上式两侧同除以 i_c 后，再将 $i_b/i_c = K_1$ 代入，可得：

$$C + 2K_1 = 0 \tag{8.8}$$

将抗弯刚度系数 C 代入上式后，特征方程变为：

$$2K_1(2 - 2\cos kl_c - kl_c \sin kl_c) + kl_c \sin kl_c - (kl_c)^2 \cos kl_c = 0 \tag{8.9}$$

给定 K_1 就可以得到 k，k 的最小值所对应的 P 就是 AB 柱的临界荷载 P_{cr1}，$P_{cr1} = k^2 EI_c$。由对称性可知，AB、CD 柱的临界荷载相同，框架的临界荷载 $P_{cr} = 2P_{cr1}$；两个柱的计算长度系数也相同。

式（8.9）也可以用柱的计算长度系数 μ 来表达，将 $kl_c = \pi/\mu$ 代入后可得：

$$2K_1\left(2 - 2\cos\frac{\pi}{\mu} - \frac{\pi}{\mu}\sin\frac{\pi}{\mu}\right) + \frac{\pi}{\mu}\sin\frac{\pi}{\mu} - \left(\frac{\pi}{\mu}\right)^2\cos\frac{\pi}{\mu} = 0 \tag{8.10}$$

K_1 取不同值时的 μ 见表 8.1，K_1 介于 $0 \sim \infty$，μ 在 $0.699 \sim 0.5$ 之间波动，μ 随着 K_1 的增大而减小。当 $K_1 = 0$ 时，$\mu = 0.699$，相当于一端固接一端铰接柱；当 $K_1 = \infty$ 时，$\mu = 0.5$，相当于两端固接柱。

从表 8.1 的对比可以看出，柱脚铰接时的 μ 值要比柱脚刚接时大，说明框架柱的 μ 值不仅与柱顶端的约束条件 K_1 有关，还与柱底端的约束条件有关，约束越强，μ 值越小，框架的临界荷载越大。

（3）柱脚刚接的两层单跨对称框架

图 8.8（a）所示无侧移对称框架，柱脚及梁柱节点均为刚接，一、二层柱顶的轴线荷载分别为 $(1-\alpha)P$、αP，荷载系数 $\alpha \leqslant 1$；一、二层柱的几何长度分别为 l_{c1}、l_{c2}，抗弯刚度分别为 EI_{c1}、EI_{c2}；一、二层梁的抗弯刚度分别为 EI_{b1}、EI_{b2}，几何长度均为 l_b。

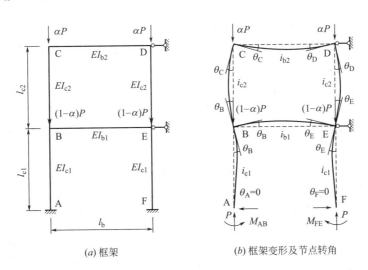

(a) 框架　　　　　　　　　(b) 框架变形及节点转角

图 8.8　柱脚刚接的两层单跨无侧移对称框架

各构件的线刚度分别为 $i_{c1} = EI_{c1}/l_{c1}$、$i_{c2} = EI_{c2}/l_{c2}$、$i_{b1} = EI_{b1}/l_{b1}$、$i_{b2} = EI_{b2}/l_{b2}$。柱为连续构件，一、二层柱在 B、E 节点处变形连续且相互支持，最终同步屈曲，为以示区别，一、二层柱的抗弯刚度系数分别用 C_1、S_1 和 C_2、S_2 来表示。

一、二层柱的轴压力分别为 P、αP，可令 $k_1^2 = P/(EI_{c1})$，$k_2^2 = \alpha P/(EI_{c2})$，则有：

$$k_2^2 = \frac{\alpha EI_{c1}}{EI_{c2}}k_1^2 \tag{8.11}$$

框架节点转角见图 8.8 （b），柱脚刚接，$\theta_A = \theta_F = 0$，变形对称，$\theta_E = -\theta_B$、$\theta_D = -\theta_C$，框架的位移未知量只有 θ_B、θ_C，需建立两个平衡方程。

B 节点处有三个构件汇交，由转角位移方程可写出这三个构件在 B 端的弯矩：

$$M_{BA} = i_{c1}(C_1\theta_B + S_1\theta_A) = i_{c1}(C_1\theta_B + S_1 \times 0) = i_{c1}C_1\theta_B$$

$$M_{BC} = i_{c2}(C_2\theta_B + S_2\theta_C)$$

$$M_{BE} = i_{b1}(4\theta_B + 2\theta_E) = i_{b1}[4\theta_B + 2 \times (-\theta_B)] = 2i_{b1}\theta_B$$

B 节点的弯矩平衡方程为 $M_{BA} + M_{BC} + M_{BE} = 0$，将上述诸弯矩代入可得：

$$(i_{c1}C_1 + i_{c2}C_2 + 2i_{b1})\theta_B + i_{c2}S_2\theta_C = 0 \tag{8.12}$$

C 节点处有两个构件汇交，由转角位移方程同样可写出各构件在 C 端的弯矩：

$$M_{CB} = i_{c2}(C_2\theta_C + S_2\theta_B)$$

$$M_{CD} = i_{b2}(4\theta_C + 2\theta_D) = i_{b2}[4\theta_C + 2 \times (-\theta_C)] = 2i_{b2}\theta_C$$

C 节点的弯矩平衡方程为 $M_{CB} + M_{CD} = 0$，将上述诸弯矩代入可得：

$$i_{c2}S_2\theta_B + (i_{c2}C_2 + 2i_{b2})\theta_C = 0 \tag{8.13}$$

式（8.12）和式（8.13）就是框架的平衡方程组，因 θ_B、θ_C 不为零，系数行列式应为零，即

$$\begin{vmatrix} i_{c1}C_1 + i_{c2}C_2 + 2i_{b1} & i_{c2}S_2 \\ i_{c2}S_2 & i_{c2}C_2 + 2i_{b2} \end{vmatrix} = 0$$

由上式可得框架的特征方程：

$$(i_{c1}C_1 + i_{c2}C_2 + 2i_{b1})(i_{c2}C_2 + 2i_{b2}) - (i_{c2}S_2)^2 = 0 \tag{8.14}$$

C_1、S_1 是 k_1l_{c1} 的函数，C_2、S_2 是 k_2l_{c2} 的函数，又由式（8.11）知道，k_2 可用 k_1 来表达，因此上式中只有 α 和 k_1 未知，给定 α 就可以解得 k_1，k_1 最小值对应的 P 就是一层柱的临界荷载 P_{cr1}，二层柱的临界荷载 $P_{cr2} = \alpha P_{cr1}$。由对称性可知，框架的临界荷载等于两个一层柱的临界荷载之和，即 $P_{cr} = 2P_{cr1}$。有了 P_{cr1}、P_{cr2}，便可得到一、二层柱的计算长度系数 μ_1、μ_2。

【例题 8.1】 图 8.9 所示无侧移对称框架，轴线荷载 P 作用在柱顶，试计算柱的计算长度系数。

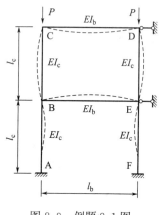

图 8.9　例题 8.1 图

【解】 两层柱的线刚度相同，$i_{c1} = i_{c2} = i_c = EI_c/l_c$，两层梁的线刚度也相同，$i_{b1} = i_{b2} = i_b = EI_b/l_b$。$P$ 作用在柱顶，$\alpha = 1.0$，由式（8.11）可知 $k_1^2 = k_2^2 = k^2 = P/(EI_c)$，故 $C_1 = C_2 = C$，$S_1 = S_2 = S$，式（8.14）可简化为：

$$2(i_cC + i_b)(i_cC + 2i_b) - (i_cS)^2 = 0 \tag{1}$$

上式两侧同除以 i_c^2 后，再利用 $i_b/i_c = K_1$ 可得：

$$2(C + K_1)(C + 2K_1) - S^2 = 0 \tag{2}$$

将 C、S、K_1 代入上式后，可得到 k 的最小值，一、二层柱的临界荷载相同，$P_{cr1} = P_{cr2} = k^2EI_c$，框架的临界荷载为 $P_{cr} = 2P_{cr1}$。因两层柱的 kl_c 相同，计算长度系数也相同，$\mu = \pi/(kl_c)$，计算结果见表 8.2。

竖向轴线荷载下两层单跨对称框架的柱计算长度系数　　　　　　表 8.2

框架条件	梁与柱的线刚度比值 K_1						
	0	0.5	1.0	2.0	5.0	10.0	∞
无侧移,见图 8.9	0.879	0.803	0.753	0.689	0.668	0.507	0.50
有侧移,见图 8.13	4.0	1.515	1.382	1.160	1.065	1.033	1.0

8.2.2　竖向荷载下有侧移的典型框架

前面讲述的典型框架均有侧向支撑,结构无侧向位移,当框架无侧向支撑时,会发生侧向位移,框架的临界荷载、柱的计算长度系数都与无侧移框架显著不同。

(1) 柱脚铰接的单层单跨对称框架

图 8.10 (a) 所示柱脚铰接的对称框架,柱顶作用有竖向轴线荷载 P,因框架无侧向支撑,在侧向干扰下会发生侧移,属于有侧移框架。假设柱顶侧移为 Δ,忽略柱的压缩变形和梁的轴力后,柱的轴压力等于 P,框架变形反对称,柱脚水平力应为零,梁柱的内力及变形见图 8.10 (b),$\theta_C = \theta_B$,$\theta_D = \theta_A$,整个框架的位移未知量有 θ_A、θ_B、Δ 三个,需要建立三个平衡方程,显然与图 8.6 无侧移框架完全不同。

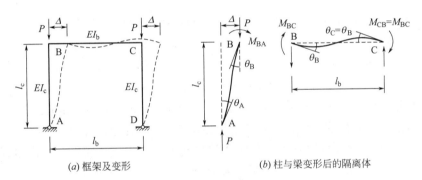

(a) 框架及变形　　　　　　　　　　　(b) 柱与梁变形后的隔离体

图 8.10　柱脚铰接的单层单跨有侧移对称框架

柱为有侧移压弯构件,转角位移方程为式 (6.57),为方便期间,这里引入框架的层间位移角 θ:

$$\theta = \Delta / l_c \tag{8.15}$$

则式 (6.57) 可改写为:

$$M_A = i[C\theta_A + S\theta_B - (C+S)\theta] \tag{8.16a}$$

$$M_B = i[S\theta_A + C\theta_B - (C+S)\theta] \tag{8.16b}$$

式中:M_A、θ_A 分别为近端弯矩和转角;M_B、θ_B 分别为远端弯矩和转角;C、S 见式 (6.56)。

根据上式可以写出 AB 柱两端的弯矩:

$$M_{AB} = i_c[C\theta_A + S\theta_B - (C+S)\theta]$$

$$M_{BA} = i_c[S\theta_A + C\theta_B - (C+S)\theta]$$

BC 梁仍为受弯构件,但变形反对称,B 端的弯矩为:

$$M_{BC} = i_b(4\theta_B + 2\theta_C) = i_b(4\theta_B + 2\theta_B) = 6i_b\theta_B$$

B、A 节点的弯矩平衡方程分别为 $M_{BA}+M_{BC}=0$、$M_{AB}=0$，将相关弯矩代入后再利用 $i_b/i_c=K_1$ 可得：

$$(C+6K_1)\theta_B + S\theta_A - (C+S)\theta = 0 \tag{8.17a}$$

$$S\theta_B + C\theta_A - (C+S)\theta = 0 \tag{8.17b}$$

AB 柱的力矩平衡方程为 $M_{BA}+P\Delta=0$，其中的 $P\Delta$ 称为倾覆力矩，这也是与无侧移框架的主要区别。将相关弯矩代入平衡方程后可得：

$$i_c[C\theta_B + S\theta_A - (C+S)\theta] + P\Delta = 0$$

再将 $P=k^2EI_c$ 代入上式后整理可得：

$$C\theta_B + S\theta_A + [(kl_c)^2 - (C+S)]\theta = 0 \tag{8.18}$$

式（8.17）和式（8.18）是框架的平衡方程组，因 θ_A、θ_B、θ 不为零，系数行列式应为零，即

$$\begin{vmatrix} C+6K_1 & S & -(C+S) \\ S & C & -(C+S) \\ C & S & (kl_c)^2-(C+S) \end{vmatrix} = 0$$

由上式可得框架的特征方程：

$$[(kl_c)^2 - 6K_1](C^2 - S^2) + 6K_1(kl_c)^2C = 0 \tag{8.19}$$

将 C、S 代入后，给定 K_1 便可解得 k，k 的最小值所对应的 P 就是 AB 柱的临界荷载 P_{cr1}，$P_{cr1}=k^2EI_c$。AB、CD 柱的临界荷载相同，框架的临界荷载 $P_{cr}=2P_{cr1}$。两柱的计算长度系数也相同，利用 $\mu=\pi/(kl_c)$ 可得到 μ，见表 8.1，μ 在 2.0～∞ 之间波动。当 $K_1=\infty$ 时 $\mu=2.0$，柱相当于一端铰接、一端可平动但不能转动轴压构件；当 $K_1=0$ 时 $\mu=\infty$，框架是一个几何可变体系。可以看出，框架的临界荷载也与梁柱的线刚度比值 K_1 有关，K_1 越大，梁对柱的约束作用越强，框架的临界荷载提高，柱的计算长度系数减小。

通过表 8.1 的对比还可以发现，有侧移时的 μ 值明显大于无侧移时，也即有侧移框架的临界荷载明显小于无侧移框架，说明侧移对框架的稳定影响很大，这主要由 P-Δ 效应（覆力矩 $P\Delta$）引起的。

（2）柱脚刚接的单层单跨对称框架

图 8.11（a）所示柱脚刚接的有侧移对称框架，两柱的轴线荷载均为 P，柱脚刚接，$\theta_D=\theta_A=0$，变形反对称，$\theta_C=\theta_B$，整个框架的位移未知量有 θ_B、Δ 两个，需要建立两个平衡方程。

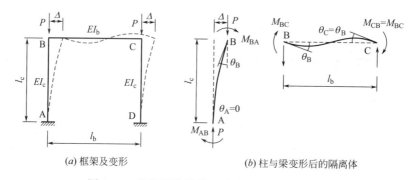

(a) 框架及变形　　　　　　　(b) 柱与梁变形后的隔离体

图 8.11　柱脚刚接的单层单跨有侧移对称框架

根据式（8.16）可以写出 AB 柱两端的转角位移方程：

$$M_{AB} = i_c[S\theta_B - (C+S)\theta]$$
$$M_{BA} = i_c[C\theta_B - (C+S)\theta]$$

BC 梁仍为受弯构件，B 端的弯矩为：

$$M_{BC} = i_b(4\theta_B + 2\theta_C) = 6i_b\theta_B$$

B 节点的弯矩平衡条件为 $M_{BA} + M_{BC} = 0$，将上述弯矩代入后可得：

$$(C + 6K_1)\theta_B - (C+S)\theta = 0 \qquad (8.20)$$

AB 柱的力矩平衡条件为 $M_{AB} + M_{BA} + P\Delta = 0$，将相关参数及 $P = k^2 EI_c$ 代入后整理可得：

$$(C+S)\theta_B - [2(C+S) - (kl_c)^2]\theta = 0 \qquad (8.21)$$

式（8.20）和式（8.21）是框架的平衡方程组，因 θ_B、θ 不为零，则有：

$$\begin{vmatrix} C + 6K_1 & -(C+S) \\ C+S & -[2(C+S)-(kl_c)^2] \end{vmatrix} = 0$$

由上式可得框架的特征方程：

$$(C^2 - S^2) + 12K_1(C+S) - (kl_c)^2(C + 6K_1) = 0 \qquad (8.22)$$

给定 K_1 值就可解得 k，从而得到柱的临界荷载和柱的计算长度系数 μ，μ 值见表 8.1，在 $1.0\sim2.0$ 之间波动，与图 8.7（a）无侧移框架相比，μ 值明显增大，主要是 P-Δ 效应（覆力矩 $P\Delta$）的缘故。

（3）柱脚刚接的两层单跨对称框架

图 8.12（a）所示两层单跨有侧移对称框架，柱脚及梁柱节点均为刚接，一、二层柱顶的轴线荷载分别为（$1-\alpha$）P、αP，$\alpha \leqslant 1$。假设侧向干扰下一、二层侧移分别为 Δ_1、Δ_2，见图 8.12（b），层间位移角分别为：

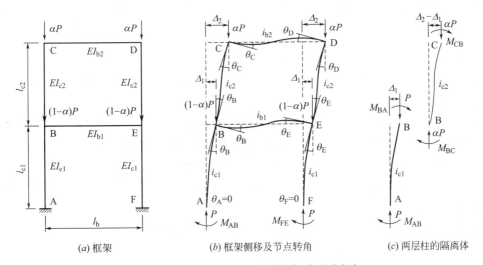

(a) 框架   (b) 框架侧移及节点转角   (c) 两层柱的隔离体

图 8.12 柱脚刚接的两层单跨有侧移对称框架

$$\theta_1 = \frac{\Delta_1}{l_{c1}}, \qquad \theta_2 = \frac{\Delta_2 - \Delta_1}{l_{c2}}$$

柱脚刚接，$\theta_A = \theta_F = 0$，框架变形反对称，$\theta_E = \theta_B$、$\theta_D = \theta_C$，整个框架的位移未知量

有 θ_1、θ_2、θ_B、θ_C 四个，需要建立四个平衡方程。为以示区别，一、二层柱的抗弯刚度系数分别用 C_1、S_1 和 C_2、S_2 来表示；一、二层柱的轴压力分别为 P、αP，可令 $k_1^2 = P/(EI_{c1})$，$k_2^2 = \alpha P/(EI_{c2})$，式（8.11）仍然适用。

首先建立 B、C 节点的弯矩平衡方程。由转角位移方程可写出各构件的端弯矩：

$$M_{AB} = i_{c1}[S_1\theta_B - (C_1 + S_1)\theta_1]$$
$$M_{BA} = i_{c1}[C_1\theta_B - (C_1 + S_1)\theta_1]$$
$$M_{BC} = i_{c2}[C_2\theta_B + S_2\theta_C - (C_2 + S_2)\theta_2]$$
$$M_{CB} = i_{c2}[C_2\theta_C + S_2\theta_B - (C_2 + S_2)\theta_2]$$
$$M_{CD} = i_{b2}(4\theta_C + 2\theta_D) = 6i_{b2}\theta_C$$
$$M_{BE} = i_{b1}(4\theta_B + 2\theta_E) = 6i_{b1}\theta_B$$

B 节点的弯矩方程为 $M_{BA} + M_{BC} + M_{BE} = 0$，将相关参数代入可得：

$$(i_{c1}C_1 + i_{c2}C_2 + 6i_{b1})\theta_B + i_{c2}S_2\theta_C - i_{c1}(C_1 + S_1)\theta_1 - i_{c2}(C_2 + S_2)\theta_2 = 0 \quad (8.23)$$

C 节点的弯矩方程为 $M_{CB} + M_{CD} = 0$，将相关参数代入可得：

$$i_{c2}S_2\theta_B + (i_{c2}C_2 + 6i_{b2})\theta_C - i_{c2}(C_2 + S_2)\theta_2 = 0 \quad (8.24)$$

再建立一、二层柱的力矩平衡方程。框架只承担竖向荷载，楼层总剪力为零，又因框架变形反对称，各柱的水平力应为零，一、二层柱的内力及位移见图 8.12（c）。AB 柱的力矩平衡方程为 $M_{AB} + M_{BA} + P\Delta_1 = 0$，其中 $P = k_1^2 EI_{c1}$，将相关参数代入后可得：

$$(C_1 + S_1)\theta_B - [2(C_1 + S_1) - (k_1 l_{c1})^2]\theta_1 = 0 \quad (8.25)$$

同理，BC 柱的力矩平衡方程为 $M_{BC} + M_{CB} + \alpha P(\Delta_2 - \Delta_1) = 0$，其中 $\alpha P = k_2^2 EI_{c2}$，将相关参数代入可得：

$$(C_2 + S_2)\theta_B + (C_2 + S_2)\theta_C - [2(C_2 + S_2) - (k_2 l_{c2})^2]\theta_2 = 0 \quad (8.26)$$

式（8.23）~式（8.26）是框架的平衡方程组，θ_B、θ_C、θ_1、θ_2 不为零，则有：

$$\begin{vmatrix} i_{c1}C_1 + i_{c2}C_2 + 6i_{b1} & i_{c2}S_2 & -i_{c1}(C_1 + S_1) & -i_{c2}(C_2 + S_2) \\ i_{c2}S_2 & i_{c2}C_2 + 6i_{b2} & 0 & -i_{c2}(C_2 + S_2) \\ C_1 + S_1 & 0 & -[2(C_1 + S_1) - (k_1 l_{c1})^2] & 0 \\ C_2 + S_2 & C_2 + S_2 & 0 & -[2(C_2 + S_2) - (k_2 l_{c2})^2] \end{vmatrix} = 0$$

$$(8.27)$$

由上式可得框架的特征方程，因 k_2 可用 k_1 表达，给定 α 就可解得 k_1 的最小值，也就是一层柱的临界荷载 P_{cr1}，二层柱的临界荷载 $P_{cr2} = \alpha P_{cr1}$，框架的临界荷载 $P_{cr} = 2P_{cr1}$。有了 P_{cr1}、P_{cr2} 后，可解得一、二层柱的计算长度系数 μ_1、μ_2。

【例题 8.2】 图 8.13 所示有侧移对称框架，轴线荷载 P 作用在柱顶，试计算柱的计算长度系数。

【解】 $i_{c1} = i_{c2} = i_c = EI_c/l_c$，$k_1^2 = k_2^2 = k^2 = P/(EI_c)$，$C_1 = C_2 = C$，$S_1 = S_2 = S$，$i_{b1} = i_{b2} = i_b = EI_b/l_b$，式（8.27）可简化为：

$$\begin{vmatrix} 2i_cC + 6i_b & i_cS & -i_c(C + S) & -i_c(C + S) \\ i_cS & i_cC + 6i_b & 0 & -i_c(C + S) \\ C + S & 0 & -[2(C + S) - (kl_c)^2] & 0 \\ C + S & C + S & 0 & -[2(C + S) - (kl_c)^2] \end{vmatrix} = 0 \quad (1)$$

将第一、二行除以 i_c 后再代入 $i_b/i_c = K_1$，可得：

$$\begin{vmatrix} 2C+6K_1 & S & -(C+S) & -(C+S) \\ S & C+6K_1 & 0 & -(C+S) \\ C+S & 0 & -[2(C+S)-(kl_c)^2] & 0 \\ C+S & C+S & 0 & -[2(C+S)-(kl_c)^2] \end{vmatrix} = 0 \quad (2)$$

将 C、S 和 K_1 代入上式后，可得到 k 的最小值，一、二层柱的临界荷载相同，$P_{cr1} = P_{cr2} = k^2 EI_c$，框架的临界荷载为 $P_{cr} = 2P_{cr1}$。因两层柱的 kl_c 相同，计算长度系数也相同，$\mu = \pi/(kl_c)$，计算结果见表 8.2，K_1 取不同值时，μ 在 $1.0 \sim 4.0$ 之间波动。通过表 8.2 的对比也可以发现，框架有侧移时柱的 μ 值明显高于无侧移时。

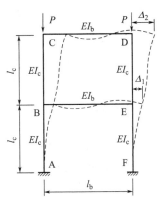

图 8.13　例题 8.2 图

8.2.3　竖向和水平荷载下无侧移的典型框架

图 8.14（a）所示柱脚刚接的单层单跨无侧移对称框架，同时作用有竖向轴线荷载 P 和水平轴线荷载 H，假设二者同比例加载。该框架中的梁、柱均属于压弯构件，见图 8.14（b），忽略梁和柱的压缩变形后，框架变形对称，梁的剪力为零，$\theta_A = \theta_D = 0$，$\theta_C = -\theta_B$，框架的位移未知量只有 θ_B。

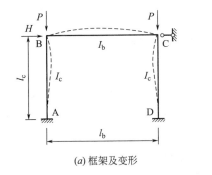
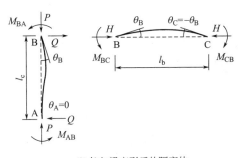

（a）框架及变形　　　　　　（b）柱与梁变形后的隔离体

图 8.14　兼承水平和竖向轴线荷载的无侧移对称框架

柱、梁的轴压力分别为 P、H，可令

$$k_c^2 = \frac{P}{EI_c}, \qquad k_b^2 = \frac{H}{EI_b} \quad (8.28)$$

以上两式的比值为：

$$\frac{k_b^2}{k_c^2} = \frac{H/EI_b}{P/EI_c} = \frac{H/I_b}{P/I_c} \quad (8.29)$$

上式中 H/I_b 为梁的轴压力与惯性矩之比，P/I_c 为柱的轴压力与惯性矩之比，再令

$$\beta = \frac{H/I_b}{P/I_c} \quad (8.30)$$

则式（8.29）又可写为：

$$k_b^2 = \beta k_c^2 \quad (8.31)$$

为以示区别，AB 柱、BC 梁的抗弯刚度系数分别记作 C_c、S_c 和 C_b、S_b。由转角位移方程可得 B 节点处的构件端部弯矩：

$$M_{BA} = i_c(C_c\theta_B + S_c\theta_A) = i_cC_c\theta_B$$
$$M_{BC} = i_b(C_b\theta_B + S_b\theta_C) = i_b(C_b - S_b)\theta_B$$

B 节点的弯矩平衡方程为 $M_{BA} + M_{BC} = 0$，将相关参数代入后可得：

$$[i_cC_c + i_b(C_b - S_b)]\theta_B = 0$$

$\theta_B \neq 0$，上式中括号内的项目应等于零，再利用 $i_b/i_c = K_1$，可得特征方程：

$$C_c + K_1(C_b - S_b) = 0 \tag{8.32}$$

上式有 k_c、k_b 两个未知数，将式（8.31）代入后只剩 k_c，只要给定 K_1、β 便可解得 k_c、k_b，然后利用 $\pi/\mu_c = k_cl_c$、$\pi/\mu_b = k_bl_b$ 可得到 AB 柱的计算长度系数 μ_c、BC 梁的计算长度系数 μ_b。

可以看出，构件的计算长度系数与 K_1、β 有关，而前面图 8.7 仅承担竖向轴线荷载时只与 K_1 有关，说明水平荷载对无侧移框架的稳定有影响，主要是水平力 H 降低了梁的刚度，从而使梁柱之间的约束作用发生了变化。当 $H = 0$ 时，$\beta = 0$，$k_b = 0$，$C_b = 4$，$S_b = 2$，式（8.32）可简化为：

$$C_c + 2K_1 = 0 \tag{8.33}$$

上式中的 C_c 是柱抗弯刚度系数 C，可见上式与式（8.8）完全一致。

8.2.4 竖向和水平荷载下有侧移的典型框架

作用在框架上的水平荷载通常远小于竖向荷载，因此有侧移框架的内力具有以下特点：梁两端的弯矩相等，见图 8.15，剪力也相等，各层梁的轴力可忽略，同一层柱的轴力可近似认为相同。

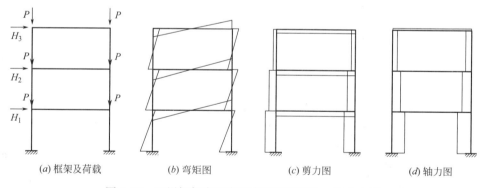

(a) 框架及荷载　　(b) 弯矩图　　(c) 剪力图　　(d) 轴力图

图 8.15　三层框架在竖向和水平荷载下的一阶内力图

下面研究单层单跨有侧移对称框架，见图 8.16（a），作用有轴线荷载 P 和 H，$H = \alpha P$，α 为荷载比例系数，P 和 H 同步加载。如果 $\alpha = 0$，只有竖向轴线荷载，P-Δ 曲线为图 8.16（b）中的 a。如果 $\alpha \neq 0$，一旦加载框架就有侧移，当材料为弹性时 P-Δ 曲线为 b，其渐近线为 a；当材料为弹塑性时，侧移发展到一定程度时构件会进入弹塑性，曲线为 d，属于极值点失稳。c 曲线为刚塑性分析结果，将在第 8.6 节讲述。

各构件的变形与内力见图 8.16（c），Q 为柱端的水平力，$\theta_A = \theta_D = 0$，框架的位移未

知量为 θ_B、θ_C 和 θ 三个，需要建立三个平衡方程。

由转角位移方程可得：

$$M_{BA}=i_c[C\theta_B+S\theta_A-(C+S)\theta]=i_cC\theta_B-i_c(C+S)\theta$$

$$M_{AB}=i_c[C\theta_A+S\theta_B-(C+S)\theta]=i_cS\theta_B-i_c(C+S)\theta$$

$$M_{CD}=i_c[C\theta_C+S\theta_D-(C+S)\theta]=i_cC\theta_C-i_c(C+S)\theta$$

$$M_{DC}=i_c[C\theta_D+S\theta_C-(C+S)\theta]=i_cS\theta_C-i_c(C+S)\theta$$

$$M_{BC}=i_b(4\theta_B+2\theta_C)$$

$$M_{CB}=i_b(4\theta_C+2\theta_B)$$

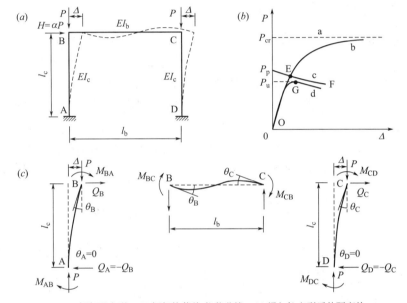

(a) 框架及变形；(b) 框架的荷载-位移曲线；(c) 梁与柱变形后的隔离体

图 8.16　兼承水平和竖向轴线荷载的有侧移框架

AB 柱的力矩平衡方程为 $M_{AB}+M_{BA}+P\Delta+Q_Bl_c=0$，将相关参数及 $P=k^2EI_c$ 代入可得 B 端水平力：

$$Q_B=-i_c(C+S)\frac{\theta_B}{l_c}+i_c[2(C+S)-(kl_c)^2]\frac{\theta}{l_c} \tag{8.34a}$$

CD 柱的力矩平衡方程为 $M_{CD}+M_{DC}+P\Delta+Q_Cl_c=0$，将相关参数及 $P=k^2EI_c$ 代入可得 C 端水平力：

$$Q_C=-i_c(C+S)\frac{\theta_C}{l_c}+i_c[2(C+S)-(kl_c)^2]\frac{\theta}{l_c} \tag{8.34b}$$

B、C 节点的弯矩平衡方程分别为 $M_{BA}+M_{BC}=0$、$M_{CB}+M_{CD}=0$，框架的水平力平衡方程为 $Q_A+Q_D+\alpha P=0$（或者$-Q_B-Q_C+\alpha P=0$），将相关参数代入上述三个平衡方程后分别可得：

$$(i_cC+4i_b)\theta_B+2i_b\theta_C-i_c(C+S)\theta=0$$

$$2i_b\theta_B+(i_cC+4i_b)\theta_C-i_c(C+S)\theta=0$$

$$i_c(C+S)\theta_B+i_c(C+S)\theta_C-i_c[4(C+S)-2(kl_c)^2]\theta+\alpha Pl_c=0$$

将上述各式的两侧同除以 i_c，并代入 $i_b/i_c=K_1$、$P=k^2EI_c$ 后可得：

$$(C+4K_1)\theta_B+2K_1\theta_C-(C+S)\theta=0 \qquad (8.35a)$$

$$2K_1\theta_B+(C+4K_1)\theta_C-(C+S)\theta=0 \qquad (8.35b)$$

$$(C+S)\theta_B+(C+S)\theta_C-[4(C+S)-2(kl_c)^2]\theta=-\alpha(kl_c)^2 \qquad (8.35c)$$

上式为框架的平衡方程组，因第三个公式右侧有常数项，不能直接利用 θ_B、θ_C、θ 的系数行列式来求解 k 值，但由上式可解得：

$$\theta_B=\theta_C=\frac{(C+S)\alpha(kl_c)^2}{2(C+S)(C-S+12K_1)-2(C+6K_1)(kl_c)^2} \qquad (8.36)$$

$$\theta=\frac{\Delta}{l_c}=\frac{(C+6K_1)\alpha(kl_c)^2}{2(C+S)(C-S+12K_1)-2(C+6K_1)(kl_c)^2} \qquad (8.37)$$

$\theta_B=\theta_C$ 说明框架的变形反对称。由图 8.16（b）可知框架失稳时 Δ 应趋向于无穷大时，故可令式（8.37）右侧的分母为零，得到特征方程：

$$(C^2-S^2)+12K_1(C+S)-(kl_c)^2(C+6K_1)=0$$

上式与式（8.22）完全相同，说明有侧移框架的弹性临界荷载与水平轴线荷载无关，水平荷载仅是增大了框架的侧移变形，见图 8.16（b）。这一点与弹性压弯构件类似，弯矩的存在仅是增大了构件的弯曲变形，并不影响构件在弯矩作用平面内的临界荷载。但如果框架的材料为弹塑性，水平荷载会加速构件进入弹塑性，降低框架的极限荷载 P_u。

8.3 多层多跨框架的弹性稳定近似分析

上一节研究的框架都比较典型，为单层单跨或两层单跨对称框架，本节将采用近似法对竖向轴线荷载作用下的任意多层多跨框架进行弹性稳定分析。

8.3.1 无侧移的多层多跨框架

图 8.17（a）所示竖向轴线荷载作用下无侧移的多层多跨框架，梁柱全部刚接，梁柱的线刚度不同，其稳定分析可近似采用七杆模型，见图 8.17（b），并引入如下假定：

1）构件材料为弹性且框架无缺陷；

2）GA、AB、BH 三个柱同时屈曲，也即 kl 值相同；

3）忽略梁的轴力，则梁两端的转角相同、方向相反，$\theta_C=\theta_D=-\theta_A$，$\theta_E=\theta_F=-\theta_B$；

4）隔层柱的转角相同，也即 $\theta_G=\theta_B$，$\theta_H=\theta_A$。

根据上述假设，七杆模型中只有 θ_A、θ_B 两个未知数，需要建立 A、B 两个节点的弯矩平衡方程。对于 A 节点，共四个构件汇交，各构件在 A 端的弯矩分别为：

$$M_{AC}=i_{b1}(4\theta_A+2\theta_C)=i_{b1}(4\theta_A-2\theta_A)=2i_{b1}\theta_A \qquad (8.38a)$$

$$M_{AD}=i_{b2}(4\theta_A+2\theta_D)=i_{b2}(4\theta_A-2\theta_A)=2i_{b2}\theta_A \qquad (8.38b)$$

$$M_{AB}=i_{c2}(C\theta_A+S\theta_B) \qquad (8.38c)$$

$$M_{AG}=i_{c1}(C\theta_A+S\theta_G)=i_{c1}(C\theta_A+S\theta_B)=(i_{c1}/i_{c2})M_{AB} \qquad (8.38d)$$

将上述诸弯矩代入 A 节点的弯矩平衡方程 $M_{AB}+M_{AC}+M_{AD}+M_{AG}=0$，可得：

$$(C\theta_A+S\theta_B)+\frac{2(i_{b1}+i_{b2})}{i_{c1}+i_{c2}}\theta_A=0 \qquad (8.39)$$

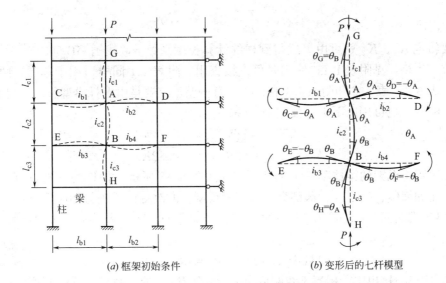

(a) 框架初始条件　　　　　(b) 变形后的七杆模型

图 8.17　轴线荷载下的多层多跨无侧移框架

令汇交于 A 点的梁线刚度之和与柱线刚度之和的比值为 K_1，即

$$K_1 = \frac{\sum_A i_b}{\sum_A i_c} = \frac{i_{b1} + i_{b2}}{i_{c1} + i_{c2}} \tag{8.40}$$

则式（8.39）变为：

$$(C + 2K_1)\theta_A + S\theta_B = 0 \tag{8.41}$$

同样道理，B 节点也四个构件汇交，各构件在 B 端的弯矩分别为：

$$M_{BE} = i_{b3}(4\theta_B + 2\theta_E) = i_{b3}(4\theta_B - 2\theta_B) = 2i_{b3}\theta_B \tag{8.42a}$$

$$M_{BF} = i_{b4}(4\theta_B + 2\theta_F) = i_{b4}(4\theta_B - 2\theta_B) = 2i_{b4}\theta_B \tag{8.42b}$$

$$M_{BA} = i_{c2}(C\theta_B + S\theta_A) \tag{8.42c}$$

$$M_{BH} = i_{c3}(C\theta_B + S\theta_H) = i_{c3}(C\theta_B + S\theta_A) = (i_{c3}/i_{c2})M_{BA} \tag{8.42d}$$

将上述诸弯矩代入 B 节点的弯矩平衡方程 $M_{BA} + M_{BE} + M_{BF} + M_{BH} = 0$，可得：

$$S\theta_A + (C + 2K_2)\theta_B = 0 \tag{8.43}$$

式中：K_2 为汇交于 B 点的梁线刚度之和与柱线刚度之和的比值，即

$$K_2 = \frac{\sum_B i_b}{\sum_B i_c} = \frac{i_{b3} + i_{b4}}{i_{c2} + i_{c3}} \tag{8.44}$$

式（8.41）和式（8.43）是平衡方程组，要使 θ_A、θ_B 的解不同时为零，系数行列式应为零，即

$$\begin{vmatrix} C + 2K_1 & S \\ S & C + 2K_2 \end{vmatrix} = 0$$

由上式可得框架的特征方程：

$$C^2 - S^2 + 2C(K_1 + K_2) + 4K_1K_2 = 0 \tag{8.45}$$

将式（6.56）中的 C、S 以及 $kl = \pi/\mu$ 代入上式，便可得到用 AB 柱计算长度系数 μ 表达的特征方程：

$$\left[\left(\frac{\pi}{\mu}\right)^2 + 2(K_1 + K_2) - 4K_1K_2\right]\frac{\pi}{\mu}\sin\frac{\pi}{\mu} - 2\left[(K_1 + K_2)\left(\frac{\pi}{\mu}\right)^2 + 4K_1K_2\right]$$

$$\times \cos \frac{\pi}{\mu} + 8K_1K_2 = 0 \qquad (8.46)$$

只要给定 K_1、K_2 就可由上式得到柱的计算长度系数 μ，我国 GB 50017—2017 标准将其做成了表格，见附表 I.1，使用时可直接查用。附表 I.1 同样适用于单层、两层无侧移框架，表 8.1、表 8.2 和附表 I.1 相比，略有偏差，主要是由七杆模型假设引起的。

式（8.46）也可用以下拟合公式来代替：

$$\mu = \sqrt{\frac{(1+0.41K_1)(1+0.41K_2)}{(1+0.82K_1)(1+0.82K_2)}} \qquad (8.47)$$

实际工程中框架的梁柱不一定全部刚接，如图 8.18 所示，构件的远端也可能不是梁柱节点，比如筒体、基础等，这都会引起横梁线刚度的改变，需进行相应的修正。

1）梁远端嵌固时：如图 8.18 中的 AC 梁，远端（C 端）为固接，即 $\theta_C = 0$，梁在 A 端的弯矩为：

$$M_{AC} = i_{b1}(4\theta_A - 0) = 2(2i_{b1})\theta_A$$

与式（8.38a）相比，相当于线刚度由 i_{b1} 变为 $2i_{b1}$，故计算 AC 梁线刚度时应乘以修正系数 2.0。

2）梁远端铰接时：如图 8.18 中的 BE 梁，远端（E 端）为铰接，则梁在 B 端的弯矩为：

$$M_{BE} = 3i_{b3}\theta_B = 2(1.5 \times i_{b3})\theta_B$$

与式（8.42a）相比，相当于线刚度由 i_{b3} 变为 $1.5i_{b3}$，故计算 BE 梁线刚度时应乘以修正系数 1.5。

3）梁近端铰接时：如图 8.18 中的 AD 梁，对左侧柱的转动无约束，可取 AD 梁线刚度为零。

4）底层框架柱：当柱脚铰接时 $K_2 = 0$；当柱脚刚接时 $K_2 = \infty$；实际工程中可近似取 $K_2 = 10$。

【例题 8.3】 图 8.19 所示无侧移框架，试计算各柱的计算长度系数。

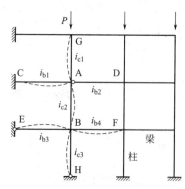

图 8.18 无侧移框架中
构件两端的边界条件

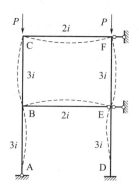

图 8.19 例题 8.3 图

【解】 先计算 AB 柱，BE 梁的远端均为铰接，故梁的线刚度应乘以修正系数 1.5，B端的梁线刚度之和为 $\sum i_b = 1.5 \times 2i = 3i$，B 端的柱线刚度之和为 $\sum i_c = 3i + 3i = 6i$，则有

$K_1 = 3i/6i = 0.5$。A 端与基础铰接，$K_2 = 0$。将 K_1、K_2 代入式（8.47）或者查附表 I.1 可得计算长度系数 $\mu_{AB} = 0.922$。

BC 柱：$K_1 = 2i/3i = 2/3$，$K_2 = (1.5 \times 2i)/(3i + 3i) = 0.5$，可得 $\mu_{BC} = 0.841$。

DE 柱：$K_1 = 0/(3i + 3i) = 0$，$K_2 = 10$，可得 $\mu_{DE} = 0.732$。

EF 柱：$K_1 = 2i/3i = 2/3$，$K_2 = 0/(3i + 3i) = 0$，可得 $\mu_{EF} = 0.908$。

8.3.2　有侧移的多层多跨框架

图 8.20（a）所示竖向轴线荷载作用下有侧移的多层多跨框架，梁柱全部刚接，梁柱的线刚度不同，其稳定分析也可近似采用七杆模型，见图 8.20（b），并引入如下假定：

1）构件材料为弹性且框架无缺陷；

2）GA、AB、BH 三个柱同时屈曲，也即 kl 值相同；

3）屈曲时各层的层间位移角相同，$\theta = \Delta_1/l_{c1} = \Delta_2/l_{c2} = \Delta_3/l_{c3}$；

4）忽略梁的轴力，则梁两端的转角相同，$\theta_C = \theta_D = \theta_A$，$\theta_E = \theta_F = \theta_B$；

5）隔层柱的转角相同，$\theta_G = \theta_B$，$\theta_H = \theta_A$。

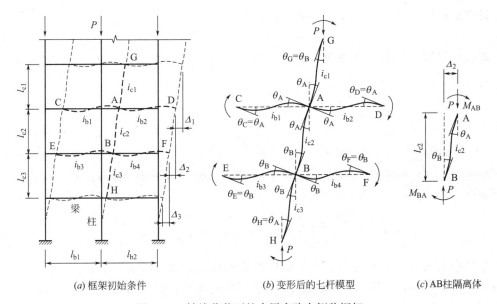

(a) 框架初始条件　　　　(b) 变形后的七杆模型　　　　(c) AB柱隔离体

图 8.20　轴线荷载下的多层多跨有侧移框架

根据上述假定，七杆模型有 θ_A、θ_B、θ 三个未知数，需要建立三个平衡方程：A、B 两个节点的弯矩平衡方程以及 AB 柱的力矩平衡方程。A 节点处各杆件的弯矩分别为：

$$M_{AC} = i_{b1}(4\theta_A + 2\theta_C) = 6i_{b1}\theta_A \tag{8.48a}$$

$$M_{AD} = i_{b2}(4\theta_A + 2\theta_D) = 6i_{b2}\theta_A \tag{8.48b}$$

$$M_{AB} = i_{c2}[C\theta_A + S\theta_B - (C+S)\theta] \tag{8.48c}$$

$$M_{AG} = i_{c1}[C\theta_A + S\theta_G - (C+S)\theta] \tag{8.48d}$$

将上述诸式代入 A 节点的弯矩平衡方程 $M_{AC} + M_{AD} + M_{AB} + M_{AG} = 0$，整理可得：

$$(C + 6K_1)\theta_A + S\theta_B - (C+S)\theta = 0 \tag{8.49}$$

式中：K_1 为 A 节点处梁线刚度之和与柱线刚度之和的比值，见式（8.40）。

B 节点处各杆件的弯矩分别为：

$$M_{BE} = 6i_{b3}\theta_B \tag{8.50a}$$

$$M_{BF} = 6i_{b4}\theta_B \tag{8.50b}$$

$$M_{BA} = i_{c2}[C\theta_B + S\theta_A - (C+S)\theta] \tag{8.50c}$$

$$M_{BH} = i_{c3}[C\theta_B + S\theta_H - (C+S)\theta] \tag{8.50d}$$

将上述诸式代入 B 节点的弯矩平衡方程 $M_{BE} + M_{BF} + M_{BA} + M_{BH} = 0$ 可得：

$$S\theta_A + (C + 6K_2)\theta_B - (C+S)\theta = 0 \tag{8.51}$$

式中：K_2 为 B 节点处梁线刚度之和与柱线刚度之和的比值，见式（8.44）。

下面建立 AB 柱的力矩平衡方程，隔离体见图 8.20（c），因楼层总剪力为零，AB 柱的柱端水平力也为零，力矩平衡方程为 $M_{AB} + M_{BA} + P\Delta_2 = 0$，将 M_{AB}、M_{BA}、$P = k^2 EI_{c2}$、$\Delta_2 = \theta l_{c2}$ 代入后整理可得：

$$(C+S)\theta_A + (C+S)\theta_B - [2(C+S) - (kl_{c2})^2]\theta = 0 \tag{8.52}$$

将式（8.49）、式（8.51）相加可得：

$$(C+S)\theta_A + (C+S)\theta_B - 2(C+S)\theta = -6(K_1\theta_A + K_2\theta_B)$$

再将上式代入到式（8.52）可得：

$$-6K_1\theta_A - 6K_2\theta_B + (kl_{c2})^2\theta = 0 \tag{8.53}$$

式（8.49）、式（8.51）和式（8.53）是平衡方程组，要使 θ_A、θ_B、θ 的解不同时为零，则有：

$$\begin{vmatrix} C+6K_1 & S & -(C+S) \\ S & C+6K_2 & -(C+S) \\ -6K_1 & -6K_2 & (kl_{c2})^2 \end{vmatrix} = 0 \tag{8.54}$$

将式（6.56）中的 C、S 以及 $kl_{c2} = \pi/\mu$ 代入上式，可得用 AB 柱计算长度系数 μ 表达的特征方程：

$$\left[36K_1K_2 - \left(\frac{\pi}{\mu}\right)^2\right]\sin\frac{\pi}{\mu} + 6(K_1+K_2)\frac{\pi}{\mu}\cos\frac{\pi}{\mu} = 0 \tag{8.55}$$

只要给定 K_1、K_2 就可由上式得到柱的计算长度系数 μ，GB 50017—2017 标准将其做成了表格，见附表 I.2，可直接查用，该表同样适用于单层、两层有侧移框架。

式（8.55）也可用以下拟合公式代替：

$$\mu = \sqrt{\frac{7.5K_1K_2 + 4(K_1+K_2) + 1.52}{7.5K_1K_2 + K_1 + K_2}} \tag{8.56}$$

如果框架梁柱非刚接时，如图 8.21 所示，会引起横梁线刚度发生改变，也需要进行如下修正：

1）梁远端嵌固时：如图 8.21 中的 AC 梁，远端（C 端）不能转动，即 $\theta_C = 0$，梁在 A 端的弯矩为：

$$M_{AC} = i_{b1}(4\theta_A - 0) = 6\left(\frac{2}{3}i_{b1}\right)\theta_A$$

与式（8.48a）相比，相当于线刚度由 i_{b1} 变为 $2i_{b1}/3$，故计算 AC 梁线刚度时应乘以修正系数 2/3。

2）梁远端铰接时：如图 8.21 中的 BE 梁，远端（E 端）为铰接，则梁在 B 端的弯矩为：

$$M_{BE} = 3i_{b3}\theta_B = 6(0.5 \times i_{b3})\theta_B$$

与式（8.50a）相比，相当于线刚度由 i_{b3} 变为 $0.5i_{b3}$，故计算 BE 梁线刚度时应乘以修正系数 0.5。

3）梁近端铰接时：如图 8.21 中的 AD 梁，对左侧柱的转动无约束，可取 AD 梁线刚度为零。

4）底层框架柱：当柱脚铰接时 $K_2 = 0$，当柱脚刚接时可近似取 $K_2 = 10$。

需要说明的是，式（8.55）和式（8.56）是有适用范围的，只有当同一楼层各柱的 N/I_c 都相同时（N 为柱的轴压力），计算结果才精确，否则需要修正[3]，具体内容将在下一节讲述。

【例题 8.4】　图 8.22 所示有侧移框架，试计算各柱的计算长度系数，图中给出了梁柱的线刚度。

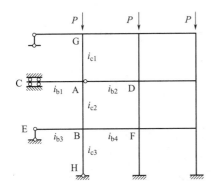

图 8.21　有侧移框架中构件两端的边界条件

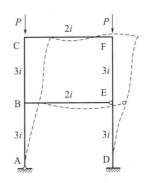

图 8.22　例题 8.4 图

【解】　先计算 AB 柱，BE 梁的远端均为铰接，故梁的线刚度应乘以修正系数 0.5，B 端的梁线刚度之和为 $\sum i_b = 0.5 \times 2i = i$，B 端的柱线刚度之和为 $\sum i_c = 3i + 3i = 6i$，则有 $K_1 = i/6i = 0.167$。A 端与基础铰接，$K_2 = 0$。将 K_1、K_2 代入式（8.56）或者查附表 I.2 可得计算长度系数 $\mu_{AB} = 3.620$。

BC 柱：$K_1 = 2i/3i = 0.667$，$K_2 = (0.5 \times 2i)/(3i + 3i) = 0.167$，可得 $\mu_{BC} = 1.846$。

DE 柱：$K_1 = 0/(3i + 3i) = 0$，$K_2 = 10$，可得 $\mu_{DE} = 2.03$。

EF 柱：$K_1 = 2i/3i = 0.667$，$K_2 = 0/(3i + 3i) = 0$，可得 $\mu_{EF} = 2.506$。

本例题中的框架有侧移，例题 8.3 的框架无侧移，其余条件完全相同，通过对比可以发现，例题 8.3 中的 μ 均小于 1.0，而本例题中的 μ 均大于 1.0，可见 $P\text{-}\Delta$ 效应对框架的稳定影响非常大。

8.4　框架失稳的本质及层刚度法

前面两节主要讲述了静力法、位移法在框架弹性稳定分析中的应用，研究的对象都有一定的特殊性，并进行了若干简化假设。本节研究框架失稳的本质，并介绍有侧移框架的层刚度法。

8.4.1 荷载或框架不对称的无侧移框架

图 8.23（a）所示无侧移对称框架，荷载不对称，轴线荷载 $P_1 > P_2$，两柱同比例加载。忽略柱的压缩变形和梁的轴力后，两柱的轴压力分别为 $N_1 = P_1$、$N_2 = P_2$，框架变形对称且梁纯弯，$\theta_A = \theta_D = 0$，$\theta_C = -\theta_B$，位移未知量为 θ_B，因 AB 柱的轴压力较大，取 AB 柱和梁作为研究对象，由转角位移方程可得：

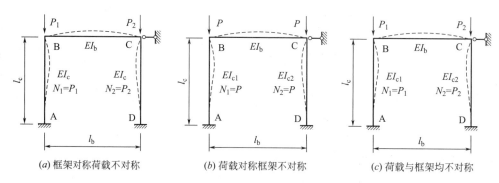

(a) 框架对称荷载不对称　　　(b) 荷载对称框架不对称　　　(c) 荷载与框架均不对称

图 8.23　荷载或框架不对称

$$M_{BA} = i_c(C\theta_B + S\theta_A) = i_c C\theta_B$$
$$M_{BC} = 2i_b\theta_B$$

B 节点的弯矩平衡方程为 $M_{BA} + M_{BC} = 0$，将相关参数代入后可得：

$$(i_c C + 2i_b)\theta_B = 0$$

上式即为框架的平衡方程，公式两侧同除以 i_c 并代入 $i_b/i_c = K_1$ 后变为：

$$C + 2K_1 = 0$$

上式与图 8.7 对称荷载作用下的特征方程也即式（8.8）完全相同，说明竖向轴线荷载的分布对无侧移对称框架的稳定和柱计算长度系数均没有影响，轴线荷载较大的柱先发生屈曲，荷载较小的柱不会发生屈曲。因梁与两个柱的线刚度之比相同，两个柱的计算长度系数相同。

如果荷载对称而框架不对称，见图 8.23（b），$I_{c1} < I_{c2}$，则 AB 柱较弱，以 AB 柱和梁作为研究对象，得到的特征方程还是 $C + 2K_1 = 0$，因梁与两个柱的线刚度之比不同，两个柱的计算长度系数也不同。依此类推，当框架与荷载都不对称时，见图 8.23（c），$P_1 > P_2$，$I_{c1} < I_{c2}$，则柱的轴压力与线刚度之比 $N_1/I_{c1} > N_2/I_{c2}$，AB 柱较弱，框架的屈曲由该柱控制。上述情况同样适用于多层无侧移框架。

对于各类无侧移框架，可得到如下结论：N/I_c 值较大的柱属于弱柱，框架的屈曲由弱柱控制；无侧移框架失稳的本质是弱柱的抗弯刚度消失，强柱对弱柱没有支持作用；各柱的计算长度系数仅与柱两端的约束情况有关，与同一楼层中的其他柱无关。

8.4.2 荷载或框架不对称的有侧移框架

图 8.24（a）所示有侧移对称框架，荷载不对称，两柱的轴线荷载分别为 P_1、P_2，$P_2 = \alpha P_1$，$\alpha < 1.0$，同比例加载。忽略柱的压缩变形和梁的轴力后，两柱的轴压力分别为

$N_1=P_1$、$N_2=P_2$，柱顶侧移均为 Δ，层间位移角 $\theta=\Delta/l_c$。因 $\theta_A=\theta_D=0$，框架的位移未知量有 θ_B、θ_C 和 θ 三个，需建立三个平衡方程。

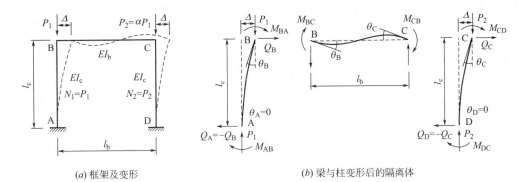

(a) 框架及变形   (b) 梁与柱变形后的隔离体

图 8.24 轴线荷载不同时的单层单跨有侧移对称框架

构件隔离体见图 8.24 (b)，两柱的轴压力分别为 P_1、P_2，可令 $k_1^2=P_1/(EI_c)$，$k_2^2=P_2/(EI_c)$，则有 $k_2^2=\alpha k_1^2$。为以示区别，AB、CD 柱的抗弯刚度系数分别记作 C_1、S_1 和 C_2、S_2，由转角位移方程可得：

$$M_{BA}=i_c[C_1\theta_B+S_1\theta_A-(C_1+S_1)\theta]=i_cC_1\theta_B-i_c(C_1+S_1)\theta$$
$$M_{AB}=i_c[C_1\theta_A+S_1\theta_B-(C_1+S_1)\theta]=i_cS_1\theta_B-i_c(C_1+S_1)\theta$$
$$M_{CD}=i_c[C_2\theta_C+S_2\theta_D-(C_2+S_2)\theta]=i_cC_2\theta_C-i_c(C_2+S_2)\theta$$
$$M_{DC}=i_c[C_2\theta_D+S_2\theta_C-(C_2+S_2)\theta]=i_cS_2\theta_C-i_c(C_2+S_2)\theta$$
$$M_{BC}=i_b(4\theta_B+2\theta_C)$$
$$M_{CB}=i_b(4\theta_C+2\theta_B)$$

AB 柱的力矩平衡方程为 $M_{AB}+M_{BA}+P_1\Delta+Q_Bl_c=0$，将相关参数代入可得柱在 B 端的水平力：

$$Q_B=-i_c(C_1+S_1)\frac{\theta_B}{l_c}+i_c[2(C_1+S_1)-(k_1l_c)^2]\frac{\theta}{l_c}$$

CD 柱的力矩平衡方程为 $M_{CD}+M_{DC}+P_2\Delta+Q_Cl_c=0$，将相关参数代入可得柱在 C 端的水平力：

$$Q_C=-i_c(C_2+S_2)\frac{\theta_C}{l_c}+i_c[2(C_2+S_2)-(k_2l_c)^2]\frac{\theta}{l_c}$$

B、C 节点的弯矩平衡方程分别为 $M_{BA}+M_{BC}=0$、$M_{CB}+M_{CD}=0$，框架的水平力平衡方程为 $Q_A+Q_D=0$（或者 $-Q_B-Q_C=0$），将相关参数代入后分别可得：

$$(i_cC_1+4i_b)\theta_B+2i_b\theta_C-i_c(C_1+S_1)\theta=0$$
$$2i_b\theta_B+(i_cC_2+4i_b)\theta_C-i_c(C_2+S_2)\theta=0$$
$$-i_c(C_1+S_1)\theta_B-i_c(C_2+S_2)\theta_C+i_c[2(C_1+S_1+C_2+S_2)-(k_1l_c)^2-(k_2l_c)^2]\theta=0$$

将以上诸式两侧同除以 i_c 并代入 $i_b/i_c=K_1$ 后可得：

$$(C_1+4K_1)\theta_B+2K_1\theta_C-(C_1+S_1)\theta=0 \tag{8.57a}$$
$$2K_1\theta_B+(C_2+4K_1)\theta_C-(C_2+S_2)\theta=0 \tag{8.57b}$$
$$-(C_1+S_1)\theta_B-(C_2+S_2)\theta_C+[2(C_1+S_1+C_2+S_2)-(k_1l_c)^2-(k_2l_c)^2]\theta=0 \tag{8.57c}$$

上式即为框架的平衡方程组，要使 θ_B、θ_C、θ 的解不同时为零，则有：

$$\begin{vmatrix} C_1+4K_1 & 2K_1 & -(C_1+S_1) \\ 2K_1 & C_2+4K_1 & -(C_2+S_2) \\ -(C_1+S_1) & -(C_2+S_2) & 2(C_1+S_1+C_2+S_2)-(k_1l_c)^2-(k_2l_c)^2 \end{vmatrix}=0$$

$$(8.58)$$

因 $k_2^2=\alpha k_1^2$，给定 K_1 和 α 就可以得到 k_1，k_1 的最小值对应的荷载 P_1 就是 AB 柱的临界荷载 P_{cr1}，$P_{cr1}=k_1^2EI_c$，CD 柱的临界荷载 $P_{cr2}=\alpha P_{cr1}$，框架的临界荷载为 $P_{cr}=P_{cr1}+P_{cr2}=(1+\alpha)P_{cr1}$。

假设图 8.24 (a) 中的梁柱线刚度比值 K_1 分别为 0.01、0.1、1.0，α 取不同数值时由式（8.58）解得的框架临界荷载 P_{cr} 见表 8.3，从中可以得到以下两点结论：

1) K_1 对 P_{cr} 的影响很大，K_1 越大 P_{cr} 越高。K_1 越大意味着梁对柱的约束能力越强，框架的节点转角和层间位移也就越小，框架的临界荷载提高。

2) α 对 P_{cr} 的影响非常小，α 取 1 和 0.1 时两柱的轴压力相差 9 倍，但 P_{cr} 相差仅为 1%，完全可以忽略，说明框架的临界荷载与各柱的轴压力分布（或 N/I_c）无关，也即框架临界荷载保持不变。框架的屈曲与楼层所有柱都有关，N/I_c 较大的柱属于弱柱，N/I_c 较小的柱属于强柱，强柱对弱柱有支持作用。

图 8.24 框架的临界荷载 P_{cr} 表 8.3

K_1 值	α 值			
	1.0	0.5	0.2	0.1
0.01	$0.524P_{Ec}$	$0.523P_{Ec}$	$0.521P_{Ec}$	$0.518P_{Ec}$
0.1	$0.716P_{Ec}$	$0.715P_{Ec}$	$0.711P_{Ec}$	$0.708P_{Ec}$
1.0	$1.494P_{Ec}$	$1.493P_{Ec}$	$1.489P_{Ec}$	$1.484P_{Ec}$

注：P_{Ec} 为柱的 Euler 荷载，$P_{Ec}=\pi^2EI_c/l_c^2$。

利用 P_{cr1}、P_{cr2} 得到的柱计算长度系数 μ_1、μ_2 见表 8.4。当荷载对称（$\alpha=1.0$）时，$\mu_1=\mu_2$，以 $\alpha=1.0$、$K_1=1.0$ 为例，$\mu_1=\mu_2=1.160$，与表 8.1 中的数完全一致。当两柱的荷载不相同（$\alpha\neq1.0$）时，$\mu_1\neq\mu_2$。

图 8.24 框架柱的计算长度系数 表 8.4

K_1 值	α 值			
	1.0	0.5	0.2	0.1
0.01	$\mu_1=\mu_2=1.954$	$\mu_1=1.693,\mu_2=2.395$	$\mu_1=1.518,\mu_2=3.394$	$\mu_1=1.457,\mu_2=4.608$
0.1	$\mu_1=\mu_2=1.671$	$\mu_1=1.448,\mu_2=2.048$	$\mu_1=1.299,\mu_2=2.905$	$\mu_1=1.246,\mu_2=3.942$
1.0	$\mu_1=\mu_2=1.160$	$\mu_1=1.002,\mu_2=1.418$	$\mu_1=0.898,\mu_2=2.007$	$\mu_1=0.861,\mu_2=2.723$

对各类有侧移框架，均可以得到如下结论：框架的屈曲与楼层各柱的轴压力分布（或 N/I_c）无关，与楼层的抗侧刚度有关，框架失稳的本质是楼层抗侧刚度消失；柱的计算长度系数不仅与柱两端的约束情况有关，还与同楼层的其他柱有关。可见，有侧移框架的稳定与无侧移框架完全不同。

楼层各柱的 N/I_c 不相同时，对楼层抗侧刚度的贡献不同，由于横梁使各柱同步侧倾，强柱对弱柱提供支持，最终同步屈曲，发生"层失稳"。强柱提供支持后，自身计算长度系数变大，弱柱接受支持后计算长度系数变小，因此当楼层各柱的 N/I_c 不相同时，由附表 I.2 或式（8.56）确定的计算长度系数还需要进行修正[3]。为以示区别，这里将由附表 I.2 或式（8.56）确定的楼层第 i 个柱（轴压力为 N_i，惯性矩为 I_{ci}）的计算长度系数记作 μ_{0i}，将修正后的计算长度系数记作 μ_i。

图 8.25 所示框架，各柱长度 $l_{ci}=h$，但 P_i、I_{ci} 不相同，也即 N_i/I_{ci} 不同。假设框架的屈曲荷载 $P_{cr}=\sum P_i$，因 P_{cr} 与各柱的轴压力分布无关，在保持 $\sum P_i$ 不变的前提下，可以调整各柱的 P_i 值，使各柱的 N_i/I_{ci} 相同，这样由附表 I.2 可以得到各柱的计算长度系数 μ_{0i}，根据 μ_{0i} 可得到各柱的临界荷载 N_{0i}：

$$N_{0i}=\frac{\pi^2 E I_{ci}}{(\mu_{0i}h)^2}=\frac{\pi^2 E}{h^2}\cdot\frac{I_{ci}}{\mu_{0i}^2}$$

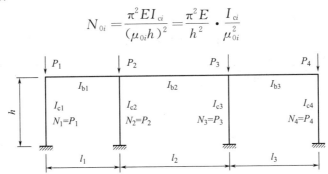

图 8.25　不等轴线荷载（轴压力）下的单层有侧移框架

框架的临界荷载 P_{cr} 等于各柱的临界荷载之和，即

$$P_{cr}=\sum N_{0i}=\frac{\pi^2 E}{h^2}\sum\frac{I_{ci}}{\mu_{0i}^2}$$

由于 $P_{cr}=\sum P_i=\sum N_i$，将上式中的 P_{cr} 替换为 $\sum N_i$ 后可得：

$$\frac{\pi^2 E}{h^2}=\frac{\sum N_i}{\sum I_{ci}/\mu_{0i}^2} \tag{8.59}$$

如果不调整各柱的 P_i 值，$P_{cr}=\sum P_i=\sum N_i$ 仍然成立，各柱的临界荷载就是 N_i，且可用下式表达：

$$N_i=\frac{\pi^2 E I_{ci}}{(\mu_i h)^2}=\frac{I_{ci}}{\mu_i^2}\cdot\frac{\pi^2 E}{h^2}$$

利用上式可得各柱真实的计算长度系数 μ_i：

$$\mu_i=\sqrt{\frac{I_{ci}}{N_i}\cdot\frac{\pi^2 E}{h^2}}$$

将式（8.59）代入上式可得：

$$\mu_i=\sqrt{\frac{I_{ci}}{N_i}\cdot\frac{\sum N_i}{\sum I_{ci}/\mu_{0i}^2}} \tag{8.60}$$

式中：I_{ci}、N_i 分别为楼层第 i 个柱的惯性矩、轴压力；μ_{0i} 为由附表 I.2 或式（8.56）得到的第 i 个柱的计算长度系数。

如果楼层各柱的高度不同，并将第 i 个柱的高度记作 l_{ci}，则上式可修改为：

$$\mu_i = \frac{1}{l_{ci}} \sqrt{\frac{I_{ci}}{N_i} \cdot \frac{\sum N_i / l_{ci}}{\sum I_{ci} / (\mu_{0i}^2 l_{ci}^3)}} \tag{8.61}$$

8.4.3 有侧移框架的层刚度法

根据上面"层失稳"的概念，有侧移框架的弹性稳定分析还可以采用层刚度法，因涉及楼层的侧移 Δ，下面首先介绍二阶弹性近似分析法，然后再介绍层刚度法。

（1）二阶弹性近似分析法

稳定分析需要二阶位移与内力，由于二阶弹性分析比较复杂，为简化计算，可以先进行一阶弹性分析，然后再将所得一阶侧移和内力乘以合适的放大系数，称为二阶弹性近似分析法。

如图 8.26（a）所示层高为 h 的单层单跨框架，当仅作用水平荷载 H 时，H 使楼层侧倾并产生一阶侧移 Δ_1，如果此时在柱顶施加竖向荷载 $\sum P_i$，见图 8.26（b），则 $\sum P_i$ 会产生附加倾覆力矩，其值为 $\sum P_i \Delta_1$，如果将附加倾覆力矩等效成柱顶水平荷载，等效水平荷载为 $\sum P_i \Delta_1 / h$，见图 8.26（c），该等效水平荷载又会使楼层产生新的侧移增量 Δ_2：

$$\Delta_2 = \frac{\sum P_i \Delta_1}{Hh} \Delta_1$$

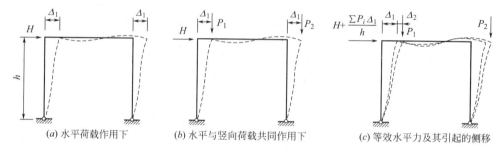

（a）水平荷载作用下　　　（b）水平与竖向荷载共同作用下　　　（c）等效水平力及其引起的侧移

图 8.26　单层单跨框架考虑 $P\text{-}\Delta$ 效应的近似分析方法

引入框架的层侧移刚度（产生单位层间侧移所需的水平力）K_Δ：

$$K_\Delta = \frac{H}{\Delta_1} \tag{8.62}$$

则 Δ_2 可写为：

$$\Delta_2 = \frac{\sum P_i}{K_\Delta h} \Delta_1$$

Δ_2 又会引起新的等效水平荷载，并产生新的侧移增量 Δ_3：

$$\Delta_3 = \frac{\sum P_i}{K_\Delta h} \Delta_2 = \left(\frac{\sum P_i}{K_\Delta h}\right)^2 \Delta_1$$

依此类推，可得楼层在水平和竖向荷载共同作用下的总侧移：

$$\Delta = \Delta_1 + \Delta_2 + \Delta_3 + \cdots = \left[1 + \frac{\sum P_i}{K_\Delta h} + \left(\frac{\sum P_i}{K_\Delta h}\right)^2 + \cdots\right] \Delta_1 = \frac{1}{1 - \sum P_i / (K_\Delta h)} \Delta_1 \tag{8.63}$$

Δ / Δ_1 就是 $P\text{-}\Delta$ 效应引起的侧移放大系数，记作 α^{II}，即

$$\alpha^{\text{II}} = \frac{1}{1 - \sum P_i / (K_\Delta h)} = \frac{1}{1 - \sum P_i \Delta_1 / (Hh)}$$

上式是由单层框架得出的，但同样可推广至多层多跨框架。假设第 i 楼层高度为 h_i，在上部水平力 H_i 作用下的一阶侧移为 Δ_i，见图 8.27，因楼层上部竖向力 $\sum P_i$ 等于楼层各柱的轴压力之和 $\sum N_i$，楼层上部水平力 H_i 等于楼层剪力 V_i，故第 i 楼层的侧移放大系数为：

$$\alpha_i^{\text{II}} = \frac{1}{1 - \sum N_i \Delta_i / (V_i h_i)} \tag{8.64}$$

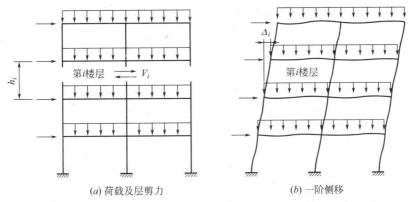

(a) 荷载及层剪力　　　　　　　(b) 一阶侧移

图 8.27　多层多跨框考虑 P-Δ 效应的近似分析方法

式（8.64）分母中的 $\sum N_i \Delta_i$ 为竖向力引起的附加倾覆力矩，$V_i h_i$ 为水平力引起的倾覆力矩，二者的比值能够反映 P-Δ 效应的大小，这里引入第 i 楼层的 P-Δ 效应系数 θ_i^{II}：

$$\theta_i^{\text{II}} = \frac{\sum N_i \Delta_i}{V_i h_i} \tag{8.65}$$

将上式代入式（8.64）可得：

$$\alpha_i^{\text{II}} = \frac{1}{1 - \theta_i^{\text{II}}} \tag{8.66}$$

如果要让一阶分析能够考虑 P-Δ 效应，可把楼层上部的水平力 H_i（也即楼层剪力 V_i）增大为：

$$H_i' = H_i + \frac{\sum N_i \Delta_i}{h_i} \times \frac{1}{1 - \sum N_i \Delta_i / (V_i h_i)} = \alpha_i^{\text{II}} H_i$$

对于无支撑的框架结构，楼层剪力作用于柱中部的反弯点处，柱在水平力作用下的弯矩增大倍数与 V_i 增大倍数相同，也是 α_i^{II}，因此 α_i^{II} 也称弯矩增大系数。考虑 P-Δ 效应后构件的二阶弯矩 M_Δ^{II} 与一阶弯矩的关系为：

$$M_\Delta^{\text{II}} = M_q + \alpha_i^{\text{II}} M_H \tag{8.67}$$

式中：M_q、M_H 分别为仅在竖向荷载、水平荷载作用下的一阶弹性弯矩。

从上面可以看出，θ_i^{II} 越小，α_i^{II} 也越小，P-Δ 效应越不显著，因此可以用 θ_i^{II} 来判断结构是否可以采用一阶弹性分析法，相关内容将在第 8.7 节讲述。

（2）层刚度法

框架发生失稳的本质是框架的抗侧刚度消失，楼层侧移 Δ 无穷大，由式（8.63）可知

只能是 Δ_1 前面的系数无穷大，也即式（8.64）的分母为零，由 $1-\sum N_i\Delta_i/(V_ih_i)=0$ 可得框架的临界荷载：

$$P_{cr}=\sum N_i=\frac{V_ih_i}{\Delta_i} \tag{8.68}$$

引入框架的层侧倾刚度（产生单位层间位移角所需的水平力）S_b：

$$S_b=\frac{H_i}{\theta_i}=\frac{H_ih_i}{\Delta_i} \tag{8.69}$$

式中：θ_i 为第 i 楼层的一阶分析侧倾角，$\theta_i=\Delta_i/h_i$。

因 $H_i=V_i$，可以发现，框架的临界荷载等于楼层的侧倾刚度。框架临界荷载按各柱的轴压力 N_i 在 $\sum N_i$ 中所占比例进行分配，可得第 i 个柱的临界荷载：

$$P_{cri}=\frac{N_i}{\sum N_i}\frac{H_ih_i}{\Delta_i}$$

再将 $P_{cri}=\pi^2EI_{ci}/(\mu_ih_i)^2$ 代入上式，可得第 i 个柱的计算长度系数：

$$\mu_i=\sqrt{\frac{N_{Ei}}{N_i}\times\frac{\sum N_i}{Hh_i/\Delta_i}}=\sqrt{\frac{N_{Ei}}{N_i}\times\frac{\sum N_i}{K_{\Delta i}h_i}}$$

式中：N_{Ei} 为第 i 个柱的 Euler 荷载，$N_{Ei}=\pi^2EI_{ci}/h_i^2$；$K_{\Delta i}$ 为第 i 楼层的侧移刚度，$K_{\Delta i}=H_i/\Delta_i$。

上述分析并没有考虑构件自身 P-δ 效应的影响，可近似乘以 1.2 来考虑，则有：

$$\mu_i=\sqrt{\frac{N_{Ei}}{N_i}\times\frac{1.2\sum N_i}{K_{\Delta i}h_i}} \tag{8.70}$$

这就是由层刚度法得到的框架柱计算长度系数表达式，既考虑了结构的 P-Δ 效应，也考虑了构件的 P-δ 效应，适用范围广，计算比较简单，也无需修正，只是要求楼层各柱的高度都相同。框架的层侧移刚度 $K_{\Delta i}$ 可通过一阶内力分析得到，也比较方便。

【例题 8.5】 试分别用式（8.60）、式（8.70）两种方法计算图 8.28 所示框架各柱的计算长度系数。

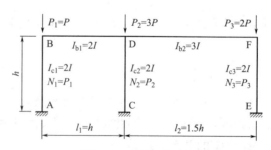

图 8.28 例题 8.5 图

【解】 1）方法一：采用式（8.60）计算

先按照附表 I.2 计算各柱的计算长度系数 μ_{0i}：

AB柱：$K_1=1$，$K_2=10$，由附表 I.2 可查得 $\mu_{01}=1.17$；

CD柱：$K_1=2$，$K_2=10$，可查得 $\mu_{02}=1.10$；

EF柱：$K_1=1$，$K_2=10$，可查得 $\mu_{03}=1.17$。

$$\sum N_i = \sum P_i = P + 3P + 2P = 6P$$

$$\sum \frac{I_{ci}}{\mu_{0i}^2} = \frac{2I}{1.17^2} + \frac{2I}{1.10^2} + \frac{2I}{1.17^2} = 4.57I$$

将相关参数代入式（8.60）可得各柱修正后的计算长度系数：

AB 柱：$\mu_1 = \sqrt{\dfrac{I_{c1}}{N_1} \cdot \dfrac{\sum N_i}{\sum(I_{ci}/\mu_{0i}^2)}} = \sqrt{\dfrac{2I}{P} \cdot \dfrac{6P}{4.57I}} = 1.62 > \mu_{01}$

CD 柱：$\mu_2 = \sqrt{\dfrac{2I}{3P} \cdot \dfrac{6P}{4.57I}} = 0.94 < \mu_{02}$

EF 柱：$\mu_3 = \sqrt{\dfrac{2I}{2P} \cdot \dfrac{6P}{4.57I}} = 1.15 \approx \mu_{03}$

可以看出，AB 柱为强柱，CD 柱为弱柱，AB 柱提供支持后 μ 增大，CD 柱接受支持后 μ 减小。

2）方法二：采用式（8.70）计算

在柱顶施加单位水平荷载后，可得到框架的一阶侧移 $\Delta_1 = h^3/(52EI)$，再由式（8.62）得层侧移刚度 $K_\Delta = 52EI/h^3$，将相关参数代入式（8.70）可得各柱的计算长度系数：

AB 柱：$\mu_1 = \sqrt{\dfrac{N_{E1}}{N_1} \times \dfrac{1.2\sum N_i}{K_\Delta h}} = \sqrt{\dfrac{\pi^2 E(2I)/h^2}{P} \times \dfrac{1.2 \times 6P}{52EI/h^3 \times h}} = 1.65$

CD 柱：$\mu_2 = \sqrt{\dfrac{\pi^2 E(2I)/h^2}{3P} \times \dfrac{1.2 \times 6P}{52EI/h^3 \times h}} = 0.95$

EF 柱：$\mu_3 = \sqrt{\dfrac{\pi^2 E(2I)/h^2}{2P} \times \dfrac{1.2 \times 6P}{52EI/h^3 \times h}} = 1.17$

可见两种方法计算结果基本一致，后者相对更简便。

8.5　其他情况下框架柱计算长度系数

8.5.1　有摇摆柱时框架柱的计算长度系数

第 4.5 节曾提到过摇摆柱，见图 4.31（b），因两端铰接，摇摆柱自身的计算长度系数 $\mu = 1.0$。摇摆柱依附于框架，对楼层的抗侧刚度无贡献，当摇摆柱上作用有轴线荷载时，根据框架总屈曲不变可知，框架柱（非摇摆柱）承担的荷载会降低，计算长度系数增大。为以示区别，这里将有摇摆柱时框架柱的计算长度系数记作 μ_i'。

（1）第一种方法

直接将式（8.60）、式（8.61）修改为：

框架柱等高时：
$$\mu_i' = \sqrt{\frac{I_{ci}}{N_i} \cdot \frac{\sum N_i + \sum N_{sj}}{\sum I_{ci}/\mu_{0i}^2}} \tag{8.71}$$

框架柱不等高时：
$$\mu_i' = \frac{1}{l_{ci}}\sqrt{\frac{I_{ci}}{N_i} \cdot \frac{\sum N_i/l_{ci} + \sum N_{sj}/l_{sj}}{\sum I_{ci}/(\mu_{0i}^2 l_{ci}^3)}} \tag{8.72}$$

式中：N_i、I_{ci}、l_{ci} 分别为第 i 个框架柱的轴压力、惯性矩、几何长度；N_{sj}、l_{sj} 分别为第 j 个摇摆柱的轴压力、几何长度；μ_{0i} 为根据附表 I.2 确定的各框架柱计算长度系数。

以上两式仅适用于摇摆柱位于框架外侧时的情况，见图 8.29（a）。当摇摆柱位于框架内侧时，见图 8.29（b），摇摆柱是横梁的支承点，改变了横梁的线刚度，保守的做法是计算横梁的线刚度时认为横梁远端铰接，也即计算 μ_{0i} 时横梁的线刚度乘以折减系数 0.5，比较精确的横梁线刚度折减系数为[4]：

$$\gamma = \frac{1}{2 - M_F/M_N} \tag{8.73}$$

式中：M_F、M_N 分别为横梁远端和近端的弯矩。

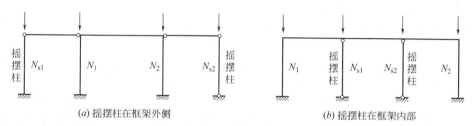

(a) 摇摆柱在框架外侧　　　　　　(b) 摇摆柱在框架内部

图 8.29　有摇摆柱的框架

（2）第二种方法

按照层刚度法，当同层各框架柱的 N_i/I_{ci} 不同时，有摇摆柱时框架柱的计算长度系数也可以采用下列公式计算：

框架柱等高时：
$$\mu_i' = \sqrt{\frac{N_{Ei}}{N_i} \cdot \frac{1.2\sum N_i + \sum N_{sj}}{K_\Delta l_{ci}}} \tag{8.74}$$

框架柱不等高时：
$$\mu_i' = \sqrt{\frac{N_{Ei}}{N_i} \cdot \frac{1.2\sum N_i/l_{ci} + \sum N_{sj}/l_{sj}}{K_\Delta}} \tag{8.75}$$

式中：$N_{Ei} = \pi^2 EI_{ci}/l_{ci}^2$；$K_\Delta$ 为层侧移刚度，按式（8.62）计算；1.2 为考虑构件 P-δ 效应的放大系数，其余符号见式（8.72）。采用上述两式时，无需再考虑梁线刚度折减的问题，这也是我国 GB 50017—2017 标准推荐的方法。

当同层各框架柱的 N_i/I_{ci} 均相等时，有摇摆柱时框架柱的计算长度系数还可以按照下式简化计算：

框架柱等高时：
$$\mu_i' = \mu_i \sqrt{1 + \sum N_{sj}/\sum N_i} \tag{8.76}$$

框架柱不等高时：
$$\mu_i' = \mu_i \sqrt{1 + \frac{\sum N_{sj}/l_{sj}}{\sum N_i/l_{ci}}} \tag{8.77}$$

式中：μ_i 为无摇摆柱时框架柱的计算长度系数，按式（8.60）或式（8.61）计算。上式也被 GB 50017—2017 标准采纳。

【例题 8.6】　如果例题 8.5 中框架的两侧各设一个摇摆柱，且摇摆柱顶作用有荷载 P，见图 8.30，试分别采用式（8.71）、式（8.74）两种方法计算各框架柱的计算长度系数。

【解】　1）采用式（8.71）计算

先计算各柱的 μ_{0i}，因摇摆柱位于框架外侧，梁的线刚度无需修正。μ_{0i} 的计算结果见

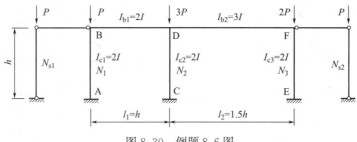

图 8.30　例题 8.6 图

例题 8.5，即 $\mu_{01}=1.17$，$\mu_{02}=1.10$，$\mu_{03}=1.17$。

$$\sum N_i = P+3P+2P = 6P$$

$$\sum I_{ci}/\mu_{0i}^2 = 2I/1.17^2 + 2I/1.10^2 + 2I/1.17^2 = 4.57I$$

$$\sum N_{sj} = P+P = 2P$$

将相关参数代入式（8.71）可得各框架柱的计算长度系数：

AB 柱：$\mu_1' = \sqrt{\dfrac{I_{c1}}{N_1} \cdot \dfrac{\sum N_i + \sum N_{sj}}{\sum I_{ci}/\mu_{0i}^2}} = \sqrt{\dfrac{2I}{P} \cdot \dfrac{6P+2P}{4.57I}} = 1.87$

CD 柱：$\mu_2' = \sqrt{\dfrac{2I}{3P} \cdot \dfrac{6P+2P}{4.57I}} = 1.08$

EF 柱：$\mu_3' = \sqrt{\dfrac{2I}{2P} \cdot \dfrac{6P+2P}{4.57I}} = 1.32$

2）采用式（8.74）计算

由结构力学方法可以计算出层侧移刚度 $K_\Delta = 52EI/h^3$。因各框架柱的 I_{ci}、l_{ci} 均相同，各柱的 Euler 荷载 $N_{Ei}=\pi^2 E(2I)/h^2$。将相关参数代入式（8.74）可得各框架柱的计算长度系数：

AB 柱：$\mu_1' = \sqrt{\dfrac{N_{E1}}{N_1} \cdot \dfrac{1.2\sum N_i + \sum N_{sj}}{K_\Delta h}} = \sqrt{\dfrac{2\pi^2 EI/h^2}{P} \cdot \dfrac{1.2\times6P+2P}{52EI/h^3 \times h}} = 1.87$

CD 柱：$\mu_2' = \sqrt{\dfrac{2\pi^2 EI/h^2}{3P} \cdot \dfrac{1.2\times6P+2P}{52EI/h^3 \times h}} = 1.08$

EF 柱：$\mu_3' = \sqrt{\dfrac{2\pi^2 EI/h^2}{2P} \cdot \dfrac{1.2\times6P+2P}{52EI/h^3 \times h}} = 1.32$

可以看出，两式的计算结果没有差别，但第一种方法需要考虑摇摆柱的位置，后一种方法无需考虑，更简便。

8.5.2　有主弯矩时框架柱的计算长度系数

图 8.31（a）所示单层单跨对称框架，横梁上作用有线荷载 q，框架的一阶弯矩（也称主弯矩）和柱脚反力见图 8.31（b），柱脚水平力 Q 由主弯矩引起，柱的轴压力 $N_c = ql/2$，横梁的轴压力 $N_b = Q$，由结构力学可知 N_b 与 N_c 的关系如下：

柱脚刚接时：
$$\frac{N_b}{N_c} = \frac{l}{2(2+K_1)h} \tag{8.78a}$$

柱脚铰接时：
$$\frac{N_b}{N_c} = \frac{l}{2(3+2K_1)h} \tag{8.78b}$$

式中：K_1 为梁柱的线刚度之比。

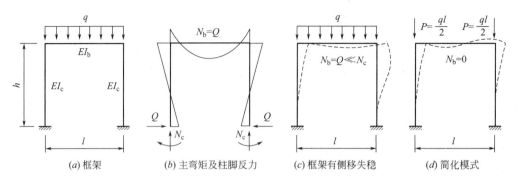

图 8.31　有主弯矩时对称框架的有侧移失稳

从上式可以看出，当 K_1 较大且 $l<h$ 时，N_b 远小于 N_c，梁强而柱弱，梁对柱有转动约束作用，框架将发生有侧移失稳时，见图 8.31（c），尽管框架的变形既不对称也非反对称，但框架的临界荷载与图 8.31（d）所示框架区别非常小[5]，也就是说，这类框架可以按照仅承担竖向轴线荷载来进行稳定分析，把框架横梁上的线荷载 q 分解到柱顶（$P=ql/2$），并忽略主弯矩产生的梁轴力。

当 K_1 较小且 l 远大于 h 时，如图 8.32 所示单层单跨大跨度对称框架，此时 N_b 和 N_c 相差不大，甚至有可能 $N_b>N_c$，柱强而梁弱，柱对横梁提供转动约束作用，这一点与前面分析的所有框架都不相同，尽管框架无侧向支撑，框架仍有可能发生无侧移失稳，且变形对称，这类框架的临界荷载、柱的计算长度系数都与有侧移失稳时显著不同。

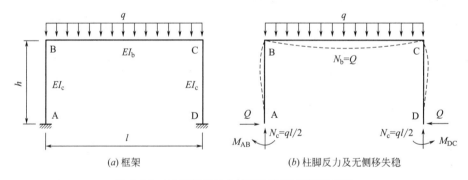

图 8.32　有主弯矩时大跨度框架的无侧移失稳

下面首先研究柱对梁的转动约束作用。柱、梁的轴压力分别为 N_c、N_b，可令

$$k_c^2 = \frac{N_c}{EI_c}, \qquad k_b^2 = \frac{N_b}{EI_b}$$

柱脚刚接，利用上式及式（8.78a），可得 k_c 与 k_b 的关系：

$$k_c^2 = 2K_1(2+K_1)k_b^2 \tag{8.79}$$

梁和柱均为无侧移的压弯构件，AB 柱、BC 梁的抗弯刚度系数分别记作 C_c、S_c 和 C_b、S_b，由转角位移方程可得柱顶端的弯矩：

$$M_{BA} = i_c(C_c\theta_B + S_c\theta_A) = i_c C_c \theta_B$$

柱在 B 端的转动刚度 r 为：

$$r = M_{BA}/\theta_B = i_c C_c \tag{8.80}$$

再研究框架的稳定。由上式可知，柱对横梁端部的约束可以简化为转动弹簧，弹簧刚度为 r，横梁隔离体见图 8.33（a），又因弹性压弯构件的临界荷载与轴心受压构件相同，横向荷载 q 的作用仅是增大了变形，不影响临界荷载，故横梁可按图 8.33（b）所示轴压构件进行稳定分析，其特征方程为[6]：

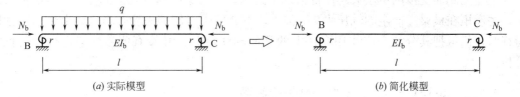

| (a) 实际模型 | (b) 简化模型 |

图 8.33　横梁隔离体

$$k_b l \left[(k_b l)^2 + \frac{r}{i_b} \left(2 - \frac{r}{i_b} \right) \right] \sin k_b l - \frac{2r}{i_b} \left[(k_b l)^2 + \frac{r}{i_b} \right] \cos k_b l + 2 \left(\frac{r}{i_b} \right)^2 = 0$$

将式（8.80）代入上式，特征方程变为：

$$k_b l \left[(k_b l)^2 + \frac{C_c}{K_1} \left(2 - \frac{C_c}{K_1} \right) \right] \sin k_b l - \frac{2C_c}{K_1} \left[(k_b l)^2 + \frac{C_c}{K_1} \right] \cos k_b l + 2 \left(\frac{C_c}{K_1} \right)^2 = 0 \tag{8.81}$$

因 C_c 是 k_c 的函数，上式有 k_b、k_c、K_1 三个未知量，利用式（8.79）后只剩 k_b 和 K_1，给定 K_1 便可得到 k_b，由 $k_b l = \pi/\mu_b$ 得到梁的计算长度系数 μ_b，然后利用式（8.79）可得到 k_c 及柱的计算长度系数 μ_c。

【例题 8.7】　如果图 8.32 所示框架的 $l = 4h$，$I_b = I_c$，试计算梁、柱的计算长度系数。

【解】　梁柱的线刚度比值为 $K_1 = 0.25$，代入式（8.79）可得 $k_c^2 = 1.125 k_b^2$，再由式（8.81）解得 $k_b l = 5.559$，则梁的计算长度系数为：

$$\mu_b = \frac{\pi}{k_b l} = \frac{3.14}{5.559} = 0.565$$

将 $k_b = 5.559/l$ 代入式（8.79）可得：

$$k_c^2 = 1.125 \times \frac{5.559^2}{l^2} = \frac{2.173}{h^2}$$

柱的计算长度系数为：

$$\mu_c = \frac{\pi}{k_c h} = \frac{3.14}{\sqrt{2.173}} = 2.130$$

可以看出，尽管框架发生的是无侧移失稳，但 $\mu_c > 1.0$，这是柱支持梁的结果，而前面几节中无侧移失稳时的 μ_c 均是小于 1.0，是梁支持柱的结果，二者完全不同。

对于柱脚刚接的单层大跨度对称框架，当梁与水平线间的夹角 α 不超过 10° 时，梁的计算长度系数 μ_b、柱的计算长度系数 μ_c 也可分别按下列公式简化计算[6]：

$$\mu_b = \frac{1 + 0.41 G_0}{1 + 0.82 G_0} \tag{8.82a}$$

$$G_0 = \frac{2I_c l}{I_b h \cos\alpha}\left(1 - \frac{N_c}{2N_{Ec}}\right) \tag{8.82b}$$

$$\mu_c = \frac{l}{h}\sqrt{\frac{N_b I_c}{N_c I_b}} \cdot \mu_b \tag{8.83}$$

式中：N_b、N_c 分别为梁和柱的轴压力；$N_{Ec} = \pi^2 EI_c/h^2$。

上述无侧向支撑的单层大跨度框架发生无侧移失稳是特例，对于工程中的多层框架而言，主弯矩在横梁中产生的轴压力 N_b 很小，不会发生无侧移失稳，当横梁上作用有横向荷载时，仍可把其分解变成作用在柱上的竖向轴线荷载，并按有侧移框架进行简化稳定分析。

8.5.3　单层厂房框架柱的计算长度系数

（1）焊接和轧制的单阶柱

单层厂房中通常设有吊车，当吊车吨位较大时，一般采用阶形柱，吊车吨位不大时也会采用带牛腿的等截面柱。厂房结构大多为有侧移框架，其主要荷载是吊车荷载，当吊车上的小车靠近左柱时，左柱荷载大，右柱荷载小，如果两柱截面相同，右柱对左柱有支持作用。对于多跨空间结构，受荷较大的柱同时接受周围多个柱的支持作用。厂房柱在框架平面外的计算长度系数在第 4.5.1 节中已经讲述，在框架平面内的计算长度系数也需要通过弹性稳定理论来确定。

如图 8.34 所示采用单阶柱的厂房框架，横向构件可能是实腹式梁，也可能是屋架，实腹式梁（或屋架）的两端可能与柱刚接，也可能铰接。

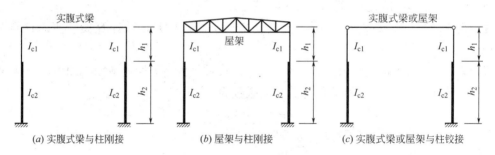

(a) 实腹式梁与柱刚接　　　　(b) 屋架与柱刚接　　　　(c) 实腹式梁或屋架与柱铰接

图 8.34　采用单阶柱的厂房框架

采用单阶柱的厂房框架可用层刚度法进行稳定分析，如图 8.35（a）所示对称框架，假设实腹式梁与柱刚接，上段柱、下段柱的惯性矩分别为 I_{c1}、I_{c2}，长度分别为 h_1、h_2，作用在上、下段柱的外荷载分别为 P_{1L}、P_{2L}、P_{1R}、P_{2R}。尽管上段柱和下段柱同步屈曲，但上段柱和下段柱的计算长度系数并不相同。

采用层刚度法时，可以把上段柱和实腹式梁看作上层结构，把下段柱看作下层结构[7]，先以下层结构为对象确定下段柱的计算长度系数 μ_2，然后再确定上段柱的计算长度系数 μ_1。

确定下层结构的侧移刚度时，需要先施加任意水平荷载，如图 8.35（b）所示，把全部竖向荷载都乘以同一个比例常数 α（比如 α 取 0.01），然后作为水平荷载施加到框架上，这样就可以计算出柱在变截面处的水平位移，因两柱竖向荷载不同，水平位移会略有差

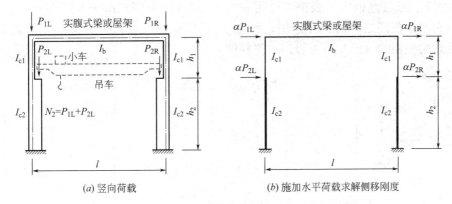

(a) 竖向荷载　　　　　　　　　(b) 施加水平荷载求解侧移刚度

图 8.35　梁柱刚接且采用单阶柱的对称框架

别，可以取其平均值 Δ_1 作为变截面处的水平位移。变截面处的总水平荷载（相当于楼层剪力）为：

$$H = \alpha P_{1L} + \alpha P_{2L} + \alpha P_{1R} + \alpha P_{2R}$$

下层结构的侧移刚度为 $K_\Delta = H/\Delta_1$，将 K_Δ 及相关参数代入式（8.70）后就可以得到下段柱的计算长度系数 μ_2。由于上、下段柱同步屈曲，利用式（4.5）可得下段柱 μ_2 与上段柱 μ_1 之比：

$$\frac{\mu_2}{\mu_1} = \sqrt{\frac{N_{E2}/N_2}{N_{E1}/N_1}}$$

式中：N_{E1}、N_{E2} 分别为上、下段柱的 Euler 荷载，$N_{E1} = \pi^2 EI_{c1}/h_1^2$，$N_{E2} = \pi^2 EI_{c2}/h_2^2$；$N_1$、$N_2$ 分别为上、下段柱的轴压力，以图 8.35 中的左柱为例，$N_1 = P_{1L}$，$N_2 = P_{1L} + P_{2L}$。

将 N_{E1}、N_{E2} 代入后整理可得上段柱的计算长度系数 μ_1：

$$\mu_1 = \frac{\mu_2}{\eta_1} \tag{8.84a}$$

$$\eta_1 = \frac{h_1}{h_2} \sqrt{\frac{N_1/I_{c1}}{N_2/I_{c2}}} \tag{8.84b}$$

上述计算长度系数是由整体分析得出的，精度较高，但计算过程略显繁琐。如果不考虑左右两柱间的支持作用，也可将柱从框架中取出，单独进行弹性屈曲分析并得到下段柱的 μ_2，然后再由式（8.84a）得到上段柱的 μ_1。具体方法如下：

1）当实腹式梁或屋架与柱铰接时，可认为柱顶自由，见图 8.36 (a)，由弹性稳定理论得到的下段柱的特征方程为：

$$\eta_1 K_1 \tan \frac{\pi}{\mu_2} \tan \frac{\pi \eta_1}{\mu_2} - 1 = 0 \tag{8.85a}$$

$$K_1 = \frac{I_{c1}/h_1}{I_{c2}/h_2} \tag{8.85b}$$

式中：η_1 按式（8.84b）计算；K_1 为上下段柱的线刚度之比；μ_2 为下段柱的计算长度系数。

可以看出，只要给定 K_1、η_1，利用上式就可以得到 μ_2，为方便使用，我国 GB

50017—2017 标准将其做成了表格，见附表 I.3，可直接查用。由于上述推导过程中并没有考虑吊车所连两柱之间的相互作用，所得 μ_2 还应进行折减，折减系数见附表 I.7。μ_2 折减完后，再利用式（8.84）可得到上段柱的 μ_1。

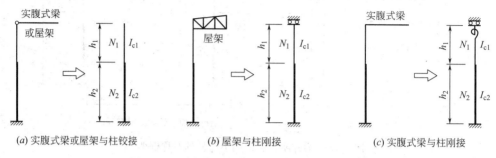

图 8.36　不考虑空间作用时单阶柱的简化模型

2）当横向构件为屋架且与柱顶端刚接时，见图 8.36（b），因屋架的线刚度远大于柱的线刚度，可认为柱顶端能平动但不能转动，由弹性稳定理论得到的下段柱的特征方程为：

$$\tan \frac{\pi \eta_1}{\mu_2} + \eta_1 K_1 \tan \frac{\pi}{\mu_2} = 0 \tag{8.86}$$

式中：η_1 按式（8.84b）计算；μ_2 为下段柱的计算长度系数；K_1 按式（8.85b）计算。

只要给定 K_1、η_1，利用上式就可以得到 μ_2，GB 50017—2017 标准也将其做成了表格，见附表 I.4，可直接查用。由于没考虑吊车所连两柱之间的相互作用，所得 μ_2 也应进行折减，折减系数见附表 I.7。μ_2 折减完后，再利用式（8.84）可得到上段柱的 μ_1。

3）当横向构件为实腹式梁且与柱刚接时，因梁的线刚度有限，对柱顶端的约束类似于转动弹簧，见图 8.36（c），弹簧刚度计算方法见式（8.80），由弹性稳定理论得到的下段柱的计算长度系数 μ_2 为：

$$\mu_2 = \frac{\eta_1^2}{2(\eta_1 + 1)} \sqrt[3]{\frac{\eta_1 - K}{K}} + (\eta_1 - 0.5)K_1 + 2 \tag{8.87a}$$

$$K = \frac{\sum I_{bi}/l_i}{I_{c1}/h_1} \tag{8.87b}$$

式中：η_1 按式（8.84b）计算；K_1 为上下段柱的线刚度之比，按式（8.85b）计算；K 为上段柱两侧实腹式梁的线刚度之和与上段柱的线刚度之比；I_{bi}、l_i 分别为上段柱两侧实腹式梁的惯性矩和跨度。

显然，由式（8.87）计算所得 μ_2 既不能大于按柱上端与横梁铰接时所得的 μ_2 值，也不能小于按柱上端与屋架刚接时所得的 μ_2 值。

【例题 8.8】　已知图 8.35 中的 $l = 30$m，$h_1 = 4$m，$h_2 = 10$m，$I_{c1} = I_b = 2.256 \times 10^9$mm^4，$I_{c2} = 1.249 \times 10^{10}$mm^4，假设 $P_{1L} = P_{1R} = 235.7$kN，$P_{2L} = 1957$kN，$P_{2R} = 0$，试分别用层刚度法以及式（8.86）、式（8.87）两种简化方法计算阶形框架柱的 μ_1、μ_2。

【解】　1）方法一：层刚度法

取水平荷载比例系数 $\alpha = 0.01$，则 $\alpha P_{1L} = \alpha P_{1R} = 2.357$kN，$\alpha P_{2L} = 19.57$kN，$\alpha P_{2R} = 0$，由一阶分析可得变截面处平均侧移 $\Delta_1 = 1.52$mm，变截面处总水平荷载为 $H = 2 \times$

2.357＋19.57＝24.284 kN。利用式（8.62）可得下层的侧移刚度：

$$K_\Delta = \frac{H}{\Delta_1} = \frac{24.284}{1.52} = 15.98 \text{kN/mm}$$

下段柱的 Euler 荷载为：

$$N_{E2} = \frac{\pi^2 E I_{c2}}{h_2^2} = \frac{3.14^2 \times 206000 \times 1.249 \times 10^{10}}{10000^2} = 2.537 \times 10^8 \text{N} = 2.537 \times 10^5 \text{kN}$$

框架的轴压力之和为：$\sum N_i = \sum P_i = P_{1L} + P_{2L} + P_{1R} + P_{2R} = 235.7 \times 2 + 1957 = 2428.4 \text{kN}$

左柱下段的轴压力 $N_2 = P_{1L} + P_{2L} = 2192.7 \text{kN}$，将相关参数代入式（8.70）可得左柱 μ_2：

$$\mu_2 = \sqrt{\frac{N_{E2}}{N_2} \times \frac{1.2 \sum N_i}{K_\Delta h_2}} = \sqrt{\frac{2.537 \times 10^5}{2192.7} \times \frac{1.2 \times 2428.4}{15.98 \times 10000}} = 1.453$$

再由式（8.84b）可得：

$$\eta_1 = \frac{h_1}{h_2} \sqrt{\frac{N_1}{N_2} \cdot \frac{I_{c2}}{I_{c1}}} = \frac{4000}{10000} \sqrt{\frac{235.7}{2192.7} \cdot \frac{1.249 \times 10^{10}}{2.256 \times 10^9}} = 0.309$$

左柱上段的计算长度系数 μ_1 为：

$$\mu_1 = \frac{\mu_2}{\eta_1} = \frac{1.453}{0.309} = 4.702$$

右柱下段的轴压力 $N_2 = 235.7 \text{kN}$，将相关参数代入式（8.70）可得右柱 μ_2：

$$\mu_2 = \sqrt{\frac{N_{E2}}{N_2} \times \frac{1.2 \sum N_i}{K_\Delta h_2}} = \sqrt{\frac{2.537 \times 10^5}{235.7} \times \frac{1.2 \times 2428.4}{15.98 \times 10000}} = 4.430$$

显然该数值比左柱下段的计算长度系数 1.453 大很多，实际上并无利用价值，因为右柱的 N/I_c 较小，左柱的 N/I_c 较大，按左柱进行设计即可，左右柱对称。

2）方法二：按柱顶端可平动但不能转动简化计算

由式（8.85b）可得上、下段柱的线刚度之比 K_1：

$$K_1 = \frac{I_{c1}/h_1}{I_{c2}/h_2} = \frac{2.256 \times 10^9/4000}{1.249 \times 10^{10}/10000} = 0.452$$

将 η_1、K_1 代入式（8.86）或查附表 I.4 可得 $\mu_2 = 1.756$，该值比第一种方法得到的 1.453 高出 21%。

3）方法三：按柱顶端为转动弹簧简化计算

由式（8.87b）可得梁与上段柱的线刚度之比 K：

$$K = \frac{I_b/l}{I_{c1}/h_1} = \frac{2.256 \times 10^9/30000}{2.256 \times 10^9/4000} = 0.133$$

将 η_1、K_1、K 代入式（8.87a）可得下段柱的计算长度系数 μ_2：

$$\mu_2 = \frac{0.309^2}{2(0.309+1)} \sqrt[3]{\frac{0.309-0.133}{0.133}} + (0.309-0.5) \times 0.452 + 2 = 1.954$$

该值比方法一得到的 1.453 高出 34%，比方法二得到的 1.756 高出 11%。后两种方法产生较大偏差的主要原因是没有考虑两柱之间的相互作用，还需乘以附表 I.7 中的折减系数，当折减系数取附表 I.7 中的 0.7 或 0.8 时，μ_2 分别变为 1.368、1.563，与方法一的 1.453 相比，偏差已经很小。

（2）焊接和轧制的双阶柱

单层厂房中还会用到双阶柱，当实腹式梁或屋架与柱铰接时，见图 8.37（a），可认为柱顶端自由，由弹性稳定理论得到的下段柱的特征方程及相关参数为：

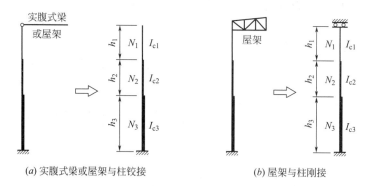

(a) 实腹式梁或屋架与柱铰接　　　　　　　(b) 屋架与柱刚接

图 8.37　不考虑空间作用时双阶柱的简化模型

$$\frac{\eta_1 K_1}{\eta_2 K_2}\mathrm{ctg}\frac{\pi\eta_1}{\mu_3}\mathrm{ctg}\frac{\pi\eta_2}{\mu_3}+\frac{\eta_1 K_1}{(\eta_2 K_2)^2}\mathrm{ctg}\frac{\pi\eta_1}{\mu_3}\mathrm{ctg}\frac{\pi}{\mu_3}+\frac{1}{\eta_2 K_2}\mathrm{ctg}\frac{\pi\eta_2}{\mu_3}\mathrm{ctg}\frac{\pi}{\mu_3}-1=0 \quad (8.88)$$

$$\eta_1=\frac{h_1}{h_3}\sqrt{\frac{N_1}{N_3}\cdot\frac{I_{c3}}{I_{c1}}}, \qquad \eta_2=\frac{h_2}{h_3}\sqrt{\frac{N_2}{N_3}\cdot\frac{I_{c3}}{I_{c2}}} \quad (8.89a)$$

$$K_1=\frac{I_{c1}/h_1}{I_{c3}/h_3}, \qquad K_2=\frac{I_{c2}/h_2}{I_{c3}/h_3} \quad (8.89b)$$

式中：μ_3 为下段柱的计算长度系数；N_1、N_2、N_3、h_1、h_2、h_3、I_{c1}、I_{c2}、I_{c3} 分别为上、中、下三段柱的轴压力、柱长度、惯性矩；K_1 为上段柱与下段柱的线刚度之比；K_2 为中段柱与下段柱的线刚度之比。

只要给定 K_1、K_2、η_1、η_2，利用式（8.88）就可以得到 μ_3，GB 50017—2017 标准将其做成了表格，见附表 I.5，使用时可直接查用，所得 μ_3 也需要乘以附表 I.7 中的折减系数。

有了 μ_3，再利用以下两式便可得到中段柱的计算长度系数 μ_2 和上段柱的计算长度系数 μ_1：

$$\mu_1=\frac{\mu_3}{\eta_1}, \qquad \mu_2=\frac{\mu_3}{\eta_2} \quad (8.90)$$

当横向构件为屋架且与柱顶端刚接时，见图 8.37（b），由弹性稳定理论得到的下段柱的特征方程为：

$$\frac{\eta_1 K_1}{\eta_2 K_2}\tan\frac{\pi\eta_1}{\mu_3}\tan\frac{\pi\eta_2}{\mu_3}+\eta_1 K_1\tan\frac{\pi\eta_1}{\mu_3}\tan\frac{\pi}{\mu_3}+\eta_2 K_2\tan\frac{\pi\eta_2}{\mu_3}\tan\frac{\pi}{\mu_3}-1=0 \quad (8.91)$$

式中：μ_3 为下段柱的计算长度系数；K_1、K_2、η_1、η_2 仍式（8.89）计算。

为方便使用，GB 50017—2017 标准将上式做成了表格，见附表 I.6，可直接查用，所

得 μ_3 也需要乘以附表 I.7 中的折减系数，μ_1、μ_2 仍按式（8.90）计算。

（3）焊接和轧制的带牛腿等截面柱

带牛腿等截面柱的轴压力是变化的，如图 8.38（a）所示，牛腿上下两段柱的轴压力相差较大，对柱的稳定承载力有较大影响，也需要采用弹性稳定理论来确定柱在框架平面内的计算长度系数。如果不考虑左右柱间的支持作用，柱的计算简图见图 8.38（b），梁对柱的约束作用可用转动弹簧来代替，先由静力法分段建立 AB 段和 BC 段的平衡微分方程，再由 B 点的变形协调可得整个柱的特征方程：

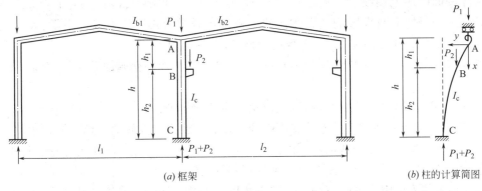

(a) 框架　　　　　　　　　　　　　　　　(b) 柱的计算简图

图 8.38　有牛腿的等截面框架柱

$$1 - \frac{k_1}{k_2}\tan k_1 h_1 \tan k_2 h_2 + \frac{6K}{k_1 h_1}\left(\tan k_1 h_1 + \frac{k_1}{k_2}\tan k_2 h_2\right) = 0 \tag{8.92a}$$

$$k_1 = \sqrt{\frac{P_1}{EI_c}}, \qquad k_2 = \sqrt{\frac{P_1 + P_2}{EI_c}} \tag{8.92b}$$

$$K = \frac{\sum I_{bi}/l_i}{I_c/h} \tag{8.92c}$$

上式中的 K 为柱两侧横梁线刚度之和与柱线刚度的比值。因特征方程是针对整个柱建立的，考虑了上下段间的支持作用，整个柱只有一个计算长度系数。解此上述特征方程需要把 $k_2 h_2$ 转换成 $k_1 h_1$，过程和结论都比较复杂，陈绍蕃[8] 给出的 μ 拟合公式为：

$$\mu = \alpha_N\left[\sqrt{\frac{4 + 7.5K}{1 + 7.5K}} - \alpha_K\left(\frac{h_1}{h}\right)^{1+0.8K}\right] \tag{8.93}$$

式中：h_1、h 见图 8.38；K 按式（8.92c）计算；α_K 为与 K 有关的参数，按式（8.94）计算；α_N 为与上下段柱轴压力之比有关的参数，按式（8.95）计算。

$K < 0.2$ 时：　　　　　　　　　　$\alpha_K = 1.5 - 2.5K$ $\tag{8.94a}$

$0.2 \leqslant K < 2.0$ 时：　　　　　　$\alpha_K = 1.0$ $\tag{8.94b}$

$N_1/N_2 \leqslant 0.2$ 时：　　　　　　$\alpha_N = 1.0$ $\tag{8.95a}$

$N_1/N_2 > 0.2$ 时：　　　$\alpha_N = 1 + \dfrac{h_1}{h_2}\dfrac{(N_1/N_2 - 0.2)}{1.2}$ $\tag{8.95b}$

式中：N_1、N_2 分别为上下段柱的轴压力，对于图 8.38 中的中柱，$N_1 = P_1$，$N_2 = P_1 + P_2$。

（4）冷弯型钢柱

冷弯型钢门式刚架属于有侧移框架，GB 50018—2002 规范给出了等截面和变截面柱在刚架平面内的计算长度系数表格，考虑到变截面构件很少应用，2017 修订送审稿只保留了等截面柱的计算长度系数，见附录 J。由于柱脚构造通常不能做到理想铰接或刚接，附录 J 中还给出了计算长度系数的修正方法。

8.6 框架的弹塑性稳定与分析方法

从前面知道，无缺陷弹性框架失稳时的变形无穷大，实际框架早已进入弹塑性甚至构件局部截面已形成塑性铰，属于弹塑性屈曲；另外，结构及构件还存在各类初始缺陷，对框架的稳定有较大影响，因此框架的极限承载力分析应考虑以下因素：

1）二阶效应：包括结构的 P-Δ 效应及构件的 P-δ 效应；

2）各类缺陷：包括结构整体初始缺陷（如侧倾等）、构件初始缺陷（初弯曲、残余应力等）；

3）材料非线性：包括塑性分布以及材料的应变硬化等；

4）节点刚度：有些节点并非理想刚接或铰接，需要提供准确的节点弯矩转角关系。

考虑上述因素需要采用数值法，由于影响稳定的诸因素均在分析中已考虑，因此既不需要考虑计算长度问题，也不需要再单独进行构件的稳定设计，直接利用分析所得内力进行构件的承载能力极限状态验算即可，该方法也称直接分析法。在没有计算机的年代，简单框架的弹塑性屈曲分析可采用刚塑性法或 Merchant 法，随着计算机辅助设计的发展，又先后出现了塑性铰法、塑性区法以及直接分析法。

8.6.1 刚塑性法及 Merchan 法

对于构件细长且无缺陷的有侧移框架，弹塑性失稳往往是框架出现一定数量的塑性铰后才发生，可以借助刚塑性分析法来进行简化分析：假定框架的塑性发展全部集中在几个弯矩较大且有可能形成塑性铰的截面，同时把塑性铰两侧的梁段和柱段看作是不会发生变形的刚性体，当框架达到极限荷载时结构将会变为有侧移的机构。采用刚塑性分析法时需要准确判断塑性铰的数量及形成顺序。

以同时作用有竖向和水平轴线荷载的无缺陷有侧移对称框架为例，见图 8.39（a），因柱两端的弯矩较大，可假定达到极限荷载时柱脚和梁柱节点处均形成了塑性铰，忽略水平力 H 对柱轴力的影响后，可认为两柱的轴压力相同，此时的柱相当于两端作用有塑性铰弯矩 M_{pc} 的压弯构件。柱端塑性铰由轴压力和弯矩共同形成，对宽翼缘的 H 形截面压弯柱，P 与 M_{pc} 的相关关系为：

$$\frac{P}{P_y} + \frac{0.9M_{pc}}{M_p} = 1.0 \qquad (8.96)$$

式中：P_y 为柱的轴压屈服荷载 $P_y = A f_y$；M_p 为无轴压力时柱的全截面塑性弯矩，$M_p = W_p f_y$，W_p 为柱的塑性截面模量；0.9 为与柱截面形状有关的参数，对于窄翼缘的 H 或工字形截面柱，可取 0.85。

由上式可得轴压力和弯矩共同作用下柱两端的塑性铰弯矩：

$$M_{pc} = 1.11M_p(1 - P/P_y) \qquad (8.97)$$

整个框架的力矩平衡方程为：

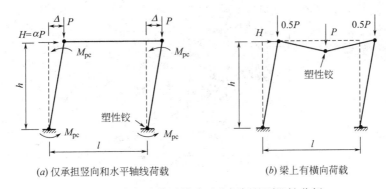

(a) 仅承担竖向和水平轴线荷载　　　　　*(b)* 梁上有横向荷载

图 8.39　有侧移单层单跨对称框架的刚塑性分析

$$4M_{pc} - 2P\Delta - \alpha Ph = 0$$

将式（8.97）代入上式整理可得轴压力：

$$P = \frac{P_y}{1 + (\alpha h + 2\Delta)P_y/(4.44M_p)} \tag{8.98}$$

上述关系就是图 8.16（b）中的 c 曲线，与 b 曲线交于 E 点，因 c 曲线未考虑弹性变形，b 曲线未考虑塑性变形，故 OEF 曲线为荷载 P 的上限，实际曲线为 d，位于 OEF 曲线的下方。

如果不考虑框架的 P-Δ 效应，则整个框架的力矩平衡方程为：

$$4M_{pc} - \alpha Ph = 0$$

将式（8.97）代入上式后，可得一阶刚塑性分析的破坏荷载 P_p：

$$P_p = \frac{P_y}{1 + \alpha h P_y/(4.44M_p)} \tag{8.99}$$

如果框架梁上还作用有横向荷载，见图 8.39（b），梁的跨中弯矩也比较大，框架形成机构时塑性铰不仅可能出现在柱脚和柱顶，还有可能出现在梁内，须根据塑性铰可能出现的顺序计算，经比较后才能确定破坏荷载的最小值。

框架的极限荷载 P_u 既小于弹性临界荷载 P_{cr} 也小于一阶刚塑性破坏荷载 P_p，实际上略低于图 8.16（b）中 G 点对应的荷载。Merchant 曾对竖向和水平荷载作用下的单层单跨、两层单跨框架做了一系列的弹塑性分析[9]，得到了 P_u 与 P_{cr}、P_p 的如下经验关系：

$$P_u = \frac{P_p}{1 + P_p/P_{cr}} \tag{8.100}$$

上式曲线见图 8.40，该方法称为 Merchant 法，是一种计算有侧移框架极限荷载的近似方法，试验结果表明，当用于水平荷载 H 较大的框架时，所得极限荷载比较接近于实际承载力，当用于 H 较小或柱脚铰接的框架时，计算结果偏于保守。

对于有围护结构的框架，围护结构对框架的稳定承载力有提高作用，另外钢材的强化也有利于提高承载力，结合试验结果，Horne[10] 将式（8.100）修改为：

$0.1 \leqslant P_p/P_{cr} \leqslant 0.25$ 时：　　$$P_u = \frac{P_p}{0.9 + P_p/P_{cr}} \tag{8.101a}$$

$P_p/P_{cr} < 0.1$ 时：　　　　　　　$$P_u = P_p \tag{8.101b}$$

上式曲线见图 8.40，曾被英国规范采纳。由图可以看出，当 $P_p/P_{cr} \leqslant 0.25$ 时有不少

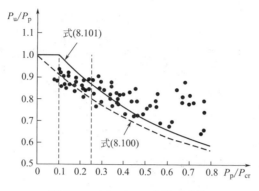

图 8.40　Merchant 法及试验值

散点位于曲线下方，偏于不安全，当 $P_p/P_{cr} > 0.25$ 时，散点大多位于曲线上方，但随着 P_p/P_{cr} 的增大偏差越来越大，实际已不适用，需要采用其他方法做更精确的分析。

【例题 8.9】　图 8.41 所示高为 h、跨度为 l 的框架，柱采用宽翼缘 H 钢，柱截面高度 $a=h/20$，绕强轴的回转半径 $i_x=0.43a$，截面塑性抵抗矩 $W_p=1.1W_x$，材料为 Q235 钢，试利用 Merchant 法计算框架的极限荷载 P_u。

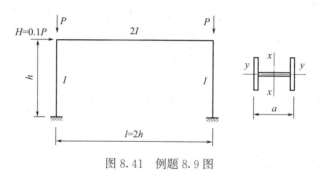

图 8.41　例题 8.9 图

【解】　1）框架的弹性临界荷载 P_{cr}

梁柱的线刚度之比为 $K_1=1$，柱脚固接，$K_2=10$，查附表 I.2 可得 $\mu=1.17$，弹性临界荷载为：

$$P_{cr}=\frac{\pi^2 EI}{(\mu h)^2}=7.20\frac{EI}{h^2}$$

2）框架的一阶刚塑性破坏荷载 P_p

式（8.99）分子中有 P_y，分母中有 hP_y/M_p，可利用截面特性对其进行如下转换：

$$P_y=Af_y=\frac{I}{i_x^2}f_y=\frac{EI}{(0.43a)^2}\cdot\frac{f_y}{E}=\frac{EI}{(0.43\times h/20)^2}\times\frac{235}{206000}=2.47\frac{EI}{h^2}$$

$$\frac{hP_y}{M_p}=\frac{hAf_y}{W_p f_y}=\frac{hA}{1.1W_x}=\frac{hA}{1.1I_x/(a/2)}=\frac{ha}{2.2i_x^2}=\frac{20a\times a}{2.2(0.43a)^2}=49.17$$

将上述相关参数代入式（8.99）可得：

$$P_p=\frac{P_y}{1+\alpha hP_y/(4.44M_p)}=\frac{2.47EI/h^2}{1+0.1\times49.17/4.44}=1.17\frac{EI}{h^2}$$

3）框架的极限荷载荷载 P_u

$$\frac{P_\mathrm{p}}{P_\mathrm{cr}}=\frac{1.17EI/h^2}{7.20EI/h^2}=0.16，介于 0.1 和 0.25 之间，由式（8.101a）可得极限荷载 P_u：$$

$$P_\mathrm{u}=\frac{1.17EI/h^2}{0.9+0.16}=1.10\frac{EI}{h^2}$$

可以看出，极限荷载 P_u 略低于一阶刚塑性破坏荷载 P_p，远低于弹性临界荷载 P_cr。

8.6.2 塑性铰法及塑性区法

刚塑性法、Merchant 法无法满足复杂框架的分析要求，随着数值法及稳定理论的发展，先后出现了塑性铰法、塑性区法等多种数值方法[11-13]，本节仅作简单介绍。

塑性铰法将每个构件划分为 1~2 个单元，允许单元端部形成塑性铰，其他部分则始终保持弹性，因此计算精度比刚塑性法有所提高。由于截面未划分单元，不能直接考虑构件初始缺陷及塑性区发展的影响。初始缺陷需借助其他手段来考虑，将在下一小节讲述；因塑性区的发展对构件刚度有降低作用，可通过刚度折减来考虑。

塑性区法的构件单元划分类似于第 6.5.2 节方法，因截面已划分单元，能够考虑塑性发展及残余应力的影响，但对于多层多跨框架，单元数量巨大，分析耗时较长。从理论上说，塑性区法还能够考虑结构及构件的初始几何缺陷，由于设计时并不知道真实的缺陷值和具体分布情况，难以实施。

8.6.3 直接分析法

前面已经知道，能够考虑影响框架稳定各因素的结构分析方法都属于直接分析法，目前比较常用的直接分析法是在塑性铰法、塑性区法的基础上，将无法考虑的因素通过特殊转换来予以近似考虑，其中最典型的是结构初始缺陷和构件初始缺陷。

（1）结构整体初始缺陷的简化考虑

结构整体初始缺陷主要是几何缺陷，这些缺陷由加工及安装产生，比如结构整体形状的偏差、结构垂直度等。影响有侧移框架稳定的整体缺陷主要是框架的初始侧移，会引起倾覆力矩，借鉴第 4.6.1 节轴压构件用放大的初挠度来综合考虑各类缺陷的思路，可以把框架的初始侧移加大，来综合考虑各类整体缺陷的影响。

如图 8.42（a）所示单层框架，假设综合考虑各类整体初始缺陷后的结构初始侧移为 Δ_0，楼层的总竖向荷载为 $G=P_1+P_2+ql$，则由 Δ_0 引起的倾覆力矩为 $G\Delta_0$，该倾覆力矩可通过作用在柱顶的假想水平荷载 H_n 来等效产生，如图 8.42（b）所示，根据倾覆力矩相等的原则，可得假想水平荷载值：

$$H_\mathrm{n}=\frac{G\Delta_0}{h}=G\theta_0 \tag{8.102}$$

式中：θ_0 为由 Δ_0 引起的楼层初始侧倾角，$\theta_0=\Delta_0/h$，h 为层高。

通过施加楼层假想水平荷载来模拟结构整体初始几何缺陷的影响是一种非常实用的方法。对于多层多跨框架，Liew[14] 建议各楼层的初始侧倾角可统一取 1/200，实际上柱的安装偏差不可能都在同一方向且数值相等，而是随着层数及柱数的增加而降低，需要修正。欧洲 EC3 规范曾建议按下式计算第 i 层的初始侧倾角 θ_{0i}：

$$\theta_{0i}=\frac{\Delta_{0i}}{h_i}=\frac{k_c k_s}{200} \tag{8.103a}$$

$$k_c = \sqrt{0.5 + \frac{1}{n_c}} \tag{8.103b}$$

$$k_s = \sqrt{0.2 + \frac{1}{n_s}} \leqslant 1.0 \tag{8.103c}$$

式中：Δ_{0i}、h_i 分别为第 i 层的初始侧移、楼层高度；k_c、k_s 分别为考虑柱数及层数后的修正系数；n_c 为第 i 层的柱子总数；n_s 为楼层总数。

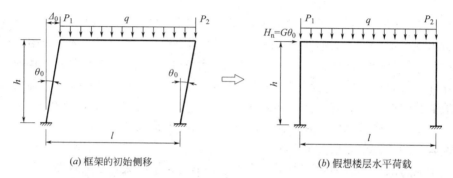

(a) 框架的初始侧移   (b) 假想楼层水平荷载

图 8.42　单层单跨框架的初始侧移及假想楼层水平荷载

因此，第 i 楼层的假想水平荷载 H_{ni} 可以用下式计算：

$$H_{ni} = G_i \theta_{0i} \tag{8.104}$$

式中：G_i 为第 i 层的总重力荷载，如图 8.43 所示。

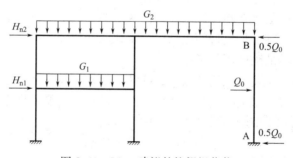

图 8.43　Liew 建议的柱假想荷载

Liew[14] 还建议，当柱的轴压力 N 大于其 Euler 荷载的 1/4 时，还需在柱高度中央施加横向集中荷载 Q_0 来模拟构件 P-δ 效应的影响，见图 8.43 中的 AB 柱，并建议取 $Q_0 = 0.01N$，为使柱及结构平衡，柱两端同时也需要施加反向水平荷载，分别为 $0.5Q_0$。

（2）构件初始缺陷的简化考虑

构件的初始缺陷包括初弯曲、初偏心、残余应力等，各类初始缺陷可直接用呈正弦半波分布的初弯曲来综合考虑，构件中央的最大初挠度代表值（也称构件综合缺陷代表值）为 e_0，见图 8.44（a）。考虑到进行结构分析时代表构件缺陷的初弯曲不便于计算模型的建立，根据最大弯矩相等的原则，可以用假想横向均布荷载 q_0 来产生最大附加弯矩 $M_{max} = Pe_0$，由 $Pe_0 = q_0 l^2/8$ 可得 q_0：

$$q_0 = \frac{8Pe_0}{l^2} \tag{8.105}$$

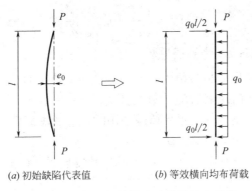

(a) 初始缺陷代表值　　　　　(b) 等效横向均布荷载

图 8.44　构件的初始缺陷及等效均布荷载

这样一来，构件的初始缺陷便转化为了横向均布荷载 q_0，只要给定了 e_0 值，便可以得到 q_0，非常方便实现。为保证内力平衡，在构件上施加等效均布荷载 q_0 的同时，也应在构件两端施加反向集中荷载 $q_0 l/2$，如图 8.44（b）所示。

8.7　框架稳定理论在钢结构中的应用

8.7.1　规范推荐的缺陷简化考虑方法

（1）结构整体初始缺陷的简化考虑方法

我国钢结构设计规范一直采用结构初始侧移来代表结构的整体初始缺陷，用假想水平荷载来模拟结构整体初始缺陷的影响，如图 8.45 所示，Δ_{0i}、H_{ni} 分别为第 i 层的初始侧移和假想水平荷载。

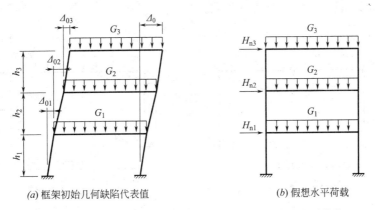

(a) 框架初始几何缺陷代表值　　　　　(b) 假想水平荷载

图 8.45　多层框架整体初始几何缺陷代表值及等效水平荷载

我国多层框架的容许层间位移角为 1/250（见附表 K.2），考虑到每一楼层的初始侧移并不一定相同，采纳式（8.103c）的楼层数量修正系数后，GB 50017—2017 标准给出的楼层初始侧移 Δ_{0i}（也称初始几何缺陷代表值）、假想水平荷载 H_{ni} 分别为：

$$\Delta_{0i} = \frac{h_i}{250} \sqrt{0.2 + \frac{1}{n_s}} \tag{8.106}$$

$$H_{ni} = \frac{G_i}{250}\sqrt{0.2 + \frac{1}{n_s}} \qquad (8.107)$$

式中：h_i 为第 i 楼层层高；n_s 为楼层总数，当 $\sqrt{0.2 + 1/n_s} < 2/3$ 时，取此根号值为 2/3，当 $\sqrt{0.2 + 1/n_s} > 1$ 时，取此根号值为 1.0；G_i 为第 i 楼层的总重力荷载设计值。

考虑结构整体初始几何缺陷后的计算简图见图 8.45（b），假想水平荷载 H_{ni} 的施加方向仅为示意，当结构上还有真实水平荷载作用时，应考虑荷载的最不利组合。

（2）构件初始缺陷的简化考虑方法

当采用塑性铰法进行直接分析也即不考虑塑性发展时，GB 50017—2017 标准给出的构件综合缺陷代表值 e_0 见表 8.5，该缺陷值综合考虑了初弯曲、初偏心、残余应力的影响。利用式（8.105）计算 q_0 时，只需要将轴压力 P 替换为轴压力标准值 N_k 即可。

构件的综合缺陷代表值　　　　　　　　　　　　　　　　　　　表 8.5

焊接和轧制构件的柱子曲线	二阶分析时的 e_0 值
a 类	$l/400$
b 类	$l/350$
c 类	$l/300$
d 类	$l/250$

当采用塑性区法进行直接分析也即考虑塑性发展时，不再用上述简化方法，而是直接用不小于 $l/1000$ 的初弯曲来考虑构件几何缺陷，并在截面单元中考虑残余应力。

【例题 8.10】 图 8.46（a）所示单层单跨框架，层高 4m，跨度 10m，水平荷载设计值 $H = 10\mathrm{kN}$，竖向荷载设计值 $P = 100\mathrm{kN}$、$q = 30\mathrm{kN/m}$，试分别计算代表结构整体初始缺陷的假想水平荷载 H_n、代表构件初始缺陷的假想横向均布荷载 q_0，并绘出计算简图，已知材料为 Q235 钢，柱截面类别为 b 类。

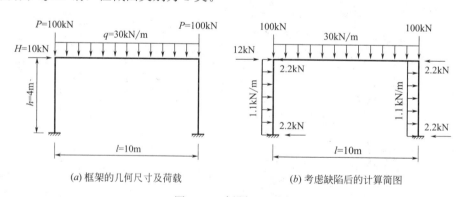

（a）框架的几何尺寸及荷载　　　　　　　（b）考虑缺陷后的计算简图

图 8.46　例题 8.10 图

【解】 1）结构的假想水平荷载

框架的总层数 $n_s = 1$，则有：

$$\sqrt{0.2 + \frac{1}{n_s}} = \sqrt{0.2 + \frac{1}{1}} = 1.095 > 1.0，应取此根号值为 1.0。$$

楼层的总重力荷载设计值 $G_1 = 2P + ql = 500\mathrm{kN}$，代入式（8.107）可得假想水平

荷载：

$$H_{n1} = \frac{G_1}{250} = \frac{500}{250} = 2\text{kN}$$

2）构件的假想横向均布荷载 q_0

忽略水平荷载引起的柱轴力变化后，两个柱的轴压力设计值 N 相等，即 $N = G_1/2 = 250\text{kN}$，轴压力标准值可取为 $N_k = N/1.3 = 192.3\text{kN}$。由表 8.5 可查得 b 类截面的综合缺陷代表值 $e_0 = h/350 = 4/350 = 0.0114\text{m}$，将相关参数代入到式（8.105）可得：

$$q_0 = \frac{8N_k e_0}{h^2} = \frac{8 \times 192.3 \times 0.0114}{4^2} = 1.1\text{kN/m}$$

柱两端需要施加的反向集中荷载为：

$$\frac{q_0 h}{2} = \frac{1.1 \times 4}{2} = 2.2\text{kN}$$

考虑结构整体初始缺陷、构件初始缺陷后的计算简图见图 8.46（b）。

8.7.2 结构的分析方法及其选择

目前实用的结构分析方法有三种：一阶弹性分析法、考虑 $P\text{-}\Delta$ 效应和结构整体初始缺陷的二阶弹性分析法、直接分析法。

（1）一阶弹性分析法

一阶弹性分析法也就是传统结构力学中的方法，建模简单，分析耗时短，甚至可以手工计算，但一阶弹性分析法不能考虑二阶效应、结构及构件的初始缺陷、材料非线性。

（2）考虑 $P\text{-}\Delta$ 效应和结构整体初始缺陷的二阶弹性分析法

该方法不仅考虑了 $P\text{-}\Delta$ 效应，还通过假想楼层水平荷载考虑了结构的整体初始缺陷，但没有考虑构件的初始缺陷和材料非线性。

（3）直接分析法

直接分析法能够全面考虑各种因素对稳定的影响，但计算机建模过程相对复杂，需要对每一个受压构件施加假想横向均布荷载 q_0 或者直接建立有初弯曲的构件。

由此可见，上述三种结构分析方法各有优缺点和适用范围，对于不同的工程结构，可根据 $P\text{-}\Delta$ 效应系数 θ_i^{II} 的大小来选择合适的方法。GB 50017—2017 标准基于式（8.65）给出的 θ_i^{II} 计算方法为：

对于规则的框架结构： $\qquad \theta_i^{\text{II}} = \dfrac{\sum N_i \Delta u_i}{\sum H_{ki} h_i}$ $\qquad$ (8.108)

对于一般结构： $\qquad \theta_i^{\text{II}} = \dfrac{1}{\eta_{\text{cr}}}$ $\qquad$ (8.109)

式中：$\sum N_i$ 为第 i 楼层各柱的轴压力设计值之和；Δu_i 为一阶弹性分析求得的第 i 楼层的侧移；$\sum H_{ki}$ 为第 i 楼层上部各楼层的水平力标准值之和，也即第 i 楼层的层剪力；h_i 为第 i 楼层的层高；η_{cr} 为整体结构一阶弹性临界荷载与设计荷载的比值。

GB 50017—2017 标准建议根据全部楼层中的 $P\text{-}\Delta$ 效应系数最大值 $\theta_{\max}^{\text{II}}$ 来判断结构应采取的分析方法，具体如下：

当 $\theta_{\max}^{\text{II}} \leqslant 0.1$ 时，$P\text{-}\Delta$ 效应不显著，可采用一阶弹性分析法；

当 $0.1 < \theta_{\max}^{\mathrm{II}} \leqslant 0.25$ 时，P-Δ 效应较显著，宜采用考虑 P-Δ 效应和结构整体初始缺陷的二阶弹性分析法，或者采用直接分析法；

当 $\theta_{\max}^{\mathrm{II}} > 0.25$ 时，结构的层间位移较大，应增大结构的抗侧刚度，或者采用直接分析法。

8.7.3 结构采用不同分析方法时的稳定计算

（1）一阶弹性分析时的稳定计算

框架采用一阶弹性法分析时，由于 P-Δ 效应、结构初始缺陷均无法考虑，需将构件从结构中取出后利用一阶弹性分析所得内力进行稳定设计，结构对构件稳定的影响通过计算长度系数 μ 来考虑，这也就是第 4.5.1 节和第 5.4.3 节中的方法。轴压构件、受弯构件、压弯构件的整体稳定通过稳定系数来计算，分别见第 4.6 节、第 5.7 节和第 6.7 节。

对于受压构件，第 4.5.1 节给出了厂房柱在框架平面外计算长度系数的取值方法，第 8.3、8.4 和 8.5 节给出了厂房柱及框架柱在框架平面内计算长度系数的取值方法，应注意的是，有些方法有特定的适用范围，有些还需要修正或折减，不能简单套用。

另外，利用附表 I.1 和附表 I.2 查框架柱的计算长度系数时，首先需要判定框架是否有侧移。实际工程中理想的无侧移框架并不存在，即使结构中设有垂直支撑、剪力墙以及筒体等抗侧体系，结构的抗侧刚度也是有限的，或多或少存在 P-Δ 效应，框架仍可能发生有侧移失稳[15-16]。

欧钢协曾建议，当抗侧体系提供的抗侧刚度达到同类无抗侧体系框架抗侧刚度的五倍时，可近似看作无侧移框架，否则需要按有侧移框架来考虑。我国 GB 50017—2017 标准通过楼层侧倾刚度 S_b（产生单位侧倾角所需的水平力）来判定框架是否有侧移，当 S_b 满足下式要求时属于无侧移框架：

$$S_b \geqslant 4.4 \left[\left(1 + \frac{100}{f_y}\right) \sum N_{bi} - \sum N_{0i} \right] \tag{8.110}$$

式中：$\sum N_{bi}$、$\sum N_{0i}$ 分别为第 i 层所有框架柱用无侧移框架和有侧移框架柱计算长度系数算得的轴压杆稳定承载力之和。

（2）考虑 P-Δ 效应和结构整体初始缺陷二阶弹性分析时的稳定计算

由于 P-Δ 效应和结构的初始缺陷均已考虑，无需再考虑结构对构件稳定的影响，构件的计算长度系数取 1.0。又因构件的 P-δ 效应以及构件的缺陷还没有考虑，仍需要单独对构件进行稳定设计，计算方法仍为第 4.6 节、第 5.7 节和第 6.7 节中的公式。

（3）直接分析法时的稳定计算

由于影响稳定的全部因素均已经考虑，无需再考虑受压构件的计算长度问题，也不需要单独进行构件的稳定设计，只需要利用各阶段所得内力对构件进行承载能力极限状态验算即可，GB 50017—2017 标准给出的验算公式为：

当构件有足够的侧向支撑而不会发生侧向失稳时：

$$\frac{N}{Af} + \frac{M_x^{\mathrm{II}}}{M_{cx}} + \frac{M_y^{\mathrm{II}}}{M_{cy}} \leqslant 1.0 \tag{8.111}$$

当构件可能发生侧向失稳时：

$$\frac{N}{Af} + \frac{M_x^{\mathrm{II}}}{\varphi_b W_x f} + \frac{M_y^{\mathrm{II}}}{M_{cy}} \leqslant 1.0 \tag{8.112}$$

式中：N 为构件轴压力设计值；A 为构件的毛截面面积；f 为钢材强度设计值；M_x^{II}、M_y^{II} 分别为绕 x、y 轴的二阶弯矩设计值；φ_b 为受弯构件整体稳定性系数，按附录 G 取用；W_x 为绕 x 轴的毛截面模量；M_{cx}、M_{cy} 分别为构件绕 x 轴、y 轴的受弯承载力设计值，按下列规定取值：

1）当板件宽厚比等级不符合 S2 级要求，或者虽符合 S2 级要求但不考虑截面塑性发展时，M_{cx}、M_{cy} 分别按下列公式计算：

$$M_{cx} = \gamma_x W_x f \tag{8.113}$$
$$M_{cy} = \gamma_y W_y f \tag{8.114}$$

式中：γ_x、γ_y 分别为绕 x 轴、y 轴的截面塑性发展系数，按附录 F 取用；W_y 为绕 y 轴的毛截面模量。

2）当板件宽厚比符合 S2 级要求时，构件能够形成塑性铰，M_{cx}、M_{cy} 分别按下列公式计算：

$$M_{cx} = W_{px} f \tag{8.115}$$
$$M_{cy} = W_{py} f \tag{8.116}$$

式中：W_{px}、W_{py} 分别为绕 x 轴、y 轴的塑性毛截面模量。

8.8　框架稳定理论在混凝土结构中的应用

8.8.1　二阶效应的考虑

混凝土框架中也存在 $P\text{-}\Delta$ 效应和 $P\text{-}\delta$ 效应，与钢框架一样，这两种二阶效应都会影响结构的稳定。严格来讲，当结构分析中考虑这两种二阶效应时，还应考虑材料的非线性、裂缝、构件的曲率和层间位移、荷载的持续作用、混凝土的收缩和徐变等因素，要实现这样的分析，在目前条件下还比较困难，因此工程设计中一般采用简化分析方法。

$P\text{-}\delta$ 效应属于构件层面的问题，对混凝土结构而言，一般情况下 $P\text{-}\delta$ 效应不起控制作用，结构分析时可以不考虑。$P\text{-}\Delta$ 效应属于结构层面的问题，在结构分析中相对容易实现。对于 $P\text{-}\Delta$ 效应不显著的结构，可以忽略其影响，直接采用一阶弹性分析；当 $P\text{-}\Delta$ 效应可能使作用效应显著增大时，宜借助有限元软件采用仅考虑 $P\text{-}\Delta$ 效应的二阶弹性分析法，手工计算时，也可以利用一阶弹性分析所得内力乘以增大系数来简化考虑 $P\text{-}\Delta$ 效应。

（1）结构二阶效应的简化考虑

《混凝土结构设计规范》GB 50010—2010 和《高层建筑混凝土结构技术规程》JGJ 3—2010 均规定，对框架结构、框架剪力墙结构、剪力墙结构以及筒体结构，当采用增大系数法时，一阶弹性分析所得柱端、墙肢端和梁端弯矩及层间位移应按下列公式计算：

$$M = M_{ns} + \eta_s M_s \tag{8.117}$$
$$\Delta = \eta_s \Delta_1 \tag{8.118}$$

式中：M_s 为引起结构侧移的荷载所产生的一阶弹性分析构件端弯矩设计值；M_{ns} 为不引起结构侧移的荷载所产生的一阶弹性分析构件端弯矩设计值；Δ_1 为一阶弹性分析所得层间位移；η_s 为 $P\text{-}\Delta$ 效应增大系数，按下列规定计算：

1）对于框架结构，在水平荷载作用下以剪切变形为主，GB 50010—2010 规范采用层增大系数，柱端的 η_s 按下式计算：

$$\eta_s = \frac{1}{1 - \dfrac{\sum N_i}{DH_0}} \tag{8.119}$$

式中：D 为所计算楼层的侧向刚度；N_j 为所计算楼层第 j 列柱的轴力设计值；H_0 为所计算楼层的层高。

2）对于框架剪力墙结构、剪力墙结构以及筒体结构，在水平荷载作用下以弯曲变形为主，整个结构类似于矩形悬臂构件，GB 50010—2010 规范采用整体大系数，墙肢端的 η_s 按下式计算：

$$\eta_s = \frac{1}{1 - 0.14 \dfrac{H^2 \sum G}{E_c J_d}} \tag{8.120}$$

式中：H 为结构总高度；$\sum G$ 为各楼层重力荷载设计值之和；E_c 为混凝土的弹性模量；$E_c J_d$ 为与所设计结构等效的竖向等截面悬臂受弯构件的弯曲刚度，可按该悬臂受弯构件与所设计结构在倒三角形分布水平荷载作用下顶点位移相等的原则计算。

3）梁端的 η_s 取相应节点处上、下柱端或者上、下墙肢端 η_s 的平均值。

4）排架结构柱端 η_s 的计算方法见式（6.132b）。

细长偏心受压混凝土构件考虑 $P\text{-}\Delta$ 效应影响的受力状态大致对应于受拉钢筋屈服后不久的非弹性受力状态，由于受拉区混凝土的开裂以及其他非弹性性能的发展，导致构件的抗弯刚度降低，利用式（8.119）和式（8.120）计算 η_s 时，宜对构件的弹性抗弯刚度 $E_c I$ 乘以折减系数。因沿构件长度方向各截面的弯矩不同，非弹性性能的发展程度也不同，抗弯刚度的降低规律较为复杂。为便于应用，GB 50010—2010 规范依据试验结果，按结构非弹性位移相等的原则，给出如下折减系数：对梁，取 0.4；对柱，取 0.6；对剪力墙肢及核心筒壁墙肢，取 0.45。当计算位移增大系数 η_s 时，不考虑抗弯刚度的折减。

（2）构件二阶效应的考虑

一般情况下，偏心受压构件的反弯点位于构件中部，$P\text{-}\delta$ 效应对构件端部截面的控制弯矩没有影响，可以不考虑，特殊情况下则需要考虑，相关内容在第 6.8.2 节中已讲述。

8.8.2 构件的计算长度问题

由于 GB 50010—2010 规范已经规定，当结构的 $P\text{-}\Delta$ 效应比较显著时应采用二阶分析法，因此结构对框架柱稳定的影响无需再通过计算长度来考虑。附录 E 中的混凝土柱计算长度主要用于计算轴心受压柱的稳定系数 φ，以及计算偏心受压构件裂缝宽度的偏心距增大系数时采用。

思考与练习题

8.1　影响框架稳定的因素有哪些？

8.2　为什么竖向轴线荷载下有侧移框架、无侧移框架的临界荷载差别很大？

8.3　水平集中荷载是如何影响无侧移框架、有侧移框架稳定的？

8.4　无侧移框架、有侧移框架失稳的本质分别是什么？

8.5 结构 P-Δ 效应系数的含义是什么？

8.6 为什么摇摆柱上有轴线荷载时降低了框架的稳定承载力？

8.7 什么情况下有侧移框架会发生无侧移的失稳？

8.8 为什么根据简化模型得到的厂房阶形柱的计算长度系数还需乘以折减系数？

8.9 求解钢框架极限荷载的方法有哪些？

8.10 我国 GB 50017—2017 标准对框架中的各类缺陷是分别如何简化考虑的？

8.11 一阶弹性分析、考虑 P-Δ 效应的二阶弹性分析、直接分析法有何区别？

8.12 为什么混凝土框架中的柱不需要考虑计算长度问题？

8.13 试用位移法分别给出图 8.47 所示两个弹性框架的特征方程。

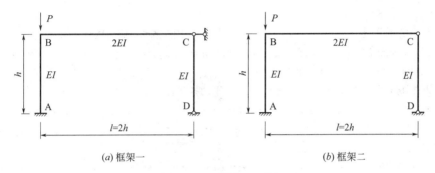

图 8.47 习题 8.13 图

8.14 试分别计算图 8.48 所示两个弹性框架中各柱的计算长度系数。

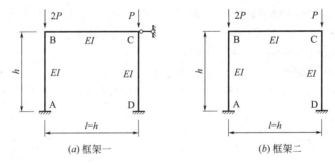

图 8.48 习题 8.14 图

8.15 试计算图 8.49 所示有摇摆柱单层弹性框架中各柱的计算长度系数。

8.16 试计算图 8.50 所示有吊车厂房柱的计算长度系数，梁柱均为等截面。

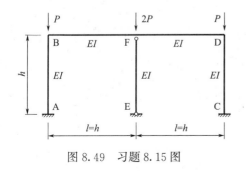

图 8.49 习题 8.15 图

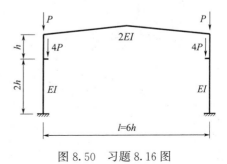

图 8.50 习题 8.16 图

参考文献

［1］　Chen W. F. , Liu E. M. Structural stability theory and implementation ［M］. New York：Elsevier, 1987.

［2］　Bleich F. Buckling strength of metal structures ［M］. New York：McGraw-Hill, 1952. 中译本：同济大学钢木教研室译，金属结构的屈曲强度 ［M］. 北京：科学出版社，1965.

［3］　吴惠弼. 框架柱的计算长度 ［R］. 钢结构研究论文报告选集（第一册），1982：94-120.

［4］　ASCE. Effective length and notional load approaches for assessing frame stability：implications for American steel design ［M］. New York：American Society of Civil Engineers，1997.

［5］　Lu L. W. Stability of frames under primary bending moment ［J］. Journal of Structural Division, ASCE，1963，89（3）：35-62.

［6］　陈绍蕃. 钢结构稳定设计指南（第二版）［M］. 北京：中国建筑工业出版社，2004.

［7］　Liu E. M. , Sum M. Q. Effective lengths of uniform and stepped crane columns ［J］. Engineering Journal of AISC，1995，30（3）：98-106.

［8］　陈绍蕃. 厂房框架带牛腿柱的计算长度 ［J］. 建筑结构学报，2007，28（5）：54-60.

［9］　Horne M. R. , Merchant W. The stability of frames ［M］. New York：Pergamon Press，1965.

［10］　Horne M. R. , Morris L. J. Plastic design of low-rise frames ［M］. London：Constrado Monographs, 1985.

［11］　White D. W. Plastic-hinge methods for advanced analysis of steel frames ［J］. Journal of Constructional Steel Research，1993，24（2）：121-152.

［12］　Chen W. F. and Toma S. Advanced analysis of steel frames：theory, software and applications ［M］. Boca：CRC Press Inc，1994.

［13］　陈骥. 刚架平面稳定的整体设计法 ［J］. 钢结构，2003，18（4）：46-50.

［14］　Liew J. Y. R. , White D. W. , Chen W. F. Notional-load plastic-hinge method for frame design ［J］. Journal of Structural Engineer，1994，120（5）：1434-1454.

［15］　童根树，施祖炎. 非完全支撑的框架结构的稳定性 ［J］. 土木工程学报，1998，31（4）：31-37.

［16］　童根树，季渊. 多高层框架-弯剪型支撑结构的稳定性研究 ［J］. 土木工程学报，2005，38（5）：28-33.

第 9 章　拱的稳定

9.1　概　述

拱是一种以受压为主的曲线形结构，具有较高的承载效率，在各类工程中应用广泛。拱的分类方式很多，根据拱轴线不同，可分为圆弧拱、抛物线拱等多种，如图 9.1 所示；根据截面形式及组成不同，可分为实腹式拱、桁架拱、索拱等多种，本章主要讲述实腹式截面拱；根据铰的数量不同，可分为无铰拱、两铰拱、三铰拱三种。当拱的矢高 h 与跨度 l 之比较小时，也称为扁拱。

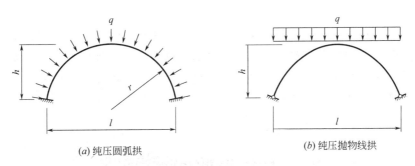

（a）纯压圆弧拱　　　　　　　　　　　（b）纯压抛物线拱

图 9.1　拱的形式、尺寸及荷载示意

从结构力学中知道，拱的内力与拱轴线的形式及荷载类型有关。当圆弧拱上作用有径向均布荷载 q、抛物线拱上作用有沿水平方向均匀分布的竖向荷载 q 时，如图 9.1 所示，如果拱的矢跨比不是太小，轴向压缩变形可忽略，此时拱的内力只有轴压力，这类拱也称纯压拱或轴心受压拱。纯压圆弧拱的轴压力沿拱轴线均匀分布，通常采用等截面杆件；纯压抛物线拱的轴压力沿拱轴线不均匀分布，除等截面杆件外也会采用变截面杆件，本书仅讲述等截面拱。在半跨荷载、集中荷载等其他类型荷载作用下，拱的内力除了轴压力外，还有弯矩和剪力，这类拱称为有弯矩拱或压弯拱。

当拱在平面外设有支撑且能约束拱的平面外位移和扭转时，拱只会在平面内发生弯曲失稳。无缺陷弹性纯压拱的屈曲类型属于分岔失稳，与轴心受压直杆类似，但又有所区别；两铰拱和无铰拱总是以反对称的形式失稳，见图 9.2（a）、（b），拱顶点为反弯点；三铰拱通常以对称的形式失稳，见图 9.2（c），当矢跨比较大时也会发生反对称失稳。对于非对称荷载作用下的有弯矩拱，如果材料为弹性且构件无缺陷，只会发生非对称失稳，但弯矩并不影响拱的临界轴压力。除上述情况外，扁拱还可能发生跃越失稳。

当拱在平面外没有支撑或支撑数量不足时，拱失稳的形态可能是在弯曲的同时伴随着出平面的扭转，类似于轴心受压直杆和压弯直杆的弯扭屈曲，属于平面外稳定问题。

工程中的拱始终存在各种初始缺陷，失稳形式大多属于极值点失稳。纯压拱对初始缺

(a) 两铰拱的反对称失稳　　　(b) 无铰拱的反对称失稳　　　(c) 三铰拱的对称失稳

图 9.2　无缺陷纯压拱在平面内的常见失稳形式

陷非常敏感，较小的初始缺陷就会使屈曲荷载显著降低，有弯矩拱对初始缺陷的敏感程度没有纯压拱高。

可以看出，拱的失稳形式和影响稳定的因素很多，因此拱的稳定分析要比直杆复杂。拱的稳定研究始于 19 世纪末，1884 年 Levy 基于纯压圆环的平衡方程，推导了圆环的弹性屈曲荷载，1910 年 Timoshenko[1] 给出了弹性纯压两铰圆弧拱的特征方程和屈曲荷载，1918 年 Nicolm[2] 给出了弹性纯压无铰圆弧拱的特征方程和屈曲荷载，1935 年又引入了拱的等效屈曲长度概念，并给出了平面内屈曲的简化计算方法，同年 Timoshenko[1] 指出，两铰扁拱在均布竖向荷载作用下存在"跳跃"问题，1940 年 Vlasov[3] 提出了跃越失稳理论。

由于屈曲形式的多样化和问题的复杂性，拱的稳定分析通常需要采用数值法。对于无缺陷的弹性纯压圆弧拱，忽略轴压变形的影响后，稳定分析可采用静力法或能量法。本章首先研究拱在平面内的弹性屈曲和等效计算长度，然后研究拱在平面外的弹性屈曲和等效计算长度，接着探讨拱在平面内和平面外的弹塑性屈曲，最后介绍拱的屈曲理论在结构设计中的应用。

9.2　拱在平面内的弹性屈曲

9.2.1　曲杆在平面内弯曲时的基本方程

在进行拱的平面内稳定分析之前，首先推导任意曲杆在任意荷载作用下发生平面内弯曲时的平衡方程与几何方程，假设材料为弹性，杆件为等截面且无缺陷，杆件的变形属于小变形范畴，荷载为保守力。

（1）平衡方程及内力

如图 9.3（a）所示任意平面曲杆，杆中线弧长 s 对应的夹角为 θ（以顺时针为正），取微段 $\mathrm{d}s$，$\mathrm{d}s$ 的曲率半径为 ρ，对应的夹角为 $\mathrm{d}\theta$，在微段中点建立移动坐标系，切线方向为坐标 s，法线方向为坐标 n。作用在微段上的任意外荷载可分解为法向均布荷载 q 和切向均布荷载 t，假设微段在 C 点的轴力、弯矩和剪力分别为 N、M、V，见图 9.3（b），图中内外力均为正值，微段沿 n 向的内外力平衡方程为：

$$(N + \mathrm{d}N)\sin\frac{\mathrm{d}\theta}{2} + (V + \mathrm{d}V)\cos\frac{\mathrm{d}\theta}{2} + N\sin\frac{\mathrm{d}\theta}{2} - V\cos\frac{\mathrm{d}\theta}{2} + q\,\mathrm{d}s = 0$$

因微段的夹角 $\mathrm{d}\theta$ 微小，$\sin(\mathrm{d}\theta/2) \approx \mathrm{d}\theta/2$，$\cos(\mathrm{d}\theta/2) \approx 1$，上式变为：

$$N\,\mathrm{d}\theta + \mathrm{d}N\,\frac{\mathrm{d}\theta}{2} + \mathrm{d}V + q\,\mathrm{d}s = 0$$

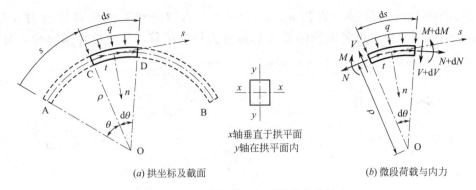

x 轴垂直于拱平面
y 轴在拱平面内

(*a*) 拱坐标及截面　　　　　　　(*b*) 微段荷载与内力

图 9.3　平面曲杆的坐标及微段的内外力

略去高阶量 $\mathrm{d}N\mathrm{d}\theta/2$，两侧同除以 $\mathrm{d}s$ 后再利用 $\rho=\mathrm{d}s/\mathrm{d}\theta$，则有：

$$\frac{N}{\rho}+\frac{\mathrm{d}V}{\mathrm{d}s}+q=0 \tag{9.1}$$

微段沿 *s* 向的内外力平衡方程为：

$$(N+\mathrm{d}N)\cos\frac{\mathrm{d}\theta}{2}-(V+\mathrm{d}V)\sin\frac{\mathrm{d}\theta}{2}-N\cos\frac{\mathrm{d}\theta}{2}-V\sin\frac{\mathrm{d}\theta}{2}+t\mathrm{d}s=0$$

同样整理可得：

$$\frac{\mathrm{d}N}{\mathrm{d}s}-\frac{V}{\rho}+t=0 \tag{9.2}$$

微段对 O 点的力矩平衡方程为：

$$(M+\mathrm{d}M)-(N+\mathrm{d}N)\rho-M+N\rho-t\mathrm{d}s\rho=0$$

由上式整理可得：

$$\frac{\mathrm{d}M}{\rho}-\mathrm{d}N-t\mathrm{d}s=0 \tag{9.3}$$

式（9.1）～式（9.3）就是平面任意曲杆在任意荷载下的三个平衡方程。由式（9.2）知 $\mathrm{d}N=V\mathrm{d}s/\rho-t\mathrm{d}s$，将其代入式（9.3）后可得：

$$V=\frac{\mathrm{d}M}{\mathrm{d}s} \tag{9.4a}$$

利用 $\mathrm{d}s=\rho\mathrm{d}\theta$，上式还可以写成：

$$V=\frac{\mathrm{d}M}{\rho\mathrm{d}\theta} \tag{9.4b}$$

当曲杆纯压时，因轴向压缩变形微小，可忽略，拱的内力只有 N，$M=V=0$，曲杆的平衡方程均可简化。以图 9.1（a）所示纯压圆弧拱为例，忽略轴向压缩变形后，曲率半径 ρ 等于半径 r，式（9.1）变为：

$$N=-rq \tag{9.5}$$

上式表明纯压圆弧拱的轴力沿拱轴线均匀分布，式中负号表示轴力方向与图 9.3（*b*）中的方向相反，为压力。如果不忽略拱的轴向压缩变形，则 N 非均匀分布，且 M 和 V 不为零，$\rho\neq r$。

（2）几何方程

任意荷载下平面曲杆变形后微段 CD 的位移见图 9.4（*a*），虚线为初始位置，假设 C 点的切向和法向位移分别为 u、w，则 D 点的切向和法向位移分别为 $u+\mathrm{d}u$、$w+\mathrm{d}w$，为便于分析，可将微段的总变形拆分为切向位移、法向位移两部分，分别见图 9.4 （b）、（c）。

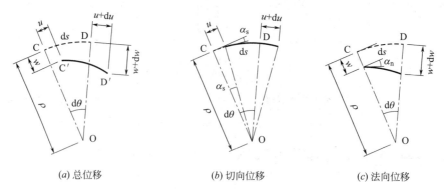

(a) 总位移　　　　　　(b) 切向位移　　　　　　(c) 法向位移

图 9.4　平面曲杆微段的位移

切向位移引起的微段正应变、C 点处杆件截面的转角分别为：

$$\varepsilon_s = \frac{u+\mathrm{d}u-u}{\mathrm{d}s} = \frac{\mathrm{d}u}{\mathrm{d}s}$$

$$\alpha_s = \frac{u}{\rho}$$

法向位移引起的微段正应变、C 点处杆件截面的转角分别为：

$$\varepsilon_n = \frac{(\rho-w)\mathrm{d}\theta-\mathrm{d}s}{\mathrm{d}s} = -\frac{w}{\rho}$$

$$\alpha_n = \frac{w+\mathrm{d}w-w}{\mathrm{d}s} = \frac{\mathrm{d}w}{\mathrm{d}s}$$

微段总的正应变、C 点处杆件截面的总转角分别为：

$$\varepsilon = \varepsilon_s + \varepsilon_n = \frac{\mathrm{d}u}{\mathrm{d}s} - \frac{w}{\rho} \tag{9.6}$$

$$\alpha = \alpha_s + \alpha_n = \frac{u}{\rho} + \frac{\mathrm{d}w}{\mathrm{d}s} = \frac{1}{\rho}\left(u+\frac{\mathrm{d}w}{\mathrm{d}\theta}\right) \tag{9.7}$$

以上两式给出了应变与位移以及截面转角与位移之间的关系，也就是平面任意曲杆在任意荷载下的几何方程。平衡方程、几何方程在后面的稳定分析中都将会用到。

忽略拱的轴向压缩变形后，可近似取正应变 $\varepsilon=0$，由式（9.6）可得：

$$\frac{\mathrm{d}u}{\mathrm{d}s} = \frac{w}{\rho}$$

将 $\mathrm{d}s=\rho\mathrm{d}\theta$ 代入上式后可得到 w 与 u 的关系：

$$w = \frac{\mathrm{d}u}{\mathrm{d}\theta} \tag{9.8}$$

9.2.2　纯压圆弧拱在平面内的弹性屈曲

（1）纯压圆弧拱的微分方程及内力和位移

纯压圆弧拱在平面内屈曲时将发生弯曲变形，可假设拱屈曲时的曲率（$1/\rho$）和轴力分别为：

$$\frac{1}{\rho} = \frac{1}{r} + \frac{\delta}{r} \tag{9.9}$$

$$N = -rq + N_1 \tag{9.10}$$

式中：δ/r、N_1 分别为拱屈曲时曲率、轴力的改变量。

将以上两式代入式（9.1）可得：

$$(-rq + N_1)\left(\frac{1}{r} + \frac{\delta}{r}\right) + \frac{dV}{ds} + q = 0$$

上式两侧同乘以 r 并略去高阶量 $N_1\delta$，则有：

$$-rq\delta + N_1 + \frac{dV}{ds/r} = 0$$

由于工程中圆弧拱的 r 较大且杆件截面高度远小于 r，弯矩引起的 ρ 的变化量较小，可近似取 $\rho = r$，则 $ds/r = d\theta$ 仍成立，上式可改写为：

$$-qr^2\frac{\delta}{r} + N_1 + \frac{dV}{d\theta} = 0 \tag{9.11}$$

同理，将式（9.9）和式（9.10）代入式（9.2）可得：

$$\frac{d}{ds}(-rq + N_1) - V\left(\frac{1}{r} + \frac{\delta}{r}\right) = 0$$

因 qr 与 s 无关，且 V 和 δ 都较小，$V\delta/r$ 属于高阶项，可略去，上式简化为：

$$\frac{dN_1}{ds} - \frac{V}{r} = 0$$

将式（9.4a）代入上式并利用 $ds = rd\theta$，整理可得：

$$\frac{dN_1}{d\theta} = \frac{1}{r} \cdot \frac{dM}{d\theta} \tag{9.12}$$

圆弧拱屈曲时的 M 可根据曲率改变量 δ/r 来计算，假设拱在平面内的抗弯刚度为 EI_x，则有：

$$\frac{\delta}{r} = -\frac{M}{EI_x}$$

代入式（9.11）可得：

$$qr^2\frac{M}{EI_x} + N_1 + \frac{dV}{d\theta} = 0 \tag{9.13}$$

对 θ 求导一次变为：

$$\frac{qr^2}{EI_x} \cdot \frac{dM}{d\theta} + \frac{dN_1}{d\theta} + \frac{d^2V}{d\theta^2} = 0 \tag{9.14}$$

将式（9.4b）中的 ρ 替换为 r 后，再对 θ 求导两次可得：

$$\frac{d^2V}{d\theta^2} = \frac{1}{r} \cdot \frac{d^3M}{d\theta^3}$$

将上式和式（9.12）代入式（9.14）后整理可得：

$$\frac{d^3M}{d\theta^3} + \left(1 + \frac{qr^3}{EI_x}\right)\frac{dM}{d\theta} = 0 \tag{9.15}$$

上式就是纯压圆弧拱在平面内的弯曲微分方程。引入参数 k，并令

$$k^2 = 1 + \frac{qr^3}{EI_x} \tag{9.16}$$

则式（9.15）可简写为：

$$M''' + k^2 M' = 0$$

上式为三阶常系数齐次微分方程，其通解也即屈曲时的弯矩表达式为：

$$M = A_1 \cos k\theta + A_2 \sin k\theta + A_3 \tag{9.17}$$

式中：A_1、A_2、A_3 为待定系数和常数。

将上式代入式（9.4b）并将 ρ 替换为 r 后，可得拱屈曲时的剪力表达式：

$$V = \frac{1}{r}(-A_1 k \sin k\theta + A_2 k \cos k\theta) \tag{9.18}$$

将式（9.17）和式（9.18）代入式（9.13）后，整理可得拱屈曲时轴力的改变量 N_1：

$$N_1 = \frac{1}{r}A_1 \cos k\theta + \frac{1}{r}A_2 \sin k\theta - A_3 \frac{qr^2}{EI_x} \tag{9.19}$$

曲率的改变量还可以用截面转角 α 表达（见例题 3.2），对应的弯矩表达式为：

$$M = -EI_x \frac{d\alpha}{ds}$$

利用 $ds = r d\theta$，上式可改写为：

$$\frac{d\alpha}{d\theta} = -\frac{rM}{EI_x}$$

将式（9.17）代入上式后，积分可得截面转角：

$$\alpha = -\frac{r}{EI_x}\left(\frac{A_1}{k}\sin k\theta - \frac{A_2}{k}\cos k\theta + A_3\theta\right) + A_4 \tag{9.20}$$

式（9.7）中的 ρ 替换为 r 后再利用式（9.8）可得：

$$r\alpha = u + \frac{dw}{d\theta} = u + \frac{d^2 u}{d\theta^2}$$

将式（9.20）代入上式后，整理可得：

$$\frac{d^2 u}{d\theta^2} + u = -\frac{r^2}{EI_x}\left(\frac{A_1}{k}\sin k\theta - \frac{A_2}{k}\cos k\theta + A_3\theta\right) + A_4 r$$

由上式可解出拱弯曲屈曲时的切向位移 u，其解由对应二阶齐次方程的通解和特解两部分组成，推导过程从略，这里直接给出拱屈曲时 u 的表达式：

$$u = A_5 \cos\theta + A_6 \sin\theta + \frac{r^2}{kEI_x}\left(-\frac{A_1}{1-k^2}\sin k\theta + \frac{A_2}{1-k^2}\cos k\theta - A_3 k\theta\right) + A_4 r \tag{9.21}$$

将 u 代入式（9.8）可得拱屈曲时法向位移 w 的表达式：

$$w = -A_5 \sin\theta + A_6 \cos\theta + \frac{r^2}{EI_x}\left(-\frac{A_1}{1-k^2}\cos k\theta - \frac{A_2}{1-k^2}\sin k\theta - A_3\right) \tag{9.22}$$

（2）纯压两铰圆弧拱的弹性屈曲

纯压两铰圆弧拱只能发生反对称失稳，为验证该结论，需将反对称失稳和对称失稳的屈曲荷载进行对比。如图 9.5 所示，虚线为拱的初始位置，假设径向均布荷载为 q，拱的半径为 r，跨度为 l，矢高为 h，总弧长为 $S = 2s$（s 称为半弧长），总夹角为 $\Theta = 2\beta$（β 称为半夹角，单位为弧度），如果 θ 以对称线 OC 为起始边，顺时针为正，则 A、B 拱脚处的

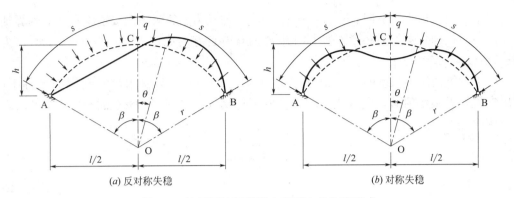

(*a*) 反对称失稳 　　　　　　　　　　(*b*) 对称失稳

图 9.5　纯压两铰圆弧拱在平面内的失稳形式

θ 分别为 $-\beta$ 和 β。

首先研究两铰圆弧拱的反对称失稳。反对称失稳时 M 和 w 均反对称，为 θ 的奇函数，M 和 w 表达式中的偶函数项和常数项应为零，也即 $A_1=A_3=A_6=0$，则式（9.17）、式（9.21）和式（9.22）分别变为：

$$M=A_2\sin k\theta$$

$$u=A_5\cos\theta+A_2\frac{r^2}{EI_x k(1-k^2)}\cos k\theta+A_4 r$$

$$w=-A_5\sin\theta-A_2\frac{r^2}{EI_x(1-k^2)}\sin k\theta$$

两铰拱的边界条件为：$\theta=\beta$ 时 $M=u=w=0$，代入以上三式后可得下列线性方程组：

$$A_2\sin k\beta=0 \tag{9.23a}$$

$$A_2\frac{r^2}{EI_x k(1-k^2)}\cos k\beta+A_4 r+A_5\cos\beta=0 \tag{9.23b}$$

$$A_2\frac{r^2}{EI_x(1-k^2)}\sin k\beta+A_5\sin\beta=0 \tag{9.23c}$$

由系数行列式为零可得特征方程：

$$r\sin k\beta\sin\beta=0 \tag{9.24}$$

因 $r\neq0$，β 为任意角，上式恒成立的条件是 $\sin k\beta=0$，则有：

$$k=\frac{n\pi}{\beta} \quad (n=1,2,3,\cdots) \tag{9.25}$$

$n=1$ 时 $k=\pi/\beta$，代入式（9.16）可得纯压两铰圆弧拱反对称屈曲时的屈曲荷载 q_{cr}：

$$q_{cr}=\left(\frac{\pi^2}{\beta^2}-1\right)\frac{EI_x}{r^3} \tag{9.26}$$

从上面已经知道 $A_1=A_3=0$，失稳时 $\sin k\theta=0$，由式（9.19）可知 $N_1=0$，也即失稳时拱的轴力并没有发生变化，由式（9.10）可得拱失稳时的临界轴压力 N_{crx}：

$$N_{crx}=rq_{cr} \tag{9.27}$$

上式实际上也是各类（两铰、无铰及三铰）纯压圆弧拱的 N_{crx} 通用表达式。对两铰纯压圆弧拱，将式（9.26）及 $r=s/\beta$ 代入上式后整理可得：

$$N_{crx}=\left(1-\frac{\beta^2}{\pi^2}\right)\frac{\pi^2 EI_x}{s^2} \tag{9.28}$$

当半夹角 β 远小于 π 时，$N_{crx} \approx \pi^2 EI_x / s^2$，与长为 s 的两端铰接轴压直杆的临界轴压力相同，而拱的总弧长为 $2s$，说明拱在平面内具有良好的稳定性能；当 $\beta = \pi/2$ 时，为半圆拱，$N_{crx} = 0.75\pi^2 EI_x / s^2$。

由于各类纯压圆弧拱的弯曲微分方程均为式（9.15），只是求解时利用的条件不同，解出参数 k 的最小值后，代入式（9.16）便可得到 q_{cr}，因此各类纯压圆弧拱在平面内的 q_{cr} 通用表达式为：

$$q_{cr} = K_{rx} \frac{EI_x}{r^3} \tag{9.29a}$$

$$K_{rx} = k^2 - 1 \tag{9.29b}$$

式中：K_{rx} 为用半径 r 表达拱在平面内屈曲荷载时的系数。

下面研究两铰圆弧拱的对称失稳。对称失稳时，M、w 为 θ 的偶函数，而 u 为 θ 的奇函数，式（9.17）、式（9.21）和式（9.22）中的 $A_2 = A_4 = A_5 = 0$，再利用拱脚的边界条件可得如下特征方程：

$$\tan k\beta - k\beta = k^3(\tan\beta - \beta) \tag{9.30}$$

上式为超越方程，k 的解不便直接表达，但给定 β 后可解得 k 的最小值，由式（9.29）可得两铰拱对称失稳时的 q_{cr} 值。计算结果表明[4-7]，纯压两铰圆弧拱对称失稳时的 q_{cr} 是反对称失稳时的 2.5 倍以上，不起控制作用，也即不会发生对称失稳，只能发生反对称失稳。

（3）纯压无铰圆弧拱的弹性屈曲

与纯压两铰拱一样，纯压无铰圆弧拱只能发生反对称失稳，见图 9.6，虚线为初始位置。反对称失稳时，α 和 w 均为 θ 的奇函数，u 为 θ 的偶函数，式（9.20）、式（9.21）和式（9.22）中的 A_1、A_3、A_6 应为零。无铰拱的边界条件为：$\theta = \beta$ 时 $\alpha = u = w = 0$，可得以下线性方程组：

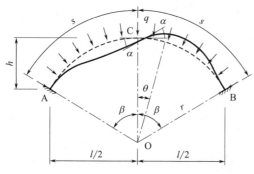

图 9.6　纯压无铰圆弧拱在平面内的反对称失稳

$$A_2 \frac{r}{EI_x k}\cos k\beta + A_4 = 0 \tag{9.31a}$$

$$A_2 \frac{r^2}{EI_x k(1-k^2)}\cos k\beta + A_4 r + A_5 \cos\beta = 0 \tag{9.31b}$$

$$-A_2 \frac{r^2}{EI_x(1-k^2)}\sin k\beta - A_5 \sin\beta = 0 \tag{9.31c}$$

由系数行列式为零可得特征方程：

$$k\tan\beta - \tan k\beta = 0 \tag{9.32}$$

解出 k 的最小值后，再由式（9.29）可得无铰拱反对称失稳时的 q_{cr} 值。

（4）纯压三铰圆弧拱的弹性屈曲

纯压三铰圆弧拱的失稳形式有反对称和对称两种。因两铰圆弧拱反对称失稳时拱顶点是反弯点，相当于铰，故三铰拱反对称失稳时的 q_{cr} 与两铰拱完全相同。三铰圆弧拱对称失稳时，C 点切向位移 $u=0$，见图 9.7，C 点右侧截面倾角 α 为负值，截面剪力为：

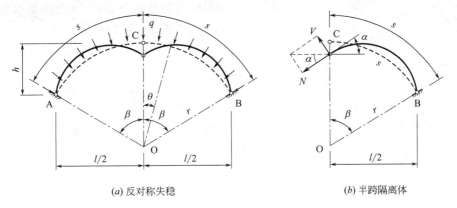

(a) 反对称失稳　　　　　　　　(b) 半跨隔离体

图 9.7　纯压三铰圆弧拱在平面内的对称失稳

$$V=-N\tan\alpha\approx-N\alpha=-N\frac{\mathrm{d}w}{\mathrm{d}s}$$

将 V 代入式（9.4b），取 $\rho=r$，并利用 $\mathrm{d}s=r\mathrm{d}\theta$ 后可得：

$$\frac{\mathrm{d}M}{\mathrm{d}\theta}+N\frac{\mathrm{d}w}{\mathrm{d}\theta}=0$$

将式（9.17）、式（9.10）和式（9.22）代入上式后，整理可得：

$$\left[k+\frac{qr^3k}{EI_x(1-k^2)}\right]A_2+qrA_5=0$$

由式（9.29）知道，对称失稳时 $qr^3/EI_x=k^2-1$，代入上式得 $qrA_5=0$，即 $A_5=0$。C 点（$\theta=0$）的 $M=0$、$u=0$，由式（9.17）、式（9.21）可得：

$$A_3=-A_1,\qquad A_4=-\frac{r}{EI_xk(1-k^2)}A_2$$

将 $\theta=\beta$ 处的边界条件 $M=0$、$u=0$、$w=0$ 代入式（9.17）、式（9.21）和式（9.22），并利用以上两式，可得以下线性方程组：

$$A_1(\cos k\beta-1)+A_2\sin k\beta=0 \tag{9.33a}$$

$$A_1\frac{r^2}{EI_x}\left[-\frac{1}{k(1-k^2)}\sin k\beta+\beta\right]+A_2\frac{r^2}{EI_x}\left[\frac{1}{k(1-k^2)}\cos k\beta-\frac{1}{k(1-k^2)}\right]+A_6\sin\beta=0$$
$$\tag{9.33b}$$

$$A_1\frac{r^2}{EI_x}\left(-\frac{1}{1-k^2}\cos k\beta+1\right)+A_2\frac{r^2}{EI_x}\left(-\frac{1}{1-k^2}\sin k\beta\right)+A_6\cos\beta=0 \tag{9.33c}$$

由系数行列式为零可得特征方程：

$$\frac{\tan(k\beta/2)-k\beta/2}{(k\beta/2)^3}-\frac{4(\tan\beta-\beta)}{\beta^3}=0 \tag{9.34}$$

解出 k 的最小值后，由式（9.29）可得 q_{cr} 值。计算结果表明[4-7]，纯压三铰拱通常发生对称失稳，但当矢跨比较大时也会发生反对称失稳，需根据具体情况判断。

【例题 9.1】　图 9.8 所示等截面纯压圆环，半径为 r，假设材料为弹性且构件无缺陷，试计算其平面内弹性屈曲荷载 q_{cr}。

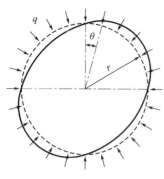

图 9.8　例题 9.1 图

【解】　圆环是闭合的极对称形结构，$\theta=0$ 和 $\theta=2\pi$ 是同一个点，也即沿拱杆的弯矩分布以 2π 为周期函数，则有 $M(0)=M(2\pi)$，利用式（9.17）可得：

$$A_1+A_3=A_1\cos(2k\pi)+A_2\sin(2k\pi)+A_3$$

整理可得：

$$\frac{A_1}{A_2}\tan k\pi=0$$

上式恒成立的条件为 $\tan k\pi=0$，则有 $k=n$，当 $n=1$ 也即 $k=1$ 时，由式（9.16）可知 $q=0$，属于平凡解，因此最小特征值为 $k=2$，可得纯压圆环的屈曲荷载：

$$q_{cr}=\frac{3EI_x}{r^3}$$

（5）纯压圆弧拱临界荷载的其他表达式

式（9.29）是用半径 r 表达的各类纯压圆弧拱的 q_{cr} 通用表达式，因抛物线拱没有半径，为便于衔接，圆弧拱的 q_{cr} 也可用半弧长 s 或跨度 l 来表达。

将 $r=s/\beta$ 代入式（9.16）可得：

$$q_{cr}=K_{sx}\frac{EI_x}{s^3} \tag{9.35a}$$

$$K_{sx}=\beta^3(k^2-1) \tag{9.35b}$$

式中：K_{sx} 为用半弧长 s 表达拱在平面内屈曲荷载时的系数。

在给定矢跨比 h/l 的情况下，由图 9.9 可知：

$$r^2=\left(\frac{l}{2}\right)^2+(r-h)^2$$

整理可得半径 r 与跨度 l 和矢跨比 h/l 之间的关系：

$$\frac{r}{l}=\frac{1}{8}\left(\frac{l}{h}+\frac{4h}{l}\right) \tag{9.36}$$

将上式中的 r 代入式（9.16）后，可得：

$$q_{cr}=K_{lx}\frac{EI_x}{l^3} \tag{9.37a}$$

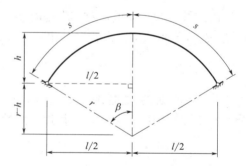

图 9.9　圆弧拱的几何关系示意图

$$K_{lx}=\frac{8^3(k^2-1)}{(l/h+4h/l)^3} \tag{9.37b}$$

式中：K_{lx} 为用跨度 l 表达拱在平面内屈曲荷载时的系数。

式（9.29）、式（9.35）和式（9.37）都是纯压圆弧拱的 q_{cr} 通用表达式，但对同一个拱，因 q_{cr} 不变，K_{rx}、K_{sx} 和 K_{lx} 可以通过下式换算：

$$\frac{K_{rx}}{r^3}=\frac{K_{sx}}{s^3}=\frac{K_{lx}}{l^3} \tag{9.38}$$

当矢跨比 h/l 取不同值时，各类纯压圆弧拱的 K_{lx} 值[2] 见表 9.1 和图 9.10，可以看出：对相同尺寸的拱，K_{lx} 随着铰数的增加而降低，铰数越多，q_{cr} 越低；各类纯压圆弧拱

的 K_{lx}-h/l 曲线均呈上凸形，在 $h/l \approx 0.3$ 也即 $\beta \approx 1\text{rad}$（大约 $60°$）时，K_{lx} 达到最大值。

各类等截面纯压圆弧拱的 K_{lx} 表 9.1

	h/l	0.1	0.2	0.3	0.4	0.5
	$\beta(\text{rad})$	0.39	0.76	1.08	1.35	1.57
K_{lx}	无铰拱	58.9	90.4	93.4	80.7	64.0
	两铰拱	28.4	39.3	40.9	32.8	24.0
	三铰拱	22.2	33.5	34.9	30.2	24.0

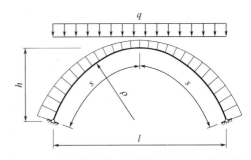

图 9.10　纯压圆弧拱的 K_{lx}-h/l 曲线　　　　图 9.11　纯压抛物线两铰拱的轴压力与曲率半径

9.2.3　纯压抛物线拱在平面内的弹性屈曲

由于纯压抛物线拱的轴压力 N 和曲率半径 ρ 沿拱轴线都是变化的，如图 9.11 所示，拱的微分方程是变系数的，很难直接求解，需用数值法才能得到 q_{cr}，但 q_{cr} 仍可用式（9.37a）来表达，h/l 取不同值时对应的 K_{lx} 值[2] 见表 9.2。对三铰拱，当 $h/l < 0.3$ 时为对称屈曲，$h/l \geqslant 0.3$ 时为反对称屈曲。无铰拱的 K_{lx} 最大，两铰拱和三铰拱的 K_{lx} 比较接近。

各类等截面纯压抛物线拱的 K_{lx} 表 9.2

	h/l	0.1	0.2	0.3	0.4	0.5
K_{lx}	无铰拱	60.7	101.0	115.0	111.0	97.4
	两铰拱	28.5	45.4	46.5	43.9	38.4
	三铰拱	22.5	39.6	47.3	49.2	43.0

9.2.4　纯压拱的平面内临界轴压力与等效计算长度

有了纯压拱的屈曲荷载 q_{cr}，便可以得到拱在平面内失稳时的临界轴压力 N_{crx}，如果将 N_{crx} 的表达式写成轴心受压直杆临界荷载的样式后，可得到纯压拱在平面内的等效计算长度，这样做不仅符合工程技术人员的设计习惯，还可以简化拱的稳定设计，目前德国、美国及我国均采用该方法。

（1）纯压圆弧拱在平面内的等效计算长度

纯压圆弧拱屈曲时各截面的 N_{crx} 相同，将式（9.37a）代入式（9.27）后，可得 N_{crx}：

$$N_{crx} = rq_{cr} = rK_{lx}\frac{EI_x}{l^3} = \frac{r}{l} \cdot \frac{K_{lx}}{\pi^2} \cdot \frac{\pi^2 EI_x}{l^2}$$

将式（9.36）的 r/l 代入上式后，整理可得：

$$N_{crx} = \frac{K_{lx}(l/h + 4h/l)}{8\pi^2} \cdot \frac{\pi^2 EI_x}{l^2}$$

引入参数 μ_{lx} 并令

$$\mu_{lx} = \sqrt{\frac{8\pi^2}{K_{lx}(l/h + 4h/l)}} \qquad (9.39)$$

则 N_{crx} 可写为：

$$N_{crx} = \frac{\pi^2 EI_x}{(\mu_{lx}l)^2} \qquad (9.40)$$

式中：μ_{lx} 为用跨度 l 表达 N_{crx} 时的等效计算长度系数；$\mu_{lx}l$ 为等效计算长度。

将表9.1中的 h/l 及其对应的 K_{lx} 值代入式（9.39）后，可得到 μ_{lx} 值，见表9.3，可以看出，h/l 及铰数对 μ_{lx} 的影响都比较大。

各类等截面纯压圆弧拱的 μ_{lx} 及 μ_{sx} 　　　　　　表9.3

	h/l	0.1	0.2	0.3	0.4	0.5
	无铰拱	0.359	0.388	0.432	0.489	0.555
μ_{lx}	两铰拱	0.517	0.589	0.653	0.766	0.907
	三铰拱	0.585	0.637	0.706	0.799	0.907
	无铰拱	0.700	0.703	0.705	0.706	0.707
μ_{sx}	两铰拱	1.007	1.067	1.066	1.108	1.155
	三铰拱	1.139	1.155	1.154	1.155	1.155

纯压圆弧拱的 N_{crx} 还可以用半弧长 s 来表达：

$$N_{crx} = rK_{lx}\frac{EI_x}{l^3} = \frac{r}{l} \cdot \frac{K_{lx}s^2}{\pi^2 l^2} \cdot \frac{\pi^2 EI_x}{s^2}$$

由图9.9可知，$s = \beta r$、$l = 2r\sin\beta$，将 s、l 以及式（9.36）的 r/l 代入上式后，整理可得：

$$N_{crx} = \frac{\pi^2 EI_x}{(\mu_{sx}s)^2} \qquad (9.41)$$

$$\mu_{sx} = \frac{2\sin\beta}{\beta}\sqrt{\frac{8\pi^2}{K_{lx}(l/h + 4h/l)}} \qquad (9.42)$$

式中：μ_{sx} 为用半弧长 s 表达 N_{crx} 时的等效计算长度系数；$\mu_{sx}s$ 为等效计算长度。

通过上述方法，纯压圆弧拱被等效成了两端铰接轴心受压直杆。对同一个拱，因 N_{crx} 不变，拱在平面内的等效计算长度只有一个，如果将其记作 l_{ex}，则有：

$$l_{ex} = \mu_{lx}l = \mu_{sx}s \qquad (9.43)$$

利用上式还可以得到 μ_{sx} 与 μ_{lx} 之间的关系，纯压圆弧拱的 μ_{sx} 也列于表 9.3，可以看出，影响 μ_{sx} 的主要因素是铰数，而 h/l 对 μ_{sx} 的影响不太大，这一点与 μ_{lx} 不同。

有了平面内的等效计算长度 l_{ex}，便可以得到平面内的等效长细比 λ_{ex}：

$$\lambda_{ex} = \frac{l_{ex}}{i_x} \tag{9.44}$$

式中：i_x 为截面对 x 轴的回转半径，x 轴见图 9.3（a）。

如果用 l_{ex} 或者 λ_{ex} 来表达 N_{crx}，则式（9.40）和式（9.41）可统一写成：

$$N_{crx} = \frac{\pi^2 E I_x}{l_{ex}^2} = \frac{\pi^2 E A}{\lambda_{ex}^2} \tag{9.45}$$

式中：A 为拱的毛截面面积。上式与轴心受压直杆临界荷载的表达形式完全相同。

（2）纯压抛物线拱在平面内的等效计算长度

从结构力学知道，当抛物线拱承担水平均布荷载 q 时属于纯压拱，见图 9.12（a），其内力只有轴压力，各类纯压抛物线拱的拱脚水平推力 H、拱脚竖向反力 R、任意截面的轴压力 N 可分别用下列公式计算：

$$H = \frac{ql^2}{8h} \tag{9.46}$$

$$R = \frac{ql}{2} \tag{9.47}$$

$$N = \frac{H}{\cos\alpha} = \frac{1}{\cos\alpha} \cdot \frac{ql^2}{8h} \tag{9.48}$$

式中：α 为计算点 C 处的截面倾角，见图 9.12（a）。

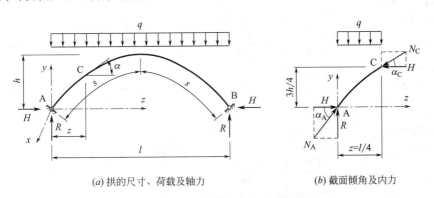

(a) 拱的尺寸、荷载及轴力　　　　(b) 截面倾角及内力

图 9.12　纯压抛物线拱的支座反力与轴压力

拱的轴压力 N 与 α 有关，尽管拱失稳时 q_{cr} 只有一个，但根据不同位置确定的 N_{crx} 并不同。目前确定 N_{crx} 的常用位置有两个，一个是拱脚，另一个是 1/4 跨度处，这里先以 1/4 跨度处为例来说明，见图 9.12（b）中的 C 点。为便于分析，假设坐标原点位于左侧拱脚处，z 坐标沿跨度方向，拱曲线为：

$$y = \frac{4h}{l^2} z(l-z) \tag{9.49}$$

利用 $y'(l/4)$ 可得到 C 点处杆件斜率也即 $\tan\alpha_C$：

$$\tan\alpha_C = \left[\frac{4h}{l^2}(l-2z)\right]_{z=l/4} = \frac{2h}{l} \tag{9.50}$$

通过三角函数变换可得：

$$\frac{1}{\cos\alpha_C} = \sqrt{\tan^2\alpha_C + 1} = \sqrt{\left(\frac{2h}{l}\right)^2 + 1}$$

代入式（9.48）后，整理可得 C 点的轴压力：

$$N_C = \frac{\sqrt{4+(l/h)^2}}{8}ql$$

将式（9.37a）的 q_{cr} 代入上式，整理可得拱屈曲时 C 点的临界轴压力：

$$N_{C,crx} = \left[\frac{K_{lx}\sqrt{4+(l/h)^2}}{8\pi^2}\right]\frac{\pi^2 EI_x}{l^2}$$

将上式写成式（9.40）的形式后，可得到由 C 点临界轴压力确定的等效计算长度系数：

$$\mu_{lx} = \sqrt{\frac{8\pi^2}{K_{lx}\sqrt{4+(l/h)^2}}} \tag{9.51}$$

将表9.2中的 h/l 及其对应的 K_{lx} 值代入上式后，可得到由 1/4 跨度处截面确定的 μ_{lx} 值，见表9.4，可以看出，h/l 及铰数对 μ_{lx} 的影响都比较大。

各类等截面纯压抛物线拱的 μ_{lx} 及 μ_{sx} 表 9.4

h/l		0.1	0.2	0.3	0.4	0.5
由 1/4 跨度处截面确定的 μ_{lx}	无铰拱	0.357	0.381	0.420	0.471	0.535
	两铰拱	0.521	0.568	0.661	0.750	0.853
	三铰拱	0.587	0.608	0.655	0.708	0.806
由拱脚处截面确定的 μ_{lx}	无铰拱	0.348	0.349	0.363	0.388	0.426
	两铰拱	0.507	0.521	0.571	0.617	0.678
	三铰拱	0.571	0.558	0.566	0.583	0.641
由 1/4 跨度处截面确定的 μ_{sx}	无铰拱	0.696	0.694	0.698	0.707	0.724
	两铰拱	1.016	1.035	1.098	1.124	1.153
	三铰拱	1.143	1.108	1.088	1.062	1.090
由拱脚处截面确定的 μ_{sx}	无铰拱	0.677	0.636	0.603	0.582	0.576
	两铰拱	0.989	0.949	0.948	0.926	0.917
	三铰拱	1.113	1.016	0.940	0.875	0.867

下面再讨论用拱脚 A 点确定临界轴压力的情况，见图 9.12（b）。由 $y'(0)$ 可得到 A 点处杆件斜率：

$$\tan\alpha_A = \left[\frac{4h}{l^2}(l-2z)\right]_{z=0} = \frac{4h}{l} \tag{9.52}$$

拱屈曲时 A 点的临界轴压力为：

$$N_{A,crx} = \left[\frac{K_{lx}\sqrt{16+(l/h)^2}}{8\pi^2}\right]\frac{\pi^2 EI_x}{l^2}$$

由 A 点临界轴压力确定的等效计算长度系数 μ_{lx}：

$$\mu_{lx} = \sqrt{\frac{8\pi^2}{K_{lx}\sqrt{16+(l/h)^2}}} \tag{9.53}$$

将表 9.2 中的 h/l 及其对应的 K_{lx} 值代入上式后，可得到由拱脚处截面确定的 μ_{lx} 值，也列于表 9.4 中，其值小于由 1/4 跨度处截面确定的 μ_{lx} 值，主要是因为拱屈曲时拱脚处的轴压力大于 1/4 跨度处。

纯压抛物线拱的临界轴压力也可以用半弧长 s 也即式（9.41）来表达，通过式（9.43）μ_{sx} 与 μ_{lx} 之间的关系可得到 μ_{sx} 值，见表 9.4。将表 9.4 和表 9.3 对比后还可以发现，由 1/4 跨度处确定的纯压抛物线拱的 μ_{sx} 值与圆弧拱的 μ_{sx} 值非常接近，说明拱轴线形式的影响非常小，因此进行 N_{crx} 粗略估算时，可用 1/4 跨度处截面计算，各类无铰拱的 μ_{sx} 可取近似 0.7，各类两铰拱和三铰拱的 μ_{sx} 可近似取 1.1。

利用式（9.41）计算 N_{crx} 时，要用到抛物线拱的半弧长 s，可按下式计算：

$$s = \frac{l}{4}\left\{\sqrt{1+\left(\frac{4h}{l}\right)^2} + \frac{l}{4h}\ln\left[\frac{4h}{l} + \sqrt{1+\left(\frac{4h}{l}\right)^2}\right]\right\} \tag{9.54}$$

有了纯压抛物线拱的 μ_{lx} 和 μ_{sx}，也可以通过式（9.43）得到其在平面内的等效计算长度 l_{ex}，然后再利用式（9.45）来计算 N_{crx}。

【例题 9.2】 图 9.13 所示纯压抛物线两铰拱，$l=18\text{m}$，$h=5.4\text{m}$，采用 325×10 的圆管，$I_x=1.23\times10^8\text{mm}^4$，假设拱曲线仍为式（9.49），材料为弹性且构件无缺陷，$E=206000\text{N/mm}^2$，试计算拱在平面内失稳时的 q_{cr}，并分别给出 1/4 跨度处和拱脚处截面的 N_{crx}。

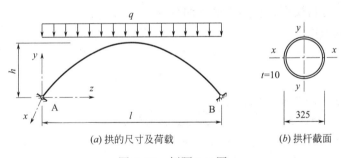

(a) 拱的尺寸及荷载　　　　(b) 拱杆截面

图 9.13　例题 9.2 图

【解】 1) 拱在平面内失稳时的 q_{cr}

拱的矢跨比为 $h/l=5.4/18=0.3$，由表 9.2 查得 $K_{lx}=46.5$，将相关参数代入式（9.37a）可得：

$$q_{cr} = K_{lx}\frac{EI_x}{l^3} = 46.5\times\frac{206000\times1.23\times10^8}{(18\times10^3)^3} = 202.03\text{N/mm} = 202.03\text{kN/m}$$

2) 1/4 跨度处截面的 N_{crx}

由表 9.4 查得 $\mu_{lx}=0.661$，代入式（9.43）可得拱在平面内的等效计算长度：

$$l_{ex} = \mu_{lx}l = 0.661\times18\times10^3 = 1.19\times10^4\text{mm} = 11.9\text{m}$$

将相关参数代入式（9.45）可得 1/4 跨度处截面的 N_{crx}：

$$N_{crx} = \frac{\pi^2 EI_x}{l_{ex}^2} = \frac{3.14^2 \times 206000 \times 1.23 \times 10^8}{(1.19 \times 10^4)^2} = 1764.2 \times 10^3 N = 1764.2 kN$$

3）拱脚处截面的 N_{crx}

由表 9.4 查得 $\mu_{lx} = 0.571$，拱在平面内的等效计算长度、拱脚处截面的 N_{crx} 分别为：

$$l_{ex} = \mu_{lx} l = 0.571 \times 18 \times 10^3 = 1.03 \times 10^4 mm = 10.3 m$$

$$N_{crx} = \frac{3.14^2 \times 206000 \times 1.23 \times 10^8}{(1.03 \times 10^4)^2} = 2354.8 \times 10^3 N = 2354.8 kN$$

可以看出，由不同位置得到的纯压抛物线拱的 l_{ex}、N_{crx} 均不相同，这与纯压圆弧拱不同。为避免出现错误和混乱，目前各国规范大多采用拱脚处截面计算 N_{crx}，我国也不例外。

前几节讲述的平面内弯曲屈曲都是针对弹性纯压拱的，对于弹性压弯拱，弯矩仅影响变形，并不会影响临界轴压力，也即 N_{crx} 值不变，这一点和弹性压弯直杆一样，本书不再详细推导。

9.2.5 扁拱在平面内的跃越失稳

前面稳定分析时均忽略了轴向压缩变形的影响，这对矢跨不是太小的拱是合适的，对于矢跨比较小的扁拱，轴向压缩变形不可忽略，拱轴线缩短会导致扁拱发生跃越失稳。

图 9.14（a）所示跨度为 l、矢高为 h 的等截面两铰扁拱，承担水平均布荷载 q，材料为弹性，构件无缺陷。对各类扁拱，为便于计算，可近似假设拱轴线为正弦曲线，即

$$y = h \sin \frac{\pi z}{l} \tag{9.55}$$

分析两铰拱时可将 B 支座的水平约束用水平推力 H 来代替，见图 9.14（b），也即变成了简支曲梁。先分析仅在 q 作用下的弯曲变形，见图 9.14（c），因轴线扁平，在 q 作用下的拱顶挠度可近似取：

$$w = \frac{5ql^4}{384 EI_x}$$

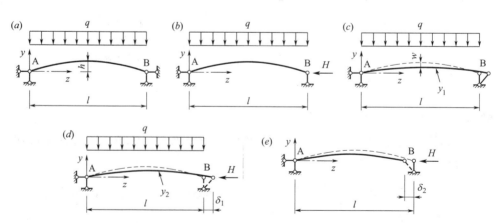

（a）初始条件；（b）简支曲梁；（c）q 下曲梁的弯曲变形；（d）q 和 H 下曲梁的弯曲变形；（e）H 下曲梁的压缩变形

图 9.14　两铰扁拱的变形分解

假设拱产生挠度后仍为正弦曲线，则拱轴线由式（9.55）变为：

$$y_1 = \left(1 - \frac{5ql^4}{384EI_x h}\right)h\sin\frac{\pi z}{l} = (1-b)h\sin\frac{\pi z}{l} \tag{9.56a}$$

$$b = \frac{5ql^4}{384EI_x h} \tag{9.56b}$$

式中：b 为与荷载 q 有关的无量纲参数。

再分析 q 和 H 共同作用下的弯曲变形，见图 9.14（d），水平推力 H 可近似看作是拱的轴心压力，借鉴式（6.3）和式（6.4），可写出 q 和 H 共同作用下拱轴线：

$$y_2 = \frac{1}{1 - H/P_{Ex}}y_1 = \frac{1-b}{1-H/P_{Ex}}h\sin\frac{\pi z}{l} = \frac{1-b}{1-c}h\sin\frac{\pi z}{l} \tag{9.57a}$$

$$c = \frac{H}{P_{Ex}},\ P_{Ex} = \frac{\pi^2 EI_x}{l^2} \tag{9.57b}$$

式中：c 为与 H 有关的无量纲参数；P_{Ex} 为欧拉荷载。值得注意的是，扁拱的 H 可能大于 P_{Ex}，此时 y_2 与 y_1 反号，表示拱向上挠曲，这一点与压弯直杆不同。

引入参数 ξ，并令

$$\xi = \frac{1-b}{1-c} \tag{9.58}$$

则式（9.57a）又可写为：

$$y_2 = \xi h\sin\frac{\pi z}{l}$$

将上式与式（9.55）比较后可以发现，由于 H 的存在，拱的矢高由 h 变为了 ξh，因此 ξ 也称为拱的变形系数，当 $q=0$ 也即 $b=0$ 时，$H=0$，$c=0$，$\xi=1$。

利用式（3.11）可得到拱轴线位移由 y 变为 y_2 时引起的沿 z 方向的长度改变量（图 9.14d）：

$$\delta_1 = \frac{1}{2}\int_0^l y'^2\,\mathrm{d}z - \frac{1}{2}\int_0^l y_2'^2\,\mathrm{d}z$$

将水平推力 H 看作轴压力后，H 引起的沿 z 方向的长度改变量（压缩变形，见图 9.14e）为：

$$\delta_2 = \frac{Hl}{EA}$$

式中：A 为拱杆的截面面积。

因拱脚为铰支座，拱沿 z 方向的长度改变量应为零，也即 $\delta_2 = \delta_1$，可得：

$$\frac{Hl}{EA} = \frac{1}{2}\int_0^l y'^2\,\mathrm{d}z - \frac{1}{2}\int_0^l y_2'^2\,\mathrm{d}z$$

将式（9.55）和式（9.57a）代入上式积分后整理可得：

$$(1-b)^2 = \left(1 - \frac{4I_x}{Ah^2}c\right)(1-c)^2$$

引入无量纲参数

$$m = \frac{4I_x}{Ah^2} \tag{9.59}$$

则上式变为：

$$(1-b)^2 = (1-mc)(1-c)^2 \tag{9.60a}$$

或者
$$\frac{1-b}{1-c} = \pm\sqrt{1-mc} \tag{9.60b}$$

由式（9.59）可以看出，$m>0$，且 m 仅与矢高 h 和 I_x 与 A 的比值有关，I_x 与 A 的比值实质上就是截面抗弯刚度 EI_x 与压缩刚度 EA 的比值。

因无量纲参数 b、c 分别与 q、H 有关，m 为已知参数，给定 q 便可由式（9.60a）求出 c 也即 H。式（9.60a）为三次非线性方程，如果 c 的解仅有一个，说明拱平衡状态是稳定的，如果 c 的解不只是一个，则平衡状态是不稳定的。为便于说明问题，这里将式（9.60a）两侧分别用符号 f_1、f_2 代替，即

$$f_1 = (1-b)^2$$
$$f_2 = (1-mc)(1-c)^2$$

c 的解数可用图形来表达，见图 9.15（a），横坐标为参数 c，纵轴为 f_1、f_2。因 f_1 为非负数，且与 c 无关，故 f_1 为一条水平线。f_2 是参数 c 的三次曲线，曲线形状与参数 m 有关，经分析发现：当 $m \geq 1$ 时 f_2 与 f_1 只有一个交点，也即 c 只有一个解，平衡状态是稳定的；当 $m<1$ 时 f_2 与 f_1 有三个交点，也就是说，只有 $m<1$ 拱才会发生失稳。

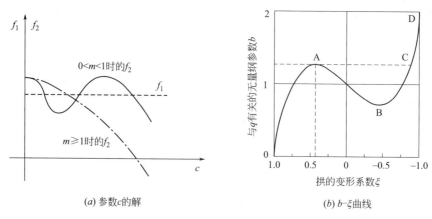

(a) 参数 c 的解   (b) b-ξ 曲线

图 9.15　两铰扁拱的参数解及无量纲荷载变形曲线

式（9.60b）等号左侧也就是 ξ，如果取参数 $m=0.5$，得到的 b-ξ 曲线（荷载-变形曲线）见图 9.15（b），从图中可以发现，当 b 由 0 趋向于 2 时，ξ 由 1 趋向于 -1，在 A 点以前，平衡状态是稳定的，之后的 AB 段处于不稳定平衡状态，而 BCD 段又处于稳定平衡状态，由 A 点至 C 点的过程非常短暂，但变形较大时，且经历了不稳定平衡状态，因此称为跃越失稳。

A 点对应的 b 值和 ξ 值可通过以下方法计算，由 $\mathrm{d}f_2/\mathrm{d}c=0$ 可得：

$$c = \frac{2+m}{3m} \tag{9.61}$$

故有 $f_{2,\max} = 4(1-m)^3/27$，再由 $f_1 = f_{2,\max}$ 可得 $(1-b)^2 = 4(1-m)^3/27$，解得：

$$b = 1 + \sqrt{\frac{4(1-m)^3}{27m^2}} \tag{9.62}$$

将式（9.61）代入式（9.60b）可得：

$$\xi = \sqrt{1 - mc} = \sqrt{1 - \frac{2+m}{3}} \tag{9.63}$$

有了 b 值，便可用式（9.56b）得到拱的跃越屈曲荷载：

$$q_{cr} = \frac{384EI_x hb}{5l^4} = \left(76.8b \cdot \frac{h}{l}\right)\frac{EI_x}{l^3} \tag{9.64}$$

上式与式（9.37a）在形式上相同，但系数不同，扁拱的跃越屈曲荷载不仅与 h/l 有关，还与参数 b 也即 m 有关，当 h/l 和 m 取值适当时，跃越屈曲荷载会高于弯曲屈曲荷载，扁拱不会发生跃越失稳。

【例题 9.3】 某纯压抛物线两铰拱，$l = 10\text{m}$，$h = 1.0\text{m}$，$A = 4500\text{mm}^2$，$I_x = 1.35 \times 10^8 \text{mm}^4$，假设材料为弹性且构件无缺陷，$E = 206000\text{N/mm}^2$，试判定该拱在平面内的失稳形式，如果是跃越屈曲，给出失稳时的变形系数。

【解】 1）失稳形式的判断

将相关参数代入式（9.59）可得：

$$m = \frac{4I_x}{Ah^2} = \frac{4 \times 1.35 \times 10^8}{4500 \times (1.0 \times 10^3)^2} = 0.12$$

拱的矢跨比 $h/l = 1.0/10 = 0.1$，将 h/l 和 m 代入式（9.62）可得：

$$b = 1 + \sqrt{\frac{4(1-m)^3}{27m^2}} = 1 + \sqrt{\frac{4(1-0.12)^3}{27 \times 0.12^2}} = 3.65$$

再由式（9.64）得拱的跃越屈曲荷载

$$q_{cr} = \left(76.8b \cdot \frac{h}{l}\right)\frac{EI_x}{l^3} = 76.8 \times 3.65 \times 0.1 \times \frac{206000 \times 1.35 \times 10^8}{(10 \times 10^3)^3} = 779.57\text{N/mm}$$

由表 9.2 查得 $K_{lx} = 28.5$，代入式（9.37a）可得拱的弯曲屈曲荷载：

$$q_{cr} = K_{lx}\frac{EI_x}{l^3} = 28.5 \times \frac{206000 \times 1.35 \times 10^8}{(10 \times 10^3)^3} = 792.59\text{N/mm} > 779.57\text{N/mm}$$

该拱只会发生跃越失稳，如果 m 值再小一些，则不会发生跃越失稳，由弯曲屈曲控制。

2）跃越失稳时的变形系数

将 $m = 0.12$ 代入式（9.63）可得变形系数：

$$\xi = \sqrt{1 - \frac{2+m}{3}} = \sqrt{1 - \frac{2+0.12}{3}} = 0.54$$

可见轴压变形的影响较大。

9.3 拱在平面外的弹性屈曲

拱在平面外没有支撑时，会发生出平面的弯扭屈曲。拱的弯扭屈曲分析要比弯曲屈曲复杂，通常需要采用数值法，当条件较为简单时，也可以采用静力法或能量法。

9.3.1 纯压拱在平面外的弹性屈曲

（1）纯压圆弧拱在平面外的弹性屈曲

从式（4.40b）知道，闭口截面的扭转刚度参数 K 很小，影响扭转屈曲荷载的主要因

素是 GI_t，而 EI_ω 可忽略，当径向荷载 q 作用在截面剪心时，忽略 EI_ω 的影响后，可采用静力法进行弯扭屈曲分析。

图 9.16（a）所示理想的闭口截面纯压圆弧拱，总夹角为 Θ（单位为弧度），半径为 r，径向荷载 q 作用在截面剪心，弧长 s 对应的夹角为 θ，坐标原点位于截面剪心处，y、z 轴分别为法向和切向坐标。假设拱在侧向干扰下发生了微小的弯扭变形，任意点 C 沿 x、y 向的位移分别为 u、v，绕 y、z 轴的倾角分别为 γ、ϕ，忽略拱的轴向压缩变形后，$\gamma = \mathrm{d}u/\mathrm{d}s = \mathrm{d}u/(r\mathrm{d}\theta)$。

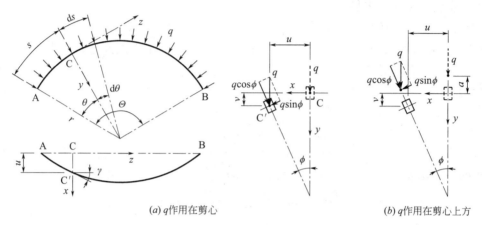

$(a)\,q$ 作用在剪心　　　　　　　　　　$(b)\,q$ 作用在剪心上方

图 9.16　闭口截面纯压圆弧拱的弯扭屈曲

利用几何关系可得到拱绕 y 轴的弯曲曲率 Φ_y、绕 z 轴的扭转率 Φ_z：

$$\Phi_y = \frac{\phi}{r} - \frac{\mathrm{d}^2 u}{\mathrm{d}s^2} \tag{9.65a}$$

$$\Phi_z = \frac{\mathrm{d}\phi}{\mathrm{d}s} + \frac{1}{r} \cdot \frac{\mathrm{d}u}{\mathrm{d}s} \tag{9.65b}$$

再由力及力矩的平衡关系可得到拱的弯扭平衡微分方程[2]：

$$-\frac{\mathrm{d}^4 u}{\mathrm{d}\theta^4} + \left(\frac{1}{\kappa} - \omega\right)\frac{\mathrm{d}^2 u}{\mathrm{d}\theta^2} + r\left(1 + \frac{1}{\kappa}\right)\frac{\mathrm{d}^2 \phi}{\mathrm{d}\theta^2} = 0 \tag{9.66a}$$

$$(1 + \kappa)\frac{\mathrm{d}^2 u}{\mathrm{d}\theta^2} + r\frac{\mathrm{d}^2 \phi}{\mathrm{d}\theta^2} - r\kappa\phi = 0 \tag{9.66b}$$

式中参数 κ、ω 的表达式为：

$$\kappa = \frac{EI_y}{GI_t} \tag{9.67}$$

$$\omega = \frac{qr^3}{EI_y} \tag{9.68}$$

平衡方程中有 u、ϕ 两个位移参数，可以联立消去 u，先用式（9.66b）得 $\mathrm{d}^2 u/\mathrm{d}\theta^2$ 表达式，再求导两次后得 $\mathrm{d}^4 u/\mathrm{d}\theta^4$ 表达式，将两个表达式代入式（9.66a），整理可得用 ϕ 表达的弯扭平衡微分方程：

$$\phi^{(4)} + (2 + \omega)\phi'' + (1 - \kappa\omega)\phi = 0 \tag{9.69}$$

上式与受弯直杆的弯扭平衡微分方程也即式（5.9）在形式上相同，只是系数不同，

且 ϕ 为 θ 的函数。上式的通解为：

$$\phi = A_1 \sinh a_1\theta + A_2 \cosh a_1\theta + A_3 \sin a_2\theta + A_4 \cos a_2\theta \tag{9.70}$$

式中：A_1、A_2、A_3、A_4 为待定系数；参数 a_1、a_2 如下：

$$a_1 = \sqrt{\left(\frac{2+\omega}{2}\right) + \sqrt{\left(\frac{2+\omega}{2}\right)^2 + \kappa\omega - 1}} \tag{9.71a}$$

$$a_2 = \sqrt{-\left(\frac{2+\omega}{2}\right) + \sqrt{\left(\frac{2+\omega}{2}\right)^2 + \kappa\omega - 1}} \tag{9.71b}$$

将圆弧拱的边界条件代入式（9.70）后，可得到线性方程组，再由系数行列式等于零可得特征方程及其解，从而求得弯扭屈曲荷载，通用表达式为：

$$q_{cr} = K_{ry}\frac{EI_y}{r^3} \tag{9.72}$$

式中：K_{ry} 为用 r 表达拱在平面外屈曲荷载时的系数，按下列公式计算：

对两铰圆弧拱（拱脚绕 x、y 轴可转动，但绕 z 轴不能扭转）：

$$K_{ry} = \frac{(\pi^2 - \Theta^2)^2}{\Theta^2(\pi^2 + \kappa\Theta^2)} \tag{9.73a}$$

对无铰圆弧拱（拱脚绕 x、y、z 轴均不能转动）：

$$K_{ry} = \frac{[\pi^2 - (\Theta/2)^2]^2}{(\Theta/2)^2[\pi^2 + \kappa(\Theta/2)^2]} \tag{9.73b}$$

K_{ry} 与 κ 和 Θ 有关，以 $\kappa=0.65$ 为例，由上式得到的 K_{ry} 见表 9.5，无铰拱的 K_{ry} 远高于两铰拱；随着 Θ 的增大，K_{ry} 减小；对两铰拱，当 $\Theta=3.14\text{rad}$（$180°$）时 $K_{ry}=0$，拱在平面外实际已是几何可变体系，因此为提高平面外稳定承载力，各类拱的拱脚宜采取适当构造措施，限制其出平面转动。

$\kappa=0.65$ 时等截面纯压圆弧拱的 K_{ry} 及 K_{ly}　　　　　　表 9.5

$\Theta(\text{rad})$		0.79	1.05	1.31	1.57	1.83	2.09	2.36	2.62	2.88	3.14
K_{ry}	无铰拱	61.39	33.42	20.50	13.51	9.32	6.63	4.81	3.53	2.61	1.94
	两铰拱	13.51	6.63	3.53	1.94	1.05	0.539	0.249	0.093	0.020	0
K_{ly}	无铰拱	27.52	33.42	37.0	38.21	37.23	34.45	30.34	25.45	20.35	15.52
	两铰拱	6.06	6.63	6.37	5.49	4.19	2.80	1.57	0.67	0.16	0

式（9.73）仅适用于径向荷载 q 作用在剪心时的闭口截面纯压圆弧拱，当 q 不作用在剪心或者采用开口截面时，平衡微分方程要比式（9.66）复杂，但屈曲荷载表达式仍可用式（9.72）来表达，仅是 K_{ry} 不同。与受弯直杆类似，当 q 作用在截面剪心上方时，见图 9.16（b），对拱的稳定承载力有降低作用。

纯压圆弧拱的弯扭屈曲荷载也可以用跨度 l 来表达，即

$$q_{cr} = K_{ly}\frac{EI_y}{l^3} \tag{9.74}$$

式中：K_{ly} 为用 l 表达拱在平面外屈曲荷载时的系数。

拱在平面外的屈曲荷载只有一个，由式（9.72）、式（9.74）可得 K_{ry} 与 K_{ly} 的关系：

$$\frac{K_{ry}}{r^3} = \frac{K_{ly}}{l^3} \tag{9.75a}$$

或者

$$K_{ly} = 8\left(\sin\frac{\Theta}{2}\right)^3 K_{ry} \tag{9.75b}$$

仍以 $\kappa = 0.65$ 为例，由上式得到的 K_{ly} 见表 9.5，其规律与 K_{ry} 类似。

（2）纯压抛物线拱在平面外的弹性屈曲

纯压抛物线拱的弯扭屈曲荷载也可以用式（9.74）来表达，当拱采用闭口截面且拱脚不能出平面转动时，Sakimoto[8] 给出的 K_{ly} 见表 9.6，其中的悬吊荷载、立柱荷载如图 9.17 所示。悬吊荷载的加载位置处于拱杆截面下方，屈曲荷载较高，而立柱荷载的加载位置位于拱杆截面上方，屈曲荷载降低。

$\kappa = 0.5$ 时等截面纯压抛物线拱的 K_{ly} 表 9.6

	h/l	0.1	0.2	0.3	0.4	0.5
	荷载直接作用在拱杆时	28	39	37	30	24
K_{ly}	悬吊荷载时	70	110	116	104	87
	立柱荷载时	18	29	32	31	28

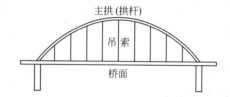 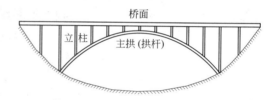

图 9.17 拱桥的悬吊荷载及立柱荷载

9.3.2 纯压拱的平面外临界轴压力与等效计算长度

第 9.2.4 节给出了拱在平面内弯曲屈曲时的等效计算长度，当纯压拱在平面外弯扭屈曲时，其临界轴压力也可以通过等效计算长度来计算。

（1）纯压圆弧拱在平面外的等效计算长度

忽略轴向压缩变形的影响后，纯压圆弧拱发生弯扭失稳时的临界轴压力也均匀分布，将式（9.72）代入式（9.5）可得弯扭屈曲临界轴压力：

$$N_{cry} = r q_{cr} = K_{ry}\frac{EI_y}{r^2} \tag{9.76}$$

将 $r = 2s/\Theta$ 代入上式后，整理可得：

$$N_{cry} = \frac{\pi^2 EI_y}{(\mu_{sy}s)^2} \tag{9.77a}$$

$$\mu_{sy} = \frac{2\pi}{\Theta}\sqrt{\frac{1}{K_{ry}}} \tag{9.77b}$$

式中：μ_{sy} 为用半弧长 s 表达 N_{cry} 时的等效计算长度系数。

N_{cry} 也可用跨度 l 来表达：

$$N_{cry} = \frac{\pi^2 EI_y}{(\mu_{ly}l)^2} \tag{9.78}$$

式中：μ_{ly} 为用跨度 l 表达 N_{cry} 时的等效计算长度系数。

拱在平面外的等效计算长度为：

$$l_{ey} = \mu_{sy} s = \mu_{ly} l \tag{9.79}$$

有了平面外的等效计算长度 l_{ey}，便可以得到拱的平面外等效长细比 λ_{ey}：

$$\lambda_{ey} = \frac{l_{ey}}{i_y} \tag{9.80}$$

式中：i_y 为截面对 y 轴的回转半径。

如果用 l_{ey} 或者 λ_{ey} 来表达 N_{cry}，则式（9.77a）和式（9.78）可统一写成：

$$N_{cry} = \frac{\pi^2 EI_y}{l_{ey}^2} = \frac{\pi^2 EA}{\lambda_{ey}^2} \tag{9.81}$$

【例题 9.4】 图 9.18 所示纯压两铰圆弧拱，$l = 30\text{m}$，$h = 6\text{m}$，$r = 21.75\text{m}$，$\varTheta = 1.52\text{rad}$，采用箱形截面，假设 q 作用在截面剪心，平面外无支撑，材料为弹性且构件无缺陷，$E = 206000\text{N/mm}^2$，试计算该拱的 l_{ey} 和 N_{cry}，并与 l_{ex} 和 N_{crx} 进行对比。

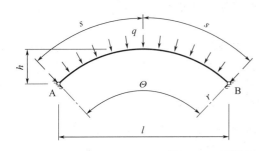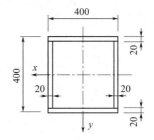

图 9.18 例题 9.4 图

【解】 拱的截面特性为：$I_x = I_y = 7.34 \times 10^8 \text{mm}^4$，$I_t = 1.10 \times 10^9 \text{mm}^4$。半弧长 $s = r\varTheta/2 = 16.53\text{m}$。

1）l_{ey} 和 N_{cry}

利用式（9.67）可得参数 $\kappa = 1.74$，将 $\varTheta$ 和 κ 代入式（9.73a）得 $K_{ry} = 1.78$，再将 $\varTheta$ 和 K_{ry} 代入式（9.77b）可得平面外的等效计算长度系数：

$$\mu_{sy} = \frac{2\pi}{\varTheta}\sqrt{\frac{1}{K_{ry}}} = \frac{2 \times 3.14}{1.52}\sqrt{\frac{1}{1.78}} = 3.10$$

由式（9.79）和式（9.81）分别可得拱在平面外的等效计算长度、临界轴压力：

$$l_{ey} = \mu_{sy} s = 3.10 \times 16.53 = 51.24\text{m}$$

$$N_{cry} = \frac{\pi^2 EI_y}{l_{ey}^2} = \frac{3.14^2 \times 206000 \times 7.34 \times 10^8}{(51.24 \times 10^3)^2} = 5.68 \times 10^5 \text{N}$$

2）l_{ex} 和 N_{crx}

拱的矢跨比 $h/l = 6/30 = 0.2$，由表 9.1 查得 $K_{lx} = 39.3$，半夹角 $\beta = \varTheta/2 = 0.76\text{rad}$，由式（9.42）可得：

$$\mu_{sx} = \frac{2\sin\beta}{\beta}\sqrt{\frac{8\pi^2}{K_{lx}(l/h + 4h/l)}} = \frac{2\sin 0.76}{0.76}\sqrt{\frac{8 \times 3.14^2}{39.3 \times (1/0.2 + 4 \times 0.2)}} = 1.07$$

利用式（9.43）和式（9.45）分别可得拱在平面内的等效计算长度、临界轴压力：

$$l_{ex} = \mu_{sx}s = 1.07 \times 16.53 = 17.69\text{m}$$

$$N_{crx} = \frac{\pi^2 EI_x}{l_{ex}^2} = \frac{3.14^2 \times 206000 \times 7.34 \times 10^8}{(17.69 \times 10^3)^2} = 4.77 \times 10^6\text{N}$$

可以看出，尽管拱杆绕 x、y 轴的截面特性相同，但 l_{ey} 是 l_{ex} 的 2.9 倍，而 N_{cry} 仅是 N_{crx} 的 12%，说明无平面外支撑拱在平面外稳定性非常差。为充分发挥拱在平面内的性能，工程中一般设置支撑。

（2）纯压抛物线拱在平面外的等效长细比

纯压抛物线拱弯扭失稳时，尽管各截面的轴压力不同，但仍可采用式（9.77a）来表达。对等截面的箱形截面抛物线拱，如果采用拱脚处的轴压力作为 N_{cry}，Sakimoto[8] 建议按下式计算 λ_{ey}：

$$\lambda_{ey} = \mu_a \mu_b \frac{2s}{i_y} \tag{9.82}$$

式中：μ_a 为端部约束系数，当拱脚能出平面转动时取 $\mu_a = 1.0$，拱脚不能出平面转动时取 $\mu_a = 0.5$；μ_b 为荷载作用系数，当荷载直接作用在拱杆上时取 $\mu_b = 1.0$，当荷载通过下部吊杆传递给拱杆时取 $\mu_b = 0.65$。

对等截面的开口及闭口截面纯压抛物线拱，当拱脚不能出平面转动时，德国 DIN 18800—1990 规范给出的 λ_{ey} 建议公式为：

$$\lambda_{ey} = \mu_1 \mu_2 \frac{l}{i_y} \tag{9.83}$$

式中：μ_1 为由 h/l 和截面变化规律确定的系数，见表 9.7；μ_2 为由荷载性质确定的系数，见表 9.8。

等截面纯压抛物线拱的系数 μ_1　　　　　　　　　　表 9.7

h/l	0.05	0.1	0.2	0.3	0.4
μ_1	0.50	0.54	0.65	0.82	1.07

等截面纯压抛物线拱的系数 μ_2　　　　　　　　　　表 9.8

荷载性质	荷载方向不变时	由吊杆传递荷载时	由立柱传递荷载时
μ_2	1.0	$1 - 0.35 q_h/q$	$1 + 0.45 q_c/q$

注：q_h 为由吊杆传递的荷载；q_c 为由立柱传递的荷载；q 为总荷载。

9.3.3　有弯矩圆弧拱在平面外的弹性屈曲

有弯矩拱在平面外也会发生弯扭失稳，为了解释弯矩对拱在平面外稳定的作用，先分析纯弯圆弧拱的弯扭屈曲，然后再分析压弯圆弧拱的弯扭屈曲。与前面类似，假设拱为闭口截面，忽略 EI_ω 的影响。

（1）纯弯圆弧拱在平面外的弹性屈曲

图 9.19 所示无平面外支撑的理想的闭口截面圆弧拱绕 x 轴纯弯，弯矩 M 作用在拱平面内且使拱内侧受拉（取为正，如果使内侧受压则取为负），一旦拱在侧向干扰下发生了微小弯扭变形，绕 y 轴的弯曲曲率 Φ_y 仍为式（9.65a），由力矩平衡关系可得到拱的弯扭平衡微分方程[2]：

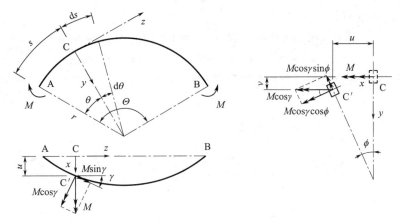

图 9.19　闭口截面纯弯圆弧拱的弯扭屈曲

$$EI_yGI_t\frac{d^2\phi}{ds^2}-\left(M-\frac{GI_t}{r}\right)\left(\frac{EI_y}{r}-M\right)\phi=0 \tag{9.84}$$

引入参数 k，并令

$$k^2=\frac{-(M-GI_t/r)(EI_y/r-M)}{EI_yGI_t} \tag{9.85}$$

则弯扭平衡微分方程可简写为：

$$\phi''+k^2\phi=0$$

上式中的 ϕ 为 s 的函数，其通解为：

$$\phi=A_1\sin ks+A_2\cos ks \tag{9.86}$$

从前面知道，为防止拱在平面外成为几何可变体系，拱脚应限制出平面转动，则 $s=0$ 和 $s=r\Theta$ 处 $\phi=0$，可得 $A_2=0$，$A_1\sin(kr\Theta)=0$，显然只能 $\sin(kr\Theta)=0$，可解得 M_{cr}：

$$M_{cr}=-\frac{EI_y+GI_t}{2r}\pm\sqrt{\left(\frac{EI_y-GI_t}{2r}\right)^2+\frac{\pi^2EI_yGI_t}{(r\Theta)^2}} \tag{9.87}$$

上式仅适用于闭口截面，如果采用工字形截面，EI_ω 的影响不可忽略，临界弯矩表达式为[5]：

$$M_{cr}=-\frac{EI_y+\xi}{2r}\pm\sqrt{\left(\frac{EI_y-\xi}{2r}\right)^2+\frac{\pi^2EI_y\xi}{(r\Theta)^2}} \tag{9.88a}$$

$$\xi=\frac{\pi^2EI_\omega}{(r\Theta)^2}+GI_t \tag{9.88b}$$

值得一提的是，式（9.87）和式（9.88a）中的 M_{cr} 均有两个值，当 M 使拱内侧受拉（正弯矩）时，根号前应取正号，当 M 使拱内侧受压（负弯矩）时，根号前应取负号，显然在正负弯矩作用下同一个拱的临界弯矩有很大区别，这一点不同于受弯直杆。

【例题 9.5】　如果例题 9.4（图 9.18）中的两铰圆弧拱均匀受弯，试分别计算弯矩使拱内侧受拉、拱内侧受压时的临界弯矩，假设材料为弹性且构件无缺陷，$E=206000\text{N/mm}^2$，$G=79000\text{N/mm}^2$。

【解】　由例题 9.4 已经知道：$r=21.75\text{m}$，$\Theta=1.52\text{rad}$，$I_y=7.34\times10^8\text{mm}^4$，$I_t=$

$1.10 \times 10^9 \mathrm{mm}^4$，则有：

$$EI_y = 206000 \times 7.34 \times 10^8 = 1.512 \times 10^{14} \mathrm{N \cdot mm^2}$$

$$GI_t = 79000 \times 1.10 \times 10^9 = 8.69 \times 10^{13} \mathrm{N \cdot mm^2}$$

当弯矩使拱内侧受拉（正弯矩）时，式（9.87）根号前应取正号，将相关参数代入后可得：

$$M_{cr} = -\frac{1.512 \times 10^{14} + 8.69 \times 10^{13}}{2 \times 21.75 \times 10^3}$$

$$+ \sqrt{\left(\frac{1.512 \times 10^{14} + 8.69 \times 10^{13}}{2 \times 21.75 \times 10^3}\right)^2 + \frac{3.14^2 \times 1.512 \times 10^{14} \times 8.69 \times 10^{13}}{(21.75 \times 10^3 \times 1.52)^2}}$$

$$= -5.474 \times 10^9 + 1.218 \times 10^{10} = 6.606 \times 10^9 \mathrm{N \cdot mm}$$

当弯矩使拱内侧受压（负弯矩）时，根号前应取负号，临界弯矩为：

$$M_{cr} = -5.474 \times 10^9 - 1.218 \times 10^{10} = -1.765 \times 10^{10} \mathrm{N \cdot mm}$$

后者是前者的 2.7 倍，说明正弯矩对拱的稳定非常不利，而负弯矩作用下的临界弯矩很高。尽管工程中拱的弯矩有正有负，但负弯矩通常不起控制作用，而是由正弯矩控制平面外的稳定。

（2）压弯圆弧拱在平面外的弹性屈曲

图 9.20 所示无平面外支撑的闭口截面圆弧拱，同时承担径向荷载 q 和端弯矩 M，q 作用在截面剪心，假设 θ 以中线为起始边，顺时针为正，M 以拱内侧受拉为正，忽略 EI_ω 的影响后，拱的总势能为[9]：

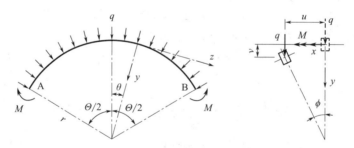

图 9.20　闭口截面压弯圆弧拱的弯扭屈曲

$$\Pi = \frac{1}{2} \int_{-\Theta/2}^{\Theta/2} \left\{ \frac{EI_y}{r}\left(\frac{\mathrm{d}^2 u}{r \mathrm{d}\theta^2} + \phi\right)^2 + \frac{GI_t}{r}\left(\frac{\mathrm{d}\phi}{\mathrm{d}\theta} - \frac{\mathrm{d}u}{r \mathrm{d}\theta}\right)^2 - Nr\left(\frac{\mathrm{d}u}{r \mathrm{d}\theta}\right)^2 \right.$$

$$\left. + M\left[2\frac{\mathrm{d}^2 u}{r \mathrm{d}\theta^2}\phi + \phi^2 + \left(\frac{\mathrm{d}u}{r \mathrm{d}\theta}\right)^2\right] \right\} \mathrm{d}\theta \tag{9.89}$$

对于两铰圆弧拱，其在平面外的弯曲和扭转变形函数可分别设为：

$$u = A_1 r \sin\left(\frac{\pi}{\Theta}\theta + \frac{\pi}{2}\right), \qquad \phi = A_2 \sin\left(\frac{\pi}{\Theta}\theta + \frac{\pi}{2}\right) \tag{9.90}$$

将 u、ϕ 代入总势能方程进行积分，再利用势能驻值原理可得到关于 A_1、A_2 的线性方程组，由系数行列式为零可解得两铰圆弧拱的特征方程：

$$N = \left(\frac{b^2-1}{ar}\right)\left[\frac{a^2 M^2 + a(1+1/\kappa)M + b^2(b^2-1)/\kappa}{ab^2 M + b^2 + 1/\kappa}\right] \tag{9.91}$$

式中：$a = r/(EI_y)$；$b = \Theta/\pi$；κ 的含义见式（9.67）。

特殊地，如果 $M=0$，则变为法向荷载 q 作用下的纯压两铰圆弧拱，由上式得到的临界轴压力为：

$$N_{\mathrm{cry}} = \frac{(\pi^2 - \Theta^2)^2}{\Theta^2(\pi^2 + \kappa\Theta^2)} \cdot \frac{EI_y}{r^2} \tag{9.92}$$

再由 $q_{\mathrm{cr}} = N_{\mathrm{cry}}/r$ 可得屈曲荷载，显然与第 9.3.1 节的结论也即式（9.72）和式（9.73a）相同。

同理，如果 $N=0$，则变为仅在 M 作用下的纯弯两铰圆弧拱，式（9.91）变成关于 M 的一元二次方程，解得的临界弯矩与式（9.87）相同。

图 9.21 为两铰圆弧拱的 N/N_{cry}-M/M_{cr} 相关关系曲线，其中 N_{cry} 为纯压时的临界轴压力，M_{cr} 为纯弯（正弯矩作用）时的临界弯矩，可以看出：在正弯矩范围内，N 随着 M 的增大而减小；在负弯矩范围内，N 随着 M 的减小先增大后降低。从例题 9.5 已经知道，拱在平面外的稳定由正弯矩控制，因此当 N 为正值（压力）、M 为正值时，可近似取 N/N_{cry}-M/M_{cr} 为线性关系[9]（图中的虚线），即

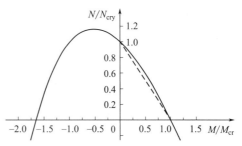

图 9.21　闭口截面压弯两铰圆弧拱的 N/N_{cry}-M/M_{cr} 曲线

$$\frac{N}{N_{\mathrm{cry}}} + \frac{M}{M_{\mathrm{cr}}} = 1 \tag{9.93}$$

上述结论是根据 N 和 M 都沿拱轴线均匀分布得到的，这种情况在实际工程中几乎不存在。以两铰圆弧拱为例，在满跨和半跨 q 作用下的内力见图 9.22，N 和 M 沿拱轴线都是非均匀分布，N 没有变号，但 M 有正有负，出于安全考虑，式（9.93）中的 N 可取 $N_{\max}$，M 则可取 $+M_{\max}$ 与 $|-M_{\max}|$ 中的较大值。

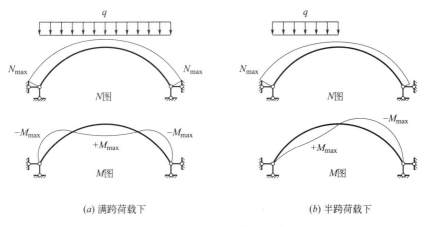

(a) 满跨荷载下　　　　　　　　(b) 半跨荷载下

图 9.22　两铰圆弧拱的内力

9.4　拱的弹塑性屈曲

当拱的屈曲应力超过比例极限 f_p 后，已属于非线性屈曲范畴。由于工程中的拱还存

在残余应力、初始变形等缺陷，拱的非线性屈曲大多属于弹塑性范畴，需要采用数值法进行稳定分析。

9.4.1 拱在平面内的弹塑性屈曲

（1）纯压拱在平面内的弹塑性屈曲

实际上纯压拱会因微小的轴压变形引起较小的弯矩，各类初始几何缺陷也会引起附加弯矩，沿拱轴线各截面以及截面上各点的应力并非同步发展；钢拱还存在残余应力，残余压应力与轴压应力叠加会使截面部分区域提前屈服；对等截面纯压抛物线拱，轴压力较大的截面会率先进入弹塑性状态。上述诸因素都会减小截面弹性区的面积，从而降低拱在平

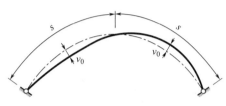

图 9.23 两铰拱的等效初始挠曲线

面内的抗弯刚度，引起稳定承载力的降低。

借鉴轴心受压直杆考虑初始几何缺陷的方式，拱的几何缺陷也可用等效初始挠曲变形来统一考虑，以两铰拱为例，因其屈曲形式为反对称失稳，拱顶有反弯点，等效初始挠曲线可按图 9.23 所示一个完整的波来考虑，最大初挠度为 v_0，这与轴心受压直杆的半个波不同。

林冰、郭彦林等[10-12] 针对各类纯压圆弧拱和抛物线拱，考虑铰数、截面类型（热轧圆管、焊接工字形及箱形）、几何缺陷、残余应力、矢高等众多参数的影响后，进行了大量的有限元分析和少量的试验研究，通过引入纯压拱在平面内的正则化长细比 λ_{nx} 和稳定系数 φ_x，给出了各类纯压拱在平面内的稳定（φ_x-λ_{nx}）曲线，φ_x、λ_{nx} 分别按式（9.94）和式（9.95）计算。以焊接工字形截面纯压抛物线两铰拱为例，稳定曲线见图 9.24，可以看出，各类初始缺陷显著降低了稳定承载力，在相同初始缺陷情况下，矢跨比越小，稳定承载力越低，因此确定稳定系数不仅需要考虑截面类型，还需要考虑矢跨比和铰数。

$$\varphi_x = \frac{N_{ux}}{N_y} = \frac{N_{ux}}{A f_y} \tag{9.94}$$

$$\lambda_{nx} = \sqrt{\frac{N_y}{N_{crx}}} \tag{9.95}$$

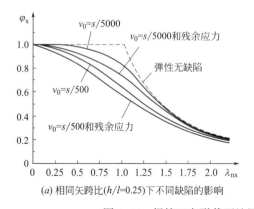

(a) 相同矢跨比(h/l=0.25)下不同缺陷的影响

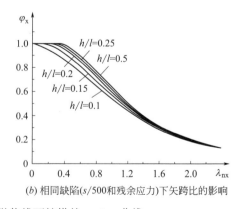

(b) 相同缺陷(s/500和残余应力)下矢跨比的影响

图 9.24 焊接工字形截面纯压抛物线两铰拱的 φ_x-λ_{nx} 曲线

式中：N_{ux} 为纯压拱平面内失稳时拱脚处的极限轴压力；N_y 为拱脚处全截面屈服时的轴压力，$N_y = Af_y$；N_{crx} 为纯压拱平面内失稳时拱脚处的弹性临界轴压力，按第 9.2.4 节中的方法计算。

根据式（9.94）可得到各类等截面纯压拱平面内稳定的实用设计公式：

$$\frac{N}{\varphi_x Af} \leqslant 1.0 \tag{9.96}$$

式中：N 为纯压拱拱脚处的轴压力设计值；A 为拱杆的毛截面面积；f 为钢材强度设计值。

由于纯压拱在平面内的稳定曲线与轴心受压直杆的柱子曲线（图 4.43）非常类似，其 φ_x-λ_{nx} 关系可以借助 Perry-Robertson 型公式来表达，林冰、郭彦林等[10-12] 给出的建议公式为：

$$\varphi_x = 1 - \alpha_1 \lambda_{nx} \leqslant 1.0 \tag{9.97a}$$

$$\varphi_x = \frac{\alpha_2 + \alpha_3 \lambda_{nx} + \lambda_{nx}^2 - \sqrt{(\alpha_2 + \alpha_3 \lambda_{nx} + \lambda_{nx}^2)^2 - 4\lambda_{nx}^2}}{2\lambda_{nx}^2} \leqslant 1.0 \tag{9.97b}$$

式中：α_1、α_2、α_3 为系数，因这三个系数的取值与拱轴线形式、拱截面类型以及铰数等参数有关，数据表格较多，本书不再一一给出。

设计时可先用式（9.95）计算出 λ_{nx}，再由式（9.97）得到 φ_x，最后用式（9.96）进行平面内的稳定计算，与轴心受压直杆的计算方法一致，上述方法被我国《拱形钢结构技术规程》JGJ/T 249—2011[13]（以下简称 JGJ/T 249—2011 规程）采纳。值得一提的是，式（9.97a）中的 φ_x-λ_{nx} 为线性关系，不同于式（4.105a）中的抛物线关系。

（2）有弯矩拱在平面内的弹塑性屈曲

从前面已经知道，弯矩并不会影响弹性拱在平面内的临界轴压力，对弹塑性拱则不同。由于拱主要是用来受压的，截面高度通常小于受弯构件，截面模量和抗弯刚度都比较低，一旦拱内有弯矩，截面很容易进入弹塑性，对平面内的稳定非常不利。

以图 9.25（a）所示满跨荷载 q 作用下的两铰圆弧拱为例，因 q 不是径向荷载，拱内有弯矩，如果拱无初始缺陷，一经加载拱会产生微小的对称弯曲变形，当荷载达到 q_{cr} 时，拱会突然发生反对称变形，出现了平衡位形的分岔，图中的 A 为分岔点；如果拱有初始缺陷，一经加载就产生非对称变形，属于极值点失稳，B 点荷载为极限荷载 q_u，q_u 远低于

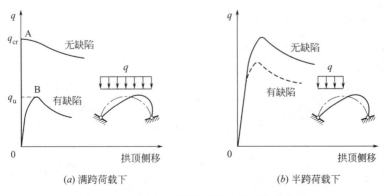

(a) 满跨荷载下　　　　　　　　　(b) 半跨荷载下

图 9.25　有弯矩两铰圆弧拱的荷载位移曲线

q_{cr}，说明拱对初始缺陷非常敏感，这不同于压弯直杆。如果荷载 q 为半跨，见图 9.25 (b)，变形从一开始就是非对称的，最终发生极值点失稳，如果还有初始缺陷，极限荷载也会降低，但对缺陷的敏感程度没有满跨荷载时高。

研究表明[2,5]，当作用在拱上的线荷载 q 的分布宽度比半跨略多一点时，对平面内稳定最不利，考虑到工程中的永久荷载通常满跨分布，而活荷载可能半跨分布，可取满跨永久荷载和半跨活荷载来进行最不利组合分析。

为研究弯矩对拱在平面内稳定性能的影响，林冰、郭彦林等[11,14]针对抛物线拱和圆弧拱，进行了半跨荷载、集中荷载作用下的试验研究和有限元分析，并给出了有弯矩拱的平面内稳定曲线和设计表达式，分别见图 9.26 和式（9.98），可以看出：当拱内弯矩为零时，退化为纯压拱；当拱内轴压力为零时，退化为弯曲强度问题。

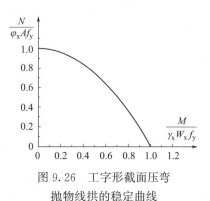

图 9.26 工字形截面压弯抛物线拱的稳定曲线

$$\frac{N}{\varphi_x Af} + \alpha \left|\frac{M}{\gamma_x W_x f}\right|^2 \leqslant 1.0 \qquad (9.98)$$

式中：N 为一阶分析得到的最大轴压力设计值；M 为一阶分析得到的最大弯矩设计值，因涉及强度问题，M 取正弯矩和负弯矩中的较大值；γ_x 为对 x 轴的截面塑性发展系数，按附表 F.1 取用；W_x 为对 x 轴的毛截面模量；α 为与截面形式和支承条件有关的系数，对工字形截面三铰拱、两铰拱和无铰拱，α 分别取 1.11、1.0 和 0.91。

9.4.2 拱在平面外的弹塑性屈曲

（1）纯压拱在平面外的弹塑性屈曲

无平面外支撑纯压拱在平面外的弹塑性屈曲与轴压直杆类似。窦超[15]针对热轧圆管、焊接工字形和箱形截面纯压圆弧拱，考虑铰数、残余应力和几何缺陷第因素的影响后，进行了大量的有限元分析，给出了纯压圆弧拱在平面外的稳定（φ_y-λ_{ny}）曲线，见图 9.27，纵坐标 φ_y 为拱在平面外的整体稳定系数，按式（9.99）计算，横坐标 λ_{ny} 为拱在平面外的正则化长细比，按式（9.100）计算。

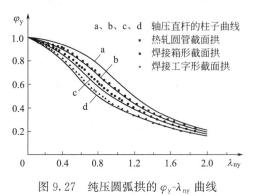

图 9.27 纯压圆弧拱的 φ_y-λ_{ny} 曲线

$$\varphi_y = \frac{N_{uy}}{N_y} \qquad (9.99)$$

$$\lambda_{ny} = \sqrt{\frac{N_y}{N_{cry}}} \qquad (9.100)$$

式中：N_{uy} 为纯压圆弧拱平面外失稳时的极限轴压力；N_{cry} 为纯压圆弧拱平面外失稳时的弹性临界轴压力，按第 9.3.2 节中的方法计算；其余符号含义同前。

由式（9.99）可得到各类纯压圆弧拱平面外稳定的实用设计公式：

$$\frac{N}{\varphi_y A f} \leqslant 1.0 \tag{9.101}$$

式中：N 为一阶分析得到的纯压圆弧拱的轴压力设计值。

从图 9.27 可以看出，热轧圆管截面、焊接箱形截面、焊接工字形截面纯压圆弧拱的稳定曲线分别与轴心受压直杆的 b、c、d 曲线非常接近，因此 φ_y-λ_{ny} 关系可近似按轴心受压直杆的柱子曲线（图 4.43）取用，也即先由式（9.100）计算出 λ_{ny}，再用式（4.105）计算出稳定系数 φ_y（式中的 λ_c 替换为 λ_{ny}），最后用式（9.101）进行平面外的整体稳定计算。

（2）有弯矩拱在平面外的弹塑性屈曲

对于无平面外支撑的闭口截面有弯矩圆弧拱，当弯矩作用在拱平面内时，可以采用相关关系法进行平面外的稳定计算，赵思远[9] 给出的建议公式为：

$$\frac{N}{\varphi_y A f} + \frac{M}{W_x f} \leqslant 1.0 \tag{9.102}$$

式中：N 为一阶分析得到的最大轴压力设计值；M 为一阶分析得到的正弯矩和负弯矩绝对值中的较大值，采用设计值；其余符号含义同前。

除了平面内弯矩外，拱还可能承担平面外弯矩，类似于双向压弯构件。平面外弯矩对拱的稳定也非常不利，由于这方面的研究资料还比较少，工作机理还不十分清楚，设计时应尽量避免这类情况。

9.4.3　平面外有支撑的拱

从例题 9.4 已经知道，对于无平面外支撑的拱，平面外稳定起控制作用，不利于发挥拱的性能，因此工程中的拱普遍设有平面外支撑，而且在建筑中拱的支撑大多等间距布置，如图 9.28 所示。

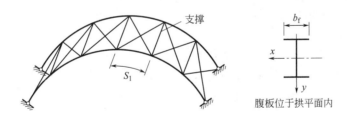

图 9.28　等间距布置的拱的平面外支撑

郭彦林[16] 针对平面外支撑等间距布置时的两铰圆弧拱（图 9.28）进行了稳定研究，结果表明：支撑对拱的平面外稳定承载力有显著提高作用，支撑越靠近拱顶，其防止平面外失稳的工作效率越高；随着侧向支撑数量的增多，弯扭屈曲半波数增多，平面外屈曲荷载不断增大，当支撑数量增加到一定程度时，拱不会发生平面外失稳，转为平面内稳定起控制作用；对工字形截面两铰圆弧拱，不发生平面外失稳的条件可按下式确定：

$$\frac{S_1}{b_f} \leqslant 2.3 + 0.092\lambda_x \tag{9.103}$$

$$\lambda_x = \frac{S}{2i_x} \tag{9.104}$$

式中：S_1 为平面外支撑间距，见图 9.28；b_f 为拱截面的翼缘宽度；λ_x 为拱在平面内的几何长细比；S 为拱的总弧长；i_x 为截面对 x 轴的回转半径。

9.5 拱稳定理论在钢结构中的应用

由于拱的稳定问题十分复杂，研究资料较少，目前在规范中给出拱结构稳定设计方法的国家并不多，而且涉及的内容也不全面。

9.5.1 拱结构整体稳定的保证

（1）拱不发生平面外失稳的保证

我国 JGJ/T 249—2011 规程规定，当拱满足下列条件之一时，可不进行平面外整体稳定计算：

1）在平面外有足够刚度的屋面板约束时；

2）当平面外有足够数量的支撑且能够约束拱的面外位移和扭转时；

3）承受全跨水平均布荷载的双轴对称工字形截面两铰圆弧拱，当沿拱轴线等间距设置平面外支撑且支撑点间距 S_1 与拱截面翼缘宽度 b_f 的比值满足式（9.103）时。

（2）扁拱不发生跃越失稳的保证

尽管发生跃越失稳后，拱还有较高的承载能力，但由于跃越失稳改变了结构的形状，不仅有较大的变形，而且经历了不稳定平衡状态，因此实际工程中是不允许发生的。

从第 9.2.5 节知道，当拱的压缩刚度较大而抗弯刚度有限时，压缩变形很小，不会发生跃越失稳，只能发生弯曲失稳；当拱的抗弯刚度较大而压缩刚度有限时，压缩变形较大，跃越失稳将先于弯曲失稳发生，因此可通过控制压缩刚度与抗弯刚度的比值来防止发生跃越失稳。我国 JGJ/T 249—2011 规程直接借鉴了德国 DIN 18800—1990 规范给出的扁平拱不发生跃越失稳的条件，即

$$l\sqrt{\frac{A}{12I_x}} > K_{sn} \tag{9.105}$$

式中：l 为拱的跨度；A、I_x 分别为拱的毛截面面积和绕 x 轴的毛截面惯性矩；K_{sn} 为跃越失稳判别参数，不同矢跨比时的取值见表 9.9。

扁拱的跃越失稳判别参数 K_{sn} 表 9.9

	h/l	0.05	0.075	0.10	0.15	0.20
K_{sn}	无铰拱	319	97	42	13	6
	两铰拱	35	23	17	10	8

9.5.2 实腹式拱在平面内的整体稳定计算

（1）实腹式纯压拱在平面内的整体稳定计算

德国、欧钢协（ECCS）、美国结构稳定委员会（SSRC）直接利用轴心受压直杆的稳定曲线来计算纯压拱的平面内稳定，但该方法的计算精度不是很高[5]，而且可靠性还需商榷[17]。

我国 JGJ/T 249—2011 规程没有采用轴心受压直杆的稳定系数，而是结合拱结构的特点给出了新的稳定系数，见第 9.4.1 节。为方便使用，规程将式（9.97）中的 φ_x-λ_{nx} 关系转换成了 φ_x-λ_x 关系，λ_x 的定义见式（9.104），并做成了表格，见规程中的附录 D（由于表格较多，本书不再罗列），设计时直接利用 λ_x 查 φ_x 即可，然后再用式（9.96）进行实腹式纯压抛物线拱及圆弧拱的平面内稳定计算。

【例题 9.6】 试计算例题 9.2（图 9.13）中纯压抛物线两铰拱在平面内失稳时 q 的最大设计值，假设材料为 Q235 钢，其余条件不变。已知拱杆截面积 $A=9896\text{mm}^2$，回转半径 $i_x=111.4\text{mm}$。

【解】

将 $l=18\text{m}$ 及 $h/l=0.3$ 代入式（9.54）可得拱的总弧长 S：

$$S=2s=2\times\frac{18}{4}\left\{\sqrt{1+(4\times0.3)^2}+\frac{1}{4\times0.3}\ln\left[4\times0.3+\sqrt{1+(4\times0.3)^2}\right]\right\}=21.66\text{m}$$

由式（9.104）可得拱在平面内的几何长细比：

$$\lambda_x=\frac{S}{2i_x}=\frac{21.66\times10^3}{2\times111.4}=97.2$$

查 JGJ/T 249—2011 规程附录 D 中的表 D.2.1-2 得 $\varphi_x=0.720$，将相关参数代入式（9.96）可得拱脚处的极限轴压力设计值：

$$N=\varphi_x Af=0.720\times9896\times215=1531.9\times10^3\text{N}=1531.9\text{kN}$$

通过式（9.52）可知，拱脚 A 点的斜率为 $\tan\alpha_A=4h/l=4\times0.3=1.2$，则 $\alpha_A=50.19°$，$\cos\alpha_A=0.640$，再由式（9.48）得拱的极限荷载设计值：

$$q=\frac{8h\cos\alpha}{l^2}N=\frac{8\times5.4\times0.640}{18^2}\times1531.9=130.7\text{kN/m}$$

（2）实腹式压弯拱在平面内的整体稳定计算

对同时承担轴压力 N 和平面内弯矩 M 的抛物线及圆弧拱，我国 JGJ/T 249—2011 规程将式（9.98）修改成以下形式：

$$\frac{N}{\varphi_x Af}+\alpha\left(\frac{M}{\gamma_x W_x f}\right)^2\leqslant1.0 \tag{9.106}$$

式中符号含义同式（9.98），α 按表 9.10 取值。

压弯拱的系数 α 表 9.10

截面形式	支承条件		
	三铰拱	两铰拱	无铰拱
圆管截面	0.83	0.76	0.69
工字形截面	1.11	1.0	0.91
箱形截面	0.91	0.83	0.76

【例题 9.7】 图 9.29（a）所示承担半跨荷载的两铰圆弧拱，$l=15\text{m}$，矢跨比为 0.25，$r=9.375\text{m}$，$\Theta=1.85\text{rad}$，q 设计值为 70kN/m，采用工字钢 H400×250×10×14，$A=1.17\times10^4\text{mm}^2$，$W_x=1.68\times10^6\text{mm}^3$，$i_x=169.76\text{mm}$，材料为 Q235 钢，试验算该拱在平面内的稳定性。

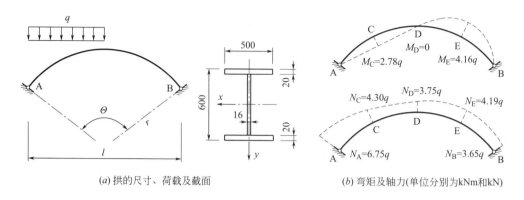

(a) 拱的尺寸、荷载及截面   (b) 弯矩及轴力(单位分别为 kNm 和 kN)

图 9.29   例题 9.7 图

【解】 1）拱的内力

半跨荷载作用下拱的一阶内力见图 9.29 （b）：左半跨为正弯矩，右半跨为负弯矩，但 E 点的弯矩绝对值最大；拱脚 A 点的轴压力最大，因此拱的最大内力设计值分别为：

$$M = 4.16q = 4.16 \times 70 = 291.2 \text{kN} \cdot \text{m}$$

$$N = 6.75q = 6.75 \times 70 = 472.5 \text{kN}$$

2）平面内稳定验算

拱的总弧长 $S = r\Theta = 9.375 \times 1.85 = 17.34 \text{m}$，平面内几何长细比为：

$$\lambda_x = \frac{S}{2i_x} = \frac{17.34 \times 10^3}{2 \times 169.76} = 51.07$$

查 JGJ/T 249—2011 规程附录 D 中的表 D.1.2-2 得 $\varphi_x = 0.807$。由表 9.10 查得 $\alpha = 1.0$。将相关参数代入式（9.106）可得：

$$\frac{N}{\varphi_x A f} + \alpha \left(\frac{M}{\gamma_x W_x f} \right)^2 = \frac{472.5 \times 10^3}{0.807 \times 1.17 \times 10^4 \times 215} + 1.0 \left(\frac{291.2 \times 10^6}{1.05 \times 1.68 \times 10^6 \times 215} \right)^2$$
$$= 0.82 < 1.0$$

该拱不会在平面内失稳。

9.5.3 实腹式拱在平面外的整体稳定计算

由于各类拱在平面外的稳定承载力较低，因此工程中应尽可能地采用第 9.5.1 节中的措施来防止平面外失稳，当不满足要求时，尚应进行平面外稳定计算。

（1）实腹式纯压拱在平面外的整体稳定计算

德国等规范直接利用轴心受压直杆的整体计算方法来计算纯压拱的平面外稳定，大致方法如下：首先采用式（9.83）或式（9.82）计算出拱的平面外等效长细比 λ_{ey}，再按轴心受压直杆确定稳定系数 φ_y，这样便可以进行平面外的整体稳定计算。

对于平面外无支撑的拱，我国 JGJ/T 249—2011 规程只提供了圆管截面纯压两铰圆弧拱的平面外稳定计算方法，即

$$\frac{N}{\varphi_{out} A f} \leqslant 1.0 \tag{9.107}$$

式中：N 为纯压圆弧拱的轴压力设计值；φ_{out} 为平面外稳定系数，根据换算长细比 λ_h 按 c 类柱子曲线查得，λ_h 由式（9.108）计算。

$$\lambda_h = \frac{\lambda_y}{\sqrt{K_{ao}}} \tag{9.108a}$$

$$\lambda_y = \frac{S}{i_y} \tag{9.108b}$$

$$K_{ao} = \frac{(\pi^2 - \Theta^2)^2}{\Theta^2(\pi^2 + 1.3\Theta^2)} \tag{9.108c}$$

式中：λ_y 为拱在平面外的几何长细比；S 为拱的总弧长；i_y 为截面绕 y 轴的回转半径；K_{ao} 为平面外的屈曲荷载系数，也即式（9.73a）中的 K_{ry}，只是对圆管截面取 $\kappa = 1.3$；Θ 为圆弧拱的总夹角。

对于其他类型的纯压圆弧拱，可以参照式（9.101）的方法来进行平面外稳定计算，对于纯压抛物线拱，可以借鉴德国规范的方法计算。

（2）实腹式压弯拱在平面外的整体稳定计算

目前有两种实用的简化方法：一种是计入初始缺陷的二阶弹性分析法；另一种是相关关系法。德国 DIN 18800—1990 规范采用前一种方法，二阶分析时用初始变形来综合考虑各类缺陷的影响，以反对称屈曲拱为例，初始挠曲线取一个全波，1/4 和 3/4 跨度处的峰值分别取 $\pm l/500$，l 为拱的跨度，二阶分析所得轴压应力和弯矩产生的压应力之和不应超过 $0.9f_y$。我国 JGJ/T 249—2011 规程没有提供压弯拱在平面外的整体稳定计算规定，设计时可以参考德国规范的方法或者式（9.102），但后者仅适用于闭口截面拱。

【例题 9.8】 如果例题 9.7 中的压弯圆弧拱无平面外支撑，截面改为 630×10 热轧圆管，材料为 Q235 钢，其余条件不变，试求出 q 的最大设计值。

【解】 1）圆管的截面特性

$A = 1.95 \times 10^4 \, \text{mm}^2$，$I_y = 9.36 \times 10^8 \, \text{mm}^4$，$I_t = 1.87 \times 10^9 \, \text{mm}^4$，$W_x = 2.97 \times 10^6 \, \text{mm}^3$。由式（9.67）可得参数：

$$\kappa = \frac{EI_y}{GI_t} = \frac{206000 \times 9.36 \times 10^8}{79000 \times 1.87 \times 10^9} = 1.31$$

2）平面外的整体稳定系数 φ_y

无支撑拱的承载力由平面外稳定控制，将相关参数代入式（9.92）可得纯压时弹性临界轴压力：

$$N_{cry} = \frac{(\pi^2 - \Theta^2)^2}{\Theta^2(\pi^2 + \kappa\Theta^2)} \cdot \frac{EI_y}{r^2} = \frac{(3.14^2 - 1.85^2)^2}{1.85^2(3.14^2 + 1.31 \times 1.85^2)} \cdot \frac{206000 \times 9.36 \times 10^8}{(9.375 \times 10^3)^2}$$

$$= 1.85 \times 10^6 \, \text{N}$$

再由式（9.100）可得拱在平面外的正则化长细比：

$$\lambda_{ny} = \sqrt{\frac{N_y}{N_{cry}}} = \sqrt{\frac{1.95 \times 10^4 \times 235}{1.85 \times 10^6}} = 1.57$$

从第 9.4.2 节知道，热轧圆管截面纯压圆弧拱的平面外稳定曲线可采用轴心受压直杆的 b 曲线，查表 4.4 可得 $\alpha_1 = 0.65$、$\alpha_2 = 0.965$、$\alpha_3 = 0.3$，又因 $\lambda_{ny} > 0.215$，将 λ_{ny} 及 α_2 和 α_3 代入式（4.105b）可得：

$$\varphi_y = \frac{0.965 + 0.3 \times 1.57 + 1.57^2 - \sqrt{(0.965 + 0.3 \times 1.57 + 1.57^2)^2 - 4 \times 1.57^2}}{2 \times 1.57^2} = 0.322$$

3）根据平面外稳定确定的 q 最大设计值

在半跨 q 作用下，拱的内力仍为图 9.29（b），最大轴压力设计值 $N=6.75q$（单位为 kN），最大弯矩设计值 $M=4.16q$（单位为 kNm），将相关参数代入式（9.102）后则有：

$$\frac{6.75q\times10^3}{0.322\times1.95\times10^4\times215}+\frac{4.16q\times10^6}{2.97\times10^6\times215}\leqslant1.0$$

可得 $q\leqslant86.88\text{N/mm}$，也即 q 的最大设计值为 86.88kN/m。

思考与练习题

9.1 拱在平面内失稳的形式有哪些？

9.2 影响纯压拱在平面内弹性屈曲荷载的因素有哪些？

9.3 为什么扁拱有可能发生跃越失稳？

9.4 影响纯压拱在平面外弹性屈曲荷载的因素有哪些？

9.5 对平面外无支撑的纯压拱，其屈曲荷载通常由平面内稳定还是平面外稳定控制？

9.6 纯压拱的等效计算长度是如何得到的？

9.7 为什么弯矩对弹性拱的平面内临界轴压力无影响，而对平面外屈曲荷载有影响？

9.8 正负弯矩对拱平面外弹性屈曲荷载的影响是否相同？

9.9 为什么初始缺陷对拱的稳定承载力有降低作用？

9.10 拱的等效初始几何缺陷考虑方法与直杆有何不同？

9.11 试计算图 9.30 所示纯压半圆无铰拱在平面内的屈曲荷载 q_{cr}、临界轴压力 N_{crx} 以及等效计算长度 l_{ex}，已知拱的半径为 r，在平面内的抗弯刚度为 EI_x。

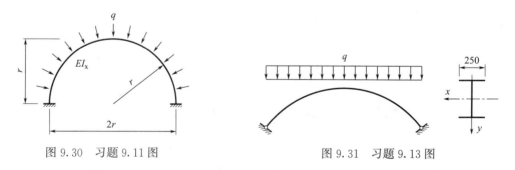

图 9.30 习题 9.11 图　　　　　图 9.31 习题 9.13 图

9.12 如果习题 9.11 中的拱无平面外支撑，且拱杆采用闭口截面，已知平面外的抗弯刚度为 EI_y 且 $EI_y/GI_t=2.0$，试给出拱的平面外弹性屈曲荷载与等效计算长度。

9.13 图 9.31 所示承担满跨水平均布荷载的两铰圆弧拱，已知总弧长 $S=17.34\text{m}$，平面外设有等间距的支撑，支撑间距 $S_1=1.5\text{m}$，拱杆采用工字形截面，$i_x=169.76\text{mm}$，试判定该拱是否会发生平面外失稳。

参考文献

[1] Timoshenko S. P., Gere J. M. Theory of elastic stability (2nd Edition) [M]. New York：McGraw-Hill，1961.

［2］ 金尼克．A. H. 拱的稳定性［M］. 吕子华译. 北京：建筑工程出版社，1958.

［3］ Vlasov V. Z. Thin-walled elastic beams（2nd Edition）［M］. Jerusalem：Israel Program for Scientific Translation，1961.

［4］ 项海帆，刘光栋. 拱结构的稳定与振动［M］. 北京：人民交通出版社，1991.

［5］ 陈绍蕃. 钢结构设计原理（第二版）［M］. 北京：科学出版社，1998.

［6］ 李存权. 结构稳定和稳定内力［M］. 北京：人民交通出版社，2000.

［7］ 刘古岷，张若晞，张田申. 应用结构稳定计算［M］. 北京：科学出版社，2004.

［8］ Sakimoto T. Ultimate strength formula for steel arches［J］. Journal of Structural Engineering，1983，109（3）：613-627.

［9］ 赵思远，郭彦林，王宏. 闭合截面压弯钢拱的平面外稳定性能研究［J］. 工程力学，2016，33（10）：62-67.

［10］ 林冰，郭彦林，黄李骥. 均匀受压两铰圆弧钢拱的平面内稳定设计曲线［J］. 工程力学，2008，25（9）：100-105.

［11］ 郭彦林，林冰，郭宇飞. 焊接工字形截面抛物线拱平面内稳定性试验研究［J］. 建筑结构学报，2009，30（3）：95-102.

［12］ 林冰，郭彦林. 纯压抛物线拱平面内稳定性及设计方法研究［J］. 建筑结构学报，2009，30（3）：102-110.

［13］ JGJ/T 249—2011 拱形钢结构技术规程［S］. 北京：中国建筑工业出版社，2011.

［14］ 郭彦林，林冰，郭宇飞. 压弯圆弧拱平面内稳定承载力设计方法的理论与试验研究［J］. 土木工程学报，2011，44（3）：8-15.

［15］ 窦超，郭彦林. 均匀受压圆弧拱平面外弹塑性稳定设计方法［J］. 建筑结构学报，2012，33（1）：104-110.

［16］ 郭彦林，窦超. 有平面外支撑的工形截面圆弧钢拱弹性稳定性能及支撑刚度设计［J］. 建筑结构学报，2012，33（7）：37-45.

［17］ Pi Yonglin，Trahair N. S. In-plane buckling and design of steel arches［J］. ASCE，Journal of Structural Engineering，1999，125（11）：1291-1298.

附　录

附录 A　泛函与变分

变分法是讨论泛函极值的工具，应用非常广泛，本书仅针对泛函和变分的基本概念以及能量法要用到的相关知识作基本介绍，更多知识可以参阅相关资料。

A.1　函数与泛函

函数的定义：当变量 x 在实数集合 D 内任意取定一个数值时，如果 y 按照一定的法则总有确定的数值与之对应，则 y 是 x 的函数，记作 $y = y(x)$ 或 $y = f(x)$ 等。x 为自变量，y 为因变量，D 为 x 的定义域，对应 y 值组成的集合称为值域。

泛函的定义：$y(x)$ 为函数集合 $\Gamma = \{y(x)\}$ 中的可变函数，J 为实数集合 $R = \{J\}$ 中的可变量，如果 Γ 中每一个函数都能在 R 中有唯一的值与之对应，则称 J 为 $y(x)$ 的泛函，记作：

$$J = J[y(x)] \text{ 或 } J = J[y] \tag{A.1}$$

Γ 称为泛函的定义域，R 称为泛函的值域。

因泛函的定义域是一个函数集，其自变量是函数变量 $y(x)$，不是函数 $y(x)$ 的自变量 x，从这一角度上说，泛函是函数的函数，是一种广义的函数。泛函与函数的比较见表 A.1。

泛函与函数的比较　　　　　　　　　　　　　　　　　　　　　　　　　　　　　　附表 A.1

项目	泛函	函数
表达式	$J = J[y(x)]$	$y = y(x)$
自变量	$y(x)$，为一组函数	x，为一组数值
因变量	J	y
定义域	$y(x)$ 的允许集合	x 的允许集合
值域	与 $y(x)$ 对应的 J 值集合	与 x 对应的 y 值集合
举例	$J = \int_a^b (y' - 2y + x)\mathrm{d}x$，其中 $y = 2x^2$	$y = 2x^2$，$x \in [a, b]$

对于依赖于多个未知函数，或者未知函数的自变量多于一个的泛函，可以分别记作：

$$J = J[y_1(x),\ y_2(x),\ y_3(x),\ \cdots,\ y_n(x)] \tag{A.2a}$$

$$J = J[y(x_1,\ x_2,\ x_3,\ \cdots,\ x_n)] \tag{A.2b}$$

以第 3 章例题 3.4 中的两端铰接弹性轴压构件为例，如果构件挠度曲线为 $y = v\sin(\pi z/l)$，挠度 y 是的构件纵坐标 z 函数，简写为 $y = y(z)$。结构应变能 $U =$

$0.5\displaystyle\int_0^l EIy''^2\mathrm{d}z=\int_0^l L(y'')\mathrm{d}z$，$L(y'')=0.5EIy''^2$，因应变能 U 和被积函数 $L(y'')$ 都是挠曲线 $y(z)$ 的泛函，故均是 $y(z)$ 的泛函，可分别记作 $U[y(z)]$、$L[y(z)]$。同理，外力势能 V 及其被积函数、体系总势能 Π 及其被积函数也都是 $y(z)$ 的泛函。

应当注意：泛函与复合函数不同，泛函 $J=J[y(x)]$ 中的 $y(x)$ 不是确定的函数，而是在一定范围内的一类函数的集合；复合函数 $u=f[y(x)]$ 中的 $y(x)$ 则是唯一确定的函数，比如：

设函数 $y=3x+2$ 的复合函数为 $u=2y+5$，则将 y 代入后可得 $u=2\times(3x+2)+5$，该复合函数是唯一的、不变的函数。

【例题 A.1】 设泛函 $J[y(x)]=\displaystyle\int_0^1[y''^2+2y'+4y-6x+8]\mathrm{d}x$，当泛函中的函数 $y(x)$ 分别为 $y=2x$、$y=x^2$ 时，试求对应的泛函值。

【解】 当函数 $y(x)$ 为 $y=2x$ 时，$y'=2$，$y'=0$，将 y、y' 和 y'' 代入泛函可得：

$$J[y(x)]=\int_0^1[0^2+2\times 2+4\times 2x-6x+8]\mathrm{d}x=\int_0^1[2x+12]\mathrm{d}x=13$$

当函数 $y(x)$ 为 $y=x^2$ 时，$y'=2x$，$y''=2$，将 y、y' 和 y'' 代入泛函可得：

$$J[y(x)]=\int_0^1[2^2+2\times(2x)+4\times x^2-6x+8]\mathrm{d}x=\int_0^1[4x^2-2x+12]\mathrm{d}x=12.33$$

A.2　微分与变分

微分的定义：对于函数 $y(x)$，当其自变量由 x 微增至 $x+\Delta x$ 时，函数 $y(x)$ 的增量为 $\Delta y=y(x+\Delta x)-y(x)$，如果忽略高阶项的影响，函数的增量可用导数来表达：$\mathrm{d}y=y'(x)\mathrm{d}x$，$\mathrm{d}y$ 称为函数 $y(x)$ 在 x 处的微分，$y'(x)$ 称为函数 $y(x)$ 在 x 处的导数，简写为 y'，见图 A.1。

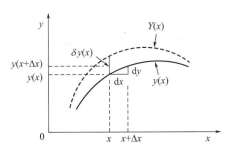

图 A.1　微分与变分

变分的定义：对于泛函 $J[y(x)]$，当函数变量由 $y(x)$ 发生微小改变而成为 $Y(x)$ 时，见图 A.1，如果用 $\delta y(x)$ 表示 $Y(x)$ 与 $y(x)$ 之间的微小差，即

$$\delta y(x)=Y(x)-y(x) \tag{A.3}$$

则称 $\delta y(x)$ 为函数 $y(x)$ 在 x 处的变分，可简写为 δy，δ 为变分符号。变分 δy 与微分 $\mathrm{d}y$ 有本质的区别，尽管都是在 x 处，但前者由函数变量 $y(x)$ 的微变化引起，后者由自变量 x 的微增量引起，见图 A.1。

$y(x)$ 的一阶导数 y' 也存在变分，可按下式计算：

$$\delta y' = Y'(x) - y'(x) = \frac{\mathrm{d}[Y(x) - y(x)]}{\mathrm{d}x} = \frac{\mathrm{d}(\delta y)}{\mathrm{d}x} \tag{A.4a}$$

同理，y 的 n 阶导数 $y^{(n)}$ 也存在变分：

$$\delta y^{(n)} = Y^{(n)}(x) - y^{(n)}(x) = \frac{\mathrm{d}^{(n)}[Y(x) - y(x)]}{\mathrm{d}x^{(n)}} = \frac{\mathrm{d}^{(n)}(\delta y)}{\mathrm{d}x^{(n)}} \tag{A.4b}$$

当 $y(x)$ 发生微小改变后，泛函 J 的值也发生了微小改变，其增量为：

$$\Delta J = J[Y(x)] - J[y(x)] \tag{A.5}$$

由式（A.3）可知，变分 δy 也是 x 的函数，可以连续求导：

$$(\delta y)' = \frac{\mathrm{d}(\delta y)}{\mathrm{d}x} = \frac{\mathrm{d}[Y(x) - y(x)]}{\mathrm{d}x} = \frac{\mathrm{d}(\delta y)}{\mathrm{d}x} = \delta y' \tag{A.6a}$$

$$(\delta y)^{(n)} = \frac{\mathrm{d}^{(n)}(\delta y)}{\mathrm{d}x^{(n)}} = \frac{\mathrm{d}^{(n)}[Y(x) - y(x)]}{\mathrm{d}x^{(n)}} = \frac{\mathrm{d}^{(n)}(\delta y)}{\mathrm{d}x^{(n)}} = \delta y^{(n)} \tag{A.6b}$$

可以看出，变分的 n 阶导数等于 n 阶导数的变分，即导数符号可以改变位置。

A.3 泛函的一阶变分和高阶变分

设泛函

$$J = J[y(x)] = \int_{x_0}^{x_1} F(x, y, y', y'') \mathrm{d}x \tag{A.7}$$

式中的被积泛函 $F(x, y, y', y'')$ 是 x、y、y'、y'' 的函数。

由前面可知，被积泛函 F 发生微小改变时产生的增量 ΔF 为：

$$\Delta F = F(x, y + \delta y, y' + \delta y', y'' + \delta y'') - F(x, y, y', y'') \tag{A.8}$$

将等号右侧第一项用泰勒级数展开，整理可得：

$$\Delta F = \frac{1}{1!}\left(\frac{\partial F}{\partial y}\delta y + \frac{\partial F}{\partial y'}\delta y' + \frac{\partial F}{\partial y''}\delta y''\right) + \frac{1}{2!}\left(\frac{\partial^2 F}{\partial y^2}\delta y + \frac{\partial^2 F}{\partial (y')^2}\delta y' + \frac{\partial^2 F}{\partial (y'')^2}\delta y''\right) + \cdots$$

上式等号右侧第一个括号是增量 ΔF 的主要组成部分（也称线性项），记作 δF，称为泛函 F 的一阶变分；第二个括号是增量的 ΔF 二阶项，记作 $\delta^2 F$，称为泛函 F 的二阶变分，以此类推 n 阶变分 $\delta^{(n)} F$。一阶、二阶变分表达式分别为：

$$\delta F = \frac{\partial F}{\partial y}\delta y + \frac{\partial F}{\partial y'}\delta y' + \frac{\partial F}{\partial y''}\delta y'' \tag{A.9a}$$

$$\delta^2 F = \frac{\partial^2 F}{\partial y^2}\delta y + \frac{\partial^2 F}{\partial^2 (y')^2}\delta y' + \frac{\partial^2 F}{\partial^2 (y'')^2}\delta y'' \tag{A.9b}$$

$$\cdots$$

故 F 的增量 ΔF 可用变分表达：

$$\Delta F = \delta F + \frac{1}{2!}\delta^2 F + \frac{1}{3!}\delta^3 F + \cdots \tag{A.10}$$

忽略高阶项后，则有：

$$\Delta F \approx \delta F \tag{A.11}$$

下面再来考查泛函 J，由式（A.5）、（A.7）可知，泛函 J 的增量 ΔJ 为：

$$\Delta J = \int_{x_0}^{x_1} F(x, y + \delta y, y' + \delta y', y'' + \delta y'') \mathrm{d}x - \int_{x_0}^{x_1} F(x, y, y', y'') \mathrm{d}x$$

$$= \int_{x_0}^{x_1} [F(x, \ y+\delta y, \ y'+\delta y', \ y''+\delta y'') - F(x, \ y, \ y', \ y'')] \mathrm{d}x = \int_{x_0}^{x_1} \Delta F \mathrm{d}x \tag{A.12}$$

将式（A.10）代入可得：

$$\Delta J = \int_{x_0}^{x_1} \delta F \mathrm{d}x + \frac{1}{2!} \int_{x_0}^{x_1} \delta^2 F \mathrm{d}x + \frac{1}{3!} \int_{x_0}^{x_1} \delta^3 F \mathrm{d}x + \cdots \tag{A.13}$$

上式等号右侧的第一项，是被积泛函 F 一阶变分 δF 的积分（也称线性项），是 ΔJ 的主要组成部分，记作 δJ，称为泛函 J 的一阶变分；第二项是二阶变分 $\delta^2 F$ 的积分，记作 $\delta^2 J$，称为泛函 J 的二阶变分，以此类推 J 的 n 阶变分 $\delta^{(n)} J$。J 的一阶、二阶变分表达式分别为：

$$\delta J = \int_{x_0}^{x_1} \delta F \mathrm{d}x \tag{A.14a}$$

$$\delta^2 J = \int_{x_0}^{x_1} \delta^2 F \mathrm{d}x \tag{A.14b}$$

$$\cdots$$

因此，泛函 J 的增量可用 J 的变分来表达：

$$\Delta J = \delta J + \frac{1}{2!} \delta^2 J + \frac{1}{3!} \delta^3 J + \cdots \tag{A.15}$$

忽略高阶项后，则有：

$$\Delta J \approx \delta J \tag{A.16}$$

下面再来研究积分符号与变分符号的关系。将 $J = \int_{x_0}^{x_1} F \mathrm{d}x$ 代入 δJ，可得 $\delta J = \delta \int_{x_0}^{x_1} F \mathrm{d}x$，又由式（A.14a）可知 $\delta J = \int_{x_0}^{x_1} \delta F \mathrm{d}x$，故有：

$$\delta \int_{x_0}^{x_1} F \mathrm{d}x = \int_{x_0}^{x_1} \delta F \mathrm{d}x \tag{A.17}$$

也就是说，只要积分的上下限不变，变分符号可与定积分符号交换次序。

有关变分的一些算法不再详细推导，直接汇总罗列如下：

$$\delta \left(\frac{\mathrm{d}y}{\mathrm{d}x} \right) = \frac{\mathrm{d}}{\mathrm{d}x} \delta y, \ \delta y^{(n)} = (\delta y)^{(n)} \tag{A.18a}$$

$$\delta(F_1 + F_2) = \delta F_1 + \delta F_2 \tag{A.18b}$$

$$\delta(F_1 F_2) = F_2 \delta F_1 + F_1 \delta F_2 \tag{A.18c}$$

$$\delta \left(\frac{F_1}{F_2} \right) = \frac{F_2 \delta F_1 - F_1 \delta F_2}{F_2^2} \tag{A.18d}$$

$$\delta(F^n) = nF^{n-1} \delta F \tag{A.18e}$$

$$\delta \int_{x_0}^{x_1} F(x, \ y, \ y', \ y'') \mathrm{d}x = \int_{x_0}^{x_1} \delta F(x, \ y, \ y', \ y'') \mathrm{d}x \tag{A.18f}$$

$$\delta^2 F = \delta(\delta F), \ \delta^k F = \delta(\delta^{k-1} F) \tag{A.18g}$$

A.4 泛函的极值问题

设 $y_0(x)$ 是泛函 $J[y(x)]$ 的定义域 Γ 中的某一函数，若对 Γ 中任意一个函数 $y(x)$

都有
$$J[y_0(x)] \leqslant J[y(x)] \quad \text{或者} \quad J[y_0(x)] \geqslant J[y(x)] \tag{A.19}$$

则称泛函 $J[y(x)]$ 在函数 $y_0(x)$ 处达到了极小值或者极大值，泛函的极大值和极小值统称为泛函的极值。$y_0(x)$ 是泛函取得极值的函数，简称极值函数。泛函的极值问题就是寻找极值函数 $y_0(x)$，需要用到变分法。式（A.19）也可以写为：

$$\Delta J = J[y_0(x)] - J[y(x)] \leqslant 0 \quad \text{或者} \quad \Delta J = J[y_0(x)] - J[y(x)] \geqslant 0$$
$$\tag{A.20}$$

如果忽略高阶项，可将式（A.15）代入，得：
$$\delta J \leqslant 0 \quad \text{或者} \quad \delta J \geqslant 0 \tag{A.21}$$

因此，泛函 $J[y(x)]$ 在函数 $y_0(x)$ 处实现极值（即驻值）的必要条件为：
$$\Delta J = 0 \tag{A.22}$$

若要泛函 $J[y(x)]$ 在 $y_0(x)$ 实现极小值，其充分必要条件为：
$$\Delta J = 0, \text{ 且 } \Delta^2 J > 0 \tag{A.23}$$

若要泛函 $J[y(x)]$ 在 $y_0(x)$ 实现极大值，其充分必要条件为：
$$\Delta J = 0, \text{ 且 } \Delta^2 J < 0 \tag{A.24}$$

附录 B　冷弯型钢轴压构件的稳定系数

冷弯型钢轴压构件的稳定系数 φ　　　　　附表 B.1

λ/ε_k	0	1	2	3	4	5	6	7	8	9
0	1.000	0.997	0.995	0.992	0.989	0.987	0.984	0.981	0.979	0.976
10	0.974	0.971	0.968	0.966	0.963	0.960	0.958	0.955	0.952	0.949
20	0.947	0.944	0.941	0.938	0.936	0.933	0.930	0.927	0.924	0.921
30	0.918	0.915	0.912	0.909	0.906	0.903	0.899	0.896	0.893	0.889
40	0.886	0.882	0.879	0.875	0.872	0.868	0.864	0.861	0.858	0.855
50	0.852	0.849	0.846	0.843	0.839	0.836	0.832	0.829	0.825	0.822
60	0.818	0.814	0.810	0.806	0.802	0.797	0.793	0.789	0.784	0.779
70	0.775	0.770	0.765	0.760	0.755	0.750	0.744	0.739	0.733	0.728
80	0.722	0.716	0.710	0.704	0.698	0.692	0.686	0.680	0.673	0.667
90	0.661	0.654	0.648	0.641	0.634	0.626	0.618	0.611	0.603	0.595
100	0.588	0.580	0.573	0.566	0.558	0.551	0.544	0.537	0.530	0.523
110	0.516	0.509	0.502	0.496	0.489	0.483	0.476	0.470	0.464	0.458
120	0.452	0.446	0.440	0.434	0.428	0.423	0.417	0.412	0.406	0.401
130	0.396	0.391	0.386	0.381	0.376	0.371	0.367	0.362	0.357	0.353
140	0.349	0.344	0.340	0.336	0.332	0.328	0.324	0.320	0.316	0.312
150	0.308	0.305	0.301	0.298	0.294	0.291	0.287	0.284	0.281	0.277
160	0.274	0.271	0.268	0.265	0.262	0.259	0.256	0.253	0.251	0.248
170	0.245	0.243	0.240	0.237	0.235	0.232	0.230	0.227	0.225	0.223

λ/ε_k	0	1	2	3	4	5	6	7	8	9
180	0.220	0.218	0.216	0.214	0.211	0.209	0.207	0.205	0.203	0.201
190	0.199	0.197	0.195	0.193	0.191	0.189	0.188	0.186	0.184	0.182
200	0.180	0.179	0.177	0.175	0.174	0.172	0.171	0.169	0.167	0.166
210	0.164	0.163	0.161	0.160	0.159	0.157	0.156	0.154	0.153	0.152
220	0.150	0.149	0.148	0.146	0.145	0.144	0.143	0.141	0.140	0.139
230	0.138	0.137	0.136	0.135	0.133	0.132	0.131	0.130	0.129	0.128
240	0.127	0.126	0.125	0.124	0.123	0.122	0.121	0.120	0.119	0.118
250	0.117	—	—	—	—	—	—	—	—	—

注：1. λ 为构件的长细比；ε_k 为钢号修正系数。

　　2. 当 λ/ε_k 超出表中范围时，φ 值按式（4.102）计算，ε_0 取式（4.104）中的 ε_{e0}。

附录 C　焊接和轧制轴压钢构件的截面分类

焊接和轧制轴压钢构件的截面分类（板厚<40mm）　　　　附表 C.1

截面形式			对 x 轴	对 y 轴
	轧制截面		a 类	a 类
	轧制截面	$b/h \leqslant 0.8$	a 类	b 类
		$b/h > 0.8$	a* 类	b* 类
	轧制等边角钢		a* 类	a* 类
	焊接截面 翼缘为焰切边	焊接截面	b 类	b 类
	轧制截面			
	轧制或焊接截面 （板件宽厚比>20）	轧制或焊接截面		

截面形式		对 x 轴	对 y 轴
焊接截面	轧制截面或翼缘为焰切边的焊接截面	b 类	b 类
格构式	焊接截面，板边为焰切	b 类	b 类
	焊接截面翼缘为轧制或剪切边	b 类	c 类
焊接截面板边为轧制或剪切	轧制或焊接截面（板件宽厚比≤20）	c 类	c 类

注：1. a^* 类含义为：Q235 钢取 b 类，Q345、Q390、Q420、Q460 钢取 a 类。

2. b^* 类含义为：Q235 钢取 c 类，Q345、Q390、Q420、Q460 钢取 b 类。

3. 对无对称轴且剪心和形心不重合的截面，其截面分类可按有对称轴的类似截面定义，比如不等边角钢可采用等边角钢的类别；当无类似截面时，可取 c 类。

焊接和轧制轴压钢构件的截面分类（板厚≥40mm）　　　　　　　　附表 C. 2

截面形式			对 x 轴	对 y 轴
	轧制工字形或 H 形截面	$t<80$mm	b 类	c 类
		$t≥80$mm	c 类	d 类
	焊接工字形截面	翼缘为焰切边	b 类	b 类
		翼缘为轧制或剪切边	c 类	d 类
	焊接箱形截面	板件宽厚比>20	b 类	b 类
		板件宽厚比≤20	c 类	c 类

附录 D   焊接和轧制轴压钢构件的稳定系数

a 类截面焊接和轧制轴压构件的稳定系数 φ   附表 D.1

λ/ε_k	0	1	2	3	4	5	6	7	8	9
0	1.000	1.000	1.000	1.000	0.999	0.999	0.998	0.998	0.997	0.996
10	0.995	0.994	0.993	0.992	0.991	0.989	0.988	0.986	0.985	0.983
20	0.981	0.979	0.977	0.976	0.974	0.972	0.970	0.968	0.966	0.964
30	0.963	0.961	0.959	0.957	0.955	0.952	0.950	0.948	0.946	0.944
40	0.941	0.939	0.937	0.934	0.932	0.929	0.927	0.924	0.921	0.919
50	0.916	0.913	0.910	0.907	0.904	0.900	0.897	0.894	0.890	0.886
60	0.883	0.879	0.875	0.871	0.867	0.863	0.858	0.854	0.849	0.844
70	0.839	0.834	0.829	0.824	0.818	0.813	0.807	0.801	0.795	0.789
80	0.783	0.776	0.770	0.763	0.757	0.750	0.743	0.736	0.728	0.721
90	0.714	0.706	0.699	0.691	0.684	0.676	0.668	0.661	0.653	0.645
100	0.638	0.630	0.622	0.615	0.607	0.600	0.592	0.585	0.577	0.570
110	0.563	0.555	0.548	0.541	0.534	0.527	0.520	0.514	0.507	0.500
120	0.494	0.488	0.481	0.475	0.469	0.463	0.457	0.451	0.445	0.440
130	0.434	0.429	0.423	0.418	0.412	0.407	0.402	0.397	0.392	0.387
140	0.383	0.378	0.373	0.369	0.364	0.360	0.356	0.351	0.347	0.343
150	0.339	0.335	0.331	0.327	0.323	0.320	0.316	0.312	0.309	0.305
160	0.302	0.298	0.295	0.292	0.289	0.285	0.282	0.279	0.276	0.273
170	0.270	0.267	0.264	0.262	0.259	0.256	0.253	0.251	0.248	0.246
180	0.243	0.241	0.238	0.236	0.233	0.231	0.229	0.226	0.224	0.222
190	0.220	0.218	0.215	0.213	0.211	0.209	0.207	0.205	0.203	0.201
200	0.199	0.198	0.196	0.194	0.192	0.190	0.189	0.187	0.185	0.183
210	0.182	0.180	0.179	0.177	0.175	0.174	0.172	0.171	0.169	0.168
220	0.166	0.165	0.164	0.162	0.161	0.159	0.158	0.157	0.155	0.154
230	0.153	0.152	0.150	0.149	0.148	0.147	0.146	0.144	0.143	0.142
240	0.141	0.140	0.139	0.138	0.136	0.135	0.134	0.133	0.132	0.131
250	0.130	—	—	—	—	—	—	—	—	—

注: 1. λ 为构件的长细比; ε_k 为钢号修正系数。
　　2. 当 λ/ε_k 超出表中范围时, φ 值按式 (4.105) 计算。

b 类截面焊接和轧制轴压构件的稳定系数 φ

附表 D. 2

λ/ε_k	0	1	2	3	4	5	6	7	8	9
0	1.000	1.000	1.000	0.999	0.999	0.998	0.997	0.996	0.995	0.994
10	0.992	0.991	0.989	0.987	0.985	0.983	0.981	0.978	0.976	0.973
20	0.970	0.967	0.963	0.960	0.957	0.953	0.950	0.946	0.943	0.939
30	0.936	0.932	0.929	0.925	0.922	0.918	0.914	0.910	0.906	0.903
40	0.899	0.895	0.891	0.887	0.882	0.878	0.874	0.870	0.865	0.861
50	0.856	0.852	0.847	0.842	0.838	0.833	0.828	0.823	0.818	0.813
60	0.807	0.802	0.797	0.791	0.786	0.780	0.774	0.769	0.763	0.757
70	0.751	0.745	0.739	0.732	0.726	0.720	0.714	0.707	0.701	0.694
80	0.688	0.681	0.675	0.668	0.661	0.655	0.648	0.641	0.635	0.628
90	0.621	0.614	0.608	0.601	0.594	0.588	0.581	0.575	0.568	0.561
100	0.555	0.549	0.542	0.536	0.529	0.523	0.517	0.511	0.505	0.499
110	0.493	0.487	0.481	0.475	0.470	0.464	0.458	0.453	0.447	0.442
120	0.437	0.432	0.426	0.421	0.416	0.411	0.406	0.402	0.397	0.392
130	0.387	0.383	0.378	0.374	0.370	0.365	0.361	0.357	0.353	0.349
140	0.345	0.341	0.337	0.333	0.329	0.326	0.322	0.318	0.315	0.311
150	0.308	0.304	0.301	0.298	0.294	0.291	0.288	0.285	0.282	0.279
160	0.276	0.273	0.270	0.267	0.265	0.262	0.259	0.256	0.254	0.251
170	0.249	0.246	0.244	0.241	0.239	0.236	0.234	0.232	0.229	0.227
180	0.225	0.223	0.220	0.218	0.216	0.214	0.212	0.210	0.208	0.206
190	0.204	0.202	0.200	0.198	0.197	0.195	0.193	0.191	0.190	0.188
200	0.186	0.184	0.183	0.181	0.180	0.178	0.176	0.175	0.173	0.172
210	0.170	0.169	0.167	0.166	0.165	0.163	0.162	0.160	0.159	0.158
220	0.156	0.155	0.154	0.153	0.151	0.150	0.149	0.148	0.146	0.145
230	0.144	0.143	0.142	0.141	0.140	0.138	0.137	0.136	0.135	0.134
240	0.133	0.132	0.131	0.130	0.129	0.128	0.127	0.126	0.125	0.124
250	0.123	—	—	—	—	—	—	—	—	—

注：1. λ 为构件的长细比；ε_k 为钢号修正系数。

2. 当 λ/ε_k 超出表中范围时，φ 值按式（4.105）计算。

c 类截面焊接和轧制轴压构件的稳定系数 φ　　　　附表 D. 3

λ/ε_k	0	1	2	3	4	5	6	7	8	9
0	1.000	1.000	1.000	0.999	0.999	0.998	0.997	0.996	0.995	0.993
10	0.992	0.990	0.988	0.986	0.983	0.981	0.978	0.976	0.973	0.970
20	0.966	0.959	0.953	0.947	0.940	0.934	0.928	0.921	0.915	0.909
30	0.902	0.896	0.890	0.884	0.877	0.871	0.865	0.858	0.852	0.846
40	0.839	0.833	0.826	0.820	0.814	0.807	0.801	0.794	0.788	0.781
50	0.775	0.768	0.762	0.755	0.748	0.742	0.735	0.729	0.722	0.715
60	0.709	0.702	0.695	0.689	0.682	0.676	0.669	0.662	0.656	0.649
70	0.643	0.636	0.629	0.623	0.616	0.610	0.604	0.597	0.591	0.584
80	0.578	0.572	0.566	0.559	0.553	0.547	0.541	0.535	0.529	0.523
90	0.517	0.511	0.505	0.500	0.494	0.488	0.483	0.477	0.472	0.467
100	0.463	0.458	0.454	0.449	0.445	0.441	0.436	0.432	0.428	0.423
110	0.419	0.415	0.411	0.407	0.403	0.399	0.395	0.391	0.387	0.383
120	0.379	0.375	0.371	0.367	0.364	0.360	0.356	0.353	0.349	0.346
130	0.342	0.339	0.335	0.332	0.328	0.325	0.322	0.319	0.315	0.312
140	0.309	0.306	0.303	0.300	0.297	0.294	0.291	0.288	0.285	0.282
150	0.280	0.277	0.274	0.271	0.269	0.266	0.264	0.261	0.258	0.256
160	0.254	0.251	0.249	0.246	0.244	0.242	0.239	0.237	0.235	0.233
170	0.230	0.228	0.226	0.224	0.222	0.220	0.218	0.216	0.214	0.212
180	0.210	0.208	0.206	0.205	0.203	0.201	0.199	0.197	0.196	0.194
190	0.192	0.190	0.189	0.187	0.186	0.184	0.182	0.181	0.179	0.178
200	0.176	0.175	0.173	0.172	0.170	0.169	0.168	0.166	0.165	0.163
210	0.162	0.161	0.159	0.158	0.157	0.156	0.154	0.153	0.152	0.151
220	0.150	0.148	0.147	0.146	0.145	0.144	0.143	0.142	0.140	0.139
230	0.138	0.137	0.136	0.135	0.134	0.133	0.132	0.131	0.130	0.129
240	0.128	0.127	0.126	0.125	0.124	0.124	0.123	0.122	0.121	0.120
250	0.119	—	—	—	—	—	—	—	—	—

注：1. λ 为构件的长细比；ε_k 为钢号修正系数。
　　2. 当 λ/ε_k 超出表中范围时，φ 值按式（4.105）计算。

d 类截面焊接和轧制轴压构件的稳定系数 φ　　　　　　　　附表 D.4

λ/ε_k	0	1	2	3	4	5	6	7	8	9
0	1.000	1.000	0.999	0.999	0.998	0.996	0.994	0.992	0.990	0.987
10	0.984	0.981	0.978	0.974	0.969	0.965	0.960	0.955	0.949	0.944
20	0.937	0.927	0.918	0.909	0.900	0.891	0.883	0.874	0.865	0.857
30	0.848	0.840	0.831	0.823	0.815	0.807	0.799	0.790	0.782	0.774
40	0.766	0.759	0.751	0.743	0.735	0.728	0.720	0.712	0.705	0.697
50	0.690	0.683	0.675	0.668	0.661	0.654	0.646	0.639	0.632	0.625
60	0.618	0.612	0.605	0.598	0.591	0.585	0.578	0.572	0.565	0.559
70	0.552	0.546	0.540	0.534	0.528	0.522	0.516	0.510	0.504	0.498
80	0.493	0.487	0.481	0.476	0.470	0.465	0.460	0.454	0.449	0.444
90	0.439	0.434	0.429	0.424	0.419	0.414	0.410	0.405	0.401	0.397
100	0.394	0.390	0.387	0.383	0.380	0.376	0.373	0.370	0.366	0.363
110	0.359	0.356	0.353	0.350	0.346	0.343	0.340	0.337	0.334	0.331
120	0.328	0.325	0.322	0.319	0.316	0.313	0.310	0.307	0.304	0.301
130	0.299	0.296	0.293	0.290	0.288	0.285	0.282	0.280	0.277	0.275
140	0.272	0.270	0.267	0.265	0.262	0.260	0.258	0.255	0.253	0.251
150	0.248	0.246	0.244	0.242	0.240	0.237	0.235	0.233	0.231	0.229
160	0.227	0.225	0.223	0.221	0.219	0.217	0.215	0.213	0.212	0.210
170	0.208	0.206	0.204	0.203	0.201	0.199	0.197	0.196	0.194	0.192
180	0.191	0.189	0.188	0.186	0.184	0.183	0.181	0.180	0.178	0.177
190	0.176	0.174	0.173	0.171	0.170	0.168	0.167	0.166	0.164	0.163
200	0.162	—	—	—	—	—	—	—	—	—

注：1. λ 为构件的长细比；ε_k 为钢号修正系数。

2. 当 λ/ε_k 超出表中范围时，φ 值按式（4.105）计算。

附录 E　混凝土柱的计算长度和轴压稳定系数

刚性屋盖单层房屋排架柱、露天吊车柱和栈桥柱的计算长度　　附表 E.1

柱的类别		计算长度 l_0		
		排架方向	垂直于排架方向	
			有柱间支撑	无柱间支撑
无吊车房屋柱	单跨	$1.5h$	$1.0h$	$1.2h$
	两跨及多跨	$1.25h$	$1.0h$	$1.2h$
有吊车房屋柱	上柱	$2.0h_2$	$1.25h_2$	$1.5h_2$
	下柱	$1.0h_1$	$0.8h_1$	$1.0h_1$
露天吊车柱和栈桥柱		$2.0h_1$	$1.0h_1$	—

注：1. 表中 h 为从基础顶面算起的柱子全高；h_1 为从基础顶面至装配式吊车梁底面或现浇式吊车梁顶面的柱子下部高度；h_2 为从装配式吊车梁底面或从现浇式吊车梁顶面算起的柱子上部高度；

2. 表中有吊车房屋排架柱的计算长度，当计算中不考虑吊车荷载时，可按无吊车房屋柱的计算长度采用，但上柱的计算长度仍可按有吊车房屋采用；

3. 表中有吊车房屋排架柱的上柱在排架方向的计算长度，仅适用于 $h_2/h_1 \geqslant 0.3$ 的情况，当 $h_2/h_1 < 0.3$ 时，计算长度宜采用 $2.5h_2$。

框架结构各层柱的计算长度

附表 E.2

楼盖类型	柱的类型	计算长度 l_0
现浇楼盖	底层柱	$1.0h$
	其余各层柱	$1.25h$
装配式楼盖	底层柱	$1.25h$
	其余各层柱	$1.5h$

注：对于底层柱，表中 h 为从基础顶面到一层楼盖顶面的柱子高度；对于其余各层柱，表中 h 为上下两层楼盖顶面之间的高度。

混凝土柱的轴压稳定系数

附表 E.3

参数			稳定系数 φ
l_0/b	l_0/d	l_0/i	
$\leqslant 8$	$\leqslant 7$	$\leqslant 28$	1.0
10	8.5	35	0.98
12	10.5	42	0.95
14	12	48	0.92
16	14	55	0.87
18	15.5	62	0.81
20	17	69	0.75
22	19	76	0.70
24	21	83	0.65
26	22.5	90	0.60
28	24	97	0.56
30	26	104	0.52
32	28	111	0.48
34	29.5	118	0.44
36	31	125	0.40
38	33	132	0.36
40	34.5	139	0.32
42	36.5	146	0.29
44	38	153	0.26
46	40	160	0.23
48	41.5	167	0.21
50	43	174	0.19

注：l_0 为构件的计算长度；b 为矩形截面的短边尺寸；d 为圆形截面的直径；i 为截面的最小回转半径。

附录 F 钢构件的截面塑性发展系数

截面塑性发展系数 附表 F.1

项次	截面形式	γ_x	γ_y
1		1.05	1.2
2			1.05
3		$\gamma_{x1}=1.05$ $\gamma_{x2}=1.2$	1.2
4			1.05
5		1.2	1.2
6		1.15	1.15
7		1.0	1.05
8			1.0

附录 G　焊接和轧制钢梁的稳定系数

G.1　等截面焊接工字形和轧制 H 型钢简支梁

对于图 5.40 中的焊接工字形和轧制 H 型钢简支梁，稳定系数 φ_b 应按式（5.105）计算，其中等效弯矩系数 β_b 按附表 G.1 采用。当所得 $\varphi_b > 0.6$ 时，需用式（5.108）的 φ'_b 来代替 φ_b 进行整体稳定计算。

等截面焊接工字形和轧制 H 型钢简支梁的 β_b

附表 G.1

项次	侧向支撑	荷载		$\xi \leqslant 2.0$	$\xi > 2.0$	适用范围
1	跨中无侧向支撑	均布荷载作用在	上翼缘	$0.69 + 0.13\xi$	0.95	图 5.40 中的 (a)、(b)、(c) 截面
2			下翼缘	$1.73 - 0.20\xi$	1.33	
3		集中荷载作用在	上翼缘	$0.73 + 0.18\xi$	1.09	
4			下翼缘	$2.23 - 0.28\xi$	1.67	
5	跨度中点有一个侧向支撑	均布荷载作用在	上翼缘	1.15		图 5.40 中的全部截面
6			下翼缘	1.40		
7		集中荷载作用在截面高度上任意位置		1.75		
8	跨中有不少于两个等间距的侧向支撑	任意荷载作用在	上翼缘	1.20		
9			下翼缘	1.40		
10	梁端有弯矩，但跨中无荷载作用			按式(5.51b)计算		

注：1. 表中的参数 ξ 按式（5.107）计算。

2. 表中的集中荷载是指一个或少数几个集中荷载位于跨中央附近的情况；对于其他情况下的集中荷载，应按表中第 1、2、5、6 项内的数值取用。

3. 表中第 8、9 项的 β_b，当集中荷载作用在侧向支撑点处时，取 $\beta_b = 1.20$。

4. 荷载作用在上翼缘系指荷载作用点在上翼缘表面，方向指向截面形心；荷载作用在下翼缘系指荷载作用点在下翼缘表面，方向背离截面形心。

5. 对于 $\alpha_b > 0.8$ 的加强受压翼缘工字形截面，下列情况下的 β_b 值应乘以相应的系数：
  项次 1：当 $\xi \leqslant 1.0$ 时，乘以 0.95；
  项次 3：当 $\xi \leqslant 0.5$ 时，乘以 0.90，当 $0.5 < \xi \leqslant 1.0$ 时，乘以 0.95。

G.2　轧制普通工字钢简支梁

轧制普通工字钢简支梁的稳定系数应按附表 G.2 采用，当所查 $\varphi_b > 0.6$ 时，需用式（5.108）的 φ'_b 来代替 φ_b 进行整体稳定计算。

轧制普通工字钢简支梁的 φ_b

附表 G.2

项次	荷载情况			工字钢型号	受压翼缘的自由长度 l_b(m)								
					2	3	4	5	6	7	8	9	10
1	跨中无侧向支撑点的梁	集中荷载作用在	上翼缘	10~20	2.00	1.30	0.99	0.80	0.68	0.58	0.53	0.48	0.43
				22~32	2.40	1.48	1.09	0.86	0.72	0.62	0.54	0.49	0.45
				36~63	2.80	1.60	1.07	0.83	0.68	0.56	0.50	0.45	0.40
2			下翼缘	10~20	3.10	1.95	1.34	1.01	0.82	0.69	0.63	0.57	0.52
				22~40	5.50	2.80	1.84	1.37	1.07	0.86	0.73	0.64	0.56
				45~63	7.30	3.60	2.30	1.62	1.20	0.96	0.80	0.69	0.60
3		均布荷载作用在	上翼缘	10~20	1.70	1.12	0.84	0.68	0.57	0.50	0.45	0.41	0.37
				22~40	2.10	1.30	0.93	0.73	0.60	0.51	0.45	0.40	0.36
				45~63	2.60	1.45	0.97	0.73	0.59	0.50	0.44	0.38	0.35
4			下翼缘	10~20	2.50	1.55	1.08	0.83	0.68	0.56	0.52	0.47	0.42
				22~40	4.00	2.20	1.45	1.10	0.85	0.70	0.60	0.52	0.46
				45~63	5.60	2.80	1.8	1.25	0.95	0.78	0.65	0.55	0.49
5	跨中有侧向支撑点的梁（不论荷载作用点在截面高度上的位置）			10~20	2.20	1.39	1.01	0.79	0.66	0.57	0.52	0.47	0.42
				22~40	3.00	1.80	1.24	0.96	0.76	0.65	0.56	0.49	0.43
				45~63	4.00	2.20	1.38	1.01	0.80	0.66	0.56	0.49	0.43

注：1. 同附表 G.1 的注 2 和注 4。

2. 表中的 φ_b 值适用于 Q235 钢。对于其他钢号，表中的数值应乘以 ε_k^2。

G.3 轧制槽钢简支梁

轧制槽钢简支梁的稳定系数，不论荷载形式和荷载作用点位置，均可按下式计算 φ_b

$$\varphi_b = \frac{570bt}{l_b h}\varepsilon_k^2 \tag{G.1}$$

式中：h、b、t 分别为槽钢截面的高度、翼缘宽度及平均厚度；l_b 为受压翼缘的自由长度。

当按上式计算所得 $\varphi_b>0.6$ 时，需用式（5.108）的 φ_b' 来代替 φ_b 进行整体稳定计算。

G.4 等截面双轴对称焊接工字形及轧制 H 型钢悬臂梁

等截面双轴对称焊接工字形及轧制 H 型钢悬臂梁的稳定系数 φ_b 可式（5.105）计算，但式中的 β_b 按附表 G.3 采用，用式（5.106）计算 λ_y 时，l_b 为悬臂梁的几何长度。当所得 $\varphi_b>0.6$ 时需用式（5.108）的 φ_b' 来代替 φ_b 进行整体稳定计算。

等截面双轴对称焊接工字形及轧制 H 型钢悬臂梁的等效弯矩系数 β_b　　附表 G. 3

项次	荷载形式		$0.60 \leqslant \xi \leqslant 1.24$	$1.24 < \xi \leqslant 1.96$	$1.96 < \xi \leqslant 3.10$
1	自由端一个集中荷载作用在	上翼缘	$0.21 + 0.67\xi$	$0.72 + 0.26\xi$	$1.17 + 0.03\xi$
2		下翼缘	$2.94 - 0.65\xi$	$2.64 - 0.40\xi$	$2.15 - 0.15\xi$
3	均布荷载作用在上翼缘		$0.62 + 0.82\xi$	$1.25 + 0.31\xi$	$1.66 + 0.10\xi$

注：1. 表中的参数 ξ 按式（5.107）计算。
　　2. 本表是按支承端为固定的情况确定的，当用于邻跨延伸出来的伸臂梁时，应在构造上采取措施加强支撑处的抗扭能力。

G. 5　受弯构件稳定系数的近似计算方法

对于均匀弯曲的受弯构件，当 $\lambda_y < 120\varepsilon_k$ 时，其稳定系数 φ_b 可按下列近似公式计算：

（1）工字形截面及 H 型钢截面

双轴对称时：

$$\varphi_b = 1.07 - \frac{\lambda_y^2}{44000\varepsilon_k^2} \leqslant 1.0 \tag{G. 2}$$

单轴对称时：

$$\varphi_b = 1.07 - \frac{W_x}{(2\alpha_b + 0.1)Ah} \cdot \frac{\lambda_y^2}{14000\varepsilon_k^2} \leqslant 1.0 \tag{G. 3}$$

式中：λ_y 为绕 y 轴的长细比；W_x 为对 x 轴的截面模量；A、h 分别为截面面积和截面高度；$\alpha_b = I_1/(I_1 + I_2)$，$I_1$、$I_2$ 分别为受压、受拉翼缘对 y 轴的惯性矩。

（2）T 形截面（弯矩作用在对称轴平面内，绕 x 轴）

1）当弯矩使翼缘受压时

双角钢组合 T 形截面：

$$\varphi_b = 1 - 0.0017\lambda_y/\varepsilon_k \leqslant 1.0 \tag{G. 4}$$

剖分 T 型钢及由两块钢板焊接的 T 形截面：

$$\varphi_b = 1 - 0.0022\lambda_y/\varepsilon_k \leqslant 1.0 \tag{G. 5}$$

2）当弯矩使翼缘受拉且腹板宽厚比不大于 $18\varepsilon_k$ 时

$$\varphi_b = 1 - 0.0005\lambda_y/\varepsilon_k \leqslant 1.0 \tag{G. 6}$$

式（G. 2）～式（G. 6）既可用于弹性屈曲也可用于非弹性屈曲，故当所得 $\varphi_b > 0.6$ 时，不需再用式（5.108）来换算成 φ_b'。式（G. 2）～式（G. 6）主要用于压弯构件的整体稳定计算。

附录 H　冷弯型钢受弯构件的稳定系数

冷弯型钢简支梁绕强轴单向受弯时，稳定系数 φ_b 应按式（5.109）计算，式中的参数 ξ_1、ξ_2 和 ξ_3 按附表 H. 1 取用。当计算所得 $\varphi_b > 0.7$ 时，需用式（5.112）的 φ_b' 来代替 φ_b 进行整体稳定计算。

冷弯型钢简支梁的参数 ξ_1、ξ_2 和 ξ_3 附表 H.1

项次	荷载情况	跨中无侧向支撑			跨度中点有一个侧向支撑			跨中有不少于两个等间距的侧向支撑		
		ξ_1	ξ_2	ξ_3	ξ_1	ξ_2	ξ_3	ξ_1	ξ_2	ξ_3
1		1.13	0.46	0.53	1.35	0.14	0.83	1.37	0.06	0.88
2		1.35	0.55	0.41	1.83	0	0.94	1.68	0.08	0.80
3		1.00	0	1.00	1.00	0	1.00	1.00	0	1.00
4		1.32	0	0.99	1.31	0	0.98	1.31	0	0.98
5		1.83	0	0.94	1.77	0	0.88	1.75	0	0.87
6		2.39	0	0.68	2.13	0	0.53	2.03	0	0.59
7		2.24	0	0	1.89	0	0	1.77	0	0

附录 I 焊接和轧制钢柱的计算长度系数

无侧移框架柱的计算长度系数 μ 附表 I.1

K_2 \ K_1	0	0.05	0.1	0.2	0.3	0.4	0.5	1	2	3	4	5	≥10
0	1.000	0.990	0.981	0.964	0.949	0.935	0.922	0.875	0.820	0.791	0.773	0.760	0.732
0.05	0.990	0.981	0.971	0.955	0.940	0.926	0.914	0.867	0.814	0.784	0.766	0.754	0.726
0.1	0.981	0.971	0.962	0.946	0.931	0.918	0.906	0.860	0.807	0.778	0.760	0.748	0.721
0.2	0.964	0.955	0.946	0.930	0.916	0.903	0.891	0.846	0.795	0.767	0.749	0.737	0.711
0.3	0.949	0.940	0.931	0.916	0.902	0.889	0.878	0.834	0.784	0.756	0.739	0.728	0.701
0.4	0.935	0.926	0.918	0.903	0.889	0.877	0.866	0.823	0.774	0.747	0.730	0.719	0.693

K_2 \ K_1	0	0.05	0.1	0.2	0.3	0.4	0.5	1	2	3	4	5	≥10
0.5	0.922	0.914	0.906	0.891	0.878	0.866	0.855	0.813	0.765	0.738	0.721	0.710	0.685
1	0.875	0.867	0.860	0.846	0.834	0.823	0.813	0.774	0.729	0.704	0.688	0.677	0.654
2	0.820	0.814	0.807	0.795	0.784	0.774	0.765	0.729	0.686	0.663	0.648	0.638	0.615
3	0.791	0.784	0.778	0.767	0.756	0.747	0.738	0.704	0.663	0.640	0.625	0.616	0.593
4	0.773	0.766	0.760	0.749	0.739	0.730	0.721	0.688	0.648	0.625	0.611	0.601	0.580
5	0.760	0.754	0.748	0.737	0.728	0.719	0.710	0.677	0.638	0.616	0.601	0.592	0.570
≥10	0.732	0.726	0.721	0.711	0.701	0.693	0.685	0.654	0.615	0.593	0.580	0.570	0.549

注：1. 表中的计算长度系数 μ 系由式（8.46）计算所得，K_1、K_2 分别为相交于柱上端、柱下端的横梁线刚度之和与柱线刚度之和的比值。

2. 当梁远端为铰接时，应将横梁线刚度乘以 1.5；当横梁远端为嵌固时，则将横梁线刚度乘以 2.0。

3. 当横梁与柱铰接时，取横梁线刚度为零。

4. 对底层框架柱：当柱脚铰接时，取 $K_2=0$（对平板支座可取 $K_2=0.1$）；当柱脚刚接时，取 $K_2=10$。

有侧移框架柱的计算长度系数 μ　　　　　　附表 I.2

K_2 \ K_1	0	0.05	0.1	0.2	0.3	0.4	0.5	1	2	3	4	5	≥10
0	∞	6.02	4.46	3.42	3.01	2.78	2.64	2.33	2.17	2.11	2.08	2.07	2.03
0.05	6.02	4.16	3.47	2.86	2.58	2.42	2.31	2.07	1.94	1.90	1.87	1.86	1.83
0.1	4.46	3.47	3.01	2.56	2.33	2.20	2.11	1.90	1.79	1.75	1.73	1.72	1.70
0.2	3.42	2.86	2.56	2.23	2.05	1.94	1.87	1.70	1.60	1.57	1.55	1.54	1.52
0.3	3.01	2.58	2.33	2.05	1.90	1.80	1.74	1.58	1.49	1.46	1.45	1.44	1.42
0.4	2.78	2.42	2.20	1.94	1.80	1.71	1.65	1.50	1.42	1.39	1.37	1.37	1.35
0.5	2.64	2.31	2.11	1.87	1.74	1.65	1.59	1.45	1.37	1.34	1.32	1.32	1.30
1	2.33	2.07	1.90	1.70	1.58	1.50	1.45	1.32	1.24	1.21	1.20	1.19	1.17
2	2.17	1.94	1.79	1.60	1.49	1.42	1.37	1.24	1.16	1.14	1.12	1.12	1.10
3	2.11	1.90	1.75	1.57	1.46	1.39	1.34	1.21	1.14	1.11	1.10	1.09	1.07
4	2.08	1.87	1.73	1.55	1.45	1.37	1.32	1.20	1.12	1.10	1.08	1.08	1.06
5	2.07	1.86	1.72	1.54	1.44	1.37	1.32	1.19	1.12	1.09	1.08	1.07	1.05
≥10	2.03	1.83	1.70	1.52	1.42	1.35	1.30	1.17	1.10	1.07	1.06	1.05	1.03

注：1. 表中的计算长度系数 μ 系由式（8.55）计算所得，K_1、K_2 分别为相交于柱上端、柱下端的横梁线刚度之和与柱线刚度之和的比值。

2. 当梁远端为铰接时，应将横梁线刚度乘以 0.5；当横梁远端为嵌固时，则将横梁线刚度乘以 2/3。

3. 当横梁与柱铰接时，取横梁线刚度为零。

4. 对底层框架柱：当柱脚铰接时，取 $K_2=0$（对平板支座可取 $K_2=0.1$）；当柱脚刚接时，取 $K_2=10$。

5. 当同层各框架柱的 N_i/I_{ci} 不同时，还需用式（8.60）对本表中的计算长度系数进行修正。

附表 I.3

上端为自由的单阶柱下段的计算长度系数 μ_2

η_1 \ K_1	0.06	0.08	0.10	0.12	0.14	0.16	0.18	0.20	0.22	0.24	0.26	0.28	0.30	0.40	0.50	0.60	0.70	0.80
0.2	2.00	2.01	2.01	2.01	2.01	2.01	2.01	2.02	2.02	2.02	2.02	2.02	2.02	2.03	2.04	2.05	2.06	2.07
0.3	2.01	2.02	2.02	2.02	2.03	2.03	2.03	2.04	2.04	2.05	2.05	2.05	2.06	2.08	2.10	2.12	2.13	2.15
0.4	2.02	2.03	2.04	2.04	2.05	2.06	2.07	2.07	2.08	2.09	2.09	2.10	2.11	2.14	2.18	2.21	2.25	2.28
0.5	2.04	2.05	2.06	2.07	2.09	2.10	2.11	2.12	2.13	2.15	2.16	2.17	2.18	2.24	2.29	2.35	2.40	2.45
0.6	2.06	2.08	2.10	2.12	2.14	2.16	2.18	2.19	2.21	2.23	2.25	2.26	2.28	2.36	2.44	2.52	2.59	2.66
0.7	2.10	2.13	2.16	2.18	2.21	2.24	2.26	2.29	2.31	2.34	2.36	2.38	2.41	2.52	2.62	2.72	2.81	2.90
0.8	2.15	2.20	2.24	2.27	2.31	2.34	2.38	2.41	2.44	2.47	2.50	2.53	2.56	2.70	2.82	2.94	3.06	3.16
0.9	2.24	2.29	2.35	2.39	2.44	2.48	2.52	2.56	2.60	2.63	2.67	2.71	2.74	2.90	3.05	3.19	3.32	3.44
1.0	2.36	2.43	2.48	2.54	2.59	2.64	2.69	2.73	2.77	2.82	2.86	2.90	2.94	3.12	3.29	3.45	3.59	3.74
1.2	2.69	2.76	2.83	2.89	2.95	3.01	3.07	3.12	3.17	3.22	3.27	3.32	3.37	3.59	3.80	3.99	4.17	4.34
1.4	3.07	3.14	3.22	3.29	3.36	3.42	3.48	3.55	3.61	3.66	3.72	3.78	3.83	4.09	4.33	4.56	4.77	4.97
1.6	3.47	3.55	3.63	3.71	3.78	3.85	3.92	3.99	4.07	4.12	4.18	4.25	4.31	4.61	4.88	5.14	5.38	5.62
1.8	3.88	3.97	4.05	4.13	4.21	4.29	4.37	4.44	4.52	4.59	4.66	4.73	4.80	5.13	5.44	5.73	6.00	6.26
2.0	4.29	4.39	4.48	4.57	4.65	4.74	4.82	4.90	4.99	5.07	5.14	5.22	5.30	5.66	6.00	6.32	6.63	6.92
2.2	4.71	4.81	4.91	5.00	5.10	5.19	5.28	5.37	5.46	5.54	5.63	5.71	5.80	6.19	6.57	6.92	7.26	7.58
2.4	5.13	5.24	5.34	5.44	5.54	5.64	5.74	5.84	5.93	6.03	6.12	6.21	6.30	6.73	7.14	7.52	7.89	8.24
2.6	5.55	5.66	5.77	5.88	5.99	6.10	6.20	6.31	6.41	6.51	6.61	6.71	6.80	7.27	7.71	8.13	8.52	8.90
2.8	5.97	6.09	6.21	6.33	6.44	6.55	6.67	6.78	6.89	6.99	7.10	7.21	7.31	7.81	8.28	8.73	9.16	9.57
3.0	6.39	6.52	6.64	6.77	6.89	7.01	7.13	7.25	7.37	7.48	7.59	7.71	7.82	8.35	8.86	9.34	9.80	10.24

简图

$$K_1 = \frac{I_{c1}}{I_{c2}} \cdot \frac{h_2}{h_1}$$

$$\eta_1 = \frac{h_1}{h_2}\sqrt{\frac{N_1}{N_2} \cdot \frac{I_{c2}}{I_{c1}}}$$

N_1 为上段柱的轴力

N_2 为下段柱的轴力

注：1. 表中 μ_2 为下段柱的计算长度系数，系按式（8.85）计算所得。
2. 表中 μ_2 还需根据厂房情况乘以附表 I.7 的折减系数。
3. 上段柱的计算长度系数 μ_1 按式（8.84）计算。

附表 I.4

上端可移动但不转动的单阶柱下段的计算长度系数 μ_2

η_1 \ K_1	0.06	0.08	0.10	0.12	0.14	0.16	0.18	0.20	0.22	0.24	0.26	0.28	0.30	0.40	0.50	0.60	0.70	0.80
0.2	1.96	1.94	1.93	1.91	1.90	1.89	1.88	1.86	1.85	1.84	1.83	1.82	1.81	1.76	1.72	1.68	1.65	1.62
0.3	1.96	1.94	1.93	1.92	1.91	1.89	1.88	1.87	1.86	1.85	1.84	1.83	1.82	1.77	1.73	1.70	1.66	1.63
0.4	1.96	1.95	1.94	1.92	1.91	1.90	1.89	1.88	1.87	1.86	1.85	1.84	1.83	1.79	1.75	1.72	1.68	1.66
0.5	1.96	1.95	1.94	1.93	1.92	1.91	1.90	1.89	1.88	1.87	1.86	1.85	1.85	1.81	1.77	1.74	1.71	1.69
0.6	1.97	1.96	1.95	1.94	1.93	1.92	1.91	1.90	1.90	1.89	1.88	1.87	1.87	1.83	1.80	1.78	1.75	1.73
0.7	1.97	1.97	1.96	1.95	1.94	1.94	1.93	1.92	1.92	1.91	1.90	1.90	1.89	1.86	1.84	1.82	1.80	1.78
0.8	1.98	1.98	1.97	1.96	1.96	1.95	1.95	1.94	1.94	1.93	1.93	1.93	1.92	1.90	1.88	1.87	1.86	1.84
0.9	1.99	1.99	1.98	1.98	1.98	1.97	1.97	1.97	1.97	1.96	1.96	1.96	1.96	1.95	1.94	1.93	1.92	1.92
1.0	2.00	2.00	2.00	2.00	2.00	2.00	2.00	2.00	2.00	2.00	2.00	2.00	2.00	2.00	2.00	2.00	2.00	2.00
1.2	2.03	2.04	2.04	2.05	2.06	2.07	2.07	2.08	2.08	2.09	2.10	2.10	2.11	2.13	2.15	2.17	2.18	2.20
1.4	2.07	2.09	2.11	2.12	2.14	2.16	2.17	2.18	2.20	2.21	2.22	2.23	2.24	2.29	2.33	2.37	2.40	2.42
1.6	2.13	2.16	2.19	2.22	2.25	2.27	2.30	2.32	2.34	2.36	2.37	2.39	2.41	2.48	2.54	2.59	2.63	2.67
1.8	2.22	2.27	2.31	2.35	2.39	2.42	2.45	2.48	2.50	2.53	2.55	2.57	2.59	2.69	2.76	2.83	2.88	2.93
2.0	2.35	2.41	2.46	2.50	2.55	2.59	2.62	2.66	2.69	2.72	2.75	2.77	2.80	2.91	3.00	3.08	3.14	3.20
2.2	2.51	2.57	2.63	2.68	2.73	2.77	2.81	2.85	2.89	2.92	2.95	2.98	3.01	3.14	3.25	3.33	3.41	3.47
2.4	2.68	2.75	2.81	2.87	2.92	2.97	3.01	3.05	3.09	3.13	3.17	3.20	3.24	3.38	3.50	3.59	3.68	3.75
2.6	2.87	2.94	3.00	3.06	3.12	3.17	3.22	3.27	3.31	3.35	3.39	3.43	3.46	3.62	3.75	3.86	3.95	4.03
2.8	3.06	3.14	3.20	3.27	3.33	3.38	3.43	3.48	3.53	3.58	3.62	3.66	3.70	3.87	4.01	4.13	4.23	4.32
3.0	3.26	3.34	3.41	3.47	3.54	3.60	3.65	3.70	3.75	3.80	3.85	3.89	3.93	4.12	4.27	4.40	4.51	4.61

简图

$$K_1 = \frac{I_{c1}}{I_{c2}} \cdot \frac{h_2}{h_1}$$

$$\eta_1 = \frac{h_1}{h_2}\sqrt{\frac{N_1}{N_2} \cdot \frac{I_{c2}}{I_{c1}}}$$

N_1 为上段柱的轴力

N_2 为下段柱的轴力

注: 1. 表中 μ_2 为下段柱的计算长度系数。系按式 (8.86) 计算所得。

2. 表中 μ_2 还需根据厂房情况乘以附表 I.7 的折减系数。

3. 上段柱的计算长度系数 μ_1 按式 (8.84) 计算。

柱上端为自由的双阶柱下段的计算长度系数 μ_3

附表 1.5

简图		K_1	$K_1=0.05$											$K_1=0.10$										
	η_1	K_2 \ η_2	0.2	0.3	0.4	0.5	0.6	0.7	0.8	0.9	1.0	1.1	1.2	0.2	0.3	0.4	0.5	0.6	0.7	0.8	0.9	1.0	1.1	1.2
	0.2	0.2	2.02	2.03	2.04	2.05	2.05	2.06	2.07	2.08	2.09	2.10	2.10	2.03	2.03	2.04	2.05	2.06	2.07	2.08	2.08	2.09	2.10	2.11
		0.4	2.08	2.11	2.15	2.19	2.22	2.25	2.29	2.32	2.35	2.39	2.42	2.09	2.12	2.16	2.19	2.23	2.26	2.29	2.33	2.36	2.39	2.42
		0.6	2.20	2.29	2.37	2.45	2.52	2.60	2.67	2.73	2.80	2.87	2.93	2.21	2.30	2.38	2.46	2.53	2.60	2.67	2.74	2.81	2.87	2.93
		0.8	2.42	2.57	2.71	2.83	2.95	3.06	3.17	3.27	3.37	3.47	3.56	2.44	2.58	2.71	2.84	2.96	3.07	3.17	3.28	3.37	3.47	3.56
		1.0	2.75	2.95	3.13	3.30	3.45	3.60	3.74	3.87	4.00	4.13	4.25	2.76	2.96	3.14	3.30	3.46	3.60	3.74	3.88	4.01	4.13	4.25
		1.2	3.13	3.38	3.60	3.80	4.00	4.18	4.35	4.51	4.67	4.82	4.97	3.15	3.39	3.61	3.81	4.00	4.18	4.35	4.52	4.68	4.83	4.98
	0.4	0.2	2.04	2.05	2.05	2.06	2.07	2.08	2.09	2.09	2.10	2.11	2.12	2.07	2.07	2.08	2.08	2.09	2.10	2.11	2.12	2.12	2.13	2.14
		0.4	2.10	2.14	2.17	2.20	2.24	2.27	2.31	2.34	2.37	2.4	2.43	2.14	2.17	2.20	2.23	2.26	2.30	2.33	2.36	2.39	2.42	2.46
		0.6	2.24	2.32	2.40	2.47	2.54	2.62	2.68	2.75	2.82	2.88	2.94	2.28	2.36	2.43	2.50	2.57	2.64	2.71	2.77	2.84	2.90	2.96
		0.8	2.47	2.60	2.73	2.85	2.97	3.08	3.19	3.29	3.38	3.48	3.57	2.53	2.65	2.77	2.88	3.00	3.10	3.21	3.31	3.40	3.50	3.59
		1.0	2.79	2.98	3.15	3.32	3.47	3.62	3.75	3.89	4.02	4.14	4.26	2.85	3.02	3.19	3.34	3.49	3.64	3.77	3.91	4.03	4.16	4.28
		1.2	3.18	3.41	3.62	3.82	4.01	4.19	4.36	4.52	4.68	4.83	4.98	3.24	3.45	3.65	3.85	4.03	4.21	4.38	4.54	4.70	4.85	4.99
	0.6	0.2	2.09	2.09	2.10	2.10	2.11	2.12	2.12	2.13	2.14	2.15	2.15	2.22	2.19	2.18	2.17	2.18	2.18	2.19	2.19	2.20	2.20	2.21
		0.4	2.17	2.19	2.22	2.25	2.28	2.31	2.34	2.38	2.41	2.44	2.47	2.31	2.30	2.31	2.33	2.35	2.38	2.41	2.44	2.47	2.49	2.52
		0.6	2.32	2.38	2.45	2.52	2.59	2.66	2.72	2.79	2.85	2.91	2.97	2.48	2.49	2.54	2.60	2.66	2.72	2.78	2.84	2.90	2.96	3.02
		0.8	2.56	2.67	2.79	2.90	3.01	3.11	3.22	3.32	3.41	3.50	3.60	2.72	2.78	2.87	2.97	3.07	3.17	3.27	3.36	3.46	3.55	3.64
		1.0	2.88	3.04	3.20	3.36	3.50	3.65	3.78	3.91	4.04	4.16	4.26	3.04	3.15	3.28	3.42	3.56	3.70	3.83	3.95	4.08	4.20	4.31
		1.2	3.26	3.46	3.66	3.86	4.04	4.22	4.38	4.55	4.70	4.85	5.00	3.40	3.56	3.74	3.91	4.09	4.26	4.42	4.58	4.73	4.88	5.03
	0.8	0.2	2.29	2.24	2.22	2.21	2.21	2.22	2.22	2.22	2.23	2.23	2.24	2.63	2.49	2.43	2.40	2.38	2.37	2.37	2.36	2.36	2.37	2.37
		0.4	2.37	2.34	2.34	2.36	2.38	2.40	2.43	2.45	2.48	2.51	2.54	2.71	2.59	2.55	2.54	2.54	2.55	2.57	2.59	2.61	2.63	2.65
		0.6	2.52	2.52	2.56	2.61	2.67	2.73	2.79	2.85	2.91	2.96	3.02	2.86	2.76	2.76	2.78	2.82	2.86	2.91	2.96	3.01	3.07	3.12

简图：

I_{c1}, I_{c2}, I_{c3}；h_1, h_2, h_3

$$K_1 = \frac{I_{c1}}{I_{c3}} \cdot \frac{h_3}{h_1}$$

$$K_2 = \frac{I_{c2}}{I_{c3}} \cdot \frac{h_3}{h_2}$$

$$\eta_1 = \frac{h_1}{h_3}\sqrt{\frac{N_1}{N_3} \cdot \frac{I_{c3}}{I_{c1}}}$$

$$\eta_2 = \frac{h_2}{h_3}\sqrt{\frac{N_2}{N_3} \cdot \frac{I_{c3}}{I_{c2}}}$$

N_1 为上段柱的轴力

N_2 为中段柱的轴力

N_3 为下段柱的轴力

续表

简图

$$K_1 = \frac{I_{c1}}{I_{c3}} \cdot \frac{h_3}{h_1}$$

$$K_2 = \frac{I_{c2}}{I_{c3}} \cdot \frac{h_3}{h_2}$$

$$\eta_1 = \frac{h_1}{h_3}\sqrt{\frac{N_1}{N_3} \cdot \frac{I_{c3}}{I_{c1}}}$$

$$\eta_2 = \frac{h_2}{h_3}\sqrt{\frac{N_2}{N_3} \cdot \frac{I_{c3}}{I_{c2}}}$$

N_1 为上段柱的轴力

N_2 为中段柱的轴力

N_3 为下段柱的轴力

η_1	η_2	0.05 K_2=0.2	0.3	0.4	0.5	0.6	0.7	0.8	0.9	1.0	1.1	1.2	0.10 K_2=0.2	0.3	0.4	0.5	0.6	0.7	0.8	0.9	1.0	1.1	1.2
0.8	0.8	2.74	2.79	2.88	2.98	3.08	3.17	3.27	3.36	3.46	3.55	3.63	3.06	3.02	3.06	3.13	3.20	3.29	3.37	3.46	3.54	3.63	3.71
0.8	1.0	3.04	3.15	3.28	3.42	3.56	3.69	3.82	3.95	4.07	4.19	4.31	3.33	3.35	3.44	3.55	3.67	3.79	3.90	4.03	4.15	4.26	4.37
0.8	1.2	3.39	3.55	3.73	3.91	4.08	4.25	4.42	4.58	4.73	4.88	5.02	3.65	3.73	3.86	4.02	4.18	4.34	4.49	4.64	4.79	4.94	5.08
1.0	0.2	2.69	2.57	2.51	2.48	2.46	2.45	2.45	2.44	2.44	2.44	2.44	3.18	2.95	2.84	2.77	2.73	2.70	2.68	2.67	2.66	2.65	2.65
1.0	0.4	2.75	2.64	2.60	2.59	2.59	2.59	2.60	2.62	2.63	2.65	2.67	3.24	3.03	2.93	2.88	2.85	2.84	2.84	2.84	2.85	2.86	2.87
1.0	0.6	2.86	2.78	2.77	2.79	2.83	2.87	2.91	2.96	3.01	3.06	3.10	3.36	3.16	3.09	3.07	3.08	3.09	3.12	3.15	3.19	3.23	3.27
1.0	0.8	3.04	3.01	3.05	3.11	3.19	3.27	3.35	3.44	3.52	3.61	3.69	3.52	3.37	3.34	3.36	3.41	3.46	3.53	3.60	3.67	3.75	3.82
1.0	1.0	3.29	3.32	3.41	3.52	3.64	3.76	3.89	4.01	4.13	4.24	4.35	3.74	3.64	3.67	3.74	3.83	3.93	4.03	4.14	4.25	4.35	4.46
1.0	1.2	3.60	3.69	3.83	3.99	4.15	4.31	4.47	4.62	4.77	4.92	5.06	4.00	3.97	4.05	4.17	4.31	4.45	4.59	4.73	4.87	5.01	5.14
1.2	0.2	3.16	3.00	2.92	2.87	2.84	2.81	2.80	2.79	2.78	2.77	2.77	3.77	3.47	3.32	3.23	3.17	3.12	3.09	3.07	3.05	3.04	3.03
1.2	0.4	3.21	3.05	2.98	2.94	2.92	2.90	2.90	2.90	2.90	2.91	2.92	3.82	3.53	3.39	3.31	3.26	3.22	3.20	3.19	3.19	3.19	3.19
1.2	0.6	3.30	3.15	3.10	3.08	3.08	3.10	3.12	3.15	3.18	3.22	3.26	3.91	3.64	3.51	3.45	3.42	3.42	3.42	3.43	3.45	3.48	3.50
1.2	0.8	3.43	3.32	3.30	3.33	3.37	3.43	3.49	3.56	3.63	3.71	3.78	4.04	3.80	3.71	3.68	3.69	3.72	3.76	3.81	3.86	3.92	3.98
1.2	1.0	3.62	3.57	3.60	3.68	3.77	3.87	3.98	4.09	4.20	4.31	4.42	4.21	4.02	3.97	3.99	4.05	4.12	4.20	4.29	4.39	4.48	4.58
1.2	1.2	3.88	3.88	3.98	4.11	4.25	4.39	4.54	4.68	4.83	4.97	5.10	4.43	4.30	4.31	4.38	4.48	4.60	4.72	4.85	4.98	5.11	5.24
1.4	0.2	3.66	3.46	3.36	3.29	3.25	3.23	3.20	3.19	3.18	3.17	3.16	4.37	4.01	3.82	3.71	3.63	3.58	3.54	3.51	3.49	3.47	3.45
1.4	0.4	3.70	3.50	3.40	3.35	3.31	3.29	3.27	3.26	3.26	3.26	3.26	4.41	4.06	3.88	3.77	3.70	3.66	3.63	3.60	3.59	3.58	3.57
1.4	0.6	3.77	3.58	3.49	3.45	3.43	3.42	3.42	3.43	3.45	3.47	3.49	4.48	4.15	3.98	3.89	3.83	3.80	3.79	3.78	3.79	3.80	3.81
1.4	0.8	3.87	3.70	3.64	3.63	3.64	3.67	3.70	3.75	3.81	3.86	3.92	4.59	4.28	4.13	4.07	4.04	4.04	4.06	4.08	4.12	4.16	4.21
1.4	1.0	4.02	3.89	3.87	3.90	3.96	4.04	4.12	4.22	4.31	4.41	4.51	4.74	4.45	4.35	4.32	4.34	4.38	4.43	4.50	4.58	4.66	4.74
1.4	1.2	4.23	4.15	4.19	4.27	4.39	4.51	4.64	4.77	4.91	5.04	5.17	4.92	4.69	4.63	4.65	4.72	4.80	4.90	5.10	5.13	5.24	5.36

续表

简图:

$$K_1 = \dfrac{I_{c1}}{I_{c3}} \cdot \dfrac{h_3}{h_1}$$

$$K_2 = \dfrac{I_{c2}}{I_{c3}} \cdot \dfrac{h_3}{h_2}$$

$$\eta_1 = \dfrac{h_1}{h_3}\sqrt{\dfrac{N_1}{N_3} \cdot \dfrac{I_{c3}}{I_{c1}}}$$

$$\eta_2 = \dfrac{h_2}{h_3}\sqrt{\dfrac{N_2}{N_3} \cdot \dfrac{I_{c3}}{I_{c2}}}$$

N_1 为上段柱的轴力

N_2 为中段柱的轴力

N_3 为下段柱的轴力

η_1	η_2	$K_1=0.20$ (K_2)											$K_1=0.30$ (K_2)										
		0.2	0.3	0.4	0.5	0.6	0.7	0.8	0.9	1.0	1.1	1.2	0.2	0.3	0.4	0.5	0.6	0.7	0.8	0.9	1.0	1.1	1.2
0.2	0.2	2.04	2.04	2.05	2.06	2.07	2.08	2.08	2.09	2.10	2.11	2.12	2.05	2.05	2.06	2.07	2.08	2.09	2.09	2.10	2.11	2.12	2.13
	0.4	2.10	2.13	2.17	2.20	2.24	2.27	2.30	2.34	2.37	2.40	2.43	2.12	2.15	2.18	2.21	2.25	2.28	2.31	2.35	2.38	2.41	2.44
	0.6	2.23	2.31	2.39	2.47	2.54	2.61	2.68	2.75	2.82	2.88	2.94	2.25	2.33	2.41	2.48	2.56	2.63	2.69	2.76	2.83	2.89	2.95
	0.8	2.46	2.60	2.73	2.85	2.97	3.08	3.18	3.29	3.38	3.48	3.57	2.49	2.62	2.75	2.87	2.98	3.09	3.20	3.30	3.39	3.49	3.58
	1.0	2.79	2.98	3.15	3.32	3.47	3.61	3.75	3.89	4.02	4.14	4.26	2.82	3.00	3.17	3.33	3.48	3.63	3.76	3.90	4.02	4.15	4.27
	1.2	3.18	3.41	3.62	3.82	4.01	4.19	4.36	4.52	4.68	4.83	4.98	3.20	3.43	3.64	3.83	4.02	4.20	4.37	4.53	4.69	4.84	4.99
0.4	0.2	2.15	2.13	2.13	2.14	2.14	2.15	2.15	2.16	2.17	2.17	2.18	2.26	2.21	2.20	2.19	2.19	2.20	2.20	2.21	2.21	2.22	2.23
	0.4	2.24	2.24	2.26	2.29	2.32	2.35	2.38	2.41	2.44	2.47	2.50	2.36	2.33	2.33	2.35	2.38	2.40	2.43	2.46	2.49	2.51	2.54
	0.6	2.40	2.44	2.50	2.56	2.63	2.69	2.76	2.82	2.88	2.94	3.00	2.54	2.54	2.58	2.63	2.69	2.75	2.81	2.87	2.93	2.99	3.04
	0.8	2.66	2.74	2.84	2.95	3.05	3.15	3.25	3.35	3.44	3.53	3.62	2.79	2.83	2.91	3.01	3.10	3.20	3.30	3.39	3.48	3.57	3.66
	1.0	2.98	3.12	3.25	3.40	3.54	3.68	3.81	3.94	4.07	4.19	4.30	3.11	3.20	3.32	3.46	3.59	3.72	3.85	3.98	4.10	4.22	4.33
	1.2	3.35	3.53	3.71	3.90	4.08	4.25	4.41	4.57	4.73	4.87	5.02	3.47	3.60	3.77	3.95	4.12	4.28	4.45	4.60	4.75	4.90	5.04
0.6	0.2	2.57	2.42	2.37	2.34	2.33	2.32	2.32	2.32	2.32	2.32	2.33	2.84	2.68	2.57	2.52	2.49	2.47	2.46	2.45	2.45	2.45	2.45
	0.4	2.67	2.54	2.50	2.50	2.51	2.52	2.54	2.56	2.58	2.61	2.63	2.93	2.79	2.71	2.67	2.66	2.66	2.67	2.69	2.70	2.72	2.74
	0.6	2.83	2.74	2.73	2.76	2.80	2.85	2.90	2.96	3.01	3.06	3.12	3.08	2.98	2.93	2.93	2.95	2.98	3.02	3.07	3.11	3.16	3.21
	0.8	3.06	3.01	3.05	3.12	3.20	3.29	3.38	3.46	3.55	3.63	3.72	3.29	3.24	3.23	3.27	3.33	3.41	3.48	3.56	3.64	3.72	3.80
	1.0	3.34	3.35	3.44	3.56	3.68	3.80	3.92	4.04	4.15	4.27	4.38	3.56	3.56	3.60	3.69	3.79	3.90	4.01	4.12	4.23	4.34	4.45
	1.2	3.67	3.74	3.88	4.03	4.19	4.35	4.50	4.65	4.80	4.94	5.08	3.87	3.92	4.02	4.15	4.29	4.43	4.58	4.72	4.87	5.01	5.14
0.8	0.2	3.25	2.96	2.82	2.74	2.69	2.66	2.64	2.62	2.61	2.61	2.60	3.68	3.38	3.18	3.06	2.98	2.93	2.89	2.86	2.84	2.83	2.82
	0.4	3.33	3.05	2.93	2.87	2.84	2.83	2.83	2.83	2.84	2.85	2.87	3.76	3.47	3.28	3.18	3.12	3.09	3.07	3.06	3.06	3.06	3.06
	0.6	3.45	3.21	3.12	3.10	3.10	3.12	3.14	3.18	3.22	3.26	3.30	3.86	3.61	3.46	3.39	3.36	3.35	3.36	3.38	3.41	3.44	3.47
	0.8	3.63	3.44	3.39	3.41	3.45	3.51	3.57	3.64	3.71	3.79	3.86	4.01	3.82	3.70	3.67	3.68	3.72	3.76	3.82	3.88	3.94	4.01

续表

简图：

$$K_1 = \frac{I_{c1}}{I_{c3}} \cdot \frac{h_3}{h_1}$$

$$K_2 = \frac{I_{c2}}{I_{c3}} \cdot \frac{h_3}{h_2}$$

$$\eta_1 = \frac{h_1}{h_3}\sqrt{\frac{N_1}{N_3} \cdot \frac{I_{c3}}{I_{c1}}}$$

$$\eta_2 = \frac{h_2}{h_3}\sqrt{\frac{N_2}{N_3} \cdot \frac{I_{c3}}{I_{c2}}}$$

N_1 为上段柱的轴力
N_2 为中段柱的轴力
N_3 为下段柱的轴力

η_1	K_2	0.20											0.30										
	η_2	0.2	0.3	0.4	0.5	0.6	0.7	0.8	0.9	1.0	1.1	1.2	0.2	0.3	0.4	0.5	0.6	0.7	0.8	0.9	1.0	1.1	1.2
0.8	1.0	3.86	3.73	3.73	3.80	3.88	3.98	4.08	4.18	4.29	4.39	4.50	4.32	4.07	4.01	4.03	4.08	4.16	4.24	4.33	4.43	4.52	4.62
	1.2	4.13	4.07	4.13	4.24	4.36	4.50	4.64	4.78	4.91	5.05	5.18	4.57	4.38	4.38	4.44	4.54	4.66	4.78	4.90	5.03	5.16	5.29
1.0	0.2	4.00	3.60	3.39	3.26	3.18	3.13	3.08	3.05	3.03	3.01	3.00	4.68	4.15	3.86	3.69	3.57	3.49	3.43	3.38	3.35	3.32	3.30
	0.4	4.06	3.67	3.48	3.37	3.30	3.26	3.23	3.21	3.21	3.20	3.20	4.73	4.21	3.94	3.78	3.68	3.61	3.57	3.54	3.51	3.50	3.49
	0.6	4.15	3.79	3.63	3.54	3.50	3.48	3.49	3.50	3.51	3.54	3.57	4.82	4.33	4.08	3.95	3.87	3.83	3.80	3.80	3.80	3.81	3.83
	0.8	4.29	3.97	3.84	3.80	3.79	3.81	3.85	3.90	3.95	4.01	4.07	4.94	4.49	4.28	4.18	4.14	4.13	4.14	4.17	4.20	4.25	4.29
	1.0	4.48	4.21	4.13	4.13	4.17	4.23	4.31	4.39	4.48	4.57	4.66	5.10	4.70	4.53	4.48	4.48	4.51	4.56	4.62	4.70	4.77	4.85
	1.2	4.70	4.49	4.47	4.52	4.60	4.71	4.82	4.94	5.07	5.19	5.31	5.30	4.95	4.84	4.83	4.88	4.96	5.05	5.15	5.26	5.37	5.48
1.2	0.2	4.76	4.26	4.00	3.83	3.72	3.65	3.59	3.54	3.51	3.48	3.46	5.58	4.93	4.57	4.35	4.20	4.10	4.01	3.95	3.90	3.86	3.83
	0.4	4.81	4.32	4.07	3.91	3.82	3.75	3.70	3.67	3.65	3.63	3.62	5.62	4.98	4.64	4.43	4.29	4.19	4.12	4.07	4.03	4.01	3.98
	0.6	4.89	4.43	4.19	4.05	3.98	3.93	3.91	3.89	3.89	3.90	3.91	5.70	5.08	4.75	4.56	4.44	4.37	4.32	4.29	4.27	4.26	4.26
	0.8	5.00	4.57	4.36	4.26	4.21	4.20	4.21	4.23	4.26	4.30	4.34	5.80	5.21	4.91	4.75	4.66	4.61	4.59	4.59	4.60	4.62	4.65
	1.0	5.15	4.76	4.59	4.53	4.53	4.55	4.60	4.66	4.73	4.80	4.88	5.93	5.38	5.12	5.00	4.95	4.94	4.95	4.99	5.03	5.09	5.15
	1.2	5.34	5.00	4.88	4.87	4.91	4.98	5.07	5.17	5.27	5.38	5.49	6.10	5.59	5.38	5.31	5.30	5.33	5.39	5.46	5.54	5.63	5.73
1.4	0.2	5.53	4.94	4.62	4.42	4.29	4.19	4.12	4.06	4.02	3.98	3.95	6.49	5.72	5.30	5.03	4.85	4.72	4.62	4.54	4.48	4.43	4.38
	0.4	5.57	4.99	4.68	4.49	4.36	4.27	4.21	4.16	4.13	4.10	4.08	6.53	5.77	5.35	5.10	4.93	4.80	4.71	4.64	4.59	4.55	4.51
	0.6	5.64	5.07	4.78	4.60	4.49	4.42	4.38	4.35	4.33	4.32	4.32	6.59	5.85	5.45	5.21	5.05	4.95	4.87	4.82	4.78	4.76	4.74
	0.8	5.74	5.19	4.92	4.77	4.69	4.64	4.62	4.62	4.63	4.65	4.67	6.68	5.96	5.59	5.37	5.24	5.15	5.10	5.08	5.06	5.06	5.07
	1.0	5.86	5.35	5.12	5.00	4.95	4.94	4.96	4.99	5.03	5.09	5.15	6.79	6.10	5.76	5.58	5.48	5.43	5.41	5.41	5.44	5.47	5.51
	1.2	6.02	5.55	5.36	5.29	5.28	5.31	5.37	5.44	5.52	5.61	5.71	6.93	6.28	5.98	5.84	5.78	5.76	5.79	5.83	5.89	5.95	6.03

注：
1. 表中 μ_3 为下段柱的计算长度系数，系按式 (8.88) 计算所得。
2. 表中 μ_3 还需根据厂房情况乘以附表 I.7 的折减系数。
3. 上段柱、中段柱的计算长度系数 μ_1、μ_2 按式 (8.90) 计算。

柱顶可移动但不转动的双阶柱下段的计算长度系数 μ_3

附表 I.6

简图：

$$K_1 = \frac{I_{c1}}{I_{c3}} \cdot \frac{h_3}{h_1}$$

$$K_2 = \frac{I_{c2}}{I_{c3}} \cdot \frac{h_3}{h_2}$$

$$\eta_1 = \frac{h_1}{h_3}\sqrt{\frac{N_1}{N_3} \cdot \frac{I_{c3}}{I_{c1}}}$$

$$\eta_2 = \frac{h_2}{h_3}\sqrt{\frac{N_2}{N_3} \cdot \frac{I_{c3}}{I_{c2}}}$$

N_1 为上段柱的轴力
N_2 为中段柱的轴力
N_3 为下段柱的轴力

η_1	K_2	$K_1=0.05$											$K_1=0.10$										
	η_2	0.2	0.3	0.4	0.5	0.6	0.7	0.8	0.9	1.0	1.1	1.2	0.2	0.3	0.4	0.5	0.6	0.7	0.8	0.9	1.0	1.1	1.2
0.2	0.2	1.99	199.00	2.00	2.00	2.01	2.02	2.02	2.03	2.04	2.05	2.06	1.96	1.96	1.97	1.97	1.98	1.98	1.99	2.00	2.00	2.01	2.02
	0.4	2.03	2.06	2.09	2.12	2.16	2.19	2.22	2.25	2.29	2.32	2.35	2.00	2.02	2.05	2.08	2.11	2.14	2.17	2.20	2.23	2.26	2.29
	0.6	2.12	2.20	2.28	2.36	2.43	2.50	2.57	2.64	2.71	2.77	2.83	2.07	2.14	2.22	2.29	2.36	2.43	2.50	2.56	2.63	2.69	2.75
	0.8	2.28	2.43	2.57	2.70	2.82	2.94	3.04	3.15	3.25	3.34	3.43	2.20	2.35	2.48	2.61	2.73	2.84	2.94	3.05	3.14	3.24	3.33
	1.0	2.53	2.76	2.96	3.13	3.29	3.44	3.59	3.72	3.85	3.98	4.10	2.41	2.64	2.83	3.01	3.17	3.32	3.46	3.59	3.72	3.85	3.97
	1.2	2.86	3.15	3.39	3.61	3.80	3.99	4.16	4.33	4.49	4.64	4.79	2.70	2.99	3.23	3.45	3.65	3.84	4.01	4.18	4.34	4.49	4.64
0.4	0.2	1.99	1.98	2.00	2.01	2.01	2.02	2.03	2.04	2.04	2.05	2.06	1.96	1.97	1.97	1.98	1.98	1.99	2.00	2.00	2.01	2.02	2.03
	0.4	2.04	2.07	2.10	2.14	2.17	2.20	2.23	2.27	2.30	2.33	2.36	2.01	2.03	2.06	2.09	2.12	2.15	2.18	2.21	2.24	2.27	2.30
	0.6	2.13	2.21	2.29	2.37	2.44	2.52	2.59	2.65	2.72	2.78	2.84	2.08	2.15	2.23	2.30	2.37	2.44	2.51	2.57	2.64	2.70	2.76
	0.8	2.29	2.44	2.58	2.72	2.84	2.95	3.06	3.16	3.26	3.35	3.44	2.23	2.36	2.49	2.62	2.75	2.86	2.97	3.07	3.16	3.26	3.35
	1.0	2.54	2.78	2.97	3.15	3.31	3.46	3.60	3.73	3.86	3.99	4.11	2.45	2.68	2.86	3.03	3.19	3.34	3.48	3.61	3.73	3.86	3.98
	1.2	2.87	3.15	3.40	3.61	3.82	4.00	4.17	4.34	4.50	4.65	4.80	2.74	3.02	3.26	3.48	3.66	3.85	4.03	4.20	4.35	4.50	4.65
0.6	0.2	2.00	1.99	2.00	2.01	2.02	2.03	2.04	2.05	2.06	2.07	2.08	2.00	1.99	2.00	2.01	2.00	2.00	2.01	2.02	2.02	2.03	2.04
	0.4	2.05	2.07	2.10	2.14	2.17	2.21	2.25	2.28	2.31	2.34	2.37	2.04	2.06	2.09	2.12	2.13	2.16	2.19	2.22	2.26	2.29	2.32
	0.6	2.15	2.23	2.31	2.39	2.46	2.53	2.60	2.67	2.73	2.79	2.85	2.13	2.21	2.29	2.32	2.39	2.46	2.52	2.59	2.65	2.71	2.77
	0.8	2.30	2.45	2.59	2.72	2.84	2.95	3.06	3.16	3.26	3.35	3.44	2.23	2.38	2.51	2.64	2.75	2.86	2.97	3.07	3.16	3.26	3.35
	1.0	2.56	2.78	2.97	3.15	3.31	3.46	3.60	3.73	3.86	3.99	4.11	2.45	2.68	2.86	3.03	3.19	3.34	3.48	3.61	3.73	3.86	3.98
	1.2	2.89	3.17	3.41	3.62	3.82	4.00	4.17	4.34	4.50	4.65	4.80	2.74	3.02	3.26	3.48	3.67	3.86	4.03	4.20	4.35	4.50	4.65
0.8	0.2	2.00	2.01	2.02	2.02	2.03	2.04	2.05	2.05	2.06	2.07	2.08	1.99	1.99	2.00	2.01	2.01	2.02	2.03	2.04	2.04	2.05	2.06
	0.4	2.05	2.08	2.12	2.15	2.18	2.21	2.25	2.28	2.31	2.34	2.37	2.03	2.06	2.09	2.12	2.15	2.19	2.22	2.25	2.28	2.31	2.34
	0.6	2.15	2.23	2.31	2.39	2.46	2.53	2.60	2.67	2.73	2.79	2.85	2.12	2.19	2.27	2.34	2.41	2.48	2.55	2.61	2.67	2.73	2.79

续表

简图	$\dfrac{K_1}{\quad}$ $\dfrac{K_2}{\quad}$ η_2		0.05											0.10										
	η_1		0.2	0.3	0.4	0.5	0.6	0.7	0.8	0.9	1.0	1.1	1.2	0.2	0.3	0.4	0.5	0.6	0.7	0.8	0.9	1.0	1.1	1.2
	0.8	0.8	2.32	2.47	2.61	2.73	2.85	2.96	3.07	3.17	3.27	3.36	3.45	2.27	2.41	2.54	2.66	2.78	2.89	2.99	3.09	3.18	3.28	3.37
		1.0	2.59	2.80	2.99	3.16	3.32	3.47	3.61	3.74	3.87	3.99	4.11	2.49	2.70	2.89	3.06	3.21	3.36	3.50	3.63	3.76	3.88	4.00
		1.2	2.92	3.19	3.42	3.63	3.83	4.01	4.18	4.35	4.51	4.66	4.81	2.78	3.05	3.29	3.50	3.69	3.88	4.05	4.21	4.37	4.52	4.66
	1.0	0.2	2.02	2.02	2.03	2.04	2.05	2.05	2.06	2.07	2.08	2.09	2.09	2.01	2.02	2.03	2.04	2.04	2.05	2.06	2.07	2.07	2.08	2.09
		0.4	2.07	2.10	2.14	2.17	2.20	2.23	2.26	2.30	2.33	2.36	2.39	2.06	2.10	2.13	2.16	2.19	2.22	2.25	2.28	2.31	2.34	2.37
		0.6	2.17	2.26	2.33	2.41	2.48	2.55	2.62	2.68	2.75	2.81	2.87	2.16	2.24	2.31	2.38	2.45	2.51	2.58	2.64	2.70	2.76	2.82
		0.8	2.36	2.50	2.63	2.76	2.87	2.98	3.08	3.19	3.28	3.38	3.47	2.32	2.46	2.58	2.70	2.81	2.92	3.02	3.12	3.21	3.30	3.39
		1.0	2.62	2.83	3.01	3.18	3.34	3.48	3.62	3.75	3.88	4.01	4.12	2.55	2.75	2.93	3.09	3.25	3.39	3.53	3.66	3.78	3.90	4.02
		1.2	2.95	3.21	3.44	3.65	3.82	4.02	4.20	4.36	4.52	4.67	4.81	2.84	3.10	3.32	3.53	3.72	3.90	4.07	4.23	4.39	4.54	4.68
	1.2	0.2	2.04	2.05	2.06	2.06	2.07	2.08	2.09	2.09	2.10	2.11	2.12	2.07	2.08	2.08	2.09	2.09	2.10	2.11	2.11	2.12	2.13	2.13
		0.4	2.10	2.13	2.17	2.20	2.23	2.26	2.29	2.32	2.35	2.38	2.41	2.13	2.16	2.18	2.21	2.24	2.27	2.30	2.33	2.35	2.38	2.41
		0.6	2.22	2.29	2.37	2.44	2.51	2.58	2.64	2.71	2.77	2.83	2.89	2.24	2.30	2.37	2.43	2.50	2.56	2.63	2.68	2.74	2.80	2.86
		0.8	2.41	2.54	2.67	2.78	2.90	3.00	3.11	3.20	3.30	3.39	3.48	2.41	2.53	2.64	2.75	2.86	2.96	3.06	3.15	3.24	3.33	3.42
		1.0	2.68	2.87	3.04	3.21	3.36	3.50	3.64	3.77	3.90	4.02	4.14	2.64	2.82	2.98	3.14	3.29	3.43	3.56	3.69	3.81	3.93	4.04
		1.2	3.00	3.25	3.47	3.67	3.86	4.04	4.21	4.37	4.53	4.68	4.83	2.92	3.16	3.37	3.57	3.76	3.93	4.10	4.26	4.41	4.56	4.70
	1.4	0.2	2.10	2.10	2.10	2.11	2.11	2.12	2.13	2.13	2.14	2.15	2.15	2.20	2.18	2.17	2.17	2.17	2.18	2.18	2.19	2.19	2.20	2.20
		0.4	2.17	2.19	2.21	2.24	2.27	2.30	2.33	2.36	2.39	2.41	2.44	2.26	2.26	2.27	2.29	2.32	2.34	2.37	2.39	2.42	2.44	2.47
		0.6	2.29	2.35	2.41	2.48	2.55	2.61	2.67	2.74	2.80	2.86	2.91	2.37	2.41	2.46	2.51	2.57	2.63	2.68	2.74	2.80	2.85	2.91
		0.8	2.48	2.60	2.71	2.82	2.93	3.03	3.13	3.23	3.32	3.41	3.50	2.53	2.62	2.72	2.82	2.92	3.01	3.11	3.20	3.29	3.37	3.46
		1.0	2.74	2.92	3.08	3.24	3.39	3.53	3.66	3.79	3.92	4.04	4.15	2.75	2.90	3.05	3.20	3.34	3.47	3.60	3.72	3.84	3.96	4.07
		1.2	3.06	3.29	3.50	3.70	3.89	4.06	4.23	4.39	4.55	4.70	4.84	3.02	3.23	3.43	3.62	3.80	3.97	4.13	4.29	4.44	4.59	4.73

$$K_1 = \frac{I_{c1}}{I_{c3}} \cdot \frac{h_3}{h_1}$$

$$K_2 = \frac{I_{c2}}{I_{c3}} \cdot \frac{h_3}{h_2}$$

$$\eta_1 = \frac{h_1}{h_3}\sqrt{\frac{N_1}{N_3} \cdot \frac{I_{c3}}{I_{c1}}}$$

$$\eta_2 = \frac{h_2}{h_3}\sqrt{\frac{N_2}{N_3} \cdot \frac{I_{c3}}{I_{c2}}}$$

N_1 为上段柱的轴力

N_2 为中段柱的轴力

N_3 为下段柱的轴力

续表

简图:

$$K_1 = \frac{I_{c1}}{I_{c3}} \cdot \frac{h_3}{h_1}$$

$$K_2 = \frac{I_{c2}}{I_{c3}} \cdot \frac{h_3}{h_2}$$

$$\eta_1 = \frac{h_1}{h_3}\sqrt{\frac{N_1}{N_3} \cdot \frac{I_{c3}}{I_{c1}}}$$

$$\eta_2 = \frac{h_2}{h_3}\sqrt{\frac{N_2}{N_3} \cdot \frac{I_{c3}}{I_{c2}}}$$

N_1 为上段柱的轴力
N_2 为中段柱的轴力
N_3 为下段柱的轴力

（角标：K_1，K_2，η_2，η_1；列头 $K_2 = 0.20$、0.30，子列为 K_1）

η_1	η_2	0.20											0.30										
		0.2	0.3	0.4	0.5	0.6	0.7	0.8	0.9	1.0	1.1	1.2	0.2	0.3	0.4	0.5	0.6	0.7	0.8	0.9	1.0	1.1	1.2
0.2	0.2	1.94	1.93	1.93	1.93	1.93	1.93	1.94	1.94	1.95	1.95	1.96	1.92	1.91	1.90	1.89	1.89	1.89	1.90	1.90	1.90	1.90	1.91
	0.4	1.96	1.98	1.99	2.02	2.04	2.07	2.09	2.12	2.15	2.17	2.20	1.95	1.95	1.96	1.97	1.99	2.01	2.04	2.06	2.08	2.11	2.13
	0.6	2.02	2.07	2.13	2.19	2.26	2.32	2.38	2.44	2.50	2.56	2.62	1.99	2.03	2.08	2.13	2.18	2.24	2.29	2.35	2.41	2.46	2.52
	0.8	2.12	2.23	2.35	2.47	2.58	2.68	2.78	2.88	2.98	3.07	3.15	2.07	2.16	2.27	2.37	2.47	2.57	2.66	2.75	2.84	2.93	3.01
	1.0	2.28	2.47	2.65	2.82	2.97	3.12	3.26	3.39	3.51	3.63	3.75	2.20	2.37	2.53	2.69	2.83	2.97	3.10	3.23	3.35	3.46	3.57
	1.2	2.50	2.77	3.01	3.22	3.42	3.60	3.77	3.93	4.09	4.23	4.38	2.39	2.63	2.85	3.05	3.24	3.42	3.58	3.74	3.89	4.03	4.17
0.4	0.2	1.93	1.93	1.93	1.93	1.94	1.94	1.95	1.95	1.96	1.96	1.97	1.92	1.91	1.91	1.90	1.90	1.91	1.91	1.91	1.92	1.92	1.92
	0.4	1.97	1.98	2.00	2.03	2.05	2.08	2.11	2.13	2.16	2.19	2.22	1.95	1.96	1.97	1.99	2.01	2.03	2.05	2.08	2.10	2.12	2.15
	0.6	2.03	2.08	2.14	2.21	2.27	2.33	2.40	2.46	2.52	2.58	2.63	2.00	2.04	2.09	2.14	2.20	2.26	2.31	2.37	2.42	2.48	2.53
	0.8	2.13	2.25	2.37	2.48	2.59	2.70	2.80	2.90	2.99	3.08	3.17	2.08	2.18	2.28	2.39	2.49	2.59	2.68	2.77	2.86	2.95	3.03
	1.0	2.29	2.49	2.67	2.83	2.99	3.13	3.27	3.40	3.53	3.64	3.76	2.22	2.39	2.55	2.71	2.85	2.99	3.12	3.24	3.36	3.48	3.59
	1.2	2.52	2.79	3.02	3.23	3.43	3.61	3.78	3.94	4.10	4.24	4.39	2.41	2.65	2.87	3.07	3.26	3.43	3.60	3.75	3.90	4.04	4.18
0.6	0.2	1.95	1.95	1.95	1.95	1.96	1.96	1.97	1.97	1.98	1.98	1.99	1.93	1.93	1.93	1.92	1.93	1.93	1.93	1.94	1.94	1.95	1.95
	0.4	1.98	2.00	2.02	2.05	2.08	2.10	2.13	2.16	2.19	2.21	2.24	1.96	1.97	1.99	2.01	2.03	2.06	2.08	2.11	2.13	2.16	2.18
	0.6	2.04	2.10	2.17	2.23	2.30	2.36	2.42	2.48	2.54	2.60	2.66	2.02	2.06	2.12	2.17	2.23	2.29	2.35	2.40	2.46	2.51	2.57
	0.8	2.15	2.27	2.39	2.51	2.62	2.72	2.82	2.92	3.01	3.10	3.19	2.11	2.21	2.32	2.42	2.52	2.62	2.71	2.80	2.89	2.98	3.06
	1.0	2.32	2.52	2.70	2.86	3.01	3.16	3.29	3.42	3.55	3.66	3.78	2.25	2.42	2.59	2.74	2.88	3.02	3.15	3.27	3.39	3.50	3.61
	1.2	2.55	2.82	3.05	3.26	3.45	3.63	3.80	3.96	4.11	4.26	4.40	2.44	2.69	2.91	3.11	3.29	3.46	3.62	3.78	3.93	4.07	4.20
0.8	0.2	1.97	1.97	1.98	1.98	1.99	1.99	2.00	2.01	2.01	2.02	2.03	1.96	1.95	1.96	1.96	1.97	1.97	1.98	1.98	1.99	1.99	2.00
	0.4	2.00	2.03	2.06	2.08	2.11	2.14	2.17	2.20	2.22	2.25	2.28	1.99	2.01	2.03	2.05	2.08	2.10	2.13	2.15	2.18	2.21	2.23
	0.6	2.08	2.14	2.21	2.27	2.34	2.40	2.46	2.52	2.58	2.64	2.69	2.05	2.10	2.16	2.22	2.28	2.34	2.40	2.45	2.51	2.56	2.81
	0.8	2.19	2.32	2.44	2.55	2.66	2.76	2.86	2.96	3.05	3.13	3.22	2.15	2.26	2.37	2.47	2.57	2.67	2.76	2.85	2.94	3.02	3.10

续表

η₁	η₂	K₁=0.20											K₁=0.30										
	K₂→	0.2	0.3	0.4	0.5	0.6	0.7	0.8	0.9	1.0	1.1	1.2	0.2	0.3	0.4	0.5	0.6	0.7	0.8	0.9	1.0	1.1	1.2
0.8	1.0	2.37	2.57	2.74	2.90	3.05	3.19	3.33	3.45	3.58	3.69	3.81	2.30	2.48	2.64	2.79	2.93	3.07	3.19	3.31	3.43	3.54	3.65
	1.2	2.61	2.87	3.09	3.30	3.49	3.66	3.83	3.99	4.14	4.29	4.42	2.50	2.74	2.96	3.15	3.33	3.50	3.66	3.81	3.96	4.10	4.23
1.0	0.2	2.01	2.02	2.03	2.03	2.04	2.05	2.05	2.06	2.07	2.07	2.08	2.01	2.02	2.02	2.03	2.04	2.04	2.05	2.06	2.06	2.07	2.07
	0.4	2.06	2.09	2.11	2.14	2.17	2.20	2.23	2.25	2.28	2.31	2.33	2.05	2.08	2.10	2.13	2.16	2.18	2.21	2.23	2.26	2.28	2.31
	0.6	2.14	2.21	2.27	2.34	2.40	2.46	2.52	2.58	2.63	2.69	2.74	2.13	2.19	2.25	2.30	2.36	2.42	2.47	2.53	2.58	2.63	2.68
	0.8	2.27	2.39	2.51	2.62	2.72	2.82	2.91	3.00	3.09	3.18	3.26	2.24	2.35	2.45	2.55	2.65	2.74	2.83	2.92	3.00	3.08	3.16
	1.0	2.46	2.64	2.81	2.96	3.10	3.24	3.37	3.50	3.61	3.73	3.84	2.40	2.57	2.72	2.86	3.00	3.13	3.25	3.37	3.48	3.59	3.70
	1.2	2.69	2.94	3.15	3.35	3.53	3.71	3.87	4.02	4.17	4.32	4.46	2.60	2.83	3.03	3.22	3.39	3.56	3.71	3.86	4.01	4.14	4.28
1.2	0.2	2.13	2.12	2.12	2.13	2.13	2.14	2.14	2.15	2.15	2.16	2.16	2.17	2.16	2.16	2.16	2.16	2.16	2.17	2.17	2.18	2.18	2.19
	0.4	2.18	2.19	2.21	2.24	2.26	2.29	2.31	2.34	2.36	2.38	2.41	2.22	2.22	2.24	2.26	2.28	2.30	2.32	2.34	2.36	2.39	2.41
	0.6	2.27	2.32	2.37	2.43	2.49	2.54	2.60	2.65	2.70	2.76	2.81	2.29	2.33	2.38	2.43	2.48	2.53	2.58	2.62	2.67	2.72	2.77
	0.8	2.41	2.50	2.60	2.70	2.80	2.89	2.98	3.07	3.15	3.23	3.32	2.41	2.49	2.58	2.67	2.75	2.84	2.92	3.00	3.08	3.16	3.23
	1.0	2.59	2.74	2.89	3.04	3.17	3.30	3.43	3.55	3.66	3.78	3.89	2.56	2.69	2.83	2.96	3.09	3.21	3.33	3.44	3.55	3.66	3.76
	1.2	2.81	3.03	3.23	3.42	3.59	3.76	3.92	4.07	4.22	4.36	4.49	2.74	2.94	3.13	3.30	3.47	3.63	3.78	3.92	4.06	4.20	4.33
1.4	0.2	2.35	2.31	2.29	2.28	2.27	2.27	2.27	2.27	2.27	2.28	2.28	2.45	2.40	2.37	2.35	2.35	2.34	2.34	2.34	2.34	2.34	2.34
	0.4	2.40	2.37	2.37	2.38	2.39	2.41	2.43	2.45	2.47	2.49	2.51	2.48	2.45	2.44	2.44	2.45	2.46	2.48	2.49	2.51	2.53	2.55
	0.6	2.48	2.49	2.52	2.56	2.61	2.65	2.70	2.75	2.80	2.85	2.89	2.55	2.54	2.56	2.60	2.63	2.67	2.71	2.75	2.80	2.84	2.88
	0.8	2.60	2.66	2.73	2.82	2.90	2.98	3.07	3.15	3.23	3.31	3.38	2.64	2.68	2.74	2.81	2.89	2.96	3.04	3.11	3.18	3.25	3.33
	1.0	2.77	2.88	3.01	3.14	3.26	3.38	3.50	3.62	3.73	3.84	3.94	2.77	2.87	2.98	3.09	3.20	3.32	3.43	3.53	3.64	3.74	3.84
	1.2	2.97	3.15	3.33	3.50	3.67	3.83	3.98	4.13	4.27	4.41	4.54	2.94	3.09	3.26	3.41	3.57	3.72	3.86	4.00	4.13	4.26	4.39

简图：

$$K_1 = \frac{I_{c1}}{I_{c3}} \cdot \frac{h_3}{h_1}$$

$$K_2 = \frac{I_{c2}}{I_{c3}} \cdot \frac{h_3}{h_2}$$

$$\eta_1 = \frac{h_1}{h_3}\sqrt{\frac{N_1}{N_3} \cdot \frac{I_{c3}}{I_{c1}}}$$

$$\eta_2 = \frac{h_2}{h_3}\sqrt{\frac{N_2}{N_3} \cdot \frac{I_{c3}}{I_{c2}}}$$

N_1 为上段柱的轴力
N_2 为中段柱的轴力
N_3 为下段柱的轴力

注：1. 表中 μ_3 为下段柱的计算长度系数，系按式 (8.91) 计算所得。
2. 表中 μ_3 还需根据厂房情况乘以附表 I.7 的折减系数。
3. 上段柱、中段柱的计算长度系数 μ_1、μ_2 按式 (8.90) 计算。

单层厂房阶形柱计算长度系数的折减系数　　　附表 I.7

跨数	纵向一个温度区段内一个柱列的柱子数	厂房类型		折减系数
		屋面情况	厂房两侧是否有通长的屋盖纵向水平支撑	
单跨	≤6 个	—		0.9
	>6 个	屋面为非大型混凝土屋面板	无纵向水平支撑	
			有纵向水平支撑	
		屋面为大型混凝土屋面板	—	0.8
多跨	—	屋面为非大型混凝土屋面板	无纵向水平支撑	
			有纵向水平支撑	
		屋面为大型混凝土屋面板	—	0.7

附录 J　冷弯型钢柱的计算长度系数

　　单层有侧移冷弯型钢刚架结构中，等截面柱在刚架平面内的计算长度系数 μ 可按附表 J.1 取用。当采用平板式柱脚时，μ 尚宜根据柱脚构造情况乘以如下调整系数：柱脚铰接时，调整系数取 0.85；柱脚刚接时，调整系数取 1.2。

等截面冷弯型钢柱的计算长度系数 μ　　　附表 J.1

柱与基础的连接方式	K_2/K_1									
	0	0.2	0.3	0.5	1.0	2.0	3.0	1.0	7.0	≥10
刚接	2.00	1.50	1.40	1.28	1.16	1.08	1.06	1.04	1.02	1.00
铰接	∞	3.42	3.00	2.63	2.33	2.17	2.11	2.08	2.05	2.00

　　注：1. $K_1=I_1/h$，$K_2=I_2/l$，I_1、h 分别为刚架柱的截面惯性矩、柱高度；I_2、l 分别为刚架梁的截面惯性矩、梁长度，对于门式刚架，l 取斜梁沿折线的总长。
　　　　2. 当横梁与柱铰接时，取 $K_2=0$。

附录 K　钢结构的位移容许值

K.1　单层钢结构柱顶水平位移限值

（1）在风荷载标准值作用下，单层钢结构柱顶水平位移不宜超过附表 K.1 的数值。

风荷载作用下柱顶水平位移容许值　　　附表 K.1

结构体系	吊车情况		柱顶水平位移
排架、框架	无桥式起重机		$h/150$
	有桥式起重机		$h/400$
门式刚架	无起重机	当采用轻型钢墙板时	$h/60$
		当采用砌体墙时	$h/240$
	有桥式起重机	当吊车有驾驶室时	$h/400$
		当吊车由地面操作时	$h/180$

　　注：h 为柱高度。

（2）在冶金厂房或类似车间中设有 A7、A8 级吊车的厂房柱和设有中级和重级工作制吊车的露天栈桥柱，在吊车梁或吊车桁架的顶面标高处，由一台最大吊车水平荷载（按荷载规范取值）所产生的计算变形值，不宜超过附表 K.2 所列的容许值。

吊车水平荷载作用下柱水平位移（计算值）容许值　　附表 K.2

项次	位移的种类	按平面结构图形计算	按空间结构图形计算
1	厂房柱的横向位移	$h_c/1250$	$h_c/2000$
2	露天栈桥柱的横向位移	$h_c/2500$	—
3	厂房和露天栈桥柱的纵向位移	$h_c/4000$	—

注：1. h_c 为基础顶面至吊车梁或吊车桁架的顶面的高度。
　　2. 计算厂房或露天栈桥柱的纵向位移时，可假定吊车的纵向水平制动力分配在温度区段内所有的柱间支撑或纵向框架上。
　　3. 在设有 A8 级吊车的厂房中，厂房柱的水平位移（计算值）容许值宜减小 10%。
　　4. 在设有 A6 级吊车的厂房柱的纵向位移宜符合表中的要求。

K.2　多层钢结构层间位移角限值

（1）在风荷载标准值作用下，多层钢结构的层间位移角不宜超过附表 K.3 的数值。

层间位移角容许值　　附表 K.3

结构体系			层间位移角
框架、框架-支撑			1/250
框-排架	侧向框-排架		1/250
	竖向框-排架	排架	1/150
		框架	1/250

注：1. 有桥式起重机时，层间位移角不宜超过 1/400。
　　2. 对室内装修要求较高的建筑，层间位移角宜适当减小；无墙壁的建筑，层间位移角可适当放宽。
　　3. 轻型钢结构的层间位移角可适当放宽。

（2）高层建筑钢结构在风荷载和多遇地震作用下弹性层间位移角不宜超过 1/250。

部分习题答案

第1章

习题1.9　临界荷载 $P_{cr}=kl$。

习题1.10　临界荷载 $P_{cr}=\dfrac{kl^2}{h}$。

第2章

习题2.10　以 C 点为零点和极点，截面的主扇性坐标见下图：

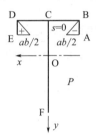

习题2.11　平衡微分方程为 $-EI_x v''=Q_y(l-z)$。

位移曲线为 $v=\dfrac{Q_y}{EI_x}\left(\dfrac{1}{6}z^3-\dfrac{1}{2}lz^2\right)$；构件顶端位移最大，$v_{max}=-\dfrac{Q_y l^3}{3EI_x}$。

习题2.12　扭转方程为 $EI_\omega\theta'''-GI_t\theta'+T_z=0$，悬臂端的扭转角 $\theta=4.29\mathrm{rad}$。固接端截面翘曲正应力最大，$\sigma_{\omega,max}=-1278.9\mathrm{N/mm^2}$。

第3章

习题3.8　平衡方程为 $EIy''+Py=0$，临界荷载 $P_{cr}=\dfrac{\pi^2 EI}{(2l)^2}$。

特征曲线 $y=A\sin\dfrac{n\pi z}{2l}$（$n=1,3,5\cdots$）。

习题3.9　$P_{cr}=kl/3$，两种特征值对应的屈曲模态见下图：

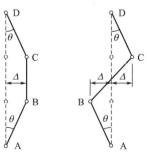

416

习题 3.10　临界荷载 $P_{cr}=\dfrac{r+kl^2}{l}$。

习题 3.11　临界荷载 $P_{cr}=\dfrac{\pi^2 EI}{(2l)^2}$。

习题 3.12　临界荷载 $P_{cr}=r/l$。

习题 3.13　临界荷载 $P_{cr}=\dfrac{\pi^2 E}{4l^2}\cdot\dfrac{1}{\dfrac{1}{2I_2}+\dfrac{1}{\pi I_2}+\dfrac{1}{2I_1}-\dfrac{1}{\pi I_1}}$。

提示：对突变截面杆件，U 应采用式（3.7）计算。

习题 3.14　临界荷载 $P_{cr}=\dfrac{\pi^2 E}{(2\pi-8)l^2}\left[\left(\dfrac{2+\pi}{4}-\sqrt{2}\right)I_1+\left(\dfrac{\pi-10}{4}+\sqrt{2}\right)I_2\right]$。

习题 3.15　临界荷载 $P_{cr}=9.73EI/l^2$，与精确解的偏差为 1%，比例题 3.15 的精度提高。

第 4 章

习题 4.13　临界荷载 $P_{cr}=33.35EI/l^2$，计算长度系数 $\mu=0.816$。

习题 4.14　当 CD 柱无荷载时，AB 柱绕 x 轴的屈曲方程为 $\dfrac{(\pi/\mu)^3}{(\pi/\mu)-\tan(\pi/\mu)}=3$。

当 CD 柱有相同荷载时，AB 柱的屈曲荷载为 $P_{cr}=\dfrac{\pi^2 EI}{(2l)^2}$。

习题 4.15　AB 杆绕 x 轴的屈曲方程为 $\dfrac{\pi}{\mu}\tan\dfrac{\pi}{\mu}=3$。

如 AC 杆变为刚性杆，AB 杆的屈曲荷载为 $P_{cr}=\dfrac{\pi^2 EI}{(2l)^2}$。

习题 4.16　切线模量 $E_t=0.5E$，绕 x、y 轴屈曲荷载折减系数分别为 $I_{ex}/I_x=0.5$，$I_{ey}/I_y=0.125$。

绕 x、y 轴的弹塑性屈曲荷载分别为 $P_{crx}=0.5P_E$，$P_{cry}=0.125P_E<P_{crx}$，对绕 y 轴影响大。

习题 4.17　扭转计算长度系数 $\mu_\omega=2.0$。

习题 4.18　$\lambda_x=\lambda_y=122.25$，$\lambda_z=50.7$，该构件只能发生弯曲屈曲，屈曲应力为 135.91 N/mm^2。

习题 4.19　$\lambda_x=54.15$，$\lambda_y=74.53$，$\lambda_z=48.80$，$\lambda_{yz}=81.08$，该构件只能发生弯扭屈曲，屈曲应力为 $309.3\ N/mm^2$。

习题 4.20　$\varphi=0.470$，$\eta=0.75$，构件的最大承载力设计值为 $143.99kN$。

第 5 章

习题 5.11　临界弯矩 $M_{cr}=115.5kN\cdot m$，扭转半径 $r_s=204.7mm$。

习题 5.12　临界弯矩 $M_{cr}=195.3kN\cdot m$。

习题 5.13　临界弯矩 $M_{cr}=339.1kN\cdot m$。

习题 5.14　忽略梁段间支持作用时，$M_{cr,1}=M_{cr,3}=3854.5kN\cdot m$，$M_{cr,2}=2050.3kN\cdot m$，故有 $M_{cr}=M_{cr,2}$。

考虑梁段间支持作用时：$\mu_y=0.82$，$M_{cr}=3014.9\text{kN}\cdot\text{m}$。

习题 5.15　$a=-250$，$C_1=1.39$，$C_2=0.14$，$C_3=0.86$，临界弯矩 $M_{cr}=1140.4\text{kN}\cdot\text{m}$。

习题 5.16　$z_1=l/3$，$\psi(z_1)=\sin(\pi/3)$，$M_{max}=2Ql/9$，弯矩分布函数 η 为

$$\eta=\begin{cases}3z/l & (0\leqslant z\leqslant l/3)\\ 3/2-3z/(2l) & (l/3\leqslant z\leqslant l)\end{cases}$$

$Q_{max}=Q$，$\gamma=Q/Q_{max}=1$，$e=M_{max}/Q_{max}=2l/9$，可得

$$b_1=\frac{8\pi^2-27}{32l},\quad b_2=\frac{27}{16l},\quad b_3=\frac{-17}{12l},\quad b_4=\frac{5}{4l},\quad b_5=\frac{27}{8l}$$

可得参数 $C_1=1.49$，$C_2=0.51$，$C_3=0.49$。

习题 5.17　$W_x=1.43\times10^6\text{mm}^3$，$M_e=W_xf_y=336.1\text{kN}\cdot\text{m}$，将习题 5.15 所得 M_{cr} 代入式 (5.94)，可得 $\varphi_b=3.39$，由式 (5.105) 可得 $\varphi_b=3.31$，两种方法差别不大。

第 6 章

习题 6.10　构件中点的挠度最大，$y_{max}\approx\dfrac{1}{1-P/P_E}\cdot\dfrac{23Ql^3}{648EI}=\dfrac{1}{1-P/P_E}y_0$。

构件中点的弯矩最大，$M_{max}\approx\dfrac{1+0.051P/P_E}{1-P/P_E}\cdot\dfrac{Ql}{3}=\dfrac{1+0.051P/P_E}{1-P/P_E}M_0$。

等效弯矩系数为 $\beta_m=\dfrac{1-P/P_E}{1+0.234P/P_E}\alpha_m\approx1-0.18\dfrac{P}{P_E}$

习题 6.11　固端弯矩 $\overline{M}_A=\overline{M}_B\approx\left(\dfrac{1-P/P_{cr}}{1-0.38P/P_{cr}}\right)\left(-\dfrac{6EI\Delta}{l^2}\right)=\left(\dfrac{1-P/P_{cr}}{1-0.38P/P_{cr}}\right)\overline{M}_0$。

习题 6.12　特征方程为 $C+3/2=0$，求得 $kl=4.913$，则 $P_{cr}=24.15EI/l^2$，$\mu=0.639$。

习题 6.13　（1）弯矩作用平面内的整体稳定

$\lambda_x=87.0$，$\varphi_x=0.736$，$m=-1.0$，$\beta_{mx}=0.2$，$N'_{Ex}=348.8\text{kN}$，代入平面内稳定公式得 0.25，不失稳。

（2）弯矩作用平面外的整体稳定

左段及右段：$\lambda_y=79.0$，$\varphi_y=0.694$，$\beta_{tx}=0.767$，$\varphi_b=0.928$，由平面外稳定公式得 0.85，不失稳。

中段：$\lambda_y=79.0$，$\varphi_y=0.694$，$\beta_{tx}=0.3$，$\varphi_b=0.928$，由平面外稳定公式得 0.17，不失稳。

第 7 章

习题 7.11　单向均匀受压狭长矩形板的屈曲系数 $k=4$，由 $\sigma_{cr}=f_y$ 可得 $b/t=56.27\varepsilon_k$。

习题 7.12　屈曲系数 $k=7.812$。

习题 7.13　屈曲荷载 $P_{x,cr}=4\pi^2D/a^2$，屈曲系数 $k=4$。

习题 7.14　屈曲应力 $\sigma_{x,cr}=74.40\text{N/mm}^2$，屈曲后强度 $\sigma_u=154.70\text{ N/mm}^2$，板的挠度最大值 $f=14.23\text{mm}$。

习题 7.15　最大长细比为 $\lambda=70$，稳定系数 $\varphi=0.751$，板件的宽厚比限值放大系数为 $\alpha=1.34$。

翼缘的宽厚比限值变为 $1.34 \times 14 = 22.78$，腹板高厚比限值变为 $1.34 \times 60 = 80.4$。

$b_0/t_f = 16.33 < 22.78$，满足要求；$h_0/t_w = 59.38 < 80.4$，满足要求。

习题 7.16　Q345 钢的 $\varepsilon_k = 0.825$，翼缘和腹板的宽厚比相同，$b/t = 50$，可得 $\lambda_{n,p} = 1.078$。

因 $b/t > 42\varepsilon_k$，可得 $\rho = 0.764$，因此有效截面积为 $A_e = 4\rho bt = 5500.8 \text{mm}^2$。

第 8 章

习题 8.13　框架一屈曲方程为 $C + 3 = 0$；

框架二屈曲方程为 $(C^2 - S^2) + 6(C + S) - (kh)^2(C + 3) = 0$。

习题 8.14　框架一：无侧移，两柱无关联，由表 8.1 或附表 I.1 可得 $\mu_{AB} = \mu_{CD} = 0.626$。

框架二：有侧移，由表 8.1 或附表 I.2 可得 $\mu_0 = 1.160$，再由式（8.60）可得 $\mu_{AB} = 1.004$，$\mu_{CD} = 1.421$。

习题 8.15　$\mu_{AB} = \mu_{CD} = 1.838$，$\mu_{EF} = 1.0$。

习题 8.16　$K = 1.0$，$\alpha_K = 1.0$，$\alpha_N = 1.0$，可得 $\mu = 1.025$。

第 9 章

习题 9.11　$q_{cr} = 8\dfrac{EI_x}{r^3}$，$N_{crx} = 8\dfrac{EI_x}{r^2}$，$l_{ex} = 1.11r$

习题 9.12　$q_{cr} = \dfrac{3}{2} \cdot \dfrac{EI_x}{r^3}$，$l_{ey} = 2.56r$

习题 9.13　$\lambda_x = 51.07$，$S_1/b_f = 6 < 2.3 + 0.092\lambda_x = 7$，不会发生平面外失稳。